文史资料

第六辑

彭阳生态建设40年

中国人民政治协商会议彭阳县委员会 编

黄河出版传媒集团
阳光出版社

图书在版编目（CIP）数据

彭阳生态建设40年 / 中国人民政治协商会议彭阳县委员会编. -- 银川 : 阳光出版社, 2023.12
ISBN 978-7-5525-7203-2

Ⅰ. ①彭… Ⅱ. ①中… Ⅲ. ①生态环境建设 – 研究 – 彭阳县 Ⅳ. ①X321.243.4

中国国家版本馆CIP数据核字(2024)第012206号

彭阳生态建设40年
中国人民政治协商会议彭阳县委员会　编

责任编辑　薛　雪　赵维娟
封面设计　杨风军
责任印制　岳建宁

黄河出版传媒集团
阳光出版社　出版发行

出 版 人　薛文斌
地　　址　宁夏银川市北京东路139号出版大厦（750001）
网　　址　http：//www.ygchbs.com
网上书店　http：//shop129132959.taobao.com
电子信箱　yangguangchubanshe@163.com
邮购电话　0951-5047283
经　　销　全国新华书店
印刷装订　固原萧关印刷有限公司
印刷委托书号　（宁）0029094

开　　本　787 mm × 1092 mm　1/16
印　　张　37.75
字　　数　500千字
版　　次　2023年12月第1版
印　　次　2023年12月第1次印刷
书　　号　ISBN 978-7-5525-7203-2
定　　价　268.00元

《彭阳生态建设 40 年》编纂委员会

编写说明

《彭阳生态建设40年》是政协彭阳县第十届委员会编写的文史资料，是有关彭阳县生态建设的专集。收集的文章主要反映彭阳在生态文明建设40年中，历届县委、县政府坚持科学发展观和“生态立县”方针不动摇，人接班事接茬，一任接着一任干，一代接着一代干，一张蓝图绘到底，带领全县广大干部群众发扬勇于探索、团结务实、锲而不舍、艰苦创业的精神，以及领导苦抓、部门苦帮、群众苦干的作风，探索出一条具有彭阳特色的富民强县发展之路。它以亲历、亲见、亲闻的典型事例，从不同角度、不同时段描述了彭阳县生态文明建设的历程。

《彭阳生态建设40年》以收集的个人记述文章为主，尽量保持原作者的表述方式、层次安排、文章内容，个别题目和叙述不清楚的地方，编者按文史资料编写要求作了修改。全书按内容作了大概分类，并收录有关论文和文件，还配有图片百余幅。 上限自1983年10月，下限至2023年5月1日。书中人物因是文史资料，故不采用志书体，分传记、人物简介等，资料取自组织部门编写的《农村两个带头人风采录》等书及志书的有关部分。书中部分内容由编者在志书或有关书刊中摘编。书中的数据和彭阳县统计局编印的《彭阳统计年鉴》作了详细对照，无法确定的保留原文数据。其计量单位采用千米、平方千米、千克、平方米、公顷等，保留数据中亩的应用。附录文件全部选自《彭阳县林业志》。文章作者身份均注于文后，凡文章未注明出处者，系本次征文。

2023年5月1日

序一

绿色年轮中的苦与乐

彭阳县政协组织收集、编纂文史资料——《彭阳生态建设40年》，这是一件好事，也非常有意义。“前事不忘后事之师”，40年需要总结。借此，表达三个感谢。

首先，感谢各级领导对彭阳的厚爱和支持，彭阳的发展蓝图中有你们的智慧。

其次，感谢彭阳的人民，是你们用热血和汗水践行“发展是硬道理”，用行动将蓝图和现实对接，让世人看到一个绿色的彭阳。

最后要感谢彭阳历届领导，你们为彭阳谋划了很多事，为彭阳经济、政治、文化、社会、生态文明建设把航定舵，绘就发展蓝图。

历史上，彭阳是一个神奇的地方，秦始皇北巡边疆，专程在朝那湫（zhū nà jiū）祭祀天地，这个山地湖泊当时与长江、黄河、汉水并称“神州四大名水”。秦皇汉武祭祀的朝那湫就在彭阳县境内；魏晋时期，世界针灸鼻祖皇甫谧就出生在朝那湫边上，演绎了中医学的精髓；1935年，毛泽东翻越六盘山，夜宿彭阳县长城塬的农家小院，写下了《清平乐·六盘山》。值得一提的是，2017年宁夏文物考古研究所对彭阳姚河塬西周城址调查考古，通过对出土的甲骨文解读，其国别为“获国”，是一处史籍未记载的西周诸侯国。这一发现，为研究3000年以前的西周早期历史提供了丰富的实物资料，填补了西周历史研究的空白，也填补了宁夏地方史研究的空白。同时，将六盘山地区的建制史提前了1000年。这一成果入选2017年度“中国十大考古新发现”，为外界了解彭阳又打开了一扇窗。

古老的文明、红色的历史在彭阳积淀，酿出滋养彭阳人民的精神营养，彭阳人民用“不到长城非好汉”的精神谱写出可歌可泣的历史伟业。

40年来，特别是在生态建设方面，彭阳人民用心血和汗水浇灌出一圈一圈的绿色年轮，山头、沟洼、河道、路边的各种树木像一座座绿色丰碑。这是自1983年建县以来，历届县委、县政府始终坚持科学发展观和“生态立县”方针不动摇，深入贯彻落实习近平生态文明思想和习近平总书记视察宁夏重要讲话和重要指示批示精神，秉持“绿水青山就是金山银山”理念，肩负建设黄河流域生态保护和高质量发展先行区时代使命，统筹山水林田湖草系统治理，促进沟坡梁塬综合修复，坚决守好改善生态环境生命线的结果，是生态优先、绿色发展，人接班事接茬，一任接着一任干，一代接着一代干，一张蓝图绘到底的结果，是团结带领全县各级组织和广大干部群众，发扬勇于探索、团结务实、锲而不舍、艰苦创业精神，以及领导苦抓、部门苦帮、群众苦干的“三苦”作风，改土治水，治贫致富的结果。他们总结出“山顶沙棘、柠条戴帽，山坡两杏缠腰，地埂柠条山桃苜蓿，庭院四旁广种核桃花椒，柳椿槐下滩进沟，河谷川台发展苹果梨桃，土石质山区封造结合、针阔混交”的林草布局；探索出了一条具有彭阳特色的富民强县发展之路。全县森林保存面积达到11.67万公顷，森林覆盖率由建县初的3%提高到20.68%。县城建成区面积8.4平方千米，建成区绿化覆盖率44.5%，绿地率41.32%，取得了森林资源稳步增长，质量效益不断提高，城市绿化持续发展的好成绩。彭阳县先后获得“国家园林县城”“全国造林绿化先进单位”“全国退耕还林先进县”和“全国绿化模范县”等荣誉。2007年4月12日胡锦涛总书记、2008年8月16日温家宝总理视察彭阳时，都对彭阳的生态建设成就给予了高度评价。

2022年6月23日至24日，全国政协文史工作座谈会召开，全国政协主席汪洋同志出席会议并发表讲话。他指出：“人民政协是一个高度重视文史工作的政治组织，自1959年周恩来同志亲自倡导在人民政协开展文史资料工作以来，经过60多年的发展，政协文史工作已经成为人民政协一项富有统一战线特色的经常性、基础性工作。它以亲历、亲见、亲闻（以下简称‘三亲’）的方式，从不同角度和层面翔实记录了近代以来中国社会变革发展的非凡历程，生动反映了中国共产党同各党派团体、各族各界人士肝胆相照、荣辱与共、团结合作、携手奋斗的壮阔历史，充分发挥了‘存史、资政、团结、育人’的社会功能。”同时，他对政协文史工作给予了“为丰富中共党史、新中国史研究提供了重要支撑”的评价和肯定。

彭阳县政协在发挥文史资料“存史、资政、团结、育人”方面带了个好头，为大家及时收集、整理、编纂这本有价值、有分量的书。把历届县委、县政府“高点谋划、久久为功，厚植绿色发展底色；解放思想、探索实践，提升生态本色；接续奋斗、融合发展，打造高质量发展特色”的成功经验收入其中；把全国十大绿化标兵吴志胜、绿化突击手李志远、播绿使者杨凤鹏、全国绿化奖章获得者马成录等人的事迹收录其中；把林草植被恢复保护，水土保持等思考和经验收录其中。这些有价值的史料，诠释着绿色年轮中的苦与乐，是一座彭阳人民筑造绿色长城的精神宝库，也是记录彭阳人民改变联合国粮农组织考察彭阳时的结论——“最不适合人类居住的地区”的行动宣言。

是为序。

中共彭阳县委书记　张永强

彭阳县人民政府县长　周　浩

2023 年 8 月

序二

非凡的历程　绿色的印记

人间四月芳菲，彭阳花海醉人。

对于彭阳县的生态建设，我一直是参与者、实践者、亲历者和见证者。彭阳县地处黄土高原沟壑残垣区，生存条件极其艰苦，十年九旱。靠天吃饭的农民，守着几十亩薄田，日出而作，日落而息，却常常还是食不果腹。干旱持续数月，人畜饮水困难，忽而又刮起一场又一场沙尘暴，遮天蔽日，天昏地暗。后来，当我走出山沟，随着知识的增长、阅历的增加，我也越来越深刻地意识到，家乡贫穷的根子在于生态脆弱。

彭阳“生态立县”的科学决策，让彭阳的山川面貌变得越来越美丽，可以用“沧海桑田”来形容。建县以来，弹指三十八年间，彭阳一袭美丽盛装，正在生态文明建设的康庄大道上阔步前行。看今朝，彭阳绿色红利不断释放，诸如红梅杏销往全国各地、彭阳每年少向黄河排沙680万吨，年平均降水量增加近100毫米……

人不负青山，青山定不负人。“88542”隔坡反坡水平沟抗旱集雨造林技术，是在黄土高原综合治理中探索出的“彭阳路子”。彭阳县“88542”工程整地带被誉为“中国生态长城”。1999年，退耕还林还草工作全面开始，退耕还林、荒山造林、流域治理、人修农田等生态建设项目先后展开。如今，当年我的足迹所及之处，已由荒山秃岭变成草木葱茏、绿树环合。

这些年，县城栖凤山公园、怡园文化广场、河湾生态公园、悦龙山公园等一个个绿化工程落地实施。正是这些大大小小的绿化工程，把这座小县城装扮得谦和儒雅，富有内涵魅力，让彭阳这座小城变成中国最舒适的宜居城市之一。

数据是最有力的证明，变化是最扎实的答卷。建县初，彭阳县的森林覆盖率只有3%，如今已达到20.68%。茹河瀑布风景区被水利部命名为国家级水利风景区，金鸡坪梯田公园、麻喇湾梯田公园、青云湾梯田公园三大核心“五彩梯田”等“中国最美旱作梯田”，成为广大游客的打卡地。我可爱的家乡彭阳，实现了由“山光、水浊、田瘦、人穷”到“山绿、水清、地平、人富”历史性巨变。

从荒山秃岭到绿水青山，一代代彭阳人绿色接力、逐梦生态，谱写了响彻时空的“绿色乐章”，创造出令人惊叹的“绿色奇迹”。彭阳生态建设，走过了非凡的历程，取得了辉煌的成就，生动践行了“绿水青山就是金山银山”理念。回顾彭阳生态建设之路，我们清晰地看到，“一任接着一任干、一张蓝图绘到底”的接续奋斗、“功成不必在我”的精神境界和“功成必定有我”的历史担当，是推动彭阳山水之变的不竭动力。眺望前方的奋进路，只要我们坚定保护和改善生态环境的决心，坚定为先行区建设作贡献的信心，驰而不息、久久为功，就一定能够走出一条生态优先、绿色发展的高质量发展新路子，在建设社会主义现代化美丽新宁夏的壮阔实践中交出一份更加出彩的“彭阳答卷”。

谨以这份绿色履历，见证彭阳生态文明建设的非凡历程，激励我们不忘初心，砥砺前行。

彭阳县政协组织收集、编纂的文史资料《彭阳生态建设40年》付梓，值此之际，作文代序。

政协彭阳县第十届委员会主席　马文山

2023年8月

绿水青山彭阳县　2021年6月拍摄 / 摄影　沈继刚

彭阳县自1983年建县以来，在县委、县政府的正确领导下，坚持生态建设不动摇，用心血和汗水浇灌出一圈一圈的绿色年轮，山头、沟洼、河道、路边的各种树木像一座座绿色的丰碑。彭阳县先后获得“全国水土保持先进集体”“全国生态建设示范县”“全国绿化模范县（市）”“全国退耕还林先进县”“全国经济林建设先进县”“国家园林县城”等殊荣。

云上梯田　2022年6月拍摄于彭阳县陡坡村 / 摄影　杨巨辉

梦幻家园　2021年10月20日拍摄于彭阳县新集乡太寺村 / 摄影　张彦俊

绿水青山好家园　2019年8月4日拍摄于彭阳县白阳镇罗堡村 / 摄影　蔺建斌

春天的旋律　2022年5月1日拍摄于彭阳县白阳镇崾岘村 / 摄影　张俊仓

共产党员绿

悦龙山退耕还林，新修的育林坑
2013年4月拍摄 / 彭阳县自然资源局供图

彭阳自1983年建县以来，历届县委、县政府始终坚持科学发展观和“生态立县”方针不动摇，一代接着一代干,一张蓝图绘到底,坚持领导苦抓、部门苦帮、群众苦干的“三苦”作风，团结带领全县各级组织和广大干部群众，改土治水，治贫致富，探索出了一条具有彭阳特色的富民强县发展之路。

2002年4月，群众在白阳镇大沟湾流域按“88542”
造林整地工程标准整地 / 摄影　林生库

2007年4月，群众按照“88542”整地标准整地 / 摄影 林生库

彭阳县探索出了一种叫“88542”的旱作造林整地模式，就是在施工时，沿山体等高线开挖宽0.8米、深0.8米的水平沟；再用沟内挖出的土修筑外埂，埂高0.5米、埂顶宽0.4米；然后将沟上方表土，回填到深沟内至外埂基下，将田面整修成宽2米、外高内低的反坡面。挖这种沟的好处是，一旦下雨，水就能蓄在沟里，水土不会流失，真正做到“水不下山，泥不出沟”。

云雾绕山腰 2020年7月拍摄于彭阳县白阳镇罗堡村 / 摄影 姜海山

阳洼流域风景如画 2023年4月拍摄 / 摄影 沈继刚

阳洼流域位于白阳镇阳洼村，流域总面积28平方千米，经过多年的建设，累计完成基本农田建设800公顷，荒山荒沟造林533公顷，退耕地造林733公顷，建设高效经济林1667公顷（其中栽植核桃667公顷，杏子1000公顷），嫁接改良山杏333公顷，种草333公顷，新修道路26千米，治理程度达97%，通过了全国水土保持生态建设“十百千”示范工程小流域达标验收，成为全县乃至黄土丘陵半干旱山区生态环境建设的样板工程之一。2007年4月12日，胡锦涛总书记到阳洼流域视察后，对彭阳的生态建设给予了高度的评价。

金鸡坪　2019年10月拍摄 / 摄影　蔺建斌

退耕还林生态美　2020年8月拍摄于金鸡坪梯田公园 / 摄影　沈继刚

高坡生态美 2021年9月拍摄于彭阳县白阳镇陡坡村 / 摄影 杨巨辉

退耕还林整地 / 摄影 林生库

1999年3月，宁夏退耕还林工程在彭阳阳洼流域拉开了序幕。

点种柠条 2007年10月拍摄 / 摄影 林生库

大沟湾的夏天　2020年6月拍摄 / 摄影　姜海山

大沟湾流域位于彭阳县城西南，总面积30平方千米，从2002年开始治理，经过多年的建设，累计完成退耕1999公顷，其中退耕地造林1524公顷、荒山荒沟造林475公顷。建设优质经果林400公顷（其中，核桃80公顷，杏320公顷），嫁接改良山杏667公顷；种草333公顷，新修道路6千米，绿化道路17.3千米；机修农田696公顷，打窖102眼，治理程度达到87.4%。

朝气蓬勃 2023年10月拍摄于大沟湾流域 / 摄影 沈继刚

白云深处有人家 2020年8月拍摄于大沟湾流域 / 摄影 王芳琴

大沟湾流域的夏天 2020年7月拍摄 / 彭阳县自然资源局供图

“88542”造林整地工程 1999年4月拍摄于彭阳县白阳镇 / 摄影 林生库

“88542”造林整地工程劳动场面 1999年4月拍摄于彭阳县白阳镇 / 摄影 林生库

云涌麻喇湾　2022年5月拍摄 / 摄影　张俊仓

麻喇湾流域位于白阳镇、王洼乡、古城乡交会处，涉及3乡镇4个行政村、2400多人，是全县生态综合治理示范区。流域总面积28.5平方千米，境内梁、峁、沟、壑纵横，地形破碎，水土流失严重。1999年，该流域被确定为综合治理示范点，开展以“修山治水、退耕还林、打坝推地、封山禁牧、舍饲养畜”为主要措施的小流域综合治理和试验示范工作。完成荒山荒地造林867公顷、退耕地造林573公顷，种草133公顷，修建基本农田567公顷，新修道路15千米；打井、窖150眼，流域内植被覆盖率达到90%以上，治理程度达到了72%。

彭阳麻喇湾流域 2022年10月拍摄 / 摄影 杨万忠

桃花扮靓彩虹路 2023年4月拍摄于麻喇湾 / 摄影 沈继刚

天路 2023年4月拍摄 / 摄影 沈继刚

麻喇湾流域新建了彩虹路，每年桃杏开花时节，景色宜人，成为彭阳县旅游打卡景点。

荒山造林 2021年4月拍摄于白阳镇陡坡村 / 摄影 沈继刚

补植补造 2019年4月拍摄于王洼镇掏涂流域 / 摄影 林生库

山花烂漫杏花岭　2022年4月拍摄于彭阳县草庙乡牛湾村 / 摄影　杨巨辉

王岔流域秋色浓　2023年10月拍摄 / 摄影　沈继刚

山村秋色　2021年10月拍摄于白阳镇中庄村大岔组 / 摄影　沈继刚

彭阳县交岔乡大坪村的孩子，在光秃秃的山上放羊　拍摄于1997年4月 / 摄影　林生库

干部参加义务植树劳动，按照"88542"技术标准整地　拍摄于2007年4月 / 摄影　林生库

曹川秋景　2023年10月拍摄于草庙乡曹川村 / 摄影　沈继刚

彭阳县抢抓有利机遇，紧紧围绕“生态、旅游、休闲”主题定位，打造“天蓝、山绿、水清、城净”城市特色，利用“三山相望、两水环绕”的自然生态禀赋，架构起中心城区山水相连、一核多点、五区一轴、绿廊贯穿的城市发展空间格局，使县城规划控制面积达到60.17平方千米，截至2022年年底，县城建成区面积达到25.03平方千米，人均绿地面积达到40平方米，获得“国家园林县城”荣誉称号。

国家园林县城彭阳县城全景　2021年6月拍摄 / 摄影　杨巨辉

彭阳县城茹河生态园　2022年9月7日拍摄 / 摄影　沈继刚

彭阳县城一角　2020年8月31日拍摄 / 摄影　张彦俊

茹河生态园景观水道　2022年8月拍摄 / 摄影　沈继刚

园林工维护茹河生态园草坪
2022年8月拍摄 /
摄影　沈继刚

彭阳造林队在茹河生态园凿
壁点种刺槐　2017年拍摄 /
摄影　林生库

金鸡坪梯田公园是国家3A级旅游景区，位于宁夏回族自治区固原市彭阳县，园内基本农田1.2万亩，山沟造林0.8万亩，是彭阳县旱作梯田的典型代表，被称作大地上的“指纹”。截至2022年7月，金鸡坪梯田公园内建设有大型景观金鸡雕塑、4个观景节点、游客中心、旅游驿站、自驾车营地等基础配套设施，园区投放朝那鸡60万只，养殖中华蜂100箱，种植小秋杂粮4636亩，并以生态建设和人工梯田为基础，按时间节点种植百合400亩、杭白菊2400亩，打造了以金鸡坪为代表的“中国最美旱作梯田”大地景观。

多彩金鸡坪 2019年8月拍摄 / 摄影 张俊仓

大地流金　2022年10月拍摄于彭阳县崾岘村 / 摄影　王芳琴

彭阳梯田如画来　2022年9月28日拍摄于彭阳县草庙乡王岔村 / 摄影　曾淑芳

1998年8月，彭阳县新集乡上马洼村暑假里的
学生参与农田大会战 / 摄影 林生库

2022年4月，彭阳县白阳镇姜洼村陈山组
开展机修农田 / 摄影 沈继刚

2020年4月，彭阳县白阳镇白岔村集中
开展机修农田 / 摄影 蔺建斌

黄湾流域　2020年5月拍摄 / 摄影　沈继刚

基本农田与生态治理相得益彰　2022年5月拍摄于彭阳县新集乡太寺村 / 摄影　沈继刚

红河镇文沟沟道治理成效明显　2020年6月拍摄 / 摄影　沈继刚

千山竞秀　2019年7月30日拍摄于白阳镇陡坡村 / 摄影　蔺建斌

水土保持工程治理——机修农田
2020年5月拍摄于白阳镇白岔村 /
摄影　沈继刚

城阳乡梁沟沟道林草茂盛
2021年7月拍摄 /
摄影　沈继刚

红梅杏花开 2022年4月拍摄于杏花岭 / 摄影 张俊仓

山杏是彭阳县的优势乡土树种，具有抗旱、耐瘠薄的特点。1983年建县以来，历届县委、县政府始终坚持“生态立县”方针不动摇，大力植树造林，到2022年年底，森林保存面积达到13.24万公顷，森林覆盖率提高到24.8%，其中“两杏”面积达到3.2万公顷，占全县总林地面积的24.3%，“两杏”已成为彭阳林业建设的主力军。林果业也因此成为全县四大特色优势产业之首。2016年，彭阳县红梅杏获批国家地理标志产品，彭阳通过高接换头等措施，红梅杏面积达到10万亩，挂果2万亩，形成村村有红梅杏林、家家有红梅杏树。红梅杏林是当地最美丽的生态景观，每年阳春四月，杏花娇姿艳态，更是一道亮丽的风景线。

城阳乡杨塬村欧洼组村民采摘红梅杏 2022年7月拍摄 / 摄影 沈继刚

彭阳县组织果树嫁接技术员在古城镇刘沟门村嫁接红梅杏 2004年4月拍摄 / 摄影 林生库

城阳乡杨塬村欧洼组村民采摘红梅杏
2022年7月拍摄 / 摄影 沈继刚

彭阳红梅杏畅销全国

彭阳红梅杏

大批外地客商前来选购红梅杏

大沟湾流域山顶林草茂盛，山腰基本农田玉米长势良好
2022年9月拍摄 / 摄影 沈继刚

双磨村群众收割青储玉米 2022年9月拍摄 / 摄影 沈继刚

彭阳县红河镇文沟村建档立卡贫困户兰忠保靠肉牛养殖脱贫
2020年11月拍摄 / 摄影 沈继刚

桃花迎来八方客　2023年4月拍摄于白阳镇阳洼村 / 摄影　沈继刚

林下养蜂产业旺　2019年6月拍摄 /
摄影　蔺建斌

林下养鸡 / 彭阳县自然资源局供图

金鸡坪上游人多　2020年9月拍摄 / 摄影　蔺建斌

第四届彭阳县“梯田花海”自行车挑战赛暨美丽新宁夏自行车联赛
2023年4月拍摄 / 摄影 沈继刚

2018年8月拍摄于白阳镇罗堡村 / 摄影　杨巨辉

40年来，彭阳县造林的速度在固原市同类地区最快，工程量比其他县区高出了3倍，人工林的面积大幅度领先于其他县区，成为宁夏生态建设的一面旗帜。在长期的生态建设实践中，全县广大干部勇挑重担、攻坚克难，实现了彭阳生态建设的历史性突破，打造了“生态彭阳”品牌，同时也锤炼了彭阳干部敢为人先、敢打硬仗、敢于吃苦、乐于奉献的作风和能力，汇聚起了以农民为主体、以干部为补充、全民共同参与的生态建设强大力量，为宁夏南部打造了一道亮丽的生态屏障。

七彩家园　2022年10月拍摄于白阳镇白岔村 / 摄影　沈继刚

美如仙境　2020年7月拍摄于白阳镇 / 摄影　曾淑芳

大好河山　2019年10月18日拍摄于彭阳县白阳镇阳洼流域 / 摄影　蔺建斌

大山通途　2019年10月拍摄于冯庄乡 / 摄影　张俊仓

彭阳县所获部分荣誉

全国经济林建设
示范县
国家林业局
二〇〇〇年四月

全国经济林建设
先进县（市）
国家林业局
二〇〇一年九月

全国水土保持
先进集体
中华人民共和国水利部
二〇〇五年三月

全国退耕还林
先进县
国家林业局
二〇〇七年八月

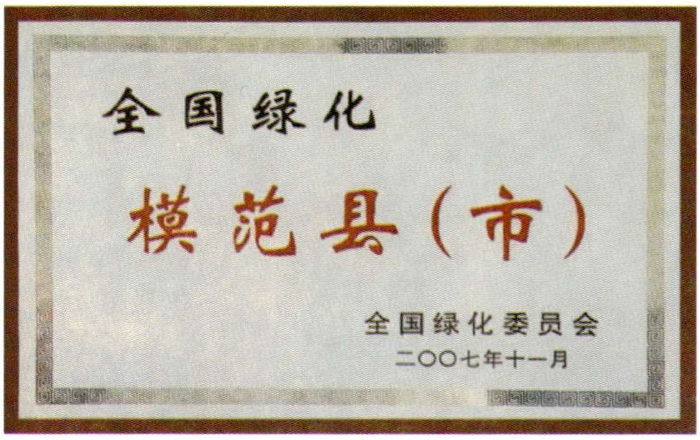
全国绿化
模范县（市）
全国绿化委员会
二〇〇七年十一月

授予：宁夏回族自治区彭阳县
国家园林县城
中华人民共和国住房和城乡建设部
二〇一〇年二月

目　录

生态建设总览

山川秀美不是梦——彭阳县生态建设报告……003
脱贫致富的一面旗帜——彭阳县艰苦创业改造山河调查报告……007
三十八年初心不改，敢叫荒山变青山　三十八年使命在肩，誓将青山变金山……013
生态立县　富民强县之路……017
彭阳县生态扶贫效益……027
彭阳县发展生态经济的积极实践……031
“三北”线上的“绿色彭阳”——彭阳县生态建设纪实专题片脚本……039
第1798号建议的办理……045
构筑生态屏障，创建生态文明示范县……049
建设国家生态文明先行示范区……051
以先行区为突破口，切实担当新时代使命……055
践行绿色发展理念　建设生态保护样板县……058

政协专题调研

关于全县环境污染治理工作情况的调研报告……067
如何推进彭阳生态环境保护工作……071
禁牧封育工作现状调查分析及建议……073
大力发展中药材产业……079

发展红梅杏产业的几点建议……083
彭阳县发展林果产业的建议……085
彭阳县“四个一”林草试验示范工程建设情况……089
生态环境保护工作的成效与建议……091
关于全县水系连通和农村水系综合治理情况的调研报告……095
彭阳县推进畜禽养殖污染防治情况调研报告……099

植被恢复与保护

彭阳境内植被……107
挂马沟林场……111
绿盾2017专项行动……115
林业调查及区划的制定……117
“三北”防护林……123
400毫米降水线绿化工程……129
坚持真抓实干 强化示范引领 扎实推进黄土高原综合治理健康发展……131
“三北”工程黄土高原综合林业示范建设项目……143
植树造林……145
七届班子痴情苦恋 一张蓝图众手绘就……174
“四个一”林草项目……176
彭阳县林业发展纪实……181
林木管护……193
荒山造林基金管理……199
蹚过一片峁 背出万亩林……201
草场及草场改良……203
天然草场植被恢复项目……206
退耕还林政策的制定……208
退耕还林工程的实施……212
退耕还林(草)补助……218
生态补助政策的实施……222

彭阳县退耕还林还草后续产业培育和发展……226
发挥人大代表作用　做好退耕管护工作
——彭阳县古城镇创新退耕林地管护机制的做法与启示……232
退耕七年　三苦带来四变——记全国退耕还林先进县宁夏彭阳县(节选)……236
加快发展后续产业　巩固退耕还林草成果……238
城阳乡五峰山慈善林碑记……242
彭阳慈善林业记……244
彭阳县林业生态建设回顾与展望……246
抓护林队伍建设　促森林资源保护……254
我所知道的彭阳古树名木……256

水土流失治理

水土流失状况及治理……277
保土保墒的高标准农田……279
专项资金水土保持项目……283
小流域治理四大典型……286
小流域水土治理……290
一任接着一任实干　建成今日秀美山川……294
70年水土流失治理成果助力彭阳经济发展……304
茹河治理……312
荒山荒沟治理……314
移民迁出区生态修复……318

生态后续产业

生态循环农业展示核心区……325
彭阳县“两杏”产业发展现状及对策……331
彭阳县经济发展的希望所在——彭阳县经果林发展现状与展望……338
经果林栽植示范……351

宁夏彭阳：牧草产业带动脱贫致富……354
几代造林人接力为彭阳山川着绿装……356

生态环境卫生

环境监测……361
环境治理……365
城乡公共环境整治……367
“五土”共改……373
土壤污染物防治监管……376
打造魅力山城……380

生态科技成果

黄土丘陵区农业可持续发展的必由之路……385
花椒丰产栽培技术……392
黄土丘陵区杏树低产林改造技术……396
宁夏彭阳县杏树花期冻害调查与分析……400
关于对彭阳县林木种质资源保存的探究……405
梨眼天牛的生物学特性观察及其防治……409
宁夏黄土丘陵区杏树嫁接技术规程……413
节能日光温室葡萄促成栽培技术规范……419
节能日光温室杏树促成栽培技术规范……424
节能日光温室桃树促成栽培管理技术规范……429
林业科技成果……434

生态建设标兵

贾世昌和他的“七字诀”……439
致富带头人杨万珍……443
宁夏农林科学院研究员张一鸣……444

陈沟村致富带头人虎治辉……446
刘沟门村致富带头人马文……447
全国十大绿化标兵吴志胜……448
全国绿化奖章获得者王毅……449
播绿使者杨凤鹏……450
绿化突击手李志远……451
全国绿化奖章获得者马成录……452
全国林业法制工作先进个人王玉有……453
造林绿化奖章获得者袁君……454
宁夏农民杰出青年王占国……455
获全国及各部委表彰的先进人物……456
获宁夏回族自治区表彰先进人物……458
获宁夏回族自治区及固原市各厅(局)表彰先进人物……459
持之以恒抓生态　综合提升助脱贫——记全国生态建设突出贡献奖先进集体彭阳县……461
彭阳县获先进集体奖项……464

附　录

林业发展规划……469
彭阳县水土流失预防监督办法(摘录)……472
关于加快经济林支柱产业开发的实施方案……476
宜林“四荒”地拍卖、承包绿化试行意见……479
中共彭阳县委　彭阳县人民政府关于认真贯彻落实全区林业现场会议精神切实加快林业发展的决定……481
中共彭阳县委　彭阳县人民政府关于开展向优秀共产党员、优秀林业干部吴志胜同志学习的决定……487
彭阳县林木管护办法……489
关于开展争创“造林大户”“花园式单位”和“庭院绿化模范户”活动的决定……493
彭阳县实施退耕还林还草项目暂行办法……494

中共彭阳县委　彭阳县人民政府关于实行封山禁牧发展舍饲养殖的决定……………499
彭阳县退耕还林草办法…………………………………………………………………………………503
中共彭阳县委　彭阳县人民政府关于加快发展后续产业巩固退耕还林草
　成果的实施意见……………………………………………………………………………………510
彭阳生态建设“813”提升工程实施意见……………………………………………………………516
关于进一步规范荒山造林基金管理的意见………………………………………………………521
中共彭阳县委　彭阳县人民政府关于加快推进生态、经济、社会科学发展若干
　重大问题的决定……………………………………………………………………………………523
彭阳县2010—2015年经济林产业发展规划………………………………………………………533
彭阳县集体林权制度改革实施方案…………………………………………………………………537
彭阳县总林长令…………………………………………………………………………………………545
彭阳县生态经济产业高质量发展规划(2023—2027)……………………………………………547
彭阳县红梅杏产业高质量发展规划(2023—2027)………………………………………………552
彭阳县2023年林果产业种管养综合提升项目实施方案…………………………………………559
2023年彭阳县苹果、红梅杏冻害补贴实施方案……………………………………………………568
彭阳县2024年农业产业高质量发展实施方案………………………………………………………572
彭阳县2024年林果产业提质增效项目实施方案……………………………………………………588

生态建设总览

自1983年彭阳县建立以来，历届县委、县政府始终坚持科学发展观和“生态立县”方针不动摇，团结带领全县各级组织和广大干部群众，改土治水，治贫致富，探索出了一条具有彭阳特色的“生态立县”发展之路。

借鉴历史，发扬传统，眷念先贤，激励来者，是当代环保工作者不可推卸的责任。面对新形势、新要求，要以更高层次的理念来谋划环保工作，以建设“大花园、大果园”为蓝图，加快构建林业三大体系(森林生态体系、林业产业体系、生态文化体系)，进一步提高林业三大效益(生态效益、经济效益、社会效益)，为建设生态文明做出新的贡献。

山川秀美不是梦

——彭阳县生态建设报告

自治区党委办公厅

彭阳县位于我区东南边缘，是一个以农业为主的山区贫困县。全县24.4万人，总土地面积2528平方千米。在实施综合治理前，境内梁峁起伏，沟壑纵横，土壤贫瘠，植被稀疏，全县水土流失总面积2333平方千米，占总土地面积的92%，年土壤侵蚀总量高达1400万吨，是全国重点水土流失区。大范围的水土流失，不仅使土地严重退化，水源涵养能力降低，而且还导致了小气候恶化，水、旱灾频繁，群众生活十分困难。1983年建县后，他们抓住“三西”建设的大好时机，几届班子带领全县人民经过16年治理，探索并总结出一条适合县情的治理水土流失、改善生态环境、实现脱贫致富、建设秀美山川的新路子。截至目前，全县治理小流域50条，累计综合治理水土流失面积1178.7平方千米，修梯田5.1万公顷，造林5.4万公顷，种草保存面积2万公顷，新修水土保持工程3000多处，治理程度达到50.5%，每年可减少泥沙流失400多万吨，取得了显著的生态、经济和社会效益。全县于1998年年底实现了基本解决农村贫困人口温饱问题的目标，农民人均有粮446千克，是治理前的2倍，农民人均纯收入每年1046元，是1983年的19倍。第一个列入小流域治理示范区的崾岘乡黑窑滩村，1998年农民人均有粮780千克，人均纯收入1200元，分别是治理前的3.1倍和2.3倍。

一张蓝图绘到底

建县初，彭阳县委、县政府从可持续发展的长远战略出发，始终把改善生态环境作为脱贫致富的一项治本措施来抓，一任接着一任干，上级干给下级看，“人接班，事接茬，一张蓝图绘到底”，团结带领广大干部群众，通过坚持不懈地改土治水，造林种草，积极探索山区生态环境建设的新路子。1983年建县初，针对生态环境恶劣、生产生活条件艰苦、农业生产效益低下这一实际，县委、县政府提出了“六种”“七养”“十加工”的建设构想。经过几年的实践总结，又提出了“三个五”的经济发展战略，即五项基础建设（农田、水电、道路、人畜饮水、林草）、五个基地建设（粮食、油料、果品、蔬菜、小家畜）和五种产品开发（果品、亚麻、淀粉、皮毛、煤炭），确立了“稳步发展粮油生产，大力开发果、牧支柱产业和第三产业，继续加强田、林、水、电、路基础建设，积极发展地方工业、乡镇企业和个体私营经济，培育城乡市场，坚持科教兴县，严格控制人口增长，加快改革和建设步伐，促进全县人民脱贫困、争富裕、奔小康”的百字方针。实践证明，这一方针符合彭阳发展的实际，对促进全县经济持续快速健康发展起到了至关重要的作用。

合理规划求实效

20世纪80年代初，彭阳县治理水土流失的措施单一、各自为政，虽然出力不少，但事倍功半，效益不佳。多年来的治理工作使彭阳县委、县政府领导们深刻认识到，全方位推进生态环境建设，必须坚持因地制宜、科学规划、合理布局、综合治理的方针，采用退耕还林、稳粮兴果、草畜同步、统筹兼顾的生态效益型模式。为此，他们提出和实施了“山顶沙棘、柠条戴帽，山坡两杏缠腰，地埂柠条山桃苜蓿，庭院四旁广种核桃、花椒，柳、椿、槐下滩进沟，河谷川台发展苹果、梨、桃，杨、松上路道，土石质山区封造结合，针阔混交”的林草布局方针。北部干旱黄土丘陵沟壑区重点发展以“两杏”为主的生态经济林，以沙棘、山桃为主的薪炭林和以柠条为主的饲料林；在红茹河川源区重点发展苹果、梨、桃、核桃、花椒等经济林和农田防护林，河谷沟道发展以刺槐为主的用材林和薪炭林；在西南部土石质山区重点发展以落叶松、云杉为主的水源涵养型用材林，日益显示出较好的生态、经济和社会效益。

经过不断地探索、学习、总结、改进，全县水土流失治理工作步入了新阶段。干部群众把每条流域既作为一个完整的水土治理单元，又作为一个经济开发单元，实行山、水、田、林、路统一规划，梁、峁、沟、坡、塬综合治理，工程、生物、技术措施齐上，农、林、草镶嵌配套，整座山、整条沟、整块流域集中连片规模治理，基本做到了“规划一次搞好，措施一次到位，质量一次达标，流失一次控制”。经过10多年坚持不懈的连片综合治理，人均基本农田达到3亩，森林覆盖率由20世纪80年代初的3%提高到13.91%。

彭阳县被水利部、财政部授予“全国水土保持生态环境建设示范县”称号，庙壕流域治理被国家水利专家称为“精品工程”。

干部群众一条心

多年来，彭阳县在全县干部群众中广泛开展“讲基础、讲县情、讲机遇、讲前景”的讨论，集思广益，寻求加快发展的思路。通过宣传教育，使广大干部群众普遍认识到退耕还林还草，走林果、草牧、粮农综合型生态农业路子的现实意义。每年工程整地、造林种草季节，县上几套班子的领导和机关干部走出机关，到流域点上进行工程整地、义务植树，多年坚持，雷打不动。1993年以来，县城机关先后建立义务植树基地8处0.13万公顷，植树100多万株。县委、县政府领导都有自己的绿化点。乡镇党委书记、乡镇长每年各抓一个百亩以上的造林绿化示范点。干部以身作则，群众雷厉风行。全县上下广泛动员，统一规划，规模治理，群众改土治水造林的战役从南到北，从川到山全面展开，不断掀起高潮。由1992年的以村为单位的“小规模会战”，发展到近两年以两个村、三个村甚至七八个村联合数千人参加的“大规模会战”。今年春季，千亩以上连片规模工程达10多个。

科技创新上水平

在坚持植树造林、改山治水等传统的治理开发中，彭阳县千方百计加大科技投入，提高小流域治理开发的科技含量，建立了以科技示范为主的服务机制。县农林水主管部门实行领导分片抓农田建设、打井打窖、通道工程、“两杏一果”四大工程建设，科技人员包乡包村；乡乡设有技术工作站，以主管部门为主，实行双重领导，大部分村有技术员，基本做到了解决技术难题不出村；各乡镇和县职业培训中心都举办不同类型的生态建设科技培训班，有的培训班随季节办在流域、果园，进行现场直观培训，全县大部分群众掌握了修田整地造林新技术。高度重视“重点园”“示范园”“新技术推广园”的建设推广。新技术、新品种迅速推广辐射全县生态环境建设的各个领域。工程整地、储雨节灌、地埂利用、品种改良、秸秆栽植等实用技术得到普遍应用。先后引进各类果品林木良种20多个，通过快速育苗、树盘覆膜和大树高接换头，发展改良优质果园0.13万公顷。同时，围绕生态环境建设和农业可持续发展，大力推广地膜覆盖、立体种植、旱作农业等实用技术，实现了流域内粮食增产、多种经营增收。在治理规模上，从零星的单一治理到现在以小流域为单元的综合治理、规模治理；在治理方式上，从简单的耕作措施到工程措施、生物措施、技术措施相结合；在树种选择上，从单一的林木栽植到乔灌草结合；在整地技术上，从鱼鳞坑到带子田、到水平沟，大大提高流域治理水平。

严格管理保成果

“三分治七分管”，保护巩固治理成果，使其发挥效益，关键在于依法管护。为此，彭阳县以宣传教育为先导，以地方性法规配套和执法队伍建设为基础，以加强监督执法、查处典型案例为突破口，以健全林政资源管理网络为重点，狠抓了各项监督管护措施的落实。一是加强水土保持法规的宣传普及。自1991年《中华人民共和国水土保持法》（后简称《水土保持法》）颁布以来，围绕该法的宣传贯彻，在全县范围内开展集中宣传教育活动，强化了全民水土保持意识。二是建立健全地方配套法规。县政府先后出台了《彭阳县水土保持管理办法》和《彭阳县林木管护办法》等地方配套法规，增强了《水土保持法》的可操作性和实效性，保证了《水土保持法》的贯彻落实。三是狠抓了县乡村三级监督执法网络建设。县上设立了森林派出所，加强巡山防护和林政资源管理。各乡镇建立了护林站（点）、配置专职护林员160多人，兼职护林员300多人，有些流域治理区还成立了专业护林队和水土保持监管所，加大破坏农田、毁坏林木案件的查处力度。实行封山育林，有效地制止了毁林开荒、乱采滥伐。县林业局还抽调技术骨干，成立了病虫害防治大队，加强林木病虫害防治，切实做到了治理一片、管护一片、受益一片，较好地巩固了造林成果。

（原载于2000年8月13日《宁夏日报》）

脱贫致富的一面旗帜

——彭阳县艰苦创业改造山河调查报告

自治区党委政研室

王岔流域综合治理 / 彭阳县自然资源局供图

彭阳县地处六盘山东麓，全县20个乡镇，167个行政村，24万人口。境内沟壑纵横，干旱多灾，属于国务院“三西”重点扶贫县之一。1983年建县初期，到处是荒山秃岭，经济十分落后，群众生活极端贫困。就是在这样一个穷山区，彭阳人民在短短十余年的时间里用自己辛勤的双手，使贫穷落后的面貌大为改观，走出了一条切合本地实际、有成效的发展路子。与建县时相比较，彭阳县粮食产量由6000万千克增加到9000万千克，有林地面积由0.4万公顷增加到4.6万公顷，经济林面积由600公顷增加到1.1

万公顷，基本农田面积由0.25万公顷增加到3.7万公顷，农民人均纯收入由不足百元增加到850元，财政收入由78万元增加到701万元。我们在调查期间，听到了许多彭阳人民改变家乡面貌可歌可泣的感人事迹，看到了他们战天斗地、治山治水的动人场面，深深地被彭阳人身上那种“宁愿苦干、不愿苦熬”的拼搏向上的精神所感动。建县后的十几年里，彭阳历届党政领导认准路子，科学决策，他们把大搞农田水利基本建设、植树造林、改土治水、改善生产条件和生态环境作为加快脱贫致富的根本措施来抓。

狠抓林业建设，人工林覆盖率居宁南山区八县第一。20世纪80年代中期，彭阳县委、县政府在分析研究长期以来“种田不得甜”的原因时认识到，山区贫困的根子在山，潜力在林，希望在林，突破口在经济林。他们把林业建设作为改善农业生产条件和振兴当地经济的突破口，在全县掀起了植树造林的热潮。经过几年的艰苦努力，不少群众在林果业上受益。1990年，县上进一步加大林业建设力度，坚持因地制宜、合理布局、优化结构、注重效益的原则，充分发挥区位优势，逐步形成了“山顶沙棘柠条戴帽，山坡地埂杏树山桃缠腰，刺槐臭椿种遍沟岔河道；庄前院后广种核桃花椒，河谷山台发展苹果梨桃，土石质山区封造针阔混交”的林业建设新格局，全县林业建设得到了迅猛发展。截至1996年年底，全县森林累计保存面积4.6万公顷，森林覆盖率由原来的3%提高到11.86%，木材蓄积量达60万立方米，林业产值占农业总产值的19.2%。建成了具有明显经济、生态和社会效益的三个重点工程，即以挂马沟林场为主，集用材、水源涵养为一体的针叶林基地(0.7万公顷)，以“两杏一果”为主的经果林基地(1万公顷)，百里生态经济林通道工程示范区(0.2万公顷)。

狠抓农业基础设施建设，人均拥有高标准基本农田居宁南山区8县第一。建县10多年来，彭阳县历届领导认准了一个理：要改变贫穷落后的面貌，必须先改变恶劣的生态环境。领导换了一茬又一茬，但既定的方针和路子却始终不动摇，山、水、田、林、路综合治理的决心一天也没有动摇，领导们一任接着一任干。他们充分利用“三西”资金和“4071”项目实施的机遇，全民动员，以小流域为单元，统一规划、集中连片治理，走“人机结合、生物锁边”的路子。农田建设实行大会战，涌现了一大批像窨子掌、杨湾、黑窑滩、高建堡等综合治理的先进典型。已经有40多个小流域变成了花果山、杨柳沟，过去干旱的山沟如今有几十条流出了潺潺的溪水。1992年以来，全县基本农田面积每年以0.33万公顷左右的速度增加，目前全县人均占有基本农田面积约0.15公顷，

白河村农民在辣椒棚内除草 2013年3月拍摄 / 彭阳县农业农村局供图

特别是人修农田，在没有一分钱补助的情况下，大家充分利用每年夏收后的空闲时间，县、乡、村齐抓共管，思想、指挥、人员、技术四到位，每年有3万至4万的劳动力奋战在建设工地，仅1996年全县就完成了百亩点103个，50亩点130个，质量达到了机修水平。高标准基本农田建成后，抗旱水平大大提高，蓄水能力达到一次降水1000多毫米，水不下山，粮食增产能力比改造前提高两倍，过去跑水、跑土、跑肥的"三跑田"变成了"三保田"。

狠抓支柱产业建设，支柱产业收入占总收入的比重居宁南山区八县第一。建县以来，历届县委、县政府通过改革和发展的实践，不断深化对县情的认识，制定了稳定发展粮油生产，大力开发果、牧等支柱产业的方针。按照这一方针，近年来，果、牧等支柱产业迅速发展。发展经果林方面，以"两杏一果"为重点，建成了以生产果脯、果汁饮料为主要产品的龙头企业，形成了产、加、销一条龙的林果产业化雏形，全县80%的农户直接受益于林，涌现出古城乡的马成录、城阳乡的杨万珍等两千多户依靠发展林果业脱贫致富的典型。发展畜牧业方面，按照"小规模、大群体"的思路，以六盘山东麓阴湿带草场养牛区、红茹河牛猪兼养区和北部山区羊牛兼养区为基地，以发展养牛业为重点，优化畜牧结构，大力发展示范户，积极扶持重点户，努力提高商品率。1996年，全县饲养黄牛4.3万头，出栏率为16.4%，牧业总产值5690万元。由于支柱产业的发展，改变了过去以粮食为主的产业单一的局面，支柱产业产值近亿元，收入已经占到农民全年总收入的40%以上。

狠抓扶贫开发，绝对贫困户脱贫率居宁南山区八县第一。作为贫困县，衡量各项工作的最终标准就是脱贫。近几年，他们接连打了七个硬仗：一是以地膜玉米、冬小麦为主的粮食生产仗；二是支柱产业发展仗；三是基本农田建设仗；四是水利建设仗；五是林业建设仗；六是道路建设仗；七是科技推广仗。特别是作为实施“温饱工程”重要措施的地膜玉米，在抗旱增产中起到了重要作用。全县1996年种植地膜玉米面积0.42万公顷，占全区地膜玉米总面积的四分之一，单产水平在500至800千克，接近或者超过引黄灌区的水平，就是在大旱的1995年，其他粮食几乎绝产，地膜玉米的单产仍达到400千克。

在具体扶贫工作中，他们强化领导，确保扶贫到村到户，实施了“1335”扶贫开发工

白阳镇中庄村村民在退耕地补栽树苗　2021年4月拍摄 / 摄影　沈继刚

程，即每户至少出售1头商品畜、发展3亩窖灌高效农业、人均3亩高标准基本农田、户均5亩以“两杏”为主的经济林。建档立卡到户，目标责任到户，资金安排到户，各项扶贫优惠政策落实到户，扶贫效益和贫困村户直接挂钩。全面推行部门定点包扶贫困村，县级干部包扶贫困村户、乡镇党政一把手负总责的办法，层层建立目标管理责任制。目前每个县级干部都包扶一个贫困村和5至10个贫困户。通过包扶，总体上基本实现了村村有脱贫规划，户户有脱贫路子，人人有脱贫行动。建立健全了县乡村三级劳务输出网络，有计划、有组织地输出劳务，扩大就业门路。经过十几年的艰苦工作，贫困面已由过去的90%下降到38%，人均纯收入在300元以下（1990年不变价）的绝对贫困人口占全县总人口的比重为7.9%。

通过调查，我们认为，彭阳县的宝贵经验，就是有“一条好的发展路子，一个好的发展规划，一个好的领导班子，一支好的干部队伍，一系列好的典型，一种好的进取精神”。他们取得上述成绩的主要原因是：自力更生、知难而进。彭阳县农业生产条件很差，建县时，不要说和川区比，就是和固原地区其他县相比也是落后的。是躺在国家身上“等、靠、要”，还是动员民众用自己的双手建设家园？历届县委、县政府的领导都坚决地走上了自力更生的道路。在植树造林、人修农田和乡村道路建设中，全县近几年人均年出工35至40个。广大干部农民晒黑了脸、磨破了皮、跑细了腿，面对各种困难，不等不靠，毫不退缩，治理水土流失面积数百平方千米，累计完成人修农田0.13万公顷，植树造林0.33万公顷，完成了村村通电的任务，新修乡村道路169千米。当问起苦不苦时，农民异口同声告诉我们：“苦砸了！”但他们抬头看到满山属于自己的杏树桃李，自己修建的反坡水平梯田和盘旋在山间的道路，总是欣慰地对我们说：“共产党带领我们致富，再苦也值得。”

领导垂范、团结务实。在彭阳人民战天斗地的实践中，各级干部和群众都深深感到，越是任务繁重，越是困难的时候，越要加强团结。要搞好团结，领导班子必须率先垂范，作榜样。在每年的小流域治理大会战中，全县干部劳动7天，主要领导带头上阵，吃在工地，干在工地，任务与大家一样多，速度与大家一样快，标准与大家一样高。县里的干部告诉我们，彭阳的典型绝大多数出自县级领导抓的点。领导的带头作用影响和教育了基层干部。乡村干部和农民群众同甘共苦，奋战在作业场地，全县167个行政村党支部，有162个充分发挥了战斗堡垒作用。县直属部门之间密切配合，协同作战，互相支持，无论植树还是机修农田、搞水利建设，哪个部门资金不足，其他部门就积极调剂，保证工作任务的完成，全县上下出现了领导苦抓、部门苦帮、群众苦干的局面。

埋头苦干、锲而不舍。在彭阳，站在改造过的山头举目四望，最能感受到彭阳人那种吃苦耐劳的精神。无论是隔坡梯田，还是隔带反坡水平沟整地，动用土方量难以计数。李志远，一个拄着双拐植树的人，从80年代初开始，凭借一锄一锨，每年挖山不止，在他的脚下走出了一道道崎岖的山路，在他的手上栽下了各种树木累计达到8.6万株。在彭阳，这样的例子不胜枚举，在他们身上焕发着不改变家乡面貌誓不罢休的"愚公"精神。全县有41个部门、数百名干部常年驻在条件艰苦、气候最恶劣的山村，帮助群众脱贫致富。农村的干部大多数很少有休息日，经常翻山越岭为农民传授技术，帮助农民脱贫致富。这些衣着朴素，面目黝黑的县乡干部没有风沙、误餐补贴，生活简朴，作风扎实，从无怨言，乡村干部之间不是比谁更安逸、谁更会享受，而是比谁干得多，谁的治理区技术水平高。

因地制宜，依靠民众。彭阳县在农村改革与发展中，牢牢地把握住农业生产条件恶劣这个最基本的县情，把工作的着眼点和着力点放在了是否有利于彭阳生产条件和生态环境的改善，是否有利于脱贫致富，是否有利于农民收入和生活水平的提高上。崾岘乡白岔村是彭阳县一个偏远的行政村，全村地无三尺平，自然条件十分恶劣。20世纪70年代末，有关部门曾在这里进行改善生态条件试点，上了许多树种，但经过多年的实践成效甚微，县乡村各级领导和有关部门经过反复研究，发现杏树成活率高，病虫害少，群众又有种植经验，随即确立以开发杏为主的林果产业的思路，积极组织和引导群众规模开发。目前种植面积267公顷，仅此一项全村人均收入200元以上，而且由于一业的带动和生态环境的改善，整个收入不断增加，去年人均收入超过1000元。为了适应市场，彭阳采取了"产业规模化，品种多样化"的发展路子。在经果林建设上，实行了"五个一"的发展战略，即一万亩梨、一万亩花椒、一万亩核桃、一万亩枣子、一万亩优质苹果，由于品种更新较快，果品质量提高，农民果品收入显著增加。彭阳县是在全区率先实行"四荒地"拍卖的，他们踏踏实实地在拍卖的0.8万公顷荒地上按照"山顶沙棘、柠条戴帽、山坡杏树缠腰"的要求搞起了综合治理，改善了生态环境，增加了农民收入。

（原载于1997年5月18日《宁夏日报》）

三十八年初心不改，敢叫荒山变青山
三十八年使命在肩，誓将青山变金山

张永强

彭阳县位于宁夏东南部，国土总面积2533平方千米，总人口24万人，境内山多川少，沟壑纵横，属于黄土高原干旱丘陵沟壑残塬区、宁夏中南部生态脆弱典型区。1983年建县之初，全县森林覆盖率不足3%，水土流失面积占90%以上，曾被联合国粮农组织认定为"最不适宜人类居住"地区。

彭阳历届县委、县政府坚持"生态立县"不动摇，深入贯彻落实习近平生态文明思想和习近平总书记视察宁夏重要讲话精神，秉持"绿水青山就是金山银山"理念，肩负建设黄河流域生态保护和高质量发展先行区时代使命，统筹山水林田湖草系统治理，促进沟坡梁峁塬综合修复，坚决守好改善生态环境生命线，走出了一条"植绿与增绿互促、保护与修复并重、山绿与民富双赢"的生态优先、绿色发展之路。全县森林面积从建县初的1.8万公顷增加到8.2万公顷，森林覆盖率达到了32.2%，降雨量由20世纪80年代的350毫米左右增加到2020年的561毫米，昔日的"苦甲之地"变成了今日的"高原绿岛"。先后获得"全国水土保持先进集体""全国生态建设示范县""全国绿化模范县(市)""全国退耕还林先进县""全国经济林建设先进县""国家园林县城"等殊荣。我们的主要做法有以下几项。

高点谋划、久久为功，厚植绿色发展底色

建县伊始，面对极端恶劣的生态环境和贫瘠落后的生活状况，县委、县政府深刻认识到，贫困的根子在山，发展的潜力在林，要想改变贫穷落后面貌，必须大兴实干之风、大搞植树造林、大抓生态建设。38年来，建设好生态、优化好环境、改善好民生，成为历

届县委、县政府持之以恒、久久为功的不变课题。

坚持一张蓝图绘到底。牢固树立“生态立县”发展理念，明确了“10年初见成效、20年大见成效、30年实现山川秀美”的长远目标，将生态建设纳入每个五年规划，列入每次党代会、人代会重要内容。先后提出了建设“生态经济强县、生态文化大县、生态人居名县”的战略部署，明确了打造“大花园、大果园”构建“生态家园”的奋斗目标，制定出台《关于加快推进生态、经济、社会科学发展若干问题的决定》《彭阳县“十四五”林草产业发展规划》等一系列政策，抓生态、促发展成为全县干部群众的思想共识和自觉行动。

坚持一任接着一任干。历任县委、县政府坚持人接班、事接茬，38年如一日推动生态建设。建县初期，探索推行农林牧各占三分之一的“三三制”经营模式，大兴植树造林；1992年，积极总结经验，提出山水林路综合治理，造林面积每年保持5万亩增速；2000年，抢抓国家实施退耕还林工程历史机遇，大力实施“813”生态提升工程，用5年时间打造生态乡8个、生态村100个、生态户3万户；2017年，推广“四个一”林草工程，促进了增绿和增收相统一；2021年，立足建设黄河流域生态保护和高质量发展先行区，争创宁夏“山林权”改革重点县，落实集体所有权，稳定农户承包权，放活林地经营权，保障林农收益权，为实现高质量发展构筑更加稳固的生态屏障。

坚持一代接着一代干。彭阳山大沟深、风大雨少，自然条件恶劣，造林难度极大。在与恶劣自然环境较量中，全县上下坚持县委统一领导、党政齐抓共管、干群团结一心，在战天斗地中锤炼了领导苦抓、干部苦帮、群众苦干的“三苦”作风，涌现出一个又一个典型。红河文沟村党支部带领群众修了10年田、栽了10年树，让19条沟、9道梁、12个峁95%的荒山变林田，粮食产量稳步提升；“全国绿化祖国突击手”李志远，身残志坚、只身一人将和沟村13公顷荒山变林地；“全国优秀共产党员”杨凤鹏带领造林队将一座座荒山打造成了“生态银行”；等等。一代又一代彭阳人不改初心、不易其志、接续奋斗，绘就了今日的秀美山川。

解放思想、探索实践，提升生态建设本色

在生态建设和治理过程中，我县不断探索、大胆实践，形成了“彭阳理念”，打造了“彭阳样板”，走出了“彭阳路子”，干出了“彭阳速度”。

优化机制强保障。“为官先过林业关”是彭阳各级干部的基本要求，我县将生态建

设纳入效能考核，实行县乡村三级包抓责任制，做到挂图作战、清单管理、项目推进、对账落实。探索市场化、多元化投入机制，鼓励引导社会资本参与生态保护修复，形成国家投资、地方筹资、社会融资的多元投资结构。全面推行科技承包责任制，实施科技特派员行动，科技人员下沉一线、扎根山头、跟踪指导，为生态保护修复提供技术支撑。注重林木资源管理，全面推行封山禁牧，严格落实“山林长”制，每座山每片林都有管护责任人。

科学方法提质效。坚持以小流域综合治理为基本单元，整座山、整条沟、整个流域先下后上、先坡后沟、造林修田，实现山水田林路一体推进。针对生态治理“单户难发动、劳力难组织、施工难统一、质量难保证、受益难平衡”的实际，制定政策调动、机制促动、科技引动、实践带动、利益驱动的“五动”措施，带动全社会参与生态建设。坚持大兵团作战，打破地、村、乡界，做到群众齐参与，春夏秋三季大会战，上阵劳力超过10万人，实现生态建设数量和质量双保障。

规范标准促提升。造林初期，由于降水量少，苗木成活率很低。通过不断实践探索，创造了“88542”隔坡反坡水平沟整地造林技术，即沿等高线开挖宽80厘米、深80厘米的水平沟，筑高50厘米、顶宽40厘米的外埂，埂外坡自然坡面呈60°，田面整修成宽2米、外高内低的反坡状，蓄水、抗洪、保墒效果显著，极大提升了造林成活率。据测算，彭阳“88542”工程整地带可以绕地球赤道三圈半，被誉为“中国生态长城”。

创新模式抓治理。以根治水土流失、改善生态环境为目标，因地制宜、宜林则林、宜草则草，在林草布局上做到“山顶沙棘、柠条戴帽，坡地杏树、山桃缠腰，路埂乔木、灌木结合”，在立体治理上推行“山顶林草戴帽子，山腰梯田系带子，沟头库坝穿靴子”的模式；在生态经济发展上坚持“山顶种植绿化林、山中栽植经果林、山下发展庭院林、沟边栽植乔木林”，通过不断集成创新，实现了多样化治理、多角度开发、多方面受益。

接续奋斗、融合发展，打造高质量发展特色

随着彭阳生态环境的不断改善，良好生态已成为彭阳高质量发展的最大优势和潜力所在。近年来，县委、县政府在持续推进国土绿化的基础上，坚持生态效益、经济效益、社会效益相统一，做好“生态+”文章，在保护绿水青山的同时，打造更多金山银山。

生态效益更加凸显。现在的彭阳冬无严寒、夏季凉爽，山清水秀、鸟语花香，年降

雨量最高达到759毫米，全县湿地面积达到0.18万公顷，昔日“风吹黄沙漫天跑”的天气一去不复返，全县空气优良天数占比稳定在93%以上。实施“三北”工程面积2万余公顷，累计治理水土流失面积1794平方千米，年入河泥沙量减少680吨，水土保持率达到79%，有效控制了水土流失。生态建设不仅增加了绿化面积，而且森林生态系统逐渐得到恢复和完善，全县野生动物的种类和数量不断增加，一度消失的金钱豹、红腹锦鸡等国家保护动物频频现身。

经济效益更富活力。依托宜人的气候和良好的生态环境，大力发展生态旅游，先后开发出了茹河湿地公园生态长廊、金鸡坪梯田公园等旅游风景区，2021年接待游客45万人，旅游带动社会综合收入突破1.8亿元。同时，我县大力发展以生态鸡、中药材为主的林下产业，以红梅杏、苹果、花椒为主的“四个一”经济林，林业总产值由建县初的719万元提高到3.88亿元，“彭阳红梅杏”“朝那鸡”获评国家地理标志产品。生态建设带来的碳汇储备量全面增加，我县“碳汇交易”项目稳步推进，释放的红利将惠及千家万户。

社会效益更为多元。通过全民投入生态建设，广大群众生态观念和意识进一步提高，社会各项事业取得了长足发展。同时，我县积极探索生态扶贫、生态振兴新路径，在植树造林中优先采用建档立卡户劳动力和苗木，把建档立卡户作为林业工程建设的“先锋队”，2016年以来，累计1万余名建档立卡户参加人工造林，劳务收入800万元，购买苗木突破亿株，带动增收9200余万元，有效激发了群众增收致富动力。

虽然我县在造林绿化方面取得了一些成绩，但对标上级要求还有很大差距，下一步，我们将以此次会议为契机，充分借鉴先进市县经验，紧盯生态优先、绿色发展目标，秉持“绿水青山就是金山银山”发展理念，以更有效的举措，更务实的方法，更扎实的作风，持续打造生态文明建设彭阳新样板。

（选自2021年9月29日在“三北”工程科学绿化现场会上的发言，
作者时任彭阳县委副书记、县政府代县长）

生态立县　富民强县之路

马文山

自1983年10月建县以来，历届县委、县政府始终坚持科学发展观和“生态立县”方针不动摇，人接班事接茬，一任接着一任干，一代接着一代干，一张蓝图绘到底，团结带领全县各级组织和广大干部群众，发扬勇于探索、团结务实、锲而不舍、艰苦创业精神和领导苦抓，部门苦帮、群众苦干的作风，改土治水，治贫致富，探索出了一条具有彭阳特色的富民强县发展之路。

绿色彭阳 2023年5月27日拍摄 / 摄影 蔺建斌

截至2020年，全县共治理小流域134条1779平方千米，治理程度达到76.3%，森林保存面积达到13万公顷，森林覆盖率为24.8%。县城建成区面积25.03平方千米，人均绿地面积达到40平方米。

面对新形势、新要求，彭阳县委、县政府在深化县情认识的基础上，确定了“以增加城乡居民收入为核心，全力实施能源工业强县、城乡规划建设兴县战略，突出特色产业文化旅游、民生改善、管理创新和党的建设，奋力建设生态彭阳、宜居彭阳、富裕彭阳、诚信彭阳、和谐彭阳”的发展思路，以新一轮西部大开发战略为契机，进一步解放思想，开拓创新，真抓实干，在新的历史起点上奋力开创经济社会科学发展、跨越发展、和谐发展新局面。

早在20世纪80年代，彭阳县委、县政府在充分论证分析的基础上，提出了“10年初见成效、20年大见成效、30年实现彭阳山川秀美”的宏伟目标，把生态建设提升到一个新的更高的层次。

2004年，提出了把沟道治理作为完善流域治理的一项重要举措，并用3年时间完成全部治理任务。2006年，中央提出建设社会主义新农村后，县委、县政府又提出了建设“生态型新农村”，并全面启动实施了生态建设“813”提升工程，力争将彭阳建设成为“生态经济强县、生态文化大县、生态人居名县”。

2009年，又制定了《彭阳县关于加快推进生态、经济、社会科学发展若干问题的决定》，提出了建设以“大花园、大果园”为蓝图的生态家园、致富田园、和谐乐园的宏伟构想，决心把生态建设成果转化为经济优势，走出一条符合县情、特色鲜明的富民强县科学发展之路。彭阳从自然条件和地貌特点等实际出发，围绕保护水土资源，改善生态环境，把每条小流域既作为一个完整的水土治理单元，又作为一个经济开发单元，实行统一规划，综合治理。按照“山顶沙棘、柠条、山桃戴帽，山坡地埂两杏缠腰，庭院四旁广种核桃、花椒，河谷川台规模发展苹果、梨、桃，杨、柳、椿、槐下滩进沟上路道，土石质山区封造结合、针阔混交”的林草布局模式，大规模植树种草。

因地制宜，量体裁衣，是彭阳流域治理的一大特点。根据县域南北差异特点，制定了符合不同区域发展的治理措施。在北部黄土丘陵区，坚持农林牧结合，大力发展以山杏、沙棘、山桃、柠条为主的林果业。在中部红茹河河谷残塬区，建成优质绿色果品基地及玉米、瓜菜、药材等特色经济作物种植基地。在西南部土石质山区，加快退耕还林和天然林保护等工程建设，并采取生态移民和生态修复措施，建成水源涵养林。

彭阳县建设水源涵养林，首先把挂马沟林区人工林的建设提上议事日程。1986至1998年一期工程进行六盘山外围针叶林基地建设，采取封育结合的办法，营造人工针叶林面积7133公顷。1998至2000年二期工程采取针、阔、灌木混交的方式造林，共完成工程造林面积4567公顷，涵养林总面积达到1.2万公顷。2001年立项启动了挂马沟三期工程造林建设，共投资1040万元，5年时间（2001—2005年），完成工程造林面积5333公顷。经过水源涵养林一、二、三期工程建设，挂马沟林场的森林保存面积达到1.4万公顷，林区天然林面积仅933公顷，森林覆盖率达到40.2%。

彭阳的流域治理，坚持边建设、边探索，及时总结经验，并通过观摩交流，在全县推广，辐射带动了其他流域治理。从20世纪70年代的白岔小流域样板到20世纪80年代的梁沟王洼沟小流域治理典型，到20世纪90年代的阳洼、姚岔、寨子湾、麻喇湾小流域治理模型，一直到2000年以来的大沟湾、小虎洼、杨寨和近两年的南山等小流域治理模式，都分别代表不同时期的治理情况。

通过综合治理，基本做到了规划一次到位，质量一次达标，流失一次控制，实现了生态、经济和社会效益相统一，并涌现出了阳洼、大沟湾、杨寨、麻喇湾、小虎洼、南山等一批综合治理的样板。累计治理的100多条流域，成为彭阳林业发展史上浓墨重彩的一笔。

随着国家产业政策的调整和林业建设的不断深入，彭阳的林业后续产业也在艰难的探索中起步、发展。以扶贫开发、兴山富民为目的的“两杏一果”扶贫开发工程于1996年开工建设，拉开了彭阳经果林建设的序幕。提出了在山坡地埂种“两杏”，庭院四旁种核桃、花椒，河谷川台规模发展苹果、梨、桃的布局结构，特别是“两杏”产业培育，按照北部山杏、中部仁用杏、南部鲜食加工杏、城郊发展设施栽培来布局。这些思路的提出和实施、促使彭阳县生态经济型林业建设迈上了发展的快车道。2007年，又提出了“一个中心三个经果林带”（以育苗中心带动红、茹河流域和长城塬三个经果林带）的发展格局，并在制定《关于加快推进生态经济社会科学发展若干问题的决定》中提出了牢固树立“经营生态”的新理念。

2016年以来，彭阳县林业局采取以流域经果林为支撑，庭院经果林为补充，设施经果林为引领，累计投资4000多万元，对低产山杏进行嫁接改良，培育了以优质杏为主的特色林果示范基地和园区。建成了长城塬、阳洼、麦子塬、白岔、新洼和安家川等流域以优质杏、核桃、花椒等为主的特色经果林示范基地(4667公顷),并把麦子塬流域建成节水高效林果示范基地。在杨坪发展千亩设施园艺林果示范基地和设施林果园区,共建果树日光温室385栋,育苗棚45栋。在全县12个乡镇重点退耕流域实施低产山杏嫁接改良项目,嫁接改良面积4000公顷。在石头崾岘建成育苗基地(4公顷)和核桃、仁用杏采穗圃(20公顷)。带动全县设施林果业发展上规模、上水平,初步形成了具有地方特色的林果产业发展格局。截至2020年年底,全县以杏为主的经济林面积3.97万公顷,其中山杏面积2.7万公顷,鲜食加工杏面积2467公顷,仁用杏面积1533公顷,核桃面积1000公顷,花椒面积333公顷,其他面积133公顷。挂果面积1.7万公顷,正常年份可产干鲜果14.6万吨(其中干果72吨),年产值达7900万元,年提供农民人均纯收入336元。开发生产的精杏脯五香杏仁等产品,远销日本、澳大利亚等国家,并赢得客户的好评。彭阳县1994年获得"全国经济林建设先进县"荣誉称号,2003年被国家林业局、中国经济林协会命名为"全国名特优经济林——仁用杏之乡"。

补植补造　2019年10月6日拍摄 / 彭阳县自然资源局供图

生态改善气候　2018年12月拍摄 / 摄影　林生库

2000年，彭阳县被自治区确定为退耕还林试点示范县以来，紧紧围绕“生态立县”这一目标，以建设绿色彭阳为主题，认真贯彻国家“退耕还林、封山绿化、以粮代赈、个体承包”十六字方针，按照“严管林、慎用钱、质为先”的要求，科学规划，周密部署，精心实施，全力推行“山顶沙棘、山桃株间混交，隔坡地埂苜蓿、柠条，山坡桃杏缠腰，土石山区针阔混交”的林草配置模式和“88542”隔坡反坡水平沟整地标准及大鱼鳞坑整地方式，还积极推广生根剂、保水剂、地膜覆盖、截干造林等抗旱造林技术，提高了退耕还林工程建设质量，形成了北部水土保持饲料林、中部桃杏生态经济林、东南部优质干果林、西南部水源涵养林的区域格局。“88542”是一项近乎苛刻的旱作整地技术：在每个山头沿等高线先挖宽、深各80厘米的槽，挖出土方筑成高50厘米、顶宽40厘米的田埂，再用熟土回填种树，田面宽保持2米。如此在荒山上构造土坡，工程量巨大，但能截留雨水，提高苗木成活比率和生长量。据彭阳县林业局统计推算，如将这一工程连接，长度可绕行地球赤道三圈还多。2003年4月8日，彭阳县正式颁布实施《彭阳县退耕还林草办法》，并从5月1日起，在全县范围内实行封山禁牧，发展舍饲养殖。截至2010年年底，全县累计完成“88542”工程整地任务面积10万公顷，其中，退耕地还林面积5万公顷，荒山荒地造林面积0.32万公顷，封山育林面积0.3万公顷。工程建设覆盖全县12个乡镇156个行政村779个村民小组，政策惠及全县4.19万多农户，17.9万多人。累计享受国家退耕还林补助资金5.51亿元，补助粮食21.3万吨，共享受粮款补助资金9.15亿元，退耕户平均增收218万元，农民人均增收3893元。2010年退耕地补助粮款为农民提供人均纯收入518元。2005年，彭阳县被确定为宁南山区退耕还林工程后续产业培育开发示范县。2007年8月25日，国家林业局特授予彭阳县"全国退耕还林先进县"荣誉称号。同年，彭阳县获得"宁夏生态建设模范县"荣誉称号。

生态移民是彭阳县生态文明建设的又一亮点。截至2020年年底，全县完成县外移民1690户7109人，投资1.6亿元，高标准建成古城、新集、城阳、孟塬、草庙5个生态移民安置区，在全区率先实现县内移民搬迁入住，安置移民591户2484人。配套建设大中型拱棚421栋、养殖暖棚170栋，开展技能培训13期1214人，初步形成以特色种养为基础、以劳务收入为主体的移民增收模式。完成移民迁出区生态恢复治理面积2667公顷，种草造林面积320公顷，小岔卷槽移民迁出区"以经营促治理"做法得到区、市肯定。编制完成扶贫规划，全面启动新一轮贫困人口脱贫攻坚战略，大力实施"双到"脱贫攻坚，多方争取各类扶贫资金7975.6万元，其中闽宁资金231万元，落实"整村推进"项目村22个，减少贫困人口6000人。

彭阳人改天换地的壮举和成就赢得了社会各界的认可。党和国家领导人、国家各部委领导专家多次来彭阳视察、调研生态建设均给予充分肯定和高度评价。

2003年9月5日，中共中央政治局委员、国务院副总理回良玉视察了大沟湾流域后说："看了大沟湾点，就看到了退耕还林的希望。"

2004年5月，全国人大常委会副委员长盛华仁到彭阳，实地视察了大沟湾流域的治理后，对我县以小流域为单元的治理做法给予了高度的评价，要求在黄土高原类型区大力推广。2005年3月，在全国人大十届三次会议上将《关于在全国黄土高原类型区推广"彭阳经验"的建议》列为全国人大常委会重点办理的建议（1798号建议）之一，在黄土高原类型区大力推广。随后，5至6月，水利部、农业部、全国人大常委会办公厅联络局等相关人员两次赴彭阳，先后到杨寨流域、姚岔流域、高建堡经济林示范园、阳洼流域、寨子湾"两杏"示范基地、大沟湾流域进行了现场调研，梳理"彭阳经验"。2007年9月、2010年9月，盛华仁副委员长又先后两次到彭阳县视察，为彭阳的发展指明了方向，更加坚定了彭阳县加快生态型林业向生态经济型林业建设的信心和决心。

2007年4月12日，胡锦涛总书记在视察了阳洼流域后十分欣慰地说："退耕还林的综合效益已经显现了，我的心里有底了；彭阳虽小，但生态环境治理保护成效明显，实践证明，治理和不治理确实不一样；像这样扎实的工作成效和明显的效果，国家投点钱是十分值得的。"

2008年8月16日，国务院总理温家宝视察大沟湾小流域综合治理时说："生态治理要有'一张蓝图绘到底'的决心，又要不断丰富新的内容。要实行山水草、林田路综合治理，一代接一代干下去，改变生态环境，最终让农民致富。"18日，《人民日报》、《光明日报》、《经济日报》、中央人民广播电台、中国国际广播电台、新华网、央视国际、《中国青年报》等30多家中央媒体记者在彭阳县采访生态建设和小流域综合治理情况，一位记者赞叹道："真是没有想到，地处干旱带、十年九旱的黄土高原上的彭阳县竟然靠人工的力量使荒山披上绿装，实现了山变绿、地变平，水不下山，泥不出沟的目标。"

2012年，党的十八大召开后，彭阳县委、县政府确定了新的发展思路，即高举中国特色社会主义伟大旗帜，以邓小平理论、"三个代表"重要思想和科学发展观为指导，认真贯彻党的十八大及区委、市委、市政府各项决策部署，继续坚持建县方针、大力弘扬"彭阳精神"，紧紧围绕县第七次党代会确定的"1255"工作思路，以增加城乡居民收入为核心，全力实施能源工业强县、城乡规划建设兴县战略，突出产业培育、环境优化、民生改善、社会管理创新和政府自身建设，为推进生态彭阳、宜居彭阳、富裕彭阳、诚信彭阳、和谐彭阳建设，实现与全国、全区同步进入全面建成小康社会奠定坚实基础。坚持保护与提升并重、自然修复与工程措施相结合，全力实施退耕还林、天然林保护等工程，加快荒山荒沟造林、城乡绿化、人工种草步伐，每年打造2～3

退耕还林新栽植树苗　2011年10月拍摄 / 彭阳县自然资源局供图

个万亩集中连片生态示范点。大力推广南山流域治理模式，加大小流域综合治理力度，巩固提升生态建设水平，2017年，全县水土流失治理程度和森林覆盖率分别达到70%和30%以上。以绿色生态家园、生态文明示范村、生态文明乡镇和生态文明县城“四级联创”为载体，大力开发并利用风能、太阳能、生物质能等新能源，2017年，太阳能热水器、沼气入户率分别提高到30%和40%以上，争创“全国生态文明示范县”。

“十二五”期间，彭阳县将继续抢抓西部大开发新机遇，用更高层次的理念来谋划林业工作，以建设“大花园、大果园”为蓝图，以项目为抓手，以巩固发展特色林果产业改善城乡生态环境、完善林业科技创新服务体系、加强森林资源保护管理、发展生态文化及推进林业干部队伍建设为重点，全力抓好林业重点生态工程建设，加快发展林业富民产业，强化森林资源保护管理，加快构建林业三大体系（森林生态体系、林业产业体系、生态文化体系），进一步提高林业三大效益（生态、经济、社会效益），为建设生态文明、构建和谐社会做出新的贡献，从而推进生态型林业向生态经济型林业转变。

面对新的形势和新的任务，彭阳县林业建设的总体思路是：高举中国特色社会主义伟大旗帜，以邓小平理论和“三个代表”重要思想为指导，深入贯彻落实科学发展观。坚持“生态立县”不动摇，紧紧围绕“大花园、大果园”建设，以项目为载体，以科技为支撑，以“813”生态提升工程为抓手，重点抓好退耕还林成果巩固、荒山荒沟治理和村庄四旁绿化建设，突出抓好林果产业，全面推进集体林权制度改革，进一步完善森林生态效益补偿机制，强化森林资源管理，为加快现代林业，建设生态文明以及和谐彭阳而努力奋斗。

紧紧围绕大六盘生态经济圈建设，结合生态移民，大力发展林业富民产业，着力提升林业传统产业，积极培育林业战略性新兴产业，加快发展五大主导产业。一是木本粮油和特色经济林产业。通过建设六盘山经济林引种驯化园暨生态园，以优化品种结构和强化经营管理为重点，大力发展杏、核桃、花椒等木本粮油，力争到“十二五”末，全县经济林面积达到3.33万公顷，农民人均面积0.13公顷以上。二是林下经济产业。通过集体林权制度改革，以发展林下种植业、养殖业为重点，实现林业以短养长和农民快速致富。三是森林旅游产业。以保护、开发和利用栖凤山、五峰山、任山河战斗遗址、无量山石窟、皇甫谧文化旅游景点和阳洼、大沟湾、长城塬、麦子塬生态观光旅游景点等森林景观资源为重点，不断壮大绿色低碳林业产业规模。四是花卉苗木产业。通过六盘山城市景观苗木示范园区建设，以培育特色花卉、花灌木和景观绿化苗木为重点，不断满足日益增长的花卉、花灌木和景观绿化苗木需求。五是退耕还林工程。以发展退耕还林后产业为重点，充分发挥退耕区光、热、土地等资源优势。通过主导产业的培育，完成工程造林面积6.07万公顷，其中退耕还林面积3.33万公顷（退耕地造林面积1.33万公顷、荒山荒地造林面积2万公顷），“三北”防护林工程面积6667公顷（地埂林面积6000公顷、护路林面积667公顷），城乡环境绿化面积667公顷，封山育林面积6667公顷。到“十二五”末新增林地面积5.4万公顷，实有林地面积达到18.43万公顷，活立木蓄积量达到84.5万立方米，经济林总产量达到35万吨，林业总产值突破5亿元，生态文明观念全面增强。

“十三五”期间，牢固树立绿水青山就是金山银山的理念，把生态文明建设放在更加突出的战略位置，着力培育绿色优势，打造天蓝、地绿、水清、城净、宜居、宜游的美丽彭阳。

按照“一园两河三线多点”总体布局，实施“三北”防护林、天然林资源保护造林、新一轮退耕还林还草、绿色廊道建设、乡镇生态提升、移民迁出区生态修复和小流域综合治理“六大工程”，着力把彭阳打造成高标准生态经济型景观屏障，力争生态建设在全国走在前、作贡献。重点对年降雨量400毫米以上区域宜林荒山荒地全部造林绿化，对25°以上坡耕地非基本农田全部退耕还林还草，对高速公路、国省干线、旅游环线和通村道路沿线高标准景观绿化，对“两河”流域整体实施河道治理、护岸绿化。巩固退耕还林成果，从严实施封山禁牧政策。

巩固提升“国家园林县城”创建成果，加快彭阳森林公园、美丽茹河公园、茹河湿地公园等公共绿地建设，实施居民小区绿化工程，最大限度增加县城绿量，展现林城相融、林水相依、林路相连的森林城市风貌。结合美丽小城镇、美丽村庄建设和危房、危窑改造，优化村庄规划布局，保护村庄自然风貌，加大绿化美化力度，打造更加整洁、有序、和谐、文明的城乡人居环境，建设田园美、村庄美、生活美、风尚美的“四美”乡村。强力推进“两河”流域规划建设，突出以生态建设为先，以特色产业为重，全力打造跨越发展示范区。

从解决群众最关心的环境问题入手，坚持治、管、防并举，开展碧水蓝天保护行动，持续改善环境质量。坚持达标排放与集中处理齐抓共管，完成县城污水处理厂提标改造工程，以城镇生活污水、工业园区生产废水、农村居民安置点生活污水、屠宰废水和淀粉加工废水等处理为重点，严格排污管理，确保河流、水库水质稳定达标。加大生态乡镇、生态村庄创建，持续整治扬尘污染和城乡环境卫生，推广“163”残膜回收机制，有效减少农业面源污染，使青山常在、清水长流、空气常新。

按照“做大县城、做特乡镇、做优村庄”的总体思路，完善城乡规划体系，加快城乡基础设施建设，推动城镇公共服务向农村延伸，实现乡村美丽、城镇宜居、城乡融合的统筹发展目标。2021年，全县城镇化率达50%以上。

坚持以“多规合一”改革试点为契机，按照大县城、小城镇、美丽村庄“三位一体”城镇化体系和“一核、三心、两轴、三区、多点”的发展布局，进一步完善分区规划、重点区域控制性详细规划、产业布局规划及小城镇、中心村建设规划，统筹编制城乡基础设施、社会事业发展、生态环境保护等专项规划，形成城乡一体、配套衔接的空间规划体系，逐步实现布局合理、特色鲜明、功能互补、设施完善、环境优美的城乡发展格局。坚决维护规划的严肃性，增强规划的执行力，确保规划一次到位、分步实施。

坚持以利长远、惠民生、补短板、兴产业为目标，以实施九大类70项330亿元项目包为重点，进一步细化措施，明确时限，责任到人，快速推进，以项目建设引领和支撑全县“弯道超车”。要围绕打造生态休闲养生和宜居宜业县城环境，坚持棚户区改造与公共基础设施建设和商业开发相结合，开发一批、改造一批、完善一批，同时继续加大绿化、美化、亮化力度，不断完善县城功能，提高综合承载能力。建设美丽小城镇6个、美丽村庄32个。实施高标准基本农田建设、“旱改水”扶贫开发土地整理项目，扩大耕地面积。实施城乡饮水安全巩固提升、水库除险加固、中小河流治理、灌区节水改造等重大项目，率先在全市实现城乡饮水安全覆盖率和水质达标率两个100%。

（作者系政协彭阳县第十届委员会主席）

彭阳县生态扶贫效益

赵 坤

40年来，全县共完成“三北”防护林工程建设4.74万公顷，经济林总面积达到3.48万公顷，林业产值达到7900万元。累计治理小流域134条1779平方千米，治理程度由11.1%提高到76.3%，年减少泥沙流量680万吨。全县流域之间连接成片、道路畅通、梯田环绕；流域内水不下山、泥不出沟，初步实现了山变绿、水变清、地变平、人变富的目标，不仅为发展生态经济奠定了坚实基础，而且成为独具特色的生态旅游景观。林业建设取得了显著的生态效益、经济效益和社会效益，彭阳县先后获得“全国造林绿化先进县”“全国经济林建设先进县”“全国退耕还林标准化建设先进县”“全区生态建设先进县”“全国退耕还林先进县”“全国绿化模范县(市)”“全区生态建设模范县”称号。

彭阳县被自治区确定为退耕还林试点示范县以来，紧紧围绕“生态立县”这一目标，以建设绿色彭阳为主题，认真贯彻国家“退耕还林、封山绿化、以粮代赈、个体承包”十六字方针，按照“严管林、慎用钱、质为先”的要求，科学规划，周密部署，精心实施，全力推行“山顶沙棘、山桃株间混交，隔坡地埂苜蓿、柠条，山坡桃杏缠腰，土石质山区针阔混交”的林草配置模式和“88542”隔坡反坡水平沟整地标准及大鱼鳞坑整地方式，提高了退耕还林工程建设质量，形成了北部水土保持饲料林、中部桃杏生态经济林、东南部优质干果林、西南部水源涵养林的区域格局。全县完成退耕地还林5万公顷，工程建设覆盖全县12个乡镇156个行政村779个村民小组，政策惠及全县4.19万多农户17.9万多人。累计享受国家退耕还林补助资金5.51亿元，补助粮食21.3万吨，共享受粮款补助资金9.15亿元，退耕户平均增收2.18万元，农民人均增收3893元。2007年，国家林业局授予彭阳县“全国退耕还林先进县”的荣誉称号。同年，自治区授予彭阳县

“宁夏生态建设模范县”荣誉称号。退耕还林工程对加快彭阳大地的绿化进程、加快山区群众脱贫致富步伐起到了重要作用。

彭阳的流域治理是摸着石头过河，坚持边建设、边探索，及时总结经验，并通过观摩交流，在全县推广，辐射带动了其他流域治理。因地制宜，量体裁衣，是彭阳流域治理的一大特点。根据县域南北差异特点，制定了符合不同区域发展的治理措施。在北部黄土丘陵区，坚持农林牧结合，大力发展以山杏、沙棘、山桃、柠条为主的林果业。在中部红茹河河谷残塬区，建成优质绿色果品基地及玉米、瓜菜、药材等特色经济作物种植基地。在西南部土石质山区，加快退耕还林和天然林保护等工程建设，并采取生态移民和生态修复措施，建成水源涵养林。从20世纪70年代的白岔小流域治理样板到80年代的梁沟小流域治理典型，再到20世纪90年代的阳洼、姚岔、寨子湾、麻喇湾小流域治理模型，一直到21世纪以来的大沟湾小虎洼、杨寨和南山等小流域治理模式，都分别代表不同时期的治理技术。通过综合治理，基本做到了规划一次到位、质量一次达标、流失一次控制，实现了生态效益、经济效益和社会效益相统一。

在生态文明建设中，彭阳人所获得的不仅是青山绿水，而更重要的在于所获取的“生态立县”不动摇的彭阳理念，艰苦奋斗不松劲的“彭阳精神”，综合治理不停歇的彭阳路子，规模推进不换挡的彭阳速度。

“生态立县”不动摇。1983年建县之初，彭阳县委、县政府在深刻反思以往经验教训的基础上，确立了“生态立县”的发展理念。40年来，历届县委、县政府始终坚守“生态立县”这条发展主线不动摇，把生态建设作为全县人民安身立命的头等大事和最大的基础工程来抓，相继出台了一系列加快植树造林、深化林业改革的政策措施，强力推进生态建设。40年来，历届县委、县政府始终秉承发展经济是政绩、改善生态同样是政绩这一理念不动摇，全县一切工作都以是否有利于生态环境保护与建设为最高衡量标准，宁愿经济发展慢一点，也绝不破坏生态环境。11任县委书记、10任县长以“功成不必在我任期”的工作信念，不贪一时之功、不图一时之名，坚持把植树造林、改善生态作为执政为民的第一要求，带领干部群众摸爬滚打在植树造林第一线，一任接着一任干，一代接着一代干，一张蓝图绘到底，取得了实实在在的建设成效。“彭阳理念”在整个黄土高原地区具有重要的启示意义。

艰苦奋斗不松劲。“为官先过林业关”是对彭阳县各级党政领导干部的基本要求。

在彭阳，义务植树是各级机关干部的必修课，“球鞋、铁锹、遮阳帽”是必备的“三件宝”。每年造林之时，各级干部既当指挥员，又当战斗员，义无反顾，冲锋在前，许多乡镇书记成了“林书记”，不少部门领导成了“林局长”。人民群众是造林绿化的主力军。每逢植树造林季节，群众背上干粮，“麻乎乎上山，热乎乎一天，黑乎乎回家”，一干就是十天半个月，用一把永不生锈的铁锹改变并主宰着命运，仅“88542”水平沟整地累计长度即可绕地球3圈半，涌现出了倾尽全部心血培育浇灌10万亩针叶林的吴志胜；身残志坚、手拄双拐、30多年跪着植树造林46.7公顷的李志远等一大批可歌可泣的英雄模范人物。30年的艰苦奋斗孕育了“勇于探索、团结务实、锲而不舍、艰苦创业”的精神，是新时期激励广大干部群众建设生态文明和生态彭阳的强大动力，在整个黄土高原地区生态文明建设中值得发扬光大。

综合治理不停歇。40年来，彭阳县坚持以小流域综合治理为基本单元；以蓄水保土、扩农促牧、兴林富民为根本目标，在实践中勇于探索、大胆创新，走出了一条黄土高原综合治理的成功路子。在治理模式上，从最初的“山顶林草戴帽子，山腰梯田系带子，沟头库坝穿靴子”的立体治理模式，到实施山水田林路统一规划，梁峁沟坡塬一体整治的综合治理模式，实现了工程措施、生物措施、技术措施的有机统一。在整地模式上，从鱼鳞坑、带子田到“88542”水平沟抗旱集雨技术，大大提高了流域治理水平。2000年以来，彭阳县又推行“山顶塬面建高标准农田保口粮、山腰坡耕地培育特色林果增收入、川道区发展设施农业搞开发”的生态经济一体化发展模式，收到了生态建设与民生改善的“双赢”效果。

规模推进不换挡。规模决定效益，彭阳坚持一座山、一面坡、一条沟规模治理模式，以年均完成造林保存面积0.44万公顷，平均提高森林覆盖率0.8个百分点的速度向前推进，在昔日的光山秃岭建起面积近13.3万公顷的人工防护林基地，累计治理小流域134条共1779平方千米，书写了黄土高原生态治理的奇迹。县域生态环境发生了翻天覆地的变化，水土保持能力和水源涵养能力明显增强，由过去的不旱则涝、旱涝交替，变成现在的水不下山，泥不出沟，境内主要河流由过去的季节河变成了现在的长年河，近一半的小流域由干沟变成溪流。水土流失治理程度由建县初的11.1%提高到76.3%，年均治理达2%，年减少泥沙680万吨。

彭阳县集体林权制度改革于2010年开始，得到了广大干部群众的支持和拥护，让农民得到了实实在在的经济利益。首先是林权改革，还山于民，“公家林”变成“私人林”，群众成了集体山林的主人，“把山当田耕，把林当菜种”，忙完农田忙山上，敢于投入，舍得投入，圆了“靠山吃山，靠林致富”的梦，增加了农民收入。其次是在集体林改中，明晰了产权，将林木所有权和林地使用权落实到农户、集体或其他经营实体，实现了“山定权，树定根，人定心”，让群众吃下了“定心丸”，用法律的形式维护了农民的合法权益，调动了农民经营林业的积极性，激活了林业发展机制。再次是资源优化了。集体林权依法、自愿、有偿流转，缩短了林业经营周期，降低了经营风险，盘活了森林资源配置，使资源向经营能力好的企业和个人聚集，促进了造林绿化进程、林业、规模经营和产业的快速发展，加快了全县生态环境建设步伐。集体林权制度改革，解决了多年来集体有林无人管的局面，林地、林木的产权进一步明晰，责、权、利充分得到体现，资源得到有效保护。林业质量显著提高，产生了较为明显的生态效益、经济效益和社会效益。

生态移民工程是彭阳县生态文明建设的又一亮点工程，该工程的实施极大地改善了农村生产生活条件，拓宽了农民致富的空间，有效遏制了生态环境恶化。移民搬迁后，人为破坏生态环境的行为明显减少，大大减轻了迁出区的生态环境压力，既巩固了退耕还林成果，又达到了恢复生态的目的，实现了脱贫致富与生态建设的“双赢”，促进了人与自然的和谐发展。截至2018年年底，全县完成县外移民5757户即23800人，投资16.6亿元，高标准建成古城、新集、城阳、孟塬、草庙等23个生态移民安置区。在全区率先实现县内移民搬迁入住，安置移民1718户即6837人。配套建设大中型拱棚454栋、养殖暖棚770栋，开展技能培训13期涉及1214人，初步形成以特色种养为基础、以劳务收入为主体的移民增收模式。完成移民迁出区生态恢复治理面积2667公顷，种草造林面积320公顷，小岔卷槽移民迁出区“以经营促治理”做法得到区、市肯定。

（作者系政协彭阳县第十届委员会副主席）

彭阳县发展生态经济的积极实践

董 彦 孙建文 邓万钧 袁志瑞

治理后的玉洼小流域 2018年4月拍摄 / 彭阳县自然资源局供图

彭阳县坚持“生态立县”不动摇，大力推进生态建设，特别是2002年以来，按照“四四三”工作思路，围绕培育三大产业、建设五大基地，加快调整经济结构和转变经济增长方式，实现了生态建设与经济建设的有机结合，改善了生态环境，增加了农民收入，发展了县域经济，初步走出了一条以生态经济为特色的可持续发展之路。2006年全县地方生产总值7.85亿元、地方财政一般预算收入1806万元、全社会固定资产投资6.18亿元、农民人均纯收入1978元，分别比2002年增长96.7%、79.5%、178.4%、60.2%。按照自治区党委政策研究室的要求，最近我们对此进行了专题调研总结，现将情况报告如下。

确定经济发展的立足点

县委、县政府把“生态立县”置于建县方针之首，借助国家实施退耕还林草政策，及时完善工作思路，全力打造生态彭阳，促进人与环境和谐发展。中央提出建设社会主义新农村后，彭阳又以“生态型新农村”为目标，提出了建设“生态经济强县、生态文化大县、生态人居名县”，确立了县域经济的特色定位及发展方式和途径。

按照发展定位，我们继续坚持以往成功做法，将小流域作为综合治理和开发单元，以退耕还林草和扶贫开发为主要措施，结合农田建设、能源建设、封山禁牧、生态移民和后续产业培育，进一步强化生态基础。五年退耕还林草面积4.1万公顷，荒山荒沟造林3.8万公顷，治理沟道301条1.3万公顷，绿化道路571千米；新修高标准基本农田面积达1.3万公顷；新(改)建水库7座，建成人畜饮水工程29处，打井窖10714眼，新修等级公路30条(段)848.2千米、村道510千米。共治理小流域33条286.2平方千米，森林覆盖率和水土治理程度分别由2002年的14.91%、46%提高到20.3%、70%，生态环境明显改善，为发展生态经济奠定了坚实基础。特别是抓住政策机遇主抓退耕还林还草带来的大规模资金注入为农村发展提供了有力的经济支撑。2008年，又启动实施了“813”生态提升工程(用3至5年时间，在全县打造8个生态乡镇、100个生态村、30000户生态户)，并把今年作为生态型新农村建设的绿化年，先期完成环境绿化和经济树种栽植，进而配套推进家庭养殖、庭院经济和一池三改等，发展特色生态农家，提升生态建设成效。

找准生态经济的切入点

为及时将生态优势转化为经济优势、特色优势，县委、县政府从调整产业结构切入，着力做强草畜、马铃薯蔬菜、劳务三大产业，重点建设饲草、马铃薯、冷凉型蔬菜、优质肉牛、生态土鸡五大基地，促进农业增效、农民增收。

着力发展草畜产业。着眼丰富的林草资源及其发展潜力，坚持“立草为业、草业先行、草畜并举”，努力建设草畜大县。采取以奖代补、项目覆盖、信贷扶持等办法，抓点

白阳镇姜洼村村民在退耕地收割苜蓿
2020年6月拍摄 / 摄影 沈继刚

带面，示范引导，大力推广家家种草、户户养畜模式，扩大产业规模。累计培育养殖示范村和专业村94个、示范户1.6万户，分别占村、户总数的60.3%和32%。2006年全县以紫花苜蓿和地膜玉米为主的饲草料总面积达到8.6万公顷，畜禽饲养总量达到115.8万个羊单位，其中牛的饲养量达到12.1万头，比2002年分别增长44.7%和51.2%。特别是放养生态土鸡已成为北部山区农民增收的热门产业。县上已在专门规划的基础上建立集中放养点30个，发展放养大户37户，以此带动其他农户放养生态土鸡45万只。

大力发展马铃薯蔬菜产业。着眼提高种植业经营效益，以马铃薯蔬菜推进种植业结构战略性调整。按照“南菜北薯”的总体布局，整合项目，捆绑资金，扩大规模，积极引导土地向马铃薯蔬菜产业集中，使种植面积从2002年的0.64万公顷迅速发展到2006年的2.8万公顷，占到全县农作物播种面积的38.7%；菌草生产园区发展到4个，初步建成了区域特色明显、优势突出的产业带。今年，在继续扩大种植规模基础上，着力打造红茹河川道区和长城塬灌区设施农业示范区，建成示范基地9个，发展设施蔬菜面积348.6公顷，带动全县种植蔬菜面积0.5万公顷。特别是辣椒和食用菌产业的特色优势已初步显现，预计全年可产辣椒5.3万吨、食用菌3000吨，总产值超过9000万元，提供农民收入人均近400元。

全面推进劳务产业。着眼农村劳动力资源开发利用，坚持把劳务产业作为增收工程、培训工程、移民工程来抓，以硬措施、硬作风大力实施劳务产业“321”工程，健全网络，强化培训，拓展基地，推动农村剩余劳动力向二、三产业转移。2006年，全县共输出劳务工5.85万人，劳务收入1.99亿元，分别比2002年增长15.5%和37.0%。通过开发生态资源和调整产业结构，初步形成了与生态环境相适应、区域优势比较明显的特色产业发展格局。

强化产业增长的支撑点

坚持把科技支撑作为培育发展特色产业的关键措施，在扩大规模的同时，紧紧围绕科技含量抓产业质量。

科技培训。采取对口协作、对口帮扶、与专业院校和科研院所建立技术协作关系等办法，组织科技人员学习先进的生产技术和经验，培养技术骨干和科技能人。在此基础上，健全科技服务体系，实行科技承包和目标管理，依托百万农民培训工程、科技特派员等农业科技入户活动，对农民进行特色种植、设施农业、无公害生产、配方施肥等技术培训，使科技入户率达到了98%。

抓设施保障。围绕打造“红河香”辣椒品牌，已建成移动式塑料大棚5000栋、节能日光温室590栋；围绕打造“六盘山珍”食用菌品牌，已在4个园区基础上建成了菌种制作中心、培养袋生产线及冷藏包装等产业扩张关键设施和菇棚562栋；围绕打造生态土鸡品牌，已建成土鸡繁育中心1个，标准化农户型土鸡孵化点12个和育雏舍1976平

王洼镇陡沟村退耕地种植的饲草 2020年6月拍摄 / 摄影 沈继刚

方米；围绕建设草畜大县，已建黄牛冷配点80处、种猪场1个，全县养殖暖棚入户率达到84%，“三贮一化”池、饲草加工机械在示范村和专业村基本普及；围绕推进特色产业规模发展，成立了全县第一家农机服务合作社，可实现农业生产全程机械化；围绕发展循环经济和建设特色生态农家，新建沼气池7880座，入户率达到18%。

抓新技术推广运用。全县特色种养业良种率均超过85%；辣椒高垄栽培和小拱棚生产技术、马铃薯窖藏技术全面推广；测土配方施肥和塑料大棚一年两茬生产技术正大力推行；完成了马铃薯秋覆膜抗旱增产试验；实现了食用菌菌种的本土化；积极推进无公害、绿色、安全生产技术，完成了肉牛、生态土鸡、瘦肉型猪的产地认定和肉牛、生态鸡的产品认证，成功注册了“红河香”辣椒、“六盘山珍”食用菌和“森林鸡”商标，正在申请农产品无公害和绿色认证4个，促进特色产业由数量扩张型向质量效益型的转变。

完善产业链条的连接点

以健全产销体系、推进产业化进程、提升产业效益为目标，积极培育龙头企业，以招商引资为主要措施，引进食用菌生产、加工、销售外企1家；建成了年加工50万吨的盐水蘑菇加工厂和鲜菇冷冻库，形成了食用菌产业发展体系；发展脱水蔬菜、马铃薯淀粉、饲草和果品加工等农产品加工企业23家。加强市场建设。扩大了县城规模，加快了以小城镇为中心的农村集贸市场建设进度，加强了关口、长城等村级市场和小园子、何岘、沟圈等边贸市场建设力度，建成了在周边县区中最大的古城牲畜交易市场，建立了网上农产品信息发布平台和农业信息收集发布制度，县域市场体系更加完善、开放。大力发展专业经济组织。目前，全县共培育发展农村专业合作经济组织、农民经纪人协会及劳务中介组织37个、会员6657人。以之为纽带，加强了农户、农民经纪人、生产基地与企业及市场之间的利益联结和信息沟通，提高了农民生产经营的组织化程度和市场竞争力。人均各项特色收入创下了历史最高水平，达到571元。彭阳县订单农业发展到1.3万公顷，“红河香”辣椒通过组织化经营，连续两年强势走红川陕等省，形成了品牌效应；生态土鸡更是供不应求。

保持干部群众的认同点

按照生态经济发展目标，从制度建设入手，引导干部群众牢固树立建设生态彭阳的理念和信心。建立了干部行为导向机制。将发展生态经济实绩作为考核各级党政组织和选拔任用干部的重要依据，严格实行县级干部联系乡镇、督查专员等制度，加强对干部的考察考核和动态管理，以明确的用人导向激励干部把科学发展观落实到发展生态经济上来，强化了干部的政绩导向和务实作风，形成了完善的生态建管机制。以落实目标责任和完善管理网络为主要措施，建立了以责任制为抓手的一整套工作落实和推进机制，做到治理一片、巩固一片、见效一片。特别是通过严格的封山禁牧措施，实现了羊只舍饲圈养和草原植被全面恢复的历史性转变，达成了对生态建设的高度共识。生态建设给彭阳带来了翻天覆地的变化，经济社会发展速度超过周边县区，群众生产生活条件明显改善，生活水平明显提高，切身的实惠使建设生态彭阳成为全县广大干部群众的共同愿望，这些将进一步推动彭阳生态经济的更好、更快发展。

在工作实践中，我们主要有五个方面的启示或体会。第一，必须坚持党的领导不动摇，充分发挥各级党组织的领导核心作用，凝聚各方面的智慧和力量。第二，必须坚持解放思想不动摇，着力在上级方针政策与彭阳实际结合上做文章，准确理解和把握政策方向，以理念抢占先机，凭思路赢得主动。第三，必须坚持发展第一要务不动摇，从优势中挖掘生产力，从产业中发展生产力，从项目中带动和提高生产力。第四，必须

林下生态土鸡养殖 2020年10月拍摄于红河镇红河村 / 摄影 沈继刚

坚持改革开放不动摇，用改革发展的办法破解难题，创新机制，优化环境，激活内力，吸引和争取外力，加快自身发展。第五，必须坚持弘扬“彭阳精神”不动摇，坚持以人为本、科学发展观和正确政绩观，发扬“三苦”作风，保持工作的前瞻性、创造性和连续性，以大干促大变。

工作中我们存在的困难和问题主要是：二、三产业发展滞后，财政自主发展能力弱，农业素质提升困难；农村的城镇化水平较低；一些干部群众的思想观念还有待改进和提高。

今后，我们将以贯彻落实自治区第十次党代会和第三次固原工作会议精神为契机，贯彻落实县第六次党代会确定的“四四三”工作思路，做大做强草畜、马铃薯蔬菜和劳务“三大产业”，建立能源工业、农副产品加工业、商贸流通和服务业“三大体系”，夯实农村、城镇和生态建设“三个基础”，抓好科技和教育、医疗卫生、扶贫和社保“三个关键”，推进党的建设、精神文明和民主法治“三项建设”，努力实现山川秀美、经济繁荣、社会和谐的新彭阳。特别是在培育壮大县域核心特色优势方面，要重点抓好以下四个方面工作。

着力发展现代农业。进一步做大做强“三大产业”，建设好“五大基地”，着力打造“红河香”辣椒、“六盘山珍”食用菌和“彭阳生态土鸡”三个品牌，建立特色优势产业带、产业群，加快推进草畜产业由传统粗放型经营向生态高效养殖转变，加快推进马铃薯蔬菜产业向专用化、区域化、机械化、标准化方向发展，加快推进劳务产业向组织化、技能型、创业型转变。特别要把大力发展设施农业作为发展现代农业、建设新农村的突破口，按照“中心带园区、带基地”的发展思路，在有水源的地方大力发展设施农业，形成设施蔬菜“一个中心三个基地”、食用菌“一个中心四个园区”、设施林果“一个中心三个经果林带”的发展格局。

加快构筑产业发展体系。加快培育骨干和龙头企业，延伸产业链条，以工业的大发展拉动三产服务业的快速发展。重点开发以煤炭和油气为主的能源工业，以草畜、马铃薯蔬菜和果品为主的农副产品加工业，以商贸、流通和旅游为主的第三产业，构筑非公有制经济发展框架，以二、三产业发展加快实现以工哺农。

不断夯实发展基础。农村要按照“四种理念、五个层次、三种模式”的总要求，加快农田、水利、道路、通信、人居环境整治等基础设施建设。特别要做好水资源涵养和高效利用的文章，为大力发展设施农业提供保障。城镇要大力实施县城“西进北扩”战略，加强乡镇驻地和边贸市场基础建设。生态要实施好“813”生态提升工程，特色产业发展、人居环境整治、能源建设等为重点，加快生态型农户的建设进度，以生态农户的规模发展提升生态建设水平。

切实加强项目带动。2008—2010年确定为全县“项目建设年”，分析论证一批、开发建设一批、储备涵养一批、考察挖掘一批，集中精力抓好项目研究、对接、争取、实施工作，以项目支撑加速推进县域经济发展。

建议自治区将我县作为南部山区发展生态经济的重点县，进一步落实生态建设模范县、退耕还林工程后续产业培育开发示范县的扶持政策和措施，特别是在发展旱作设施农业、打造亿元食用菌产业、发展生态土鸡等方面给予倾斜支持，以加快我县现代农业的发展进程。同时加快落实我县能源尤其是石油资源的开发，促进二、三产业发展，增强县域经济的自我发展能力。

（摘自《彭阳县生态经济发展》，作者董彦系彭阳县委党校副校长，孙建文系彭阳县地震局四级调研员，邓万钧系彭阳县委党校教师，袁志瑞系彭阳县委政研室干部）

“三北”线上的“绿色彭阳”

——彭阳县生态建设纪实专题片脚本

白云鹏 杨治宏 孙有亮

公元前220年，秦始皇北巡边疆，专程在朝那湫（zhū nà jiū）祭祀天地，这个山地湖泊当时与长江、黄河、汉水并称“神州四大名水”。秦皇汉武祭祀的朝那湫就在彭阳县境内。

治理前的荒山 1997年拍摄 / 彭阳县自然资源局供图

魏晋时期，世界针灸鼻祖皇甫谧就出生在朝那湫边上，演绎了中医学的精髓。

长征时期，毛泽东翻越六盘山，夜宿彭阳县长城塬的农家小院，赋写了《清平乐·六盘山》中的名句，“不到长城非好汉”。

古老的文明，红色的历史。彭阳，这片激情飞扬的沃土，不断召唤时代英雄创造历史伟业。

31年峥嵘岁月，26万人民群众在“三北”线上再筑可环绕地球赤道三圈半的生态长城，锻造了撼天动地的“彭阳精神”。

31年，是一棵树苗壮成长的年轮，年轻的彭阳，就是伴随着一棵棵树苗，在干旱贫瘠的土地上扎根吐绿，谱写了自己的华章与芬芳。

彭阳，地处宁夏东南边缘、六盘山东麓。31年前，刚刚建县的时候，林木覆盖率只有3%，也就是说，走3千米才能见到一棵树；31年前，彭阳县的水土流失面积占国土总面积的92%，用老百姓的话说，“种了一亩地，跑了八分田”；31年前，彭阳县的农民人均纯收入只有178元，80%以上的老百姓吃不饱肚子。

联合国粮农组织考察彭阳的时候，给出的结论是“最不适宜人类居住”的地区。

生存的地域无法选择，但生存的方式可以改变。面对困境，彭阳县委、县政府和父老乡亲们做了一道艰难的选择题。发展是彭阳县的第一要务，吃饱肚子是老百姓的第一选择。可是，如果不改山治水，植树造林，即使在田地里付出多少辛劳汗水，也会被干旱蒸发、被山洪卷走。

可见，“山区贫困的根源是缺林，潜力在造林，希望在兴林”。建县初期，彭阳县委、县政府高瞻远瞩，确定了“生态立县”的方针，彭阳县的父老乡亲选择了植树造林、修复生态作为希望之本。

31年来，彭阳历届县委、县政府领导班子始终坚持“生态立县”方针不动摇，从没有一届另起炉灶，标新立异，另搞政绩。

治理后的荒山新栽树苗成活率提高　2011年7月拍摄 / 彭阳县自然资源局供图

“要让群众跟着走，领导干部先带头”，这是长征胜利的法宝，这是彭阳染绿大山的秘诀。

每年春秋两季，领导带头，4000多名干部紧随其后，上山挖坑植树。31年来，机关干部累计造林0.8万公顷。

同样是植树造林，彭阳县的工程量堪比铸造万里长城。

当地春夏干旱，秋季多雨，能否把雨水留住，是保证林木成活的关键。经过多年的探索，彭阳县独创了一门造林技术——“88542”。

先在山坡上沿等高线挖一条宽80厘米、深80厘米的反坡水平沟，在沟边筑一道高50厘米、顶宽40厘米的埂子，最后回填槽子，使田面宽2米。然后才能栽种树苗。

“88542”工程量十分浩大，即使是农村青壮年劳力，每天最多也只能挖六七米。31年来，26万群众就是从这样的一米一米，逐年累积，铸就了14万千米的生态长城。

31年来，彭阳县人工营造的森林面积由建县初的1.8万公顷增加到13.3万公顷、森林覆盖率由建县初的3%提高到26.2%，水土流失治理程度由建县初的11.1%提高到76.3%，每年减少泥沙流量680万吨。先后荣获“全国绿化模范县（市）”“经济林建设示范县”“生态建设先进县”“退耕还林先进县”“‘三北’防护林体系二期工程建设先进单位”“国家园林县城”和“国家水土保持生态文明县”等荣誉称号。

2007年4月12日，胡锦涛同志在彭阳县视察的时候说：“退耕还林的综合效益已经显现了，我的心里有底了；彭阳虽小，但生态环境治理保护成效明显，实践证明，治理和不治理确实不一样；像这样扎实的工作成效和明显的效果，国家投点钱是十分值得的。”

2008年8月16日，温家宝同志视察大沟湾小流域综合治理时说：“生态治理要有‘一张蓝图绘到底’的决心，又要不断丰富新的内容。要实行山水草、林田路综合治理，一代接一代干下去，改变生态环境，最终让农民致富。”

2005年，十届全国人大三次会议上，“彭阳经验”被列为1798号建议案，在黄土高原同类地区推广。

这是对彭阳生态治理的充分肯定，更是引领彭阳干部群众继续前行的力量！

在新的历史条件下，彭阳县委、县政府按照建设“开放宁夏、富裕宁夏、和谐宁夏、美丽宁夏”的战略部署，以固原市破解水、路、绿三大难题的总要求，充分发挥能源工

荒山造林加密工程 2011年10月拍摄 / 彭阳县自然资源局供图

业、特色农业、人文环境“三大优势”，力推项目争取、城乡建设、脱贫攻坚“三个突破”，促进生态建设、民生保障、社会治理“三项提升”，使彭阳生态治理模式由流域治理向区域综合治理全面推开，力推彭阳由生态大县向生态强县转型。

大山要被子，农民要票子，从短期来看，二者是一对矛盾。然而，彭阳县却把对立的矛盾化解为并行发展的两条主线，实现了生态建设和经济发展的双赢。

在干旱少雨的黄土高坡，一条沟壑就是一个贫困源，然而，在彭阳县看来，一条沟壑就是一个聚宝盆。

在彭阳县，每条山沟是一个生态治理单元，又是一个经济开发单元。

杨万珍家的这条山沟是最早的试验场。县委、县政府先是用机械修通了道路，打通了植树造林的障碍，然后在山顶种植柠条保水，在山腰通过“88542”工程，营造以杏树为主的林带蓄水。在山脚的平地上营造经济林，修建水库用水。用当地老百姓的话来说，就是山顶柠条戴帽子，山腰杏树系带子，沟头库坝穿靴子。

现如今，杨万珍家13公顷荒山坡上，栽满了桃李苹果，一亩桃子收入1.4万元；林带的空地上种满了辣椒，一亩辣椒收入1.2万元，他每年能从这条山沟“掘金”20多万元。

杨万珍在山东学习的时候，专门带回了一个晚熟的桃子品种。

杨万珍在水库里养殖鲤鱼，农闲时悠闲垂钓，怡然自乐。推行农家生态游项目将是他的下一个五年计划。

31年来，彭阳在生态治理和林业建设模式上，从零星的单一治理到以小流域为单元的综合治理、规模治理；从简单的耕作措施到工程措施、生物措施、技术措施相结合；从单一的林木栽植到乔、灌、草配套，从鱼鳞坑到带子田再到水平沟，大大提高了流域治理水平。先后打造成了挂马沟、阳洼流域、大沟湾流域、南山流域等一大批卓有成效的生态流域治理区，造出了林带护卫、梯田环绕的美景，彭阳旱作梯田也因此入选“中国美丽田园”梯田景观。

彭阳县委、县政府在实践中深刻认识到，生态建设特别是退耕还林工程的实施，让农民转变了土地经营方式，由原来单一的农业发展方式向林果、草畜、蔬菜、劳务四大特色产业及二、三产业过渡，农业综合产出实现翻番。

目前，全县累计发展以温棚为主的设施农业0.7万公顷，预计年生产蔬菜45万吨，总产值9亿元，提供种植户户均收入3万~4万元，提供全县农民人均纯收入1300元以上。

全县以紫花苜蓿为主的饲草面积达到8万公顷，畜禽饲养总量达到178万个羊单位。

以杏为主的生态经济林3.6万公顷，全县林业总产值年达到7900万元。

集体林权制度改革，盘活了集体林地，农民在林区大力发展朝那鸡散养，年生态鸡饲养量超过10万只，呈现出“家家林下种草，户户林下养鸡”的生产格局，直接经济收入4000多万元。林下散养生态鸡，又为生态经济林和林间山野菜、野生药材提供了大量的有机肥，农民通过采药材、野菜、林木种子，户均年收入300多元。2013年年底，全县农民人均纯收入达到了5518元，位列固原市第一，彭阳县也是固原市第一个财政收入过亿的县。

31年来，彭阳县造林的速度在固原市同类地区最快，工程量比其他县区高出了3倍，人工林的面积大幅度领先于其他县区，成为宁夏生态建设的一面旗帜。在长期生态建设的实践中，全县广大干部勇挑重担、攻坚克难，实现了彭阳生态建设的历史性突破，打造了“生态彭阳”品牌，同时也锤炼了彭阳干部敢为人先、敢打硬仗、敢于吃苦、乐于奉献的作风和能力，孕育形成了“彭阳精神”和“三苦”作风。汇集起了以农民为主体、以干部为补充、全民共同参与的生态建设强大力量，为宁夏南部打造了一道亮丽的生态屏障。

“彭阳经验”表明：在遵循自然规律的前提下，只有发扬愚公精神，锲而不舍、艰苦奋斗，即使在干旱的黄土高原，也能快速有效地形成绿岛环境，实现永续发展。

“彭阳经验”表明：生态建设是一项百年工程，只有建立长效机制，一代接着一代干，一张蓝图绘到底，才能开创生态建设的良好局面。

“彭阳经验”表明：生态是经济腾飞的双翼。有了今天的绿水青山，才有明天的金山银山。

“彭阳经验”，是不怕吃苦、勇于改天换地的兄弟姐妹的丰碑；“彭阳精神”，是敢于担当、为了后世子孙永续发展的父老乡亲的神话。

（摘自《彭阳县生态经济发展》，作者白云鹏系彭阳县市场监管局局长，杨治宏系宁夏电视台记者，孙有亮系彭阳县政府办公室主任）

第1798号建议的办理

杜文娟

彭阳县属黄土高原干旱丘陵残塬区，境内山多川少，沟壑纵横，干旱少雨，水土流失严重，经济社会发展缓慢。自1983年建县初，县委、县政府确立了“生态立县”之路，历届党政领导班子愚公移山，人接班、事接茬、一张蓝图干到底，带领全县干部群众，探索出一套治山治水、治穷致富、改善生态的成功模式，初步实现了山变绿、水变清、地变平、人变富的目标。

“我们建议：把彭阳县作为黄土高原综合治理和可持续发展示范区，将其成功经验在全国黄土高原类型区全面推广。”

——摘自第1798号建议

第1798号建议，标题为“关于在全国黄土高原类型推广‘彭阳经验’的建议”，由宁夏代表团19位代表在十届全国人大三次会议上提出，列为全国人大常委会办公厅十个重点处理的代表建议之一。

4月12日，全国人大常委会办公厅首次以专门召开会议形式对代表建议进行统一交办。第1798号建议由水利部会同农业部、林业局承办，全国人大农业与农村委员会督办。

刘忠恒，当时前往领取建议的水利部代表，这样评价第1798号建议：“薄薄5页纸，分量却不轻。”

他解释说：“建议寄托了西部人民的梦想，也承载了人大代表的希望。全国人大常委会副委员长兼秘书长盛华仁在交办会上强调，代表建议的办理决不能年年是老样子、届届是老面孔，办理代表建议要达到‘四个百分百’……几个月来，人大代表们沉甸甸的嘱托一直鞭策和激励着我们！”

承办和督办单位是怎样落实嘱托的？

拿到建议，水利部立即提出办理要求：明确责任、突出重点、狠抓落实、注重实效。随后，承办司局连夜召开会议，分析所提问题，拿出初步方案，抽调精干力量，明确办理责任、办理措施、办理进度以及预期办理目标……多项工作一气呵成。

全国人大农业与农村委员会也及时与承办单位联系，协助制订计划方案，了解建议办理的进度，出谋划策。

全国人大常委会办公厅联络局巡视员李伯钧说：“这是第一次由全国人大专门委员会负责重点建议的督办，全国人大相关部门设置了重点处理建议办理程序；他们在此基础上不断自我加压、力求出彩！”

“彭阳经验”是否真如第1798号建议中所说？其精髓何在？还有哪些不足？应当如何推广？带着这些疑问，5月和6月，水利部、农业部、全国人大常委会办公厅联络局等相关人员两次赴彭阳调研。

阳洼、姚岔、杨寨、小虎洼，方圆2000多平方千米的彭阳县，留下了他们数不清的

大沟湾流域综合治理成效显著　2020年5月拍摄 / 摄影　沈继刚

遍地黄金 2022年9月拍摄于白阳镇任湾村 / 摄影 张彦俊

足迹。观小流域治理，访当地农户，问询生态变化，听百姓感悟……深入调研中，“彭阳经验”逐步清晰可见。

——彭阳县把小流域作为水土治理单元和经济开发单元，实行山、水、田、林、路统一规划，沟、坡、梁、峁、塬综合治理，扎扎实实地抓好了改土、治水、林草、道路四项工程。

——彭阳县推行科技承包责任制，建立集科技培训、示范、推广为一体的服务机制，把科技真正渗透到生态建设的全过程。

——建县20余年来，彭阳县始终以建设“绿色彭阳”为目标，制定了“10年初见成效、20年大见成效、30年实现山川秀美”的蓝图，历届县委、县政府坚持生态建设不动摇，保持了工作的连续性。全面的思考、严密的论证，一份凝聚了承办、督办单位心血的调研报告随之形成——“在黄土高原类型区推广彭阳‘生态立县’、综合治理的成功经验，对加快该区生态建设，促进西部大开发战略的实施，树立和落实科学发展观，构建和谐社会，将发挥重要作用。”

为进一步完善“彭阳经验”，调研结束后，水利部、农业部、林业局和全国人大农业与农村委员会反复协商，决定对“彭阳经验”先完善后推广。

8月30日，水利部部长汪恕诚签署《对十届全国人大三次会议第1798号建议答复》,其中明确提出——水利建设方面,对纳入水库近期建设、水土保持、病险水库加固、农村饮水安全等相关规划,水利部将适时给予投资支持。今年将加大对彭阳县水土保持淤地坝建设,对罗洼小流域坝系试点工程继续补助资金408万元,此外选择适当地点再建设一条坝系,补助投资300万元左右。

农业建设方面,宁夏"关于建设西北生态与现代农业省域示范区"规划已获批准,建议自治区农牧厅将彭阳县示范区纳入该示范区。

林业建设方面,2005年安排彭阳县退耕还林任务2万公顷,其中退耕地造林1.2万公顷,宜林荒山荒地造林0.6万公顷,封山育林0.2万公顷。

紧握《答复》,宁夏回族自治区人大常委会副主任马昌裔连连赞叹:"承办、督办单位各司其职,字字落到实处,这体现了全国人大代表建议办理工作的加强和改进!"

答复很好,落实如何?

发稿之时,宁夏回族自治区水利厅副厅长李刚军在电话中欣喜地告诉记者,水利部同意将茹河流域水土保持综合治理项目列入2006年计划立项实施细则,宁夏"关于建设西北生态与现代农业省域示范区"的规划已获批准,部分内容有望今年启动,林业部门已为彭阳安排了2005年2万公顷退耕还林任务……

这一年,20年的青山绿水梦,因第1798号建议的办理,重新加速。

(原载于《人民日报》2005年11月23日第十三版)

构筑生态屏障,创建生态文明示范县

“十三五”时期,巩固和提升生态建设成果,以重点生态工程为抓手,坚持保护修复与工程措施相结合,促进全县生态环境整体趋好和良性循环,着力打造全国生态文明示范县,走生产发展、生活富裕、生态良好的文明发展之路,实现人与生态和谐相处。

坚持“生态立县”方针,巩固提升生态保护、退耕还林工程实施成果,争取把全县境内3.3万公顷坡耕地整体纳入国家退耕还林范围,重点实施荒山荒地造林、封山育林、退耕地补植补造、城乡道路绿化、人工种草及草场改良、小流域综合治理、流域坝系和坡改梯田等重点工程。新增生态林4.7万公顷,人工种草3.6万公顷,治理小流域20条,新建骨干坝16座。力争到2015年,全县森林覆盖率达到30%以上,水土流失治理程度达到80%以上。

坚持以生态宜居理念谋划城乡发展,优化居民点布局,加快危房、窑改造,实施“百村连片整治”“六到农家”和“五改”工程,全面开展村庄环境整治,大力开展生态农家、生态文明示范村、生态乡镇等系列创建活动,构筑人与自然有机统一的和谐关系。五年绿化城乡环境0.06万公顷,建设生态文明示范户2万户、生态文明示范村50个、生态乡镇12个。

坚持节约和开发并举、节约优先的方针,全面推进节能、节水、节地、节材和资源综合利用,建立集约、清洁、绿色、低碳资源节约型社会。大力推广建筑节能、公共机构节能、绿色照明工程,发展绿色经济。落实减排目标责任制,积极推广低碳技术,有效减少主要污染物排放总量。加强农村饮用水源地保护和尾矿、“三废”等回收利用,控制农村面源污染,坚决关闭浪费资源、污染环境和不具备安全生产条件的落后产能。建设一批中小型风电基地，实施农村清洁工程，加快城镇天然气的使用普及。五年建设节能炕5000铺、节柴灶1万台、太阳能灶2万台、太阳能热水器1万户。

生态文明示范县建设工程

生态林业。继续推进退耕还林、天然林保护和城乡造林绿化工程建设，实施退耕地造林23公顷，荒山荒地造林1.3万公顷；对全县3.2万公顷天然林和其他森林实行全面有效管护，完成封山育林0.62万公顷，新建“三北”工程造林0.67万公顷，城乡道路绿化1000千米，绿化小城镇12个，建设生态文明示范村50个；巩固退耕还林成果，加强农民技能培训，培植接续产业，拓宽农民增收渠道。

水土保持。继续推进山水田林路草小流域综合治理，新增小流域综合治理工程20条，新建水土保持骨干坝16座。

环保工程。实施农村清洁工程，在12个乡镇12个中心村实施农村环境连片综合整治；加强农村水源地保护，保护人饮工程水源地100处。

生态家园建设。实施水、电、路、气、房和优美环境“六到农家”工程2万户；推进农村沼气建设，带动改水、改路、改厕、改厨、改圈“五改”工程2万户。加强农村污水、垃圾处理，改善村容村貌。

草场建设。加强人工种草及草场改良，实施人工种草3.7万公顷，改良天然草场3万公顷；争取国家草原生态补偿4.8万公顷。

地质灾害防治。在红河、茹河、安家川三大流域实施山洪灾害防治建设，建设山洪灾害防治非工程措施12处、城镇防洪工程12处；新建居民点50处，实施地质灾害易发区群众避险搬迁。

（摘自《彭阳县“十三五”规划》）

建设国家生态文明先行示范区

彭阳县大力实施生态优先、绿色发展战略，按照“五位一体”总体布局要求，牢固树立生态、绿色、低碳发展理念，推进形成绿色发展方式和生活方式。按照源头严防、过程严管、后果严惩的要求，健全生态保护红线管控、生态补偿、生态文明考评、生态损害责任追究制度，完善环境监测、预防、预警、应急机制。积极探索生态合作、产业共建、财政支援、易地开发、生态资源交易等多种方式的生态补偿机制，努力构建资源节约型、环境友好型社会。

坚持保护优先、自然恢复为主，按照“一园两河三线多点”（一园即市民休闲森林公园，两河即茹河、红河，三线即309国道、203省道、彭青高速公路和彭镇公路，多点即乡镇政府驻地周围，各流域点）总体发展格局，严守生态红线，延续“绿色红利”，打造“旅游景观”，深入推进生态文明建设和美丽乡村建设。巩固提升生态建设成果，以实施“三北”工程黄土高原综合治理林业示范项目为抓手，实施退化林改造和乡村生态提升工程，确保每年完成造林绿化面积0.33万公顷。全面启动新一轮退耕还林工程，力争将全县25度以上的坡耕地全部纳入退耕范围，完成退耕还林还草面积0.53万公顷。深入推进主干道路大整治、大绿化和百里绿色长廊工程，全面实施荒山绿化，营造顺、洁、畅、美、绿公路沿线生态景观。坚持生态效益优先，自然修复为主，封造管结合，加快生态移民迁出区、煤矿沉陷区和重点采油区生态修复治理，将生态移民迁出区全面纳入大林场管理。成立专业造林队、护林队、林业技术服务队，为生态林业建设服务。巩固林地确权成果，强化禁牧封育、森林防火和林业有害生物防治，加强林木采伐限额管理，严格林地征占用审批，有效保护森林资源。到2020年，新增林地面积2.13公顷，林地保存面积达到18.8万公顷，森林红线面积7万公顷，森林覆盖率达到28%以上，植被覆盖率达到70%以上。

坚持以提质增效为重点，继续以小流域为单元，林草措施镶嵌配套，水土保持工程截流补充，大力推行山水田林路统一规划，梁峁沟坡塬综合治理，完成小流域综合治理32条320平方千米。以片区综合开发为重点，加快流域治理、基本农田建设、产业开发、基础设施综合配套，着力推动流域型治理向区域型治理转变。坚持把小流域治理与生态旅游开发有机结合，采取生物措施与修路、开发、生态庄园等工程措施并举，全力打造以阳洼、南山为代表的国家级小流域治理水利风景区。加快实施以乡镇驻地为重点防洪设施建设，完成红、茹河河道综合治理。到2020年，全县水土流失治理程度达到76%以上。

开展水环境整治专项行动，实施最严格的水源地划定区域管控措施，依法保护水资源，保障城乡饮用水源地水质合格率。全面加强红、茹、蒲河全流域水环境保护，实施上游生态建设、中游保护利用、下游水质监测全流域综合管理措施，实施水资源统一规划、配置、调度和管理，严格水资源论证和取水许可制度，严格控制地下水超采和污染，严格水资源开发利用控制、用水效率控制和水功能区限制纳污三条红线管理。开展工农业生产和生活节水行动，严格执行用水定额，降低耗水总量，建设节水型社会。"十三五"期间，实现对现有的46处城乡饮水水源地全部围栏保护，保护面积达到310平方千米以上。

全面开展城乡环境综合整治，实施农村"五改一化二处置"(改水、改厕、改路、改电、改善乡村居住条件，集镇绿化，生活污水和生活垃圾处置)工程。加强环境基础设施建设和村庄环境整治改造，完善农村生活垃圾收集处置系统，实现全县156个行政村农村环境综合整治工程全覆盖。本着"谁污染、谁负责，多排放、多负担，节能减排得收益、获补偿"的原则，淘汰集中供热范围内的小型燃煤锅炉，减少燃煤烟气污染物排放量。按照减量化、资源化、再利用的循环经济理念，以推动农牧结合、种养平衡、循环利用为根本手段，提高农业资源综合利用效益，减少污染物排放，控制化肥、农药用量，推广使用可降解农膜，实行测土配方施肥，推广精准施肥技术和机具，推进农业面源污染治理。加强城镇污水垃圾、医疗废弃物、餐厨废弃物、废旧电子产品等集中处理和工业废弃物综合利用，建立健全化学品、持久性有机污染物、危险废物等环境风险防范与应急管理工作机制，逐步把农村建设成为经济繁荣、环境优美、设施配套、特色鲜明、文明和谐的现代化农村新社区。到2020年，城市生活垃圾无害化处理达到100%，农村生活垃圾无害化处理达到70%，城镇污水处理率达到90%。

紧紧围绕生态文明建设目标，深入实施大气、水、土壤污染防治行动计划，严格限制高耗能、高污染、高排放工业类企业。进一步强化节能目标责任制，加快工业技术改造和产业升级，加强重点企业节能管理，以可吸入颗粒物PM10为重点，兼顾细颗粒物PM2.5，全面推进二氧化硫（SO_2）、氮氧化物（NOX）等污染物防控。完善污染物排放许可制度，禁止无证排放和超标准、超总量排放。健全环境影响评价、清洁生产审核、环境信息公开等制度。加强城市扬尘综合整治，积极开展绿色工地创建活动，推进资源节约型、环境友好型社会建设。到2020年，确保空气环境质量达标率达98%，县城优良天气达93%以上。

生态建设重点项目

林业建设：退耕还林草工程、“三北”防护林工程、天然林保护二期工程、百里绿色长廊工程、茹河市民休闲森林公园工程、生态修复工程，生态提升工程，新增林地面积32万亩。

水土保持：治理小流域32条320平方千米，除险加固骨干坝38座，新建骨干坝12座，水利风景区3处。

水环境：在红、茹、蒲河河道出口处建污水处理设施3处，全县12个乡镇每个乡镇建1个5000立方米过滤式入河排污口等建筑物。

工业废水：新建3套日处理淀粉废水1万立方米“蛋白提取+气浮”处理设施。

垃圾污水：改建县城污水处理厂，新建乡镇、村组垃圾中转站10座。

全面推进节能、节水、节地、节材和资源高效综合利用，建立健全用能权、用水权、排污权、碳排放权初始分配制度，形成勤俭节约的社会风尚。加快工业技术改造和产业升级，突出抓好单位GDP能耗控制，发展绿色工业，提高经济效益。严格执行新建项目节能评估审查，全面推广使用新技术、新材料、新能源，严禁淘汰限制类建筑材料。加快建设交通节能设施，大力推广城市电动汽车、燃气汽车、太阳能路灯、节能灯管等，降低能源消耗。在全社会开展节能减排活动，推进新城镇、新能源、新生活行动计划，树立全社会节约集约循环利用资源观，推动形成勤俭节约的社会风尚。倡导绿色生活和休闲模式，建立集约、清洁、绿色、低碳资源节约型社会。“十三五”期间，万元GDP综合能耗控制在区、市下达的目标以内。

针对抗旱、防洪、避震等不同类型的自然灾害，建立完善县乡村三级救灾应急预案体系、灾害应急响应机制、灾害信息管理机制和救灾款物保障机制，构建重大灾害预警应急体系。立足于防大旱、抗大旱，坚持建设与管护并重，加强储水库(坝)等抗旱水利工程建设，大力推广滴灌、喷灌等节水技术，着力解决资源型缺水和工程型缺水困局。坚持防治与避让相结合的原则，加快河流、地质灾害区、地面沉陷区山洪灾害防治，逐步实施地质灾害区群众避险搬迁安置。

（摘自《彭阳县“十四五”规划》）

以先行区为突破口,切实担当新时代使命

牢记总书记嘱托,担当时代新使命,坚决扛起建设先行区、守好生命线、彭阳勇争先的政治责任,以建设黄河流域生态保护和高质量发展先行区统领经济社会发展全局,推动先行区建设在“十四五”时期取得阶段性重要成果。

聚焦自治区“五个区”战略定位,坚持生态优先,把厚植绿色底色、加快绿色转型作为高质量发展的主要抓手谋深谋实,正确处理生态环境保护和经济社会发展的关系,统筹推进生态环境保护和经济社会发展,切实提升绿水青山转化为金山银山的能力。

在建设河段堤防安全标准区上强内涵。以构建安全绿色堤防为目标,综合推进堤防建设、污染防治、防洪排涝、水系连通、景观培植,系统治理水资源、水生态、水环境、水灾害。

在建设生态保护修复示范区上勇当先。以山水林田湖草生态保护修复为抓手,实施一批重大生态建设和修复工程,打造小流域治理新样板,推动水源涵养、防风固土、水土保持、生态产品供给能力大幅度提升。

在建设环境污染防治率先区上树标杆。接续打好污染防治攻坚战,建立健全污染防治长效机制,推动生态环境保护约束性指标稳定提质,生态环境质量好中向优。

在建设经济转型发展创新区上蹚新路。坚持生态优先、绿色发展,深化“生态+”“绿色+”文章,加快经济结构调整,推动产业转型升级,在特色农业、生态友好型工业、现代服务业、文化旅游业和“四个一”林草产业等发展上取得新突破。

在建设黄河文明传承彰显区上作贡献。实施红色文化、生态文化、农耕文化、历史文化四大提升行动,做精做优彭阳特色旅游品牌,加快创建国家全域旅游示范县。

按照自治区“建设南部水源涵养区”要求，以红河、茹河、安家川河为脉络，抓好小流域治理和生态经济林、防护林、水源涵养林建设，持续提升水土保持和水源涵养功能，着力构建主体功能突出、发展优势互补、良性联动循环的“三河”流域发展新格局，实现业态美、城乡美、山水美、生活美、环境美。

构建茹河流域生态经济区。以茹河干流为主轴，建设人水和谐共生、美丽宜居的“生态县城”，打造资源高效利用、质量效益显现、产城融合发展的“生态产业”，提升行道林带相伴、内通外畅的“生态交通”，推动融合生态景观、富含人文底蕴的“生态旅游”，宣扬承载黄河文化、彰显彭阳精神的“生态文化”，打造生态保护和高质量发展的核心带。

构建红河流域绿色发展区。发挥红河流域自然条件优势，在红河镇、新集乡突出生态治理和绿色发展，建设生态经济林，治理湿地生态，优化畅通水系水网，构建绿色高效、优势突出的特色农业体系，打造农业农村现代化的示范带。

构建安家川流域生态保护修复区。针对北部干旱缺水、生态脆弱等问题，以巩固提升退耕还林成果和王洼独立工矿区改造提升为重点，突出抓好水源涵养、生态保护和工矿区地质生态环境修复，加强小流域综合治理，加大植树造林力度，建设生态经济林，保护森林资源，保持生物多样性，打造水源涵养和水土保持的提升带。

坚持服务战略大局，树立先行先试理念，大胆试、大胆破、大胆立。以机制突破引领工作突破，对区市明确的探索性工作、试点性任务，积极争取、先行先试，努力在区市战略布局中抢得先机、赢得支持。

加快建立水资源节约集约利用机制，以“互联网+城乡供水”改革为引领，实施最严格的水资源保护利用制度，建立水资源动态优化配置机制和分区分类管控体系，完善水资源消耗总量和强度双控制度，将水资源利用纳入效能目标管理考核，强化水资源刚性约束。稳妥推进水价、水权、水市场改革，探索项目建设水资源论证准入制度，开展再生水循环利用试点，推广农业适水种植、量水生产模式，全面实施深度节水控水行动，深入推进节水型社会建设。

加快构建环境污染系统治理制度。持续落实河长制，加快建立山长制、林长制，严格落实“四禁”“四减”措施，努力实现“四保”目标。建立完善跨区域、上下游、多污染协同治理机制，全面实行排污许可制，加快推进排污权、碳排放权市场化交易，实施环境

污染强制责任保险制度，开展煤炭、建材等行业强制性清洁生产，建立畜禽粪污、农作物秸秆等农业废弃物综合利用和无害化处理体系，探索建立污水垃圾处理服务按量按效付费机制，落实环境保护、节能减排约束性指标管理。

*加快探索生态保护和高质量发展模式。*积极探索多元化的生态补偿机制，整合区市专项资金，鼓励引导通过市场化方式等多渠道多举措筹集流域生态补偿资金，加快建立保护修复生态有回报、破坏生态环境付代价的生态产品价值实现机制。健全推进生态保护和高质量发展的体制机制，完善绿色发展长效投入机制，设立绿色发展基金，拓宽来源渠道，加大资金整合和信贷支持力度，夯实绿色发展基础。建立重大项目谋划落实机制，统筹谋划实施重点产业培育、重要民生改善、重大基础设施、重要生态保护项目，不断增加有效投入。

*加快建设特色优势现代产业体系。*立足生态资源、产业基础、特色优势，全力构建牧草、养殖、林果、蔬菜、中药材、特色板块六大农业产业集群；煤炭综合利用、轻工纺织、农副产品加工三大工业体系；生产性服务业、生活性服务业、新经济新业态三大服务业体系。补齐创新链、优化供应链、重构产业链，促进更多技术、资本、劳动力等生产要素融入产业发展，建立现代生产体系、经营体系、服务体系，推动布局区域化、经营规模化、生产标准化、发展产业化，实现产业体系升级、基础能力再造、新旧动能转换，打造在宁南地区有一定影响力、竞争力、带动力的特色优势产业体系。

（摘自《彭阳县“十四五”规划》）

践行绿色发展理念 建设生态保护样板县

践行“绿水青山就是金山银山”理念，坚持生态保护、生态建设、生态治理三管齐下，守好改善生态环境生命线，坚持节约优先、保护优先、自然恢复为主，全面落实可持续发展战略，统筹山水林田湖草系统治理，守住自然生态安全边界，促进经济社会发展全面绿色转型，促进人与自然和谐共生。

实施生态建设提升行动

严格生态保护红线，实施生态建设提升行动，加强森林、草原、湿地、农田、城镇等生态系统建设，不断提升生态系统质量和稳定性。

全面优化生态空间格局。坚决守住生态红线，科学制定“十四五”期间生态建设总体规划按照一屏（三河源头生态保护屏障）、三带（红河、茹河、安家川河干流生态修复带）、多廊多点[以高速公路、国道、省道、县道、乡道，乡（镇）、村庄、旅游景点]为节点，建设具有区域特色的生态廊道的总体布局，实施宁夏南部水源涵养林建设项目3.37万公顷，规模化发展“四个一”林草产业6.7万公顷，到2025年，力争森林覆盖率达到40%以上，草原综合植被盖度达到97%以上，生态经济占比明显提升。

加快形成整体生态系统。加强全方位修复、全域化保护、全过程治理，加快形成布局均衡、功能完善、稳定高效的整体生态系统。培育森林生态系统。因地造林、以水定绿，多措并举造林、育林、护林，系统优化林种、林相等，不断提高林木成活率、森林覆盖率、森林郁闭度，高质量完成造林绿化任务。修复草原生态系统。实施退牧还草、草原有害生物防控等工程，加强天然草原种质资源保护与开发、草原防火防灾、监测预警，

治理麻喇湾流域　2004年4月拍摄 / 摄影　林生库

推进草原生态脆弱区治理，到2025年完成草原生态修复面积0.013万公顷。构建湿地生态系统。严格保护现有人工湿地，实施湿地修复和生态治理工程，提升湿地蓄水、防洪、排水及水生态平衡功能，到2025年湿地面积稳定在0.18万公顷以上。稳定农田生态系统。实行土地深松耕作、轮作倒茬、增施有机肥等保护性耕作措施，优化种植结构，适度调减低效过剩作物、调增短缺高效作物种植面积，有效提高耕地地力0.5个等级，更好适应生态建设和农业现代化需要。提升县城生态系统。强化绿地控制、水网管护和通风廊道布局，实施茹河生态园、悦龙山、彭安北街等城区绿化提升工程，不断提升国家园林县城和国家生态文明示范县建设品质。到2025年，县城绿化覆盖率达到50%、绿地率达到45%。

在总结提升山水田林路统一规划、梁峁沟坡塬综合治理经验的基础上，注重与结构调整、国土绿化、环境治理、生态经济相结合，努力打造一批生态产业型、修复型、清洁型、经济型小流域。

实施"三河"综合治理。持续开展美丽河流建设，实施红河、茹河、安家川河流域生态治理修复，重点实施红河、茹河河道水系治理及河道生态廊道项目，打造"一河一特色”美丽滨水景观，持续开展“美丽茹河”建设，争建茹河自治区级湿地公园。治理红河、茹河、安家川河支沟21条，生态护岸136公顷；治理芦子沟等山洪沟6条，茹河河道18处；维修及提标改造生态廊道及生态护岸等工程8处；清理河道面积198公顷、生态沟渠面积96万平方米，提升河道行洪能力，消除安全隐患。对全县43座水库、重点河流进行信息化改造，实现水库自动监控联合调度，山洪灾害监测、预警数字化管理；实施水土保持天网动态监测工程，对42座骨干坝、99条小流域监测、监视，全面提升河道保护治理的数字化水平。

全力开展水土保持修复。因地制宜、分类施策、科学防治、加强监管，大力建设旱作基本农田和骨干坝，突出补强道路及村镇硬化面引起的沟道侵蚀短板，加强土石山水源涵养区生态保护。治理生态经济小流域19条，实施沟头防护工程60处，固沟保塬项目11个，除险加固库坝36座。建设以梯田和淤地坝为主的拦水减泥体系，推进黄土塬区固沟保塬、坡面退耕还林还草，加强移民迁出区生态修复和沟道水土保持林建设，新增水土保持林面积0.33万公顷，打造水土保持科技示范园2个，到2025年全县水土流失治理程度达到85%。

持续提升水源涵养能力。坚持把水土保持摆在黄河流域支流区域保护治理的突出位置，巩固退耕还林还草成果，继续实施天然林保护、“三北”防护林建设、荒山治理、旱作梯田、淤地坝等工程，不断提升流域水土保持能力和水源涵养能力。全力推进污染治理，加强茹河、红河水体保护，推进污水集中处理和达标排放，搞好农村人居环境整治，减少八河污染排放量，通过节能改造，实现污染物综合排放量消减。

坚持综合治理、系统治理、源头治理，抓好重点领域污染防治，继续打好蓝天、碧水、净土保卫战，加强环保监督检查，巩固污染防治成果，保持彭阳山清水秀、鸟语花香的和谐田园风光。

打好蓝天保卫战，实现天更蓝。对标高质量发展先行区建设大气污染防治指标要求，以《彭阳县打赢蓝天保卫战三年行动计划》为抓手，进一步强化“四尘同治”。扎实开展大气污染综合管控工作，突出抓好工业企业烟气污染、扬尘污染、大气面源污染和机动车尾气排放治理。持续优化能源结构，有序推进清洁取暖，不断提升空气环境质量。“十四五”期间，空气质量优良天数比例保持在90%以上。

打好碧水保卫战，实现水更清。全面落实河长责任制，扎实推进红河、茹河、安家川河流域综合治理，铁腕清理整治河道“四乱”问题，推动形成河畅、水清、堤固、岸绿、景美、业旺的水生态环境。加强饮用水水源地保护管理，加大水体污染治理力度，深入推进治污水、防洪水、排涝水、保供水、抓节水“五水共治”，确保“三河”水质和水源地水质稳定达标。加快城区污水管网、城镇污水处理设施扩容提标改造、农村污水治理、河道沟渠综合治理建设，因地制宜实施排污口下游、主要入河口等区域水质净化工程。到2025年，彻底消除劣Ⅳ类水体，城区生活污水实现全收集全处理。

打好净土保卫战，实现土更净。全面落实土壤污染防治行动计划，加大土壤污染治理力度，推动工业固废、危险固废、建筑垃圾、生活垃圾、畜禽养殖、电子废弃物“六废联治”，抓好农业面源污染防治，推进化肥农药减量化，加快工业园区循环化改造和固废处置利用。推动城市生活垃圾分类投放、分类收集、分类运输、分类处置，到2025年，县城实现全部生活垃圾无害化处理。

结合“四个一”林草产业工程建设，加快培育壮大生态经济，全面提高资源利用效率，推广绿色生产生活方式，走高质量发展之路，着力培育基地生产、产品加工、观光旅游等为主的生态经济产业链。

把“四个一”林草产业作为践行“两山”理念的创新实践和改善生态环境守好生命线的强力抓手持续推进，实施绿色发展提升行动，不断拓展“四个一”林草产业工程的发展空间，推广“企业+合作社+农户”“前店+后场+基地+农户”“331+”等发展模式，探索创新政府、企业、群众利益联结机制，调动社会各方力量共同参与“四个一”林草产业发展。

“一棵树”产业。围绕红茹河流域及长城、孟塬两大塬区，通过引进试验、示范，找准一棵“摇钱树”，分类布局，达到种出风景、种出产业、种出财富的目标。“十四五”期间，发展以矮砧密植苹果、红梅杏、大果榛子、元宝枫、杜仲、山桐子为主的“一棵树”面积2.3万公顷。

“一株苗”产业。以城阳、孟塬、冯庄等东部乡镇为重点，坚持“长、中、短”结合，“特、珍、缺”搭配，调整优化育苗结构，建设六盘山植物种质资源库和苗木产业化生产基地，发展六盘山特色苗木和经果林苗木，拓宽销售渠道，培育苗木市场，促进林业产业发展和群众增收致富。“十四五”期间，发展“一株苗”面积0.13万公顷。

“一枝花”产业。围绕国省道干线、旅游环线、主要景区景点和“三河”流域布局打造一批花卉长廊、花卉主题公园、梯田花海，建设一批田园综合体和旅游示范园，开发一批生态休闲游、避暑休闲游、梯田观光游、农事体验游、健康养生游等旅游产品，把绿水青山的“看点”变成增收富民的“卖点”。

“一棵草”产业。围绕草庙、王洼、交叉等北部乡镇，通过提纯复壮现有品种、引进试验优新品种，加快多年生牧草（紫花苜蓿）更新换代，积极发展专用青贮玉米和一年生优质禾草等，建设优质牧草基地，壮大发展以固原黄牛为主的特色养殖，培育一批农产品精深加工骨干企业，不断延伸产业链条。“十四五”期间，发展以紫花苜蓿、甜高粱、粮饲兼用玉米、艾草等为主的“一棵草”面积6万公顷。

全面提高资源利用效率

推进资源节约集约利用。坚持节约优先，建设资源节约型社会，加强用水需求管理，控制工业和农业用水节能总量，提高农业灌溉水利用率，加强城市节水、节能，推进企业节水、节能改造，建立节约用水奖惩机制，实施老旧供水管网改造，到2025年，达到国家节水型城市标准，完成固原市下达的能耗“双控”指标。坚持节约用地，严守永久基本农田，严管城镇开发边界，严格落实耕地占补平衡，鼓励工矿区土地复垦复用，严控新增建设用地规模，盘活利用批而未供和闲置土地。推进节能降耗，严格能耗准入门槛，深入推进工业、建筑、交通等领域节能。

提高资源综合利用。完善再生资源回收体系，加快推行城乡居民生活垃圾分类和资源化利用，运用现代化数字监控手段，采用“政府+市场+智慧”联合运作模式，打造再生资源集散中心，建设生活垃圾中转站、厨余垃圾资源化利用站、再生资源分选站，“三站一体”综合性末端处理区。加快王洼园区绿色低碳循环改造和企业节能环保技术改造，加强煤炭开采废水、煤矸石、农副产品加工废渣循环再利用，推进煤矸石分选加工、固废处置场项目建设。推动余热、余压梯级利用和废水、废气、废渣再利用，到2025年全县工业固废综合利用率达到78%以上，工业用水重复利用率达到88%以上。

树立绿色生活方式。完善居民用电、用水、用气阶梯价格政策。在全社会范围内鼓励采用清洁能源汽车，鼓励长途出行使用公共交通工具，短途出行宜步行或骑行以减少碳排放；鼓励建设绿色节能建筑，采用新型节能技术和墙体材料。鼓励日常生活使用节能产品，倡导节能生活方式。

生态建设重点项目

林业建设：宁夏南部水源涵养面积3.7万公顷；“四个一”林草产业面积6.7万公顷。

湿地公园：建设店洼省级湿地公园面积10.87万公顷。

水土保持：在王洼、城阳等乡镇，治理店房台、韩赛片区、赵沟等小流域19条350平方千米；在新集、红河、古城、白阳、城阳、冯庄、罗洼、小岔等乡镇，实施红茹河、安家川河流域生态治理工程，治理流域面积610平方千米，生态修复保护面积200平方千米，建小型水土保持工程285座，营造水土保持防护林面积50平方千米，林分优化面积150平方千米，封禁治理面积180平方千米，栽植护栏面积110平方千米，实施长城塬等固沟保塬6处，建沟头防护工程60处、骨干坝12座、中小型淤地坝20座，除险加固甘沟等骨干坝10座；在王洼等乡镇，治理李岔等坡耕地4处，新增水平梯田5万亩；在白阳、城阳、新集、红河等乡镇，打造红茹河河道生态廊道，疏浚红茹河河道面积14平方米，建设绿色步道面积72平方米，生态护岸面积106.7平方米，治理生态沟渠面积96万平方米；实施煤矿塌陷区生态修复面积147平方千米。

水环境：建成第二污水处理厂1座、乡镇污水处理站39座。

工业废水：新建王洼产业园区一二区块污水处理厂、提标扩容王洼产业园区三区块(县城)污水处理站(厂)

垃圾污水：实施污泥处置、环卫车辆购置及环卫设施配套、城市餐厨垃圾收运处理、城市生活垃圾分类处理、县城公共厕所改造、乡镇卫生院医疗污水处理项目、机动车尾气排放遥感监测、大气污染防治能力建设、王洼镇固废处理场。

农业固废：实施畜禽养殖污染治理、减肥减药、农田残膜回收利用，建设粪污收集站12座、标准化粪污处理设施3座、残膜回收利用点15座，推广有机肥示范点面积0.83万公顷，示范配方肥面积0.83万公顷，开展农作物病虫害统防统治面积0.41万公顷，改造升级残膜造粒加工企业2个。

（摘自《彭阳县“十四五”规划》）

政协专题调研

政协彭阳县委员会贯彻执行“长期共存、互相监督、肝胆相照、荣辱与共”的方针，实行政治协商和民主监督、参政议政职能，为发展地方经济出力献策。在委员中组织开展“提一条合理化建议，传递一条经济信息，办一件好事实事，写一份百名委员下基层调研报告”活动，撰写了《关于全县环境污染治理工作情况的调研报告》《如何推进彭阳生态环境保护工作》和《禁牧封育工作现状调查分析及建议》等数十篇有关生态方面的报告，为彭阳生态建设提供了宝贵参数。

关于全县环境污染治理工作情况的调研报告

彭阳县政协调研组

为了全面准确地了解全县环境(大气、水、土壤)污染治理工作,2016年7月15日至16日,彭阳县政协组织部分委员深入王洼煤矿、孟三采油厂、县环境质量监测站、县污水处理厂、县垃圾填埋处理厂、县城部分污水排出口及垃圾堆放点,采取现场查看、听取介绍、实地座谈交流等方式,对全县环境污染治理工作进行了专题调研。现将调研情况报告如下。

基本情况

2016年以来,全县环境保护工作始终坚持"生态立县"方针不动摇,以实现经济发展与环境保护双赢为目标,不断加大监管力度,取得了明显的成效。"十二五"期间,全县水环境质量不断改善,集中式饮用水源地水质稳定达标,工业废水排放量逐年递减,重点企业排放的污水得到了有效治理。淀粉企业生产废水全部得到综合利用,生活污水处理率86%;城乡固废处理设施全面建成并投入使用,生活垃圾无害化处理率92%,空气质量达标率100%。生态县建设稳步推进,全县创建国家级生态乡镇1个、生态村1个,区级生态乡镇5个、生态村5个。

防治结合,保障水环境安全。严格新建涉水项目的审批管理。针对我县水资源匮乏,水环境容量小的现状,从严审批涉水项目,对项目选址不符合水环境功能要求,未做到达标排放的项目一律不予审批。对符合审批条件的项目,引导企业进入工业园区,做到一水多用、废水综合利用,从源头控制污水进入重点水域、农村水源地。"十二五"期间,否决涉水项目12个,其中小造纸项目3个、废旧塑料加工项目3个,畜禽养殖

绿水青山就是金山银山　2021年5月拍摄 / 摄影　沈继刚

项目2个，其他项目4个。加强现有重点行业废水治理。2016年，全县共有重点工业废水排放企业11家，其中煤炭开采和淀粉生产为废水排放主要来源，其排放量占全县总排放量的93.2%。“十二五”期间，关闭生产能力在1万吨以下的淀粉生产企业10家，家庭式作坊22家。目前淀粉生产企业均配套建设了洗涤水循环沉淀池和淀粉废水灌溉设施。王洼煤业三个矿均配套建设了矿井水处理设施，总处理能力为每日6200吨。保障污水处理厂正常运营。县城污水处理厂于2010年建成并投入运营。五年来，全县城镇生活污水处理量由57万吨提高到121万吨，累计处理生活污水427万吨。开展农村水源地保护。抢抓农村小康环保行动计划和农村环境连片整治机遇，争取项目资金240万元，完成全县56个农村水源地保护工程，受益群众16.4万人。组织人员对全县84个服务人口在300人以上的农村保护水源地进行全面普查，先后完成了5个乡镇、59个农村集中水源地基础环境调查和保护区的勘界划分，编制完成《彭阳县集中饮用水水源地保护区划分方案》，并建立水源地地理信息管理系统。

调整结构，改善空气环境质量。一是实行集中供热。严格国家和地方有关锅炉和炉窑审批规定，集中供热管网覆盖区不审批采暖锅炉，逐步实行集中供热。所有集中供热锅炉全部配套安装有除尘脱硫设施。二是全面拆除县城建成区燃煤茶浴炉。认真贯彻《宁夏回族自治区大气污染防治行动计划(2013年—2017年)》,深入开展环境保护专项治理工作,全面拆除县城建成区燃煤茶浴炉。

强化监管,实行固体废物集中处理。抓制度建设。在重点监管企业建立固体废物台账,对危险废物来源、储存、转运、处置有明确的记录。同时,建立危险废物转运联单制,明确危险废物去向,为突发事件处置奠定基础。抓执法检查。结合全区环境执法大检查,针对王洼煤矿煤矸石堆放、石油开采及部分涉危企业固体废物处置不符合要求的问题,对其发出整改通知,责令限期整改。王洼煤业一矿、二矿对煤矸石堆放场进行了覆土处理;王洼煤矿三个矿区、采油九厂彭阳县作业区、供热公司五家企业均按照整改要求建设了危险废物临时储存场所,并按规范设置标志。

严格审批,控制污染物排放总量。我县项目审批部门严格执行国家和地方有关建设项目方面的法律、法规和制度,对有污染物排放的项目,做到了没有环保评审,国土部门不批地、规划部门不发证、发改部门不立项、工商部门不注册。严格的项目准入审批制,对我县主要污染物总量控制、节能减排、生态县建设、重点生态功能区建设与保护等发挥了重大作用。在加大建设项目审批环节监管力度的同时,县环保部门不断加强项目工程建设监督检查,对查处的未批先建项目,进行行政处罚或责令拆除。

存在问题

环保设施运行经费投入不足。现已建成的环境保护设施运行维护费用不足,技术人员缺乏,致使农村生活污染物收集处理达不到要求,环保设施不能发挥应有的作用。污水处理厂、垃圾填埋场运行管理机制不健全,影响了我县节能减排任务完成。

部分农业项目布局不合理,环保措施不健全。主要表现在畜禽养殖场和废旧薄膜加工企业选址没有经过相关部门把关,离村庄、人口稠密区较近,有的甚至在水源地。

管理部门对第三产业审批把关不严。对经营餐饮、娱乐、金属加工等存在油烟、异味、噪声问题的个体工商户监管不到位,加之部分经营者经营场地离居民小区、广场等人口密集区太近,影响周围群众正常生活。

环保监管自身建设亟待加强。环保监管机构设置不合理,县建环局环保股具体负责环保监管工作,从管理体制上不能很好地解决"运动员"和"裁判员"的关系,致使不能很好地履行环保监管职能。加之专业技术人员少，现有人员年龄偏大、文化程度偏低、监管能力不强，这些均严重影响各项环境保护管理工作的顺利开展。

对策建议

加强宣传教育，提高公民环保意识。要采取多种形式，大力宣传《环境保护法》，切实提高企业经营管理者的守法意识和广大市民的参与意识，努力营造有利于《环境保护法》贯彻实施的良好氛围。

突出工作重点，切实做好节能减排。加大对县城污水处理厂、垃圾集中填埋处理点和集中供热设施改造建设的经费投入力度，确保发挥最大效益。县城实行集中供热，规划建设王洼煤矿矸石电厂，有效解决王洼矿区矸石、煤泥无处去带来的环保问题。油井作业过程要落实严格的环保措施，做好防漏、防渗、防扩散措施。要做好油田、矿区的绿化和生态恢复工作。同时，推进清洁生产，发展循环经济，淘汰落后产能，严格落实饮用水源保护的各项措施，切实保护人民群众生活饮用水安全。

加大财政投入，严格绩效评价考核。加大对环境保护经费的投入，并将环境保护工作纳入乡镇、部门(单位)综合考核，加强对各乡镇、部门(单位)环境保护任务落实、长效管理机制建立等的督查指导，定期通报，严格绩效评价。

成立县环境保护局。随着我县经济社会的快速发展。环境保护监察、环境监测、农村环境治理等服务需求不断加大，环保监察工作任务越来越重，加之缺乏专职环保管理人员，严重影响了工作的开展。建议成立县环境保护局，确定人员编制，预算专门经费，配置专职环保管理人员，开展岗位执法培训，提高执法水平，从根本上解决管理体制不顺的问题。

(原载于彭阳政协《参政议政要报》2016年第3期)

如何推进彭阳生态环境保护工作

杨志让

第一,要把习近平生态文明思想作为我县生态环境保护工作的行动指南。一要坚决贯彻落实绿水青山就是金山银山的重要发展理念。绿水青山就是金山银山,阐述了经济发展和生态环境保护的关系,揭示了保护生态环境就是保护生产力、改善生态环境就是发展生产力的道理,指明了实现发展和保护协同共生的新路径。我们要从根本上解决生态环境问题,就要贯彻新发展理念,加快形成节约资源和保护环境的生产方式、生活方式,给自然生态留下休养生息的时间和空间。二要坚决贯彻落实良好生态环境是最普惠民生福祉的宗旨精神。环境就是民生,青山就是美丽,蓝天也是幸福。发展经济是为了民生,保护生态环境也是为了民生。我们既要满足人民日益增长的美好生活需要,也要满足人民日益增长的优美生态环境需要。只有坚持生态惠民、生态利民、生态为民,重点解决损害群众健康的突出环境问题,加快改善生态环境质量,提供更多优质生态产品,才能不断满足人民日益增长的优美生态环境需要。三要坚决贯彻落实山水林田湖草是生命共同体的系统思想。山、水、林、田、湖、草是相互依存、紧密联系的有机链条,这个生命共同体是人类生存发展的物质基础。我们要从系统工程和全局角度寻求新的治理之道,不能再是头痛医头、脚痛医脚、各管一排、相互掣肘,而必须统筹兼顾、整体施策、多措并举,全方位、全地域、全过程开展生态文明建设。要深入实施山水林田湖草一体化生态保护和修复,坚定不移走生态优先、绿色发展的道路。

第二,要把中央第二环保督察组来宁开展"回头看"作为我县生态环境保护的强劲动力。一要在思想上高度重视。建议既要对2016年中央第八环保督察组反馈问题整改情况了如指掌,又要对今年6月3日中央第二环保督察组转办事项追根溯源,既要对工作成绩如实汇报，又要对存在问题不加掩饰，以真诚、谦虚的态度赢得督察组的理解、谅解。二要在行动上反应迅速。建议对小区门口超市循环播放歌曲影响居民休息的问题，立说立行，整改到位，并以此为戒，举一反三，在全县范围内开展城市噪声问题、污水排放问题、垃圾处理问题等专项排查治理，以及时整改、彻底整改的行动赢得督察组的肯定和认可。三要在工作上密切配合。建议县建环、国土、城管、市监、卫计、农牧、水务、交通、公安、发改以及园区管委会等部门（单位），要分工协作、密切配合，既各司其职、各负其责，又齐抓共管、综合治理，同心协力完成2018年全县生态环境保护工作任务。

第三，要把加强生态环境保护工作作为推进我县生态文明建设的重中之重。一要从源头上做好防范。建议制定县域生态文明建设规划和生态环境治理计划，高起点谋划，高标准定位，从顶层设计上明方向、定目标、理思路。二要从制度上堵塞漏洞。建议围绕“3个十条”，结合彭阳实际，制定具体、切实可行的制度规定，从管理层面标清红线、划出上线、划定底线，避免行政执法无章可循、无规可依。三要从工作上靠实责任。建议加大生态环境保护监督检查和执法力度，对可能影响环境的企业要从严审批，对造成环境污染的行为要从严查处，对不履行环保职责的人员要从严问责。

（原载于《彭阳政协》2018第2期，作者系政协彭阳县第九届委员会副主席）

禁牧封育工作现状调查分析及建议

周　雄　姬秀林　陈春玲

习近平总书记强调的“绿水青山就是金山银山”在彭阳县得到了实实在在的践行，彭阳人历来都是像保护自己的眼睛一样保护着生态环境。在这里，保护森林草原安全的一项主要措施就是禁牧封育，我县在禁牧封育上做了大量工作，取得了显著成效。但在近两年，随着经济社会发展，各项改革不断深入推进，禁牧封育工作出现了一些急需解决的突出问题，针对这些问题，我们提出了几点粗浅的建议。

禁牧封育工作现状

基本情况。彭阳县位于宁夏回族自治区南部边缘，六盘山东麓，位于东经106º32’至东经106º58’，北纬35º41’至北纬36º17’，西连宁夏固原市原州区，东、南、北毗邻甘肃省庆阳市镇原县、平凉市崆峒区、庆阳市环县等市县，面积252.65平方千米，辖3镇9乡，156个行政村，总人口26.26万人（2013年）。全县培育万头肉牛养殖乡镇3个，千头肉牛养殖示范村26个、专业养殖场128个、家庭牧场66个，“5.30”养殖大户1.5万户，建有标准化养殖暖棚面积120万平方米、“三贮一化”池面积20万平方米；全县畜禽饲养量达到260万个羊单位，其中肉牛26万头，肉羊65万只，生猪12万头，家禽300万只，牧业总产值达到10亿元，草畜产业提供农民人均可支配收入1000元。全县林木累计保存面积达到203.87万亩，森林覆盖率26.7%（建县初只有3%），累计治理小流域134条1779平方千米，治理程度76.3%（建县初为11.1%）。先后被评为“全国造林绿化先进县”“全国退耕还林先进县”“全国经济林建设先进县”“全国生态建设先进县”“全国生态建设突出贡献先进集体”等。

主要工作。一是加强组织领导。自治区实施禁牧封育工作后，我县及时成立了由政府分管县长任组长，宣传、林业、农科、公安、文广等部门和各乡镇主要负责人为成员的封山禁牧工作领导小组，并从县森林派出所抽调工作人员组成2个禁牧工作督查组，按照条块分割、点面结合的原则，昼夜巡查整治偷牧行为。各乡镇分别成立了由包片领导、包村干部、村组干部和林区管护员组成的禁牧封育工作组，进一步明确责任，细化措施，狠抓落实，初步形成了乡乡有人抓、村村有人管、组组有人护、每个林区有管护员的监管网络，有力推动了禁牧封育工作。二是突出宣传教育。坚持把宣传教育贯穿于禁牧封育工作的始终，采取召开会议、制作板报、散发资料、刷写标语和入户讲解等形式，大力宣传区、市有关禁牧封育政策，尤其是把宣传《禁牧封育工作条例》作为重中之重，逐条逐项进行宣讲，使广大农户及时了解有关禁牧封育法律法规。在重点地段设立界碑、界桩等醒目标志进行警示和教育。同时，积极为农户提供有关舍饲养殖的知识和技术，大力支持农户发展舍饲养殖。通过多形式、多途径、全方位的宣传和教育，进一步提高了群众禁牧封育的自觉性和积极性，使广大群众思想上有认识，感情上无抵触，行动上积极配合，真正成为封山禁牧的主体。三是强化责任落实。将禁牧封育工作确立为“一把手”工程，列入乡镇和部门年度综合考核内容之中，推行“一票否决”制和严格的责任追究制，县与乡、乡与村、村与户层层签订了封山禁牧工作责任书，进一步明确了管理责任。四是实行依法监管。把禁牧封育工作纳入法制化管理轨道，强化执法行为，公安部门直接介入，成立县、乡村三级管护组织，上下联动，重拳出击，偷牧现象发现

彭阳县古城镇店洼村放羊的村民
1997年10月拍摄 / 摄影　林生库

一起，依法严肃查处一起，决不姑息、迁就。通过整治起到了罚一儆百、震慑一片的作用。五是及时跟踪督查。坚持定期检查与随机督查相结合，将节假日及早、晚、雨天作为重点，组织联合督查组，直接深入山头，一旦发现偷牧羊群，当即拍摄、取证、处理。在检查中对同一个乡镇一次发现有3起偷牧现象的由主要领导向县委、县政府做书面检查，有5起的对乡镇党委书记、乡镇长进行诫勉谈话，有10起的免去乡镇主要负责人职务。六是严格考核评价。制定下发了《彭阳县禁牧封育考核办法》，年终对照《禁牧封育目标管理责任书》进行考核，并对在禁牧封育工作中取得显著成绩的单位和个人予以表彰奖励。七是优化帮扶服务。坚持"疏堵结合，以疏为主"的方针，在禁牧的同时，千方百计为群众发展舍饲养殖提供服务。采取"以奖代补"的办法，多方筹措资金，整合项目，扶持群众发展舍饲养殖，并积极向养殖大户、种草大户、养殖示范户提供饲草加工机具，不断改善群众的养殖条件。

取得成效。一是生态环境得到明显改善。实施禁牧封育以来，生态植被大面积恢复，生物种群日益多样化，草原退化速度减缓，水土流失得到控制，截至2015年，森林覆盖率由禁牧前的16.6%提高到24.8%，基本实现了"山变绿、水变清"的目标。二是农业产业结构得到优化调整。实施"以草定畜、草畜并举"措施，争取项目扶持，积极引草入田，大力发展人工种草，建立百万亩优质牧草种植基地，扶持发展饲草加工龙头企业，为发展设施养殖提供了饲草保障。全县优质牧草种植面积达到10万公顷，地膜玉米和一年生青面积草年均分别达到2万公顷和1万公顷，紫花苜蓿累计留床面积达7万公顷，全县率先在固原市建立了"百万亩优质紫花苜蓿种植基地"，饲草种植面积占全区40万公顷的六分之一，占全市20万公顷的三分之一。全县有区内外牧草收购加工企业14家，设立收购摊点61个，年均收购紫花苜蓿16万吨，提供农民现金收入1.4亿元，成为农民增收的绿色产业。三是畜牧业生产方式得到合理化转变。舍饲养殖取代了传统的放牧饲养，使畜牧生产方式发生了根本性转变，从过去放牧养羊转变为舍饲养牛、养羊等，养殖业科技含量明显增加，畜禽产业得到长足发展。全县累计建成各类养殖暖棚5.2万栋，建设永久性"三贮一化"池面积5.4万立方米，建有黄牛冷配改良点87处，投放饲草加工机械4.2万台。养殖暖棚、饲草加工机械入户率分别达到95%、70%，黄牛冷配改良覆盖面达100%。为农户发展舍饲养殖提供了保障，全县共发展养殖业经济合作组织56个，培育养殖示范村43个，其中肉牛养殖专业村18个，规模养殖示范户、专业户1.6万户。2014年年底畜禽饲养总量达150万个羊单位，其中肉牛17万头，朝那鸡150万只，草畜产业提供农民人均纯收入800元，使全县畜禽总量稳步增长。四是农、林、牧得到协调发展。禁牧封育政策的实施，促进了退耕还林草后续产业开发，培育形成了林果、草畜两大特色产业，并成为农民增收新亮点，基本实现了“国家要生态、农民要增收”的双赢目标。截至2015年，在全县12个乡镇重点退耕流域实施低产山杏嫁接改良7.2万亩，在石头崾岘建成育苗基地3.8公顷和核桃、仁用杏采穗圃20公顷，带动全县设施林果业发展上规模、上水平，初步形成了具有地方特色的林果产业发展格局。

存在问题及原因分析

存在问题。2015年以前，我县禁牧封育工作基础扎实、措施得力、成效显著。2016年以来，畜牧养殖作为一项主要富民产业发展势头迅猛，造林绿化作为生态文明建设的主要内容得到了全力推进，依法行政和法治政府建设作为依法治国的重点工作已全面推开，行政执法规范化要求越来越高，老的工作方法已难以适应新形势下的工作要求，致使发展畜牧养殖业与森林草原保护之间的矛盾越来越突出。一是偷牧反弹问题突出。各乡镇禁牧封育工作有所松懈，查处力度较之前明显减弱，致使一些群众生态保护意识淡薄，无视政策法规，公然变“偷牧”为“放牧”。这种现象已呈现出扩张蔓延趋势，如不能引起高度重视，及时予以重拳整治，必将会影响今年近30万亩新造林的成活率和保存率，必将会对全县良好的生态环境造成极大的破坏，必将会使我们多年来的付出和心血毁于一旦。2017年5月至10月禁牧督查组共督查发现偷牧（羊）214群3126只，与上年同期（125群1563只）相比，群数和只数分别增加了71%和100%。二是工作懈怠现象显现。个别乡镇对禁牧封育工作重视不够，不能很好地做到常抓常管，惩处力度不大，使偷牧者误认为禁牧工作现已松动，对其轻微的处罚感到不痛不痒，产生侥幸心理，致使偷牧现象频发多发。对全县1146名护林员管理不规范，责任落实不到位，未能充分发挥他们在禁牧封育工作中的积极作用，甚至出现了个别护林员带头偷牧现象。三是林牧发展矛盾加深。在帮助群众制定产业发展规划时，科学分析判断做得不够，未能充分考虑发展畜牧养殖与森林草原保护之间的矛盾，缺乏源头治理措施，在不断通过扶持、奖励等措施大力推进畜牧养殖业大发展的进程中，这一矛

盾越来越突出。四是依法查处难度增大。部分乡镇行政执法人员少，拥有行政执法证的人员更少，致使执法力量薄弱，无法适应当前禁牧封育工作要求。个别行政执法人员法律知识基础差，对行政执法的规范程序模糊，生怕自己在执法过程中违法，致使在禁牧查处时畏首畏尾，放不开手脚。

原因分析。建县初，彭阳县自然条件恶劣，森林覆盖率极低，生态环境脆弱，水土流失严重，十年九旱，农业产值极低，农民收入微薄，苦甲天下。历届县委、县政府始终把生态建设作为改善民生的治本之策挂在心上、抓在手上、落实在实际行动中。全县干部群众多年来通过蹚沟挖峁、背树上山、铲土栽树等一系列战天斗地的壮举，终于"造"出了一个"绿色彭阳"，因此，每一个彭阳人对破坏森林行为都深恶痛绝，森林草原保护工作得到了广大人民群众的绝对支持和拥护，2003年5月1日，宁夏回族自治区全面实行封山禁牧，彭阳县把这项工作作为"摘帽子"（对问题突出的地方党政主要负责人进行免职处理）工程来抓，县乡村三级齐抓共管，坚持严罚重处，禁牧工作成效显著。2011年3月1日，自治区人大制定实施了《宁夏回族自治区禁牧封育条例》，为禁牧封育工作提供了坚实的法律保障，我县先后制定出台了《关于实行封山禁牧发展舍饲养殖的决定》《彭阳县禁牧封育考核办法》和《关于加强禁牧封育工作的决定》等制度文件，认真贯彻落实区、市有关禁牧封育工作的政策和要求，强化生态建设与管护，大力发展舍饲养殖，进一步巩固提升生态建设成果，促进退耕还林（草）后续产业开发，促进农民持续增收和农村经济繁荣，推动农业持续发展，使生态植被得到有效恢复，生态建设取得了明显成效。

2016年以来，随着经济社会发展，各项改革不断深入推进，致使禁牧封育工作出现了一些新的问题。一是脱贫攻坚力度进一步加大，畜牧养殖业已成为我县一项主要富民产业不断得到扶持与发展，个别群众对产业致富认识不清，缺乏远见和自信，存在投机心理，出现了养羊就是为了套项目、骗资金行为，当其饲草不足、圈舍窄小、无条件喂养等问题无法解决时，只能进行偷牧。二是少数干部群众认为我县已集中造林多年，大部分林木已经长大，放牧不能造成毁林的后果，认为禁牧工作应该歇口气、缓一缓了，于是就出现了"干部懒得管、群众大胆放（牧）"现象。殊不知我县生态环境还十分脆弱，根本就经不起任何折腾。三是依法行政工作的全面推进，对干部行政执法的要求越来越严、标准越来越高、程序越来越细，致使依法处罚工作难度加大。

对策建议

一要强化宣传教育。进一步加大党和国家关于生态文明建设相关政策、法规及《宁夏回族自治区禁牧封育条例》的宣传力度,广泛宣传习近平总书记的“两山”论述等生态文明建设相关重要讲话精神,宣传自治区第十二次党代会和固原市委四届二次全委会议有关生态建设及禁牧封育工作精神,宣传自治区“生态立区”战略精神,积极引导广大养殖群众爱护生态环境,自觉遵守禁牧法规。二要强化源头治理。建议畜牧部门参与到禁牧封育督查工作中来,积极与各乡镇协调配合,对那些有偷牧行为、发展养殖业缺少饲草资源和达不到舍饲养殖条件的养殖户要严格审批把关,将其清理出项目扶持范畴。三要强化基层责任。进一步压实乡镇禁牧封育工作主体责任,严格落实“一把手”包抓负责制、“一票否决”制和责任追究制,制定完善护林员管理制度,促使他们发挥应有的作用,对不能尽职履职的护林员要采取惩罚措施,对带头偷牧的护林员要及时将其清除出护林员队伍。四要强化依法查处。各乡镇要积极主动与县政府法制部门联系对接,及时为行政执法人员办理行政执法证件。结合“七五”普法教育活动的开展,进一步加大干部职工法律知识学习培训力度,督促干部职工认真学习法律、熟练掌握法律、规范执行法律,确保他们在禁牧执法中能够依法履职、严肃查处。五要强化督查问责。县禁牧封育工作督查组要继续坚持分组负责、协调督促,早晚巡检定期督查工作长效机制,进一步加大督促查处力度。对放牧问题突出的乡镇公开通报批评,对工作不力、玩忽职守的干部和护林员依法依规进行问责。

(原载于彭阳政协《参政议政要报》2017年第2期)

大力发展中药材产业

韩万里

壹珍药业公司种植加工的红花　2020年9月拍摄 / 摄影　沈继刚

开发药材资源，大力发展中药材产业，既可促进我县农业结构调整，增加农民收入，又可有效保护生态环境，促进农民脱贫致富。尽管我县中药材产业开发基础差、起步慢，但也拥有许多发展优势和机遇。只要我们找准优势，抢抓机遇，加快发展，完全可以将药材产业培育成我县脱贫致富的一大支柱产业。推进中药材种植基地和种子种苗繁育基地建设，加快中药材种植、加工、研发和营销的规范化、标准化步伐，把中药材产业发展定位为六盘山生态药谷和全国进出口中药材种植基地，是彭阳县中药材产业发展的目标。

基本情况

彭阳县位于六盘山东麓，境内海拔1248～2418米，年降水量350～550毫米，年平均气温7.4～8.5 ℃，日照时数2311.2小时，无霜期140～170天，属典型的温带半干旱大

白阳镇中庄村种植的板蓝根开花　2017年8月拍摄 / 摄影　沈继刚

陆性季风气候。辖区内适宜的气候、充足的光照、肥沃的土壤和无污染的空气及水资源，培育了许多质量上乘的绿色中药材。自古以来就有“山地无闲草、遍地是药材”的美名。据统计，县内有药物植物200余种，特别是野生蒲公英、茵陈、红柴胡、杏仁、桃仁；家种的党参、黄芪、黄芩、银柴胡等中药材漫山遍野，彭阳人种植药材的历史源远流长，早在唐宋时期就有引种、栽种药材的记载。经过长期的生产实践，当地群众掌握了丰富的种植和加工中药材技术。传统中药材种植区城阳、孟塬、红河等9个乡镇所产旱地中药材因其品质纯正，深受市场青睐。城阳乡杨孝建的六盘山道地中药材民间博物馆，收藏陈列当地中药材近百种，其中所收藏的2.6米长的“甘草王”深受关注。种药致富已成为彭阳农民的共识和自觉行动。全县12个乡镇几乎都有药材种植，2013年全县中药材种植面积达到780公顷，亩均产值0.3万元左右；2014年研究开发道地中药材种子种苗规范化栽培技术，城阳乡涝池村建设中药材种苗繁育基地面积13公顷，黄芪种子种苗繁育示范面积20公顷，规范化基地面积133公顷，形成六盘山特色，优势中药材种子规范化繁育技术和种子繁育体系，制定出黄芪种子种苗规范化生产技术操作规程，示范引导全县中药材种植面积0.1万公顷，成为宁南山区中药材种植大县。中药材生产虽然存在许多制约因素，但只要加强组织引导，加快加工、销售，加快技术服务，这些问题是能够解决的。从总体上看，我们面临许多难得的机遇和优势，发展中药材产业利大于弊，优势胜过劣势。由此可以得到一个基本结论：在彭阳县发展中药材产业不但可行，而且大有可为。

存在的问题

种植、加工技术落后，机械化程度相对较低。我县虽有多年的种植历史，由于地块、地势等原因，导致机械化程度低、劳动强度大，还存在种植规模小，分布零散，种子种苗繁育技术不先进，对中药材加工技术创新和科技种植、育苗重视不够等问题。

市场信息不畅，产业健康度亟须改善。建立中药材追溯体系同时也要建立中药材动态监测体系，通过多学科、多领域的交叉，从时间、数量、空间上对中药材整个产业链分析，然后育苗、移栽到销售。

供求对接滞后，商品市场化尚需提升。无龙头企业带动，产业缺乏连续性。

几点建议

加强宏观引导。要充分认识发展中药材产业对促进农民增收、经济发展的重大意义，把中药材产业作为一项新兴的朝阳产业，统一思想认识，切实加强领导，集全县之智。举全县之力，形成发展中药材产业的强大合力。要在深入调查研究的基础上，准确分析市场需求，明确发展目标，制定好发展规划，引导群众根据规划发展生产，要针对制约中药材产业发展的主要问题，认真研究完善相关的配套政策，大力扶持和培育种植大户、合作社与龙头企业，打造拳头产品，特别要引进项目，扶持中药材产业的发展。

加强基地建设。坚持以市场为导向，以效益为中心，大力发展中药材产业基地，力争通过3至5年的努力，全县人工种植的中药材面积达到0.4万公顷以上，形成宁南重要的中药材生产基地。要把壮大中药材产业与推进农民结构调整相结合，引导农民种植适销对路的品种，并把发展中药材产业纳入各乡镇产业结构调整考核范围，特别是要在城阳、孟塬等传统药材乡镇形成“户户种药材”的格局，不断扩大药材种植面积。要在稳定土地承包政策的基础上，加快农村土地流转，鼓励农民以地入股、租赁经营等多种形式，促进适宜中药材的土地向种植大户集中，充分发挥种植大户的典型带动作

彭阳县城阳乡韩寨村群众晾晒中药材
2008年5月拍摄 / 城阳乡供图

用，引导广大群众积极投身中药材的种植和开发。

加工增值。搞好中药材的精深加工既是保证货畅其流、降低农民风险的有效举措，也是加固中药材产业链接，促进中药材产业健康发展的必由之路。

强化品质服务。一要加强信息服务。帮助群众分析市场行情，引导他们发展适销对路的产品，尽量减少药材种植的盲目性。二要加强技术服务。中药材的质量关系到人们的健康和生命安全，对环境气候因素、采收、施肥要求严格，技术含量要求高，必须根据不同生长特性进行种植和管理。我们要按照CAP的要求，积极选育和引进抗病虫品种，推广科学栽培，实施规范化栽培管理，提高栽培管理水平。特别是在栽培过程中要禁止使用化肥、农药，尽量采用生物技术或高效、低毒、低残留的农药进行防治，保证全程无污染，提高药材质量。三要加强销售服务。要对全县各类农产品市场进行全面整合，按照“布局合理、规范适当”的要求，重点建好彭阳县中药材物流中心和中药材专业市场，为群众销售中药材提供有效的载体。要大力培育中药材营销大户和经纪人队伍，利用他们联系面广、信息灵通优势，确保中药材市场货畅其流。

（原载于《彭阳政协》2018第1期，作者系壹珍药业公司经理）

发展红梅杏产业的几点建议

张士强

2011年3月29日，彭阳县白阳镇周沟村设施林果栽培示范园内，村民正在修剪杏树枝叶/
宁夏恒宝丰工贸有限公司供图

彭阳县位于宁夏回族自治区南部边缘，六盘山东麓，属于典型的温带半干旱大陆性季风气候，盛产小麦、玉米、胡麻、荞麦、豆类等农作物，素有“粮仓油盆”之称。红梅杏，彭阳县地理标志产品，香甜可口，深受广大消费者喜爱。但随着品牌知名度的提升，出现了众多假冒红梅杏产品商家，严重影响了当地红梅杏产品升级打造。

红梅杏稳定成熟于每年7月中旬，但在6月中旬时候，县内部分商家已经开始销售红梅杏，这令人深思。经过调查发现，6月份出现所谓的红梅杏产于陕西省，这种杏子外形与我县的红梅杏极其相似，但口感却大相径庭。商贩们利用彭阳县红梅杏产品知名度赚取暴利，但损坏了红梅杏产品商标，影响了红梅杏消费者的用户体验，严重影响了红梅杏的品牌效应。

针对以上现象，我们及时发现并采取相关措施进行遏制。积极学习中宁硒砂瓜、中宁枸杞、彭阳朝那鸡等地理标志产品的保护经验，正确保护红梅杏的知识产权，完善当地红梅杏经营产权制度，防止市场上出现恶意损坏红梅杏知识产权的现象。保护红梅杏知识产权，有利于红梅杏品牌升级，提升彭阳县知名度，促进县域经济更好地发展。

为做好红梅杏知识产权保护，提升我县品牌知名度，本人经过调查研究，提出如下建议。

依法保护红梅杏知识产权。政府应根据《中华人民共和国商标法》和《中华人民共和国商标法实施条例》等有关规定，制定关于红梅杏知识产权保护及商标运用细则，规范红梅杏商标的正确使用权，市监局、城管局等执法部门要加大执法力度，对我县出现的红梅杏进行商标认证，对出现的不合格产品和假冒产品进行严厉惩处。还我县红梅杏正常销售的一片蓝天，真正使"红梅杏"产业能够带动农民脱贫致富。

红梅杏　2011年7月拍摄 /
宁夏恒宝丰工贸有限公司供图

大力宣传红梅杏知识产权。红梅杏作为我县地理标志产品，政府应号召大家共同来保护我县红梅杏知识产权，通过知识宣传讲座、电视、广播、横幅、微信公众号等途径宣传红梅杏知识产权保护，让公众参与行动起来，扼杀不法商贩的违法经营，保护农民自身利益，让"红梅杏"变成"黄金杏"。

正确应用商标和地理标志。商标是单个企业或者个人所拥有，商标具有唯一性、排他性。地理标志为地域或群体所有，因此申请由政府部门或行业协会来进行，地理标志不具有唯一性和排他性。为了红梅杏商标使用规范，可以指定拥有红梅杏商标使用权企业，对其统一管理，包括线上销售、线下包装设计、冷鲜保存、真假认定，进行合理规划，形成完整品牌销售体系。

（原载于《彭阳政协》2019年第1期，作者系宁夏恒宝丰工贸公司经理）

彭阳县发展林果产业的建议

彭阳县政协调研组

为认真贯彻落实市委、市政府关于“四个一”林草产业试验示范工程的决策部署，推动我县林果产业发展。按照《政协彭阳县委员会2018年度协商计划》安排，9月10日至17日，县政协组织部分政协委员和县有关部门负责人赴甘肃镇原、宁县、泾川、庄浪、秦安、礼县、陇西、临洮和四川朝天、广安10县（区）就林果产业发展进行了专题考察学习，并就我县林果产业发展提出一些意见建议。

基本情况

考察组重点围绕苹果、核桃产业，考察学习了甘肃镇原、宁县、泾川、庄浪、礼县、临洮矮砧密植苹果标准化示范园和林果产业基地，四川广安电子商务产业孵化园、朝天万亩核桃产业示范园区等24个点。通过实地考察、座谈交流，考察组认为，甘肃庄浪、宁县、礼县与我县自然资源、区位海拔、气候条件相似，耕地只有100万亩左右，却拿出全县50%~70%的耕地发展苹果产业，仅苹果一项农民人均收入4000元左右，走出了一条同类地区可复制、可借鉴、可推广的产业致富之路。

做法经验

路子对，产业效益高。庄浪县农业总人口41.05万人，是国家扶贫开发重点县。多年来，坚持走产业扶贫新路子，一张蓝图绘到底，一届接着一届干，狠抓苹果产业不变调，不松劲。特别是近5年来，按照集中连片、整村推进、整乡突破、整流域开发的思路，每年以10万亩的规模扩展基地。2017年，全县苹果种植面积4.3万公顷，其中挂果园面积2万公顷、幼园面积1.3万公顷，全县人均果园面积1.5亩(挂果园面积0.68亩)，亩收入5892元、户收入1.7万元、人均收入4000元以上。年果园收入10万元以上的2000多户、5万元以上的5000多户。宁县按照“建高端基地、生产高端产品、供应高端市场”的发展定位，2014年引进陕西海升集团，试点建立矮化自根砧苹果基地面积70公顷，引进新品种、聚合新技术，实现了果树当年栽植开花，两年结果，三年丰产的目标，最高亩产5吨。目前，全县发展“海升苹果”面积7万亩，建成全国最大的矮化自根砧苹果基地。

力度大，配套措施实。礼县成立了苹果产业开发领导小组，把大办苹果产业工作任务和责任落实到各级领导干部，把有限的资金统筹到部门，奖励补助种植大户，把抓产业的成效作为干部考核和提拔任用的重要依据，强力推进苹果产业发展。宁县、泾川等县成立果业管理局，组建林果产业技术队伍，专门负责林果产业发展，给种植百亩以上的企业和农户每亩补助3000元予以支持。庄浪县财政每年挤出资金3000多万元，采取送树苗、送农资、送技术等办法，撬动社会资本，发展苹果产业，使梯田苹果成为黄土高原区现代苹果产业的一枝新秀，撑起农民增收的半壁江山。

模式新，发展机制活。宁县以深化农村“三变”改革为抓手，大力推广“331+”产业化扶贫模式，按照三方(企业、合作社、农户)联动，三变(资源变资产、资金变股金、农民变股东)推动，品牌带动机制，建立海升苹果“331+”产业扶贫基地0.11万公顷，其中公司控股60%，合作社(农户)占股40%，形成了“你建园、我入股，你经营、我打工，你盈利、我分红”的合作共赢机制。镇原按照“公司+基地+合作社+农户”的发展模式，签订土地流转合同，每亩每年保底500元流转金，以后每5年递增5%流转金。园区建成后，农民入园务工，拥有“土地流转金”和“劳务工资”两份收入。同时，各地在林果业发展中注重加入生态观光元素，如秦安以“春赏花秋品果、体验农家风情、享受自然悠闲”为主题，打造“中国最美果园”；朝天“以节为媒、以节兴业”，举办“核桃文化旅游节”，倾力打造生态观光休闲果业。

品质好，市场销路畅。庄浪大力推广矮化密植、黑膜覆盖、肥水耦合、生物防控等技术，建成1万公顷国家绿色食品原料(苹果)标准化生产基地、250公顷国家良好农业规范(GAP)基地、80公顷国家苹果标准园等3个国家级苹果标准化生产基地，以品质为王，种出了中国好苹果。宁县紧盯“建设全国一流晚熟红富士基地”的目标，建成5

万吨气调库、20万吨分拣线，形成“宁州”等5个地产商标，完成绿色、出口、3A、有机、欧盟认证，苹果进入上海等高端市场，出口东南亚和哈萨克斯坦等地区和国家，创出了一条产、供、销、贮、运全产业链发展路子。广安打造电商新模式，整合“政策、网络、物流、产业”四种资源，构建起“区、乡、村、业主”四级体系，建成三级电商团队317个，发展电商企业1000余家，开办网店、微店2000多家，今年上半年电商交易额达16.53亿元。

几点启示

甘肃、四川发展林果产业的生动实践使我们开阔了眼界、更新了观念，深受启迪，获益匪浅。总的来讲，彭阳县具备发展苹果产业的优势条件。

气候条件适宜。《优势农产品区域布局规划（2003—2007）》中苹果最适宜区7项主要生态指标中，彭阳有5项指标符合要求，其中降雨量、平均温度两项指标略低，可通过优化布局、节水灌溉、覆膜栽培等措施弥补。霜冻是西北地区果树最大的灾害，但苹果比杏树、山桃开花迟，抗冻强。通过考察了解，今年甘肃各县面对50年一遇的晚霜冻害，在杏子等绝产的情况下，苹果仅减产30%左右。总体来看，我县具备生产优质苹果的气候条件。

区位优势明显。彭阳接壤农业农村部划定的西北黄土高原苹果优势产区的庆阳、平凉地区，海拔适宜（苹果种植适宜区海拔1750米），光照充足（年日照2358.3小时），昼夜温差大。全县土地资源丰富，土壤有机质为1%，比静宁高0.4%~0.6%，无工业污染，空间环境质量好。根据宁夏农林科学院2018年苹果品质检测对比分析，红河矮砧苹果除含糖量略低于静宁0.5克/100克、果酸低于洛川0.2克/100克外，硬度、可溶性固形物、维生素C、硒等指标均高出同类型区域。可以说，彭阳能种出品相好、硬度大、糖分高、富含硒的苹果，区位优势作用明显。

市场前景看好。从种植区域看，随着全球性气候变暖，欧美国家苹果面积不断萎缩，我国周边国家基本不产苹果，中国已成为世界最大苹果生产国，而国内苹果生产重心由东部向西部转移，黄土高原区由南向北发展。从消费需求看，近年世界市场鲜食苹果需求量每年以3%~5%的速度增长，市场需求空间大。加之我县周边的甘肃省各县区，已建立起相对稳固的国内、国际市场销售网络，为我县开拓市场、搭车销售提供难得机遇。

发展建议

凝聚发展共识。一是强化定位。深刻认识到发展林果产业是践行习近平生态文明思想、贯彻自治区“生态立区”战略、落实市委、市政府“四个一”工程的重大举措。二是凝聚共识。组织县、乡、村三级干部和新时代致富能手，赴甘肃、陕西等同区位地区考察学习，在全县上下掀起大力发展苹果产业的浪潮。

建立配套机制。一是成立林果产业开发领导小组，统筹负责和指导协调全县林果产业开发工作。二是成立果业局，核定编制，组建精干技术团队，专抓全县林果新品种引进、新技术推广、加工销售等工作。三是制定彭阳县林果产业发展扶持办法，统筹整合各类涉农资金，通过直接补助、财政贴息、以奖代补等方式，集中扶持建设一批重点林果项目。

坚持创新发展。一是加大招商力度。大力开展全产业链招商活动，引导和鼓励具有林果生产经验和一定投资能力的企业投资新上林果项目，推广“海升模式”，以看得见、摸得着的效益带动老百姓发展林果产业。二是发挥集约效应。探索推进“三变”改革，引导农户将土地经营权入股到企业、合作社等经营主体，以股份合作为纽带，加快林果产业规模化、集约化发展。

（原载于《彭阳政协》2018年第3期）

彭阳县“四个一”林草试验示范工程建设情况

彭阳县政协调研组

2019年4月9日，彭阳县政协组织人员深入红河镇就我县“四个一”林草试验示范工程建设任务落实情况进行调研。

“四个一”林草试验示范工程的实施，推动我县生态经济建设跨入了新阶段。2019年，全县“四个一”林草试验示范工程计划实施种植面积3.2万公顷。红河镇通过试验示范，确定把苹果作为“一棵树”的优势树种和主攻方向，在全镇大面积推广，把苹果打

古城镇挂马沟“四个一”林草产业试验示范工程彩叶树引种驯化基地
2019年6月拍摄 / 彭阳县自然资源局供图

造成有优势、能富民的“四个亿元”主导产业之一。镇党委、政府围绕强化干部作风建设，将推进“四个一”林草试验示范工程建设与开展“转作风、树形象、促产业”主题实践活动结合起来，在红河镇常沟村建立干部作风转变实训基地，组织全体乡村干部与当地群众一起栽植“乔化+短枝”优质苹果面积67公顷，红河村大洼队农民自愿腾出土地发展梯田苹果面积47公顷。目前，红河镇在宽坪、红河、常沟等村建立33公顷以上示范点4个，发展优质苹果面积133公顷。

城阳乡涝池村矮砧密植苹果示范基地　2020年10月拍摄 / 摄影　沈继刚

杨志杰在调研中对红河镇“四个一”林草试验示范工程建设任务落实情况给予肯定。他强调“四个一”林草产业工程是固原市的一号工程，是我县实现“山绿与民富”的重要举措。各乡镇及相关部门要按照县委、县政府确定的“四个一”林草试验示范工程建设目标，坚持创新发展，因地制宜，高标准设计，高质量建设，把好种苗、整地、栽植和浇水“四个环节”，切实把任务落到实处。要调动农民参与“四个一”林草试验示范工程的积极性，推动全县“四个一”林草试验示范工程从小范围示范走向大面积推广，成为实现生态优势转化为经济优势的有效路径。

（原载于《彭阳政协》2019年第2期）

生态环境保护工作的成效与建议

虎　攀

彭阳县委、县政府高度重视生态环境保护与建设，坚持“生态立县”方针不动摇，狠抓大气污染防治和水环境治理，严守“生态功能保障基线、环境质量安全底线、自然资源利用上线”三大红线，使我县生态建设持续向好的态势发展。

主要工作成效

县域生态环境质量持续改善。截至2020年9月底，县域天气优良天数比例达到92.2%，PM10平均浓度为56微克每立方米、PM2.5平均浓度为27微克每立方米，在全区14个县（区）中排名第三；1月至10月茹河沟圈出境断面平均为Ⅳ类水质，红河常沟断面、蒲河石河桥断面平均达到Ⅲ类水质。

扎实开展中央环保督察转办案件和反馈问题整改。一是对2016年第一轮中央环保督察组转办的14个环境违法案件和牵头整改的15个方面的反馈问题全部完成销号。二是对2018年“回头看”及水专项督察期间转办的群众投诉案件13件全部办结、销号，牵头整改的9个方面反馈问题中“各级党委、政府对生态环境保护工作认识不足、意识不强、重视不够”“一些地方和部门对待督查整改不重视、不严肃，整改流于形式，虽然整改销号、实则原地打转”“政治站位不高，一些地区和部门整改工作被动”“水专项督查中工作基础薄弱、生态积流少、治理资金紧缺，存在水污染防治工作被动”等4个立行立改、长期坚持的问题已基本整改完成；“河道整治、燃煤锅炉淘汰、落后产能淘汰、农田退水防治”等2个问题将于2019年12月底完成整改；“工业园区规模小、层次低”“一园区一热源”“未按要求建设工业园区固废贮存处置场”等3个问题正在有序推进。

全面打响污染防治攻坚战

全面开展蓝天保卫战,改善大气环境质量。一是实施燃煤锅炉淘汰。2019年引导王洼煤业有限公司完成7台52蒸吨锅炉煤改电项目,县城建成区内20蒸吨以下燃煤锅炉全部清零。二是实施清洁能源替代。依托2018年建成的清洁煤配送中心,对县城周边15千米范围内的乡镇、农户实行清洁煤补贴,目前已储备优质煤5200吨,完成配送1000户2000吨;建成太阳能发电站89个,总装机容量26.68万千瓦。三是实施重点行业环保设施改造。全县14家砖厂中11家建成脱硫设施,24家加油加气站完成油气回收改造,累计淘汰老旧车辆191辆,检验各种车辆14320辆。四是大力整治扬尘污染。全面落实堆场覆盖、围栏遮挡等"6个100%"扬尘防控措施,建成标准化洗车平台工地24个,覆盖裸露地块31.5万平方米;购置道路机械化清扫车9台、洒水车1台,抑尘车2台,道路机械化清扫率达到90%以上,查处渣土运输案件234件,罚款5.4万元。

全面开展碧水保卫战,提升水环境质量。一是开展重点行业排查整治。督促2家万吨以上马铃薯淀粉企业完成"一厂一策"方案编制报批,配建蛋白质絮凝提取设备和灌溉管网,流转土地面积120公顷;王洼煤业有限公司3个煤矿完成排污口规范化建设;云雾山果品公司开工建设污水治理设施,加强园区污水处理站规范运行执法检查,确保达标运行。二是强化流域水环境管理。针对6月至8月河道pH超标问题,组织1000余人次清理河道水藻及垃圾3000余吨;全面排查城市雨污混排问题82处,总面积100公顷,其中完成处理62处、面积70公顷;督促各建设单位完成城镇和农村生活污水处理站28个,全面消除沿线生活污水直排问题,取缔入河直接排污口17个,进一步强化县城污水处理厂规范化管理,开工建设优化提升工程。三是加强畜禽养殖污染防治。完成畜禽养殖禁养区划分和报批,并向社会公布,禁养区内无规模化养殖场和养殖小区,全县禁养区外有规模化畜禽养殖企业20家,畜禽粪便全部还田利用。四是强化饮用水源地水资源管理。编制完成了《彭阳县城备用水源地规范化建设方案》,建成围栏、宣传牌、警示标志、违建拆除、界桩设置安全保护设施。县城水源地水质达到Ⅲ类标准,完成中南部饮水与县城供水管网并网。

全面开展净土保卫战,优化农村生态环境。一是开展农村面源污染治理与修复。完成2家残膜加工企业升级改造,农用残膜回收率达96.5%。推进测土配方施肥,主要农作物测土配方施肥覆盖率达到85%以上。二是深入固体废物污染治理。年产1亿块煤矸石分选加工循环利用项目基本建成，进一步提高煤矸石综合利用率。工业危险废物和医疗废物安全处置率达到100%。农村生活垃圾全部委托第三方进行清扫、保洁、运营管理，农村环境污染治理水平进一步提高。

全面强化环境监管。认真落实生态环境保护工作“党政同责、一岗双责、失职追责”的责任机制，修订完善了《县委、县政府及有关部门生态环境保护责任》，制定印发了《彭阳县国家重点生态功能区县域生态环境质量考核工作实施方案（2019—2020年）》等文件，进一步压实生态环境保护单位工作责任。全面落实建设项目“三同时”制度，全年完成项目环评审批20个。围绕打好污染防治攻坚战重点任务，建立完善生态环境预报预警机制，加大县城污水处理厂、立达尔农业发展有限公司、王洼煤业有限公司、长庆油田等重点排污企业执法监管和巡查频次，督促企业主动履行生态环境保护主体责任。联合自然资源、公安、水务等部门执法12次，专项执法检查30次，处理环境投诉案件24起，委托第三方机构进行执法检测12次，组织下达停产整改通知书11次，罚款68.33万元，整治散乱污企业25家。

全力推进污染防治重点项目建设。2019年共争取上级部门环境保护资金3862万元，开工建设白阳镇余沟村等3个农村集污管网和新集乡沟口村等4个污水处理站工程，实施完成东西热源厂环保设施改造、清洁煤配送和农村中小学煤改电项目，进一步消除突出环境问题。

存在的问题及几点建议

新组建的环境执法队伍力量薄弱，能力不足，无法适应当前环境监管工作需要；二是部门联管机制有待进一步加强；三是县域环境质量不容乐观，主要河流水质仍不能稳定达标，大气环境质量同比有所下降，污染治理设施短板问题仍然突出。

突出抓好中央生态环境保护督察组“回头看”反馈问题整改。一要严格按照区、市、县整改方案要求，有序推进反馈意见整改，定期研究分析整改情况，及时解决存在的问题，坚持依法整改、科学整改，严禁“一刀切”，确保整改目标高质量完成，按期销号，整改成效经得起检验；二要举一反三，对中央环保督察组“回头看”转办案件办理情况进行排查，坚决防止同类问题反弹回潮，严格落实生态环境保护工作“党政同责、一岗双责、失职追责”的责任机制，压实各级党委、政府和相关部门生态环境保护责任，统筹解决突出的环境问题。

扎实开展蓝天、碧水、净土“三大”攻坚战。一要坚决打赢蓝天保卫战。以《彭阳县打赢蓝天保卫战三年行动计划》为抓手，强化燃煤污染治理，持续推进人口密集区燃煤锅炉淘汰和“煤改电、煤改气”等清洁能源采暖，强化清洁煤配送中心服务管理，严厉打击劣质散煤销售。加快淘汰老旧车辆，加强重型柴油车辆监管，全面落实“六个100%”扬尘防控要求，提升建筑工地扬尘管控水平。加强秸秆禁烧管控，全面推进秸秆综合利用。二要坚决打好碧水保卫战。加快城镇污水处理设施配套建设和已建成的农村污水处理设施运营监管，提高生活污水处理水平。三要坚决打好“净土保卫战”。深入开展固体废物非法贮存、倾倒和填埋专项检查，加快推进工业园区固废产业化应用，提高王洼煤矿煤矸石综合利用率。实施石油开采、废旧油品收购和医疗行业危险废物产生、贮存、利用、处置全过程监管，确保工业危险废物和医疗废物安全处置率达100%。

突出抓好生态环境执法监管。一是继续保持生态环境执法监管的高压态势，继续强化重点污染源监管，加大对环境违法案件的查办力度，加强重点污染源和排污单位的监管，确保已建成污染治理设施正常运行，污染物稳定达标排放；二是深入开展大气污染防治专项执法检查。严厉打击废气超标排放行为，扎实做好重点企业无组织排放和工业堆场扬尘治理，依法严厉查处超标排污企业，进一步落实污染源“双随机”抽查工作机制，及时将随机抽查情况和查处结果向社会公开，主动接受社会监督；三是继续加大环境监察执法频次，加大对县城生活污水处理厂、王洼煤业有限公司、长庆油田彭阳作业区、立达尔农业发展有限公司等重点企业的监督检查，确保废水、废气等污染物达标排放；四是强化隐患排查，开展经常性应急演练，切实做好环境风险防范和突发环境事件应急处置，提升“12369”举报热线运行效率，及时解决群众反映的环境问题。

突出抓好污染治理项目实施。紧紧围绕“蓝天、碧水、净土”三大攻坚战目标任务，积极组织住建、水务、农业农村等部门精心筹划污染治理项目，争取中央、自治区污染防治项目资金扶持，重点实施县城第二生活污水处理厂和三大流域水污染防治等建设项目，补齐环境保护设施建设短板，持续增强环境承载力。

（作者系固原生态环境局彭阳分局局长）

关于全县水系连通和农村水系综合治理情况的调研报告

彭阳县政协调研组

根据政协彭阳县委员会2021年协商计划安排，为全面了解掌握我县水系连通和农村水系综合治理情况，6月29日，由县政协组织部分政协委员及水务局负责人组成调研组，先后深入县乃河水库、芦子沟水库、石家峡水库和茹河流域库坝连通工程施工现场，采取实地查看、听取介绍、座谈交流等形式，对我县水系连通和农村水系综合治理情况进行专题调研协商。

水资源概况

彭阳县水资源总量8920万立方米，其中红河流域1450万立方米，茹河流域5720万立方米，安家川流域1750万立方米。全县共建有中小型水库43座，总库容18588万立方米、有效库容6889万立方米，打机井337眼，建造中南部连通配水工程3处、农村饮水安全工程33处、高效节水灌溉工程17处面积1万公顷。全县水利设施年供水能力2931万立方米，其中水库供水1322万立方米，机井供水819万立方米，外调供水790万立方米。2015—2019年平均取用水量为2622万立方米。2020年取用水总量为2667万立方米，其中农业2079万立方米、生活411万立方米、工业145万立方米、人工生态环境补水32万立方米。2021年分配水权指标为4680万立方米，其中生活用水890万立方米、工业用水220万立方米、农业用水3570万立方米。

工程概况

为高效调配现有库坝水资源，构建“格局合理、功能完备，蓄泄兼筹、引排得当，多源互补、丰枯调剂，水流通畅、环境优美”的水系（水库）联蓄联调工程体系，达到高水高用，低水低用的目的，解决水资源短缺问题，规划建设了彭阳县库坝联蓄联调项目。项目涉及古城、白阳、城阳、草庙、新集、红河6个乡（镇），连通水库20座、蓄水池35座，年增蓄水量555万立方米。分茹河流域、红河流域、茹河—红河跨流域库坝连通工程三个项目区。

茹河流域库坝连通工程。一期工程：从吴川水库取水自流至西庄水库，铺设输水管道14.25千米，引水流量0.14立方米每秒，年引水量56万立方米，解决了孟塬塬区2万亩灌溉用水。二期工程：从乃河水库坝后输水渠道取水引水流0.181立方米每秒，设计年最大引水流量200万立方米，铺设干管37.06千米，管道直径500毫米，自流引水至长城塬引水工程二泵站出水口渠道（白阳镇陡坡村）。在干管沿线设置分水口6处，铺设引水支管11.7千米，管径分别向芦子沟水库、上温沟水库、麦子塬1万立方米蓄水池、2000立方米蓄水池、石头崾岘水库、槐沟水库、曹沟骨干坝补水。新增麦子塬、金鸡坪、草庙灌区3处，发展节水补灌面积0.1万公顷。三期工程：规划从新建石家峡水库取水，给槐沟、石头崾岘水库补水，实现三库联调联用。

红河流域库坝联蓄联调工程。规划自周庄、红堡、李儿河水库取水，铺设连通主管线输水至红河镇常沟村和何塬村，沿线设置分水口7处，分别连通苏沟、马河、庙咀、黑牛沟、扈堡、柴沟、常沟7座水库，新增何塬和徐夏塬灌区2处。工程铺设400毫米引水主管道19.6千米，设计引水流量0.1立方米每秒，铺设315毫米引水支管道69.2千米、200毫米引水支管道15.6千米，新建调蓄水池3座，配套建筑物138座。

茹河—红河跨流域库坝连通工程。设计从茹河库坝连通工程干管13+360米处取水（古城镇温沟村境内），铺设输水管道3.6千米，从古城温沟穿山至新集姚塬（红河流域）与红河库坝联蓄联调工程李儿河分干管连通。每年向红河流域调水100万立方米。

工程效益。库坝联蓄联调工程建成后，不仅提高水资源利用效率，保证0.9万公顷农业灌溉用水，而且年增蓄水量555万立方米，新增节水灌溉面积0.2万公顷，为项目区脱贫致富、乡村振兴、县域经济发展提供有力保障。茹河流域库坝连通工程二期建成后，长城塬、麦子塬和沿途高标准农田区实现自流灌溉，新增节水灌溉面积0.045万公顷，提高供水保证率，节约运行费用，仅长城塬灌区年减少运行费用46.5万元。

工程进展情况

茹河流域库坝连通工程：一期工程于2016年建成并投入运行，吴川水库每年向西庄水库调水平均超过60万立方米，保证了孟塬塬区0.13万公顷农作物和“四个一”林果产业的灌溉用水。二期工程于2020年批复建设，批复总投资5547.29万元，2020年8月开工建设，已铺设干管道23.8千米，支管5.6千米，完成芦子沟泵站和麦子塬2000立方米蓄水池，建阀门井等23座，过路建筑物13座，完成投资2380万元。芦子沟水库、麦子塬2000立方米蓄水池、1万立方米蓄水池已连通。三期工程石家峡水库已开工建设，总库容1960万立方米，最大坝高31米，坝长195米，2023年建成蓄水，石家峡、槐沟、石头崾岘水库连通规划正在编制之中。红河流域、茹河—红河跨流域库坝连通工程：正在编制可研报告，计划2022年开工建设。

存在问题

水资源量不足、供需失衡。全县水资源总量为8920万立方米，人均356立方米，亩均89立方米。经预测，2025年全县用水缺口约890万立方米，2035年约1780万立方米，资源型和工程型缺水并存，供用水矛盾日益加剧。

用水结构不优、效率不高。全县农业、生活、工业、生态用水结构为78:15.4:5.4:1.2，农业用水占比高，水资源利用结构不合理，用水粗放，效率低下，节水意识不强，水生态环境还很脆弱。

管理机制不活、方式单一。运行管理和维修养护社会化、专业化、市场化运作严重不足，管护经费落实渠道单一。监测设备、计量设施短缺，信息化管理程度不高，无法满足水资源科学调度需求。供水价格机制不合理，市场调节机制还未建立，以水养水的目的难以实现。运营不畅与投融资渠道单一问题并存。

水利基础水网仍不完善。全县绝大部分的水利工程布设在茹河、红河流域，老化失修加剧等短板问题依然突出，水资源调控能力还不够强，水利信息化处于起步阶段，基础水网体系还需完善升级和统筹规划，抗灾能力还需进一步提升。

工程进展较为缓慢。茹河流域库坝连通工程自2020年8月开工以来，由于征地难度大等原因，完成总任务的70%。红河流域、茹河—红河流域库坝连通工程正在编制前期可研报告，还未开工。

对策建议

强化水资源论证。全面落实“以水定城、以水定地、以水定人、以水定产”的原则，统筹考虑红茹河流域上下游、左右岸、近期与远期、农业与工业、生态用水需求，充分做好茹河、红河流域水资源论证工作，做到统筹兼顾，受益均衡，合理利用，保障供水安全和生态安全。

加强水系综合治理。围绕乡村振兴战略，加强水系综合整治，加快库坝联蓄联调工程、石家峡骨干水源建设进度，积极争取引黄入彭调蓄工程，增加供水能力，破解水资源不均难题。统筹推进山水林田湖草综合治理、系统治理、源头治理，打造安全型、生态型河流水系和绿色生态廊道。

深化用水权改革。始终把节水增效、集约高效放在优先位置，严管地下水，用好地表水，通过以税节水、水权交易等措施，全面深化用水权改革，优化用水结构，转变用水方式，提高用水效益，建立市场主导、政府调控的节水、用水、治水、兴水体制和机制，推动水资源利用由粗放低效向节约高效根本转变。

构建现代水网体系。围绕库坝连通、骨干水源、农村供水、生态治理基础建设，构建水利建管“一中心（信息化调度中心）、三张网（信息网、工程网、服务网）、四体系（组织、安全、制度、标准）”，统筹“五水”共治（防洪水、治污水、保供水、促节水、用中水），构建彭阳水网体系，提高水安全保障能力。

加强工程管理。加强库坝连通工程建设全过程监管，全面落实工程参建各方主体质量责任，强化质量工作考核，规范水利建设市场行为，确保工程建设质量。完善工程管理体制，落实管理主体，创新管理模式，提高规范化水平，确保工程安全、平稳、良性运行，推进水利高质量发展。

（原载于《彭阳政协》2020第2期）

彭阳县推进畜禽养殖污染防治情况调研报告

彭阳县政协调研组

2021年6月18日，彭阳县政协调研组对全县推进畜禽养殖污染防治情况进行了专题调研，调研组先后调研了彭阳县兴旺肉牛养殖专业合作社、彭阳县百泉牧业有限责任公司、彭阳县训农养殖专业合作社，详细了解了我县畜禽养殖污染防治、粪污资源化利用等情况，并召开座谈会，听取了县农业农村局关于全县畜禽养殖污染防治情况汇报，进行了座谈交流。

畜禽养殖污染防治工作推进情况

为贯彻落实习近平生态文明思想，推进黄河流域生态保护和高质量发展先行区建设，我县扎实推进畜禽污染防治工作，取得较好成效。

粪污监测分级管理。全县肉牛、肉羊、生猪、家禽饲养量分别已达17万头、47万只、6.3万头、126万只，涉及12个乡镇156个行政村2.5万户经营主体，其中48家（肉牛16家、肉羊13家、生猪9家、家禽10家）规模养殖场，进入国家直联直报系统，实行在线管理，210家家庭牧场（养殖大户），进入县农业农村监测重点，实行跟踪管理，2万户养殖户进入乡镇监管重点，实行包抓管理。

基础配套全面提升。全县已建成古城、城阳、草庙有机肥加工厂3家，红河畜禽粪污处理站1家；全县374户规模养殖场（肉牛50头以上、肉羊500只以上、生猪100头以上、家禽2000只以上）已建设集粪场2.5万立方米、沉淀池8893立方米；2万户一般养殖户均建立了田间地头集粪场。全县规模养殖场（户）粪污资源化利用设施普及率已达90%，其中48家直联直报规模养殖场粪污处理设施配套率达100%。全县各类养殖场

(户)生产的粪污基本实现了日清理、日收集、日积压、全利用。

创新模式科学利用。创新"订单收购+利润返还+以肥换污"等模式,全县有机肥加工企业年收购粪污4万吨,生产有机肥1.5万吨;有机肥替代化肥行动深入推进,广大农户年积制使用有机肥141万吨,占各类粪污资源150万吨的94%,覆盖耕地面积4.3万公顷,占耕地总面积的63%。同时,广泛开展了发酵床、水泡粪、有氧发酵、厌氧发酵等模式试验示范。

综合治理强力推进。成功争取国家黄河流域农业面源污染综合治理项目,项目总投资6282.5万元,其中中央预算内资金3141.2万元,计划在全县范围内建设粪污收集站12处,畜禽粪污检测中心1处,标准化粪污处理设施10处,新建集粪场500座,配套搅拌机、烘干机、筛分机等机械设备22台(套),全区粪污资源化综合利用示范县建设快速推进。

存在问题

绿色发展理念有待进一步提升。传统的生产、生活习惯尚未得到根除,特别是古城镇、新集乡等养殖大乡(镇)的个别农户,养殖圈舍管理粗放,集粪场利用不充分,存在着粪污乱堆、乱放、乱倒,封盖不严等现象,影响着农村人居环境的美化、亮化。

粪污利用设施有待进一步完善。大多数规模养殖场尚未实现雨污分流,雨季存在污染周边环境及水体风险;粪污清理、积压设施设备落后,圈舍清理不干净,粪污积压不严实,圈舍和集粪场周边粪味较重,影响群众生产生活,存在蚊蝇滋生现象。

彭阳县百泉牧业有限责任公司肉牛养殖基地
2020年10月拍摄 / 摄影 沈继刚

彭阳县王洼镇姚寨村村民马启秀在绿草如茵的山头放养生态鸡 2018年6月拍摄 / 彭阳县农业农村局供图

粪污利用技术有待进一步规范。尚未形成一套完整系统的畜禽粪污资源化综合利用理论体系和技术标准，尚未培育一支专业的技术服务队伍，粪污资源利用尚处经验和探索阶段，综合利用技术规程科技含量不高，劳动强度较大，群众接受程度较低。

粪污利用模式有待进一步构建。在粪污资源化利用中，注重了基础设施建设和设备配套，淡化了运行机制和运行模式创新，粪污利用更多体现为政府推动和农户自主收集处理，企业和社会化服务组织不但数量少，而且作用不明显。

对策建议

完善绿色发展机制。一是强化组织领导。统筹农村人居环境整治、粪污资源化利用等工作力量，建立覆盖县乡村组的畜禽粪污资源化利用责任机制，落实“网格化”管理，推行“黑红榜”和“清洁户”制度，形成全县上下齐抓共管监管态势。二是完善政策机制。探索建立产业奖补政策与绿色发展有效衔接机制，对乱堆、乱放、乱倒粪污屡教不改的经营主体，取消“见犊补母”等项目奖补；完善有机肥采购机制，鼓励县内企业或在县内有生产基地的有机肥加工企业优先竞标有机肥采购项目。三是构建发展模式。鼓励有机肥加工企业与养殖大户扩大“订单收购+以肥换粪”等利益联结模式，加快粪污收集、处理、施用服务社会化。

强化绿色发展意识。绿色兴农是农业农村高质量发展的重要内容，有关部门单位要把粪污资源化利用作为推进肉牛产业高质高效和打造健康彭阳的前提，充分利用党

古城镇后峡针叶林 2020年10月拍摄 / 摄影 沈继刚

员冬训、新型职业农民培训、乡村干部培训、产业技术指导等机会和微信公众号、广告等媒介，广泛宣传高致病性禽流感、口蹄疫、鼠疫、猪水疱病、布鲁氏菌病等人畜共患疾病的传播途径、危害程度，引导广大干部群众尽快树立推进粪污资源化利用就是保护人身健康，就是保护牲畜健康，就是节本增效、提质增益的意识，切实提升广大农户推进粪污治理的主动性和积极性。

构建科学技术体系。加大与上级业务部门和大专院校对接，加快制定《彭阳县畜禽粪污资源化利用技术规程》和《彭阳县有机肥积制技术规程》，进一步强化粪污资源化利用"就地消纳、就近还田"的主导思想，全面普及有氧发酵堆肥主导技术，探索生物菌发酵、发酵床养殖等新型技术，引导广大养殖户建立一批田间地头集粪场，科学调节粪污碳氮比，全面提升有机肥肥效，提高养殖户日清理、日积压、日堆肥、全量还田、循环利用的积极性，推进粪污资源化利用与有机肥替代化肥行动有效衔接。

推进设施设备革新。抢抓国家黄河流域农业面源污染综合治理项目实施，开展畜禽粪污资源化利用提升行动，科学规划建设一批有机肥加工厂、粪污收集站、畜禽粪污检测中心、标准化粪污处理设施，配套一批集粪场、沉淀池，购置一批搅拌机、烘干机、筛分机，加快构建覆盖全县的畜禽粪污收集、处理、经营体系。完善规模养殖场和

“2652”养殖示范村建设技术标准，开展雨污分流行动，运动场、圈棚内污水全部实现集中收集、沉淀、腐熟和全量还田。鼓励一般养殖户引进一批清粪车，开展粪污全量收集、还田。

加快养殖“出户入园”。结合强化易地搬迁后续扶持实施百万移民致富产业提升行动，按照现代养殖标准，加快建设草滩、和谐、团结、何塬等17个肉牛“出户入园”示范园区，推进雨污分流、污水发酵、还田利用；做到粪污集中收集、集中处理、综合利用；普及清粪车辆、干湿分离、生物发酵、发酵床等前沿技术；创新企业引领、订单收购、利润返还等利益联结机制，构建畜禽粪污综合利用新机制、新模式，引进畜禽粪污综合利用新技术、新设备，引领全县畜禽粪污综合利用高质量发展。

（原载于《彭阳政协》2021年第1期）

植被恢复与保护

1983年建县后，建立林业管理机构，组织群众开展大规模的植树造林活动。此后，经济林、薪炭林、速生用材林发展迅速，房前屋后、地头、地埂及公路边造林初具规模，并持续开展封山封沟育林，建立新果园，同时对老果园进行挖潜改造，促进了林果业生产的迅速发展。1990年，彭阳县被全国绿化委员会、林业部、人事部授予“林业先进县”的荣誉称号。

彭阳境内植被

彭阳县境内的植被类型较好，草原植被是自然植被的主体，其次为中生和旱中生的落叶阔叶灌丛、落叶阔叶林、草甸和极少量的箭竹等植被。在县境中北部地区，土壤主要为侵蚀黑垆土，草原植被以长芒草、百里香、艾蒿、铁杆蒿等群落为主体，其次有赖草、醉马草等。常见的灌木除扁核木外，还有柠条、小叶锦鸡儿、紫丁香、虎榛子等。栽培植物有冬小麦、玉米、马铃薯、糜子、谷子、莜麦等。在南部地区，典型土壤为普通黑垆土，其草原植被主要由长芒草、茭蒿、铁杆蒿、百里香、兴安胡枝子、白羊草、赖草、茵陈蒿、二裂委陵菜、星毛委陵菜等组成，灌木有酸刺、文冠果、紫丁香等。栽培植物主要

古城镇后峡针叶林　2020年10月15日拍摄 / 摄影　沈继刚

有紫花苜蓿、冬小麦、玉米、糜子等。草原植被分布在除县境西南部以外的广阔地区，面积73887公顷，占植被总面积的87.1%。该类植被地处黄土丘陵沟壑区，以旱生多年草本植物为主，混生少量的旱中生和中旱生植物，覆盖度25%~90%。

草甸植被主要分布在海拔1700～2400米的县境西南部黄峁山、瓦亭梁一带，面积约10000公顷，占植被总面积的11.8%。这里地势高峻，气候比较寒冷，雨量多，土壤为山地灰褐土，比较湿润。植被以中旱生和旱中生植物为主，同时伴生一定量的中生及旱生植物。主要有蒿类、蕨类、大披针薹草等，以及属草原植被类的针茅、百里香、白羊草、星毛委陵菜等。分布于阳坡、半阳坡的植被覆盖率为80%～96%，阴坡覆盖度为93%～95%。

森林植被类主要分布在县境西南部土石质山区的挂马沟，面积900公顷，占植被总面积的1.1%。落叶阔叶林以青杨为主，其次有白桦、辽东栎、椴树等；灌丛主要有山桃、白刺花、狼牙刺、虎榛子、酸刺、毛榛子、二色胡枝子等，郁闭度100%，森林覆盖率36.17%。全县总土地面积253814公顷。其中，林地面积135916公顷，占比53.55%；非林地面积117898公顷，占比46.45%。

按地类划分。有林地面积31027公顷，占林地面积的22.83%；疏林地面积3774公顷，占林地面积的2.78%；国家规定的特别灌木林面积23803公顷，占林地面积的

城阳乡南沟沟道造林　2022年6月拍摄 / 摄影　沈继刚

大沟湾人工造林　2020年6月拍摄 / 摄影　扈志明

17.51%;未成林造林地面积37335公顷,占林地面积的27.47%;无立木林地面积15115公顷,占林地面积的11.11%;宜林地面积24813公顷,占林地面积的18.26%;苗圃地面积49.78公顷,占林地面积的0.04%。

按起源划分。属于天然起源的林地面积8422公顷,占比6.2%;属于人工起源的林地面积127495公顷,占比93.8%。

按分类经营体系划分。生态公益林地面积131936公顷,占林地总面积的96.1%(其中国家级重点公益林地面积69453公顷,占公益林地面积的52.64%;地方公益林地62483公顷,占公益林地面积的47.36%)。在生态公益林中有林地面积27194公顷,占公益林面积的20.61%;疏林地面积3774公顷,占公益林面积的2.86%;国家规定的特别灌木林面积23803公顷,占公益林面积18.04%;未成林造林地面积37188公顷,占公益林面积28.19%;无立木林地面积15115公顷,占公益林面积的11.46%;宜林地面积24813公顷,占公益林面积的18.81%;苗圃地面积49.78公顷,占林地面积的0.03%。全县现有一般商品林地3979.83公顷,占林地总面积的2.93%。

按林地权属划分。全县现有林地面积135916公顷,其中国有林地面积13400公顷,占林地面积的9.86%;集体林地面积122516公顷,占林地面积的90.14%。

全县现有林种结构划分为防护林、经济林两大类，根据宁夏森林资源规划设计调查规程，有林地、疏林地和灌木林地纳入各林种范畴，现有林地、疏林地和灌木林地总面积58604公顷，占林地总面积的43.12%。未成林地、苗圃地、无立木林地、宜林地和辅助生产用地58312公顷，未纳入林种结构面积范围的占42.91%。

林地生态区位重要，生态公益林面积比例高。彭阳县属于荒漠化和水土流失严重地区，依据《国家林业局、财政部重点公益林区划界定办法》，全境属于重点公益林区划范围，现有林地中已被纳入国家级重点公益林面积69453公顷，占公益林总面积的52.64%。

宜林地面积比例高，林业发展空间广阔。全县有宜林地面积24813公顷，占林地面积的18.26%，宜林地面积较大，且大部分宜林地土层较厚，适宜林木生长。

在全县林地中，有灌木林地面积23803公顷，分别为林地总面积的22.83%和17.51%，灌木林面积占较大比重。

未成林造林地面积比例高，森林覆盖率提升有空间。全县未成林造林地面积37335公顷，大部分是近几年退耕还林工程造林地，未成林造林地面积比例高，占林地总面积的27.47%。

县境人工林木保存面积12.75万公顷，天然林保存面积8422公顷。其中退耕地造林面积5.04万公顷，经济林面积3980公顷，荒山荒地造林面积7.31万公顷，治理沟道449条16200公顷，森林覆盖率由建县初的3%提高到2020年年底的28.0%；累计治理小流域134条，治理水土流失面积1779平方千米，治理程度由建县初的11.1%提高到76.3%。全面推行“山顶沙棘、山桃株间混交，隔坡地埂苜蓿、柠条，山坡桃杏缠腰，土石质山区针阔混交”的林草配置模式和“88542”隔坡反坡水平沟整地标准，提高生态建设质量。自1983年以来，全县小流域治理程度提高了65.2个百分点，森林覆盖率提高了25%。

（摘自《彭阳县志》）

挂马沟林场

文珍珠

彭阳县跨森林草原、灌丛草原和干草原3个植被带。沟壑纵横小气候复杂多样，适宜多种林木生长，森林由天然林和人工林两部分组成。彭阳境内的天然林场中，现今保存下来生态系统较完整的仅挂马沟一处。

挂马沟地处六盘山东麓彭阳县西南土石质山区，海拔在1900~2200米，最高峰峁儿尖山海拔2416米，距县城15千米。这里群山连绵，沟壑纵横，古木参天，松柏葱茏，郁郁苍苍，满目翠绿，犹如碧海。“一山参差树，缚马灌木群。极目蓊郁海，涉足荆棘丛。”

1984年，批准设立挂马沟林场，归彭阳县管辖，共有各类天然林面积0.09万公顷，

挂马沟林海　2023年10月拍摄 / 摄影　沈继刚

挂马沟林海 / 彭阳县自然资源局供图

森林覆盖率8%。2006年，划归固原市六盘山林业局管理。林场辖区南起彭阳县新集乡白家湾，北到黄峁山，东连新集乡、古城镇，西接泾源的大湾乡，南北长25千米，东西宽8千米，土地面积1.68万公顷，是红河、茹河发源地。

挂马沟属温带干旱半湿润气候区，年平均气温6.2 ℃，年日照时数2100～2400小时，年平均降雨量550毫米。气候特征是春季暖迟而不稳，夏季短促而凉爽，秋季降温早而快，冬季漫长而严寒。林区土壤以灰褐土为主，植被类型为森林草原向干草原过渡地带，林区动植物资源丰富，有植物113科382属788种，其中有名贵药材上百种；动物24目60科207种，其中有国家重点保护动物梅花鹿和褐马鸡。

挂马沟天然林主要分布于山体东侧，呈岛屿状镶嵌于小岔沟以南土石质山区的阴坡和半阴坡，整个森林垂直分布不明显。林区天然林系多代萌蘖的次生林，主要为落叶阔叶林，其次为灌木丛林。以乔木树种为主，灌木次之，乔木有5科7种，山杨占绝对优势，为林区优势树种，白桦、椴树、辽东栎、山柳、红桦等所占比例较低。灌木树种种类繁多，主要有毛榛子、虎榛子、山榛子、沙棘、胡秃子、山桃、山楂、花叶海棠、山荆子、小檗、胡枝子、干檀木、珍珠梅、绣线菊属、荚迷属、茶籭属、栒子属、丁香属、卫矛属、五加属及箭竹等。

林区人工林树种分布在海拔2400米左右的山地梁峁部，以云杉为主栽树种，沙棘为伴生树种；山地阴坡及半阴坡以油松、云杉为主栽树种，白桦、元宝枫为伴生树种；山地阳坡及半阳坡以云杉、华北落叶松为主栽树种，元宝枫、虎榛子为伴生树种。在人工造林时主要利用带状混交和块状混交。

1986—1998年，挂马沟一期工程建设完成，采取封育结合的办法，营造人工针叶林0.51万公顷，修筑林区道路141千米，活立木蓄积量5万立方米，其中天然林蓄积3万立方米，人工林蓄积2万立方米，人工林以华北落叶松为主栽树种，其次为云杉和油松，三者的栽植比例是6∶3∶1。1998—2000年，二期工程竣工，共完成工程造林面积0.46万公顷，林地总面积达到1.2万公顷，实施封山育林面积1300公顷，育苗面积26.7公顷，修筑林区道路85千米，新建6个护林点，配备无线电台2部，对讲机8台，建防火瞭望塔1座。在树种配置上吸取一期工程造林树种单一、病虫鼠害严重的教训，采取针、阔、灌木混交的方式造林，混交比例为5∶3∶2。在布局上，梁峁顶部以沙棘等灌木为主，阴坡、

挂马沟林海　2020年10月拍摄 / 摄影　沈继刚

半阴坡以云杉等针叶树为主；阳坡、半阳坡以白桦、油松等树种为主；林地下缘营造以沙棘、山桃为主的灌木林带作为既封山又防牧的一道屏障。2001—2005年立项启动了挂马沟三期工程造林建设，完成工程造林面积5300公顷，其中移民搬迁退耕还林面积3300公顷，荒山造林面积2000公顷，封山育林面积1.33万公顷，修建林区道路45千米，新建护林点8处，生态移民搬迁750户3700人。在工程实施中，2001年完成荒山工程造林面积432公顷，退耕还林面积689公顷，修林区道路7千米，建防火瞭望塔1座；2002年完成荒山工程造林面积723公顷，退耕还林面积850公顷，新建护林点3处面积180平方米，翻修护林点9处面积540平方米，重建护林点4处面积240平方米，修林区道路34千米；2003年完成荒山工程造林面积495公顷，退耕还林面积423公顷，新建护林点2处面积120平方米，翻修3处面积180平方米；2004年完成荒山工程造林面积410公顷，退耕还林面积990公顷；2005年完成荒山工程造林面积321公顷。

2009年，挂马沟森林累计面积1.52万公顷，其中天然林面积0.09万公顷，森林覆盖率40.2%，活立木蓄积量5万立方米。林区修建道路226千米。林区建有一个总部和20个护林点，有大小车辆6辆。护林网络健全，配备无线电台4部，对讲机30部，无线电话12部，修建防火隔离带203千米，在林区老虎窝、黄峁山各修建防火瞭望塔1座。

林场现有国家正式职工58人，其中专业技术人员9人，雇佣长期护林员30人。林场下设护林队、苗圃、特色种植示范园和良种犬繁育基地、快速育肥羊基地。

（作者系政协彭阳县第十届委员会副主席）

绿盾2017专项行动

2017年9月，根据固原市人民政府“绿盾2017”自然保护区清理整治专项行动工作方案，彭阳县人民政府全面排查自然保护区内违法违规问题。在贯彻落实中央生态环境保护督察组督察反馈意见整改要求，扎实开展2015—2016年国家级自然保护区挂马沟林场人类活动动态遥感监测核查工作基础上，组织开展自然保护区人类活动全面排查，逐一核查人类活动点的类型、名称、所在功能区、坐标、建设时间、规模、现状、审批手续和存在的问题，建立完善自然保护区内所有人类活动清单。

对在自然保护区核心区和缓冲区内违法开展的旅游开发、风电开发等活动，依法依规予以关停关闭，限期拆除，并实施生态恢复。

对自然保护区实验区的工矿企业、采矿、采石、挖砂等资源开发项目，依法查处并责令停止建设或使用，恢复原状并做好生态修复。

对违法排放污染和影响生态环境的项目，依法查处并责令限期整改；整改后仍不达标的，坚决依法关停或关闭。

对不符合自然保护区相关管理规定但在设立之前合法存在的其他历史遗留问题，制订方案，逐步推进解决。

对开发建设而造成重大生态环境破坏的，暂停审批项目所在区域内的建设项目环境影响评价文件，并依法追究相关单位和人员的责任。

全面清理不符合《中华人民共和国环境法》《中华人民共和国野生动物保护法》《中华人民共和国水法》和《中华人民共和国自然保护区条例》等要求的地方性法规、规章和规范性文件，坚决杜绝在地方性法规政策层面违反中央政策、放松要求的“放水”

行为。

以环境保护部发布的国家级保护区范围、功能区划图为基础，聘请专业测绘技术人员进行实地勘测，对存在的偏移变形、坐标不精确等问题进行修改校准，精确核定保护区边界及功能区划坐标。形成自然保护区勘界报告，按行业上报国家主管部委和环境保护部审核批准。严禁随意调整和改变自然保护区的范围、面积和四至界线，严禁以校准代调整，借勘界之机调整自然保护区范围和功能区划。

（摘自《彭阳环境保护》）

林业调查及区划的制定

王克祥

国家森林资源连续清查(简称"一类清查")是以掌握宏观森林资源现状与动态为目的,通过对固定样地进行定期复查的森林资源调查方法。彭阳县1990年建立了一类清查体系。1995年进行了第一次森林资源连续清查,2000年进行了第二次森林资源连续清查,2005年进行了第三次森林资源连续清查,2010年由杨虎、袁国良、方登伟、王万有组建了彭阳县第四次森林资源连续清查小组,共清查352个样地,其中乔木林41个样地、仅达到乔木林样地49个、疏林地样地10个、未成林造林地样地38个、宜林地样地16个、无立木林地样地28个、国特灌样地70个、居民点样地15个、交通建设用地样地2个、其他用地样地1个、耕地样地82个。档案在西北林业调查规划院保存。

挂马沟人工造林成效明显　2020年10月拍摄 / 摄影　沈继刚

宁夏森林资源清查(简称"二类清查")。彭阳县1996年进行了二类清查,分十三个单位进行区划调查,即王洼镇、白阳镇、古城镇、草庙乡、新集乡、红河乡、城阳乡、孟塬乡、冯庄乡、罗洼乡、交岔乡、小岔乡和挂马沟。清查结果显示全县总土地面积252865公顷，林地面积144839.7公顷。其中有林地面积21446.9公顷、疏林地面积3716.1公顷、灌木林地面积25417.8公顷、未成林造林地面积66675公顷、无立木林地面积76.1公顷、宜林地面积27463.8公顷、苗圃地面积44公顷，活立木蓄积量556173立方米（集体159813.5立方米、个人94330.9立方米和其他345.5立方米）。按森林类别分，生态公益林面积144698.3公顷、商品林面积141.4公顷。按权属分，国有面积14580.4公顷、集体面积130259.3公顷。按工程类别分，天然林保护工程面积13803.3公顷、"三北"防护林工程面积12853公顷、退耕还林工程面积90534.1公顷、无工程类别面积27507.9公顷。档案在宁夏林业调查规划院保存。

为贯彻落实《全国林地保护利用纲要（2010—2020年）》和《宁夏回族自治区林业局关于编制县级林地保护利用规划的通知》宁林（办）发〔2010〕631号精神，2010年11月，彭阳县成立了林地保护利用规划领导小组。2010年12月，制定了彭阳县林地保护利用规划技术方案和工作方案。2011年8月，按照区林业局的总体安排部署，彭阳县林业和生态经济局安排专业技术人员10名与自治区林业调查规划设计院有关人员共同组成规划组，开展彭阳县林地保护利用规划编制工作。规划以《中华人民共和国森林法》《中华人民共和国森林法实施条例》《全国林地保护利用规划纲要（2010—2020年）》《全国主体功能区规划（2008—2020年）》《宁夏回族自治区土地利用总体规划大纲（2006—2020年）》等法律法规和技术规范为依据，以2006年完成的彭阳县森林资源调查成果数据变档到2009年的数据为规划基础数据，规划期限为2010—2020年。通过对全县林地资源现状、林地保护利用特点、存在问题、林地需求进行综合分析的基础上，提出了林地保护利用规划的指导思想、原则和目标，从林地总量、林地结构、林种结构、区域布局等方面做出了规划安排，对林地保护及建设工程做出了规划设想，提出了保障规划实施的主要措施。

综合自治区、彭阳县主体功能区及《彭阳县土地总体利用规划》《彭阳县城市总体规划》等，确定彭阳县县域功能分区为重点开发区和限制开发区。

重点开发区。是当前资源环境承载能力较强，经济和人口集聚条件较好，开发密度不是很大，未来发展潜力很高的区域。彭阳县的重点开发区主要为县城开发区、王洼工业区、红茹河谷残塬区及2010—2020年规划区，区域土地总面积44990.65公顷。该区内现有林地面积18136.16公顷，现有的森林资源按地类分：有林地面积4933.83公顷，疏林地面积894.29公顷，灌木林地面积3036.92公顷，未成林地面积5443.27公顷，苗圃地面积21.10公顷，无立木林地面积2130.39公顷，宜林地面积1676.36公顷。

限制开发区。是指资源环境承载能力较弱，大规模集聚经济和人口条件不够好并关系到较大范围生态安全的区域。彭阳县限制开发区为除重点开发区以外的区域。包括冯庄乡、小岔乡、王洼镇、罗洼乡、交岔乡、草庙乡、孟塬乡等7个乡镇和新集乡、古城镇的部分行政村，区域土地总面积192831.11公顷。该区内现有林地面积102995.63公顷，现有的森林资源按地类分：有林地面积22763.52公顷，疏林地面积2843.66公顷，灌木林地面积18311.89公顷，未成林地面积28797.53公顷，苗圃地面积28.68公顷，无立木林地面积12936.29公顷，宜林地面积17314.06公顷。

彭阳县林地保护利用规划的总体目标是：按照发展现代林业、建设生态文明的总体要求，突出森林分类经营主线，优化林地资源配置，提高林地使用效益，使林地的保护利用工作既能符合林业自身发展的特点和规律，又能为当地经济社会的持续、稳定、协调发展提供有力的支持，从而加快传统林业向现代林业的战略性转变。

根据上述规划总目标，彭阳县林地保护利用规划（不含挂马沟）确定如下具体指标。

林地保有量稳中有升。至规划结束（2020年）时，林地保有量为124345.87公顷，较期初增加3214.08公顷。

森林保有量持续增长。至规划结束（2020年）时，森林保有量为67011.26公顷，较期初增加17965.10公顷。

林地生产力有较大幅度的提高。至规划期末（2020年），林地生产力（乔木林）目标达到21.96立方米每公顷，较期初的14.39立方米每公顷，增加52.61%。

林地结构进一步优化。对生态公益林地实行用途管制，确保生态公益林地面积稳定，至2020年，规划面积达到117584.99公顷，占林地面积的94.56%；对商品林地实行经营流转，其规划面积稳中有升，至2020年调整面积到6760.88公顷，较2009年增加2781.05公顷，全部为一般商品林。

建设用地征占用林地得到严格、有序控制。2010—2020年全县林地转为建设用地面积控制在469公顷以内。

规划期全县森林覆盖率达到28.19%以上，林木绿化率达到28.21%以上。

彭阳县在保持行政区域基本完整和地域连片的基础上，根据自然条件、生产条件和社会经济发展水平的相似性，林地经营历史、发展方向和经营措施的相对一致性，结合彭阳县实际情况，按照《彭阳县农业区划》《彭阳县总体规划》等相关材料，进行林地利用区域布局。将全县划分为北部丘陵沟壑区水土保持林发展区、中南部红茹河谷残塬区生态经济林发展区、西南部土石质山区水源涵养林发展区3个区域。

北部丘陵沟壑区水土保持林发展区区域生态特点。该区范围包括冯庄乡、小岔乡、王洼镇、罗洼乡、交岔乡、草庙乡、孟塬乡等7个乡镇。该区是安家川河的主要发源地，地貌以丘陵山地为主，海拔1294～1992米，地势起伏，沟壑纵横；水平地带性土壤为黑垆土、淡黑垆土，土壤有机质含量较高，农业产量低下；降雨量小，干旱缺水严重，交通条件较差。该区域水土流失严重，生态环境脆弱，是水土保持林发展的主要区域。

林地资源现状。该区林业用地面积77293.92公顷，占全县林地总面积的63.81%，占该区土地总面积的56.43%。林地面积按森林类别划分：生态公益林地面积75575.80公顷，占97.78%；商品林地面积1718.12公顷，占2.22%。林地面积按地类划分：有林地面积15648.92公顷，占20.25%；灌木林地面积12945.77公顷，占16.75%；疏林地面积1640.82公顷，占2.12%；未成林造林地面积22094.65公顷，占28.59%；无立木林地面积10019.01公顷，占12.96%；宜林地面积14939.92公顷，占19.33%；苗圃地面积4.83公顷。该区森林覆盖率为20.87%。该区域土地总面积136981.08公顷，占全县土地总面积的57.60%。其中农用地面积53027.86公顷，占该区域土地总面积38.71%；建设用地面积6099.20公顷，占该区域土地总面积4.45%；未利用地面积180.34公顷，占该区域土地总面积0.13%；水域面积309.55公顷，占该区域土地总面积0.23%，其他用地面积114.80公顷，占该区域土地总面积的0.08%。

林地保护利用方向和措施。该区自然条件恶劣、立地条件差、干旱缺水严重、交通条件差。林地利用方向应以增加森林植被、保持水土和保护生物多样性为重点，大力建设水土保持林，构建生态屏障，保护和改善环境、保持水土，保持自然生态系统的稳定与安全。规划到2020年，林地保有量78451.74公顷，森林保有量39703.82公顷、森林覆盖率28.98%。

东南部红茹河谷残塬区生态经济林发展区区域生态特点。该区位于彭阳县东南部，包括城阳乡、红河乡、白阳镇3个乡镇和新集乡、古城镇的部分行政村。该区是红河、茹河的主要发源地，地貌以残塬、丘陵为主，海拔1286～1873米，地势相对平坦，川塬相间；水平地带性土壤为黑垆土和淡黑垆土，土壤有机质含量高，是较好的农业生产土壤；光热资源丰富，降雨量大，交通条件便利，是较好的农业生产区。该区是今后发展经济林、水土保持林的主要地区。

林地资源现状。该区林业用地面积38840.59公顷，占全县林地总面积的32.06%，占该区土地总面积的43.67%。林地面积按森林类别划分：生态公益林地面积36656.51公顷，占94.38%；商品林地面积2184.08公顷，占5.62%。林地面积按地类划分：有林地面积11078.32公顷，占28.52%；灌木林地面积6719.31公顷，占17.30%；疏林地面积1814.57公顷，占4.67%；未成林造林地面积11055.08公顷，占28.47%；苗圃地面积21.10公顷，占0.05%；无立木林地面积4545.29公顷，占11.70%；宜林地面积3606.92公顷，占9.29%。该区森林覆盖率为20.03%。该区经济林占较大比重。该区域土地总面积88945.14公顷，占全县土地总面积的37.40%，其中农用地面积44439.13公顷，占该区域土地总面积49.96%；建设用地面积4575.47公顷，占该区域土地总面积5.15%；未利用地面积153.91公顷，占该区域土地总面积0.17%；水域面积932.59公顷，占该区域土地总面积1.05%；其他面积3.44公顷。

林地保护利用方向和措施。该区光热资源丰富、降雨量大、交通条件便利、立地条件较好，是较好的农业生产区。该区林地利用方向的切入点是在加强林地资源保护的基础上，一是对现有生态公益林采取抚育、全面禁牧封育综合措施，提高林地的生产力。二是对以山杏为主的低产低质低效林采取嫁接改良综合措施，加快树木生长，提高山杏产量。三是对以优质杏、核桃、花椒为主的经济林强化管理，提高果树产量和品质；利用平缓坡地优质土壤，积极引进优质、特色林果品种，发展具有区域特色的林果品，加快优质绿色食品等基地建设。四是充分利用森林旅游资源、自然生态环境资源，树立生态理念，倡导生态旅游。该区集中了全县最为核心的风景旅游资源，区域内现有茹河瀑布、五峰山、无量山、悦龙山、栖凤山等旅游景区，通过对景区采取绿化等措施，提升彭阳旅游景区形象。规划到2020年，林地保有量40896.85公顷，森林保有量24625.47公顷、森林覆盖率27.69%。

西南部土石质山区水源涵养林发展区区域范围。该区位于彭阳县西南部，包括古城镇、新集乡两个乡镇的部分行政村。该区为土石质山区，面积占比13.2%，降雨量550毫米以上，气候湿润，海拔1900～2416米，地势陡峻，局地青沙“露面”，岩屑剥离。

该区域生态环境较好,生物多样,是水源涵养林发展的主要区域。

林地资源现状。该区林业用地面积4997.28公顷,占全县林地总面积的4.11%,占该区土地总面积的42.01%。林地面积按森林类别划分:生态公益林地面积4919.65公顷,占98.45%;商品林地面积77.63公顷,占1.55%。林地面积按地类划分:有林地面积970.11公顷,占19.41%;灌木林地面积1683.73公顷,占33.69%;疏林地面积282.56公顷,占5.65%;未成林造林地面积1091.07公顷,占21.83%;苗圃地面积23.85公顷,占0.48%;无立木林地面积502.38公顷,占10.05%;宜林地面积443.58公顷,占8.88%。该区是生态公益林地面积比例较高的一个区域。该区域土地总面积11895.54公顷,占全县土地总面积的5.00%。其中农用地面积5801.16公顷,占该区域土地总面积48.77%;建设用地面积756.39公顷,占该区域土地总面积6.36%;未利用地面积145.04公顷,占该区域土地总面积1.22%;水域面积195.67公顷,占该区域土地总面积1.64%。

林地保护利用方向和措施。该区是茹河的发源地,降雨量大、气候湿润、交通条件便利、立地条件较好,是水源涵养的重点区域。森林植被资源丰富、森林类型多样、群落结构稳定、生物多样性丰富,具有重要的保护价值。是国家级生态公益林和地方生态公益林的重要分布区域,森林景观优美,旅游资源丰富。该区人口密度较稀,农业人口较多,林业生产在农业发展和农民收益中发挥着重要的作用。该区林地利用方向的切入点是在加强林地资源保护的基础上,一是对现有生态公益林采取抚育、全面禁牧封育综合措施,提高林地的生产力。二是加强生物多样性的保护,大力发展水源涵养林,构建生态屏障,保持自然生态系统的稳定与安全。三是充分利用森林旅游资源、自然生态环境资源,树立生态理念,倡导生态旅游。规划到2020年,林地保有量4997.28公顷,森林保有量2681.97公顷、森林覆盖率22.55%。

(作者系彭阳县自然资源局局长)

“三北”防护林

杨世福

绿染青云湾　2022年9月拍摄 / 摄影　张俊仓

“三北”防护林工程国家规划从1978年开始实施，到2050年结束，分三个阶段、八期工程进行建设。1978年彭阳所在的固原县被列入国家“三北”防护林工程体系建设县之一。1980年，中国科学院和宁夏回族自治区确定并派遣多学科专家、教授及专业技术人员，对彭阳所在的固原县进行农业自然资源综合考察，对全县林业资源区划制订进行指导，将彭阳的交岔、王洼、石岔、小岔、冯庄及草庙、川口北部，以及彭阳西北部划为黄土丘陵灌木水土保持薪炭林区，适于该区造林的树种有河北杨、白榆、山杏、山桃、北京杨、青杨、小叶杨、旱柳、油松、侧柏、臭椿、刺槐、桑、枣、柠条、酸刺、紫穗槐、沙柳、文冠果、柽柳等。将红河、城阳、孟塬、沟口灯箱以及新集和古城乡东部、彭阳和川口乡大部,草庙乡南部划为红、茹河残原丘陵防护经济林区,适于该区造林的树种有河北杨、白榆、北京杨、青杨、小叶杨、旱柳、油松、侧柏、核桃、花椒、杏、桃、桑、苹果、梨、柠条、酸刺、紫穗槐、沙柳、文冠果、柽柳、枸杞等。根据气候和地貌类型差异,以川口—店洼—沟口一线为界,东部为防护经济林,西部为水土保持防护林。

1979年,确定划给社员1～2亩宜林地种植。1980年,实行林业"三定",即划定自留山、确定责任制,稳定山林权。并对集体和个人造林实行补助和奖励政策。同年,扩大社员宜林地,川塬区扩大到2亩,山区每户扩大到10亩,并由县政府发给林权证书,集体林木开始实行承包经营。1980年至1983年,国家对"三北"防护林工程体系和三西不发达地区,重点扶持,划给农民造林用地,允许个人承包荒山造林,并给予补助,加快了"三北"防护林工程体系的造林步伐。1984年春,对兰(州)宜(川)公路进行防护林绿化工作,当年完成整地面积175.4公顷,植树46.2万株,其间再没有大的造林护路活动。1986年,批准挂马沟林场归彭阳县管辖,共有天然林面积0.09万公顷,森林覆盖率8%。1984年至1990年,贯彻中央和国务院《关于深入扎实地开展绿化祖国运动的指示》,大力开展义务植树运动,加紧"三北"防护林工程的农田、道路、水渠林网建设和荒山荒坡造林。1997年彭(阳)草(庙)公路竣工后,针对此路段的绿化工作,经过二十几天艰苦奋战,当年共绿化公路26千米,栽植新疆杨、云杉等绿化大苗23万株。从此,按照"开通一条、绿化一条"的要求,随着古—川、高—石、王—小等公路的相继开通,林业部门积极组织进行绿化。

1996年,是"三北"防护林彭阳县百公里生态经济型通道工程开始实施的第一年,彭阳县总结"三北"二期工程建设的实践经验,在县内百公里交通干线两侧开展扎实的全年植树造林活动。全年共完成整地面积3333.3公顷,栽植1800公顷,其中经济林面积1391.3公顷,水土保持防护林面积115.7公顷,薪炭林面积279.7公顷,护路林面积13.3公顷。

2004年"通道工程"实施以来,对原绿化路段均进行加宽,使道路绿化上了一个台阶。2005年,新成立王洼林场,主要承担场内3000公顷生态公益林的管护、补植等工作。经营总面积3577.3公顷,林业用地面积3577.3公顷,其中有林地面积3552.7公顷。

同年，固原市通道工程观摩现场会上彭阳县取得了成活率第一、综合第二的好成绩，并组织专业造林队常年巡回在各公路沿线，适时进行病虫害防治、补植、松土锄草、修枝扶壮。2006年，防护林造林面积3143公顷；2007年，防护林造林面积3253公顷；2008年，防护林造林面积3830公顷；2009年，防护林造林面积1333公顷；2010年，防护林造林面积3598公顷；2011年，防护林造林面积5374公顷；2012年，防护林造林面积6805公顷；2013年，防护林造林面积8140公顷；2014年，防护林造林面积7133公顷；2015年，防护林造林面积7784公顷；2016年，防护林造林面积6800公顷；2017年，防护林造林面积8080公顷；2018年，防护林造林面积13164公顷；2019年，防护林造林面积10547公顷，全国“三北”地区生态扶贫现场会在彭阳召开，彭阳县先后获“全国造林绿化先进县”“全国生态建设突出先进县”等殊荣。2020年，防护林造林11013公顷。

37年来，全县共完成“三北”防护林工程建设面积4.74万公顷，经济林总面积达到3.48万公顷，林业产值达到7900万元。累计治理小流域134条1779平方千米，治理程度由11.1%提高到76.3%，年减少泥沙流量680万吨。林木累计保存面积达到13.59万公顷，其中天然林面积0.093万公顷、人工林面积0.88万公顷、其他森林面积7.7万公顷，森林覆盖率由建县初的3%提高到30.6%；初步实现了山变绿、水变清、地变平、人变富的目标，为发展生态经济奠定了坚实基础，已成为独具特色的生态旅游景观；投资9059.95万元，实施六盘山重点功能区降雨量400毫米以上区域造林绿化工程；以北部乡镇为主战场，完成营造林面积1.32万公顷；建成王洼、尚台等200公顷以上连片绿化林示范点5个；投资290万元完成王洼至草庙G309国道片区生态提升改造工程，营造林近面积300公顷。

彭阳县在“三北”防护林工程实施过程中，立足彭阳实际，始终不渝地坚持“五个不变”。

认准路子，坚持“生态立县”的方针不变。历届县委、县政府始终坚持“生态立县”的方针，一任接着一任干、一代接着一代干，一张蓝图绘到底，三十多年如一日，保证了生态建设的持续性。2000年国家实施退耕还林（草）工程后，提出“10年初见成效、20年大见成效、30年实现彭阳山川秀美”的宏伟目标，建设“生态型新农村”，并全面启动实施“813”生态提升工程（用3至5年时间，打造8个生态乡镇、100个生态村、30000户生态户），力争将彭阳建设成为“生态经济强县、生态文化大县、生态人居名县”。2009

栖凤山“三北”工程治理区　摄于2019年7月 / 彭阳县自然资源局供图

年，制定出台了《关于加快推进生态、经济、社会科学发展若干问题的决定》，提出了建设以“大花园、大果园”为蓝图的“生态家园、致富田园、和谐乐园”的构想。2014年，出台了《关于深化改革推进经济社会发展若干问题的决定》，全面启动国家生态文明示范县创建活动，开展国家重点生态功能区建设与管理试点县工作，巩固提升生态文明建设。2017年，大力实施六盘山生态功能区400毫米降雨量造林绿化工程，计划用4年时间，在重点生态功能区造林75万亩，用苦干实干的奋斗指数换取生态彭阳建设的绿色指数。

持之以恒，弘扬艰苦奋斗的精神不变。彭阳县立地条件差，造林难度大，建县30多年能取得今天的成就，靠的是锲而不舍的信念、团结务实的作风、艰苦奋斗的精神。在“三北”工程建设中，县委统一领导，党政齐抓共管；各级领导身体力行，率先垂范；广大干部积极行动，一呼百应。铁锹、布鞋、遮阳帽是彭阳干部的“三件宝”，每年春秋两季停止办公两周义务植树从不间断，仅县直机关单位义务植树基地就达35处，造林1万多公顷，形成了阳洼、大沟湾、麻喇湾等一批示范流域，带着群众干，有力调动和激发了群众积极性。广大群众也由房前屋后、路畔地埂的零星植树，发展到以村为单位、小规模会战，到跨乡镇若干村数万人联合的“大兵团”作战。每逢植树造林季节，群众背上干粮，麻乎乎上山，热乎乎一天，黑乎乎回家，一干就是十天半个月，形成了全民动手、绿化家园的生动局面。涌现出了一批造林绿化带头人，其中有倾尽心血培育浇灌了0.67万公顷针叶林的“全国劳动模范”吴志胜，身残志坚、手拄双拐、30多年跪着植树造林46.7公顷的“全国绿化祖国突击手”李志远，营建果园160多亩、创建“杨万珍模式”的“全国劳动模范”杨万珍，带领100多名农民技术员组成的专业造林队伍，足迹遍及彭阳梁梁峁峁、沟沟岔岔的“全国先进工作者”杨凤鹏等。他们用自己的模范事迹和不改变家乡面貌誓不罢休的“愚公”精神，潜移默化影响着身边人，影响着更多群众参与到生态建设中来，形成了以干部为先锋、以农民为主体、全民共同参与的生态建设合力。

*集成创新，实行综合治理的模式不变。*彭阳县降雨量少且集中在秋季，既缺水又水土流失严重，恶劣的自然环境决定了绿化不仅仅是简单地栽树，而是改土治水与植树造林兼容的综合工程。县委、县政府坚持因地制宜，积极吸收外地先进经验，并不断集成创新，探索出以小流域为单元的综合治理模式，即“山顶林草戴帽子，山腰梯田系带子，沟头库坝穿靴子”，推行山、水、田、林、路统一规划，梁、峁、沟、坡、塬综合治理，重点抓了以农田为主的温饱工程、以窖坝为主的集雨工程、以林草为主的生态工程和以道路为主的通达工程“四大工程”。总结推广鱼鳞坑、水平沟整地，截杆深栽、雨季抢播柠条等旱作林业技术体系，特别是“88542”隔坡反坡水平沟整地技术，通过扩穴深挖和表土回填，不仅改善了土壤结构和质地，而且有效增加了土壤含水量，大大提高了苗木成活率和生长量。据测算，目前全县“88542”工程整地带可以绕地球赤道三圈半，被誉为“中国生态长城”。在造林设计上以多树种、乔灌、针阔混交模式为主，注重对原生植被的保护，突破了以往造林树种单一、多纯林局面。构建了针阔、乔灌混交型生态景观造林模式、以杏树为主的生态经济型造林模式和重力侵蚀沟植被恢复造林模式。

*产业跟进，发展绿色经济的目标不变。*绿水青山就是金山银山。生态建设特别是“三北”工程和退耕还林工程的实施，“逼”着农民转变土地经营方式，县委、县政府因势利导，大力调整农业产业结构，总结推广“53211”（户均养殖5头牛或30只羊、种植2栋蔬菜大棚、输出技能劳务工1人，实现人均收入1万元）产业扶贫模式，着力发展绿色经济，在种植面积减少的情况下，农业产出不降反增，为生态建设注入了强大的动力。大

力发展林果产业。立足光热气候优势，采取流域生态经济沟、庭院经济、设施栽培和嫁接改良提升“四种模式”，大力发展以杏为主的生态经济林面积3.6万公顷，年产鲜杏达11.1万吨，杏干、杏仁产量达到0.6万吨，年产值达7900万元，至2016年年底，红梅杏面积达到5万亩，挂果面积1万亩，实现产值5000万元，2017—2018年发展庭院红梅杏面积0.18万公顷；全县年育苗面积近0.67万公顷。大力发展草畜产业。坚持“家家种草、户户养殖，小群体、大规模”的发展模式，大力发展以牛、羊为主的畜牧养殖业，全县以紫花苜蓿为主的饲草面积达到7.6万公顷，畜禽饲养总量达到178万个羊单位。大力发展设施农业。围绕打造红茹河流域20万亩设施农业产业带，全县累计发展设施农业面积0.7万公顷，预计年生产蔬菜45万吨，总产值9亿元，提供种植户户均收入5万～6万元，提供全县农民人均纯收入1300元以上。

建管并重，创新长效推进的机制不变。彭阳县牢固树立“三分造七分管”的思想，不断完善体制机制，切实巩固生态建设成果。在责任机制上，大力推行“年初建账、年中检查、年底结账”的工作责任制，把生态建设纳入年终考核，统一进行考核验收。实行县级领导包乡、部门包村、乡镇干部包点的目标责任制，逐级签订责任书，使级级有压力，人人有担子，形成了一级抓一级，层层抓落实的良好局面。在投入机制上，农、林、水、牧等资金捆绑，项目联合，集中使用，使有限的资金发挥最大的效益。特别是2013年设立了乡镇生态绿化基金，每年至少拿出1200万元，采取“以奖代补”形式，发挥乡镇主体作用，整山头、逐流域推进生态绿化提升工程。在服务机制上，全面推行科技承包责任制，组织科技人员深入一线，严把关键环节，跟踪指导服务，并定期不定期地举办不同类型的综合治理培训班，提高了生态建设的科技含量。在管理机制上，严格落实护林员管理办法，完善管理监督网络，严格目标管理，确保治理一片，巩固一片，见效一片。加快国有林场建设，将移民迁出区生态修复与建设纳入林场统一管理。严格推行禁牧封育，改变了传统养殖方式，实现了舍饲圈养和草原植被全面恢复的历史性转变，提高了生态环境的自我修复能力。

（作者系政协彭阳县第十届委员会副主席）

400毫米降水线绿化工程

2017年，启动实施六盘山重点生态功能区降水量400毫米以上区域造林绿化工程，以北部乡（镇）为重点，在全县11个乡（镇）52个行政村完成新造林面积1.25万公顷，其中新造林面积0.67万公顷，未成林地补植补造面积0.41万公顷，退化林地改造面积0.17万公顷。2018年，实施六盘山重点生态功能区降雨量400毫米以上区域造林绿化工程，以北部乡（镇）为造林主战场，完成营造林面积1.31万公顷（其中人工造林面积0.67万公顷，未成林地补植补造面积0.65万公顷）。在未成林地补植补造0.63面积公顷。在退耕还林区林地内投放月子鸡、朝那鸡、珍珠鸡等鸡苗50万只，林区生态鸡养殖点达100个。将贫困户培育成林业产业发展的“带头人”，以产业增效促增收。注重念好“山水经”、种好“摇钱树”、打好“生态牌”，引种驯化“一棵树、一株苗、一枝花、一棵

陡沟春耕前的梯田 / 彭阳县自然资源局供图

草”的“四个一”林草产业，建立以林下养鸡、中药材种植、生态养蜂为主的“林蜂药”特色产业增效模式。

2019年，实施科学造林，精细管理，完成六盘山重点生态功能区降雨量400毫米以上区域造林绿化工程面积1万公顷，栽种各种针、阔叶苗木750万株，精心打造大草湾流域、马掌流域、团庄流域3个五千亩以上生态综合治理示范点。推行“绿色＋”发展模式，坚持生态效益与经济效益并重，发展以苹果、大果榛子、格桑花、甜高粱、彩叶苗木为主的“四个一”林草产业，示范推广适宜品种累计40种面积48.05万亩，打造示范园20个，示范点30个，带动群众人均增收1600元。

2020年，在全县12个乡(镇)80多个行政村实施六盘山重点生态功能区降雨量400毫米以上区域造林绿化工程1.11万公顷，打造城阳、邓湾和交岔大坪2个五千亩以上林业生态示范点。紧盯“山绿民富”目标，完成退化林地改造面积0.28万公顷，未成林补植补造面积0.27万公顷。完成“四个一”林草产业示范推广工程面积3.6万公顷，其中“一棵树”面积0.67万公顷、“一株苗”面积0.03万公顷、“一枝花”面积0.23万公顷、“一棵草”面积2.6万公顷。

2017年以来，累计投资近3亿元，完成降雨量400毫米以上区域营造林工程面积4.8万公顷，其中新造林面积2.1万公顷(乔木林面积1.6万公顷、灌木林面积0.53万公顷)、退化林改造和未成林补植补造面积0.26万公顷，栽植各类针阔叶苗木4000余万株。精心打造了古城镇高庄流域、白阳镇大草湾流域、王洼镇孙阳流域、崖堡流域、马掌流域、尚台流域等6个万亩生态综合治理示范点。治理小流域4条面积107平方千米，完成造林绿化面积1.1万公顷，水土流失治理程度、森林覆盖率分别达到76.3%和30.6%。示范推广“四个一”林草产业面积3.5万公顷，林果产值达到3.88亿元，彭阳苹果荣获宁夏苹果大赛“双银”奖，“四个一”林草产业“彭阳模式”在全区推广。严格落实河长制，开工建设红河水污染防治工程、县城第二污水处理厂，主要河流水质稳定达标。空气优良天数比例达到96.6%。全面推行生活垃圾分类，建成养殖企业粪污处理设施49家，畜禽粪污资源利用率、残膜回收率分别达到90%和95%，土壤环境安全可控。400毫米以上区域造林绿化工程的实施，不仅增加了国土绿量，提高了森林覆盖率，而且通过生态扶贫助推了精准脱贫，实现了山绿与民富的双赢目标。

(摘自《彭阳县扶贫志》)

坚持真抓实干 强化示范引领
扎实推进黄土高原综合治理健康发展

张永利

这次会议是在黄土高原综合治理进入优化升级、提质增效的关键时期召开的一次重要会议。国家林业局对这次会议非常重视，赵树丛局长多次听取会议筹备情况汇报，并就开好会议作了重要指示。会议的主要任务是：深入学习党的十八大和十八届三中全会精神，全面贯彻落实《黄土高原地区综合治理规划大纲（2010—2030年）》和全国推进林业改革座谈会精神，总结交流"三北"工程黄土高原综合治理的成效与经验，明确黄土高原综合治理的方向和举措，安排部署黄土高原综合治理林业示范建设工作，加快构筑黄土高原生态屏障，全力推进"三北"工程建设再上新台阶。

上午，与会代表实地参观了宁夏彭阳县的5个黄土高原综合治理现场。大家普遍认为，彭阳在如此严酷的条件下，取得如此大的成绩，实属不易，看后令人震动、使人深思、催人奋进。刚才，自治区党委崔波副书记发表了热情洋溢的讲话，全面介绍了宁夏经济社会发展和林业建设情况，让我们对"三北"工程建设带给宁夏日新月异的变化有了新的认识，也深刻感受到了自治区党委、政府打造西部生态文明先行区、构筑祖国西部生态安全屏障的宏大气魄和坚定决心。

这次会议放在宁夏彭阳县召开，主要是考虑到：彭阳地处黄土高原核心区，自然条件严酷，生态环境脆弱，经济社会发展滞后，曾经是黄土高原水土流失最严重的县域之一，水土流失面积之大、程度之深、危害之重，均居宁夏之首。"山光、水浊、田瘦、人穷"是当时的真实写照。然而，正是这样一个生态与经济问题相互交织、双重贫困的小县，通过30多年的艰苦奋斗，生态环境和城乡面貌发生了巨大变化，森林面积和森林覆盖率大幅提升，水土流失面积和土壤侵蚀模数大幅下降，初步取得了"山变绿、水变清、地变平、人变富”的成效。彭阳这种“小县也能办大事、穷县也能出精品”的成功实践，为黄土高原综合治理树立了样板和典范。

下面，围绕会议主题我讲三点意见。

一、全面总结，充分认识“三北”工程为黄土高原生态建设做出的重大历史性贡献

历史上黄土高原曾经是森林茂密、水草丰美的繁荣富庶之地。从西周到战国时期，黄土高原天然森林覆盖率高达53%以上。据《山海经·山经·西次四经》记载，“阴山（陕北黄龙山）、申山（延河上游山地）……上多榖柞（楮树）”“号山（榆林东部山地），其木多漆”“白於之山（白于山），上多松柏，下多栎檀”。秦汉时期，黄土高原天然植被比重还比较大。从唐宋开始到明清时期，由于自然、人为等多种复杂因素影响，黄土高原地区天然植被遭到了掠夺性的破坏，森林覆盖率下降到4%。植被稀少、黄土裸露，造成黄土高原水土流失不断加剧，侵蚀强度不断加大，大量泥沙淤积下泄，使黄河下游成为地上“悬河”，危及两岸人民生命财产安全。

新中国成立以来，党和政府非常重视黄土高原综合治理和水土保持工作。1952年，毛泽东同志提出“一定要把黄河的事办好”。1982年，邓小平同志提出“把黄土高原变成草原和牧区”。1997年，江泽民同志发出了“再造一个山川秀美的西北地区”的号召。2006年，胡锦涛同志提出“进一步把黄河的事情办好，让黄河更好地造福中华民族”。习近平总书记要求：“总结福建长汀水土流失治理经验，推动全国水土流失治理工作。”几代中央主要领导的重要指示，为不同时期黄土高原综合治理增添了动力、指明了方向。

回顾黄土高原综合治理的曲折历程，大致可以分为四个阶段。

新中国成立后，面对黄河流域泥沙俱下、洪水泛滥、河床抬高、下游人民生命财产受到威胁的严峻形势，提出了“沟坡结合、治坡为主、以土为首、水土林综合治理，为农业生产服务，建设高标准基本农田，做到粮食自给自足”的黄土高原治理策略，开展了声势浩大的建水库、打淤泥坝、修水平梯田等群众运动。这种靠工程措施治理水土流失的方式，符合当时人民群众迫切要求改善生存环境的强烈愿望，充分体现了保家园、保生存的现实需求，在一定程度上遏制了水土流失扩展加剧的势头。

1978年，“三北”工程启动实施，拉开了黄土高原综合治理、生物措施与工程措施并重的序幕。工程建设初期，按照因地制宜、先急后缓的原则，大力营造保水土、涵水源的单一防护林，发挥出明显效益。进入20世纪90年代，为满足人民群众既要生态、又要致富的强烈愿望，确立了建设“生态经济型防护林体系”的指导思想，建成了一批跨流域、跨山系、生态与经济兼顾的区域性防护林体系，既让人民群众在生态治理中获得了实惠，又有效控制了水土流失，为黄河水资源的有效开发利用创造了有利条件。

进入21世纪，以六大林业重点工程实施为标志，黄土高原综合治理进入了大工程带动大发展的新阶段。“三北”防护林、退耕还林、天然林保护等重点工程相继实施，形成了各有侧重、合力推进黄土高原综合治理的新格局，涌现出了陕西延安、渭北旱塬、山西昕水河、甘肃陇东等一大批林草植被大增、山河高原巨变的典型。黄土高原综合治理进入了历史上最好的发展时期之一。

随着《黄土高原地区综合治理规划大纲(2010—2030年)》的发布，黄土高原综合治理进入了统一规划，因地制宜，分区施策，生物措施、工程措施、耕作措施有机结合，农林水综合配套、相互配合、协调推进、形成合力的新时期。林业示范县的率先启动，开启了探索具有黄土高原地区特色综合治理模式、统筹生态建设与民生改善、有序推进黄土高原综合治理的新篇章。

通过36年的持续建设，“三北”工程在黄土高原取得了巨大的建设成就。据初步统计，“三北”工程在黄土高原地区累计完成造林779.1万公顷，区域森林覆盖率由工程建设初期的11%提高到19.55%，实现了山川大地由“黄”到“绿”的历史性巨变，生态恶化呈现出“整体遏制、局部好转”的态势，为区域经济社会可持续发展奠定了坚实的生态基础。

治山治水取得重大进展，水土流失明显减轻。30多年来，“三北”工程坚持以生态修复为核心，以小流域综合治理为突破口，按山系、分流域整体推进，山、水、田、林、路统筹规划，协同发展，新增水土流失治理面积15万平方千米，使黄土高原水土流失治理面积达到23万平方千米，近50%的水土流失面积得到不同程度的控制，年入黄泥沙减少3亿至4亿吨，实现了水土流失面积、土壤侵蚀模数“双下降”。据水利部黄河治理委员会发布的《2012年黄河泥沙公报》显示，黄河部分支流流域近5年输沙量平均值比多年平均值明显下降，其中无定河白家川、延河甘谷驿、汾河河津等监测站下降了90%多，泾河张家山、渭河华县等监测站下降了70%多。

林业产业快速发展，特色林果业实现质的提升。各地充分挖掘黄土高原林地、物种等资源潜力，把治山治水的宏观战略同人民群众脱贫致富的微观愿望紧密结合起来，以市场为导向，以基地建设为基础，以广大农民为主体，大力发展特色林果业、沙产业、种植业、林下经济等传统产业；积极发展木本粮油、生物质能源等新兴产业；全力开拓森林旅游、生态观光等朝阳产业，走出了一条为人民造林、靠人民造林、造林成果由人民共享的发展路子，实现了生态建设和经济发展的良性互动。统计数据显示，黄土高原已成为我国苹果、核桃、花椒、红枣、枸杞等特色林果的主产区，各类特色林果总面积达280多万公顷，年产量1721万吨，产值320多亿元，约有1000多万农民依靠发展特色林果业实现了稳定脱贫，成为振兴农村经济，促进社会和谐的新增长点。

森林培育取得长足发展，后备资源基地初具规模。坚持把防护林建设同培育后备森林资源相结合，大力发展防护用材兼顾、针阔乔灌混交、保土蓄水双优的多功能防护林基地，初步建成了晋陕峡谷、子午岭等地以油松、侧柏为主的防护林基地；甘肃华家岭和青海海东以云杉为主的防护林基地；山西晋西北、陕西毛乌素沙地以獐子松为主的防护林基地；六盘山区以落叶松、栎类为主的防护林基地。这不仅发挥出显著的生态效益，也为我国培育了十分宝贵的后备森林资源。上午与会代表参观的宁夏挂马沟林场就是它们当中的典型代表。这个始建于20世纪80年代的林场，通过30多年的努力，森林保存面积达到1.5万公顷，森林覆盖率达到40.2%，昔日濯濯童山，披上了绿色盛装。

生态林业、民生林业协同发力，人居环境显著改善。坚持把黄土高原综合治理同改善人居环境、改善民生、实现民愿相结合，一手抓山上治本、一手抓身边增绿，大力推进城区面山园林化、乡村社区森林化、交通水系林荫化、村庄庭院花园化，把更多的绿色搬到人们身边，人居生态环境大为改观，涌现出了甘肃兰州南北两山绿化、宁夏黄河金岸、陕西渭河生态景观带等一批生态林业民生林业典范。其中，2011年陕西启动母亲河——渭河综合整治工程，初步在总长400千米的渭河两岸建起了乔灌花草立体配置、林带林网相互交错、绿树绿岛镶嵌点缀的生态公园，成为人们休闲娱乐的最佳去处。

科技创新体系日臻完善，丰富和发展了防护林建设的理论与实践。黄土高原水土流失治理是一项极其复杂的系统工程。30多年来，广大工程建设者在实践探索中不断开拓创新，攻克了一个又一个生态治理难题，在生态工程建设的整地方式、树种选育、抗旱造林、植被恢复等方面取得了一系列重大科技创新成果，丰富和发展了我国防护林建设理论与实践。第一次提出了以生物措施为主、生物措施和工程措施相结合的建设思路，引领黄土高原走上了治本之路；第一次提出了建设生态经济型防护林体系的思想，为依靠广大人民群众整治山河找到了永不衰竭的动力源泉；第一次提出了以百万亩防护林基地为重点，实施规模治理，整体推进，探索出了一套适合黄土高原的生态治理技术路线。

回顾黄土高原千百年来的兴衰变迁，历史告诫我们：如果不善于和大自然和谐相处，即使我们曾经拥有大自然的丰厚馈赠，即使我们在同大自然的搏斗中曾经取得胜利，大自然带给我们的将不再是生活的乐趣和发展的希望，而只能是生存的艰难 。总结黄土高原半个多世纪以来的治理历程，现实告诉我们：面对恶劣的生态环境，等待观望没有出路，只有奋起抗争才有希望，生态性灾难必须用改善生态的实际行动来解决。展望黄土高原充满希望的发展前景，未来启示我们：有一个在正确发展思路指导下绘制的宏伟蓝图，有一套按自然、经济和社会发展规律建立的运行机制，我们一定能够让黄土高原重新焕发出昔日的生机活力，建设美丽高原。

二、理清思路，准确把握“三北”工程黄土高原综合治理的基本方向

黄土高原东起太行山，西到日月山，南至秦岭，北抵阴山，横跨晋、蒙、豫、陕、甘、青、宁7省区，东西长约1000千米，南北宽约700千米，总面积64.87万平方千米，生态区位、战略地位十分重要。

黄土高原地形支离破碎，沟壑纵横，降水稀少，十年九旱，不旱则涝，是我国水土流失最严重的地区之一；植被由东南向西北递减，西北部植被更少，是我国生态产品最短缺的地区之一；区域经济发展相对滞后，人民生活水平较低，是我国贫困人口分布最集中的地区之一。与此同时，黄土高原矿产资源丰富，开发潜力巨大，是未来我国经济社会发展的重要支撑，搞好黄土高原综合治理，改善这一区域生态状况，增强资源环境承载能力，对于促进区域经济社会发展，加快资源开发利用具有重大意义。黄土高原光热资源丰富，发展特色林果业的潜力巨大，是繁荣农村经济的重要支撑，搞好黄土高原综合治理，对于促进农村产业结构调整，增加农民收入，推动兴林富民，全面建成小康社会具有重大意义。黄土高原林地资源丰富，培育林木资源潜力巨大，是构建“两屏、三带”生态屏障的重要支撑，搞好黄土高原综合治理，对于加快水土流失治理，维护水资源安全，实现黄河岁岁安澜、奔流不息具有重大意义。

为了进一步加快黄土高原综合治理，经国务院同意，国家发展改革委印发了《黄土高原地区综合治理规划大纲（2010—2030年）》。按照集中力量，突出重点，先行示范的原则，国家发展改革委和国家林业局决定率先启动黄土高原综合治理林业示范建设项目，为黄土高原综合治理探索路子、积累经验。这是国家发展改革委和国家林业局在通盘考虑全国生态建设需要的基础上做出的一项重大决策，是对全国林业生产力布局的重大调整。按照规划大纲和黄土高原地区的生态现状，当前，推进黄土高原综合治理的总体要求是：以充分发挥生态林业与民生林业的强大功能为主线，以植树造林为重点，以生态修复为核心，以小流域治理为基本单元，坚持生态优先、保护第一、量水而行，宜乔则乔、宜灌则灌、宜草则草，坚持依靠群众、依靠科技、依靠体制机制创新，坚持科学谋划、整体布局、规模治理，大力造林育林护林，扩大森林资源总量和生态容量，着力构筑黄土高原生态安全屏障，为建设生态文明和美丽中国做出新的贡献。

在具体工作中，要突出把握好以下几点。

坚持生态优先，统筹推进生态建设和民生改善协调发展。坚持生态优先是由历史的经验、现实的需要、人民的期待所决定的。当前，黄土高原地区正处在大开发时期，经济发展与资源环境的矛盾日益趋紧。从国内外的历史经验看，一个国家或地区越是经济高速增长期，往往也越是资源环境的破坏之时。黄土高原生态先天性脆弱，如果为了一时的经济发展而破坏了整个生态环境，多增加几百亿的生产总值又有什么意义呢？从现实来看，黄土高原仍然是我国水土流失最严重的区域，水土流失面积占总面积的72.77%，治理水土流失仍然是黄土高原治理最根本、最紧迫的任务。从人们对生态需求的时代趋向看，已由过去的生存需求、发展需求向消费需求、享受需求转变。让人们走近自然、亲近绿色，是我们林业工作义不容辞的责任，也是黄土高原综合治理的基本取向。综上所述，推进黄土高原综合治理，我们必须牢固树立生态优先的发展理念，正确处理发展经济与保护环境的关系，绝不能重蹈“先破坏、后治理”的覆辙。必须牢固树立保护第一的思想，采取最严格的措施和制度保护好现有林草植被，促进自然生态系统休养生息。必须坚持发展是第一要务，一手抓发展速度，扩大森林植被和生态容量，一手抓优化结构，完善功能，建设稳定高效完备的森林生态系统。同时，要从人民群众是生态建设主体的实际出发，把生态改善与民生改善有机结合起来，大力发展生态与经济兼用的特色林果基地，让人民群众从生态建设中获得看得见、摸得着的实实在在的利益，激发和调动广大人民群众持久投身生态建设的积极性和主动性。

坚持整体谋划，统筹推进山水田林路综合治理。习近平总书记在十八届三中全会上明确指出：山水林田湖是一个生命共同体，人的命脉在田，田的命脉在水，水的命脉在山，山的命脉在土，土的命脉在树。这一重要思想深刻揭示了生态是统一的自然系统，是各种自然要素互相依存进而实现循环的自然链条。森林、树木是山水林田湖这个生命共同体中最基础的生产者。全国绝大部分水资源涵养在山区、丘陵和高原，如果砍光了林木，山就变成了秃山，也就破坏了水，水就变成了洪水，洪水裹挟泥沙俱下，形成水土流失，地也就变成了不毛之地。由此可见，森林、树木以其独特的优势，在山水林田湖这个生命共同体中扮演着十分重要的角色，是整个生态系统的核心、关键和纽带，即林能治山，林能蓄水，林能护田，林能保土。因此，我们要按照山水林田湖是一个生命共同体的思想，紧紧围绕造林兴林来统筹山水田林路的综合治理，重塑森林生态系统，再造秀美山川。要坚持以小流域为基本治理单元，治沟与治坡相结合，治山与治水相结合，生物措施、农艺措施和工程措施相结合，多管齐下，协同发力；要坚持量水而行、以水定需、以水定量，科学确定农、林、牧的比重，宜林则林，宜农则农，宜牧则牧，宜荒则荒；要坚持自然修复与人工修复相结合，科学确定"造封飞"的比例，加大封山育林比重；要坚持生态建设与民生改善相结合，既积极营造水土保持林和水源涵养林，又积极营造经济林特别是生态效益和经济效益都好的兼用林；要坚持乔灌草相结合，大力发展抗逆性强的乡土树种，加大灌木的造林比重，营造混交林；要树立生态建设一盘棋的思想，打破行政界限，实行山上山下、山里山外一体化治理，集中连片，规模推进。

坚持优化升级，统筹推进防护林建设发展方式转变。通过30多年的持续建设，黄土高原以保持水土、涵养水源为主要功能的区域性防护林体系框架基本形成，黄土高原综合治理工作站上了一个新的历史起点，调结构、拓内涵、提功能、增效益成为当前和今后一个时期黄土高原地区防护林建设的重中之重。一要正确处理数量和质量的关系，推进防护林建设由数量扩张型向质效提升型转变。加快黄土高原综合治理，既要保持必要的发展速度，更要从经济社会发展对生态工程质量要求越来越高的实际出发，走质量效益型的路子。在质量理念上，要加快推进防护林建设由过去主要注重面积、密度、成活率、保存率等传统的、外在的质量要求向注重林木结构、生态功能、系统稳定性、生物多样性以及适地、适树水平转变；在质量标准上，要由过去注重成活成林、面积数量向注重生态、经济、社会三大效益综合发挥转变；在质量管理上，要由过去的结果管理、事后监督向全过程、全面质量管理转变，把管理的触角延伸到规划设计、种苗培育、作业设计、抚育管护、森林经营等营林的各个环节。二要正确处理“绿”和“美”的关系，推进防护林建设由单纯绿起来向“绿”和“美”并重转变。修复黄土高原退化生态系统是一个由简单到复杂，由低级到高级的演替过程，只有起点，没有终点。30多年的艰苦奋斗，换来了黄土高原的绿意盎然，这的确是一个非常了不起的成就，但绝不是黄土高原治理的终极目标。当前，要结合建设生态文明和美丽中国的要求，突出身边增绿，改善人居环境，在城镇周边，村庄周围，道路两旁，河流两岸，建设森林城镇、森林村庄、生态廊道，大力发展观光林业、休憩林业，实现由“绿”向“美”的飞跃。同时，要积极稳妥地推进退化林分修复，优化林分结构，提高森林生态系统的稳定性。三要正确处理基地建设和产业开发的关系，推进特色林果业发展由规模化生产向标准化、品牌化、市场化方向转变。当前，黄土高原特色林果业发展势头非常迅猛，这是林业生态建设生生不息的动力源泉。但是，作为行业主管部门，我们必须保持高度清醒的头脑，理性看待、科学分析、正确把握特色林果业的发展态势。尤其要站在全球高度、用世界眼光对一些主打林产品的市场容量、潜力、前景等做出前瞻性的预判，及时做好规划引导、生产指导，决不能一叶障目、一哄而上、盲目跟风，酿成产能过剩、果贱伤农的悲剧。从现在开始，各地要把推进黄土高原特色林果业发展由规模化生产向标准化、品牌化、市场化方向转变摆上重要议事日程。要大力推进标准化生产，发展绿色、清洁、无公害的有机果品；要强化品牌意识，打造在国内外拿得出、叫得响的知名品牌，增强市场竞争力；要大力推进特色林果精深加工，延长产业链，提高附加值。

坚持改革创新，统筹推进防护林建设治理体系和治理能力同步提升。刚刚结束的全国推进林业改革座谈会，对当前和今后一个时期创新林业体制机制、加快推进林业治理体系和治理能力现代化做出了全面安排，为全面深化林业改革指明了方向，明确了任务。目前，国家林业局正在研究制定《关于深化改革“三北”防护林体系建设的意见》，力求通过深化改革，为这项老工程注入新活力。各地要结合学习贯彻全国推进林业改革座谈会精神，解放思想，与时俱进，认真研究加强“三北”工程、加快黄土高原综合治理的创新举措。要重点在建立健全生态修复制度、森林经营制度、生态补偿制度等方面下功夫、找突破。要结合“三北”工程建设实际，创新防护林投入补贴制度，逐步建立以中央投入为主导、以地方配套为补充的长效机制；要逐步改变现行造林投入和造林管理方式，吸引民间资本向工程建设流动聚集，鼓励大户、企业等多种经济主体投身工程建设，大力发展非公有制、混合所有制林业；要按照“谁使用、谁付费，谁受益、谁补偿”的原则，完善生态补偿政策，积极探索建立跨区域重要水源保护异地生态补偿机制；要建立营造林市场化运行机制，鼓励开发式、购买式、合作式造林，提高造林成效；要创新科技支撑，完善工程建设技术标准、规程等，充分发挥科技在转变工程发展方式中的支撑引领作用；要创新考核评价机制，探索建立生态效益评价体系、考核办法、奖惩制度，依法推进项目建设。

三、采取有力措施，扎实推进黄土高原综合治理林业示范建设科学发展

今年6月，三北局组织对黄土高原综合治理40个林业示范县项目进展情况进行了专项督查。刚才，张炜同志通报了督导检查情况。总体来看，示范县建设进展顺利，取得了一定成效，但也暴露出一些不容忽视的问题。对此，各地要引以为戒，举一反三，认真抓好整改。在此，我就抓好黄土高原综合治理林业示范建设项目再提几点要求。

科学编制实施方案。实施方案是搞好黄土高原综合治理项目实施的基础和前提。今年的投资计划已下达，各省级林业主管部门要抓紧组织编制年度实施方案，尽快组织专家论证，严格按相关程序上报审批，集中精力抓好雨季造林和秋冬季造林工作，确保全年计划任务全面落实。在实施方案编制中要突出把握好以下几个方面：一要尊重规律，体现科学性。各地要从实际出发，遵循自然、经济和社会发展规律，坚持以小流域治理为单元，实行山、水、林、田、路统一规划，沟、坡、梁、峁、塬综合治理，粮、经、果、牧、草多维配置，构建综合性防护林体系。二要注重实际，体现可操作性。要把以林草植被恢复为核心的治理思路、技术路线和治理措施落实到实施方案中，因地制宜地配置林种、树种，确定植被恢复方式。三要突出重点，体现规模性。要把有限的投资和任务优先向国家和区域发展战略区、经济发展活跃区、关系国计民生的热点区倾斜，把钢用在刀刃上，把劲使在紧要处，集中力量，整流域推进，由点到面，积少成多，逐步构筑区域性生态屏障。四要突出示范，体现带动性。黄土高原地域辽阔、类型多样。我们选择的40个县代表着不同治理类型和治理方向。各地编制实施方案一定要明白自己示范什么，能解决什么问题，要在同类地区可复制、可推广。

加强项目管理。管理出效益，管理出精品，加强项目管理是确保项目取得成效的关键一环。推行“四制”管理模式。要建立县林业局局长是项目法人的责任制，切实把项目进度、质量、资金“三大责任”落实到法人肩上；要引入竞争机制，积极推行合同制造林，以合同的形式明确权责主体；有条件的地方，要积极推行招投标制和监理制。严格计划资金管理。国家林业局最近印发了《三北防护林体系建设工程计划和资金管理办法》，进一步规范了“三北”工程重点项目的管理程序，各地要认真学习，严格执行，切实维护计划的权威性，确保资金安全有效运行。抓好全面质量管理。质量是示范项目的生命线，没有质量一切无从谈起。要调整质量管理方式，实行全面质量管理，在项目实施过程中大力推行全员质量管理、全过程质量管理、全行业质量管理，真正把项目建设的各个环节、各道工序都置于严格的监督控制之下，努力建设示范项目、打造千秋工程。

强化科技支撑。依靠科技进步、加强科技推广是推进黄土高原综合治理持续健康发展的关键一招。一要加强科技推广。要从黄土高原干旱缺水的实际出发，把科技推广贯穿于黄土高原综合治理的全过程，加大以抗旱造林为中心的科技推广力度，突出抓好抗逆性强的优良树种、乡土树种推广，“三水”造林、径流林业、节水造林等系列技术应用，着力提高造林成活率；要高度重视科学技术的优势集成、组装配套，突出抓好整地模式、造林方式、树种配置、修复模式等技术的集成、组装、配套，切实发挥科学技术1加1大于2的效应。二要加强科技示范。要把“三北”工程综合试验示范区建设同黄土高原综合治理结合起来，充分发挥科技的支撑作用。各建设县也要从自然立地、经济社会发展状况、主要灾害类型等出发，把示范引领作为项目建设的“灵魂”和“精髓”来对待，综合运用行政、经济、市场、科技等手段，努力在黄土高原建设一批星罗棋布、各具特色、功能多样的综合示范区，发挥“点亮一盏灯、照亮一大片”的作用。三要加强科技服务。要鼓励林业科研单位和科技人员通过建立科技示范点、开展技术承包、送科技下乡、技术入股等形式，加快科技成果向现实生产力转化。要推行科研院所与企业、农户“联姻”，提高科研成果的应用率、转化率和贡献率。要广泛开展多形式、多层次的技术培训，培养一支有文化、懂技术、善经营、会管理的建设队伍，真正把黄土高原综合治理转移到依靠科技进步和提高劳动者素质的轨道上来。

完善政策机制。各地的成功实践表明，改革创新是黄土高原综合治理的动力源泉。当前，更要坚持向改革要动力、要活力。要不断完善投入补贴机制，在积极争取中

央投资的同时，各地也要加大配套资金的落实力度，多渠道、多层次、多方式筹集建设资金，构建多元化的投资机制。要引入市场竞争机制，积极推行专业队造林，实行按质论价、分期付款，切实把造林成效与资金拨付挂起钩来。要结合林权制度改革，采取组建家庭林场、股份林场、林业经济合作社等多种形式，加快林地经营权的市场化流转，发展适度规模经营。要用足用好国家对山区综合开发等经营活动的信贷支持政策，积极开展林业信贷担保机制、林业保险机制、政府保费补贴试点等工作，增强“三北”工程抗风险能力。要加强资源管护和成果巩固，通过落实利益主体和责任主体、创新管护机制、活化管护模式等多种渠道，切实保护好黄土高原每一寸绿色。

进行监督考核。要按照《“三北”工程黄土高原综合治理林业示范项目综合检查办法》的要求，切实加强监督考核。要建立健全县级自查、省级复查、三北局抽查的三级检查体系，强化对项目建设全过程的有效监控。国家林业局三北局每年要对上年度项目完成情况进行抽查，各地也要扎实开展省、县两级检查，并配合做好国家级抽查工作。要建立考核奖惩制度。国家林业局三北局每年要对项目监督检查情况进行打分排队、公开通报。对完成任务好、建设成效显著的项目建设县进行通报表彰；对项目执行不力、排名靠后的项目建设县进行通报批评，限期整改，性质严重的取消示范县建设资格。

抓好组织领导。推进黄土高原综合治理是各级地方政府的重要职责，要综合运用多种手段切实加强组织领导，确保认识到位、责任到位、协调到位、宣传到位。要充分认识黄土高原综合治理在增加农民收入、改善民生福祉、建设生态文明和美丽中国中的重要性和紧迫性，坚持为官一任，造福一方，要像彭阳历届县委、县政府那样，胸怀全局，情系民生，以“滴水穿石、铁杵磨针”的韧劲、以“水土不治、绝不收兵”的拼劲，锲而不舍、常抓不懈、持续奋斗、永不停顿，一任接着一任干，一张蓝图绘到底。要实行黄土高原示范建设县级人民政府负总责制度，每个县都要成立由政府分管领导任组长、有关部门负责人为成员的领导小组，协调解决项目实施过程中的重大问题；各示范县要逐级签订责任状、落实目标责任制，形成一级抓一级、层层抓落实的格局。要加强黄土高原综合治理的协调。各示范县党委、政府要充分发挥总揽全局、协调各方的作用，统筹各行业、各部门的力量，各司其职，各尽所能，协同共建；各级林业部门要主动向党委、政府汇报项目进展情况，出主意、想办法，当好领导参谋，努力解决工程建设中的实际困难和问题。要充分利用广播、电视、报纸、网络等多种宣传媒体，大张旗鼓地宣传示范项目建设在区域经济社会发展中的重要地位与作用，提高对项目建设重大意义的认识；要大力宣传黄土高原综合治理中涌现出来的先进典型，以榜样的力量，鼓舞士气，增强信心，营造全社会积极参与的良好氛围。

同志们，黄土高原综合治理事关我国经济社会发展大局，事关人民群众和子孙后代的长远福祉。抓好黄土高原综合治理林业示范建设功在当代、利在千秋。我们一定要认真学习贯彻党的十八大和十八届三中全会精神，采取更加强有力的措施，加快推进黄土高原综合治理优化升级、提质增效，为建设生态文明和美丽中国、实现山川秀美的中国梦而努力奋斗。

（摘自2014年8月27日“三北”工程黄土高原综合治理示范建设现场会上的讲话）

“三北”工程黄土高原综合林业示范建设项目

2013年，彭阳县被列为全国黄土高原地区综合治理50个示范县之一，当年秋季项目启动实施。根据《黄土高原地区综合治理规划大纲(2010—2030年)》的规划，确定彭阳县综合治理范围为：“宋家沟、教场、石家坪、一步二十里、西庄、后峡、前沟、秦家庄、黄沟、大寺川、宽坪、红河、崖堡”等13个小流域。由于彭阳县生态林业建设取得了较快的发展，一些流域得到了治理，加之自然保护区界线的变更，一些流域被划到了六盘山自然保护区。因此，彭阳县林业和生态经济局向自治区林业厅申请，将“宋家沟、一步二十里、后峡、前沟、黄沟、大寺川、红河”7个综合林业治理地点变更到“小湾、上王、什字、张湾、赵沟、任河流域、王洼流域”，变更后的治理区域仍为13个。到2017年，已经治理的小流域有秦家庄、崖堡、任河、王洼、西庄等11个，其中，2013年治理了小湾、上王、什字、张湾、赵沟、秦家庄、崖堡等8个流域，2014年治理了任河流域，2015、2017年治理了王洼流域，2016年治理了西庄流域。

2013年，项目完成造林面积2200公顷，其中人工造林面积1733公顷(包括乔木林面积600公顷，灌木林面积933公顷)，封山育林面积667公顷。该项目于当年3月即开始整地，至11月中旬完成栽植，共造林面积0.17万公顷，其中乔木混交林面积627公顷，灌木混交林面积107.3公顷，道路防护林21千米折合造林面积24公顷，生态经济林面积836公顷；主要造林树种有刺槐、杨树、柳树、云杉、山桃、沙棘、柠条、红梅杏、曹杏等。2014年验收苗木成活率达到85%以上，其中道路防护林成活率为95.2%，生态经济林成活率为87.7%，灌木混交林成活率为92.7%，乔灌混交林成活率为88%。

2014年，6—8月在秦家庄、崖堡2个小流域实施完成万亩封山育林任务，安装封育标牌2块、完成刺丝围栏9600米。项目完成营造乔木林面积1111公顷。2013年秋季开工建设，2014年10月完成并进行了自查验收，共栽植云杉、油松、刺槐、杨树、柳树、山杏等各类造林绿化苗木138万余株；安装固定标牌1个。2015年验收，造林小班苗木成活率均达到95%以上。

2015年，项目区沿203省道县城至草庙段向两侧延伸，完成人工造乔木林面积1111公顷。项目于2015年3月开工建设，2015年11月完成全部工程整地任务，栽植面积0.1万公顷，栽植各类苗木130万株，余下约10万株苗木于2016年春季完成栽植。共营造阔叶混交林面积0.7万公顷，造林树种为红梅杏、山杏、刺槐、山杏等，针阔混交林面积0.04万公顷，造林树种为红梅杏、刺槐、云杉、油松等；安装铁质固定标牌1个。2016年验收成活率达到95%以上。

2016年，项目完成人工造乔木林万亩，当年秋季完成工程整地，栽植自2016年秋季至2017年春季分两季进行，主要造林树种为云杉、油松、侧柏、刺槐、河北杨、柳树、山楂、桃树、山桃、丁香、四季玫瑰、榆叶梅、文冠果等；建设墙体固定标牌1座。2017年验收成活率85%以上，秋季对个别成活率低的地段死亡株进行了清理，并在原穴补栽。

2017年，项目完成人工造林面积0.9万公顷，其中营造乔木林面积400公顷，灌木林面积600公顷。经过踏查，计划对玉洼流域进行进一步深度治理，设计营造乔木林面积8975.5亩，灌木林面积5383.7亩，主要造林树种有云杉、油松、獐子松、刺槐、红梅杏、文冠果、山桃、柠条等。项目整地自5月开始至9月完成，9月下旬至11月上旬按照设计要求完成了苗木栽植，2018年，雨季外埂柠条点播完成，工程整体竣工。

（摘自《固原市志》）

植树造林

人工林

人工造林即通过人为方式在技术上要求根据林木生态适应性和生长发育规律进行科学植树造林活动。人工造林只有把握住良种壮苗、适地适树、及时抚育间伐、防虫治病等生产环节，才能达到速生丰产的目的。

彭阳县是一个农业县，广大农民普遍生活在林业、农业交替区。山地、荒山、荒坡、沟旁路坎、河岸隙地纵横交错，遍布住房周围，是很好的用材林、经济林造林区。随着

“三北”工程尚台流域生态治理区治理效果明显 2016年6月拍摄 / 彭阳县自然资源局供图

国家对林业的重视，以及林业工程项目的实施，广大农村干部群众受到启发、认识加深，特别是国家实行林业改革以来，把荒山荒坡，四旁地分到各户作自留山，执行“谁造谁有”政策，群众植树造林积极性逐步提高，出现了自采种、自育苗、自造林的大好局面，每年3—7月，群众自发开展多种形式的植树造林活动，营造用材林、经济林、护路林、水土保持林。

县境没有天然用材林，人工营造的用材林主要分布在红茹河三乡两镇川道地埂及北部干旱丘陵区“四旁”（沟旁、宅旁、路旁及渠旁）。这些区域有水库灌溉条件，土层深厚，树木生长迅速。一般杨、柳5至6年可成椽材。红、茹河川道网、片、带相连，已具森林规模。

彭阳县境内经果林共14科57种。分为栽培果树（含半栽培种）、野生果树和其他经济树种。栽培果树及经济树种共12科36种。主要树种有杏、苹果、梨、桃、李、花椒、核桃、葡萄、枣、山楂，其次为樱桃、桑、枸杞、沙枣、文冠果、柿子、无花果、山茱萸、杜仲。以杏树分布最广，适应性最强；苹果、桃、梨、李、花椒、核桃、葡萄、枣、山楂适宜在红、茹河流域栽培；樱桃、桑、枸杞、沙枣、文冠果仅在红、茹河流域有零星分布；杜仲、山茱萸在红河常沟有大面积分布；柿子、无花果只引进试种，但未成功。自1996年“两杏一果”工程实施以来，从外地大量引进果树良种。引进的苹果品种主要有黄元帅、红元帅、富士、国光、乔纳金、新红星，大部适宜当地栽培；梨有砀山梨、苹果梨、香蕉梨、黄金梨；桃有油桃、金宝、久宝、早丰王、霞辉2号、阿布白；杏有仁用杏（龙王帽、一窝蜂）、曹杏、金太阳、凯特、骆驼黄、红荷包、红梅杏、兰州大接杏；李子有美丽李、井上李、黑宝石、巨李、金滴、红布林、女神、加州霸王、秋姬李、美国蛇李；核桃有新疆薄皮核桃、中林5号、香玲；花椒有秦安1号、大红袍；葡萄有巨峰、乍娜、黑奥林、先锋、黑地球。这些品种经在当地栽培，大多表现出良好性状。现果品主要以鲜杏、鲜李及加工产品为主，且分布广泛，其他品种零星分布，不成规模。1993年沿彭青公路两侧栽植的苹果百千米公路经济林带面积340公顷，在随后的几年内，由于管理措施滞后及市场原因，目前已所剩无几，损毁殆尽。2000年随着退耕还林工程的实施，经济林建设取得了长足发展。截至2012年，全县共有经果林面积32489公顷，其中苹果面积807公顷，年产量1.34万吨；梨面积323公顷，年产量6783吨；杏面积3万公顷，年产量9363吨。全县每年经济林总产值达到3200万元。

防护林建设起始于20世纪70年代，境内茹河、红河川道群众结合农田水利建设，在农渠和田埂上造林，原彭阳乡双磨村(今属白阳镇)栽树3.5万株，既保护了农田，又提高了粮食产量，小麦亩产稳定在250千克左右，栽后5年就长成椽材，10年砍两茬，全村10年内木材收入达10万元，户均年收入410元，林茂粮丰，增产增收。在典型户的带动下，彭阳县从1986年开始，经过3年努力，在红河川、茹河川和长城塬上营造农田林网面积200多公顷，保护农田面积6667公顷。当时的林网设计是林带间距为20～40米，群众从经济利益出发，自发地加密了林带，基本上是每条地埂都有林带，每块田都有林，带距缩小到了10～20米，形成了林粮间作。1984年春，彭阳县对兰(州)宜(川)公路进行绿化，当年完成整地面积175公顷，植树46.2万株。其间再没有大的造林护路活动。1997年彭(阳)草(庙)公路竣工后，针对此路段的绿化工作，时任主管农业的副县长韩怀敏协调林业、交通及相关乡镇，并立下军令状：今年春季彭(阳)草(庙)公路的绿化搞不起来，我引咎辞职。经过二十几天艰苦奋战，当年共绿化公路26千米，栽植新疆杨、云杉等绿化大苗2.3万株。从此，按照“开通一条、绿化一条”的要求，随着古(城)—川(口)、高(庄)—石(岔)、王(洼)—小(岔)等公路的相继开通，林业部门积极组织对其进行绿化。尤其在2004年“通道工程”实施以来，对原绿化路段均进行加密、加宽，使道路绿化上了一个台阶。在2005年全市通道工程观摩现场会上，彭阳县取得了成活率第一、综合第二的好成绩。并组织专业造林队常年巡回在各公路沿线，适时进行病虫害防治、补植、松土锄草、修枝扶壮。

水源涵养林主要指西南部土石质山区挂马沟林场的天然林和建县后营造的人工针叶林，是六盘山外围针叶林基地建设的重要组成部分。位于县城西南部，西与原州区河川、开城，泾源县大湾、六盘山镇接壤。属新集乡和古城镇辖区，是境内红河、茹河两大水系发源地，原有各类天然林933公顷。一期工程(1986—1998年)投资765万元，完成人工造林面积7133公顷；二期工程(1998—2000年)投资511万元，人工造林面积4567公顷；三期工程(2001—2005年)投资1040万元，完成工程造林面积5333公顷，其中退耕地造林面积3333公顷，荒山造林面积2000公顷。树种组成主要是华北落叶松、油松、云杉和少量山桃。现有一部分已进入中熟林。至2012年，森林保存面积15.27万公顷，森林覆盖率24.8%。其调节气候，涵养水源的功能日益凸显。

水土保持林的营造，在晚清、民国时虽有官府倡导，但无实绩。新中国成立后，水土保持工作逐渐引起各级政府重视，水土保持事业逐步开展起来。从1996年起，彭阳县结合扶贫，启动了“两杏一果”开发工程。1997年10月21日，自治区计划委员会、林业厅正式向国家计委申报了《黄河中游水土流失区生态环境林业重点治理工程宁夏部分可行性研究报告》，计划在彭阳等五县用13年时间（1998—2010年）分两期完成人工造林面积9万公顷、封山育林面积2.3万公顷，提高项目区的森林覆盖率，水土流失将得到全面治理。此工程1998年已开始实施，彭阳县被列为国家生态环境建设重点县。

彭阳的群众习惯于在房前屋后、田边地角及河边路旁植树，以解决用材、燃料所需，防护河岸、美化环境、增加收入。四旁植树已成为林业发展的主要组成部分。每年植树节，各级政府都要动员全县人民开展植树造林活动，要求每人植树3～10株。采取各种造林方式，绿化山川，美化庭院，基本形成城乡绿化一体化新格局。全县1991—2010年共植各种树木4万株，其中花椒、山杏、山桃已产生经济效益；路旁、沟旁、地旁、河旁树木已成荫；护岸林、护堤林、护路林、固沙林到处可见，全县林带合计总长约5245千米。乡村栽植的刺槐树、新疆杨防护林带，共计约500千米，基本遏制住了土壤的流失和蔓延。十二乡镇通过几年义务植树活动，主沟和侧沟已长满了杨、柳、刺槐山桃树等。特别是全县“四旁”栽植的红梅杏树近10多年来发展很快，其数量已达2145万株，为提高彭阳林农的收入、产值发挥了重要作用。

从1991年至2020年，彭阳县委、县政府组织县级机关职工上山整地挖窝，义务植树，绿化县城周边，全县12个乡镇有关村、组也积极参与，共栽植接杏、桃树面积180公顷。林业行政主管部门积极与乡镇配合，每到植树节组织群众上山造林，绿化、美化县城周边地区，后林业局组织专业植树队，拨专款营造经济林产业园核桃、接杏等树种，已完成栽植面积967公顷。

自2003年以来，县委、县政府重视旧城改造，加强县城绿化、美化、亮化等工作，各机关单位都建起了草坪、花圃，总面积达3.2万平方米，街道两旁栽植国槐50万株，栽植各类名贵树种1万株。从1991年以来，县城环境绿化逐步得到改善，绿地递增，已形成周边绿化保护带。

树种苗生产

2000年年底以前，境内未建立固定的采穗圃及种子园，种子采集量少质劣。为适应林业发展形势，后经申请批准，2000年开始建设林木良种基地。新建采穗圃两处，面积55公顷，其中杏品种（金太阳、凯特、曹杏等）面积35公顷，李品种（美国巨李、黑宝石等）面积13公顷，可年产24万～26万株优质良种穗条，可嫁接繁育良种壮苗90万～100万株；种子园3处，面积52公顷，主要品种为仁用杏（一窝蜂、龙王帽）、花椒（秦安一号、大红袍）、核桃（新疆薄皮核桃），可年产种子48吨；采种基地两处，面积400公顷，主要品种为山桃、柠条，可年产种子120吨。加之新发展的造林面积，至2007年年底，共采集各树种种子11900吨，平均每年采集850吨，其中采集量最多的是2007年，为1200吨；采集最少的是2005年，由于遭受晚霜冻，几近绝产；共采集优质良种穗条72万～78万株。采集的树种主要有仁用（鲜食）杏、接李、接桃、山杏、山桃、沙棘、柠条、刺槐、臭椿等。种子主要用于育苗，剩余部分进行初加工和外销；优质良种穗条主要进行嫁接繁育良种壮苗。

彭阳县群众很早就有育苗的习惯，但仅限于种子育苗（有性繁殖）。1985年引进苹果苗的嫁接培育技术和新疆杨的扦插育苗技术（无性繁殖）。同年在高庄苗圃首次引育针叶树一年生苗，均试验成功。1994年后，王洼、刘沟苗圃（8公顷）主要承担新品种（桃、李、杏、葡萄等）的引进、栽培、试验和繁育，高庄苗圃仍培育针叶树留床苗。社会育苗由种苗公司、育苗大户和积极户承担。区域主要在红、茹河流域和王洼、孟塬、草庙，其他乡镇零星分布。2000年后，随着退耕还林工程大力实施，先后涌现出一些专业育苗村和育苗户，如城阳乡陈沟村所育苗木品种繁杂、质量上乘，育苗技术日趋成熟。2002年在周沟设施园区开始营养袋育苗和嫩枝扦插育苗的试验。1994—2012年，全县共育各种苗木面积1123公顷，平均每年育苗木面积80公顷，其中育苗最多的是2004年，面积为457公顷。育苗树种有油松、落叶松、柏树、云杉、杨树、刺槐、白蜡、臭椿、山桃（含接桃）、山杏（含接杏）接李、葡萄、核桃、沙棘、柠条等。以山桃面积最大，刺槐、山杏次之。苗木是林业生产和国土绿化的物质基础，在生态林业建设中具有举足轻重的地位和作用。当年，苗木生产规模以连年翻番的速度发展，生产能力和生产水平得到进一步提高，为保障生态林业重点工程建设奠定了良好基础。自2000年以来，彭阳县的苗木花卉生产规模迅速扩大。2012年年底全县苗木花卉栽培面积达3467公顷，产苗量约1亿株。

在种苗生产中，针叶树、阔叶树、经济林的育苗面积所占比例基本稳定在15%、

75%和10%左右。苗木生产由以造林树种为主,向多品种、多规格、多色调的多元化发展,抗逆性强的生态型苗木、材质好的速生用材林苗木以及绿化大苗、花卉、草坪、盆景、各类名特优新经济林种苗等门类齐全,丰富多彩,极大地丰富了林木种苗供需市场,有效地满足了城乡绿化需要。

随着苗木生产日趋社会化,全社会各行各业广泛参与苗木生产经营,从事苗木生产的热情空前高涨,形成国家、集体、个人共同发展的新格局。据统计,2010年年底,全县有苗木生产企业和个体户275家,从业人员4052人。城阳乡、红河乡、古城镇等地把苗木作为重要产业,开始走上市场化、产业化发展的路子。

六盘山景观苗木示范园区位于彭阳县古城镇,占地面积667公顷,完成总投资5200万元。重点发展以紫叶矮樱、中华金叶榆、复叶榆、丝棉木等城市景观绿化大苗为主的特色绿化苗,品种达170多个。园区已建成智能温室面积3500平方米,日光温室和拱形棚50栋,年可培育出各种花卉苗木180多万株,预计年产值可达到1000万元以上。

彭阳县原有刘沟苗圃和王洼苗圃两处国营苗圃,2005年两苗圃合并改制为王洼林场。刘沟苗圃距县城西2千米,面积4公顷,交通方便,配套喷灌设施,修园区道路0.7千米。现有职工6人,为财政差额单位,主要承担林木良种的引进、栽培、试验、繁育工作,先后引进水曲柳、花椒等林木良种。同时培育各种绿化大苗;王洼苗圃位于王洼镇境内,有苗圃地面积4公顷,职工8人,为财政差额补助,其主要承担杨、柳、槐等阔叶树种的大苗培育和全县经济林树种繁育工作,后因经营管理不善,2005年改制为王洼林场。截至2012年,两苗圃共出圃各类苗木1200万株。

为了确保造林绿化的种子生产供应,每当林木种子即将进入成熟采收期,县林业部门结合本地林木种子的供求实际,提前研究制定种子采收和储备计划,落实种子采收资金,全力抓好秋季种子的采收和储备工作。同时,为了确保种子质量,林业科技人员认真开展种子质量的检验入库工作,全面了解本地主要造林树种的结实情况,根据各地自然条件,确定合理的采收期,实行定向合同采种。采种前对采种人员进行技术培训,做好采种母树保护工作。此外,还特别加强林木种子的生产、经营管理工作,坚决杜绝无证生产和经营林木种子,做好林木种子供求信息发布和调剂储备工作。苗木主要供应当地的造林绿化,包括山上造林、村镇绿化等所需苗木,基本做到了自给有余,并且有部分苗木销往外地。据统计,2011年全县苗木销售收入达1200万元,2012

年苗木销售收入1800万元。

为加强苗木市场的监督管理，推动苗木产业健康持续发展，县、乡成立了林木种苗管理机构，按照《中华人民共和国种子法》和《林木种子生产、经营许可证管理办法》的要求，加大林木种苗执法工作力度，加强种苗执法队伍建设和《林木种子生产、经营许可证》的核发管理，规范了林木种子生产、经营、使用行为，苗木生产经营逐步步入法制化、规范化轨道，维护了全县苗木市场秩序，促进了全县苗木产业的健康发展。

封山育林

封山育林是利用树木的天然下种和萌芽萌蘖能力，对具备封育条件的疏林地、灌丛地、采伐迹地及荒山荒地等，采取限时封禁和相应的育林技术措施，逐步恢复森林植被的一种人工促进天然更新方式。2000年来，彭阳县广泛开展封山育林，取得了很大成效。

2000年以前，境内无大面积的封山育林，全县仅有1000公顷天然林绝大部分是挂马沟林场封育的，只有极少部分在城阳乡韩寨村的五峰山，其山上生长的白花狼牙刺还是历史遗留下来的未被破坏的天然林。

2000年开始，境内搞封山育林作业设计，“造管并重、封造结合”。封育区域涉及彭阳县古城、草庙、彭阳、王洼镇、罗洼、城阳、孟塬、冯庄、新集、小岔等乡镇以及挂马沟林场。采用全封闭封育方式，乔灌草型连续封育6至8年，灌草型连续封育3至5年。封育期间，禁止一切采伐、砍柴、放牧、割草和其他不利于植物生长繁育的人为活动，对封育小班树牌、设卡、设置围栏的措施进行全封，对牲畜活动频繁的地段设置刺丝机械围栏160千米，进行围封。在主要山口，交通路口等特殊地段树立坚固的标志牌64个，并根据封禁范围大小和人、畜危害程度，配备了专职或兼职护林员进行巡护，共配备64名护林员。封育后还结合当地林业经营水平，对自然繁育能力不足、幼树分布不均的空隙地段进行补植、补播及平茬复壮。2000—2009年，封育面积1.3万公顷，总投资626万元。到2012年，全县累计封山育林面积达到9.7万公顷，占全县有林地的74%。通过封山育林，使原来的疏林地、灌丛地、灌木林地等经过5至10年的封育，有一半以上可以成材，而封山育林成本仅为人工造林的六分之一左右。由于封山育林使森林植被得到应有的保护，减少了人为的破坏，给各物种创造了休养生息的环境条件，多年不见的野生动物又回来了。

全县各乡镇为逐步建立比较完善的森林生态体系，不断加强对封山育林的组织领导，确保封山育林的各项政策、措施落到实处。各乡镇均成立了以政府主要领导或分管领导任组长，林业站成员、村党支部、村委会、包村干部等为成员的封山育林领导小组，领导小组设办公室，挂靠林业站，负责处理日常事务。各村部也成立了相应的机构。

封山育林是保护和培育森林资源的重要手段，是改善生态状况的有效途径，具有投资少、见效快、易推广等优点。全县各级党委、政府加大对封山育林工作的宣传力度，从提高群众的认识入手，认真研究部署封山育林工作。在各重点林区乡(镇)，均制订了乡规民约，切实加强封山育林工作，着实强化群众封山育林的意识。近些年来，全县乱砍滥伐、乱捕滥猎等案件逐年减少，有效地巩固了封山育林成果。

按照国家林业局颁发的《封山(沙)育林技术规程》，组织技术力量认真规划，科学实施封山育林。在布局上，将天然林、天然次生林、针阔混交林、灌木林及有母树下种的稀疏林列为封山育林重点区域。在方式上，将公路、铁路、河流两侧，水库、城镇、村居四周及人文古迹、风景林等实行全封；将近成熟、成熟林、中幼龄林、低产(效)林，结合抚育、改造、择伐等措施，实行轮封；对灌木林、薪炭林实行轮封。

各乡镇结合当地实际，采取了切实可行的封山育林措施。配备封山育林管护人员，建立封山育林管护网络。护林员由群众推荐，经县封山育林领导小组办公室批准，挂牌上岗。制订乡(村)规民约，共同遵守。以村为单位，召开群众座谈会，订立《护林育林公约》《封禁山林公约》等，经全体村民同意上报乡(镇)批准后实施。奖惩分明，对在封山育林中做出贡献的单位和个人，给予表彰；对破坏山林的单位和个人，视情节轻重，给予处罚。

低产林改造

杏树是彭阳的乡土树种，栽植历史悠久。随着植树造林的广泛开展，年年栽植杏树，从未间断，保存到建县初约有2000公顷。1983年建县以来，创造性开展以杏树为主栽树种的生态经济林建设，尤其是“两杏”扶贫开发工程实施以来，经过30年的不懈努力，全县杏树保存面积达到32133公顷，其中山杏20108.5公顷，仁用杏及鲜食杏12024.8公顷(主要是近几年新引种)，优良品种比例仅占37%。长期以来由于树种单

阳洼流域"三北"工程生态治理区　2019年7月拍摄 / 摄影　沈继刚

一，气候复杂（晚霜和低温冻害），果农都抱着"靠天吃饭"的思想，不注重管理，造成树势早衰，年产量和商品价值下降。为此，对现有山杏的改良就势在必行，在加强田间抚育管护的同时，林业部门结合新品种的引进，对现存的山杏进行高接改良，经过几年的实践，对该项技术有了较全面的掌握。嫁接是指切取植物的枝或芽做接穗，接在另一植株的茎或根上，使之愈合成活为独立的植株，嫁接长成的树，其根系和树冠分别由砧木和接穗发育起来，因而兼有二者的遗传特性。嫁接苗的接穗与砧木的组合十分重要，必须选配适当。

嫁接树是通过选择适宜的砧木种类和接穗，增强了嫁接树对环境条件的适应性，如抗旱、抗寒、耐盐碱等，能扩大种植范围。选择适当可以利用砧木的乔化或矮化作用，在生产上控制树体大小，达到增加单位面积的产量（矮化密植效果）。嫁接树的树冠与树干是接穗母株生长发育的延续，遗传性比较稳定，因此，能够保持母株的优良特性。

影响嫁接成活的因素亲和力，是接穗和砧木树种在内部组织结构上、生理上遗传性彼此相近，能够互相融合形成统一的代谢过程的能力。亲和力强的树种嫁接容易融合成活，而且生长发育正常。反之不易成活，即使成活，树体也发育不良，出现早衰现象。例如:砧木和接穗形成层细胞在伤口处形成愈伤组织;砧木和接穗形成的愈伤组织互相连接;愈伤组织的细胞分化形成新的形成层,将接穗和砧木的形成层连接;新的形成层产生新的维管组织,形成新的韧皮部和木质部,并产生新的输导组织,从而使接穗和砧木成为一棵植株。

彭阳县选用的嫁接品种是经过引种试种适合在当地栽植并且市场前景较好的杏品种。仁用杏有龙王帽、一窝蜂、优一、围选一号等品种;鲜食杏有曹杏、金太阳、红梅杏、凯特杏、串子红、优良乡土品种等。

穗条的选择要从栽培目的树种和品种中选择生长发育健壮、无检疫病虫害的优良植株采穗条。采穗时要注意枝条的部位,不同部位的枝条发育年龄不同,影响所接树的开花结果年限。采用下部徒长枝或幼树枝条作为接穗,由于发育年龄小,嫁接后开花结果晚;采用丰产树上部的枝条作为接穗,由于发育年龄大,嫁接后开花结果早;采用带有花芽的枝条作为接穗,当年就能开花,但生长弱。采集接穗时要选用健康、生长充实、芽体饱满的枝条。采集的穗条要立即捆绑(50株 / 捆),挂上标签,注明树种、品种、采条地点、日期及采集人,以防品种混杂。

接穗一般有两种,一种是休眠期不带叶的,另一种是生长期带叶的。休眠期接穗的贮藏一般用冬季修剪下的枝条,按品种捆成小捆,挂上标签,用湿沙子培好贮藏。贮藏的条件是温度要低(0～5℃)并且保持适合的湿度和适当通气,多用窖藏也可以吊在井内水面上。生长期接穗的贮藏一般在生长期采接穗,最好随采随用,选好枝条采下后立即将叶片剪掉,只留下叶柄,然后用湿布包裹备用。高接改良多是退耕还林地5至10年生杏树,但也有农户四旁10年生以上大树,需高接改良的杏树必须生长健壮,无病虫危害,对于小树直接剪截低位嫁接;对大树骨干枝已完成的可选在二级骨干枝,甚至侧枝、副侧枝上嫁接。特别应注意接口不能太粗,一般以2～3厘米为宜,在选嫁接部位时,要尽可能地靠近主干,以免造成内膛空虚,结果部位外移。嫁接的接点数一般与树龄相同。

嫁接工具和用品要求:剪枝剪、手锯、嫁接刀要求锋利,如果不锋利,不但影响操作,减慢速度,而且由于削、剪不平,会使接穗和砧木双方伤口接触不好,影响成活。绑带选取厚度适宜(0.06毫米)、弹性较强的地膜,用刀裁成条,长宽依砧木大小而定(一般宽3～10厘米,长25厘米以上)。

嫁接方法：在春季山杏高接改良中，最好是在砧木的芽已萌动、膨大，但未萌发时进行施工，这时气温回升，树液开始流动，根系将水分、养分往上运输，但并没有因发芽而损失养分，有利于嫁接成活，根据砧木的大小，接口的粗度选用插皮接和劈接等嫁接方法，夏季采用芽接。插皮接(皮下接)是将削好的接穗插入砧木形成层即木质部与韧皮部之间，一般是离皮时并且接口较粗(大于3厘米)时用此法。接穗必须有2～4个饱满芽，先将接穗基部削成3～5厘米长的平滑斜面，背面削成0.5厘米左右的小切面，在砧木上切一深达木质部的接口，撬开皮层将接穗的斜面紧贴砧木木质部插入，用绑带将伤口包严扎紧。劈接是在砧木上劈一个口，将接穗插入劈口中，用此法嫁接成活后，不容易风折，一般在接口粗度较小(小于3厘米)时应用。接穗必须有2～4个饱满芽，将接穗削成楔形，接穗两面皆削成长2.5～3.5厘米且平滑的削面，外侧略厚于内侧。在砧木中间按南北方向切一垂直劈口，将接穗插入劈口，特别注意要对准双方形成层，插接穗时不要将接穗的斜面全部插入劈口，要外露0.3～0.5厘米(露白)，砧木过粗可在接口两端各插一个接穗，这样有利于伤口愈合，最后用绑带将劈口和露白全部包严扎紧，也可以用康复剂。芽接即T形芽接，是生产上常用的嫁接方法，T形是指砧木切口形状，接芽则削成盾形，所以也称盾形芽接。T形芽接必须在砧木离皮时进行。嫁接时，先削取芽片，在芽的上方距芽0.5厘米左右横切1刀，刀口长1厘米左右，深达木质部切透皮层，再由芽下方1.5厘米左右入刀，连同木质部向上斜削深达穗粗的1/3～1/2，要超过横切刀口1.2厘米左右，切断皮层，再从横刀口中间向下纵切长2厘米左右的切口，用芽接刀骨柄撬开T形切口皮层，立即从穗枝上剥取已切好的芽片，剥取芽片时要注意勿碰掉芽片里面的“护芽肉”(维管束)。手持芽片叶柄将盾形芽片插入切口皮层内，插好后略向上推一下，使芽片上端皮层与砧木横切口皮层密接。最后用塑料袋由上而下缠缚严密，只外露叶柄和芽。也可采用倒T形芽接，但削取芽片和开切接口以及插入芽片的方向，均与T形相反。其他嫁接方法还有芽接(带木质嵌芽接、块状芽接、管芽接)和枝接(切接、舌接、靠接、对接、根接)等。

在接穗的采集、储运过程中，要切实做好保鲜、保湿工作，防止干萎、发霉和芽萌动，保持其具有良好的生命力。嫁接过程中要做到“快、平、准、严”四字方针，即刀具要快(锋利)，动作要快，减少接穗削面和砧木接口的晾晒时间；接穗削面要平滑；插入接口时砧穗二者的形成层要对准；接口的包扎绑缚要又严又紧。还要掌握和创造有利于形成层愈合组织的条件。

为了确保接穗在嫁接后到萌发前不失水抽干，在嫁接后，要在接穗口涂抹长效康复灵。嫁接成活后，砧木会长出许多萌蘖，为保证嫁接成活后新梢迅速生长，不使萌蘖消耗大量养分，应及时把萌蘖除去，一般除萌蘖需进行3～4次，直到新梢生长旺盛时。由于砧木的根系发达，接穗新梢生长很快，这时连接处并不牢固，很容易被风折，须立支柱，将新梢绑在支柱上，一般是新梢长到25厘米时立支柱。嫁接时用塑料绑带，不易腐烂，会影响接穗和砧木的生长，所以当新梢长到30毫米以上时，须解除缚带。为了控制过高生长，当嫁接成活后，新梢长到60厘米左右时，需摘心，摘心的作用第一可以控制高生长，防止风折；第二可以促进枝条充分木质化，安全越冬；第三可控制结果部位外移。摘心工作嫁接当年需进行2～3次。新梢萌发的叶片非常幼嫩，由于很多病虫害要危害幼叶，例如蚜虫、金龟子等，因此要加强病虫害的防治工作，可喷施一遍净、氧化乐果农药防治。当年除草应在3次以上，可结合除草施入氮肥和磷钾肥，如遇干旱时应灌水抗旱。此外，还要做好防止人畜践踏损害工作。

绿色通道工程

彭阳县从实际出发，因地制宜，讲究实效，将道路绿化、河渠绿化、村镇绿化和美化工作融为一体，采取乔、灌、花、草相结合的手段，合理搭配，实行针阔混交，常绿与落叶混交，形成错落有致，结构合理，功能完备的绿色长廊，把生态绿化美化建设同沿线地区经济产业调整开发有机结合起来，推动绿色通道工程建设内涵向纵深发展，把彭阳县各条通道建设成生态宜人，环境优美，瓜果飘香的绿化带、风景带、致富线。主要以公路沿线绿化为主，全县绿色通道跨越长度1350千米，2003年实施彭青路绿化工程35千米，以行间混交为主，即靠公路内侧以云杉为主，中间为油松，外侧以金丝柳和垂柳锁边，两侧各10米。2004年又加宽各40米建成以桃、李、杏、苹果为主的经济林带。随后对境内203省道、309国道及乡、村道路全面进行绿化美化，绿化203省道185千米，建设面积92.5公顷。绿化309国道305千米，建设面积152.5公顷，绿化乡村道路及流域路共计358条860千米，建设面积430公顷。其次是以河流沿岸为主，全县绿化河、渠、堤防总长度856千米，建设面积1284公顷，其中茹河生态园绿地面积37.9公顷。红茹河干流绿化里程300千米，绿化面积530.1公顷，渠堤105条，绿化长度358千米，绿化面积716公顷。

绿色通道工程是一项跨部门、跨行业、跨区域的系统工程，也是彭阳县的窗口工程，各级领导都站在改善投资环境，扩大对外开放的战略高度来认识，切实加强领导，明确工作责任，精心组织施工，狠抓工作落实。彭阳县把绿色通道工程建设始终作为生态环境建设重点工程，列入基本建设计划，纳入财政预算，增加资金投入，其建设资金实行分级负责，道路绿化由林业局负责，茹河生态园由城建局负责，河堤由水利局负责。根据各方面的实际情况和要求，因地制宜，科学规划。针对不同等级的道路、河渠、堤防，确定合理的建设标准，注重实效，提高质量。合理安排高大乔木、亚乔木、灌木、花草的配置比例，实行针叶与阔叶混交，常绿与落叶混交，形成错落有致、层次分明的立体复层结构，在绿色通道沿线较宽地段适当加大种植密度，形成内低外高的绿化带模式，在绿化带较窄的地段，使用大规格常绿优质苗进行遮挡，使整个绿色通道达到“看不透”的绿化效果。坚持生态优先的原则，在条件适宜的地段设计为经济林示范带，做到通道建设与农业结构调整有机结合，与生态农业、观赏景观建设有机结合，对重点精品工程建设路段还通过引进培育彩叶植物，观花树种，丰富公路沿线的自然景观，进一步提高建设档次，把彭阳县通道工程建设成一条“百花争春、绿荫护夏、红叶迎秋、松柏傲冬”的绿化线、风景线、致富线。

名特优经济林培育

经济林是以生产除木材以外的果品、食用油料、工业原料和药材等林产品的森林。全县经济林面积达到3万公顷，其中苹果、梨、桃、李等水果面积4000公顷，核桃、花椒面积1000公顷，以杏为主经济林面积1667公顷。全县建立各类示范园面积333公顷，杏树良种采穗圃面积867公顷，骨干苗圃面积30公顷，2000—2006年通过高接换头等方式挖潜改造低产劣质山杏面积1400公顷。在杏树的栽植布局上形成了北部干旱片带以山杏为主，中部丘陵沟壑区以仁用杏为主，南部红、茹河谷残塬区以鲜食、加工杏为主，城郊区以设施栽培杏为主。

全县栽培经济林树种有杏、核桃、花椒、苹果、梨、桃、李等，苹果主栽品种有红富士、金冠、红元帅等，梨主栽品种有酥梨、五久香、黄金梨等，杏是主导栽培树种，占经济林栽培面积的86%以上，杏树栽培包括山杏类、大扁杏类、鲜食加工三大类，其中山杏主要分布在荒沟、荒坡，以生产杏核、杏干及苦杏仁为目的，大扁杏类有龙王帽、一窝蜂、北山大扁、优一及近年来引进的超仁、丰仁等品种，以龙王帽、一窝蜂为主栽品种，鲜食加工类有兰州大接杏、罗堡接杏、曹杏、串枝红杏及近年来引进的金太阳、凯特等品种。杏子栽培中全县确定发展和推广的主栽品种有龙王帽、一窝蜂、曹杏、串枝红。从2005年春季在全县范围内开始以丰产、优质、抗晚霜冻为目的的山杏选优工作，以期从根本上解决山杏低产、劣质及抗霜冻问题。

根据2005年的调查，全县经济林产量92511吨，其中苹果、梨等水果产量16000吨，核桃、花椒等产量11吨，杏产量76500吨，可产杏核6120吨，成品杏干8400吨，杏仁1530吨。经济林产品总产值3900万元，其中杏子的总产值达到3800万元，占全县农业总产值的8.6%，占全县林业总产值的79%，杏子产业在大农业中的地位日渐凸显，成为农村致富奔小康的主导后备产业之一。

现有彭阳果品开发公司和彭阳县林果开发有限公司两个加工龙头企业，以加工杏为主，设计年产量10500吨，开发出精果脯、果丹皮、五香杏仁等十多个产品，生产出的“茹阳”和云雾山杏仁饮料等杏产品畅销西北各省，还远销北京、上海等大中城市，企业的壮大可有效增加农民的收入，带动杏产业的发展，目前，彭阳县杏产业产加销、贸工林一体化的格局已初步形成。

从1985年开始，彭阳县实施了果树基地建设项目、旱地果树栽培技术研究、宁南山区两杏一果扶贫开发工程、生态经济林建设等重大林业科技项目，通过项目的实施，提高了彭阳县经济林栽培、管理水平，并造就了一支业务精通，素质过硬的领导班子和专业技术队伍。全县有50余名长期从事经济林生产技术推广的科技人员，在全县12个乡镇均设立了林业技术推广服务中心，同时通过与中国农大等院校建立县、校合作关系，加强与省内外科研机构和专家教授的联系，为彭阳县的经济林生产提供了必要的技术指导和培训，目前全县已培养出农民技术员300余名，初步形成了“县乡有中心，村队有技术员”的技术推广服务网络。

彭阳县经济林产业已形成了栽植、管理、经营、加工的初级开发建设雏形，成为当地农民脱贫致富的一条路子，对邻近地区杏产业发展起到推动作用，曾先后荣获“全国经济林建设先进县”“全国名特优经济林仁用杏之乡”等称号。目前彭阳县将以市场为导向，以效益为中心，以结构调整为主线，以科技创新为动力，加快以杏为主经济林品种的选育、栽培管理新技术推广应用步伐，充分利用土地广阔的优势，扩大栽植面积，并采取招商引资的办法引进加工企业，取得最佳效益。正在建成一个基地化发展，规模化栽植，标准化管理，深层次加工，多渠道销售的经济林生产示范县。

核桃是胡桃科核桃属，又名胡桃。落叶乔木，高可达35米，树皮灰白色，浅纵裂，枝条髓部片状，幼枝先端具细柔毛；2年生枝常无毛。羽状复叶长25～50厘米，小叶5～9个，稀有13个，椭圆状卵形至椭圆形，顶生小叶通常较大，长5～15厘米，宽3～6厘米，先端急尖或渐尖，基部圆或楔形，有时为心脏形，全缘或有不明显钝齿，表面深绿色，无毛，背面仅脉腋有微毛，小叶柄极短或无。雄柔荑花序长5～10厘米，雄花有雄蕊6～30个，萼3裂；雌花1～3朵聚生，花柱2裂，赤红色。果实球形，直径约5厘米，灰绿色。幼时具腺毛，老时无毛，内部坚果球形，黄褐色，表面有不规则槽纹。花期3—4月，果期8—9月。核桃喜光，耐寒、抗旱、抗病能力强，适应多种土壤生长，喜水、肥，同时对水肥要求不严，落叶后至发芽前不宜剪枝，易产生伤流。在国际市场上它与扁桃、腰果、榛子一起，并列为世界四大干果，核桃在县境主要分布于红河、茹河流域。

花椒是芸香科花椒属，又名川椒、蜀椒。落叶灌木或小乔木，高3～7米，茎干通常有增大皮刺；枝灰色或褐灰色，有细小的皮孔及略斜向上生的皮刺；当年生小枝披短柔毛。奇数羽状复叶，叶轴边缘有狭翅；小叶5～11个，纸质，卵形或卵状长圆形，无柄或近无柄，长1.5～7厘米，宽1～3厘米，先端尖或微凹，基部近圆形，边缘有细锯齿，表面中脉基部两侧常披一簇褐色长柔毛，无针刺。聚伞圆锥花序顶生，果球形，通常2～3个，红色或紫红色，密生疣状凸起的油点。花期3—5月，果期7—9月。喜光，适宜温暖湿润及土层深厚肥沃壤土、砂壤土，萌蘖性强，耐寒、耐旱、抗病能力强，隐芽寿命长，故耐强修剪。不耐涝，短期积水可致死亡。可孤植又可作防护刺篱。果皮可作为调味料，并可提取芳香油，又可入药，种子可食用，还可加工制作肥皂。花椒在彭阳各地均有栽培。

接杏是蔷薇科李属，以凯特、兰州大接杏、红丰3个杏树品种的四年生植株为供试材料，采用田间控制灌水的方法，控制其叶片的含水量、水分饱和量、持水力、光合速率和蒸腾速率。并对其主要抗旱生理性状进行了比较研究。结果表明：随干旱胁迫时间的延长，供试杏树叶片含水量、持水力明显高于兰州大接杏，兰州大接杏高于红丰。水分饱和量凯特明显小于兰州大接杏，兰州大接杏明显小于红丰，停灌30小时，叶片蒸腾速率凯特明显大于兰州大接杏，兰州大接杏小于红丰。光合速率和水分利用率凯特明显大于兰州大接杏，兰州大接杏明显大于红丰。凯特上午光合速率高峰值出现早，有明显的午休现象；兰州大接杏上午光合速率高峰值出现晚，有午休现象；红丰上午光合速率高峰值出现早，无明显的午休现象。综合分析认为：供试的3个杏树品种中，凯特具有高光效低蒸腾的光合特性，耐旱保水能力最强，兰州大接杏次之，红丰最弱。

全民义务植树

1981年12月13日，第五届全国人民代表大会第四次会议通过了《关于开展全民义务植树运动的决议》。1982年2月，国务院制定了《关于开展全民义务植树运动的实施办法》。1983年3月10日，自治区人民政府第七次常务会议讨论通过《宁夏回族自治区关于开展义务植树运动的实施细则》。《细则》规定"凡是自治区公民，男11岁至60岁，女11岁至55岁，除丧失劳动能力的以外，均应承担义务植树的任务。每人每年义务植树3至5株（是指栽活、成林而言），其劳动量包括育苗、整地、栽植、浇水、抚育和管护等。11岁至17岁的青少年，应根据他们的实际情况，就近安排力所能及的绿化劳动"；并规定每年3月下旬至4月下旬为自治区城乡义务植树活动月。1988年，彭阳县人民政府及时成立了绿化委员会，指导和检查全民义务植树、部门绿化和城市绿化等工作；组织开展全民义务植树和国土绿化的宣传发动工作。

1983年建县初期，义务植树制度还不完善尚处于探索阶段，多为农民自发植树于庭院四旁，1983年至1992年十年间义务植树总株数1156万株。从1994年开始义务植树转为正规活动，彭阳县委、县政府每年开展两次机关、单位义务植树活动，县绿化委办公室充分组织、积极发动，提前定点、规划、测试，县四大机关主要领导率先垂范，年年带头参加义务劳动，各机关、单位、团体、广大干部始终作为生态建设的"排头兵"，春、秋两季停止办公两周，植树造林从未间断，已经形成一项制度，共同参加机关义务植树，干部职工自带工具、自带干粮、吃在工地、干在工地，为广大农民群众树立了榜样。各乡镇党委、政府广泛动员农民群众积极响应义务植树，在庄前屋后、道路两旁开展植绿、护绿活动。2002年后，取消农村义务工，乡村义务植树的重点转向庭院四旁。特别是国家实施西部大开发以来，全县义务植树规模逐年扩大，城乡绿化进程加快。

2005年，县委、县政府制定出台了《中共彭阳县委彭阳县人民政府关于加快全县沟道治理建设的意见》，要求广泛发动机关、团体、工矿企业、学校以及广大干部群众等各方面的力量义务植树。大力推行党员林、青年林、公民“纪念林”，学校“实验林”等基地建设，开展申请以投资者、建设者名称命名的“纪念林”。鼓励社会团体、个人造林，形成多主体、多层次、多形式的造林绿化格局。

全县每年参加义务植树人数平均达18万人次，义务植树尽责率为90%以上，年均义务植树100万株。全县累计建立义务植树基地64个，先后建成了黑窑滩、阳洼、麻喇湾、大沟湾、大草湾、栖凤山等一批反映不同时期治理模式和技术措施的示范流域，成为全县义务植树的亮点工程。据统计，至2012年年底，共有干部职工3.6万人次参加了义务植树活动，全县义务植树达3100万株，折合面积2.43万公顷，主要树种有新疆杨、国槐、白蜡、樟河柳、金丝柳、油松、云杉、侧柏、刺柏等。

义务植树与集中整治工程相结合。采取由领导包抓绿化点的方法，将在建的林果观光园、风景林、经济林基地建设等重点造林工程中的一部分采用义务劳动完成，因地制宜地建设各类义务植树基地。1993年以来，县城机关单位先后建成义务植树基地7处面积0.13万公顷，植树100万株。

营造纪念林，种植纪念树。县绿化委以建立义务植树基地为重点，组织城镇居民和中小学生自觉参与到爱绿、护绿、植绿的行列中来，开展党员林、“红领巾林”、“青年志愿者林”、公民“纪念林”，学校“实验林”和“三八妇女林”基地等一系列创建活动。1994—1996年，团县委带领全县广大农村青年向荒山进军，营造“青年志愿林”。全县初具规模和效益的“青年志愿林”面积共153公顷，“青年公路防护林”长3千米。1994年，城关乡任湾村甘掌梁获评全国绿色优质工程三八林基地。

截至2012年，“红领巾林”“青年志愿者林”“民兵林”和“三八林”基地遍布全县，面积达6866.67公顷。在全民义务植树活动的推动下，“全社会办林业、全民搞绿化”的良好氛围已经形成。

1990年，自治区绿化委印发《关于实行全民义务植树的决定》，1991年，彭阳县开始执行，并逐步完善为《单位义务植树登记卡制度》。登记卡主要登记考核项目有单位名称、总人数、应履行义务植树人数、实际参加人数、劳动地点、项目和数量、质量要求、完成任务情况、接受劳动单位意见、绿化委员会考核意见、奖惩记录等，每年考核一次。

义务植树基地建立档案，记载基地的四至范围、山权、林权、参与建设的单位名称、各单位投资投劳数量、基地的经济效益及基地收益分配情况等。2007年，全国绿化委员会授予彭阳县“全国绿化模范县(市)”荣誉称号；1991年，彭阳县被全国绿化委员会、林业部、人事部授予“全国造林绿化先进单位”荣誉称号；1992年3月12日，自治区绿化委员会颁发的《宁夏回族自治区部门造林检查验收办法(试行)》自1992年7月1日起执行，同年彭阳县一中、县委政法委、县公安局等单位被评为“全县造林绿化先进单位”；1995年，白阳镇被命名为“全国首批造林绿化百佳乡”；1996—1997年，先后又有白岔村、文沟村、柳湾村被命名为“全国造林绿化千佳村”；1996年，团县委被命名为“全国青少年绿化祖国先进集体”；2009年，自治区绿化委员会授予彭阳县“全区林业生态建设先进县”荣誉称号。彭阳县先后涌现出“全国绿化劳动模范”吴志胜、杨万珍，“全国青少年绿化祖国突击手”、绿化奖章获得者韩怀敏、王毅、李志远、马成录，“全国先进工作者”杨凤鹏等先进人物。

城乡园林建设

彭阳县城驻地白阳镇姚河村，南靠栖凤山，北临茹河，依山傍水，呈带状布置，县城总人口5.31万人(其中流动人口2.3万人)，县城早期绿化以杨柳为主。20世纪70年代末采伐更新。建县初，县城的绿化覆盖率仅为2.9%。1985年县委、县政府决定将栖凤山退耕33.3公顷，辟为森林公园，城建部门组织人力在栖凤山栽植油松。此后，历年动员城区职工、学生复植，增加落叶松、山桃、杏、火炬树等品种。绿化面积40公顷。1989年，在城中心种植草坪面积2300平方米，植刺柏、云杉200株；街道两旁植白蜡、国槐1665株。机关单位院内绿化树种多为油松、云杉、刺柏、侧柏、垂柳等。1993年，在商业街与兴彭路交会处建造直径为21米的街心花园。至此，县城城市绿化覆盖率达到10%，绿化总投资20万元。

1994—2002年，县城绿化坚持普遍绿化和重点绿化相结合的原则，以建设栖凤山森林公园为重点，以临街两侧绿化为主线，先后在南环路、滨河路、南门桥至水文站等主街道两侧新栽植国槐、紫叶李等树木4135株；以机关单位、居民小区庭院绿化为单元，新栽植各类树木30万株，新增绿化面积40公顷，人均占有绿地达到40平方米，绿化覆盖率达31.5%。2001年，被自治区人民政府授予“全区绿化先进单位”荣誉称号。

2003年，彭阳县投资500万元对县城“怡园”进行了改造，建成集生态、文化、娱乐、休闲为一体的文化广场，并修建了东门花园、政府街小游园等休闲娱乐场所。2005年以来，投资1600多万元建设茹河生态园工程，完成九洲广场、园林小品、钓鱼池、日潭、月潭等景点，完成绿化面积44公顷，使茹河河道面貌发生了巨大变化，极大地改善了县城生态环境，提升了县城生态和文化品位。2007年开展“园林县城”创建活动以来，彭阳县按照“突出特色，合理布局，适度超前，梯次推进”的总体思路，以建设生态文明县城为目标，以创新人居环境为目标，大力实施绿化、美化、亮化、硬化、净化工程，努力改善人居环境，取得了明显成效。主要以“三线绿”为框架，以城市道路绿化为网络，以茹河生态园、栖凤山森林公园、城区路网和单位庭院绿化为重点，推墙透绿、拆违辟绿、见缝插绿，每年春秋两季分别停止办公一周，组织干部职工进行义务植树造林，不断扩大城区绿化面积，逐步形成了乔、灌、花、草相结合，点、线、面、环相衔接的绿地系统。其次以改善人居环境为出发点，从规划到建设，始终把绿地建设作为住宅开发、机关美化的硬指标，一次规划，逐年建设。规划区总面积1941公顷，规划用地面积为688公顷。高度重视文化设施建设和历史文物保护，先后投资600多万元，在栖凤山修建了半月桥、凝翠阁、颐年亭、渠拱过桥等园林建筑，用仿古大青砖对山脚下防洪渠堤进行了砌护，讲求古朴，增添古韵，并配置了石桌、休息椅和景观灯，栽植油松、落叶松、云杉、刺柏、山桃、杏树等各种绿化树木50多万株，绿化总面积达50公顷。牢固树立“三分建、七分管”的思想，先后制定了《县城规划管理办法》《县城绿化管理办法》《县城绿线管理制度》等规章制度。到2009年，县城绿化覆盖面积100.87公顷，公共绿地面积81.49公顷，绿化覆盖率达40.36%，绿地率达35%，人均拥有公共绿地面积30.2平方米。县城建成区面积283公顷，城镇化率14.7%；县城建筑物总面积69.5万平方米；县城绿化覆盖面积117.96公顷，建成区绿化覆盖率41.6%，公共绿地面积93.81公顷，人均公共绿地面积34.1平方米，绿地率控制在35.2%以上；单位院落均种植花草树木，“园林单位”达到70%。

经过多年的努力，以县城绿化建设为主的各项基础设施建设取得了快速发展，彭阳县被评为“全区城市绿化建设先进县”，并获得全区“明珠杯”竞赛活动第一名、第三名及“园林绿化专项奖”等荣誉，2006年被自治区人民政府首批命名为“自治区园林县城”。城市园林绿化正随着“大县城”战略的实施逐年递增。

城市园林主要有北山园。北山园位于县城北山，2006年县直机关74个部门单位1360多名干部职工及县造林队承担了园区建设任务，集体开展义务植树，完成造林面积95公顷，其中经果林面积50公顷，栽植桃、杏、李、梨、枣5个经济树种19个品种。

茹河生态园。茹河生态园位于县城茹河河道，本着“防洪与造景相统一”“绿化与美化相搭配”“生态景观与人文景观相映衬”的原则，突出反映“生态环保”和“茹河文化”两个主题，投资1500多万元建成一个集观赏、休闲、健身、娱乐为一体的开放式的景观绿地——茹河生态园。完成建设面积38公顷，完成绿地、园区道路硬化，建成小广场7个，以及雕塑、亮化工程建设，值得一提的是在建设中将县内著名文物朝那鼎及其他一些在彭阳境内出土的文物复制到生态园，展示了“茹河文化”这个主题。现在茹河生态园草木茵茵、花香四溢，游人不绝。

杨坪千亩设施林果示范园。杨坪千亩设施林果示范园即浙江绿源果品有限公司城阳设施园艺基地，位于城阳乡杨坪村，距县城20千米，区域内海拔较低，光、热资源丰富，具有发展设施园艺的资源优势。基地建设采取日光温室与大田栽植相结合的办法，投资1476万元共建成日光温室345栋面积53公顷，采穗圃面积13公顷，分别由林业技术人员和浙江绿源果品有限公司承包经营，主要分果品生产和种条繁育两大功能区。果品生产区主要栽植鲜食葡萄(无核白鸡心、美国红提)120栋、金太阳杏40栋、春雪毛桃40栋、冬枣50栋，大樱桃50栋；种条繁育区主要建成杏树、核桃等优质果树育苗棚45栋。基地建成后，年可生产优质高档果品350吨，繁育优质种条10万株以上，年产值超过1000万元。

在具体建设中坚持做到四个结合。与林果产业培育相结合。通过林业科技人员承包经营，在引种驯化、选优，培育市场前景好、附加值高的优质种苗上下功夫，进一步提高林果产业的标准。与党的基层组织建设相结合。在园区和杨坪村成立联合党支部，落实党员“双带”资金，扶持党员带头承包日光温室，发展设施林果，带动周边林果产业的发展。与生态移民相结合。杨坪生态移民点涉及82户369人，通过基地建设，一方面使有林果种植技术的农户户均承包经营日光温室1栋，另一方面使还没有掌握技术的农民进园区打工，稳定解决增收问题。与龙头企业带动相结合。通过引进企业经营，拓宽了林果产品的销售市场，使彭阳县的林果产品进入上海、浙江、浙江等沿海省市的大型超市，使好产品卖到好价格。

六盘山城市景观苗木示范园。六盘山园林景观苗木示范园区位于彭阳县古城镇，园区建设采取智能温室、日光温室和大田育苗三种措施相结合，占地面积69公顷，预计总投资5200万元。其中城市绿化苗生产用地59公顷，重点以发展紫叶李、银杏、火炬、合欢、红花槐、香花槐、杜仲、泡桐等城市景观绿化大苗为主的特色绿化苗，并引种外地名优苗木，同时培育碧桃、红梅、丁香、美人蕉、珍珠梅、榆叶梅、红瑞木等中高档花灌木，品种达170多个。智能温室、组培室等设施用地面积10公顷，年培育高档花灌木60万株。田间配套喷灌、滴灌、温控等先进的水电设备，使园区实现苗木生产现代化，降低生产成本，提高园区生产效率，将园区建成集苗木生产销售、技术推广和观光旅游为一体的现代化产业示范园区。现已建成智能温室3500平方米、日光温室45栋，育苗小拱棚25栋，完成种子育苗面积2.7公顷，移栽培育3～10厘米景观绿化苗30万株，10～20厘米景观绿化苗0.45万株，培育花灌木50万株。

麦子塬万亩经济林基地。麦子塬万亩经济林基地位于县城西北部，涉及白阳镇姚河、周沟、双磨、罗堡、老庄5个村民委员会，17个村民小组，1066户4789人。基地按照"集中连片布局、规模化发展"的原则，农、林、水、路同步实施，2009年秋至2010年春，组织专业造林队和机关干部职工按规范标准集中整地面积1000公顷，全部采取树盘覆膜技术统一栽植杏面积587公顷、核桃面积220公顷、梨面积73公顷、李子面积47公顷、桃面积73公顷。建成泵站及5000立方米蓄水池各1座，开挖供水管道长48千米，推广滴灌、低压管灌等节水灌溉面积453公顷。通过统一规划，综合治理，努力打造集生态农业示范、县城北部生态屏障和观光休闲于一体的经济林示范基地。

长城塬林果基地。长城塬林果基地位于彭阳县城阳乡北部塬区。2009年，彭阳县把发展林果业列为全县四大特色优势产业之一，提出在长城塬建立生态农业示范区，财政投资2000万元，在示范核心区发展特色经济林面积2000公顷(杏、核桃、花椒面积各为667公顷)，其中杏布局在蔺塬、乔渠、祁庄、西咀、沟圈一带；核桃布局在涝池、东咀一线；花椒分布在陈沟、东咀、梁台一线。新建经济林面积1800公顷，其中鲜食加工杏面积573公顷、山杏面积580公顷、核桃面积433公顷、花椒面积213公顷；改接低产山杏面积212公顷。至2011年杏子已进入初果期，预计两年后进入盛果期后，年经济林总产量达到12940吨，年产值达到5200万元，净产值3100万元，农民人均经济林收入达到3800元。

五峰山自然风景园。五峰山位于彭阳县城东16千米处的城阳乡韩寨村。海拔1523米，山势奇特，中分五指，故名"五峰山"。北依长城塬，南濒茹河，西临深涧，东接山谷。漫山沙棘葱茏，松柏苍翠，山桃成荫，花红似火，碧草如茵，鸟语花香。似镶嵌在茹河北岸的一颗绿色宝石。身临其境，有无法言表的诗情画意。民国时期当地人高天光先生赋诗称赞曰"北山遥望云际空，五峰罗列是弟兄。灌木参天泼翠黛，层峦拢地耸峥嵘。牡丹花开发痒庆，宝炬光临岩壑明。陇上烟尘何时扫，秋风潇洒魏公营。"家住五峰山附近的焦达人老师也曾赋诗："山竖五指称奇秀，人杰地灵有昌黎。牡丹园中数及第，水帘洞内叹毁迹。粉云艳染春锦绣，荆棘素装夏迷离。新栽桃杏千万棵，爱美一乡性难移。"都是对五峰山美景的最好赞誉。五峰山上的庙宇始建于明代万历年间，庙院6处，占地面积5000平方米，大小殿宇50余间。五峰之上均建有亭、阁、楼、榭，建造精致，飞檐斗拱，雕梁画栋，金碧辉煌，古香古色，气势宏伟。殿内塑像五官各异、各显神威，有的青面獠牙、凶相毕露，有的眉目清秀、和善文雅，工艺精巧，栩栩如生。殿内壁画，各呈风姿，寓意深厚。

栖凤山森林公园。栖凤山是彭阳县城的南屏画廊，主峰海拔1617米，有明代修筑的城池遗址。早在唐代，此山松柏苍翠，梧桐茂盛，山顶有太阳池，池水碧玉清澈，池内建有八卦亭，亭水相映飞檐斗拱，为百泉县游览胜地，据《舆地纪要》记载，唐贞观十年（636年），东岳山凤凰飞鸣，栖息西山，故名栖凤山。1983年彭阳重设县治以后，栖凤山被列入县城总体规划建设范畴。每年春秋两季组织县城干部职工义务植树造林。先后投资600万元，通过封山育林、引水上山等工程实施，现有油松、落叶松、云杉、刺柏、杏等各种绿化树木50多万株，绿化面积50公顷。为打造栖凤山绿化旅游景点，先后在山上修筑条石台阶4条长5千米，新建栖凤山牌楼及山腰半月桥、古亭两座（东为颐年亭、西为凝翠阁），山下用仿古大青砖对防洪渠进行砌护，砌护长度1.4千米，安装路灯并设置果皮箱、石桌、石凳和休闲椅等。

茹河瀑布观光园。位于城阳乡杨坪南山根，2006年春季建园，总面积14.5公顷，果树品种为金太阳、凯特杏、美国巨李、沙红水蜜桃、井村油王桃、兼种金银花。

悦龙山绿化基地园。2011年，彭阳县以实施大县城建设战略为抓手，以打造生态休闲旅游城市为目标，以建设"大花园、大果园"为蓝图，以县城北部悦龙山为主战场，全面启动了"秋季万人植树造林大会战"活动，投资1068.4万元，对县城北部东西长约

13千米的悦龙山面积350公顷宜林荒山进行了高标准的绿化，其中，县直单位干部职工完成绿化面积67公顷，林业和生态经济局专业造林队完成绿化面积284公顷，栽植云杉、油松等绿化大苗15.56万株，山桃、刺槐8.5万株。新修道路5.6千米，并对267公顷退耕地进行了抚育。在绿化工程的实施中，为确保工程进度和质量，县林业部门技术人员实行包任务、包工期、包质量"三包"责任制，一个口径，一把尺子，严格标准，严把质量，抓样板、树典型，确保建设一片、成活一片、见效一片。通过对悦龙山绿化治理，可有效改善县城周围生态环境，有效控制水土流失，减轻风沙危害，改善县城人居环境，提升大县城建设品位，为建设生态彭阳、宜居彭阳奠定坚实的基础。

"813"提升工程

2000年，彭阳县委、县政府根据县情、林情，提出了符合新农村建设和"生态文明"建设的生态建设"813"提升工程。11月28日，彭阳县委下发了〔2006〕64号《彭阳生态建设"813"提升工程实施意见》，决定用3至5年时间，在全县打造8个生态乡（镇）、100个生态村、30000个生态户。2007年开始实施，绿化城镇、村部等场所111所，学校73所；打造"杨万珍模式"生态户1000户，一般生态户30000户，生态村庄29个，折合造林面积253.33公顷。实施此项工程以来，彭阳县的农村庭院绿化工作进入了新的历史发展时期。生态建设"813"提升工程部分具体表述为以下内容。

用5年时间（2006—2010年），创建8个生态乡（镇）。力争实现目标乡（镇）范围内全部宜林荒山荒沟得到绿化治理，25度以上陡坡耕地全部退耕还林，林种、树种结构布局合理，中幼林抚育管护良好，林木病虫害得到有效防治，林相整齐，生态景观良好。各乡（镇）森林覆盖率达到30%以上，水土流失得到有效控制，区域生态效益较为明显，生物多样性更为丰富。林业科技利用率达到80%以上，林业特色优势产业不断壮大。水资源保护利用良好，环境污染程度控制在国家标准之内；生态村数量占全乡（镇）实有村数的70%以上。

用5年时间（2006—2010年），创建100个生态村。消灭目标村范围内宜林荒山荒沟，25度以上陡坡耕地全部退耕还林。基本农田实现林网化，村级道路全面绿化，自然植被恢复良好，中幼林得到全面抚育管护，森林资源均衡分布，林相整齐，目标村森林覆盖率达到35%以上。区域生态景观良好，呈现山清、水秀的自然风貌；生态环境大大改善并呈现良性循环，实现水不下山、泥不出沟的建设效果。林业产业发展势头强劲，实现生态与产业发展的良性互动。农、林、牧“三业”结构合理，人畜饮水清洁安全，生态户数量占全村总户数的80%以上。

到2010年，在全县创建30000个生态户，其中“杨万珍模式”典型户1000户。按照新农村建设的“五个层次”要求，因地制宜，建设各具特色的生态庄园。目标户庭院四旁土地得到科学利用，户均庭院四旁新植树50株，庭院四旁植树总数累计超过100株，实现院内有花园、院外有果园、四旁绿树环绕的田园风貌，绿化覆盖率达到50%以上，农村人居环境整洁优美，生态户全面实现“一池三改”，户均至少2亩生态经济林，有1～2眼水井（窖）或其他饮水设施，生活用水清洁安全。农、林、牧“三业”结构合理并呈现良性循环，林业生产经营依靠现代林业技术，家庭生产成员掌握2项以上林业实用新技术，户均林业经济收入占家庭总收入10%以上。

为了很好地实施生态建设“813”提升工程，2007年1月4日，彭阳县林业局下发《关于切实做好生态建设“813”提升工程有关工作的通知》（彭林发〔2007〕1号）。通知要求切实做好生态建设“813”提升工程，做了详细安排部署，提出了明确要求。2007年3月22日，彭阳县委下发《2007年全县春季义务植树造林暨生态建设“813”提升工程实施方案》（彭党办发〔2007〕25号），进一步明确了建设任务和目标要求。

2007年启动实施，一次性实施30000个生态户（其中“杨万珍模式”生态户1000户），创建3个生态乡（镇）、24个县级新农村示范村、4个区级新农村示范村及草庙新农村综合示范点。为进一步明确工程实施组织形式、统一技术标准，县林业局又制定下发了《关于生态建设“813”提升工程有关事宜的补充通知》（彭林发〔2007〕76号）、《彭阳县生态建设“813”提升工程考核办法（试行）》等，为工程顺利实施起到了指导和保障作用。

2007年，“813”生态提升工程共完成城镇、村部、机关、学校、景点、村庄绿化207处，道路绿化长度211.3千米，一次性启动实施生态户16027户，其中达标户328户，“杨万珍模式”典型户57户，工程用苗104.6万株，其中绿化苗木44.2万株，平均成活率80%；经济林苗木60.4万株，平均成活率52%，折合造林面积1166.67公顷，完成种苗投资484.3万元。

2008年，“813”生态建设提升工程完成古城镇任河村、城阳乡杨坪村、草庙乡新洼村、白阳镇陡坡村、孟塬乡小石沟村、冯庄乡崾岘村、小岔乡小岔村、罗洼乡罗洼村、交岔乡东洼村、红河乡徐塬村、新集乡大火村、王洼镇北洼村等生态村庄100个，发展生态户3000个。

2009年，重点建设了草庙乡张街村、草庙村，古城镇任河村、海口村，白阳镇周沟村、罗堡村，城阳乡长城村、杨坪村，王洼镇山庄村，红河乡友联村等10个生态村庄，绿化村屯、庄点、机关、学校、村部36处。

通过“813”生态提升工程的实施，农村庭院四旁土地得到有效利用，全县农村人居环境得到明显改善，林业产业发展势头强劲，实现生态与产业发展的良性互动。

天保工程

天然林资源保护工程简称“天保工程”。彭阳县2004年开始实施公益林保护面积9133公顷，2009年增加面积15333公顷，2011年增加面积17533公顷，2011年开始生态公益林保护工程实施面积42000公顷，每年每亩中央财政补助10元。

彭阳县公益林资源管理项目由公安局森林派出所负责实施，资金收支由财务室负责，相关材料和报表由天保办负责。县上没有出台公益林政策，依据国家和自治区相关政策，公安局森林派出所严格按照国家和自治区相关规定聘请专、兼职护林员，依据管护面积确定管护人员和管护费，检查验收合格后，兑现管护费用。

彭阳县2000年启动实施天然林资源保护工程面积33400公顷，2011年面积增加到72666公顷。

2011年，国家对国有林，中央财政安排森林管护费每亩每年5元，属于地方公益林的，主要由地方财政安排补偿基金，中央财政每亩每年补助森林管护费3元，自治区财政2011年每亩补助森林管护费1元，从2012年开始每亩每年补助森林管护费2元。

彭阳县天然林资源保护工程自2000年实施，就成立了天保工程领导小组，领导小组办公室设在县林业和生态经济局，具体业务由县公安局森林派出所承担，林业局项目办人员兼职天保材料和报表工作，财务室按照专款专用的规定严把资金用途。根据工作要求，2010年林业局抽调专职人员，设立天然林资源保护办公室，资源管理项目和护林员的管理由森林派出所负责，森林抚育项目由林技中心专人负责，资金收支由财务室负责，相关材料和报表由天保办负责。

2000年以来，彭阳县天然林资源保护工程面积由33400公顷逐步提高到72666公顷，工程实施范围包括全县12个乡镇，实施期限为2000年至2010年，天保工程一期累计完成投资1093万元，全部为中央投资。工程实施11年来，完成了各项建设任务。主要做法是：坚持把森林资源安全放在首位，坚决实施封山禁牧；加大宣传力度，人人参与天保工程建设；完善规章制度，规范工程管理；加大资金检查力度，提高资金使用效益；应用科技成果，提高工程质量。天保一期的工程实施，使工程区发生了一系列重大而深刻的变化，取得了丰硕成果。森林资源持续增长，生态状况明显好转；林区生产生活条件明显改善，林区社会和谐稳定；生态文明渐入人心，天然林管理不断完善。天保工程建设取得了集宣传、教育、行动于一体的社会效果。保护森林资源，改善生态环境，促进人与自然和谐发展，正在成为全民的自觉行动。工程实施以来，通过广泛的宣传，涉林刑事案件、林政案件发生率比实施前大幅下降，工程区没有发生过重大的森林火灾，偷伐、盗伐等毁林案件大幅减少，形成了广大群众关心天保、支持天保的良好局面。从根本上讲，实施天保工程是保护森林资源，改善生态环境，治理水土流失，确保生态安全，促进人与自然和谐的治本之举。特别是森林资源的管护，解决了其他林业工程无法解决的问题，国有林业场圃的基础设施得到一定改善，林场的可持续发展有了保障。

通过天然林资源保护，首先是资源质量提升。天然林资源保护工程的实施，将是森林资源量的增加和质的提升，是工程区经济社会可持续发展的重要基础。开展生态公益林建设和森林抚育，将进一步扩大森林面积，增加森林蓄积，森林资源质量得到显著提升，逐步建立区域布局合理、生产力水平高、多层次、多功能的森林生态系统，促进流域经济社会可持续发展。通过中幼龄林抚育，改善林分环境，可加快促进林木生长发育，有效改善林龄、林种、树种结构，提高林木生长率和林地生产力，增强森林生态防护能力。同时，维护森林健康，降低森林病虫害、火灾、气候灾害的危害程度，改善野生动植物栖息地环境。森林资源数量和质量的不断提升，将构筑良好的生态环境。其次是生态效益显著。森林是人类和多种生物赖以生存和发展的基础，它具有丰富的生物多样性、复杂的结构和生态过程，对改善生态环境，维持生态平衡，保护人类生存发展环境起着不可替代的作用。天保工程二期的实施，将在气候调节、涵养水源、土壤保育、固碳释氧、净化空气、防风固沙、森林游憩和维持生物多样性等方面产生巨大的森林生态效益。再次是社会效益巨大。着力保障和改善民生是经济发展的根本，是实现社会进步和国家长治久安的基础。

天保工程二期自2011年开始实施，到2020年结束。实施后有效改善民生，有力促进林区社会和谐稳定。一是有效增加职工就业。天保工程二期森林管护、中幼龄林抚育、公益林建设、政策性社会性岗位人员经费，可为当地社会提供大量就业岗位。二是大幅提高职工群众收入。天保工程二期补助标准提高，将有效提高职工工资水平，增加林农收入。三是进一步完善社会保障体系。天保工程二期中央财政继续对国有林业单位负担的在职职工基本养老、基本医疗等五项社会保险给予补助，并提高补助标准，将有效提高保障水平。四是有效改善人居环境、促进地区发展。增强森林生态功能，对于改善生态环境，增加森林资源储备，增强森林碳汇能力，维护我国国土生态安全，应对气候变化具有重要的现实意义。同时，通过有效增加就业、大幅提高职工收入、完善社会保障、促进林区改革等措施，将进一步保障和改善民生，促进地区发展，对保持林区社会稳定，实现林区和谐具有重大而长远的意义。

城乡绿化

彭阳县认真组织实施了天然林保护工程、退耕还林工程、“三北”防护林工程和国家重点公益林管护等生态建设和保护工程，大力开展绿化造林，把退耕还林等林业重点工程的实施纳入政府议事日程，每年召开全县林业工作会议，安排部署全县林业工作，并与各乡签订年度目标责任书，把林业工作落实到了各级政府和部门主要领导。在工作中，以群众关心的生态环境热点问题为重点，按照“让人多的地方树多，生产生活的地方先绿”的原则，积极开展造林绿化工作。加大了森林资源的保护和公益林建设力度，使天然林资源得到休养生息和恢复发展，森林面积和蓄积量快速增加，生态效益明显，初步遏制了生态退化趋势，生存环境不断得到改善。

为控制水土流失面积的继续扩大，彭阳县从1993年开始小流域综合治理，经过20年的不懈努力，使封育区内的沙蒿、冰草等天然植被逐步恢复，人工营造的沙棘生长良好。初步遏制了全县水土流失日益严重的趋势，保障了群众生产、生活安全，彭阳县的小流域综合治理工作得到了党和国家的认可。2007年4月，胡锦涛总书记视察彭阳；2008年8月，国务院总理温家宝到彭阳县视察小流域综合治理工作，并就做好小流域综合治理工作作出重要指示。2007年，彭阳县被全国绿化委、人事部、国家林业局授予

“全国绿化模范县(市)”荣誉称号。结合社会主义新农村建设和小城镇建设,以“创绿色家园、建富裕新村”活动为载体,积极引导农民利用“四旁四地”等非规划林地,种植珍贵和优良乡土树种,以绿化促美化,绿化促文明,绿化促致富。使全县乡镇所在地绿化覆盖率达到30%以上,人均公园绿地面积达到3.6平方米以上。目前已完成草庙乡新洼、白阳镇陡坡、孟塬乡小石沟、冯庄乡崾岘、小岔乡小岔、罗洼乡罗洼、交岔乡东洼、红河乡徐塬、新集乡大伙、王洼镇北洼等89个生态村庄,1700个生态户,绿化机关、学校等119处,道路绿化28条长115.6千米。栽植国槐、白蜡、新疆杨、金丝柳等阔叶大苗6.7万株,云杉、油松、侧柏及刺柏等针叶大苗5万株,杏、桃、李、葡萄、核桃、枣等各种经济林苗木20.8万株,折合造林面积380公顷。

在县委、县政府的正确领导和人大、政协的亲切关怀和支持下,县林业、建设、财政、发改、教育、扶贫、交通、卫生、水利、农牧、科技等部门通力合作,巧借“西部大开发”的历史机遇,以“西部大开发,彭阳要奋进”的精神,加大了对县城及周边地区的造林绿化力度。先后绿化建设和正在绿化建设了茹河生态园、悦龙山、“火焰山”、南山流域等,着手绿化了县城各中小学校、机关单位及各街道小片空地。累计完成绿化面积达466.67公顷以上,勾绘毛面积近666.67公顷;新栽树种有云杉、油松、獐子松、刺柏、圆柏、块柏、河北杨、樟河柳、国槐、紫叶李、丁香、连翘、紫叶矮樱、火炬树等30多个树种;既有四季常绿的针叶树,又有季节性的阔叶树;既有高大挺拔的乔木,又有点缀簇拥的灌木;既有彭阳县培育的乡土树种,又有适宜于该县气候特征的树种,彭阳县城及周边已初现“万紫千红总是春”的景观。

四旁植树及生态果园建设

四旁植树即路旁、沟旁、渠旁和宅旁进行植树的总称。境内的沟、渠、路旁以及房前屋后零星隙地不少,而且其水肥条件一般都较好,充分利用这些隙地进行植树造林,生产潜力相当可观,对解决农村用材和燃烧奇缺有很大作用,并具有改善生态环境,保护农作物和美化环境的作用。

20世纪50年代前期,全国各地重视四旁植树,至1956年形成高潮。

合作化后,相当一部分四旁树被作价收归集体,限制了四旁树的发展。1962年后,贯彻确定林权、保护山林和发展林业的政策,四旁植树开始被重新重视起来。

自1983年建县以来组织林业、水利、公路等部门负责人共同规划，相互协调，提出“远看是林场，近看是村庄，白天不见太阳，夜晚不见灯光”的四旁绿化目标。林业部门认真搞好规划，加强技术指导，供应树苗，四旁植树迅速发展。至2012年全县四旁树达到18280万株，蓄积量达445.45万立方米，蓄积量升至全区第二位。

彭阳县生态果园建设自1994年以来，先后组织实施“两杏一果”扶贫开发和“退耕还林”两大工程，统一规划，合理布局，科学引导，逐年建立基地，发展经济，确定了以红茹河流域为中心产业区，建设以苹果、梨、核桃、花椒、鲜食杏为主的经果林基地；以蒲河流域为中心产业区，建设山杏、仁用杏为主的“两杏”基地。先后建成长城塬经济林基地、杨坪设施林果基地，高建堡曹杏基地、草庙川曹杏采穗圃、阳洼仁用杏基地、麦子塬经济林基地。主要以设施栽培为主，实现反季节培育，品种为油桃、红梅杏、曹杏、金太阳、凯特杏、美国巨李、沙红水蜜桃、井村油王桃等。

2000年，以建设“大花园、大果园”为蓝图，坚持因地制宜、适地适树、集中连片、规模化布局的原则，在陡坡至王洼、大沟湾、韩堡北山梁和友联南沟、小虎洼、安家川、城阳南山等12个光热条件适宜、立地条件较好的流域发展优质经济林面积2133公顷（其中优质杏面积1433公顷、核桃面积633公顷、花椒面积67公顷），对安家川、大沟湾、小虎洼等12个乡镇光热、气候条件较好的重点退耕流域区2000公顷低产山杏进行嫁接改良，培育千亩以上的高接改良点5个，嫁接曹杏、金太阳杏和仁用杏等60余万株，截至2012年年底，全县累计以杏为主的经济林面积3.2万公顷，其中山杏面积2.7万公顷，鲜食加工杏面积3133公顷，仁用杏面积1533公顷，核桃面积100公顷，花椒面积333公顷，其他面积133公顷。挂果面积1.7万公顷，正常年份可产干鲜果14.6万吨（其中干果72吨），年产值达7900万元（年产鲜杏14.5吨、杏核3550吨、杏干3444吨），年提供农民人均纯收入336元。建设施栽培日光温室137栋，面积10公顷，发展优质葡萄、杏、桃、李。2012年以杏为主的林果业收入突破1亿元，人均493元。2020年建设布局合理、代表性强、示范作用明显的生态果园共有17个。

（摘自《彭阳县志》）

七届班子痴情苦恋　一张蓝图众手绘就

张晓芳

彭阳县干部职工上山义务植树造林
2017年4月拍摄 / 摄影　扈志明

“一夜春风一夜花。”昨天，记者在彭阳县采访，漫山遍野竞相怒放的杏花、桃花扑面而来，远望如浮云绕在山腰，近观似胭脂施于肌肤。县林业局副局长张建荣自豪地告诉记者，这只是彭阳县干部群众痴心建造的绿色长城中的一个美丽段落，全县干部群众24年来整地造林工程的总长度可以绕地球赤道三圈半。

彭阳县属典型的黄土高原丘陵区，干旱少雨，土地贫瘠。1983年建县前，全县水土流失面积2333平方千米，占土地面积的92%，是国家级贫困县之一。建县之初，领导班子提出了给老百姓留下一个好的自然环境，给后任和后人留下一个好的发展空间的执政理念。至今，彭阳历任7届领导班子，一任接着一任干，一张蓝图绘到底，没有一届领导为体现自己的政绩而“另起炉灶”，只是在每个阶段创新思路扩充内涵。

结合新农村建设，去年年底，新一届班子提出要打造好生态经济强县、生态文化大县、生态人居名县3张“生态名片”，用3年至5年时间，在全县打造8个生态乡镇、100个生态村、3万个生态户。县委书记刘文英说：“这些工作虽然不可能都在本届班子中看到政绩，但这是打基础、抓长远的工作，县委、县政府照样认真规划，扎实落实，这也算是一项功劳吧”。彭阳建县24年，每年春秋两季干部停止办公两周义务劳动从没间断过，从县委书记、县长到一般干部，都要自带干粮，肩扛铁锹，脚蹬布鞋，头戴遮阳帽，上山同群众一道修梯田、治理小流域、造林整地，累计义务植树造林12.5万亩、1200多万株。

如今，全县林木保存面积由建县初的17.6万亩增加到190.6万亩，林木覆盖率由3%提高到20.3%，水土流失治理程度由11%提高到61%，水平梯田由3万亩增加到89万多亩。由于水平梯田保土保水保肥，全县近50%的耕地退耕还林还草后，粮食总产稳中有增，“如今，彭阳县山变绿了，路变通了，田变平了，老百姓的日子比以前好了十几倍。”城阳乡城阳村农民杨世昌由衷地说。

（原载于《宁夏日报》2007年4月12日第一版）

“四个一”林草项目

刘世锋

彭阳坚持“生态立县”方针不动摇，持之以恒改山治水、植树造林，经过30多年的努力，全县林地面积达到13.6万公顷，森林覆盖率由建县初的3%提高到27.5%。党的十八大以来，习近平同志作出“绿水青山就是金山银山”的重要论断，让生态效益转化为经济效益，让绿水青山真正变成金山银山，成为生态建设转型升级的新课题。2018年以来，抓市委、市政府实施“四个一”林草产业试验示范工程机遇，坚持生态优先、富民为本、绿色发展的科学定位，以生态与经济并重，山绿与民富共赢为目标，与乡村振兴、全域旅游和脱贫攻坚相结合，按照“政府引导、规划先行、企业引领、科技支撑、群众参与”的发展模式，先行试验示范，调整林草结构，推广优新品种，创新发展机制，完善政策措施，发展“四个一”林草产业，提升生态水平，推动生态经济高质量发展，走出了一条生态美与百姓富有机统一，山绿与民富双赢的生态发展路径。

2018年实施“四个一”林草产业试验示范工程以来，先后引进试种“四个一”林草产业新品种147种，面积共250公顷，示范推广大果榛子、矮砧苹果、红梅杏等适宜品种40种，面积共3.2万公顷，打造示范园20个、示范点30个，带动群众人均增收1100元。

打造试验示范园7个、示范点10个，在白阳镇、红河镇等中南部乡镇和小岔乡、冯庄乡等北部乡镇发展以矮砧苹果、花椒、红梅杏等12个品种为主的“一棵树”试验示范园面积共117.2公顷；在白阳镇、草庙乡等中部乡镇发展以格桑花为主的“一枝花”试验示范园面积共66.7公顷，以金银草（巨菌草）、甜高粱等96个品种为主的“一棵草”试验示范园面积共39.8公顷；在古城镇发展以美国红枫、天目琼花、紫丁香等38个品种为主的“一株苗”试验示范园面积共8公顷。

长城塬矮砧密植苹果示范基地　2020年8月19日拍摄 / 摄影　沈继刚

2019年试种推广阶段，打造示范基地13个、示范点20个。其中“一棵树”在孟塬乡虎山庄村建设面积113公顷苹果示范点一个；在红河镇红河村建立面积33.3公顷苹果示范点一个，农户庭院苹果面积11.2公顷，在3个国有林场移民迁出区新建红梅杏基地面积200公顷；在白阳镇罗堡村建设面积153公顷花椒示范基地一个；红河镇黑牛沟村种植花椒面积46.7公顷；新集乡大火村种植庭院花椒面积33.3公顷；在白阳镇刘台村移民迁出区新建大果榛子示范点面积66.6公顷；古城镇挂马沟村种植大果榛子面积13.3公顷；红河镇常沟村种植大果榛子面积13.3公顷；王洼镇花芦村种植大果榛子面积13.3公顷；在草庙乡祁崾岘移民迁出区种植山楂，在新集白草洼种植香椿面积66.6公顷，在全县10个乡镇改造提升以庭院红梅杏为主的经果林面积0.41公顷。“一株苗”在城阳乡长城塬新育优质苹果苗木；在古城镇挂马沟移民迁出区引种试验以大花月季、美国红枫、金叶榆、天目琼花等80多个品种彩叶景观苗木面积80公顷；在中南部乡镇新培育生态造林树种苗木面积160公顷。“一枝花”在城阳乡陈沟村移民迁出区和流转土地种植油用牡丹面积200公顷；在白阳镇、王洼镇沿旅游环线结合2019年400毫米降雨量造林工程外埂种植波斯菊及蜀葵面积466.7公顷，在全县范围内种植万寿菊面积1333公顷。在全县12个乡镇落实紫花苜蓿、中药材、金银草、甜高粱、青贮玉米、藜麦等14个品种为主的“一棵草”面积2.44万公顷。

市委、市政府确定“四个一”（一棵树、一株苗、一枝花、一棵草）林草产业发展思路后，县委、县政府召开会议安排部署，组织调研考察论证，在全市率先出台《“四个一”林草产业试验示范工程建设实施方案》，提出了“1231”林草产业试验示范工程建设工作思路（推行政府引导、企业引领、科技支撑、群众参与一种模式，坚持加大新品种引进试验示范力度，扩大引种试验成功品种种植规模两条途径，强化组织保障、资金保障、技术保障三项保障，实现“四个一”林草产业促进山绿与民富双赢的目标），结合全县林草产业现状，突出关联产业融合，实施“林草产业+”行动，与脱贫富民、乡村振兴、全域旅游有机融合、整县推进。把“四个一”林草产业试验示范建设作为“一把手”工程，建立了“主要领导挂帅抓、分管领导督促抓、部门负责人直接抓、技术服务团队指导抓”的“四级包抓”责任落实体系，各司其职，各负其责，密切配合，通力协作，形成了齐抓共管的“一盘棋”发展格局。县委、县政府先后多次召开县委常委会、县政府常务会议和专题推进会议，部署工作任务，听取进展汇报，研究解决问题。推行“1+1”技术跟踪指导服务模式，把31名林草专家和技术骨干一对一安排到示范园区，为林草产业健康发展提供了强有力的技术支撑。同时，积极建立健全林草保险机制，由政府、企业和农户共同出资保险费用、共同抵御种植风险，解决了企业和种植户的后顾之忧。

坚持统筹规划、因地制宜、适地引种、分类推进原则，宜树则树、宜苗则苗、宜花则花、宜草则草，分区域、分阶段实施“四个一”试验示范工程。依据地貌、土壤、降雨量、气候、海拔等自然条件不同，把县域境内划分为北部黄土丘陵区、中部河谷残塬区和西南部土石质山区3个自然类型区，引进培育、筛选推广适宜种植且附加值高、经济效益好的林果、苗木、花卉和牧草品种，在不断提高森林覆盖率和植被覆盖率的同时，进一步优化调整林草产业结构，形成多产业、多树种并存的良好局面，带动生态旅游等关联产业取得显著经济效益。坚持试验示范和引种推广分步推进，2018年为试验试种阶段，累计试验试种矮砧苹果、文冠果、花椒、格桑花、金银草等林草新品种147个，筛选出适种新品种40个，根据权威检测，试验种植的矮砧苹果、甜高粱、金银草非常适宜在彭阳种植。2019年为引种推广阶段，在总结试验示范经验的基础上，围绕矮砧苹果、红梅杏、花椒、大果榛子、山楂、香椿、甜高粱、金银草、油用牡丹、万寿菊等林草品种。

坚持政府引导、社会参与原则，探索建立“三个扶持”发展经营模式，以政府投入撬动企业扩大投资，用政策配套吸引农户积极参与，不断理顺“四个一”林草产业规模化发展运行机制。统筹利用400毫米降雨量造林绿化工程、水土保持小流域综合治理资金，扶持发展红梅杏、花椒、苹果、大果山楂等“四个一”林草产业，由自然资源、水务部门通过统一招标引进企业实施规模种植。给予基础设施配套支持和苗木补贴扶持企业自主经营，对于集中连片型种植的自主经营企业，结合水库联蓄联调、乡村道路建设，积极配套基础设施，同时，制定苗木补贴扶持政策，帮助企业扩大种植、规模发展。利用整合资金解决整地栽植及苗木费用扶持村集体合作社及农户庭院型经营，主要是全额扶持苗木、整地及树膜费用。由自然资源部门负责落实种植积极性较高的村集体合作社、农户地块面积，统一采购发放苗木和树膜，按照整地数量指导栽植，对验收成活率超过85%的，当年兑现全部整地费用，成活率低于85%的第二年自筹苗木补栽达标后兑现全部整地费用。

在“三个一”项目实施中，一是建立了多项机制：①工作机制，政府引导，企业引领；②保障机制，统筹整合涉农资金，先建后补、以奖代补，吸纳企业、农户等社会资金，坚持谁投入、谁受益，谁种植、谁拥有，吃下“定心丸”，种下“摇钱树”；③服务机制，建立“四级包抓”责任体系，实行工作专班推进，县委和政府定期研究，乡镇部门具体落实，组建由科研院所专家、县乡专业技术人员和乡土人才组成专家团队跟踪指导、蹲点服务、传经送宝。

二是推行了多种模式。①海升模式，实行“331+”(组建“龙头企业+村经济企业+农户”的三方产业联合体；推进“资源变资产、资金变股金、农民变产业工人”的“三变”改革；建立统一科学的品牌化质量管理体系；“+”包括党建、壮大村集体经济、农民技术培训、乡村振兴、民风建设、乡村旅游等)发展模式，在长城塬发展矮砧密植苹果面积200公顷，实现入园农户流转土地收租金、入园务工挣薪金、股权量化分股金、土地分红得现金“一地生四金”。②东昂模式，实行“企业+合作社+农户”发展模式。在川

东昂农业科技有限公司在红河镇红河村种植的苹果喜获丰收
2020年10月11日拍摄 / 摄影　沈继刚

地可灌水地试验示范，塬台梯田地规模发展，种植矮砧+乔化苹果面积60公顷，带动全县12个贫困村集体发展面积80公顷。③杨塬模式，召回返乡创业者成立专业合作社，整村推进，带动农户发展红梅杏，把“撂荒地”变成“聚宝盆”。④白岔模式，围绕“一个院子、两个园子（菜园、果园）”，户均栽植苹果经果林3~5亩，免费提供种苗、覆膜、套袋和技术服务，成活奖补、企业包销兜底、充分调动群众积极性，带动群众发展庭院经济近万亩。⑤金成林模式，实行“前店后场+基地+农户”发展模式，综合应用引种驯化、温室快繁、营养繁殖、控根育苗等多项育苗技术，培育高档城市景观苗木。

三是做好多个文章。①做好水的文章，实施库坝连蓄连调工程，高效调配现有库坝水资源，科学合理利用雨洪资源，构建格局合理，多源互补，丰枯调剂的库坝连蓄连调管理利用体系，规划联通20座水库、35座蓄水池，年增水量555万立方米，为“四个一”“林草产业”“上山人户”奠定了基础。②做强地的文章，将新修的高标准基本农田纳入“四个一”林草产业工程规划布局，通过流转、入股等方式，支持龙头企业、合作社和种植大户规模化、集约化、专业化和机械化生产。对荒山荒沟、生态移民迁出区土地以及农村闲置土地优先企业或合作社承包、流转和租赁，用于引种、示范、推广，盘活土地资源。③做活人的文章，建立利益联结机制，充分发挥企业家、回乡创业人员、致富带头人和科技人员的作用，邀请专家讲、组织外出看、当面对比算、跟着企业干，充分调动广大干部群众发展“四个一”林草产业的积极性，心往一处想，劲往一处使。④做足市场文章，注重从市场端发力，发展市场前景好、适宜性强、优质高产的优良品质，发挥龙头企业内连农户、外联市场，以及资金、技术、信息、管理资源聚集的优势，从生产、加工、销售等方面为群众提供服务，解决群众后顾之忧。⑤做精科技文章，加强与科研院校合作，给予科技项目倾斜，与企业共同组建试验攻关联合体，开展技术攻关。专家服务团队加强技术指导，为企业、合作社、群众提供产前、产中、产后服务。

3年全县累计投资3.3044亿元发展“四个一”林草产业示范推广工程面积6.67公顷，其中，2018年，引种试验示范，筛选种植147个品种面积共3475亩，选育出苹果等适宜品种40个；2019年，逐步推广，围绕40个品种种植面积共3.2万公顷，打造示范园20个，示范点30个；2020年，全面推广、出成果、见效益，把实施重点放在“上山入户”上，分类布局、系统配套、全面推进、推广种植面积共3.5万公顷。

（作者系政协彭阳县第十届委员会秘书长）

彭阳县林业发展纪实

刘天文　翟红霞

遮不住的青山隐隐，看不尽的碧波绿浪，彭阳的山川秀色是一部广博的书，是这片土地上的干部群众用近三十年的心血和汗水书写的生态巨著。所有山河岁月，一同见证。

——题记

群岭叠翠，绿树成荫。一群翅膀在蓝空下自由翻飞，它们清澈的眸子里，辉映着怎样的一番碧波绿浪？

青山含黛，琼林玉树。三五行人，款款而行。置身泼墨山水画一样的彭阳山川大地，旖旎心底的，又是怎样的诗情画意？

勃勃绿色篇章，宏宏生态画卷！

曾经，这里是千沟万壑、风沙漫天的穷山恶水；是十年九旱、荒芜凋敝的穷乡僻壤。“山是和尚头，有沟没水流，十年九年旱，地无三尺平”，因生态环境的恶劣，曾被联合国评为“最不适宜人类居住”的地区。

追本溯源，是哪位设计大师要为这荒岭秃山量体裁衣？

朝丝暮雪，是哪双丹青妙手在这大山鸿沟上点绿染翠？

时过境迁，谁亲历并见证了这浓墨重彩的杰作和奇迹？

有一种眼光，能够洞穿厚厚的岁月。如果这是一个地方决策者的眼光，那是这个地方人民永远的福祉。彭阳县委、县政府的历届领导高瞻远瞩，从“生态立县”的宏伟蓝图上，最早见证了林业的一步步崛起。

穷则思变。20世纪80年代中期，彭阳县委、县政府在分析研究长期以来“种田不得甜”的原因时认识到，干旱多灾是制约彭阳发展的主要因素，面对恶劣的自然环境，从可持续发展的长远战略出发，以提高生态、经济和社会效益为目标，提出了“山区贫困的根子在山，潜力在山，希望在林”的口号，确立了“生态立县、科教兴县、特色富县、工业强县、依法治县”二十字建县方针，把“生态立县”置于首位。

1992年，县委确立了以发展“果、烟、牧”三大支柱产业为主要内容的全县经济建设“百字方针”，把经济林放到三大支柱产业之首。

“九五”期间，县委、县政府紧紧抓住宁南山区“两杏一果”扶贫开发工程、山区综合开发项目等重点林业工程的实施机遇，及时制定了“1335”工程和“345”目标，把农民人均5亩经济林作为全县经济发展的主要奋斗目标。

进入21世纪以来，县委、县政府抓住西部大开发战略和国家退耕还林（草）工程实施的历史机遇，在充分论证分析的基础上，提出了“10年初见成效、20年大见成效、30年实现彭阳山川秀美”的宏伟目标，把生态建设提升到一个新的更高的层次。

2006年，县委、县政府又提出了建设“生态型新农村”，并全面启动实施了生态建设“813”提升工程，利用3~5年时间，在全县创建8个生态乡（镇）、100个生态村、3000个生态户，力争将彭阳建设成为“生态经济强县、生态文化大县、生态人居名县”。

2009年，又提出了建设以“大花园、大果园”为蓝图的生态家园、致富田园、和谐乐园的宏伟构想，决心把生态建设成果转化为经济优势，走出一条符合县情、特色鲜明的富民强县科学发展之路。

“十二五”时期，彭阳县林业发展要紧紧围绕大六盘生态经济圈建设，结合生态移民，大力发展木本粮油和特色经济林产业、林下经济产业、森林旅游产业、花卉苗木产业和退耕还林工程五大富民产业，着力提升林业传统产业，积极培育林业战略性新兴产业，力争“十二五”末新增林地面积5.4万公顷，林地保存面积达到18.4万公顷，森林覆盖率达到30%，经济林总产量达到35万吨，林业总产值突破50000万元。

2011年10月，在县第七次党代会上，县委、县政府又提出了“五个彭阳”建设，其中“生态彭阳”居于首位。强调要以创建“全国生态文明示范县”为目标，围绕大六盘生态经济圈建设，扎实开展生态环境保护工作。

没有规矩，不成方圆。这些思路和目标的提出，不仅从方向上确立了生态建设在县域经济发展中的主导地位，而且找到了生态建设与经济社会发展的最佳结合点。

近30年来，彭阳历届县委、县政府始终坚持“生态立县”方针，坚持“人接班、事接茬，一张蓝图干到底”的精神，摸索出一套治山治水、治穷致富、建设生态的成功模式，生态环境步入良性循环的道路，林业对生态、经济、社会发展的贡献率越来越高。

毋庸置疑，“生态立县”方针的决策者和坚守者是最早的见证者，他们过去的眼光触摸到今天的风景；他们今天的眼光看到了明天的希望！

近三十年的时光里，彭阳县的干部群众，用一把永不锈蚀的铁锹，以愚公移山般的毅力和自信，用至诚的生命光华和勤劳的汗水在彭阳大地上抒写了“彭阳精神”。他们是大山的播绿者，是奇迹的缔造者和见证者。

待从头，收拾旧山河。这是怎样的一种气魄和毅力？

独木不成林，一花不是春。举全民之力，植树造林，改变落后面貌是彭阳县林业建设上的一大突出特点。

历届领导班子团结一心，一任接一任，上下一盘棋，领导干部身先士卒，率先垂范。球鞋、铁锹、遮阳帽，是各单位办公室里的三件“宝贝”：干部们随时就可以戴上帽子，换上球鞋，拿起铁锹到田间地头、荒山野岭上种树播绿。基层干部常年工作在生产第一线，同老百姓在工地上同吃同住，没有补贴和补助，没有公务车，全靠自己买的摩托车奔波于沟壑纵横的山间地头。正是有这么一支可亲可敬、不计得失、甘于奉献、勇于带头的干部队伍，才有彭阳林业的一步步崛起。

雨天一身泥，晴天一身土。林业建设的奇迹，更是25万回汉群众汗水的结晶。每年造林的季节，农民背上干粮，麻呼呼上山，热乎乎一天，黑乎乎回家，一干就是十天半月的。他们生活在自然条件恶劣的大山深处，但不惧苦难，不畏艰辛，顽强地用一把永不生锈的铁锹，改变并主宰着自身的命运。

我们不能忘记这样一批播绿者：倾尽全部心血培育浇灌了0.67万公顷针叶林的吴志胜；身残志坚、孑身一人染绿和沟村13.3公顷荒山沟道的李志远；营建果园10.6公顷，创建“杨万珍模式”的生态大户杨万珍；在南部山区大规模栽植旱地果园并取得成功经验、“余沟大黄梨”的培育者王占国；带领100多名农民技术员组成的专业造林队伍，足迹遍及彭阳梁梁峁峁、沟沟岔岔的造林英雄杨凤鹏……

他们总共获得了“全国绿化祖国突击手”“全国自强模范”“宁夏农民杰出青年”“全国绿化奖章”“绿化长城奖”“感动宁夏2005年度人物”“全国劳动模范”“全国优秀工作

者”等称号、奖项和荣誉近百次。他们是“彭阳精神”最生动的注脚，是榜样的“常青树”，是感召我们不断前进的有力臂膀！

在彭阳人民投身于“生态立县”，一任接着一任干，一代接着一代干，一张蓝图绘到底的改山治水、治穷致富的伟大实践中，孕育并形成了“勇于探索、团结务实、锲而不舍、艰苦创业”的“彭阳精神”和“领导苦抓，干部苦帮，群众苦干”的“三苦”作风。这种海纳百川的力量，使彭阳的林业建设源溯泉涌，本固木长。这种热火朝天的干劲、埋头苦干的韧劲和战天斗地的毅力，正是“彭阳精神”的集中体现和真实写照。

1997年5月21日，全区林业现场会在彭阳召开，周生贤副主席在讲话中首次提出要发扬“彭阳精神”。同年6月，在自治区七届七次会议上，区委、区政府明确提出山区八县要学习“彭阳精神”，推广“彭阳经验”。

“彭阳精神”是彭阳人民丰富的“精神生态”！可以说，彭阳林业的发展，就是这种精神开出的花朵，结出的硕果！勤劳智慧的彭阳人民亲手缔造并见证了彭阳林业的发展和崛起！

山川为证，大地为证。彭阳的林业建设是一项了不起的成就，是镌刻在彭阳大地上的一篇永不褪色的政绩。

骐骥一跃，不能十步；驽马十驾，功在不舍。彭阳的林业建设历经近30年的发展取得了举世瞩目的成就：曾经的荒山秃岭如今是莽莽苍苍，被蓊蓊郁郁的树木覆盖，这就像给群山穿上了一件件厚厚的绿衣服；曾经的千沟万壑也是绿意融融，被葳蕤繁盛的植被填充，就像给悬崖峭壁镀上了黄釉绿彩。

截至2011年年底，全县森林资源保存面积13.3万公顷，其中退耕还林面积5万公顷，森林覆盖率由建县初的3%提高到24.8%，累计治理小流域134条，控制水土流失面积1779平方千米，治理程度由建县初的11.1%提高到76.3%，基本实现了“山变绿、水变清、地变平、人变富”的目标。

天地有大美而不言，我们一一见证之。

风景这里独秀：小流域治理

走在彭阳的每一条流域路上，爬上流域的每一座山头，展现在你眼前的是：一层一层盘山环绕的林带和梯田，密密麻麻的鱼鳞坑，漫山遍野的柠条、山桃、山杏树，如诗如画，赏心悦目，就像置身于一座座风光优美的森林公园。

彭阳把每条小流域既作为一个完整的水土治理单元，又作为一个经济开发单元，实行统一规划，综合治理。按照“山顶沙棘、柠条、山桃戴帽，山坡地埂两杏缠腰，庭院四旁广种核桃、花椒，河谷川台规模发展苹果、梨、桃，杨、柳、椿、槐下滩进沟上路道，土石质山区封造结合、针阔混交”的林草布局模式，大规模植树种草。

彭阳的流域治理是摸着石头过河，坚持边建设、边探索，及时总结经验，并通过观摩交流，在全县推广，辐射带动了其他流域治理。从20世纪70年代的白岔小流域样板到80年代的梁壕等小流域治理典型，90年代的阳洼、姚岔、寨子湾、麻喇湾小流域治理模型，一直到2000年以来的大沟湾、小虎洼和近两年的南山等小流域治理模式，都分别代表不同时期的治理技术。通过综合治理，基本做到了规划一次到位，质量一次达标，流失一次控制，实现了生态、经济和社会效益相统一。累计治理的100多条流域，成为彭阳林业发展史上浓墨重彩的一笔。

现在，以这些流域为支柱的生态绿色旅游业也逐步发展起来，有不少游客慕名而来。2009年4月8日上午，第五届六盘山山花旅游节暨“生态旅游年”启动仪式在彭阳县白岔流域举行，满山争奇斗艳的桃花和杏花吸引了不少游客前来观赏。一曲《我爱彭阳杏花美》，使彭阳的林业建设成果享誉大江南北。

2011年10月，时任县委书记张国彦在调研流域治理新模式时指出，要按照“以重点支流为骨架，以小流域为单元”的治理思路，因地制宜、科学规划，争取项目支持，不断拓展流域综合治理的规模，在有条件的治理区应将流域治理与发展农家乐旅游开发有机结合，把项目区建设成为集旅游观光、生态建设、科普宣传、试验示范的综合性生态科技示范区，达到“治理一方水土，发展一方经济，造福一方群众”的目的。

流域治理，内涵丰富，任重道远，正在路上。

生态与经济双赢的选择：经果林

发展林业除了涵养水源、调节气候、美化环境等生态效益外，能不能给老百姓带来更大的经济实惠？

发展是硬道理。随着国家产业政策的调整和林业建设的不断深入，彭阳的林业后续产业也在艰难的探索中起步并快速发展。

以扶贫开发、兴山富民为目的的“两杏一果”扶贫开发工程于1996开工建设，吹响了彭阳经果林建设的号角。提出了在山坡地埂种“两杏”，庭院四旁种核桃、花椒，河谷川台规模发展苹果、梨、桃的布局结构，特别是“两杏”产业培育，按照北部山杏、中部仁用杏、南部鲜食加工杏、城郊发展设施栽培来布局。这些思路的提出和实施，促使彭阳县生态经济型林业建设迈上了发展的快车道。

2007年，彭阳县提出了“一个中心三个经果林带”（以育苗中心带动红、茹河流域和长城塬3个经果林带）的发展格局。在制定《关于加快推进生态经济社会科学发展若干问题的决定》中提出了牢固树立“经营生态”的理念，力争用3到5年时间新发展经济林面积3.3万公顷，其中集中连片发展经济林面积1.3万公顷，发展庭院经济面积0.67万公顷，改造提升低产山杏面积1.3万公顷，到2015年，全县农民人均经济林面积达到2亩以上，林果业提供农民人均纯收入1500元以上。

彭阳县林业局采取以流域经果林为支撑，庭院经果林为补充，设施经果林为引领，累计投资4000多万元，对低产山杏进行嫁接改良、培育了以优质杏为主的特色林果示范基地和园区。建成了长城塬、阳洼、麦子塬、白岔、新洼和安家川等流域以优质杏、核桃、花椒等为主的特色经果林示范基地面积0.67万公顷，并把麦子塬流域建成节水高效林果示范基地。在杨坪发展千亩设施园艺林果示范基地和大伙设施林果园区，共建果树日光温室385栋，育苗棚45栋。在全县12个乡镇重点退耕流域实施低产山杏嫁接改良项目，嫁接改良面积8万亩。在石头崾岘建成育苗基地（54亩）和核桃、仁用杏采穗圃（20公顷）。带动全县设施林果业发展上规模、上水平，初步形成了具有地方特色的林果产业发展格局。

科技是第一生产力。林果产业的发展需要科技的支撑。彭阳林业局培养组建了果树修剪、山杏嫁接改良、病虫害防治科技服务队伍，对经济林示范基地、园区进行中耕抚育，并通过采取疏枝、修剪、摘心、病虫害防治等措施进行技术管理。同时，加大对农民的林业科技培训，结合“百万农民培训”工程、科技下乡等活动，有效提高了农民的管护水平。

酿得百花成蜜后，虽是艰辛苦亦甜。截至2011年年底，全县以杏为主的经济林面积3.2万公顷，其中山杏面积2.6万公顷，鲜食加工杏面积0.25万公顷，仁用杏面积0.15万公顷，核桃面积0.1万公顷，花椒面积0.036万公顷，其他面积0.064公顷。挂果面积

1.6万公顷，正常年份可产干鲜果1.46亿千克（其中干果7.2万千克），年产值达7900万元，年提供农民人均纯收入336元。开发生产的精杏脯、五香杏仁等产品，远销日本、澳大利亚等国家，并赢得客户的好评。

彭阳县先后被国家林业局授予“全国经济林建设先进县”荣誉称号；被国家林业局、中国经济林协会命名为“全国名特优经济林仁用杏之乡”。

昔日挡沙子，今日产金子。林果业正在成为新农村建设的新的经济增长点，提升了生态建设成果，加快了产业结构优化升级，实现生态建设产业化、产业发展生态化，达到人与自然和谐共生。

中国的生态长城：退耕还林工程

自2000年被自治区确定为退耕还林试点示范县以来，彭阳县紧紧围绕“生态立县”这一目标，以建设绿色彭阳为主题，认真贯彻国家“退耕还林、封山绿化、以粮代赈、个体承包”十六字方针，按照“严管林、慎用钱、质为先”的要求，科学规划，周密部署，精心实施，依法治林，圆满完成了工程建设任务。

据估算，彭阳“88542”工程整地带的长度可以绕地球赤道三圈半，被香港友人形象地称为“中国生态长城”。

2003年3月12日，彭阳县正式颁布实施《彭阳县退耕还林草办法》，并从5月1日起，在全县范围内实行封山禁牧，发展舍饲养殖。为实现全县林业“十一五”发展规划和彭阳县全国生态示范区建设确定的既定目标，县委还作出关于加快全县沟道治理建设的决定。

2004年，国家对退耕还林工程进行了结构性、适应性调整。彭阳县退耕还林工程工作思路进行了大动作调整，一是将以退耕建设为主调整到抓管理、求质量、要效益上来。二是将以生态建设为主调整到与后续产业培育同步协调发展上来。三是将以退耕还林和荒山造林为主调整到沟道治理上来。

实践出真知。彭阳县从实践摸索出“山顶沙棘、山桃株间混交，隔坡地埂苜蓿、柠条，山坡桃杏缠腰，土石质山区针阔混交”的林草配置模式和“88542”隔坡反坡水平沟整地标准及大鱼鳞坑整地方式，还积极推广生根剂、保水剂、地膜覆盖、截干造林等抗旱造林技术，提高了退耕还林工程建设质量，形成了北部水土保持饲料林、中部桃杏生态经济林、东南部优质干果林、西南部水源涵养林的区域格局。"88542"是一项近乎苛刻的旱作整地技术：在每个山头先挖宽、深均为80厘米的槽，挖出土方筑成高50厘米、顶宽40厘米的田埂，再用熟土回填种树，田面宽保持2米。如此在荒山上构造土坡，工程量巨大，但能截留雨水，提高苗木成活比率和生长量。据彭阳林业局统计，如将这一工程连接，长度可绕行地球赤道三圈还多。

这分明是一场绿化山河的马拉松长跑！

汇滴成海，聚沙成丘。截至2010年年底，全县累计完成工程任务面积达10.1万公顷。其中，退耕还林面积5万公顷，荒山荒地造林面积4.6万公顷，封山育林面积0.32万公顷。

2005年，彭阳县被确定为宁南山区退耕还林工程后续产业培育开发示范县。2007年，国家林业局授予彭阳县"全国退耕还林先进县"荣誉称号。同年，自治区命名彭阳县为"宁夏生态建设模范县"。

"十年树木，百年树人。"退耕还林的生态效益、经济效益和社会效益均已显现。一道道盘山卧岭的"长城"，保卫着我们的家园，保卫着我们的衣食，保卫着我们生存的精神尊严！

大沟湾退耕还林工程林草茂盛　2020年5月拍摄 / 摄影　沈继刚

巨型空气加湿器:水源涵养林

“木欣欣以向荣,泉涓涓而始流。”这是彭阳水源涵养林——挂马沟林场的生动写照。相传,曾有一异人骑马进沟,被荆棘挂住,未能入内,挂马沟之名,由此而得。这里群山连绵,沟壑纵横,古木参天,松柏葱茏,郁郁苍苍,满目翠绿,犹如碧海,真乃“一山参差树,缚马灌木群。极目蓊郁海,涉足荆棘丛”。

1984年挂马沟林场成立,把人工林建设提上了议事日程。1986至1998年一期工程进行六盘山外围针叶林基地建设,采取封育结合的办法,营造人工针叶林面积0.5万公顷。1998至2000年二期工程采取针、阔、灌木混交的方式造林,共完成工程造林面积0.46万公顷,林地总面积达到1.2万公顷。2001年立项启动了挂马沟三期工程造林建设,共投资1040万元,用5年时间(2001—2005),完成工程造林面积0.53万公顷。经过水源涵养林一、二、三期工程建设,挂马沟林场的森林保存面积达到1.5万公顷,林区天然林面积仅0.1万公顷,森林覆盖率达到40.2%。

荒山变绿岛,沙床变水泽,兔走鹿奔,鸟语花香,挂马沟林场已成为附近市县居民休闲观光的好去处。挂马沟水源涵养林建设对调节气候、湿润空气、涵养水源的作用日趋凸显,在改善彭阳县生态环境和农牧业生产条件方面发挥了重要作用。它就像一个面积达1.5万公顷的巨型空气加温器,源源不断地滋养着红、茹河,呵护着彭阳的山清水秀和人民安康。

彭阳的林业建设成绩骄人,成为全市、全区甚至全国的一颗耀眼的生态明珠,为建设祖国西部生态屏障做出了贡献。这项功在当代,利在千秋的大业在“生态立县”方针政策的指引下,将再造山河,再立新功!

三分造七分管。彭阳县林业局坚持“造管并重、封造结合”的管护政策,有效巩固了林业建设成果。一个个面目黧黑的森林执法者和普通护林员们,栉风沐雨,以山为家,见证了棵棵幼苗的一圈圈年轮,见证了片片山林的艰辛孕育和成长。

严格执法,严厉打击偷牧、盗伐、滥伐等违法行为。1988年,彭阳县组建森林公安组织,成立挂马沟林场派出所,负责片区的毁林案件和治安工作。1992年,改名为彭阳县林业公安派出所。2005年,又更名为彭阳县公安局森林派出所。1988—2009年,全县共发生各类毁林森林案件326起,查处304起,查处率92.65%。特别是1994年以来,共开展“猎鹰行动”“候鸟行动”“绿剑行动”“绿盾行动”等专项严打整治行动20多次，打掉盗伐、滥伐林木及猎捕、贩卖野生动物团伙15个，处理各类违法人员160余人。

森林防火工作常抓不懈。1989年，成立森林防火机构，组建了扑火队，坚持把森林防火工作始终摆在保证“生态安全”的重要位置，认真贯彻落实“预防为主、积极消灭”的森林防火方针，按照“谁管辖、谁负责”和“谁管理、谁负责”的原则，逐级签订目标管理责任书，形成“横向到边、纵向到底”的管理网络，实现重点时段、重点地段“山有人看、林有人护、火有人管、责有人担”。牢固树立“防管结合、预防为主、管火先管人”的思想，建立健全县、乡、村三级联动机制，有效保障全县森林资源安全。1994年，对全县森林防火区域划分为重点防火区和一般防火区，并规定了防火周期和重点防火时段。

加强林业有害生物防控。1999年，彭阳被国家林业局确定为国家级中心测报点。2000年，县林业局内设森防站。2005年成立彭阳县林木检疫站，强化林业有害生物防治项目管理，落实防治目标管理责任制，继续坚持“预防为主、科学防控、依法治理、促进健康”的方针，切实加强林区鼢鼠、野兔、沙棘木蠹蛾和杏食心虫等的防治，对长城塬、阳洼、新洼、友联、高建堡等优质杏示范基地和园区进行了全面的病虫害防治，加大防治措施，提高防治效果，建立有效的长效防治机制。完善基层监测网络，扩大有害生物监测覆盖面，继续在重点放置区设立有害生物测报点，安排专人定期观测记录，确保早发现、早预防、早治理。深化检疫执法专项行动，全面做好检疫登记工作。加强苗木产地检疫，严防有害生物入侵和人为扩散，推动森林资源健康发展。

封育管护有备无患。2000年，境内始搞封山育林作业设计。采取全封和围封方式，禁止一切采伐、砍柴、割草等不利于林木生长繁育的人为活动，并根据封禁范围大小和人、畜危害程度，配备了专职或兼职的护林员进行巡护。2000—2009年，总投资626万元，共封育面积1.3万公顷。

居安思危，有备无患。一株绿色在有效的管护中有了可喜的高度；一片绿海在有效的监测中有了可叹广度。

党和国家领导人、国家各部委领导专家多次来彭阳视察、调研生态建设，均给予充分肯定和高度评价。他们见证了彭阳生态建设的成果，见证了彭阳林业的崛起，见证了彭阳干部群众为生态建设而做出的不懈努力。

天不言自高，地不语自厚。彭阳人改天换地的壮举和成就赢得了社会各界的认可和尊重。

2003年9月5日，国务院副总理回良玉视察了大沟湾流域后说："看了大沟湾点，就看到了退耕还林的希望。"

2004年5月，全国人大常委会副委员长盛华仁到彭阳，实地视察了大沟湾流域的治理后，对彭阳县以小流域为单元的治理做法给予高度评价，要求在黄土高原类型区大力推广。2005年3月，在全国人大十届三次会议上将《关于在全国黄土高原类型区推广"彭阳经验"的建议》列为全国人大常委会重点办理的建议（1798号建议）之一，在黄土高原类型区大力推广。随后，5至6月，水利部、农业部、全国人大常委会办公厅联络局等相关人员两次赴彭阳，先后到阳洼流域、大沟湾流域等进行了现场调研，梳理"彭阳经验"。2007年9月、2010年9月盛华仁副委员长又先后两次到彭阳县视察，为彭阳的发展指明了方向，更加坚定了我们加快生态型林业向生态经济型林业建设的信心和决心。

层层梯田碧绿，朵朵杏树缤纷。2007年4月12日，胡锦涛总书记在视察了阳洼流域后十分欣慰地说："退耕还林的综合效益已经显现了，我的心里有底了；彭阳虽小，但生态环境治理保护成效明显，实践证明，治理和不治理确实不一样；像这样扎实的工作成效和明显的效果，国家投点钱是十分值得的。"

2008年8月16日，国务院总理温家宝视察大沟湾小流域综合治理时说："生态治理要有'一张蓝图绘到底'的决心，又要不断丰富新的内容。要实行山水草、林田路综合治理，一代接一代干下去，改变生态环境，最终让农民致富。"

18日，《人民日报》、《光明日报》、《经济日报》、中央人民广播电台等30多家中央媒体记者在彭阳县采访生态建设和小流域综合治理情况，一位记者赞叹道："真是没有想到，地处干旱带、十年九旱的黄土高原上的彭阳县竟然靠人工的力量使荒山披上绿装，实现了山变绿、地变平，水不下山，泥不出沟的目标。"

这些关注的目光，是肯定、是赞誉、是鼓舞、是鞭策，是引领我们继续前行的力量！

我们共同见证——彭阳，成为绿色的翡翠；绿色，成为彭阳的名片！

时值初夏，彭阳的繁华正诉说着一个个抽枝拔节的美丽。

走在彭阳大街上，婆娑如盖的槐树给你撑起一把遮阳的大伞；徜徉在治理流域的山林里，凉风习习，枝叶摩挲，鸟鸣啾啾，幽深恬静；到庄户农舍边，是"绿树村边合，青山郭外斜”，是“一水护田将绿绕，两山排闼送青来”……

人道敏政，地道敏树。

绿色，是生命的颜色。植一棵树，就给大山抹去一寸荒芜和贫瘠；种一片树，就给心灵增添一抹绿意和希望。

绿色，在彭阳大地委婉成一行行妩媚的诗句，绘成一张张泛青溢翠的画卷，站成一尊尊永恒矗立的丰碑！

像一株树那样沉静，像大山一样朴实，默默无闻的彭阳人用锄头、用铁锹、用不变的赤诚继续描绘着自己心中的梦想。在他们心灵深处，有一棵树永远常青。那是他们的信仰，是他们神往的天堂！

我们共同见证——彭阳，成为绿色的翡翠；绿色，成为彭阳的名片！

（原载于《彭阳文史》2017年第4期）

林木管护

韩星明

林木权属。中华人民共和国成立后，土地改革时确定庙产、学产林木及地主成片林为公有，其他零星树木随土地划归社员私有。1957年，进入高级农业合作社时，除农户住宅、坟地的树木外，其余树木全部折价入社，归集体所有。1958年，社员经济林木折价入社，同时将高级合作社林木转归公社所有。1961年贯彻中共中央《关于确定林权、保护山林和发展林业的若干政策规定》，确定面积在0.07公顷以上的成片林归生产大队所有，0.07公顷以下的成片林归生产队所有，土改时确定的公有林归国家所有。1962年，确定公路干渠旁的树木归国有，对高级社中应归而未划归社员的树木退归本人或折价付款。1975年，纠正林业"左"的错误，恢复"谁造谁有"的造林方针。1979年，社员每户划给面积为0.07～0.13公顷林地植树。

1980年，林业实行"三定"(划定自留山、确定责任制、稳定山林权)，扩大社员林地，川塬区每户面积扩大到0.1公顷，山区每户面积扩大到0.7公顷，实行造林奖励政策，发给社员林权证，集体林木始实行承包经营。1981年，贯彻"谁种谁有，谁管护谁收益"的林业政策，集体零星树木折价处理由个人经营。1984年，"四荒地"(荒山、荒坡、荒沟、荒滩)一律划分农户经营，实行"谁种谁有，允许继承"的林业政策，对未承包或承包不彻底的原集体果园全部折价处理或承包给个人。1988年，县政府为刘沟苗圃、王洼苗圃、高庄园艺场等集体林木生产基地颁发林权证，稳定林权。

2000年，国家实施退耕还林工程以来，退耕地造林属农户个人所有，按"退一还二"营造的荒山荒沟造林属村集体所有，权属清楚，但未发证。农户个人的退耕地均于2005年以后做了确权发证工作，到2009年，发放林权证35788本(户)，发证面积5.0394

万公顷。

封育管护。2000年以前，境内无大面积的封山育林，全县面积为0.1万公顷天然林绝大部分是挂马沟林场封育的，只有极少部分是城阳乡韩寨的五峰山，其山上生长的白花狼牙刺还是历史遗留下来的未被破坏的天然林。

2000年开始搞封山育林作业设计，“造管并重、封造结合”。封育区域涉及彭阳县古城、草庙、彭阳、王洼镇、罗洼、城阳、孟塬、冯庄、新集、小岔等乡镇以及挂马沟林场。采用全封闭封育方式，乔灌草型连续封育6至8年，灌草型连续封育3至5年。封育期间，禁止一切采伐、砍柴、放牧、割草和其他不利于植物生长繁育的人为活动，对封育小班树牌、设卡、设置围栏的措施进行全封，对牲畜活动频繁的地段设置刺丝机械围栏长16万米，进行围封。在主要山口，交通路口等特殊地段树立坚固的标志牌64个，并根据封禁范围大小和人、畜危害程度，配备了专职或兼职护林员进行巡护，共配备64名护林员。封育后还结合当地林业经营水平，对自然繁育能力不足，幼树分布不均的空隙地段进行补植、补播及平茬复壮。2000—2009年，共封育面积1.3万公顷，总投资626万元。

森林防火。1989年，境内正式成立森林防火机构，组建了扑火队，按照“预防为主、积极消灭”和“打早、打小、打了”的原则，完善了《彭阳县预防重特大森林火灾预案》，健全了《防火24小时值班制度》《护林员守则》，层层签订森林防火责任状。1990年自治区给彭阳县配备防火通信基地电台2部，配备森林消防指挥车2辆，三轮摩托车1辆。1993年，彭阳参加了全区森林火险等级区划，为三级火险区。1994年1月27日，挂马沟林场发生森林火灾1起，过火面积28公顷，烧毁林木6.4万株，经济损失近6万元。同年，彭阳县对全县森林防火区域进行了划分，即栖凤山、五峰山、挂马沟林场、薛宏福纪念林为重点防火区，其他乡镇为一般防火区。规定从每年的10月1日至下一年的5月底为一个防火周期，国庆节、元旦、春节、清明节、五一劳动节等节假日期间为重点防火时段。

到2009年，彭阳县累计购置配备森林消防指挥车6辆(包括原挂马沟林场2辆)，配备运兵车1辆，修建护林防火站30处，物资储备库3座面积120平方米，防火电台2部(包括原挂马沟林场1部)，手持对讲机10部，电话2部，森林巡护摩托车19辆，建瞭望塔3座，油锯11台，风力灭火机10台，干粉灭火器10台，灭火水枪81支，水泵1台，割灌机13台，GPS定位仪41个，扑火服装220套，防火指挥服2套，帐篷15顶，睡袋6套，发电机1台，各种扑火工具1060件，防火宣传板牌20个。

依法护林。1988年7月，境内组建森林公安组织，成立挂马沟林场派出所，编制3人，其主要任务是负责林区的毁林案件和治安工作。1992年3月10日，自治区公安厅批复原彭阳县公安局挂马沟林场派出所改为彭阳县林业公安派出所，增编3人。其任务是受理全县范围内发生的盗伐、哄抢林木案件，林木纠纷引起的其他刑事案件和治安案件；做好“四防”工作及内部安全管理工作。1994年，本着“精简、效能”的原则，经彭阳县委机构编制委员会同意，为县森林派出所增加了编制6名。2005年，彭阳县林业派出所更名为“彭阳县公安局森林派出所”，机构规格为副科级。

1988—2009年，全县共发生各类毁坏森林案件326起，查处304起，查处率为93.25%。其中森林刑事案件3起，查处3起；森林治安案件35起，查处35起；林业行政案件288起，查处266起。在这266起案件中，违法猎捕、收购贩卖野生动物案件13起，查处13起，盗伐林木案件85起，滥伐林木案件73起，毁坏林地案件56起，其他案件39起。受处罚343人，其中刑事处理2人，治安拘留28人，治安罚款25人，警告6人，林政处罚282人，罚款总额38万余元。特别是1994年以来，共开展“猎鹰行动”“候鸟行动”“绿剑行动”“绿盾行动”“林区禁毒”等专项严打整治行动20次，打掉盗伐、滥伐林木及猎捕、贩卖野生动物团伙15个，受打击处理的各类违法行为人160余人。

2006年，公安机关开展“三基”工程建设，森林派出所狠抓基础设施建设。到2009年年底共配备警用三轮摩托车2辆(已报废)，警用切诺基1辆(已报废)，郑州日产警车1辆。先后配备基地电台1部，手持对讲机14部，车载台2部。配备计算机2台，传真机2台，复印机1台，打印机4台，扫描仪1台，警用保险档案柜1个，档案专用柜5个，现场勘测箱1个，摄像机、照相机各1部。共配备手铐7副、望远镜2架，警棍、警绳、强光手电等都配备到位。

采伐管理。1979年以前，个人所有树木的采伐由大队审批，集体林木的采伐由公社审批，国有林木的采伐由县林业主管部门审批。1985年，规定森林限额采伐，区政府下达彭阳年森林限额采伐为0.07万立方米，一定5年不变。1989年，区政府编制1991—1995年年度森林采伐限额，下达彭阳的年森林限额采伐为0.34万立方米，其中商品材为0.1万立方米，农民自用材为0.24万立方米。1994年，区政府编制了1996—

2000年的年度森林采伐限额，彭阳为0.85万立方米，其中商品材为0.15万立方米，农民自用材为0.67万立方米，烧材为0.03万立方米。

根据自治区下达的采伐限额指标，彭阳县严格执行，均未突破限额指标。但采伐消耗有所上升的原因主要是清理天牛虫害木，几乎占各个时期整个采伐量的80%以上。采伐天牛危害轻的木材成为商品材，危害稍重的农民自己搭建牛棚、羊棚等成农民自用材。自2001年起，彭阳天牛虫害木采伐已基本结束，并进一步紧缩了森林采伐限额。据统计，2001—2009年每年的采伐量均控制在60万立方米以内。

境内木材多为农民自用材，区内运输多数是移民搬迁的旧房料、木制品，未发木材运输证。

林业生物病虫害。境内林木种类较多，病虫害复杂，有林木病虫害林业有害生物447种，其中昆虫9目71科369种(昆虫天敌8科22种)；病害45种；林业害鼠23种，有害植物10余种，对林木构成毁灭性危害的有苹果腐烂病、苹果煤污病、梨蜡象、星毛虫、杨树天牛、中华鼢鼠等。20世纪80年代后苗木引进频繁，病虫害有加重趋势。

主要病害。境内的林木病害较之虫害发生轻，面积小，危害不严重，但在气候灾害诱导下，常呈暴发式。比较突出的是果树腐烂病，该病分布整个果树栽植区，管理愈粗放，发病率愈高。其次是松树早期落叶病，再次是煤污、叶斑、锈病、白粉等各种叶部病害。

主要虫害。20世纪70年代以前，境内森林虫害以体型大的食叶害虫为主。星天牛，臭椿沟眶象、沙棘木蠹蛾为主的各种蛀干，蛀枝、潜叶类的“隐蔽性”害虫发生频繁。境内破坏性最大的是杨干蚧、花球蚧、黄斑星天牛、沙棘木蠹蛾。

蛀干害虫。此类害虫在境内危害较大的有黄斑星天牛、红缘天牛、沙棘木蠹蛾、臭椿沟眶象、沟眶象等。主要危害杨树、柳树、榆树、沙棘、臭椿等。黄斑星天牛是20世纪60年代初从甘肃省传入隆德县，然后在固原市蔓延，光肩星天牛是20世纪70年代初从华北传入石嘴山市，2004年在林业有害生物普查中，境内发现有零星分布危害。沙棘木蠹蛾、红缘天牛是在2003年被发现，当时有33公顷沙棘林已严重受害枯死，林木受害率达95%。臭椿沟眶象是在2004年林业有害生物普查中发现，主要危害臭椿。

食叶害虫。此类害虫在境内危害较大的有落叶松红腹叶蜂、白杨叶甲、榆紫叶甲、金龟子、榆毒蛾、春尺蠖等。2002年，落叶松红腹叶蜂在挂马沟林场发生，分布面积1066公顷，成灾面积266.7公顷。2003年后，榆毒蛾在彭阳县连续暴发，且每年两次，株虫口密度高达几百头，致使部分榆树叶片被食光，严重影响了树木的生长，甚至部分树木已干枯死亡。2006年，春尺蠖在阳洼流域的柠条林中发生，分布面积133公顷，成灾面积40公顷，致使柠条嫩叶被食光，状如火烧，后每年都有零星成灾。

刺吸类害虫。此类害虫在境内危害较大的有落叶松球蚜、蚜虫、介壳虫等。特别是蚜虫，适逢高温干旱的年份，几乎年年成灾，对境内大面积的杏树造成严重危害，使其不能正常生长。

森林鼠害。鼠害在境内危害较大的有甘肃鼢鼠和草兔，主要危害中幼林，啃食幼苗或幼树的根、树皮、嫩茎，影响树木生长发育。甘肃鼢鼠在境内分布很广，其发生面积、危害程度均不次于病虫害，据调查，其发生面积每年在4.7万公顷左右。自1997年以来，几乎每年都发生。1997—2005年，草兔将成片的杏、核桃等幼树截干或啃皮。

有害生物防治。1999年，彭阳被国家林业局确定为国家级中心测报点。2000年县林业局内设森防站，从事森林病虫害监测、防治、检疫工作。2005年5月，县事业单位机构改革，成立彭阳县林木检疫站，专门从事有害生物监测、防治、检疫工作。同年，林木检疫站被自治区林业局评为全区林业有害生物防治先进单位。

虫害防治。境内防治森林害虫的手段，最早是物理机械防治（人工捕捉），后发展到化学防治、生物药剂防治、综合防治。防治的主要对象是蛀干害虫和枝干害虫。1998—2001年，县林业局发动全县群众捕捉天牛成虫，并按每捕捉1头补助5分钱的办法，进行黄斑星天牛的防治工作。连续4年共捕捉天牛成虫789万头，防治面积3200公顷次，明显遏制了黄斑星天牛对杨树的危害。2002年以来，对黄斑星天牛的防治，已由过去单一的人工捕捉发展到虫源木处理。幼虫期利用熏蒸毒签和虫孔注射防治、树干打孔注药等多种措施并用。2004年后，针对沙棘木蠹蛾的危害特性和防治的困难性。利用国内最先进的沙棘木蠹蛾性信息素对其进行监测和防治，大面积防治仍很困难。

鼠害防治。森林鼠害是境内林业有害生物防治的重点。分布西南部土石质山区。1985—1986年，黄峁山有面积0.07万公顷人工针叶幼林，70%毁于鼠害。当时采用氟乙酰胺毒饵诱杀。剧毒农药禁用后，采用弓箭（俗称"瞎瞎弓"）及灭鼠夹捕杀。1997年后，林地鼢鼠危害也日益严重。县林业局组织成立了鼠害防治专业队，在县域内的各个重点小流域综合治理区，采取人工捕杀和毒饵（采用磷化锌拌大葱，氟乙酰胺拌大葱、大豆、胡萝卜、洋芋等）灭杀的办法进行防治，取得了很好的防治效果。研制出"彭林牌"弓箭,并在固原市推广应用。

2003年,森林鼢鼠和草兔群体危害迅速扩大,固原市委、市政府下发了《关于全民动员消灭中华鼢鼠的紧急通知》,彭阳县人民政府下发了《关于全民动员消灭中华鼢鼠的紧急通知》,全县掀起了鼢鼠防治的高潮,群众积极响应,使林地鼢鼠被有效捕杀,幼林得到保护。至2007年年底,捕杀鼢鼠106万只,防治面积18万公顷次;捕杀野兔4万只,防治面积3200公顷次。

森林植物检疫。1994年以前,境内的森林植物检疫工作处于认识和宣传阶段。1994—2000年,检疫机构和制度逐步健全,森林植物检疫员兼职抓好调运苗木的检疫办证。执行国家林业局制定的35种国内森林植物检疫对象的检疫,以及自治区林业厅制定的25种补充的森林植物检疫对象的检疫。2002年后,设置了森防检疫站,检疫工作全面开展。

(作者系政协彭阳县委员会办公室四级调研员)

荒山造林基金管理

彭阳县政府办公室

自建立荒山造林基金以来，彭阳县严格按照《彭阳县荒山造林基金管理办法》规定，统筹管理，规范运作，使有限的资金在生态建设方面发挥了重要作用。但荒山造林基金在使用上较为分散，在管理上不够科学。为进一步规范荒山造林基金的使用和管理，彭阳县人民政府制定了《彭阳县荒山造林基金管理办法》。

荒山造林基金使用的基本原则：坚持统筹管理，集中使用的原则；坚持专户储存，专款专用的原则；坚持保证重点，注重实效的原则；坚持严格标准，项目管理的原则。

荒山造林基金的使用范围：自2009年开始，对荒山造林基金进行全面整合，实行统一管理，统筹使用，集中用于荒山荒沟造林、经济林建设、城乡环境绿化三个方面，主要解决种苗、整地、栽植及机动地退耕抚育管理等费用。

荒山造林基金的使用和管理办法：荒山造林基金采取项目管理形式，由县财政局统一管理，林业局负责实施。

项目确定：成立县荒山造林基金管理工作领导小组，每年由县林业局根据建设重点，会同有关乡镇确定投资项目，并组织编制项目实施方案，上报领导小组审批。

项目实施：项目建设实行招标制或承包制，由领导小组负责以合同形式落实到所在乡镇政府、有资质的单位或个人实施；工程建设所需苗木全部通过招投标统一采购。

项目监理：林业局成立工程质量监理小组或指定工程技术人员，对工程实施全过程监理。

项目验收：工程完成后，县林业局成立验收小组进行初验，并形成验收报告，上报县荒山造林基金管理工作领导小组进行复查验收。

荒山造林　2021年4月拍摄于白阳镇陡坡村 / 摄影　沈继刚

项目管理：年度实施的林业项目，要明确项目负责人和技术负责人，对工程建设全过程负全责；建立工程建设档案，并实行专人管理。

实行专户管理：荒山造林基金实行专户储存，由县财政归口管理。县林业局在银行设立专户，并建立基金专账，严格按照会计制度单独核算。

实行报账制：县荒山造林基金管理工作领导小组根据工程检查验收结果，核算当年各项工程建设资金，经审核、研究后由县财政局拨付；各施工单位或个人按照工程验收结果和资金核算结果，提供有关资料，经审核后报账支付。

实行审计监督：荒山造林基金必须专款专用，任何单位不得以任何形式截留、挤占、挪用；纪检、审计、财政等部门每年要对基金的使用情况进行专项检查，对违规违纪行为要严肃处理。

（引自《彭阳县政府网》）

蹚过一片峁 背出万亩林

于 瑶 杨 泽 汪 健

即将入冬，在宁夏固原市彭阳县王洼镇孙阳村附近，130公顷丘陵上16万个树坑整齐排列状如鱼鳞，30多人的造林小组背树上山、铲土栽树。

“每年3月到7月挖树坑，春秋两季种树。这几年国家投入多，造林人也多，三四个月就能种上600多公顷。”说话的是彭阳县林业局造林队第二任队长杨凤鹏。

54岁的杨凤鹏头发花白，背着手行走陡坡，脚底竟像生了根，稳稳当当。记者跟在他身后下坡跳沟，踉踉跄跄。

杨凤鹏说，“山是和尚头，沟里没水流”是当年群众对彭阳丘陵山区生态的形象比喻。为在荒丘上找出路，一支由20多人组成的专业造林队1992年诞生，背树苗在坡陡脊高的黄土丘陵上山下坡，这一背就是25年。截至目前，全县造林队已扩大到400人左右，造林面积共0.67万公顷。昔日的光秃坡地，如今已林草满山，黄风土雾变成了清风雨雾。

25年，“背”出一个绿色彭阳，造林队蹚峁越坳的脚步从未停歇。

“哎呀，愁死我了。”36岁的马君秀一声“抱怨”，让身边工友笑成一片。放眼望去，整个黄土丘陵坡度高于60度。沟壑纵横、梁峁起伏，最窄处仅容脚尖点地。

“别看他们笑我，这么陡的坡，树苗苗还得往上背，哪有不愁的?”马君秀说。

“地质条件更差的坡，那真是没有下脚的地方。”杨凤鹏话音未落，记者一个趔趄就掉进了70厘米深的树坑里，惹得几个老乡哈哈大笑。“滑倒、绊跤对我们来说是家常便饭，算不上什么。”杨凤鹏说，2011年春天，50岁的造林员胡振忠在店洼村附近半山腰种树不慎滑倒，一路滚落山脚下，头部着地造成严重脑出血，昏迷7天才苏醒。

处处无路，处处蹚路，造林员把丘陵踩在脚下，把陡坡当作平地，背着树苗一步一步蹚出彭阳县的“绿色战壕”。不论面临什么困难与危险，彭阳人“一代接着一代干，一代干给一代看”。

“1983年，彭阳县建县之初，植被覆盖率只有3%。经过三代人的艰苦奋斗，如今彭阳县植被覆盖率已经达到30%以上，区域年均降雨量大幅增加。”杨凤鹏自豪地说，“这都是彭阳人一棵树一棵树种出来的。”

60岁的张俊成算是造林队里年龄最大的，他在这片土地上生活了一辈子，也亲眼见证这片土地半个多世纪的“颜色”变化。“以前塬上沟里到处都是干土，白里掺黄，有一丁点绿都是稀罕。你看看现在，到处都是树。5月里你来瞧瞧，满山的桃花、杏花，好看得很。”

“真是了不起！”

正在挥舞锄头的37岁的海潮发听记者这样说，停下手里的活计嘿嘿一笑，“就是呢。”

日头升到正中，造林员们随意捡了道边相对平整的空地围坐在一起，拿出了各自的午饭——两个干馍馍、几根腌辣椒、一杯热水，有说有笑，吃得有滋有味。

“中午凑合一顿，都习惯了。”37岁的满红清刚吃完，就又开始在工友帮助下捆起5棵云杉苗驮在背上，“种一片就得成一片，要不白忙活了。”

造林员既是在背树植绿，也是在背起自己的日子。背一棵树苗挣1元，种一棵树苗挣0.6元，平均每人每天能挣150元左右。

站在高高的山梁上俯视，16名造林员一字排开，背负树苗走进西斜的阳光里。剪影中，他们像极了当年背枪翻山的长征战士，既是为了自己，更是为了来人……

（作者系新华社记者）

草场及草场改良

刘晓明

彭阳县天然牧草资源较为丰富，总面积大约4.4万公顷，植被覆盖度25%～90%。因地理条件不同，按植被类型可分为温性草原类、温性山地草甸类、温性草甸类，共有饲用牧草植物48科171种。

改良后的草场　2005年6月拍摄 / 县农业农村局提供

温性草原类除西南阴湿地带外全县均有分布，草场与农田相间，支离破碎，总面积3.7万公顷，占天然草场总面积的85%。海拔1400～2200米。植物组成以多年生草本植物为主，丛生禾草占优势，个别有蒿类、半灌木、小半灌木伴生。一般覆盖度20%～90%，平均亩产鲜草125千克，牧草利用率55%～70%，属三等六级退化草场。

温性山地草甸类主要分布在西部挂马沟、黄峁山一带海拔1780米以上的阴湿山地。面积0.5万公顷，占天然草场面积的11%。植被以中生或旱生植物为主。地面组成植物有“铁杆蒿＋杂类草型”“牛尾蒿＋铁杆蒿型”“风毛菊＋铁杆蒿＋杂类草型”“甘肃针茅＋风毛菊＋杂类草型”，草层厚40～60厘米，植被覆盖度75%～95%，平均亩产鲜草322千克，牧草利用率42%～45%，属三等四级轻度退化草场。

温性草甸类主要分布在西部阴湿山地，海拔为1770～2400米的低山、中低山地的阴坡，面积0.2万公顷，占天然草场总面积的4%。植被以中生环境下发育的中生草本植物为主要建群种，常混生一定数量的旱中生植物。地面组成植物为"蕨＋杂草类型""杂草类型"等，草层厚35～50厘米，秋季可达70～80厘米。植被覆盖度93%～95%，平均亩产鲜草683千克，牧草品质低劣，利用率30%～35%，属四等二、三级轻度退化草场。

建县前，境内天然草场公有私用，掠夺式经营，草场严重退化，鼠害、毒草蔓延。1983年后，国家拿出一定资金重点组织灭除。1984年实行每捕鼠1只凭鼠尾奖励0.1元，当年捕鼠68741只。1985年，随着《中华人民共和国草原法》《宁夏回族自治区草原管理试行条例》的颁布，县人民政府于1986年始在交岔、王洼乡开展草场保护试点工作。次年在境内全面推行草原生产责任制。至1989年，全县19个乡镇共落实承包面积7.74万公顷，占天然草场总面积的94.5%，承包使用单位10447个。共颁发使用证9659个。草原承包责任制落实后，草场保护较好，但乱开滥垦草原现象时有发生。1989年后，县政府结合组织宣传《中华人民共和国草原法》《宁夏回族自治区草原管理试行条例》，对违法开荒现象进行了清理，并对查出的农户均作罚款处理。至1993年，国家投资8.1万元，在县境内采取各种方法灭鼠1.43万公顷，占天然草场总面积的16.6%，灭除效果86.9%。2000年后，退耕还林工程开始，鼠害由林业系统负责防治。

2002年起，对全县草场实施围栏封育，初在交岔、罗洼、王洼3乡镇进行试点，后逐渐在县境全面推广。2003年5月1日，对境内天然草原实行全面的禁牧封育。2002—2003年，在境内实施了天然草原植被恢复与建设项目，全县草原围栏面积新增0.33万公顷。2005年，县人民政府制定出台了《彭阳县草原围栏架设技术规程》，使得草原围栏工程更加趋于规范化、标准化、专业化。至2008年，草原围栏封育范围涉及全县11个乡镇(红河乡除外)。围栏封育工程让境内的天然草场得到了自然更新复壮，草地生产力逐渐恢复，使亩产干草增加75千克，可容畜量提高了15.4%，植被覆盖度增加了60%。

境内草场改良始于1980年，初在小岔公社试点，此后逐渐推广到王洼、冯庄、草庙、孟塬、古城等10个公社。至1983年，天然草场改良面积153.96公顷。1985年，学习外地经验，在交岔乡试点并在全县推广工程改良措施，方法是沿等高线每间隔2～3米

草场围栏　2006年7月拍摄 / 彭阳县农业农村局供图

做带状耕翻，播种沙打旺、红豆草、草木梅等豆科牧草。当年，全县天然草场面积1766.2公顷，其中交岔乡试点区改良面积1000公顷，经过3年试验，植被覆盖度由原来的30%~60%提高到70%~90%，优良牧草比重由32%增加到65%，亩产鲜草由60.8千克增加到433.4千克，载畜量由0.06个绵羊单位每亩提高到0.42个绵羊单位每亩。由于改良效果明显，面积逐年增加。1987年，改良天然草场面积5485公顷，面积最大。其中利用国家农牧渔业部飞播专项款11.5万元，先后在交岔、石岔、崾岘建立飞播改良草场面积1000公顷。至1993年，全县改良天然草场面积9466.7公顷，除毁坏退化面积外，实际保留改良草场面积8042.9公顷，其中纯荒山面积5276公顷，林带面积2212.7公顷，公路两旁面积553.8公顷，载畜量42758个绵羊单位，比未改良前提高4.83倍。1994—2000年，全县草场改良处于巩固阶段，恢复较好。从2002年开始，对县草原站境内退化严重的天然草场进行补播改良。范围涉及罗洼乡（马涝村、崾岘村、薛套村、罗洼村、寨科村）、交岔乡（交岔村、东洼村、关台村、庙庄村、保阳村、大坪村、关口村）、王洼镇（杨寨村、邓岔村、路寨村、花芦村）的16个行政村。通过修建面宽为3~5米带状返坡田，外埂撒播冰草，带内混播沙打旺、红豆草等优质牧草，使得草场每亩均净增草量85千克，植被覆盖度由建县前的30%提高到90%。

（作者系彭阳县政协办公室副主任）

天然草场植被恢复项目

彭阳县草原工作站

交岔乡关口村村民设置封山禁牧围栏
2006年3月拍摄 / 摄影 林生库

“彭阳县天然草原植被恢复与建设项目”是国家生态环境建设重点工程，项目总投资1000万元。2002年5月彭阳县畜牧局草原工作站开始实施，对境内的所有天然草原进行植被恢复和建设。2003年年底草原围栏、补播改良等内容已超额完成设计规模。2003—2005年对项目中的三项科技支撑体系课题：牧草病虫鼠害监测与防治、围栏草地改良治理模式对比试验、抗旱苜蓿品种引进与栽培技术研究，进行了专题课题研究。

采用刺铁丝网围栏、水泥桩柱固定，围栏草场13400公顷，项目涉及四乡一镇，即交岔乡、罗洼乡、小岔乡、冯庄乡和王洼镇，24个行政村4043户。实行草原补播改良与围栏相结合，选择围栏内植被覆盖度低、土层裸露严重且地块相对集中连片、每块面积达到66.6公顷以上的天然草原实施草原补播改良，沿等高线修整带状返坡田，带宽3～5米，保留原生植被2～3米，带内坡度5～10度，土层疏松，带内沙打汪、红豆草优质牧

彭阳温性草原　2006年7月拍摄 / 彭阳县农业农村局供图

草混播，带边撒播冰草。草原补播面积达到3300公顷，项目涉及罗洼乡、交岔乡、王洼镇3个乡镇的16个行政村。

在项目进行的同时，组织宁夏农林科学院的专家和县内专业技术人员开展牧草病虫鼠害监测与防治、围栏草地改良治理模式对比试验、抗旱苜蓿品种引进与栽培技术3项专题课题研究，为今后全县饲草料基地建设和病虫鼠害监测防治提供科学依据。

整体工程实施草原围栏13300公顷，平均亩产干草由项目实施前的65千克增加到140千克，年产干草2.8056万吨，可容畜54477个羊单位，较项目建设前的25293个羊单位提高了115.4%。按每千克干草0.3元计算，年创产值841.7万元，投入产出比为1∶2.1；项目区草原植被覆盖度由工程实施前的30%提高到90%；草原生态系统蓄水保土功能明显增强，水土流失状况得到有效遏制。

（摘自彭阳县草原工作站2003年工作总结）

退耕还林政策的制定

退耕还林工程作为国家实施西部大开发战略的重点工程和重要载体，是我国迄今为止政策性最强、投资量最大、涉及面最广、工作程序最多、群众参与程度最高的一项宏伟的生态建设工程。自1999年退耕还林工程实施以来，从国务院到国家各相关部门，地方各级政府到具体实施管理部门，先后系统地制定和出台了大量的退耕还林工程建设的政策法规，如《国务院关于进一步做好退耕还林还草工作的若干意见》《国务院关于进一步完善退耕还林政策措施的若干意见》《退耕还林条例》《国务院关于完善退耕还林政策的通知》等政策法规，形成了比较系统、完善的工程管理框架。这些政策法规，充分体现了党中央、国务院高瞻远瞩、科学施政的指导思想与科学发展观，反映了国家有关部委、地方各级党委和政府以及退耕还林实施管理部门的高度责任感和使命感，有力地保证了退耕还林这项林业重点工程的顺利实施和健康发展。这些政策文件对改善我国生态环境，促进农村产业结构调整，保护退耕还林者的合法权益，依法规范退耕还林工作的持续、有序运作起到保障作用。同时，也有力地推动了林业跨越式发展的实现。一是促使退耕还林工程走向依法管理、依法实施的轨道。退耕还林工程是一项极为复杂的综合性系统工程，国务院及相关部门出台了一系列政策法规明确了退耕还林工程实施的各个环节、责任分工、操作实施程序等方面的内容。由此，国务院各有关部门及地方各级人民政府必须依法行政，依法管理退耕还林工作，使退耕还林的整个过程都有法可依，有章可循。二是有利于保持国家退耕还林政策措施的连续性和稳定性。退耕还林工程涵盖25个省（自治区、直辖市），工程建设和政策兑现年限长，直接关系到国家生态效益、农民经济利益。因此，在退耕还林过程中，国家不断地根据工程发展需要完善退耕还林各项政策措施，保障退耕还林工程的顺利实施。三是有利于规范退耕还林程序，保护退耕还林当事人的合法权益，保护国家和社会公共利益。退耕还林实施过程中出现了一些不容忽视的问题，部分群众在认识上存在着片面性，有的地方尊重自然规律不够，不能因地制宜确定造林模式，少数地方补助的粮食、资金兑付不及时，出现摊派、克扣和兑付不合格粮等问题。以上这些问题都必须以法规的形式加以规范和解决。四是对实施西部大开发以及国家可持续发展战略具有深远意义。生态环境的改善是西部地区首先要着力解决的问题，退耕还林工程的实施在很大程度上改善中华民族的生存环境，退耕还林的一系列法规政策有力地推动了工程建设的顺利实施，有力地推进了西部大开发以及国家可持续发展这一战略目标的实现。

在试点期间，为加强对退耕还林试点工作的指导，下发了《国务院关于进一步做好退耕还林还草试点工作的若干意见》（国发〔2000〕24号）。为了落实好这一文件精神，财政部、国家发展改革委、国家林业局、农业部等部门也制定了《关于开展2000年长江上游、黄河上中游地区退耕还林（草）试点示范工作的通知》（林计发〔2000〕111号）、《以粮代赈、退耕还林还草的粮食供应暂行办法》（计粮办〔2000〕241号）、《退耕还林还草试点粮食补助资金财政、财务管理暂行办法》（财建〔2000〕292号）、《财政部、国家税务总局关于退耕还林还草试点地区农业税政策的通知》（财税〔2000〕103号）等4个重要文件。另外，国家林业局、国务院西部地区开发办联合下发了《退耕还林工程检查验收办法（试行）》（林生发〔2001〕43号），2000年12月31日国家林业局1号令发布《林木和林地权属登记管理办法》。宁夏回族自治区政府及有关部门下发了《宁夏回族自治区以粮代赈退耕还林还草粮食供应管理暂行办法》《宁夏回族自治区退耕还林还草试点粮食补助资金财政、财务管理暂行办法》（宁财建发〔2001〕330号）、《退耕还林还草生态林与经济林认定标准（试行）》（宁林发〔2001〕215号）。根据上述文件精神，自治区计划委员会编制了《宁夏回族自治区以粮代赈退耕还林草实施规划》（1999年11月），为认真贯彻"退耕还林还草、封山绿化、以粮代赈、个体承包"的指示精神，切实搞好退耕还林（草）试点工作，进一步加强林草建设，改善生产生活条件，逐步实现生态良性循环和经济社会的持续发展，彭阳县根据《国务院关于进一步做好退耕还林草试点工作的若干意见》和《宁夏回族自治区以粮代赈退耕还林还草实施规划》的要求，结合全县工作实际，制定了《彭阳县实施退耕还林草项目暂行办法》（彭政发〔2001〕7号），试点期间的一系列退耕还林政策措施,对确保退耕还林的顺利实施和健康发展起到了重要的保证作用。

退耕还林试点的同时,发现了一些需要进一步研究和解决的问题,有些政策措施也需要进一步完善。为把退耕还林工作扎实、稳妥、健康地向前推进,2002年4月《国务院关于进一步完善退耕还林政策措施的若干意见》(国发〔2002〕10号),进一步明确和完善了退耕还林的政策措施。根据有关法律、法规和国务院关于实施退耕还林工程的文件精神,财政部制定了《退耕还林工程现金补助资金管理办法》(财农〔2002〕156号),进一步加强退耕还林工程现金补助资金的管理。随着《国务院关于进一步做好退耕还林还草试点工作的若干意见》和《国务院关于进一步完善退耕还林政策措施的若干意见》相继出台,退耕还林的一些基本政策规定都得到了明确,保障了退耕还林工程的顺利实施。为使退耕还林走上法制化管理轨道,国务院把制定《退耕还林条例》列入了2002年立法计划。在2002年12月6日召开的国务院第66次常务会议上通过了《退耕还林条例》(中华人民共和国国务院令第367号),2002年12月14日予以公布,并于2003年1月20日正式施行。《退耕还林条例》的施行,标志着退耕还林已经步入法治化管理轨道。在此期间,彭阳县相继出台了《彭阳县退耕还林草办法》(彭政发〔2003〕8号)、《中共彭阳县委、彭阳县人民政府关于实行封山禁牧发展舍饲养殖的决定》(彭党发〔2002〕47号)。

2004—2005年是退耕还林工程快速发展时期,为了更好地贯彻落实国务院关于退耕还林的政策,解决好退耕农户的长远生计问题,国务院办公厅相继出台了《国务院办公厅关于完善退耕还林粮食补助办法的通知》(国办发〔2004〕34号)和《国务院办公厅关于切实搞好"五个结合"进一步巩固退耕还林成果的通知》(国办发〔2005〕25号)。由于国家对退耕还林做出了结构性、适应性政策调整,对退耕还林工作提出了新的更高的要求,原《彭阳县退耕还林草办法》《彭阳县荒山造林基金管理办法》与国家有关政策和现行工作重点不能完全适应,为进一步规范退耕还林草工程,加强对退耕还林草工作管理,优化产业结构,巩固建设成果,经过自下而上广泛征求意见和讨论,2005年彭阳县委、县政府对原《彭阳县退耕还林草办法》进行了修改,2005年10月21日经县人民政府审定,重新印发了《彭阳县退耕还林草办法》(彭政发〔2005〕43号),并制定了《关于加快发展后续产业巩固退耕还林草成果的实施意见》(彭党发〔2005〕18号),确保退耕还林(草)地区区域经济协调和可持续发展。

2007年以后退耕还林工程进入了稳步推进时期。为了巩固退耕还林成果、解决退耕还林农户生活困难和长远生计问题，2007年8月9日，国务院正式下发了《国务院关于完善退耕还林政策的通知》(国发〔2007〕25号)，决定延长退耕还林补助期限，继续给予退耕农户适当补助。同时，为集中力量解决影响退耕农户长远生计突出问题，中央财政安排一定规模资金，作为巩固退耕还林成果专项资金，主要用于西部地区、京津风沙源治理和享受西部地区政策的中部地区退耕农户的基本口粮田建设、农村能源建设、生态移民以及补植补造，并向特殊困难地区倾斜。根据《国务院关于完善退耕还林政策的通知》精神，财政部先后制定了《完善退耕还林政策补助资金管理办法》(财农〔2007〕339号)和《巩固退耕还林成果专项资金使用和管理办法》(农财发〔2007〕327号)，进一步加强退耕还林工程资金的管理。为了加强巩固退耕还林成果专项规划建设项目管理，国家发展改革委、监察部、国土资源部、水利部、农业部、审计部、国家统计局、国家林业局、国家粮食局等九部委联合下发了《巩固退耕还林成果专项规划建设项目管理办法》(发改本部〔2010〕1382号)、《退耕还林财政资金预算管理办法》(财农〔2010〕547号)。根据以上各项管理办法，宁夏回族自治区也相应出台了《宁夏回族自治区完善退耕还林政策补助资金管理办法实施细则》(宁财农发〔2008〕273号)、《宁夏回族自治区巩固退耕还林成果专项资金使用和管理办法实施细则》(宁财农发〔2008〕359号)、《宁夏回族自治区巩固退耕还林成果专项规划建设项目管理办法实施细则》(宁发改西部〔2010〕700号)。与此同时，彭阳县委、县政府制定了《关于进一步规范荒山造林基金管理的意见》(彭政发〔2009〕13号)，进一步确保退耕还林工程建设质量和投资效益。

(摘自《彭阳县林业志》)

退耕还林工程的实施

彭阳县自2000年实施退耕还林工程以来，各相关部门密切配合，通力协作，以改善生态环境、促进农民增收为目标，按照科学规划、完善政策、重点突出、巩固成果、稳步推进的建设思路，精心组织，认真实施，全面完成了国家下达的退耕还林任务，并取得了显著成效。截至2012年年底累计完成国家下达的退耕还林任务面积98733公顷，其中退耕地造林面积49333公顷，涉及全县12个乡镇、156个行政村、831个自然村、41911户退耕农户和178977个退耕农民。荒山荒地造林面积46733公顷，封山育林面积2667公顷，全部为生态林。退耕地造林分乡镇完成情况见表1。

2000—2005年是退耕还林工程建设蓬勃发展阶段，也是彭阳县抢抓机遇，加快退耕还林建设步伐，大力改善全县生态环境建设的重要时期。这一阶段国家安排下达给彭阳县退耕还林计划任务面积84467公顷，其中退耕地造林面积48000公顷，荒山荒地造林面积35133公顷，封山育林面积1333公顷。

2006—2011年，退耕还林工程进入"巩固成果，稳步推进"阶段，这一阶段国家安排下达给彭阳县退耕还林计划任务面积14267公顷，其中退耕地造林面积1333公顷、荒山荒地造林面积11600公顷、封山育林面积1333公顷；2007年以后国家暂停退耕还林任务安排，但仍继续安排荒山造林和封山育林任务。同时，国务院出台了《国务院关于完善退耕还林政策的通知》(国发〔2007〕25号)，延长了退还林政策补助期限，建立巩固退耕还林成果专项资金，进一步完善了退耕还林后续政策。

2000—2012年，国家累计安排给彭阳县退耕还林补助资金116217万元，其中种苗补助资金8182万元，原政策补助资金94400万元，完善退耕政策补助资金13635万元。

表1 退耕地造林分乡镇完成情况(按兑现)统计表

单位:公顷

乡镇	2000—2006年退耕面积							
	2000年	2001年	2002年	2003年	2004年	2005年	2006年	合计
白阳镇	460.00	446.94	1024.58	928.06	352.07	1101.20	140.00	4452.85
王洼镇	866.67	866.07	1668.00	2503.03	536.24	2309.87	180.00	8929.88
古城镇	533.33	507.51	1038.09	1470.61	1146.09	436.00	373.33	5504.96
新集乡	520.00	507.47	911.33	960.47	231.07	361.00	26.67	3518.01
城阳乡	300.00	296.67	548.00	666.67	159.27	521.00	43.33	2534.94
红河乡	340.00	334.00	604.00	694.00	175.13	417.33	43.33	2607.79
冯庄乡	353.33	369.33	688.00	1048.14	230.33	1187.33	91.33	3967.79
小岔乡	253.33	264.00	491.33	743.67	316.67	1633.00	125.33	3827.33
孟塬乡	273.33	333.33	930.67	1400.77	278.93	1306.33	100.00	4623.36
罗洼乡	253.33	250.00	480.00	732.35	195.20	1005.87	76.67	2993.42
交岔乡	233.33	227.33	466.67	685.57	163.00	839.87	66.67	2682.44
草庙乡	280.00	264.00	816.00	1166.67	216.00	885.20	—	3627.87
合计	4666.65	4666.65	9666.67	13000.01	4000.00	12004.00	1266.66	49270.64

在退耕还林期间,彭阳县强化组织领导,完善工作措施。首先成立退耕还林领导小组,由党政一把手亲自挂帅,分管领导和有关部门、单位负责人为成员,加强对全县退耕还林工程实施的指导协调,推行“一票否决”制和严格的责任追究制,层层签订目标责任书,齐心协力组织抓落实。林业部门负责工程规划设计、种苗供应、技术指导、档案管理、工程验收等工作;财政、粮食部门负责安排退耕还林的补助资金和粮食兑现等工作;各乡镇负责面积落实、合同签订、组织发动、林木管护等工作。领导小组下设专门的办公室,负责全县退耕还林工程的实施及管理等工作。乡、村也成立了相应的组织机构,具体负责工程的实施。各工程点都确定了行政负责人和技术负责人,专门跟踪监督检查工程实施及后期管理情况,为工程顺利实施提供了组织保障。

坚持科学规划,推行综合治理。坚持“因地制宜、分类指导、先易后难、稳步推进”的原则和“退一还二”的运作方式,以小流域为综合治理单元和经济开发单元,山、水、田、林、草、路统一规划，梁、峁、沟、坡、塬、滩综合治理，农、林、水、牧等项目资金捆绑使用，工程、生物、耕作措施相结合，整座山、整条沟、整个流域集中连片，规模治理，一次到位。在实际操作中，先上后下，先坡后沟，退（耕）推（田）结合，沟坡兼治。首先，严格“四退”标准，即保证人均3～4亩口粮田以外15度以上的坡耕地退耕、集中连片封育区插花分布的耕地退耕、水土流失严重区域的坡耕地退耕、开荒地无条件退耕。其次，坚持“五个结合”，即把退耕还林草同农业基础建设结合，退耕工程与农田水利建设同规划、同实施；同农村能源建设结合，在项目安排上，优先向退耕还林区域和退耕农户倾斜，以解决退耕封禁后燃料不足的问题；同生态移民结合，对生存环境较差的退耕区农户实行集体搬迁，整体退耕；同产业开发结合，依托丰富的林草资源和良好的气候条件，在退耕区域内安排畜牧养殖、特色种植等项目，培育和发展后续产业；同封山禁牧、舍饲养殖相结合，封山育林，禁牧舍饲，保护了退耕成果。目前，一个以林草为主体，农、林、牧同步发展，点、线、面协调配套的生态农业体系已基本形成。

突出科技支撑，提高工程成效。一是按照“山顶沙棘、山桃株间混交，隔坡地埂苜蓿、柠条，山坡桃杏缠腰，土石质山区针阔混交”这一基本经验，根据不同的土地类型，实行封造结合，林草间作，宜林则林，宜草则草，宜田则田，乔灌草镶嵌配套，形成了北部水土保持饲料林、中部桃杏生态经济林、东南部优质干果林、西南部水源涵养林的区域格局。二是创造性地总结推广了“88542”隔坡反坡水平沟整地技术标准，达到了截流蓄水、提墒保墒、活土还原的目的。在苗木栽植上采用截杆深栽、树盘覆膜、树干套袋、涂保水剂、蘸生根粉等旱作林业技术，积极配套机修农田、集雨节灌、品种改良等实用技术，努力提高流域治理和生态建设的科技含量。三是坚持把树立典型，示范引导作为推广科学技术、提高建设质量的有效措施来抓，以村为单位，抓典型、树样板，组织观摩，有效地促进了各项实用技术的广泛推广和建设质量的不断提高，先后建成了大沟湾、麻喇湾、丁岗堡等一大批规模大、标准高的退耕还林示范工程，以此带动全县退耕还林工程建设高水平、高质量地运行。

注重质量管理，巩固建设成果。一是在工程实施管理上严把“七关”，即区域界定关、面积丈量关、作业设计关、整地栽植关、种苗质量关、抚育管护关和验收兑现关，确保建设质量。由县、乡退耕还林领导小组统一选区定点，乡、村两级组成专门工作组，逐户逐块丈量退耕面积，林牧技术人员深入现场，逐点编制作业设计，采取户退户还或以粮代赈的办法组织施工。坚持谁退耕、谁抚育管护，及时组织群众松土锄草、修枝扶壮、防治病虫鼠害、修复水毁工程。同时，抓住国家对退耕还林实行结构性、适应性调整的时机，及时组织开展质量"回头看"，确保建设成效。二是在粮款兑现上推行专户储存、单独核算、专款专用、归口管理，严格按照"村组公示、退耕发证、乡镇造册、直接到户"的兑现程序组织发放，做到公正、公平、公开。三是注重在考核监督上严格实行"四不兑现"。即对松土锄草不及时、水毁工程不修复、林带隔坡不种草和补植(种)不达标，造成林草成活率、保存率、抚育管护率达不到要求的，每次每亩退耕地扣除40元现金，由乡村统一组织劳力完成经营管护任务。四是在档案管理上推行"一卡、两书、两证、三个手续"的制度，即乡镇建立《退耕还林档案卡》，同退耕农户签订《退耕还林合同书》，同各施工点责任人签订《退耕还林工作责任书》，核发粮款供应证和林权证，完善面积认定、种苗发放和补助粮款兑现三个手续，建立健全了退耕档案。五是在资源管理上划分重点与一般管理区，实行分类指导。建立健全林业干警、草原警察、乡镇林业站和护林三级管护网络，强化监督，严格执法，制定出台了《关于推行封山禁牧发展舍饲养殖决定》及实施方案，从2003年5月1日起全面实行了封山禁牧。

彭阳县自退耕还林工程实施以来，紧紧围绕大地增绿、农业增产、农村增效、农民增收的总体目标，把退耕还林作为改善生态环境，增加农民收入的战略举措。通过合理布局突出重点，精心组织，整体推进，使全县退耕还林工程建设取得了显著的生态、经济和社会效益，并对彭阳县实施"生态型"新农村建设起到了积极的推动作用。

生态效益。生态恶化曾让彭阳人吃尽了苦头，祖祖辈辈居住在这块土地上的人们的夙愿，就是让山变绿，水变清，人变富。随着退耕还林还草工程的实施，使黄土高坡披上了绿装，老百姓"钱袋子"也鼓了起来。自退耕还林工程实施以来，共新增人工造林面积9.87万公顷，使林木资源面积迅速增长，水土流失治理步伐明显加快，生态环境大为改观。全县林木保存面积由1999年的54133.3公顷增加到131733.3公顷，森林覆盖率由1999年13.9%提高到24.8%，增加了10.7个百分点；累计治理小流域134条，治理水土流失面积1779平方千米，治理程度达到76.3%，年减少泥沙流量近680万吨；新修林区道路和流域道路长800千米，生物种类不断丰富，林草覆盖率明显提高，群众生产生活条件显著改善。退耕还林工程的实施使彭阳的生态环境显著改善，基本实现了"水不下山，泥不出沟"的目标，初步实现了"山变绿、水变清、地变平、路畅通"，生态步入良性循环的历史性转变，一个山川秀美、繁荣富裕的新彭阳呈现出一派生机勃勃的喜人景象。

经济效益。退耕还林(草)工程的实施，使大量的农村劳动力从广种薄收、隔山种地的传统经营模式中解脱出来，剩余劳动力大量向二、三产业转移，农业经济增长方式发生转变，产业结构不断优化升级。各地因地制宜，积极探索农民欢迎的退耕还林经营管理模式，培育和发展区域比较优势和市场前景看好的主导产业，加快设施农业建设，推广舍饲养殖业，确保增加农民收入。退耕还林加快了农业产业结构调整步伐，提高了农业综合生产能力，使自然生态环境得到有效改善，极大地减轻了经济发展对资源和生态环境的压力，有效控制了生态环境的进一步恶化，奠定了产业结构调整的基础。退耕还林(草)不仅改善了彭阳的生态环境，加速了农村剩余劳动力向二、三产业转移，退耕区普遍注重发挥区域比较优势，培育特色产业，发展产业化经营，促进了县域经济的快速发展。退耕还林(草)工程的实施，直接带动了彭阳农民收入连续稳步增长，农村经济快速发展。全县41911户退耕农户、178977名退耕农民直接受益退耕还林粮款补助，2000—2012年累计兑现退耕农户粮款和生活补助费108035万元，退耕农民人均每年从退耕还林收益464元，全县农民人均累计增收4597元，在全县耕地总量减少的情况下，粮食总产量稳中有升。同时，随着退耕还林草面积的不断增加，大量劳动力从耕地上解脱出来，农民外出务工收入大幅增长，近年来，全县农村劳动力输出人数达到5.2万人，劳务收入1787元，占全县农民人均纯收入的37.2%，2012年全县农民人均纯收入4798元，比退耕前1999年的1041元增长3757元，年均增长27.76%。彭阳县紧紧围绕建设“大花园、大果园”目标，坚持适地适树、合理布局、注重实效的原则，采取流域生态经济沟、庭院经济、设施栽培和嫁接改良提升四种模式，实现单一林业产业向多层次开发林业产业发展，努力促进“生态型林业”向“生态经济型林业”转变。

社会效益。随着退耕还林的实施，广大基层干部和群众要求发展的积极性逐年高涨，退耕农民逐步改变了广种薄收的习惯，加大了粮食种植的投入，采取精耕细作，新技术推广应用，大搞农田基本建设，坚持“上退下推”，提高了粮食单产，粮食总产量连续稳步增长，保证退耕后粮食不减产，农民不减收。同时，退耕还林政策性补贴，有效地缓解了山区农民吃粮、生产困难问题。实施退耕还林对稳定社会秩序、促进民族团结、解决贫困山区农民温饱、引导农民脱贫有着举足轻重、无可替代的特殊作用。2004

年以来，宁南山区和中部干旱带遭遇持续干旱，夏粮基本绝收，但广大农户由于享受退耕还林政策补助，因而生计无忧、社会稳定。因此，退耕还林工程被广大群众誉为“民心工程”“扶贫工程”“德政工程”。通过实施退耕还林工程，有效地控制了水土流失，自然灾害逐步减轻。又把农民从土地上解放出来，为发展林果业、畜牧业、劳务输出和第三产业创造了有利条件。同时，大力发展后续产业，不断提高农民收入。退耕还林工程通过开展“五个结合”，农村饮用水源和生活能源情况得到明显改善，农村基础设施服务功能明显增强，居民生产、生活条件得到进一步改善。大部分退耕农户使用了沼气、太阳灶、太阳能热水器等清洁能源，农村过去“脏、乱、差”的面貌有了极大的改观，有效改善了人居环境。彭阳县高度重视退耕还林还草工作，并以此为契机，把实施退耕还林还草工程作为全县生态建设的重点来抓，先后出台了《彭阳县实施退耕还林草项目暂行办法》《彭阳县退耕还林草办法》《关于加快发展后续产业巩固退耕还林草成果的实施意见》等一系列政策措施。通过广泛宣传和工程的实施，促进了广大基层干部和群众生态意识的提高和思想观念的转变，得到社会各方的大力支持和退耕区农民的拥护。人们普遍认为，退耕还林还草是中央对西部大开发作出的重大战略举措，使全县广大干部群众对国家以粮食换生态、实行“退耕还林、封山绿化、以粮代赈、个体承包”的重大意义有了进一步的认识。加快生态保护和建设已成为全社会的共识，形成了一个改土治水、造林种草、建设秀美山川的良好氛围。彭阳县探索总结推广出的“88542”隔坡反坡水平沟整地方式和乔灌草相结合的退耕还林建设模式，综合效益明显，得到广大干部群众的一致拥护和赞同。

（摘自《彭阳县林业志》）

退耕还林(草)补助

退耕还林工程政策补助可分为三部分,即种苗造林补助、退耕还林粮款补助和完善退耕还林政策补助。

种苗造林补助。《退耕还林条例》规定,种苗造林补助费应当用于种苗采购,结余部分可以用于造林补助和封育管护。2000—2007年,退耕地造林、荒山荒地造林和封山育林种苗补助均为50元每亩;2008年造林种苗补助提高到荒山荒地造林120元每亩,封山育林70元每亩;2009—2010年造林种苗补助标准提高到荒山造林乔木林200元每亩、灌木林120元每亩、封山育林70元每亩;2011—2012年造林补助标准又提高至荒山乔木林300元每亩、灌木林120元每亩、封山育林70元每亩。

退耕还林粮款补助。国家按照退耕农户实际退耕面积,每年定额向退耕农户提供粮食和现金补助。粮食和现金补助标准为:长江流域及南方地区,每亩退耕地每年补助粮食(原粮)150千克;黄河流域及北方地区,每亩退耕地每年补助粮食(原粮)100千克。每亩退耕地每年补助现金20元。粮食和现金补助年限,还草补助按2年计算,还经济林补助按5年计算,还生态林补助暂按8年计算。补助粮食(原粮)的价款按每千克1.4元折价计算。2004年,国务院办公厅下发了《国务院办公厅关于完善退耕还林粮食补助办法的通知》,决定从2004年起,出于粮食安全问题,原则上把向退耕户补助的粮食改为现金,按每千克粮食(原粮)1.4元的标准包干给各省、自治区、直辖市,具体补助标准和办法由省级人民政府根据当地实际情况确定。

完善退耕还林政策补助。作为原退耕还林粮款补助的延续,第一轮粮款补助8年期满后,中央财政安排资金,继续对退耕农户给予适当的现金补助。补助标准为:长江

草庙乡新洼村退耕还林工程
2020年5月拍摄 / 摄影 沈继刚

流域及南方地区每亩退耕地每年补助现金105元；黄河流域及北方地区每亩退耕地每年补助现金70元，原每亩退耕地每年20元现金补助费继续直接补助给农户，并与管护任务挂钩。补助期为还生态林补助8年，还经济林补助5年，还草补助2年。根据退耕还林阶段验收结果，兑现补助资金。

退耕还林政策补助兑现工作涉及发改、财政、林业、粮食等多部门，每年国家将退耕还林工程建设计划任务下达到地方后，由地方发改及林业和财政部门联合将任务分解下达，每年度的退耕还林粮款补助资金由地方财政根据计划，分别将粮食补助和现金补助拨付到粮食部门和各县级财政，粮款兑现依据县级林业部门提供的花名册进行兑付，其中补助粮由粮食部门负责就近调运并发放至退耕农户手中，现金补助由各县财政将资金直接通过"一卡通"形式兑付给退耕农户。

在退耕还林粮食兑现方面，宁夏回族自治区人民政府制定了《关于进一步完善退耕还林粮食供应政策措施的意见》（宁发改〔2003〕12号），明确宁夏退耕还林粮食供应在退耕还林粮食兑现方面；宁夏回族自治区人民政府制定了《关于进一步完善退耕还林粮食供应政策措施的意见》（宁发改〔2003〕12号），明确宁夏退耕还林粮食供应由宁夏粮食局负责，按照宏观调控、分级负责、方便群众、保障供应的原则，及时足额向退耕农户发放补助粮。2000—2003年，宁夏原退耕还林粮食补助全部按照100千克原粮（兑现的原粮比例为小麦60%、玉米30%、稻谷10%）进行兑现，有力保证了退耕农户按时领取补助粮食。2004年，国务院办公厅下发了《国务院办公厅关于完善退耕还林粮食补助办法的通知》后，将具体兑现办法下放到了地方，由各省、自治区、直辖市人民政府自行决定。对此，宁夏回族自治区人民政府根据区情，下发了《宁夏回族自治区人民政府办公厅关于退耕还林粮食补助办法的通知》（宁政办发〔2004〕102号），决定从2004年起，退耕还林粮食补助实行分类型、分比例兑现现金和粮食。川区各县（区）以及中卫市沙坡头区等地的粮款补助，全部以现金形式兑现；山区8县区（包括原州区、彭阳县、隆德县、泾源县、西吉县、海原县、同心县、盐池县）、红寺堡区、中宁县实行补粮补款相结合的方式兑现。补助比例为粮食30%、现金70%，补助粮食品种比例为小麦和玉米各50%。粮食兑现中发生的差价、调运、仓储保管等费用由宁夏财政承担。粮食补助折合的现金全部通过农村信用社或农业银行采取“一卡通”的形式，直接兑现给退耕农户。

在退耕还林现金兑现方面，为了加强资金管理，提高资金的使用效益，2002年，宁夏财政、宁夏林业局联合制定了《宁夏回族自治区退耕还林工程现金补助资金管理办法实施细则》（宁财农发〔2002〕1173号），明确每亩退耕地每年补助的20元生活补助，由宁夏财政根据年度计划及时下拨至各县财政局，由各县财政局将生活补助资金拨付至当地农村信用社或农业银行，采取“一卡通”的形式直接兑付到退耕农户手中，减少中间环节，严格规范了资金管理程序。

绿色彭阳

2020年8月13日拍摄于白阳镇 / 摄影　蔺建斌

绿染千山
2022年5月拍摄于彭阳县小岔乡 / 摄影 张俊仓

2007年,《国务院关于完善退耕还林政策的通知》(国发〔2007〕25号)下发,决定对退耕还林政策补助再延长一个补助周期,即经国家阶段验收合格的退耕造林地,每亩按70元生活补助费和20元管护费的标准,再继续给退耕农户补一个8年的周期。为确保国家完善政策补助资金及时、足额兑现到退耕农户手中,保障退耕农户利益,宁夏又相继出台了《宁夏回族自治区完善退耕还林政策补助资金管理办法实施细则》(宁财农发〔2008〕273号)和《关于调整我区2008年度退耕还林补助粮供应政策的通知》(宁粮发〔2008〕66号)。对于原退耕还林粮款补助供应政策有了新的规定:第一轮原退耕还林粮款补助继续实行"钱粮结合"的办法兑现。

从2008年开始,对山区8县及红寺堡区、中宁喊叫水乡2001—2006年实施的退耕地,按每亩补助现金90元、30千克原粮(购粮款50元)向退耕农户兑付,其他县区全部以现金形式兑现;对于完善政策补助资金按每亩70元的生活补助费,全部以现金兑付,每亩20元的管护费继续直补给退耕农户,并与管护任务、管护成效挂钩。

(摘自《彭阳县林业志》)

生态补助政策的实施

建档立卡贫困人口部分转为生态护林员政策

按照宁夏回族自治区林业厅、财政厅、扶贫办《关于开展2018年度建档立卡贫困人口生态护林员选聘工作的通知》(宁林发〔2018〕132号)和《自治区林业和草原局关于下达2019年度生态护林员补助资金项目计划的通知》(宁林发〔2019〕155号)文件,全县落实建档立卡贫困人口生态护林员1090人,工资标准为10000元每人每年,工资总计1090万元。

上一轮退耕还林兑现粮款补助政策

2007年,《国务院关于完善退耕还林政策的通知》(国发〔2007〕25号)决定,对退耕还林政策补助再延长一个补助周期(8年),补助标准为每亩90元(生活补助费70元、管护费20元)。

根据《自治区林业和草原局关于提前下达2020年中央财政林业草原生态保护恢复资金和林业改革发展资金项目计划的通知》(宁林发〔2019〕209号)文件精神,将上一轮2000—2004年退耕还林纳入国家生态效益补偿项目,每年每亩补助16元;森林抚育每年每亩补助20元。

根据《自治区林业和草原局关于下达2020年第一批自治区财政林业补助资金项目计划的通知》(宁林发〔2019〕218号)文件精神,第一轮退耕还林生态林成果巩固资金补助标准为20元每亩,补助期限为5年。

秀美山河　2019年4月拍摄 / 摄影　林生库

新一轮退耕还林还草补助政策

根据国务院批准的《新一轮退耕还林还草总体方案》，退耕还林每亩补助标准1500元，分3次兑现给退耕农户，第一年800元（含种苗造林费300元）、第三年300元、第五年400元；退耕还草每亩补助标准800元，分两次兑现给退耕农户，第一年500元（含种草费120元）、第三年300元。

根据《自治区财政厅林业厅农牧厅关于做好退耕还林草有关工作的通知》[宁财（村）发〔2018〕340号]文件精神，自治区财政增加退耕还林补助资金每亩300元。

根据《自治区发展改革委财政厅林业厅国土资源厅关于下达2017年度退耕还林草建设任务的通知》（宁发改西部〔2017〕461号）文件精神，从2017年起将退耕还林种苗造林费每亩再增加100元。

“四个一”林草产业补助政策

“一棵树”扶持政策及补贴办法。一是对企业、非村集体合作社种植的乔化短枝型苹果、红梅杏、花椒采取“以奖代补”,“先建后补”的方式进行补贴，补贴标准按照每亩苗木总价值的50%给予补助，并由自然资源局牵头组织发改、财政、审计部门联合询价，给出苗木标准和指导价后，由所需苗木企业自行采购，采购价不得高于政府询价；二是村集体合作社集中连片和农户庭院发展乔化短枝型苹果、红梅杏、花椒，由政府统一采购无偿发放苗木、树膜及防啮护管并给予每株2元的管理费补贴；三是对企业、合作社及农户发展矮化自根砧苹果格架系统栽培的实行“以奖代补”，采取“先建后补”的方式进行补贴，每亩补助0.8万元(当年建成基地并配套格架及滴灌系统每亩补贴0.65万元，滴灌系统不再另行补贴，政府鼓励搭建防雹网，防雹网建成验收合格后补贴0.15万元)。

验收兑现。一是对企业和非村集体合作社集中连片型和农户庭院型发展的“一棵树”,待8—10月验收后成活率在85%以上，分别兑现50%的苗木补助、每株2元管理费，成活率在85%以下不予兑现；同时成立县、乡、村三级组成的项目实施工作组，负责苗木发放、栽植、抚育管护、验收兑现等工作；二是对发展矮化自根砧苹果格架系统栽培的按照实施方案进行验收，当年成活率达85%以上且配套格架及滴灌系统每亩兑现

阳洼流域桃花盛开　2023年4月拍摄 / 摄影　沈继刚

补贴0.65万元，建成防雹网后兑现补贴0.15万元。

“一株苗”扶持政策及补贴办法。对2020年确定引种示范推广的优质苹果、花椒育苗基地面积在100亩以上的实行“以奖代补”，采取“先建后补”的方式给予总投资15%的补贴资金，所培育的苗木必须优先满足我县发展“一棵树”建设用苗，苗木价格必须低于当年市场价。

验收兑现。在项目完成后，按照实施方案设计标准及成活率要求进行验收兑现。

优惠政策。今后全县实施“四个一”推广工程中，原则上必须优先使用本县试验示范成功的树种和培育的苗木，苗木数量不足时，必须报经政府分管领导同意后方可在周边地区采购。

“一枝花”扶持政策及补贴办法。按照《彭阳县2020年旅游产业“一枝花”示范推广实施方案》实施。

“一棵草”扶持政策及补贴办法。一是青贮玉米及甜高粱种子每亩财政补贴45元，农户自筹30元，实行政府统一采购、集中发放；二是千亩以上集中连片，每亩补助600元；三是“一棵草”试验示范，其中评比试验示范50个品种，每品种奖补800元，紫花苜蓿展示示范千亩，每亩奖补1000元（其中项目补贴600元），青贮玉米展示示范千亩，每亩奖补200元。

验收兑现。按照《彭阳县2020年农业产业脱贫富民方案》进行验收兑现。

（摘自《彭阳县扶贫政策汇编》）

彭阳县退耕还林还草后续产业培育和发展

翟红霞

交岔乡农民杨建平在自家院子养蜂　2020年5月拍摄 / 摄影　沈继刚

退耕还林还草工程实施3年来，全县共完成退耕还林还草面积3.5万公顷，其中退耕地还林面积119.5万公顷，宜林荒山荒地造林面积116万公顷，分别完成自治区下达计划任务的102.8%和109%；间作种草面积0.8万公顷，退耕还林草产生了明显的生态、经济和社会效益。

一是生态效益初步显现。三年的工程建设，使全县森林覆盖率由试点前的13%增加到15.6%，退耕治理区林草覆盖度提高到90%。累计治理小流域53条，可控制水土流失面积583.5平方千米，年减少泥沙流量约500万吨，生态条件有所改善，生物种群逐渐增多。

二是农民收入明显增加。农民直接从退耕还林补助粮款中受益，使低产低效的农耕地退耕后稳定地获取100千克粮食，确保了粮食安全。3年累计兑付群众退耕补助粮食4950万千克，现金990万元，退耕户户均增收2341元，全县人均增收232元；退耕还林间作种草带动了牧业发展，全县养殖总量由1999年45万个羊单位发展到2002年的53万个羊单位，牧业收入增加3010万元，人均增收122元；退耕用种苗生产也给群众带来了收益，全县每年育苗达200公顷以上，年出圃商品苗木4200多万株，育苗纯收入每年约1500万元，人均增收85元；退耕工程建设带动了劳务业，2000—2002年全县累计输出劳务22.78万人次，劳务收入22795万元，人均增收923元。

三是结构调整步伐加快。退耕还林工程的顺利实施，使农民吃粮有了保证，能够腾出手来发展其他产业，推进了农村各种经营，加快了特色优势产业的培育和发展步伐。2002年同1999年相比，种、畜、加产值比例由71∶27∶2调整为66∶31∶3，全县粮、经、饲比例由76∶15∶9调整为59∶22∶19。

四是农村生产生活条件得到改善。按照山、水、田、林、路综合治理的思路，全县3年新修基本农田面积1.18万公顷，解决了4.4万人的吃饭田问题；新修建山区道路长315.8千米，解决了120个村行路难的问题；修建集雨井窖1.3万眼，解决了一万多户的人畜饮水问题。

虽然我县在退耕还林草工程建设和后续产业开发方面做了一些工作，收到了较好效果，但也存在一些不容忽视的困难和问题。一是地方财力困难，后续产业开发的技术投入严重不足。无论是特色种养业或是农产品加工业，初始起步阶段都需要较大的投入，加之地方财力十分困难，金融部门贷款规模小，安全性要求严，致使产业开发投入不足，影响开发进程。二是退耕还林农户的基本口粮田改造步伐缓慢，后续产业开发滞后，农民接收渠道不畅。三是退耕还林草工程刚刚起步，加之干旱少雨，林草生长缓慢，在短期内难以充分发挥效益，难以保证后续产业开发所需资源。四是小城镇和市场建设步伐缓慢，二、三产业不发达，劳务输出渠道不畅，剩余劳动力转移困难。

根据以上情况，解决对策有以下几项。

积极挖掘资源。退耕还林经过3年的精心实施，已完成退耕还林种草面积53.3万亩，按照“退一还二”的运作方式，计划到2005年完成退耕还林面积8万公顷，按照“山顶沙棘、山桃株间混交，隔坡地埂苜蓿柠条，山坡桃杏缠腰”的林草布局要求，根据不同的土地类型，实行封造结合，林草间作，宜林则林，宜草则草，宜田则田，乔灌草镶嵌配套，初步形成北部水土保持饲料林、中部桃杏生态经济林、东南部优质干果林、西南部水源涵养林和林带隔坡间作种草的林草格局，为后续产业的开发提供充足的杏、沙棘、花椒、核桃、苜蓿、柠条资源，力争把彭阳建成宁夏东南部最大的生态圈。

加快综合治理步伐。继续坚持以小流域为单元，山、水、田、林、草统一规划，梁、峁、沟、坡、塬综合治理，工程、生物、耕作措施结合，一座山、一条沟、一个流域集中连片规模治理，一次到位。以后每年确定一批重点小流域集中布点，进行综合治理，提高治理成效。按照先上后下、群众稳定退耕，先坡后沟、上退（耕）下推（地）、沟坡兼治的方式，确保荒山荒沟与退耕还林草同规划、同部署、同治理。先后配套机修梯田、集雨节灌、地膜覆盖、品种改良、截杆栽植等实用新技术，提高流域治理和生态建设的科技含量，再建一批规模大标准高的退耕样板工程，同时，坚持退耕管理同补助粮款挂钩，巩固建设成果。

加快坡改梯建设进程。坚持走“以进促退、以退促调，以调促收、以收促稳”的配置资源路子。把退耕还林草和农田基本建设结合起来，多方争取，筹集资金，加大投入力度，努力提高建设进度和质量，每年以6万～7万亩的速度建设高标准农田，解决退耕户的后顾之忧，力争到2005年建设高标准农田面积1.6万公顷。在退耕区域内，因地制宜地发展多种经营，不断提高土地产出率，增加农民收入，采取多种途径，千方百计增加农民收入，促进生态效益、经济效益、社会效益的有机统一。

加强对所还林草资源科学利用的规划。从长远看，要做好退耕还林工作，必须让农户从所还林草中获取收益，而且这种收益的获得应该在时间上长短结合。为保证农户收入增加的持续性，在退耕过程中，一定要兼顾生态林和草的种植，切不可重林轻草，或重经济林、轻生态林。通过科学利用所还林草资源，可以使农户收入的来源不断多样化，数量不断增加，从而使退耕地区农民对农业的自我积累能力增强，为生态环境建设、退耕地区农业结构的优化和升级，注入新的活力。

调整种植业、养殖业结构。依托退耕还林草工程的实施，把农业和农村经济定位

2005年8月，彭阳县城阳乡杨塬村村民在采摘花椒 / 摄影　林生库

在生态型林草业、增收型种植业、致富型畜牧业和增值型加工业上，随着退耕面积的逐年增加，群众口粮得到有效保障，要进一步加大经济结构调整力度，加快特色种养业发展，努力增加农民收入。

提高非退耕地的利用率。要对退耕所剩耕地作高效、合理地利用，不断优化种植结构，大力发展特色种植业，努力提高农业综合效益。在稳定冬小麦生产的同时，突出地膜玉米、洋芋、豆类、莜麦、糜荞等市场运销，效益较好的粮食作物生产，大力发展胡麻、葵花、麻子等油料和菌草、蚕桑、药材、瓜菜等区域性特色产业，建立特色种植业示范点，不断扩大特色种植面积。如红河的辣椒、城阳的药材、新集的菌草、孟塬的黄花菜等已初具规模，充分发挥区域性特色优势，加大种植业结构调整，增加农民收入。坚持把畜牧业作为结构调整和农民增收的突破口来抓，积极推行封山禁牧，发展舍饲养殖。按照《彭阳县委、县人民政府关于推行封山禁牧、发展舍饲养殖的决定》及其实施方案，组织引导群众调整结构种草，修建圈棚养畜。一方面充分利用国家财政科技项目的投资与扶持，着力建成良种黄牛和生产羊基地，增设改良点，投资修建暖棚圈舍和青贮、氨化池，加强技术培训和指导；另一方面采取政府投资促动、银行贷款拉动培育示范带动和农民自筹启动相结合的办法，筹集发放贴息及扶贫贷款，扶持发展养殖示范点、示范户，依托退耕林草资源，努力增加养殖总量。

推进产业基础建设。围绕特色优势产业的培育和发展，积极发展和扩大果品加工、饲料加工、畜产品加工等以个体私营经济为主的加工业，促使农林产品转化增值。现在，彭阳的果品加工已初具规模，其生产的产品在市场上占有一席之地，销往甘肃、陕西、山西省等周边地区，市场前景一路看好。并计划用3至5年的时间建成苜蓿、柠条饲料的深加工企业。

以市场为导向，以退耕还林为动力，以增加农民收入为目的，以加工为龙头，坚持改造和发展相结合。改进经营方式，提高管理水平，选育引进优育品种，科学规划，合理布局。相对集中，大规模、高水平，发展“两杏（仁用杏、肉用杏）”产业，要把杏的生产同加工紧密结合起来，进一步扩大果脯加工企业规模，开通杏仁加工生产线，走区域化布局、基地生产、系列加工的产业开发路子，增加农民收入，振兴彭阳经济基础支柱产业。

以柠条、紫花苜蓿为主要原料，建成一定规模的饲草加工基地。优质牧草不仅具有良好的生态效果，而且成活率高、生长周期短、可利用率高。重视柠条、优质牧草的种植，注重未来的规模利用，对解决舍饲大家畜和羊只的草料问题及相关产品加工业的发展创造良好的条件。

通过多渠道筹集资金，生产地方拳头产品，发展地方经济，突出地方特色产业，从而形成一定的竞争优势。

转移剩余劳动力。退耕还林还草解放了农村劳动力，一部分剩余劳力从业转移问题不容忽视。其做法有以下几项：一是组织退耕农户劳务输出，使其开阔视野，转变观念，学习先进技术和实用本领，自谋发展，促使增收；二是积极扶持创办村级服务实体，壮大农民经纪人队伍，积极推行“订单农业”，发展农业生产与市场需求相接轨，拓宽农民脱贫增收的路子，解决剩余劳力从业难的实际问题；三是加快二、三产业建设步伐，推进小城镇和市场基础设施建设投入。

规范管理秩序。始终把加强管理、提高效益放在退耕工程建设后续产业开发的首位，长期坚持。在产业开发管理上，首先，分产业成立领导小组，由主管副县长牵头，在项目的论证、立项、审批和资金的协调、政策的制定等方面，实行一条龙服务，加强扶持引导，加快发展体制步伐。其次，建立明确的政策机制，制定《彭阳县退耕还林还草办法》，对退耕后续产业开发，提出了明确的程序要求和奖罚措施，为实现地方经济和社会发展双赢奠定了基础。

延长退耕还林补助粮款期限。由于彭阳县属贫困山区，自然条件恶劣，干旱多灾，成林周期长，且均为生态林，经济效益低下，望能延长粮款补助时限，以确保退得下、还

得上、稳得住、不反弹。

加强对农业基础建设的支持。为稳定群众生活，要把退耕还林草与农田水利等基础建设结合起来，进一步加快坡改梯和井窖建设步伐，提高土地生产能力和退耕群众的可持续发展能力。

加快小城镇建设步伐。小城镇作为农村二、三产业发展和剩余劳力转移的载体，退耕后一大批剩余劳动力都在寻找再就业的机会，国家要进一步加大小城镇建设投资，引导农民经商办企业或从事二、三产业，发展地方经济，增加农民收入。

建立科技创新机制。在退耕还林工程实施过程中，要探索建立适应当前市场经济需要的多形式、多层次的科技成果推广转化体系，加大科学技术成果推广应用的力度。

大力扶持后续产业的培育和发展。进一步扶持林果、畜牧养殖、特色种植等基地建设，扶持兴办农、林、畜产品加工企业，实施龙头带动战略，加速农业产业化进程，增加群众的产业开发后劲。

（原载于《宁夏科技》2003年第5期）

发挥人大代表作用 做好退耕管护工作

——彭阳县古城镇创新退耕林地管护机制的做法与启示

杨保成 张立君

自退耕还林工程实施以来,林地管护一直是乡镇的一项棘手工作。古城镇另辟蹊径,通过人大代表视察,建立了专人专职、费用户筹、酬劳挂钩、代表监督的管护新机制,有效破解了困扰镇上多年的管护难问题。

镇党委根据管护工作中干群沟通难的实际,经过深入思考,选取通过人大代表视察、审议政府工作的途径,疏通和理顺与群众关系。首先组织全镇县乡两级人大代表开展工作视察,使代表对镇上的重点工作有一个直观的认识和感受,然后召开镇人大代表会议,听取镇人民政府的专项工作汇报,让代表进一步全面深入地掌握全镇退耕管护工作的现状、困难和问题,以严峻的形势激发代表的责任感和紧迫感,在此基础上形成加强管护的共识,并以决议形式审议通过了政府提交的管护办法,成功地将政府的主张上升为全镇代表的主张,为新办法新措施的实施奠定了民意基础。

决议通过后,镇党委、政府立即组织镇村干部,配合人大代表深入农户开展决议的宣传,全力推进新办法实施。按照新的管护办法,退耕管护由乡村两级统一组织,经费按照“取之于林、用之于林、谁受益谁负担”的原则,从退耕地补助款中每亩每年提取1元筹集;护林员选聘按照公开、公正、公平、择优的原则,先由村“两委”班子推荐年龄在25至60周岁、遵纪守法、在群众中有一定威信、具有管护能力、熟悉责任范围内情况、常年在家的村民作为初步人选,经村民评议、镇林业站审核后,由镇政府审批聘用。被聘的22名护林员与镇政府签订合同,一年一聘,并报县林业局备案。

按照新办法,全镇每年从退耕农户筹资8.3万元。对于这些资金,由镇政府建立专门账户,统一管理,专款专用。护林员报酬由镇林业站根据管护面积、管护难度和绩效

白阳镇白岔村吴正强、徐秀琴(夫妻)巡护杏树林
2023年3月拍摄 / 摄影　杨巨辉

考核结果综合确定,上限控制,下不保底,每年分两次兑现。资金剩余部分用于补植苗木。资金管理使用情况定期公开,接受人大代表和群众监督。

为加强对护林人员的管理,镇上从完善制度入手,成立退耕林地管护领导小组,制定《古城镇护林员管理办法》,明确规定了护林员的管护范围、内容、期限、权利、义务和责任。要求护林员在积极宣传贯彻林业法律法规和有关政策的同时,认真做好日常巡护,记好巡查日志,及时制止和处理偷牧、盗林等破坏行为,协调做好退耕还林矛盾纠纷调解和处理工作,定期汇报管护情况和存在问题,做到日记录、月小结、年总结。在此基础上,对新聘用人员进行培训,签订合同,统一着装,持证上岗。

镇政府定期对全镇退耕林地管护工作进行督查,对发现的问题,及时反馈给护林员改进;问题严重的,按制度严肃追究责任人责任。镇林业站平时对护林员的出勤、管护等情况进行定期和不定期督查考核,年终聘请人大代表、村民代表、村"两委"班子成员等对护林员进行考评打分,考核结果作为护林员评先选优和年终续聘的依据。护林员责任区年度内无偷牧放牧、森林火灾等事件发生，年终被评为优秀的，一次性奖励1000元。反之则罚减或停发工资。护林员外出打工或年终考核不合格的，解除其劳动合同。

自退耕还林以来，政府的直接管护不仅消耗了大量的时间和精力，而且经常与群众发生矛盾和冲突。新机制的实行，发挥了群众的主体作用，调动了群众的积极性，将管理方式由过去的政府管变成了群众自己管，由政府强行管变为群众自愿管，实现了管护角色的巧妙转换。

选聘专职护林员进行管护，最重要的是资金保障问题。新机制立足当前工作需要，着眼提升生态建设水平的实际，以代表决议形式从退耕补助款中提取管护费用，拓宽了工作思路，建立了稳定的筹资机制，使管护工作的资金瓶颈得到了彻底解决。

古城镇牲畜养殖数量大，群众有放牧习惯，退耕管护基础较差，工作难度大，干部职工为禁牧经常昼伏夜出，苦不堪言。新办法的出台，把干部职工从与偷牧者捉迷藏的“游戏”中解放了出来，减少了与群众正面冲突，增加了服务群众的精力，从根本上解

大沟湾护林点　2023年10月拍摄 / 摄影　沈继刚

决了管护难的问题，使偷牧现象较往年明显减少，工作效果明显改观。

乡镇干部特别是领导干部普遍有一种整体利益和长远利益与个别群众利益发生工作摩擦和冲突的现象，影响干群关系和整体工作的感觉，其中一个重要原因就是工作上难以创新、疲于创新。古城镇组织人大代表开展专项工作视察的做法，虽然从制度上看是对现有基层人代会制度的一种运用和完善，但从解决具体问题的思路上看却是一种实实在在的创新，是一种渐进的、简洁的、务实的创新。这一做法启示我们，解决工作中出现的问题，首先应立足现有的方法和制度，在此基础上，进行针对性的改进和完善。这样，不仅可以用足用好现有制度，节省精力，而且可以从中获得工作新方向和工作重点，使工作创新自然而发，水到渠成。

古城镇在退耕林地管护中，抓住矛盾的主要方面，以群众代表自己判断、自己讨论、自己决定、自己宣传、自己监督的方法，将群众置于工作的主体地位，轻松地解决了管护矛盾，理顺了群众情绪，实现了政府的工作目标。这一做法启示我们，处理此类问题，只要把群众摆到工作的中心位置来考虑，以群众为主体，走群众路线，从根本上转化矛盾、理顺关系，尊重群众意愿与落实政府工作目标是不难实现的。

（作者系彭阳县古城镇干部）

退耕七年　三苦带来四变

——记全国退耕还林先进县宁夏彭阳县(节选)

王胜男　刘　青

10月23日，一场秋雨细细密密地飘落，洗刷着山坡上的成荫绿树，滋润着六盘山下年轻的彭阳县，潮湿的空气让人几乎忘记了自己正身处黄土高原。

彭阳地形属黄土高原丘陵沟壑残塬区，境内山多川少，沟壑纵横，为全国重点水土流失区。有人说："在彭阳栽树可苦咧。"可彭阳人不怕苦。从1983年建县至今，彭阳发扬领导苦抓、部门苦帮、群众苦干的三苦作风，硬是让山变绿、水变清、地变平、人变富，在这片贫瘠的土地上描绘出一幅塞上江南的美丽画卷。尤其是2000年实施退耕还林工程以来，共完成退耕还林面积9.3万公顷。截至2009年，全县森林资源保存面积12.8万公顷，累计治理小流域92条1633平方千米，治理程度由建县初的11.1%提高到71%。全县森林覆盖率建县初为3%，退耕前为13.9%，如今已提高到20.3%。

彭阳建县24年来，每年春秋两次的义务植树雷打不动，到今年秋季已经是第48次，从县委书记、县长到学校里的娃娃都带着干粮、扛上铁锹上山义务整地、植树造林。

1983年那时候，走遍彭阳山上也看不见几棵树。全县水土流失面积2333平方千米，占土地总面积的92%，年流失土壤总量约1400万吨，自然灾害频繁，生存条件恶劣。县政协主席陈剑回忆说："干旱天，风卷着黄沙跑；到暴雨天，水冲着泥沙流。"农民广种薄收，天旱不收，80%的农民还在吃返销粮。1986年，全县财政收入仅76万元，近20万人的农民人均收入不足百元。整个县委、县政府只有一辆北京吉普和一辆解放牌卡车，遇到下雨，山路成了"水泥路"，常常翻车。

唯有改土治水，才能治穷致富。彭阳制定了"生态立县"的方针，24年一以贯之，人接班、事接茬，一任接着一任干，一张蓝图绘到底，凝结出勇于探索、团结务实、锲而不舍、艰苦创业的彭阳精神，和领导苦抓、部门苦帮、群众苦干的三苦作风。彭阳县草庙乡和沟村有个李志远，拄着双拐义务植树24年，植树10万余株，绿化荒山350亩，被评为“2005年感动宁夏年度人物”。他说：“只要还有一口气，我就要把植树造林绿化荒山的道走到底。”

这，就是“彭阳精神”。

看了大沟湾，就看到了退耕还林的希望。

彭阳县林业局局长袁君带记者来到大沟湾流域，当年的荒山坡如今呈现出“山顶林草戴帽子，山腰梯田系带子，沟头库坝穿靴子”的立体景观，如果在4月份来，满山满坡的桃花、杏花争香斗艳，景色醉人。回良玉副总理视察了大沟湾流域后说，看了大沟湾点，就看到了退耕还林的希望。

2000年，彭阳被确定为全国退耕还林工程实施试点县。通过给农户赠送挂历等方式，向退耕农户讲解退耕粮款兑现标准和有关补助政策，粮款补助严格实行“四不兑现”，即松土除草不及时、水毁工程不复、林带隔坡不种草、栽植补植不达标的，每次每亩退耕地扣除40元现金，由乡村统一组织劳动完成经营管护任务。

站在山顶举目远眺，山坡上整齐排列的一个个树坑精细得就像人织的毛衣，流域之间已经连缀成片，道路畅通，梯田环绕，远处水库反射出晃眼的闪闪波光。“地被推平了，不但人乐，连牲畜都高兴。”一位农民说，“过去耕坡地，老牛的腿都磨破皮了。现在部分田地可以实现半机械化作业。”资料显示，彭阳近50%的耕地还林还草后，粮食总产稳中有增。

（原载于《中国绿色时报》2007年12月3日头版头条，作者系该报记者）

加快发展后续产业 巩固退耕还林草成果

彭阳县委办公室

自2000年退耕还林还草工程实施以来，我县坚持“生态立县”方针，以建设“绿色彭阳”为目标，按照国家“退耕还林、封山绿化、以粮代赈、个体承包”和“严管林、慎用钱、质为先”的要求，在认真实施退耕还林还草工程的同时，大力调整农业经济结构，积极培育草畜、林果等产业，有效改善了生态环境，促进了农民增收和区域经济的快速发展。2000—2004年，全县共完成退耕还林面积8万公顷，其中退耕地造林面积5.3万公顷，荒山荒沟造林面积3万公顷；林木覆盖率由13.9%提高到18.5%。以两杏为主的经济林面积由2.7万公顷增加到2.84万公顷，以紫花苜蓿为主的多年生牧草面积由2万公顷增加到5.8万公顷，畜禽饲养总量由70.3万个羊单位增加到93万个羊单位，高标准基本农田由面积3.8万公顷增加到5.2万公顷。另外，地膜玉米、马铃薯、小杂粮及蔬菜、药材等特色优势产业已初具规模。

在充分肯定成绩的同时，必须清醒地认识到当前全县建设和发展中还存在很多问题：一些乡镇对发展后续产业重视不够，缺乏总体规划，扶持、引导和服务措施跟不上，后续产业发展缓慢；退耕还林草后管护措施及经费落实不够，加之受干旱等自然灾害的影响，林木成活率、保存率、郁闭度低，影响了退耕还林草效果；封育禁牧措施还不完善，违禁放牧现象时有发生等。全县生态环境还很脆弱，巩固退耕还林草成果、加快后续产业开发的任务十分艰巨。

生态建设的持续和稳步推进，必须有强劲的后续产业支持，否则难以协调和可持续发展。面对生态建设的新形势和新任务，各乡镇和有关部门(单位)必须始终保持清醒的头脑，进一步增强责任感和使命感，牢固树立和全面落实科学发展观，紧紧抓住退耕还林草工程实施的机遇，不断总结经验教训，以增加农民收入为核心，以科技创新和体制创新为动力，切实加快后续产业发展，有效巩固和扩大生态建设成果，促进县域经济的持续快速健康发展。

在草产业发展上立足饲草自给和实现优质化，在加强现有饲草管护、巩固历年种草成果的基础上，围绕饲草加工企业，积极引进优良品种，鼓励群众拿出平地、好地，建设一批集中连片、优质高效的草产业基地，促使饲草产业由量的扩张向质的提升转变，力争通过3年努力，使全县以紫花苜蓿为主的多年生牧草面积达到100万亩。在畜牧业发展上，以设施化、优质化为主攻方向，全面推广刘沟门养殖模式，坚持因地制宜的原则，尊重群众意愿和养殖习惯，宜羊则羊、宜牛则牛、宜猪则猪。另外，依托退耕地林草资源，推广林区和家庭散养新模式，积极培育彭阳“生态鸡”，力争2007年全县畜禽饲养总量达到120万个羊单位以上，农民人均草畜业纯收入达到550元，并基本实现草畜平衡的目标，使草畜业真正成为县域经济发展的支柱产业。

根据我县立地条件和气候特点，在北部干旱片带以发展优质山杏为主，适量发展仁用杏，建立山杏采种基地及示范园；中部黄土丘陵区以发展仁用杏为主，适量发展曹杏及鲜食接杏，建立仁用杏良种基地和示范园；东南部红茹河河谷残塬区以鲜食接杏、加工曹杏为主，适量发展优质桃李、核桃、花椒等小杂果；同时，要加大早、晚品种的种植，调减大路品种面积，并对现有的2万公顷山杏进行嫁接改良，提高单产和质量。力争3年内使全县以杏为主的经济林面积达到3.3万公顷，其中“两杏”面积达到2.6万公顷，使此项提供农民人均纯收入100元以上。

采取项目扶持、示范引导、典型带动的办法，巩固扩大菌草、辣椒、中药材等经济作物，使全县特色经济作物面积稳定在1.7万公顷以上。充分利用反季节（夏季）生产优势，使菌草生产成为退耕还林（草）后续产业开发的一个有效途径，推行“公司（协会）+基地+农户”的发展模式，全力做好食用菌产业；辣（甜）椒在我县红茹河川道区具有明显优势，要留足两河流域川水地，优化品种结构，加强以无公害种植技术为主的综合配套技术推广，加快中介组织培育，使以辣（甜）椒为主的冷凉型蔬菜面积达到0.7万公顷以上，力争建成全市最大的反季节蔬菜生产基地。坚持适地、适种和市场需求的原则，继续推广林药间作套种模式，逐步扩大中药材种植规模，使中药材种植面积每年稳定在0.13万公顷左右。同时，进一步扩大烟叶、桑蚕、葵花、黄花菜、大麻子等特色经济作物种植面积。

要正确处理生态建设与农民吃饭的关系，加大对耕地的保护力度，严禁基本农田退耕还林。加快实施“种子工程”，积极发展“订单农业”和旱作农业，把地膜玉米作为发展的重中之重，大力推广饲用高蛋白和加工用高淀粉新品种，适度压缩川水地种植面积，加快推进“上台地、上塬区、进梯田”的步伐，使种植面积超过1.3万公顷；加速马铃薯产业升级，重视新品种的引进、示范、推广，在西南部土石质山区和王洼镇、草庙乡等乡镇，大力发展优质加工型马铃薯，在白阳镇、城阳乡、新集乡等乡镇，大力发展早熟鲜食外销型马铃薯，力争种植面积两三年内达到1.3万公顷以上；把小杂粮作为区域优势产业，在中北部干旱片带，扩大种植面积，建立相对集中的规模化生产基地，确保种植面积稳定在0.67万公顷左右。

按照基地化生产和产业化发展的要求，立足“三农”问题的长效解决，用工业化理念谋划农业，以深加工促进产业增值，提升农业综合生产效益。依托蔬菜、草畜、马铃薯和小杂粮等优势资源，在全面提升现有农副产品加工企业生产能力的基础上，采取土地有偿转让、返租倒包等形式，鼓励投资者就近就地生产，大力发展畜禽、菌草和小杂粮等农副产品加工业，并引导企业逐步向精深加工领域迈进，实现转化增值。同时，积极发展农村合作经济组织和农民经纪人队伍，搞活农副产品流通，以流通带加工，以加工促生产，提高农业生产的市场化、组织化程度。

顺应国家退耕政策的结构性、适应性调整，本着建一片成一片、边干边争取的原则，稳步推进退耕还林草工程。坚持以退耕还林草质量“回头看”为重点，在争取消化退耕超额面积，加大对历年工程进行加密补植、修复完善的同时，将工作重点向庭院四旁、机关学校、村庄道路、农田地埂的绿化转移，向荒山、沟道、河滩治理转移，尤其要加大沟道治理力度，按照县委、县政府的总体规划，集中人力物力，加快建设进度，力争3年内治理完全县所有的沟道。在农村普遍开展“千树百果”工程（即平均每户在3年内利用四旁种植1000棵树木和100棵经济林），不断完善生态体系，提高林木覆盖率。同时，加大封山禁牧力度，加快草场围栏建设，争取用3年时间，将全县可利用的4.2万公顷天然草场全部围栏封育，加快恢复草场植被。

认真贯彻落实国务院《退耕还林条例》《森林法》和《草原法》，坚持“谁退耕，谁管护，谁受益”的原则，明确管护目标，落实管护责任，切实加强对林草资源的保护与管理。加快建立和完善林地、草场承包经营责任制,加快林权证、草场证的颁发工作,明晰产权,实现责权利的有机结合。建立健全林草资源管护网络,加强森林火灾、病虫鼠兔害综合防治,加大林业、草场执法力度,严厉打击乱砍滥伐林木、乱垦滥占林地和草场等违法犯罪行为。严格按照退耕还林“四个暂扣”的政策要求,教育组织、动员督促群众自己加强管护,全面巩固生态建设成果。

加强小流域综合治理,坚持山、水、田、林、草、路综合治理,整体改善农业生产条件。严格执行农田建设申请和验收制度,3年内新修高标准基本农田面积17.5万亩,并加强现有基本农田管理,及时修复水毁工程,力争2007年实现“梯田化县”的目标。抓住农村“一池三改”沼气国债项目的实施,加快农村能源工程建设步伐,有效改善退耕还林区域内群众的生活条件。加快实施生态移民工程,对集中连片的退耕区,有计划地进行生态移民,减轻人口对环境、资源的压力。

加大优良林果、牧草新品种引进、选育和示范推广力度,积极推广林草、林药、林果科学配置模式,促进生态建设与产业发展的有机结合。认真研究攻克林果产品品质差、冬小麦条锈病防治、紫花苜蓿病虫害防治、饲草加工及转化利用等技术难题,不断提高后续产业的科技含量。进一步发展农村信息服务网点建设,逐步形成以“彭阳政务网”为中心,覆盖全县的信息服务网络。认真抓好各类科技示范区和规模种养示范村、示范大户建设,发挥示范、辐射和带动作用。深入开展科技特派员创业行动,使科技人员与农户或企业结成科技共同体,不断提高产业化经营水平。加快龙头企业的技术创新步伐,扶持开发研制新产品,不断推动产品升级,提高我县特色产品的市场竞争力。

认真贯彻落实自治区党委、政府《关于加快发展后续产业巩固退耕还林退牧还草的若干意见》《关于进一步加快林业发展的意见》等文件,确保国家、区、市、县生态建设及后续产业发展的各项政策执行到位。认真落实退耕还林草粮款补助和基本农田建设等各项扶持资金,保证及时足额到位。同时,要建立和完善林木资源管理网络体系,严格落实封山禁牧措施,严防火灾、鼠灾,加大对生态建设后续产业基地建设和产业化龙头企业的扶持力度,严格林权证的登记与发放,支持和鼓励多种社会主体通过承包、租赁、转让、拍卖、划拨等形式参与林草产业开发建设。

(摘自彭党发〔2005〕8号文件)

城阳乡五峰山慈善林碑记

杨　忠

盖闻：神农尝百草而兴农事，黄帝手植柏而开人工林耶。改变居境，人之本愿，史料所载，早已久矣。朝那古地，牛羊衔尾，林茂草密，商汤以来，战火灾难，垦地伐木，水土流失，生态失调，人贫地瘠，经济萧条。然有识之士，早已谋良策。蒙恬北逐，劈地千里，累石为城，树榆为塞；秦直道，汉烽堠，隋运河，唐宫观，皆有遮阴之株；北宋主簿王公，寨主胡公安戎，筑道植树，始有“白杨城”之名；明清总督陶模颁布《种树兴利示》，知州王学伊又行《劝种树株示》，左公宗棠，军民植柳，至有“左公柳”传世；民国斯新，以中山纪念日为“植树节”，省县同发造林令；中华文明五千年，植树英名万万千，数风流人物，还看今朝。新中国成立后，几代人，六十年，战旱魔，斗风沙，保护天然林，营造防护林，建设经果林，美化风景林，铸就了彭阳生态文明新天地。全国劳动模范造林队长杨凤鹏等五十余名志愿者，在林业局局长党玉龙支持下，倡议修造慈善林，辟植树造林之蹊径，功在当代，利在千秋。

慈善林位于五峰山，地处彭阳城东16公里韩寨村，海拔1523米，山势奇特，中分五指，又名五指山。北依长城塬，南濒茹河川，自古棘条葱茏，松柏苍翠，山桃花红，碧草如茵。明万历起，建庙宇6处，大小殿宇50余间，五峰之上，亭榭楼阁，飞檐斗拱，雕梁画栋，金碧辉煌，古色古香。可惜，环周四山，植被稀少，相形见绌，然有慈善者，发心功德，捐资40余万元，整地1275亩，投入人工7650个，植侧柏、油松、云杉等八万株，终成镶嵌在茹河北岸的一颗绿色明珠。

彭阳新建县治以来，历届党委、政府坚持“生态立县”的方针不动摇，一任接着一任干，一代接着一代干，一张蓝图绘到底，森林覆盖率由3%提高到24.8%，先后获得“国家园林县城”“全国造林绿化先进单位”“全国退耕还林先进县”“全国绿化模范县(市)”等荣誉。慈善林的建成,刷新了造林史新的一页,借鉴历史,发扬传统,眷念先贤,激励来者,是当代林业志愿者义不容辞的责任。余不才,借当代鸿儒焦达人诗颂曰:“山竖五指称奇秀,人杰地灵有昌黎,牡丹园中数及第,水帘洞内叹毁迹,粉云艳染春景秀,荆棘素装夏迷离,新栽桃杏千万棵,爱美一乡性难移。”此为记,缅怀历代植树人,启迪后生造慈林。

彭阳县人大常委会原主任、关心下一代工作委员会主任、老区建设促进会副会长兼秘书长、皇甫谧研究会会长、延安精神研究会会长、史志办顾问杨忠撰文

彭阳县林业和生态经济局局长党玉龙策划审稿

施工单位:彭阳县造林队

队　　长:杨凤鹏

工程组成员:王力红　张银付　杨贤儒　晁建伟

制　　图:袁国良

施工事务总协调:韩秉军

彭阳慈善林业记

张伟正

五峰山造林工程成效明显　2020年5月拍摄 / 摄影　沈继刚

二〇二二年春，凤鹏兄再造慈善林。善事举，公益兴，贤士涌，青山秀。为颂其事，弘其德，故作文以记之。

予详查慈善林业之善举，始倡于自治区林业局，首发于彭阳县，昔建五峰山，今造七个山。树“植树就是积德、造林就是造福、绿化就是行善”之理念，以“捐赠一棵树、绿化美化新家园”为主题，广发倡议，应者云集，于小岔七个山造林百二十亩，植树一万一千六百五十株，主栽云杉、侧柏、紫叶稠李等苗木。

于城阳五峰山造林一千五百亩，植树九万余株，至今八年有余。忆往昔，有绿化公

五峰山慈善林 2020年6月拍摄 / 摄影 沈继刚

司、林产品加工企业、林业专业合作社、育苗大户五十五位负责人捐赠油松、侧柏、云杉八万九千三百六十二株，丁香、榆叶梅等花灌木一千三百六十株，市值五十一万一千九百二十一元。众手托起慈善林，同心共筑绿色梦。挖山造林大会战，改土治水斗苍天。看今朝，花沁脾、木养眼，田园佳所，避暑胜地。远观泼墨写意，近赏工笔细描。满山苍翠绿盈宇，遍野锦缎粉染天。

五峰山者，坐落于城阳乡韩寨村，虎踞茹河川塬之雄山。山巅有古建筑，始建于明代万历年间，植侧柏，成巨株，长生三百余载。集传闻逸事，借绿化东风，南屏茹河瀑布旱塬奇景，北接乔家渠红色圣地，呈四时美景，引八方游客，为全域旅游环线上一颗璀璨明珠。然雕玉琢珠者，非慈善林公益人士莫属也。

嗟夫，予尝求慈善者之心，始终如一之为，何哉？以山为家，以木为友。受风雨之苦，不忘植树，获国奖殊荣，不忘造林。是穷不忘，达不忘，然则何时可忘也。其必曰："不忘初心践使命，忘我一心绘青山。"

噫，在彭阳，斯人甚众。

时二〇二二年七月二十八日张伟正谬撰。

附记：杨凤鹏，彭阳县自然资源局正高级林业工程师，全国优秀共产党员，自治区第十三次党代会代表，彭阳慈善林业发起者、推动者和践行者，本文为其编写的《彭阳慈善林》一书的序。

彭阳县林业生态建设回顾与展望

高志涛

彭阳自1983年建县以来，历届县委、县政府始终坚持“生态立县”方针不动摇，一任接着一任干，一代接着一代干，一张蓝图绘到底，在生产实践中坚持小流域综合治理，实施了改坡造地、修建梯田、封山造林等一系列“治山改水”工程，取得了“山变绿，地变平，水变清，人变富”的明显成效，生态环境得到根本改善。

“彭阳精神”永存 生态建设成绩斐然

彭阳在建县前曾经是山荒岭秃、沟壑纵横，水土流失严重，生态环境脆弱，百姓生活十分贫苦，用当时老百姓的话来说就是“山是光光头，沟里没水流”。建县以来，彭阳县委、县政府团结带领全县广大干部群众，发扬“勇于探索，团结务实，锲而不舍，艰苦创业”的彭阳精神，坚持高目标定位，高起点谋划，高标准建设。按照“山顶林草戴帽子、山腰梯田系带子、沟头库坝穿靴子”的治理模式，以小流域为单元，实行山、水、林、田、路统一规划，梁峁沟坡塬综合治理，工程与生物措施相配套，乔灌草种植相结合，抓点带面，整体推进，走出了一条独具特色的“生态立县”发展之路。特别是林业生态建设实现了量的飞跃和质的变化，全县造林面积由建县初的27万亩增加到13.6万公顷，森林覆盖率由建县初的3%提高到28.5%，累计治理小流域134条1779平方千米，水土流失治理程度由建县初的11.1%提高到76.3%。同时，彭阳人在林业生态建设中，探索总结出了“88542”隔坡反坡水平沟整地造林模式，水平沟整地总长度可绕地球赤道3圈半，被国际友人誉为“中国生态长城”。每年春秋两季彭阳的干部坚持义务植树不间断，累计造林面积近0.7万公顷。铁锹、球鞋、遮阳帽已成为彭阳干部的三件宝。

彭阳生态建设的生态效益和经济效益都已显现，形成了百万亩桃杏花海、百万亩景观梯田、百条生态治理示范流域等独具特色的生态旅游景观。每年举办的山花文化旅游节、梯田花儿节，游客人数达60万人次以上，生态彭阳成为宁夏旅游的名片之一。彭阳人真实践行了习近平总书记提出的“绿水青山就是金山银山”的发展理念，2019年年底，全县林业总产值达3.88亿元。彭阳县先后被评为“全国造林绿化先进县”“全国退耕还林先进县”“全国经济林建设先进县”“全国生态建设模范县”“全国集体林权制度改革先进集体”“三北防护林体系建设工程先进集体（1978—2018年）”和“全国生态建设突出贡献先进集体”等。

探索林业生态建设路子　开展大规模造林绿化行动

1983年建县以来，彭阳县积极探索林业生态建设的路子。建县初期，县委、县政府针对彭阳恶劣的生态环境，确立了“生态立县”方针，做出了“种草种树，发展畜牧，改造山河，治穷致富”的战略部署，认为“山区贫困的根子在山，潜力在山，希望在林”，大胆探索推行“三三制”农业经营模式（农、林、牧各占三分之一）和“1335”家庭单元模式（户均1眼井窖，人均3亩基本农田，户均3头大家畜，人均5亩经济林）取得了良好的效果。

荒山造林　2015年4月拍摄 / 摄影　扈志明

“九五”期间，县委、县政府在总结实践经验的基础上，提出了“山顶沙棘柠条山桃戴帽，山坡地埂两杏缠腰，庭院四旁广种核桃花椒，河谷川台规模发展苹果梨桃，杨柳椿槐下滩进沟上路道，土石质山区封造结合针阔混交”的生态建设工作思路，坚持以小流域为单元，实行山、水、田、林、路综合治理，大力发展“两杏一果”产业。2000年国家实施退耕还林（草）工程后，推行“山顶沙棘山桃株间混交，隔坡地埂苜蓿柠条，山坡桃杏缠腰，土石质山区针阔混交”的林草配置模式和“88542”隔坡反坡水平沟整地标准及大鱼鳞坑整地方式。坚持退耕还林（草）与荒山治理、治坡与治沟、林草建设与农田建设同步推进，采取陡坡地退耕，缓坡地机修农田，荒山综合治理的工程措施和灌草间作、乔灌草立体复合配置的生物措施，加快流域综合治理步伐。同时，提出了“10年初见成效、20年大见成效、30年实现彭阳山川秀美”的宏伟目标。

2006年，县委、县政府贯彻落实中央《关于推进社会主义新农村建设的若干意见》，结合彭阳县实际，提出建设“生态型新农村”，全面实施“813”生态提升工程（用3至5年时间，创建8个生态乡镇、100个生态村、30000个生态户），力争将彭阳建设成为“生态经济强县、生态文化大县、生态人居名县”。2009年，提出建设以“大花园、大果园”为蓝图的“生态家园、致富田园、和谐乐园”的构想。2011年，提出建设生态彭阳、宜居彭阳、富裕彭阳、诚信彭阳、和谐彭阳建设目标，组织实施了“四个一万亩”等林业生态建设工程。2012年以来，以实施“三北”防护林工程和天保工程人工造林为重点，开展乡镇生态提升、百里绿色长廊和生态移民迁出区生态修复工程。2014年，全面启动国家生态文明示范县创建活动，深入推进生态文明建设，开展国家重点生态功能区建设与管理试点县工作。2017年，全面启动实施六盘山重点生态功能区降雨量400毫米以上区域造林绿化工程，累计完成营造林面积4.7万公顷，其中新造林面积2.1万公顷，退化林分改造和未成林补植补造面积2.6万公顷。

彭阳县生态环境大的变化从退耕还林工程开始。自2000年实施退耕还林工程以来，彭阳县认真贯彻“退耕还林，封山绿化，以粮代赈，个体承包”的政策措施，大规模开展退耕还林工程建设，使全县生态环境建设和经济社会发展都取得了显著成效。累计完成工程建设面积10.46万公顷，其中第一轮退耕还林工程面积10.43万公顷；第二轮退耕还林面积0.05万公顷。工程涉及全县12个乡镇156个行政村，惠及群众4.19万户17.9万人，累计发放退耕还林补助资金12亿多元，森林覆盖率由退耕前的13.9%提高到28.5%。退耕还林工程实施以来，彭阳人采取了家庭单元治理和大规模的兵团式作战模式，一道梁，一面坡，一座山，开展了规模宏大的造林绿化工程。在这10年间，彭阳的梁梁峁峁到处红旗招展，人头攒动，全县动用了10多万劳力，用了近5年时间，完成了面积达150多万亩的退耕还林工程，书写了林业生态建设的华丽篇章。

推广多项旱作造林技术 实施精准生态提升工程

2013年以来，在实施生态提升工程建设中，根据造林地理位置、立地条件和林分结构，创新多种造林模式，集成、应用多种造林技术。造林设计以增加森林植被、控制水土流失为目标，建立多树种和乔灌搭配、针阔混交造林模式，注重对原生植被的保护。项目建设突破了以往造林树种单一、多纯林局面，构建针阔、乔灌混交型生态景观林。造林树种以云杉、油松带土球针叶大苗和刺槐、杨树、柳树，胸径3厘米以上裸根苗为主，地径3厘米以上半冠山桃、5~10分枝丁香、刺梅和文冠果等花灌木均被用于荒山造林，规模营造针阔混交生态景观林取得巨大成功，大幅缩短成林年限。坚持整流域推进，构建完备的以山杏为主的生态经济型造林模式。在坡耕地、缓坡避风向阳的荒山重点营造以山桃为主、兼具生态经济功能的生态经济林，荒山、荒沟营造以云杉、油松、刺槐、山桃、山杏、柠条等为主的水土保持林，从专注生态建设转向生态、经济并重，流域整体推进、综合治理。分区施策，构建重力侵蚀沟植被恢复造林模式。采用分区域立体综合治理的方式，按照"坡面、沟头、沟沿、沟坡、沟底"的"上、中、下"立体同步综合治理的思路，建立"以柠条、沙棘锁边，刺槐、沙棘、山桃等护坡，沟底刺槐、河北杨等拦蓄保底"的治理模式，形成稳定的侵蚀沟生态系统。为了提高苗木成活率和造林质量，推广应用多种林业新技术。根据不同地理条件，实施油松、云杉容器苗造林和云杉、山桃等带土球大苗以及胸径3厘米以上刺槐、杨树、柳树等裸根苗造林技术。同时，在油松、獐子松造林区域，全部应用物理空间阻隔网防鼠技术。推广截杆深栽造林技术，刺槐、山杏、山桃、沙棘等一年生小苗全部采用截杆深栽技术进行栽植，提高了造林成活率。为防止冬季风干、兔啃等造成幼树死亡，推广越冬防寒技术，对当年新栽的刺槐、杨树、柳树等高杆苗木全部采用树干缠膜或涂抹动物油（或血）的方式进行处理，大大提高了造林成活率和保存率。

按照"近建园林，远建森林"的生态建设思路，先后建成了茹河生态园、悦龙山生态

红河镇文沟村沟道林草茂盛，治理效果明显
2020年5月拍摄 摄影 沈继刚

公园和栖凤山森林公园等园林绿化工程。围绕山绿民富目标，紧紧抓住国家大规模国土绿化行动的历史机遇，牢固树立“绿水青山就是金山银山”的理念，按照“一园一廊三河三线”的“1133”林业工作思路，即围绕“市民休闲森林公园，全域旅游百里画廊，红河、茹河、蒲河三条河流和国省干线、县道及乡村道路”为主实施精准生态提升工程。“三北”五期黄土高原综合治理林业示范建设项目和六盘山百万亩水源涵养林基地建设项目，累计投入资金近7000万元，建成了造林面积万亩以上的“三北”工程黄土高原综合治理林业示范建设项目，任河流域生态治理区、西庄流域生态治理区、玉洼流域生态治理区、孙阳流域生态治理区、崖堡流域生态治理区、尚台流域生态治理区和团庄流域生态治理区等重点“三北”工程生态治理区。特别是2017年以来，每年投资近7000万元，实施六盘山重点生态功能区降雨量400毫米以上区域造林绿化工程，每年完成新造林、未成林补植补造和退化林分改造面积近1.6万公顷，每年栽植云杉、油松、獐子松和山桃、刺槐等苗木1000万株以上，达到了生态增量、景观增色、林业增效、农民增收的目标。

坚持造管并举 筑牢生态安全屏障

彭阳经过37年坚持不懈的改土治水，植树造林，生态环境面貌发生了历史性的变化。特别是近几年，彭阳降雨量逐年增加，2019年降雨量达到756.9毫米，生态环境日趋好转。目前，全县森林面积达到7.1万公顷，森林蓄积量达到67.4万立方米，森林保持水土、涵养水源、调节气候等生态功能日益显现。为了筑牢生态安全屏障，维护生物多样性，有效保护森林资源，彭阳县坚持依法治林，严格林木林地资源管理。成立了茹河、草庙、小园子3个国有林场，选聘了320名天保护林员和1090名生态护林员，应用“智慧林业”远程巡护定位系统，提升森林资源管护水平。坚持森林资源属地管理机制，县政府每年与林草主管部门和乡镇、林草部门与国有林场分别签订保护发展森林资源目标责任书，进一步加强林地用途管制、林木采伐审核审批管理，严厉打击滥采、乱挖、乱砍、滥伐、乱占林地现象和乱捕、滥猎野生动物违法犯罪活动。为了提高森林质量，进一步加强森林抚育管理，通过补植补造，对枯枝和病死木进行清除，促进了林木生长，培育了森林资源。进一步加强对生态移民迁出区林木资源的管理，对砍伐、偷挖、倒卖移民迁出区树木的行为进行严厉打击。进一步加强生态文明宣传教育，严格落实自治区《禁牧封育条例》和区、市、县禁牧封育政策，加大巡查和处罚力度，对偷牧现象进行严厉查处，进一步巩固禁牧封育成果。严格执行《森林法》《森林防火条例》，开展防火演练，落实防火责任，抓好宣传教育、隐患排查、物资储备和应急队伍建设，加强重点时段、重点林区、重点人群监管，做到保障有力、常抓不懈、严阵以待、科学扑救，最大限度降低森林火灾危害。加强林业有害生物防治工作，制定了《彭阳县重大林业有害生物应急预案》和《彭阳县陆生野生动物疫情应急预案》，加强对林业有害生物和野生动物疫源疫病的预防和管控，认真实施林业有害生物监测和苗木产地检疫，苗木产地检疫率达100%。县财政投入资金200多万元，实施贫困户林地鼢鼠防治增收项目，每年人工捕打鼢鼠10多万只，有效保护了林草资源。

展望发展前景　林业生态建设任重道远

发展林业是全面建成小康社会的重要内容，是生态文明建设的重要举措。林业生态建设要坚持以习近平生态文明思想为指导，牢固树立“绿水青山就是金山银山”的理念，按照山、水、林、田、湖、草系统治理的要求，积极推进生态保护与修复，着力推动林草融合发展，在补绿、增绿、扩绿上做好文章，提高森林质量，走出一条生态优先、绿色发展的高质量发展新路子，构建山水美、业态美、城乡美、环境美、生活美“五美融合”发展新格局。

（一）以生态提升为目标，大力实施生态修复保护工程。一是着力增加林草资源总量。继续组织实施重大生态修复工程，重点实施三北防护林体系、天然林保护、草原保护与修复等国家重大生态修复工程，力争将立地条件差、造林难度大的荒山荒沟全部

小岔乡小岔村生态建设成效明显　2023年4月拍摄 / 摄影　沈继刚

纳入造林范围，加强西南部土石质山区水源涵养林、东南部红茹河谷残塬区生态经济林和北部丘陵沟壑区水土保持林基地建设，构筑生态安全屏障。认真实施春秋两季干部义务植树，深入推进“互联网+全民义务植树”活动，提高义务植树尽责率。二是着力提升林草资源质量。全面提高造林质量和水平，积极培育乡土树种和良种壮苗，确保造林成活率和保存率。大力营造针阔混交、乔灌搭配的混交林，实施森林质量精准提升工程，着力抓好退化林分改造和未成林补植补造，持续开展森林抚育经营，不断优化提升现有森林资源质量和功能。三是着力保护林草资源成果。认真落实《森林法》《森林防火条例》和《草原防火条例》，科学划定并严守生态保护红线，严厉打击乱砍滥伐、毁林毁草、非法占用林地、草地、湿地等各种破坏生态资源的违法犯罪行为。全面落实天然林保护制度和湿地保护修复制度，保护好天然林资源和湿地资源，加大古树名木保护力度，严密防控森林草原火灾和林草有害生物灾害。重视对新造林和幼林的抚育管护，落实管护责任，建立管护机制，巩固造林绿化成果。

（二）以乡村振兴战略为抓手，大力推进森林乡村建设。一是着力建设森林城市。以建设茹河市民休闲森林公园为重点，认真谋划森林城市创建规划，围绕“三山相望两水环绕”的城市发展格局，通过建设城市森林和永久性公共绿地，努力打造山水相依、林路相依、林居相依的城市复合生态系统。二是着力建设森林乡村。在巩固提升白阳镇陡坡村、王洼镇王洼村、杨寨村和小岔乡小岔村等17个国家森林乡村的基础上，认真实施乡镇生态提升工程，对乡村道路、居民点、村庄进行绿化美化，深入推进森林乡村创建工作，开展农村人居环境综合整治，着力打造生态宜居的美丽乡村。三是着力提升群众生态意识。以植树节、湿地日等重要活动为载体，鼓励和引导群众积极参与植树造林等各种类型的生态建设，大力弘扬生态文化，培养群众热爱自然保护自然的生态意识，形成植绿、爱绿、护绿的浓厚氛围。

（三）以生态扶贫为引领，大力推进生态产业发展。坚持“生态优先、绿色发展、富民为本”的科学定位，充分发挥生态资源优势，积极探索建档立卡贫困人口深度参与的生态扶贫新路径，注重念好“山水经”、打好“生态牌”、种好“摇钱树”，进一步打响“生态彭阳”品牌，使彭阳的红梅杏、苹果、朝那鸡、土蜂蜜等生态产品走出宁夏，走向全国。一是实施造林扶贫工程。造林工程全部设计和采购本县培育的云杉、油松、刺槐、山桃、山杏、文冠果等良种壮苗，优先采购贫困户苗木，就近吸纳建档立卡贫困人口参与造林工程，增加贫困人口经济收入。二是实施“林草产业+”行动。全力推进一棵树、一株苗、一枝花、一棵草“四个一”林草产业与生态旅游和脱贫富民融合发展，把“四个一”林草产业发展纳入山水林田湖草系统治理规划，种出风景、种出产业、种出财富。三是探索“生态+旅游+扶贫”模式。大力开发森林旅游，打造森林旅游产品，带动观光采摘、特色民宿等产业发展。应用先进生产技术，对杏肉、杏仁、山桃核等林产品和朝那鸡、土蜂蜜等林下经济生态产品等进行深加工，创建新品牌，延长产业链，提高附加值，着力把生态优势转为经济优势，实现生态美与百姓富有机统一。

（作者系彭阳县自然资源局原副局长）

抓护林队伍建设 促森林资源保护

2004年，彭阳县林业局把加强护林队伍的建设与管理作为搞好森林资源保护的首要任务来抓，努力做到管理规范、制度健全、责任分工明确具体，任务有人抓、措施落得实、效果明显。自去年入冬至今，全县未发生森林火灾，23个防火站捕杀野兔2300只，补植山桃、沙棘50万株，栽植绿化苗木857株，使23个护林防火站得到绿化，目前已捕杀酚鼠5万余只，修复水毁林区道路长65千米。

一、创造环境夯基础。为搞好森林资源保护，建好护林队伍，年初林业局多方筹资近10万元对已建成的23个护林防火站的相关设施进行配套完善，使生活水窖、办公桌

双磨村打石沟护林点　2023年4月拍摄 / 摄影　沈继刚

椅、锅台灶台设施一应俱全。有3个站还配备了太阳能照明设备，为护林队伍创造了良好的护林环境和工作条件，使护林员能安下身、护好林。

二、明确责任定制度。根据新形势下森林资源管护的要求，结合历年的护林办法，先后制定和完善了《彭阳县护林办法》《护林工作制度》和《护林员条例》，同时规定每月事假不得超过5天，有事必须请假，无故不得脱岗，每天巡山要有记录，必须持证上岗并佩戴护林袖章，使护林员明确了自己是干什么的，怎样干才能干好。

三、建设队伍抓管理。护林人员素质的高低，直接关系到护林的质量。年初，林业局责成森林派出所把好护林员选聘关，森林派出所按照诚实勤快、办事可靠、坚持原则、思想先进、热爱林业、身体健康、年龄在35岁至55岁之间的标准挑选了60名农民工，先对他们进行《森林法》《防火条例》《野生动物保护法》等法律及县林业部门制定的各项护林制度的培训、经过再次筛选，确定其中14人为23个护林防火站的专职护林员。森林派出所同他们签订合同后，23人正式持证上岗护林。二是实行合同管理，严格检查兑现。为加强对护林员的管理，稳定护林队伍，签订合同，聘用期为1年，森林派出所组织干警随时进行检查考核，对完不成工作任务和表现不好的人员予以辞退或给予相应处罚。五月份派出所在检查春季工作时发现高庄、耳城、梁壕3个护林防火站存在苗木补植质量差、部分苗木埋压不规范、灭鼠工作进展缓慢且有个别人员脱岗、将绿化苗木送人等现象，派出所当即对相关人员予以辞退或扣发工资的处罚。大沟湾、阳洼2个护林防火站辖区有闲杂人员野外违规用火，虽未造成损失，但派出所还是依规办事，对相关人员予以辞退，并扣发工资的处罚。

通过上述措施的实施，有效提高了护林员的责任意识，为今年我县森林资源管护工作奠定了坚实的基础。

（原载于《彭阳县林业信息》第11期）

我所知道的彭阳古树名木

贾仁安

与姜春云有缘的云杉。在彭阳县白阳镇黑窑滩一山峁上，生长着一株不同寻常的青海云杉，树高3.2米，胸围16厘米，在干高80厘米处分出大小四五个侧枝，形成似伞像塔的树冠，冠幅3米×3米，枝繁叶茂、四季常青。

有资料显示，这棵云杉是1997年5月时任国务院副总理姜春云同志，在视察彭阳小流域综合治理时，计划前往黑窑滩举行仪式栽植，但因天下大雨不得不取消，后来由县乡干部代为细致栽植而生长起来的。对于这一重要活动过程的细节详情，固原市人大常委会原主任、时任彭阳县委书记柳富同志，因是提议栽植云杉纪念树的主要谋划与部署安排者之一，所以后来一旦提及与聊起当时的情景，他就会津津乐道、富含情感地把栽植地点与立地条件的选择、树木品种与规格的确定、采取什么方式与谁陪同、栽植后如何管理与保护，以及时代背景与现实意义等述说得明晰透彻。的确，这株堪称新中国成立后党和国家领导人与西海固有缘的第一棵纪念树，从某种意义上探析，既是当地开展退耕还林工程的预示与前兆，又是彭阳造林绿化成绩卓著的象征，更是党和国家重视林业建设，国家领导人倡绿、爱绿、植绿的体现……

据彭阳县原绿化办主任刘世斌介绍，本县许多知情者及林业职工早已把那棵云杉视为有特殊纪念意义的名树，相互传颂，倍加珍爱。彭阳县林业局也早已形成决议，待县委、县政府和有关领导机关同意后，将及早立碑挂牌，更加从严保护。

胡锦涛、温家宝盛赞过的林建典范。有新闻媒体报道和翔实资料显示，并经时任彭阳县党政主要领导同志（刘文英、王风刚、张佑昌等）及有关基层干部（徐文魁等）核实，2007年4月12日，中共中央总书记胡锦涛来到彭阳县视察工作，当在阳洼流域，总书记走下面包车缓步行进中，面对层层叠叠的梯田、郁郁苍苍的景致，十分欣慰地说："退耕还林的综合效益已经显现了，我的心里有了底了，彭阳虽小，但生态环境保护成效明显。实践证明，治理和不治理确实不一样，像这样扎实的工作成效和明显的效果，国家投点钱是十分值得的。"国务院总理温家宝轻车简从、翻山越岭来到彭阳县白阳镇大沟湾小流域综合治理示范点，视察的日期是2008年8月6日，这天一大早，当温总理走下车望着漫山遍野绿油油的景色，面带笑容地说："生态治理要有一张蓝图绘到底的决心，又要不断丰富内容，要实行山水草、林田路综合治理，一代接一代干下去，改变生态环境，最终让农民致富。"

两大林业工程建设示范点的近况有关资料显示：工程流域总土地面积28平方千米，实施退耕还林面积1.9万亩，大沟湾流域总土地面积29.8平方千米，实施退耕还林面积3万亩，造林全部采用"88542"隔坡反坡水平沟整地，全面推行"山顶针阔灌株间混交，隔坡带苜蓿、柠条，山坡地桃杏缠腰"的林草配置模式。尤其是在夏秋季节，那层层叠叠、错落有致、美如画卷的大大小小的梯田内及所有沟沟岔岔和斜坡洼地、台塬滩峁上，到处分布着繁盛茂密的林木和紫花苜蓿等优质饲草，整体风貌是由云杉、油松、沙棘、柠条锦鸡儿、山桃、山杏、花椒、刺槐、核桃、胡桃、白榆等树种构成的，林相十分美观，郁闭成林和进入幼龄期的比例约在80%以上，森林生态的景观也已显现，其中生长发育良好的云杉、油松、柠条、山杏、山桃、白榆等树种，其绝大部分树高、冠幅分别达2.5米以上和2米左右。

此外，自2010年开始，彭阳县林业、环保、水利等部门在这两个林建示范点显眼处建起了较精美华丽的观景亭、瞭望台，较大方醒目的纪念碑、简介牌等设施，当地宣传、旅游及文化、教育等部门已采取相应措施拓展为旅游景点供人们参观游览，尤其是每逢盛夏季节和长假日，被吸引前往观光赏景的游客成群结队、络绎不绝。

彭阳董公柳。彭阳县孟塬乡何岘村塬畔的公路边屹立着十分瞩目的5株巨型古旱柳，组成了特有的小片古树群，总覆地面积约3亩，远观时如同一座绿色的小山丘，蔚为壮观。

据考察，这一小片古树群的5株古旱柳，当地群众称之为董公柳。有三四位村民介绍说，是他们先祖留下的，传言说是董福祥同治年间，在统领民间武装集团南征北战途经孟塬时，看见一棵棵柳树生长旺盛，绿荫如盖，甚是爱慕，遂拿出银饷，指令随身武士卫兵购得数十捆柳苗，就近在一些道路两边栽植约七八百株。现今，这5株旱柳即是当年那些因在董公订立了相应管护公约而均已成活了的七八百株中的仅存者，树龄足有120余年。

经实地勘测，5古柳中最东边的一株，树高20米，胸围360厘米，树干因雷击形成空洞直通分叉处，从底部观之顶端有明显的亮光。又令人称奇的是树干表皮生发出一个连一个的圆疙瘩，状如马棒，更使其呈现出一派古老苍劲、饱经沧桑之态。这无不表明董公柳虽遭雷击但仍枝叶繁茂，满树绿荫，华冠如盖，风度不凡。靠西边的一株，树高25米，胸围300厘米，主干通直圆满，侧枝横空伸展，树根裸露1米许伸向四周，深深扎入土中。因其虽也冠大干粗、苍劲古朴，但相比之下略有差距，故被人们称为“老二柳”。中间的3株，相距较近，树高和胸围分别是20米、23米、19米，280厘米、290厘米、260厘米。5树枝干交错攀附，树叶彼此难分。

5株董公柳，树高不一，粗细有别，姿态各异，百年来相依为命，同生同长，在当地早已形成了一道别有情致的自然景观。尤其是进入21世纪后，在彭阳县林业部门注重保护以来，更是青春焕发，年复一年地以其古朴苍劲、婀娜多姿、扬花飘絮的胜景，吸引着南来北往的行人驻足观赏。

彭阳大柽柳。柽柳原名红柳，因抗盐碱性仅次于胡杨，故又有泌盐植物之美誉。据陈有明主编的《园林树木学》一书讲述，柽柳树皮红褐色，枝细长而常下垂带紫色、分枝多、枝细长，叶披针形至卵形至三角状心形。属落叶灌木或小乔木。然而，谁能想到，在彭阳县草庙乡王岔村却有一株又高又大的柽柳——俨然一副大乔木的气派，树高13米以上，胸径60厘米，地围180厘米，树冠直径东西8米，南北10米，冠幅投影面积64平方米。其形体不光在同树种凸显高大，更令人惊奇的是主干离地面30多厘米处有两条直径约8厘米的裸露根，向不同方向延伸约80厘米深入地下，状如龙爪抓地之势。而且在两龙爪根和主干基部稠密地从生着许多枝条，似一把倒立伞附着在主干周围，由此，无论从何角度欣赏，全树都显得十分壮观。

大柽柳的主人是时年52岁的张文斌，经他推算大柽柳树龄达120多年，原来幼年的他听爷爷讲是为逃灾荒举家从原籍甘肃镇原开边乡搬迁时所带树苗，彼时由他太爷亲手栽植，意在不忘故土。迄今，已足足历经了六代人的精心呵护。

寓于故土情感，与五代树主息息相关，又荫及亲朋和乡邻，如今的大柽柳（红树）理所当然身价不凡——张文斌全家早已将其视之为吉祥木、传家宝并奉为神树。当地林业主管部门于2002年将其列为古树名木，在经过勘测、拍照、登记、建档等专业程序后及时采取措施，予以妥善保护。

重归友好纪念柏。重归友好纪念柏是一株侧柏，又名扁柏、扁桧、香柏，生长在彭阳县城阳乡陈沟行政村虎沟门自然村的古庙院内。这株侧柏传说树龄200余年，干粗冠圆，苍劲挺拔，虬枝纵横，可谓气势非凡，不同寻常。

经实地勘察，侧柏立地海拔1360米，胸径78厘米，基围粗壮明显，最大点有三大裸露根直径均在30厘米以上，且均以不同方向延伸数米后扎入地下，宛如龙爪抓地之状。树顶梢离地面高度12米，主干高2.5米处分出三叉形三大主枝，直径平均48厘米。三大主枝长约5～6米处又各自分侧枝7～8条形成了馒头状树冠。冠幅16米×16米，荫地面积200平方米。

据该村几位年长村民介绍，这株侧柏原本生长在比它更大的两棵侧柏中间，但另两棵树遭砍伐。

其生长在古庙内，还曾遭火烤，其后不但不衰不枯，而且愈加生长旺盛，枝繁叶茂，所以方圆数十里的乡民早已奉其为神树，自觉爱护，从不毁损。

彭阳县林业部门已将侧柏列为有纪念意义的古树名木，依据有关林业法规严加管理。

旱塬核桃王。在素有旱塬之称的宁夏彭阳县东南部的红河乡常沟村，生长着一棵巨大的核桃树。它的树龄达350年，树体如蘑菇形状，远眺酷似一座小山丘，屹立在空旷的田野。

这棵树高达18米，地径周长4.3米，主干顶部长出5大侧枝，枝基部直径都在0.5～0.6米。因主干在主人平田整地时深埋地下，现离地面50厘米处的5大侧枝很匀称地向四周伸展着，大有巨掌撑天之势。树冠投影直径东西19米，南北16米，占地面积250平方米。该树生长良好，虽已年久却看不出衰竭迹象，近数十年间每年产干果达175千克。

此树因与方圆数十里范围内的所有树木相比，如鹤立鸡群，故当地群众称之为核桃树王（又俗称神树），无论男女老少从不损坏。此树至今完好无损，生长旺盛，硕果累累。

对于核桃王，当地林业部门曾在20世纪70年代派科技人员进行过专业调查和认真分析其高大长寿与茂盛的原因，并为之专门建立了档案，列为地区级奇异古树。更值得称道的是，该树被载入《中国树木奇观》一书，宁夏仅有4棵古树名木列入其中。

此树在宁夏乃至西北五省都享有名望，凡是来须弥山和六盘山国家级自然保护区的参观旅游者，总忘不了参观一下这棵核桃王。

丝棉木群丛。卫茅属的丝棉木。该树种在固原市境内乃至宁南山区仅有一两百株，且局限于彭阳县东北部一两个乡镇，实属珍奇树种。

被称为固原市最大的一块群丛状丝棉木，位于彭阳县草庙乡庙壕村海龙山玉皇宫寺庙周围。据调查，分布面积约3.5亩，20株，树高多在10～15米，胸围120～170厘米，树冠正圆形或椭圆形，冠幅直径6～12米。立地于玉皇宫西北角的最大株，树高15米，胸围175厘米，冠幅直径东西12米、南北14米，树干圆满通直美观，离地6米处分出角度匀称的三大侧枝，形成正圆树冠，树之整体形态既似伞又像塔。这一丝棉木群丛中的最大株，据邻近村民、现年70多岁的张孝祥老人介绍，此树树龄约120年，是他太爷张文英当年主持修建寺庙时特意从很远的南方某地（详细地址已无人能说清楚）带回亲手栽植，其余19株均是在后来的漫长岁月中自繁自育而生长起来的。

如今，丝棉木（据有关资料介绍生长在南方，北方极少见）群丛虽立地于极度干旱瘠薄的童山秃岭中，但一株株枝繁叶茂、春华秋实、生机勃勃地在旱源深处竖起一道亮丽的风景线。无怪乎，彭阳县林业主管部门于2004年就调查登记、填卡建档后，列为古树名木，严加保护。

五峰山六古柏。坐落在彭阳县城阳乡韩寨村五峰山（又名大圣山）的五峰庙，海拔1460米，四季云遮雾绕，树木森森。

就在五峰庙占地5000平方米的范围内，或零散或密集地分布着一片连一片总数约五六万株乔灌木，这些乔灌木一棵棵、一株株都生长强健、茁壮茂盛，而其中有6株古侧柏格外引人注目。这6株古侧柏生长点分别在祖师殿、玉皇殿、大圣殿等五大建筑群的正前方。远眺时6侧柏的主干好似护殿的六大卫士，分别用手撑开六大绿色巨伞，蔚为壮观。

据传说，6株侧柏树龄150多年，只是不知何缘故，高低大小之别很明显，经专业人员测定，树高8～12米，胸围35～280厘米，冠幅直径均在10～18米之间，郁闭度0.5，每株侧柏都树干古峭、苔痕斑斑，侧枝平展，层层叠叠，虬根显露，伸延四方。

据五峰山庙会会首介绍，自进入21世纪以来，六侧柏真好似枯木逢春，更加枝繁叶茂，清新健壮。按照他的说法，是由于当地政府很好地贯彻落实了党和国家有关政策法规，经过不断地精心呵护而得到的好结果。

行道林荫之最。夏暑遮阴纳凉，冬寒阻风挡雪，给行人车辆起到呵护效用的行道树木，也就是人们俗称的大道林荫或林荫大道。在西海固地区随处可见，仅就国道、省道及通县公路而言，林荫连续长在5千米以上的路段大约有100处以上。而彭阳县城西出口不远处双磨村的那一段堪称行道林荫之最。

彭阳县境，以白阳镇双磨行政村为中心，全长约10多千米的那段林荫大道，经专业勘测，其"拔萃"与佳优之处有四：一是最优良的适宜树种，即所选用了白杨派中的新疆杨、毛白杨、河北杨等"杨树精英"，这些树木主干泛白发亮，通直挺拔，侧枝离地高，角度较小，树冠冠幅收拢，呈尖塔状，因此所产生的效果是，道路两旁如同通风透光的两面白墙，道路两侧路面的空间（高度在5～15米）如同绿色弧形阴棚，其上的空白带如同豁然开朗的"一线天"；二是密度合理，树与树之间的距离基本保持在1.5～3米，且立地点绝大部分形成了"品"字形结构，这种结构既利于树木互惠、互利、互生，又显现了赏心悦目的效果；三是排列整齐，道路两旁分列两排共四行的树木，每行均以直线形延伸，整体效果如同千百万个戎装士兵列队站立，挺胸昂首地迎送着四方来宾；四是缘于及时采取了整形修剪、防治病虫害等技术措施，每株树主干高度均在10米上下，树冠直径未超过3米，就单株而言，亦是一派干挺枝秀伟岸壮观的气势，无论远观还是近瞧或是任意变换方位欣赏，均可令人产生一种壮美的感受。

彭阳县境的这段林荫大道，以其一流效果与奇妙景观早已在西海固乃至宁夏南部山区独领风骚与博得盛誉。因而当地市县宣传部门及广播、电视、报刊等许多新闻媒体都曾相继报道过，尤其是一些记者所拍摄的彩色图片，不但被一些相关刊物采用，而且还在有关竞赛活动中频频获奖。

彭阳蛇根古杨。彭阳县草庙乡包山行政村小寺庄自然村有一株古老小叶杨，因一裸露根形状似长蛇而得名。

古杨树高22米，胸径140厘米，冠幅直径东西13米，南北18米。树干高3米处分出三大主枝，直径分别为80厘米、55厘米、50厘米，呈三叉形主枝当长高至5～8米处又各分生出侧枝3～5个，其中南向主枝倾斜形成馒头状树冠。冠下地面上有许多裸露在外的树根，其中最大的一根直径达20厘米以上，伸远9米以外。其形状既似出土古木更像长蛇蜿蜒。

据寺庄自然村老寿星、90多岁高龄的周文元回忆，他儿童时古杨树干已三人合抱不拢，又听长辈们传言说，是本家先祖清朝光绪年间从固原北川搬迁时所带来树苗栽培成活至今。按此说法推算其树龄在200年以上。

虽然历经200年沧桑却依然枝繁叶茂、春华秋实的蛇根古杨，已被当地林业主管部门登记入册、设卡建档，按照保护名木的政策规定，严加保护。

彭阳旱柳十王。在彭阳县的新集、古城、红河、孟塬等乡镇，有10株旱柳，一个个高大雄劲，伟岸壮观，树龄均在百年以上，可谓旱塬柳中之奇观，以旱柳十王誉称当之无愧，彭阳县林业主管部门2003年就按有关政策规定列入了严加保护的县级古树名木之中。

大柳王位于古城镇海口村西沟组的圆咀河岔，树主为村组集体，传说树龄300年以上。据测定胸围735厘米，树高22米，冠幅30米×30米，荫地面积707平方米，立地海拔1800米。树基部有泥沙掩埋痕迹，主干离地2米处分杈4枝，角度均匀，各约90度，枝径90～110厘米，分别长高至5～6米又分出侧枝5～6条，形成浑圆壮如巨伞的树冠，高大挺拔，雄伟壮观。

金得川（现年76岁）家是距大柳王最近的一位老者，据他介绍，这里先前四五辈人都不知树为何人所栽，只记得爷爷说已生长300年了。约在他八九岁时目睹树干遭雷击形成空洞，中间能站两人，后经逐渐生长合拢，痕迹也自行消失。至此"雷击不衰，必是树神"的传言越传越盛。方圆十里八乡的村民都敬畏柳树，把它当作有灵气的树神，在相互告诫中自觉自愿地加以保护。2005年8月27日，该树经固原市和彭阳县两级林业技术人员实地勘测和拍照摄像后，建档设卡，并确定为更进一步进行科考的古树名木之一。2007年8月，固原市人大常委会原主任柳富，在他出版的《六盘风韵》一书中也有大柳王的图片及阐述。

二柳王生长在新集乡韩堡村的一坟茔地，树高22米，胸围680厘米，冠幅23米×22米，荫地面积491平方米，立地海拔1740米，传说树龄280年。此树主干中间可能因地震或雷电大风而形成大裂缝，裂缝中可容2人来回穿行，主干顶端分出的5大侧枝均匀地生长成圆整冠盖。站在远处观望时，树冠好似一巨大锅盖，树干下分为两半、中间透亮，大有二柱擎天之势，整体树形雄浑伟岸，令人叹为观止。

三柳王，位于白杨镇罗堡村的山根洼地，传说树龄250年，据测定，树干胸围670厘米，树高16米，冠幅12米×12米、占地面积114平方米，立地海拔1510米。据树主人高强介绍，该柳树是他们家族发祥的象征，先辈们视其为吉祥木，后代儿孙也一直将其奉为家庭的保护神，从不伤损，倍加珍爱。

四、五、六柳王，位于红河乡友联村刘沟组扈志武的家院门前，呈等腰三角形分布，在面积约1亩大的空地内，株间相距均为16米，繁盛茂密的树木枝条叶片等几乎连为一体，远观时好似一座绿色山峰，煞是壮观。此三柳传说树龄同是280年，树高、胸围、冠幅分别为16米、17米、15米，650厘米、630厘米、620厘米和15米×15米、13米×13米、14米×14米。占地面积分别为177平方米、133平方米和154平方米。此三树，树龄相同又同生同长于同一农家门前，树高、胸围、冠幅相差无几，生长势和外貌特征也基本相同，犹如三霸主形成鼎立之势。

七柳王，生长于古城镇罗山村的一小山坡，传说树龄280年，树高12米，胸围449厘米，冠幅14米×12米，占地面积135平方米。此树主干从中间劈为东西两半，多一半在西少一半在东，酷似胖瘦二人对头相拥而立，长期以来给邻近村民和驻足观赏者留下很大的遐想空间：似胖瘦二人、像夫妻接吻、像兄弟亲情、又像父子耳语……

八柳王，生长地点在古城镇罗山村的一古坟地边，树主不详，传说树龄200多年，树高14米，胸围410厘米，冠幅15米×16米，占地面积191平方米，此树因独立于旷野，距远眺望时，恰似平地凸起的一座绿色山丘，十分伟岸壮观和引人注目。

九、十柳王，生长于孟塬乡庙梁山北侧中坡，传说树龄200年，树高同为12米，胸围一为320厘米，另一为305厘米，冠幅与占地面积分别为12米×12米、10米×10米、113平方米、79平方米。经实地勘察，两树主干高低相同，形状一致，而且干基部均因已腐朽材质掉落形成半圆状空洞，中间均容站2～3人。据当地村民介绍，此二树是当年在山梁顶修建庙宇时，由庙会会长亲手栽植，粗略计算，树龄足有200多年。

旱塬国槐王。彭阳县红河镇上王村苏沟组一大深沟畔，有一株古老国槐，立地于雨水难蓄，土壤瘠薄的沟崖边，饱经岁月沧桑，顽强抗逆至今。槐树主干通直圆整如巨柱擎天，基根凸露如虬盘绳结……其异常健旺蓬勃之体，宛如一巨型绿伞飞落山涧。

这株槐树顶梢高12米，胸围220厘米，冠幅13米×12米，荫地面积145平方米，树冠由两主枝各分出的三侧枝横生延展、交错而形成蘑菇状轮廓。主枝直径均在60厘米以上，侧枝直径亦都不小于35厘米，尤其是一主枝向南生发的许多侧枝均已延伸而越过沟边悬崖2～3米，呈临空盘旋之势，既惊险又壮观。

这株古槐，当地众多村民都知道是本村苏姓人的先祖手植，按照树主人、现年40多岁的苏生琰的说法，他祖太爷在世时槐树已很高很大，至于到底是哪辈先祖栽于何年代，谁也说不清。据此梗概推算古槐至少历经九代，树龄大约在200年以上。

由于该树经年久远，树形俊美奇绝，加之有着许多传闻、赞誉等，固原市有关专业人员于2005年夏季专程考察后，认定其为古树名木，紧接着彭阳县林业主管部门即按有关政策规定对其妥善保护。

校园老椿树。位于茹河岸边的彭阳县城阳中学校园内的一棵椿树被历届师生倍加珍爱，奉为至宝，并且连方圆十里八乡的群众也将其视为吉祥木。

这棵椿树，在20世纪90年代初，彭阳籍干部、学者邓万先生曾有感而发地在《六盘山文艺》发表文章，以生动、形象、细腻的笔触描写过。2005年秋末冬初，固原电视台在有关栏目以专题新闻重复报道过，因此其知名度可谓与日俱增，不但早就有着很大的感召力，而且还正在吸引着众多的文人骚客为之撰文、赋诗尽情颂扬等。

经实地勘察，椿树树龄约100年，立地海拔1300米，树高18米，主干高3米，胸围280厘米，冠幅15米×13米，荫地面积154平方米，主干离地面30厘米的东南向有一空洞，长宽深60厘米×10厘米×30厘米，树皮粗糙突兀呈现球块状，好似一个个爬行的小动物，颇能引起观赏者的喜爱与遐想，主干顶分叉出三侧枝，直径均约30厘米，分别长高至3～5米处又各自萌生出3～5根枝条，形成椭圆形树冠，树冠中间枝条周密处，错落有致地分布着5个喜鹊窝。

老椿树除上述情由外，当地农民群众何以倍加敬重情有独钟，据有关传说及一些知情人讲述，其原委在于，一是有一民间传说，椿树是汉代皇帝刘秀赏封的“树中王”。二是有传略记载，因在“重视文化教育、崇尚读书办学”思潮影响下，清朝末年当地的大财主杨福奎积极倡导且以身作则地自投资金，在他的家乡，即现在的城阳中学校址兴办了一私塾学堂。学堂刚建成时，他亲手将一椿树（即现在的老椿树）栽植于学堂院中心，寓意为学堂也要像椿树中王那样，荫及子孙，造福千秋，永盛不衰，到后来果真如愿以偿，方兴未艾。

如今，在该中学改扩建校园和修造假山等基建中，经有关人士提议，学校领导已实施了较完善保护举措，即不但保留了其较大面积的生长空间，还加固了围护栏，挂上了简介匾牌等。彭阳县林业主管部门也按照有关古树名木的政策规定，造册登记，设卡建档，严加保护。

仙钉柏。在彭阳县古城镇王大户村麻地沟一河道的山咀崖，突兀地生长着一株古老的刺柏，当地村民俗称这株生长在悬崖峭壁上的古树为“仙钉柏”或“神播柏”。据本村几位年过七旬的老人述说，他们在孩童时听祖辈们常讲，柏树就那么大。缘此说法，树龄至少在200年。经实地测量，树高10米，胸围180厘米，冠幅10米×10米，树干圆满通直，枝繁叶茂，主干与山崖形成40度夹角，无论远观或近瞧均可令人顿生玄妙和惊险之感。此外树干基部距地面40厘米处，有直径3～4厘米的裸露根，如龙须般分别向正南、东南、正东3个方向延伸9米、13米、17米后扎入地下，这一现象又可使人顿生神龙降落大地的神秘感。

“仙钉柏”名称的由来还很神奇，传说是八仙之一的张果老路过此地瞧见山咀崖是个猪咀穴，遂信口道：“此穴附近难建村舍难住人。”张果老道说此话时，正巧闻听得十分明白的一放牛娃随即恭敬地趋于张果老面前叩拜请教“可有啥解救办法”，对放牛娃敬拜之举产生好感的张果老，略加沉思后回答道：“猪咀穴立木——钉一下就好了。”时隔不久，由于放牛娃的采籽、下种以及务管的诚心善意等，一棵柏树就在山崖上茁壮生长。打那时起，柏树附近村舍建起，家户遍布，人丁兴旺，方圆数十里也风调雨顺，五谷丰登，福禄寿禧。然却何以又称“神播柏”，传说不知何年何月有三位神仙经此麻地沟时，曾围坐在山崖边一边叙谈一边吃柏树籽，其时丢失掉落下的柏树籽，后来就生长成了柏树，故得此名。

因为该刺柏的神奇称谓，加之独立于砂质峭壁，似有奇异的生存力与征服力，由此很久以前当地群众就已虔诚地视其为神柏而精心呵护。

2004年秋季，固原市和彭阳县两级林业主管部门的科技人员，经过实地勘测和考察拍照后，把该树列为古树名木，严加保护。

金盆柳。在彭阳县新集乡峁堡村西坡洼地，生长着一株巨大旱柳，其总体轮廓与外貌特征酷似人工培养的盆景。这何以见得？且看吧，其一，它的主干自地面至顶端分叉处早已开裂，中心腐朽宽阔的空间足可容纳10人并拢站立，四周围尚鲜活的树干外包皮及木质层似一盆器；其二，它的四个侧枝干，自顶端分裂后分别以东北、西北、东南、西南四方向，或直立、或倾斜、或弯扭地自然延续伸长，有的直指天穹，有的下落在地，有的凌空盘旋，与盆景中，或自然生长，或人为培养的树木花草极为相似；其三，它的主干外包皮（木质层与树皮），自地面至顶端呈大圆柱状，且与盆体（身）相似的表面上，分布着一片片、一簇簇斑斑驳驳、条纹纵横、包块连缀的零散痕迹，隐隐约约、断断续续地显现着各种图案。这些图案乍一瞧，有的似一道道河流，有的似一座座山峰，还有的因立体感较明显竟然似日月星辰及虫鱼鸟兽，这一切完全如同（或使人联想到）陶土盆或瓷釉盆器上通常都具有的装饰图画。

盆景柳的确切地址是一古老坟茔，传说树龄300年，树主人是张耀忠、张万忠兄弟俩，据他二人及众乡邻介绍，盆景柳本是张家先祖在祭奠去世亲人时，将所用柳木丧棒插在了坟地边。后来它竟在不经意中生根发芽，长成了一棵参天大树。其主干腐朽中空、侧枝开裂的原因是在50多年前的一次暴风雨中遭受了雷击，打那以后就慢慢地变成了当今盆形盆景之状。

盆景柳不但颇具玄妙奇特性，而且还有一大雅号——金盆柳。为何以金盆命名，据了解，原来树主人认为树的主干中空像盆是灵气显现，如同神话中某某仙人恩赐的“聚宝盆”那样，盆中金钱用之不尽，取之不竭，故而梦寐以求誉称之。其初衷是祈盼他们家族日进斗金、富贵发财等。

金盆柳（盆景柳），2005年经有关林业科技人员实地调查，立地海拔1800米，树高18米，主干高1.8米，冠幅22米×21米，占地面积380平方米，胸围880厘米，主干分裂处周长980厘米，四侧枝直径分别为150厘米、100厘米、120厘米和60厘米——如此壮观奇特的巨柳，被树主视为神圣树、吉祥木倍加珍爱自不待说，而且引起了有关部门的关注，尤其自2006年开始，被当地林业主管部门确定为受保护的古树名木之一，并将进一步实施挂牌、复壮等相关管理措施。

彭阳侧柏古树群。在彭阳县东北边陲孟塬乡的王原村糜岔塬一坟园内，有一片树林繁盛茂密，绿影婆娑，凡是目击者无不大加赞赏。

经专业调查，树林为纯一的常青树侧柏构成，共有11株，郁闭度0.7，占地面积3亩，立地海拔1622米，土壤为侵蚀黑垆土，土层厚度500厘米以上，树木平均高度和胸围分别为12米和160厘米（其中最大株分别为15米和180厘米），树龄均为110余年，树主人为本村村民张仁。

在西海固较为罕见的这片古侧柏群，已历经100多个春秋，毫无遭毁坏痕迹，一株株生机盎然、发育茁壮。

在干旱半干旱的黄土丘陵沟壑区，能生长一片较大面积且四季常青的侧柏树林，这原本就很稀奇珍贵，近年来又欣逢党和国家订立了保护古树名木的好政策，因而，这一古树群自2002年8月3日，经当地林业主管部门实地勘测调查后，已被列入古树名木，妥为保护。

彭阳奇榆。榆树为宁甘陕乃至西北黄土高原的乡土树种，连10多岁的儿童大约也知道每逢春天结出香甜可口的榆钱籽，后来才长出边缘似锯齿的羽毛状叶片。

然而，在宁夏彭阳县孟塬乡何岘村的塬畔上，却生长着一株奇特的白榆树——全树不光在春季生长着80%的榆钱和小嫩树叶，还于夏秋季生长着20%边无锯齿、形似花朵的厚叶，且结出如豌豆大小的红色浆果。

对于在一棵树上生长着两种叶子，在不同季节结出两种截然不同的果实这种奇特现象，2002年夏季，彭阳县林业科技工作者经过连续多次的观测考察，在短时间内寻找不出正确答案的情况下称其为“奇榆”。时隔两年，在固原市组织的古树名木普查中，又经过众多专业人员反复考察并报经宁夏农科院专家马德滋鉴别，最后将其确定为槲寄生古榆。

据有关专业人员调查，奇榆，树高15米，胸围280厘米，主干通直如圆柱，在距地面约3米处分出三大角度均匀的主枝，形成了似草帽状树冠，冠幅直径东西南北各16米，荫地面积202平方米。

如今，奇榆已引起了各级林业主管部门和相关科研机构的高度重视，《宁夏日报》《中国绿色时报》等媒体相继报道过。固原市林业局在通过安排科研人员实地勘测、详细考察以及制作标本，建立档案后，遵照国家有关政策法规予以从严保护。

彭阳蛇形百年枣。蛇形百年枣，生长在彭阳县冯庄乡茨湾村峁头组村民安西彦家院旁边。当地谚云：“桃三杏四梨五年，枣树当年变本钱。”可见枣树生长快、结果早、衰老期到来快，寿命也不会很长。然而，据树主人讲，这棵枣树为清代晚期本村冯姓人祖宗所植，树龄最少在110年，此枣树历经百余载而不衰枯，实乃旱塬之奇珍。

蛇形百年枣树高10米，胸围120厘米，冠幅10米×10米，荫地面积79平方米。此树显而易见的奇特之处在于，不通直，七扭八歪的树干，无论从哪一方观测，都好似长蛇游水，苍劲俊逸，而且主干以上的主枝与侧枝结构均匀丰盛繁茂，显示了百年古树的勃勃生机和顽强生命力。

相对于当地其他枣树，蛇形百年枣树树形奇特优美、高大壮观，而且按照树主及乡邻们的说法，每逢初夏时雪白的枣花竞相怒放，散发出阵阵幽香，蜂飞蝶舞；到了仲秋季节全树就会碧叶红果，煞是惹人喜爱，年产鲜枣一直保持在80千克以上，除自家享用外还可创得一定经济收入。

由于蛇形百年枣在当地较有声誉，2002年，当地林业部门通过调查登记拍照后，将其列入古树名木，予以妥善保护。

彭阳三大古榆。耐瘠薄、耐干旱、抗性强的榆树，是彭阳乡土树种之一，栽培历史悠久，分布地域广阔，全县树龄在二三百年的古榆树就有数十株以上，其中最大的有三株，当地人俗称三大古榆。

三大古榆之伯，生长在川口乡川口村的坝堰塬头上，树高18米，胸围360厘米，冠幅21米×20米，树冠投影面积333平方米。这株古榆树高叶茂，枝干苍劲，姿态雄伟，远望好似一座小山丘，传说已有300多年的历史，被树主王氏家族视为树神，爱护有加。

三大古榆之仲，位于古城镇川口村田庄队，树主王渊高。据调查，这棵榆树已有近300年的历史，树高15米，胸围250厘米，冠幅18米×19米，占地面积272平方米，该树树形古朴，树冠上部平展，枝条苍劲下垂，长势茁壮繁茂，尤其以挺拔坚韧之态，在1800多米的高海拔区存留至今实属罕见。

三大古榆之叔，植根于红河乡韩堡村上庄组的王国礼家门前，传说树龄约200年，当地群众称之为老榆树。据树主人王国礼介绍，人民的好税官王振举非常喜欢老榆树，每逢盛夏这里常常是他和家人纳凉与欢聚的好去处……缘于此，王氏家族、近邻及众多村民都以怀念王振举的敬重心情关爱着老榆树。这株老榆树树高12米，胸围230厘米，冠幅19米×17米，荫地面积254平方米。彭阳县林业局已将其列入有一定纪念意义的古树名木名录严加保护。

旱塬柽柳。彭阳县交岔乡庙庄村关掌组的杨志禄家院门前，生长着两棵野生柽柳。二柽柳相距不远，如“门卫门岗”般左右站立的“它”俩，虽已历经沧桑，经受风霜，却依然郁郁葱葱，枝繁叶茂，生长茁壮。

这两棵柽柳，传说树龄500年以上，树高、地围、冠幅均相差无几，分别为9米、8.5米，390厘米、360厘米，9米×10米、8.5米×9.5米，根基部都存留着清晰可见的边砍边发枝的痕迹。

现年70多岁的杨志禄是二柽柳的主人，他听太爷讲古今（故事）时说，很早以前当地曾有大片大片的森林，二柽柳是森林逐渐消失中仅保存下来的，直到后来因二柽柳距离他们杨家的院落很近，年年长叶发枝，永不衰老。于是，一代代的先辈们在对其产生好奇感的同时，也发自内心地尊崇为神树。对于二柽柳为何在根基部留有砍伤痕迹，按照树主人的说法，是他爷爷的太爷青年时本想让二柽柳主干通直圆整，更加雄伟壮观，结果适得其反——越砍萌发的枝干越多，到后来主干与侧枝竟然似无差别。

自从2002年夏季，当地开展保护古树名木以来，在有关专业人员勘测拍照登记建档后，树主全家老小人及邻近村民们都十分高兴，认为二柽柳一定会生长得更加绿影婆娑。

高山核桃“季、亚、冠”。地处六盘山东麓的彭阳县古城镇中川至庙咀梁——在这1800～2000米以上的高海拔干旱地带多有核桃分布，这本来就很稀奇。然而更令人咂舌的是，竟有100年以上树龄的3株大核桃树在这里绿意盎然、郁郁葱葱、春华秋实。

经实地查考，一号，称之为季军的核桃，经管者海保有，树龄100年，树高14米，胸围160厘米，冠幅13米×11米，占地面积113平方米；二号，称之为亚军的核桃，经管者马生福，树龄110年，树高15米，胸围310厘米，冠幅17米×15米，占地面积201平方米；三号，称之为冠军的核桃，经管者马明星，树龄300年以上，树高16米，胸围435厘米，冠幅22米×22米，占地面积380平方米。

季、亚两核桃，虽然远观似山丘，近瞧似巨伞，可是由于朝夕相处见惯不惊之故，在当地村民的印象中，仅是树高且大堪在邻近林木中独占鳌头罢了。然而，冠军核桃，由于主干离地1.2米的分叉处，以直径1米以上的三大侧枝自然开阔形成了一锅底状平台，平台上足可容四五人围坐玩耍，并且还缘于三侧枝分岔角度均匀所形成树冠圆整高大雄伟壮观之故，因而当地还流传着一首歌谣：“大核桃，真正大，树荫下能跑马，跑三天，不到边”——这虽很夸张，但表明了有一棵高山大核桃在当地确实存在。

耐寒、耐干旱，抗逆性极强的高山核桃季、亚、冠，对当地大力开发与集约经营经济林木中的干果类产品积累（提供）了重要的科学依据，为便于今后继续进行多方面的研究探讨,寻求规律,揭示秘密等,固原市和彭阳县有关主管部门,于2002年前后分别对3株核桃树进行实地勘察测量后,明确其为古树名木,并采取了必要措施加以保护。

红河核桃五魁。位于彭阳县红河川东端,有个雷咀村,就在这个村子中心道路的两侧生长着5棵大核桃树。这就是赫赫有名的"旱塬核桃五魁"。

何谓"核桃五魁",原来五株核桃立体分布图宛如人手半握拳半伸指之形状,五树干恰似五手指,又因当地人饮酒猜拳时常喊"五魁首(寿)",故而称之。意在高大魁梧健康长寿。的确,五核桃树,主干粗壮,枝叶繁茂,分枝平展,相互交错,遮天蔽日,使该村中心的数十米大道完全沉浸在绿荫之中。一旦远眺时,整个村庄最显眼的只有突兀挺拔的核桃五魁那壮观景致。

据测定,五株核桃树的干形、胸径、冠幅等基本接近或相似。其中最大的一棵,胸径340厘米,树高18米,冠幅16米×15米,主干高2米处分出的两侧枝,直径均80厘米,主干离地面1米处的表皮突现出如土丘状、直径30~50厘米的圆包5个,圆包下有裸露根4条,直径均40厘米,分别向四周延伸3~8米扎入地下,大有龙爪抓地鼓背腾空之势。

现年70多岁的常兆敦老人了解核桃五魁的情况,经他按五代先祖留下的传言计算,最大的一株树龄在150年以上,栽植者是何人无从考证,大约是常姓人的先辈。五核桃树主权原归农业社集体所有,1981年实行联产承包责任制时以抓阄形式被村民常延吉幸运获得。目前每棵树年产核桃鲜果约150千克,五树所产核桃除自家食用以及馈赠亲友外,还可创得可观的经济收入。

核桃五魁,早在2004年仲夏季节,经固原市和彭阳县两级林业主管部门的专业人员实地勘测、拍照后,被列入古树名木。如今,有关部门已妥为保护。

彭阳"杏树之最"。在彭阳县的十多个乡镇,树龄在100年以上的杏树至少有20多株。特别是在古城镇乃河村下河组海拔1710米的周家坟园里,生长的一棵150多年的大杏树,树高12米,冠幅18米×16米,基围290厘米,从基部1.5~4米处分出四大侧枝,枝围分别是115厘米、120厘米、150厘米和100厘米,一般情况下年产量200~300千克,丰收时年最高产量达500千克以上。该杏树树形圆整优美,几乎是近地扩展,盘曲行空,枝叶茂盛,伟岸壮观。远眺时好似一座绿色山包。更为奇特的是,近年来约有10多位林业科技人员考察后都赞誉道,无论从树龄、树高、树冠,还是从果形、果核及年产量等方面相比较，在固原市乃至全宁夏，它被称为“杏树之最”是当之无愧的。

据树主周志祥介绍，生长在他家祖坟的这棵杏树，已历经祖孙五代。长久以来，随着粉红艳丽的花开花落，香甜美味的杏果不但年年变为可观的经济收入，还向乡邻乃至外地客商提供了大量的优良种子。如今，这里的周姓人及远亲近邻都一心一意地保护着它，并希望它长盛不衰，永葆青春。

彭阳丰产木梨树。位于古城镇川口王大户村塬畔上的王家坟园，有一株很有名气的木梨树，正以它的树龄之长和产果量之高备受当地群众和有关部门及科技人员的青睐。

据本村村民李文兴讲，这株木梨是自生自长起来的，以先祖们一代代遗留下来的传言说，是当地森林急剧减少后唯一的幸存者，距今最少200年。

经调查，其树高13米，胸围200厘米，冠幅16米×14米，荫地面积177平方米。该树的特征是树体高大雄健，侧枝错落有致，冠幅圆整美观，年年硕果累累。其果实既像大核桃，又像乒乓球，更可称奇的是在遭受霜冻和冰雹灾害的2005年尚产果实500多千克，被当地群众誉称为结果最多的木梨树。

2004年彭阳丰产木梨，已列入固原市古树名木录，当地林业部门正在按照有关政策规定妥善保护管理。

彭阳木梨之最。在彭阳县古城镇古城村二组，海拔1650米的西沟口坟园，生长着一株树龄达200年的木梨树，这株木梨以其庞大的树体，宏伟的气势，久远的历史，曾引起宁夏区内外众多果树专家的关注，尤其是还吸引得自治区园艺研究所果树专家、研究员张一鸣多次实地观测考察，他在最后一次考察结束时称道说，依此树的树龄、基围、冠幅等特征，在全宁夏可数得上是“木梨之最”。

经林业专业人员实地调查，古木梨胸径120厘米，基围380厘米，树冠辐射形开展，冠幅18米×18米，树高20米。虽历经200多年的风风雨雨，至今仍枝繁叶茂，树冠蔽日，覆地面积255平方米。

古木梨获得了众多林业专家的关注与赞誉，得到了有关部门和树主的有效保护，经年不衰。

彭阳杜梨王。在彭阳县冯庄乡茨湾村，生长着一株浓荫蔽日、华盖如伞的野生大果树。这株实为梨属的杜梨，由于立地尖山峁顶，且四周仅是低矮的杂灌木——凸显了鹤立鸡群的景致，因而当地群众称之为“杜梨王”。

按照本村距离该树较近的一位年长知情者的说法，杜梨王是他的九代先祖（祖太爷的太爷）从甘肃省镇原县迁移来时发现的，其时是生长在刚修建起来的村舍旁，后来移于现在生长地存留至今，由此推算树龄在250年以上。

据调查，杜梨王树高15米，胸围330厘米，冠幅14米×14米，主干从离地60厘米处分出3杈侧枝，直径分别为35厘米、30厘米、32厘米，均延伸3米处又各自分出2～3条枝干，枝干自然生发中形成投影面积为154平方米的树冠。树冠正圆似球，枝干交错如网，整体形态十分美观。

在缺柴少薪的茨湾村，且又立地尖山峁之顶，何以历经沧桑、枝干无损地保存下来了这棵树。依据当地村民的传说，这棵树在全村的制高点，能有活木永远立于其巅，当然是吉祥木、神圣树。很久以来，全村人都相互传言和告诫，树上的果子可采食，但枝干千万不能伤损。

如今，枝繁叶茂，生机盎然的杜梨王，经过当地林业部门的观测丈量、登记建档、拍照摄像等一系列的专业调查后，被确定为古树名木，妥为保护。

花叶海棠六雄。彭阳县冯庄乡周家后沟村的前梁壕公路边，生长着6株花叶海棠，传说树龄150年以上，其每株立地点连线图正好是28米×20米×20米的等腰三角形，荫地面积280平方米，其中最大株和最小株的胸围分别是135厘米和80厘米，其余4株的胸围均在100厘米上下，郁闭度0.7，树木生长地海拔1620米。

当地村民，现已60多岁的王俊录是海棠树的主人，据他介绍，由宗族先辈们流传下来的话语说，这里未有村舍时就有一大片海棠，这六株树可能是从原始森林演变而遗存下来的。

如今，被王氏家族及村民们称为“六雄”的六株花叶海棠，在树主及同族宗亲的精心呵护下，一个个枝干密匝，长势强劲，真如同六名壮士不分昼夜地守卫在村庄的风水山脉当口。更可乐观的是，每当海棠果成熟季节，鲜红的果实常常招引来无数大人小孩，熙熙攘攘，热闹非凡。

古庙巨椿。彭阳县的王洼镇老庙咀两窑洞门前，生长着一棵高大的臭椿树。这株巨椿，树高17米，胸围210厘米，冠幅15米×14米，树干通直圆满，分杈处以上的侧枝与树梢均笔挺匀称，树冠圆整似馒头。

据查访，巨椿在建古庙前就已如碗口粗壮，距今约150年以上。确实能以证实其古老且称之巨椿的是，由它根蘖(当地群众称串根发芽)或掉落下种子自然生长起的幼椿，仅丛生在50米见方，3～6米高的就有100多株，其中最大的一株，树高、冠幅基本可与巨椿相媲美，故而早已被人们誉为巨椿之长子椿。

巨椿加上邻近簇拥的难分"辈分"的数万株幼椿，着实是一片高低不一，错落有致的纯椿树林，其景观无论是远眺还是近望都显得十分优美。

丝棉木巨树。彭阳县城阳乡的长城村，生长着一株被当地人称作榆杨木的巨树，经有关专业人员考察后，确认其为全宁夏乃至西北五省区的稀有珍贵树种之一——丝棉木，并且单就其树龄、树高、胸围、冠幅而言，亦堪称当地丝棉木之最。

这株位于长城村白马庙院中央的丝棉木，胸围300厘米、树高15米，冠幅直径东西、南北各14米，两条裸露根形态美观，直径均为50厘米，分南北向伸展约100厘米扎入地下，主干不很明显且离地面1米处分出两枝，直径相等均为60厘米，长高至5～6米处各自分出若干侧枝，侧枝纵横交错地形成正圆形树冠，树冠投影面积154平方米。

据白马庙庙会主事人崔彦勤介绍，他幼年时听本村几位老人讲，榆杨木(丝棉木)树与白马庙年龄相同，有庙既有树，相传庙树均已历经500年以上。按照他提示的缘由与说法，2004年夏季的一天，经有关科考人员仔细观察，树下确有一石碑，碑上所刻的碑文中"建于明天启七年"的字迹清晰可见，其他有关记述的文字半隐半显……如果碑文果真准确的话，那么可计算得丝棉木巨树树龄近400年。

对于这株树，当地林业主管部门于2000年开始，就明确其为古树名木，并按照有关政策规定严加保护。

(摘自《固原名木图志》，作者系固原市林业局退休干部)

水土流失治理

40年来，彭阳县历任县委书记一本经，历任县长一道令，一任接着一任干，一张蓝图绘到底，保证了小流域综合治理和生态建设的稳定性和连续性。坚持紧盯一个目标，实施小流域综合治理，改变生产条件、改善生态环境这一目标始终不变；坚持建立一套管理机制，创新“一分治九分管”的理念，完善“四种机制”，推行“年初建账、年中查账、年底结账”的工作责任制，实行县级领导包乡、部门包村、乡（镇）干部包点的目标责任制；坚持探索一些科学方法，从自然条件、地貌特点、本地实际出发，系统思维，把每条小流域既作为一个完整的水土治理单元，又作为一个经济开发单元，整座山、整条沟、整个流域先下后上，先坡后沟，造林与梯田结合，山、水、田、林、路一起推进；坚持一套治理标准，经过不断实践和探索，创造出“88542”隔坡反坡水平沟整地造林技术标准；探索出一批有效治理模式，成功打造了阳洼、大沟湾、麻喇湾、黑窑滩等流域综合治理成功典范，各流域之间连缀成片、道路畅通、梯田环绕，流域内水不下山、泥不出沟，形成了独具特色的生态旅游景观。

水土流失状况及治理

赵银汉

彭阳县属黄土高原干旱丘陵沟壑残塬区，境内山多川少，沟壑纵横，土地贫瘠，植被稀疏，草地植被覆盖率为30%～40%，水土流失面积为2333平方千米，占土地总面积的92%，属全国重点水土流失和水土保持工程治理区。

1957、1979年两次航片判读，全境平均冲沟沟头延伸速度为5.37米每年。最为严重的赵新庄沟为15.71米每年，每年仅此处损失土地0.173平方千米以上。1980年农业资源综合考察时，红河、茹河、安家川三大流域的土壤侵蚀模数分别为每年每平方千米3000～5000吨、4000～6000吨和6000～7300吨，土壤侵蚀量每年分别为129万吨、835万吨和422万吨。

1990年抽样调查，全县水土流失面积达2307平方千米（不包括小岔沟村五里山），强度侵蚀占92.3%，侵蚀模数高达每年每平方千米4000～7500吨。平均每年流失土壤1424.93万吨。同时，严重的水土流失常造成水库淤积、道路毁坏、农田受损和山体崩塌滑坡等。1996年7月27日，红河境内15小时强降雨150.7毫米，造成黑牛沟山体滑坡1平方千米。同日，交岔的关口有2条冲沟延伸均在5米以上。2000年后，随着退耕还林面积的扩大，境内植被得到良好恢复，水土流失得到控制，此后逐年好转，彭阳已成为全国水土保持先进县。

水土流失产生的原因主要是人为破坏。一是掠夺式的垦荒，破坏林草植被。由于人口增多，过度垦荒，只伐不造，使天然次生林被砍伐殆尽。严重削弱了涵养水源的能力，从而加剧了水土流失的发展。二是耕作粗放，加剧了水土流失。由于境内有大量的顺坡垄，成为水土流失的条件。农民只种地不养地，农家肥减少，造成地力不断下降，土壤团粒结构遭到破坏，加上多年耕种形成的犁底层，致使土壤透水性弱，加大了地表径流，加剧了水土流失。三是毁林草，陡坡开荒。由于人口增加，对土地需求量大，毁林(草)开荒现象日益严重。不少地区在15度以上荒坡地、林地开垦，造成了严重的坡蚀，还有的是在稳定的侵蚀沟坡上耕种，加剧沟蚀，造成了新的水土流失。

彭阳小流域治理根据县域南北差异特点，因地制宜，制定了符合不同区域发展的治理措施。在北部黄土丘陵区，坚持农林牧结合，大力发展以山杏、沙棘、山桃、柠条为主的林果业。在中部红茹河河谷残塬区，建成优质绿色果品基地及玉米、瓜菜、药材等特色经济作物种植基地。在西南部土石质山区，加快退耕还林和天然林保护等工程建设，并采取生态移民和生态修复措施，建成水源涵养林。从白岔小流域治理样板到梁沟小流域治理典型，再到阳洼、姚岔、寨子湾、麻喇湾小流域治理样板，一直到20世纪以来的大沟湾、小虎洼、杨寨和南山等小流域治理模式，都分别代表不同时期的治理方式。通过综合治理，基本做到了规划一次到位，质量一次达标，流失一次控制，实现了生态、经济和社会效益相统一。

(作者系彭阳县政协社会治理委员会主任)

保土保墒的高标准农田

杜占山

彭阳县加大土地整理和农业综合开发力度，开展机修基本农田、淤地坝系建设和中低产田改造，发展稳定高产基本农田，农民平均保有高标准基本农田3亩。加大重点水利工程建设和病险水库除险加固力度，并新建了一批水库和淤地塘坝。推广节灌技术，利用降水资源，发展集水节灌面积0.63万公顷。实施生命工程，“三水”齐用，引水工程、井窖工程、水源工程多种措施并举，基本解决了人畜饮水困难。

黑窑滩高标准梯田　2022年5月拍摄 / 摄影　张俊仓

筑牢乡村振兴之基——白阳镇黑窑滩　2023年4月拍摄 / 摄影　王芳琴

早在20世纪六七十年代，宁南山区就开展了小规模、低水平的人修基本农田建设，并发挥了较好的效益。

1983年，“三西”建设之初，林乎加等决策者在认真调研之后，清醒地认识到在宁南山区这样的地区，治水必先治土，要提高水资源的利用效率，将原有的坡耕地和洪漫地修建成蓄水、截流、保土、保墒、保肥的高标准的基本农田，从根本上解决干旱与水土流失、降雨时空分布和经济生产不协调的矛盾。于是，在“有水路走水路”之后，又确定了“有旱路走旱路”，即开展农田建设的方针，并确定了“三年停止破坏，五年解决温饱，十年二十年改变面貌(后改为两年巩固提高)”的目标。修建基本农田就是停止破坏、解决温饱的重要措施。

40年来，彭阳县委、县政府始终把修建基本农田作为防止水土流失、改善生产生活条件、提高农业综合生产能力以及扶贫开发的一项重要措施常抓不懈，累计投入资金6451万元，建成高标准基本农田面积4万公顷。

彭阳县基本农田建设经历了数量和质量由低到高、治理效果和作用由弱到强的发展过程。

1983—2000年，由于资金条件的限制，仅是单一的修建农田。有少量人工修建和部分机修，规模小、数量少、布局分散，田面宽为3～6米，质量要求不高，没有充分发挥水土治理效果和作用。

2001年以来，进入新阶段扶贫开发以后，对基本农田建设高度重视，不断加大基本农田建设的力度和投入，2001—2005年，共安排基本农田建设任务1万公顷，基本农田建设补助由每亩80元逐步提高到每亩120元。修建方式以机修为主，人修为辅。田面宽大，质量较高。

基本农田建设按照《旱作基本农田建设技术标准（1991年）》《宁夏西海固农田基本建设实施方案》和《梯田建设技术规范》进行规划、设计和建设，规划的内容还包括梯田、田间道路、地埂造林、坡面水系工程等，实行统一布局，统筹兼顾，同步实施。规划的主要原则和要求有以下几点。

因地制宜，分类指导。根据不同区域不同的地貌地形、土层厚度、年降雨量大小、人口数量，合理确定基本农田的类型、分布、数量等。基本农田规划和建设要坚持先近后远、先易后难、先缓坡后陡坡，与当地人口匹配、均衡受益、相对集中连片的原则；基本农田规划和建设在坡度15度以下的坡耕地上；人口密度大于每平方公里150人的地区，经县级以上人民政府批准可以适当放宽到20度；土层深厚，年降雨量大于400毫米

王洼镇山庄村梯田　2023年10月拍摄 / 摄影　沈继刚

的地区一次性建成高标准基本农田；人少地多、劳力缺乏，或年降水量300～400毫米的地区宜修建成隔坡梯田；降雨量在300毫米以下的地区及土石山区土层相对较薄的地区不宜修建水平梯田。

坚持以小流域为单元，山、水、田、林（草）、路统一规划综合治理。按照“山顶林草戴帽子，山腰梯田系带子，沟道库坝穿靴子”的治理模式和合理布局、集中连片治理的原则，一面坡、一条沟、一片区域集中连续修建。

坚持“四个结合”。旱作基本农田建设与扶贫到村到户相结合，与退耕还林还草相结合，与小流域治理相结合，与农业产业结构调整相结合。

基本农田均指旱作基本农田，全县基本农田保有量7.67万公顷。由于地形、地貌和年降雨量的不同，因地制宜、分类指导，在基本农田建设中，坚持从实际出发，顺应自然规律和条件，分别修建了不同种类的旱作基本农田。

水平梯田：在坡耕地上，沿等高线修筑规整的田坝，使相邻两坝间的田面保持水平的田块。主要修筑在彭阳县中南部。

隔坡梯田：在两台水平梯田之间留有一定宽度坡地，一坡一面相间组成。主要修筑在彭阳县东部。

洪漫地：是采取导、引、截、拦各种引洪方式，利用洪水漫灌的耕地。主要修建在有洪漫条件的地方。

沟坝地：在沟道筑坝、拦蓄径流泥沙灌淤农地。

水平梯田截流蓄水、提墒保墒、培肥地力、抗旱防灾的作用十分明显，基本达到了“水不出沟、泥不下山”的效果，其拦蓄山地径流和泥沙率均在92.4%以上。大规模坡改梯基本农田建设工程的实施，使土壤流失量大幅度降低，地表径流大量就地渗透土壤中成为土壤水。在保持水土不流失的同时亦保持了土壤中氮、钾、磷等有机肥不流失。

（作者系彭阳县政协教科文卫体委员会主任）

专项资金水土保持项目

为防治黄土高原地区严重的水土流失，改善生态环境，促进区域经济发展，水利部1998年启动实施了中央预算内专项资金（国债）水土保持项目。项目区累计治理程度由1998年的最低11.2%提高到2004年的最高47.3%，形成了比较完整的水土流失防护体系，林草覆盖率由治理前的6.4%提高到23.6%。黄河水土保持生态工程茹河流域一期项目，2000年由黄河水利委员会启动实施，是以黄河多沙粗沙区为治理重点的黄河水土保持生态工程17个重点支流治理项目区之一。

彭阳县古城镇乃河水库加固升级改造工程正在紧张施工
2019年6月拍摄 / 摄影　杨万忠

黄河水土保持生态工程茹河流域一期项目区位于泾河一级支流茹河流域上游，总面积654平方千米，共划分为13条小流域，其中原州区5条，面积279.46平方千米，彭阳县8条，面积374.54平方千米，项目区共涉及一县一区的11个乡镇，5.41万人。水土流失面积594.1平方千米，占项目区总面积的91%。2000年治理程度为15.2%。

茹河一期项目，2000年经黄河水利委员会批准立项，可研批准建设期为5年。2000—2004年茹河一期项目13条小流域共批复综合治理措施面积200平方千米。其中，梯田面积5635.25公顷，乔木林面积1265.5公顷，灌木林面积6912.0公顷，经济林面积1406.5公顷，果园面积156公顷，人工种草面积4624.8公顷。配套建设水土保持治沟骨干工程46座，淤地坝114座，谷坊500座，水窖300眼，涝池138座，沟头防护164处。批准投资10587.42万元，其中，中央投资3592.71万元，地方配套4045.9万元，群众自筹2948.81万元。

项目区共完成综合治理面积205.42平方千米，占项目总任务的102.7%。其中，完成基本农田面积5776.91公顷，造林面积9854.85公顷，种草面积4719.06公顷，建设果园面积190.78公顷。建成各类小型水土保持工程1675座(处)，骨干工程46座，淤地坝140座。完成总投资10820.58万元，其中，中央投资3592.0万元，地方配套4024.44万元，其他3204.14万元。

项目区累计治理程度由2000年的15.2%提高到2005年的54.1%，形成了比较完整的水土流失防护体系，林草覆盖率由治理前的6.7%提高到27.6%，人均有粮达到380.63千克，人均纯收入1741.1元，人均产值2744.44元，分别比治理前增加7.2%、209.7%和214.5%。

黄河水土保持生态工程茹河流域固原二期项目位于泾河一级支流茹河流域上游，一期项目区以北，与一期项目区毗邻，总面积253.33平方千米，共划分为10条小流域，涉及原州区2个乡8个行政村，彭阳县2个乡8个行政村，总人口17686人。水土流失面积237.83平方千米，占项目区总面积的93.9%。2004年现状治理程度为9.5%。

茹河二期项目，2005年经黄河水利委员会批准立项，建设期为5年(2005—2009年)，5年共批准(可研)新增综合治理面积141.97平方千米，其中，新修基本农田面积2262.24公顷，灌木林面积2220.53公顷，人工种草面积1397.83公顷。配套建设治沟骨干工程14座，淤地坝45座，水井25眼，沟头防护9处，涝池22处，生产道路90.5千米。共批准项目建设投资5758.0万元，其中，中央投资2762.0万元，地方匹配投资2996万元。

栖凤山实行封山育林后林草覆盖率明显提高　2019年10月拍摄 / 摄影　沈继刚

该项目2006年正式投入实施，2010年完成全部建设任务。

农业综合开发水土保持二期项目，涉及彭阳县小沟湾流域。面积39.96平方千米，水土流失面积34.53平方千米。建设基本农田面积186.67公顷，人工造林面积546.67公顷，人工种草面积700公顷，保土耕作面积320公顷。配套建设小型工程33处。项目投资1024.31万元，其中应配资金414万元。

黄河水土保持生态工程重点小流域综合治理项目，2022年实施，涉及彭阳县薛套小流域。面积27.5平方千米，水土流失面积26.64平方千米。建设基本农田面积60公顷，人工造林面积377.9公顷，人工种草面积454.6公顷。配套建设小型工程45处。完成投资127万元，其中地方配套资金38万元，治理程度超过70%，项目区人均有粮达到481千克，人均纯收入2056元。

2002—2004年，隆德、彭阳县实施了黄河水土保持生态工程生态修复工程一期试点项目，共完成生态修复面积172平方千米，刺丝围栏68千米，生物围栏101.5千米，建监测点44个，建立标志牌188座。完成总投资307万元，其中，中央投资230万元，地方匹配77万元。

（摘自《固原市志》，有删改）

小流域治理四大典型

阳洼流域。 阳洼流域位于白阳镇阳洼村，流域总面积28平方千米，境内平均海拔1600米，年均降雨量400毫米。自2000年被列为退耕还林示范点以来，县委、县政府把改善生态环境、加强农业基础建设和后续产业开发结合起来，坚持退耕还林（草）与荒山治理相结合、治坡与治沟相结合、林草建设与农田建设相结合，采用“88542”隔坡反坡水平沟整地造林方式和“山顶林草戴帽子、山腰梯田系带子、沟头库坝穿靴子”的治理模式，连片开发综合治理。经过多年的建设，累计完成基本农田建设面积800公顷，

阳洼流域金灿灿—— 金鸡坪梯田公园　2020年8月拍摄　/ 摄影　张俊仓

荒山荒沟造林面积533公顷，退耕地造林面积733公顷，建设高效经济林面积1667公顷（其中栽植核桃面积667公顷，杏子面积1000公顷），嫁接改良山杏面积333公顷，种草面积333公顷，新修道路26千米，治理程度达97%，通过了全国水土保持生态建设“十百千”示范工程小流域达标验收，成为全县乃至黄土丘陵半干旱山区生态环境建设的样板工程之一。

阳洼流域山绿、地平、草丰、林茂，生态恢复良好，群众生产生活条件明显改善，农业综合效益显著提高，基本上达到了规划初期预计的治理目标，成为彭阳县乃至黄土丘陵区半干旱山区生态环境建设的样板工程之一。2007年4月12日，胡锦涛总书记亲临阳洼流域视察工作，他说，退耕还林的综合效益已经显现了，我的心里有底了；彭阳虽小，但生态环境治理保护成效明显，实践证明，像这样扎实的工作和明显的效果，国家投点钱是值得的。胡锦涛总书记的充分肯定，极大地鼓舞了全县人民建设绿色家园的热情。县委、县政府以此为契机，号召广大干部群众，紧盯“绿色彭阳”目标，团结一心，艰苦奋斗，努力打造山川秀美、经济繁荣、社会和谐的新彭阳。

大沟湾流域。大沟湾流域位于彭阳县城西南面，总面积30平方千米，涉及白阳镇、新集乡2个乡镇8个行政村24个村民小组676户39人，年均降雨量400毫米，地貌

大沟湾流域林草茂盛　2023年9月拍摄 / 摄影　沈继刚

城阳乡梁沟沟道造林成效明显　2022年6月拍摄　/ 摄影　沈继刚

以梁、峁、沟壑为主，地形破碎，治理前水土流失严重。历届县委、县政府积极探索，把改善生态环境、加强农业基础建设和后续产业开发结合起来，坚持退耕还林（草）与荒山治理相结合、治坡与治沟相结合、林草建设与农田建设相结合，采取陡坡地退耕、缓坡地机修农田、荒山综合治理的工程措施和灌草间作、乔灌草立体复合配置的生物措施，扎实开展小流域综合治理。该流域从2002年开始治理，经过多年的建设，累计完成退耕面积1999公顷，其中退耕地造林面积1524公顷、荒山荒沟造林面积475公顷。建设优质经果林面积400公顷（其中核桃面积80公顷，杏子面积320公顷），嫁接改良山杏面积667公顷，种草面积333公顷，新修道路6千米，绿化道路17.3千米，机修农田面积696公顷，打窖102眼，治理程度达到87.4%。

2008年8月16日，国务院总理温家宝视察大沟湾小流域综合治理时说："生态治理要有'一张蓝图绘到底'的决心，又要不断丰富新的内容。要实行山水草林田路综合治理，一代接一代干下去，改变生态环境，最终让农民致富。"该流域的综合治理，为彭阳县退耕还林示范区域之一，发挥了试验示范、典型带动作用。

小虎洼流域。小虎洼流域总面积27平方千米，涉及孟塬和草庙2个乡4个行政村8个自然村480户。该流域经过多年的治理，累计完成治理面积1233公顷，其中退耕面积500公顷，荒山荒沟造林面积553公顷，发展优质经果林面积100公顷，嫁接改良山杏面积133公顷，种草面积233公顷，绿化道路17千米，机修农田面积533公顷，林木存活率在85%以上，治理程度达到80%。

南山流域。南山流域位于县城东部，茹河下游，距县城15千米，总面积29.8平方千米，涉及城阳、红河2乡6村836户3607人，是彭阳县从生态治理向生态经济型治理转型的示范流域。项目建设以小流域综合治理为载体，以生态文明建设为目的，以加快经济发展为主线，以增加农民收入为核心，坚持与“新农村建设、产业培育、区域经济发展、当地群众意愿”相结合，采用“规模治理、产业促进，生态开发”的生态经济开发治理模式，“政府主导、水保搭台、部门整合、全民参与”的协作机制，通过项目巩固改造提升，依托当地水资源，以道路为骨架，采用“上保（山顶塬面修建高标准基本农田，保障口粮）、中培（山腰坡耕地培育优质高效特色经济林、退耕还林区嫁接改良优化品种，发展林果产业）、下开发（川道区建设设施农业推动现代农业、实施生态移民实现生态保护、整治河道改善水环境、坝地利用开发土地资源）”的生态治理开发思路，改善生态环境，促进产业发展，增加农民收入。

该项目规划治理水土流失面积19.5平方千米（治理措施面积1946公顷），其中，基本农田面积547公顷、造林面积1399公顷（新增水土保持林面积648公顷，经果林面积751公顷）、封育治理面积132公顷、河道治理面积34公顷。建扬水站2座，发展节水灌溉面积142公顷；建设南沟、虎沟门、岔口生态移民点3个41户，危房窑改造20户；新建小型水土保持工程137座；新修道路100千米；配置太阳能热水器100个，太阳灶200块。

南山流域建立起完善的水土保持防治体系，水土流失治理面积达到80%以上，林草覆盖率达到40%以上，项目区人均纯收入增加2000元以上。同时，项目区通过集中安置、集约生产、配置资源等局部高标准治理，达到大面积的生态保护，这种寓经济发展于生态建设之中的模式，为宁南山区农业农村经济发展探索了一条路子。南山流域的治理模式，得到了水利部的充分肯定和高度评价。水利部水土保持司副司长经大忠带领调研组对南山流域进行了专题调研，形成了以《流域治理出成效　生态经济惠民生》为题的西海固地区科学实施水土保持小流域治理情况调研报告。陈雷部长在报告上批示：“这种机制很好，西海固的模式和经验值得各地借鉴”。

（摘自《彭阳扶贫志》）

小流域水土治理

寨子湾小流域综合治理成效明显 2006年9月拍摄 / 彭阳县自然资源局供图

彭阳小流域治理坚持边建设边探索，及时总结经验，并通过观摩交流，在全县推广，辐射带动了其他流域治理。根据县域南北差异特点，因地制宜，制定了符合不同区域发展的治理措施。在北部黄土丘陵区，坚持农林牧结合，大力发展以山杏、沙棘、山桃、柠条为主的林果业。在中部红茹河河谷残塬区，建成优质绿色果品基地及玉米、瓜菜、药材等特色经济作物种植基地。在西南部土石质山区，加快退耕还林和天然林保护等工程建设，并采取生态移民和生态修复措施，建成水源涵养林。从白岔小流域治理样板到梁沟小流域治理典型，再到阳洼、姚岔、寨子湾、麻喇湾小流域治理样板，一直到21世纪以来的大沟湾、小虎洼、杨寨和南山等小流域治理模式，都分别代表不同时期的治理方式，通过综合治理，基本做到了规划一次到位，质量一次达标，流失一次控制，实现了生态、经济和社会效益相统一。

全县治理小流域134条，治理面积1779平方千米，占全县治理面积的41%。水平梯田面积244.78平方千米，造林面积302平方千米，种草面积154.5平方千米。在小流域内修建库坝37座，塘坝19座，涝池200座，沟头防护58处，谷坊676座，井窖31500眼，其他灌排渠系3000米；控制水土流失面积1633平方千米，治理程度由建县初的11.1%提高到70%。全县流域治理程度比建县前提高了58.9个百分点，森林覆盖率提高了19.4个百分点。成功打造了阳洼、大沟湾、麻喇湾、黑窑滩等流域综合治理成功典范，各流域之间连缀成片、道路畅通、梯田环绕，流域内水不下山、泥不出沟，形成独具特色生态旅游景观。

麻喇湾流域。麻喇湾流域位于白阳镇、王洼乡、古城乡交界处，涉及3个乡(镇)4个行政村2401多人，是全县生态综合治理示范区。流域总面积28.5平方千米，境内梁、峁、沟、壑纵横，地形破碎，水土流失严重。1999年，该流域被确定为综合治理示范点，开展以“修山治水、退耕还林、打坝推地、封山禁牧、舍饲养畜”为主要措施的小流域综合治理和试验示范工作。完成荒山荒地造林面积867公顷，退耕地造林面积573公顷，种草面积133公顷，修建基本农田面积567公顷，新修道路15千米；打井、窖150眼，流域内植被覆盖率达到90%，治理程度达到72%。

黑窑滩流域。黑窑滩流域地处白阳镇嵔岘村，流域总面积3.5平方千米，其中水土流失面积3.2平方千米。黑窑滩在20世纪90年代中期被列入县级小流域治理区。全流域完成机修基本农田面积110.7公顷，造林面积99.1公顷(地埂经济林面积12.4公顷)，人工种草面积15.3公顷，小型水土保持工程20座(处)，新增治理面积2.27平方千米，累计治理面积2.25平方千米，治理程度达91%。流域人均0.41公顷基本农田，人均0.33公顷以“两杏”为主的经济林，户均养牛5头，打井、窖1眼，成为彭阳县中、北部干旱地区流域综合治理、发展经济、实现群众致富奔小康的典型。1999年农民人均有粮780千克，人均纯收入1200元，分别是治理前1983年的3.1倍和23倍。

其他较小流域治理，利用国债项目治理的有小岔乡耳城河、石岔乡墩底、交岔乡关台、草庙、孟塬、小虎凸，王洼镇南街，白阳镇郑沟、后山沟，孟塬乡牛耳塬，罗洼乡倒生

壕、红土崾岘、小岔李渠、丁渠，白阳镇罗堡，草庙乡糜地壕，王洼镇花露，草庙乡曹川、罗洼镇的罗洼，王洼镇的姬阳

、李

、夏山庄，白阳镇的狼山；茹河一期工程项目小流域治理有王洼镇夏山庄、上斜崖沟、下斜崖沟、白泉沟、蒿儿川、路寨、王洼沟，古城镇的川口沟、党家沟、温沟、刘沟门，白阳镇的马蹄岔、李岔、铜条沟；以工代赈项目小流域治理有草庙乡赵木湾，城阳乡梁沟，小岔乡吊岔，新集乡白河，古城乡温沟，白阳镇白岔、陡坡贺盖垅；生态项目小流域治理有王洼镇梁壕、陡沟、西岔壕，白阳镇麻喇湾、余沟，城阳乡邓湾、曹沟圈，草庙乡庙壕，新集乡白林、黄湾；茹河二期项目小流域治理有交岔乡史阳

、牡丹岔、马家岔，王洼镇甘沟，罗洼乡薛套，白阳镇杨崖腰；农业发展项目小流域治理有草庙乡牛湾，孟塬乡武家台，横跨白阳镇、城阳乡、草庙乡的金岔等。

"十一五"期间，治理小流域8条，治理水土流失面积189平方千米。水土流失治理程度由"十五"末的65%提高到"十一五"末的73.4%。2010年，续建黄河水土保持重点防治工程彭阳县石沟、曹家沟流域综合治理项目，农业综合开发黄河上中游水土保持项目彭阳县城阳项目区，开工建设了陕甘宁地区水土流失治理项目柴沟项目区，共治理七个山、麻地渠、西庄、韩寨小流域4条，治理水土流失面积69.2平方千米，其中梯田面积1281.1公顷、造林面积2718.7公顷、种草面积871.3公顷、封育面积2051.9公顷。建成王洼水土保持科技示范园并通过水利部验收，是宁夏第一座集水土保持试验监测、科普教育、旅游休闲为一体的综合性科技园区。

"十二五"期间，治理曹川、南山等小流域20条，治理水土流失面积280平方千米。水土流失治理程度由"十一五"末的11.1%提高到"十二五"末的69.3%。

2011年，续建农发水土保持项目城阳项目区和陕甘宁彭阳县柴沟项目区，治理西庄、柴沟、庙沟、曹沟、南沟、南山小流域6条，治理水土流失面积427平方千米。在南山综合治理与生态经济开发示范项目建设过程中，总结出"政府主导、水保搭台、项目整合、群众参与"的建设机制和"上保（保障口粮、保持水土）、中培（培育优势特色经济林）、下开发（设施农业、良种繁育生态移民等）"的治理模式。

2012年，新建续建柴沟、南山二期等小流域8条，治理水土流失面积73.4平方千米，其中机修农田面积1461.2公顷，造林面积2982.8公顷，种草面积835.5公顷，封育面积263.4公顷。在小岔卷槽建成移民迁出区生态治理修复示范点1个，为全区生态移民迁出区探索新的生态治理模式。彭阳县国家水土保持生态文明县通过水利部专家

验收。

2013年，治理玉塬、沟口等6条小流域，治理水土流失面积68平方千米，其中新修水平梯田面积1150公顷，种植经济林、水土保持林面积1940公顷，种草面积910公顷，封育治理面积2080公顷。全年水土流失治理程度达到66.6%。

2014年，治理曹川、甘沟、陡坡、沟圈等小流域9条，治理水土流失面积58平方千米。其中新修水平梯田面积1271公顷，种植经济林、水土保持林面积856公顷，种草面积62公顷，完成投资2255万元。

2015年，治理山庄、中庄、沟圈等小流域9条，治理水土流失面积52.3平方千米，其中新修水平梯田面积821.02公顷，种植经济林、水土保持林面积1881公顷，种草面积93.46公顷，封育治理面积3253.3公顷。先后荣获“全国水土保持水土文明县”“中国最美田园”荣誉。

“十三五”期间，治理小流域33条，“五土共改”阶段性任务基本完成，深入推进“五水共治”，全面开展“清河行动”。

2016年，按照“生态型、景观型、经济型”3种措施相结合的区域生态综合治理模式，治理赵洼、李洼、刘河等小流域8条，面积64平方千米，除险加固曹沟等3座骨干坝。2017年建成悦龙山清洁型小流域1条，治理丰台、东岳山、三岔口等小流域9条，治理水土流失面积80平方千米，除险加固马阳洼等骨干坝4座。

2018年，实施国家水土保持以奖代补试点项目，开工建设王洼镇陡沟村、草庙乡包山村、冯庄乡小寺村3个项目，治理玉洼、周庄等小流域16条，面积93.35平方千米。除险加固大寨沟等骨干坝4座。

2019年，治理上湾、高庄、虎山庄国家水土保持以奖代补试点项目等小流域6条，治理旅游面积95平方千米。完成张街坡耕地综合治理项目，除险加固上台、吴渠等淤地坝6座。

2020年，治理大梁等小流域4条（含以奖代补项目），建转湾坡耕地工程1处，草庙乡和谐村沟头治理等工程3处，治理水土流失面积106.65平方千米。除险加固吴渠等骨干坝2座。

（摘自《彭阳扶贫志》）

一任接着一任实干 建成今日秀美山川

(一)

彭阳县位于宁夏东南部,属黄土高原干旱丘陵沟壑残塬区、宁夏中南部生态脆弱典型区,境内山多川少,沟壑纵横。“山是和尚头,地无三尺平,风吹黄土走,缺水如缺油”是80年代彭阳县的形象写照。37年来,历届县委、县政府坚持“生态立县”战略不动摇,人接班、事接茬,以小流域为单元,山水田林路统一规划,沟坡梁峁塬综合治理,生物措施、工程措施优化配置,乔灌草种植相结合,抓点带面、整体推进,一个山头接着一个山头推,一个流域接着一个流域治,用汗水再造河山,为黄土高原综合治理树立了样板和典范。

绘好一张宏伟蓝图。20世纪80年代的彭阳县,到处是“烂塌山”“滚牛洼”,生态环境极端恶劣,“苦瘠甲天下”,全县24万人口中,贫困人口达16万,相当一段时期内农民“吃的救济粮,穿的黄军装”。面对恶劣的环境,当时的县委、县政府认识到,要想改变贫穷落后面貌,必须大搞流域综合治理、大抓生态环境建设。随着治理实践的不断深化,县委、县政府确立了“生态立县”战略,作出了“10年初见成效、20年大见成效、30年实现山川秀美”的长期规划。从此,“生态立县”成了彭阳县的工作总基调,历届县委、县政府持之以恒落实这一长期规划,路线图越绘越精、施工图越来越细、作战图“红旗”越来越多。党的十八大以来,党中央统筹推进“五位一体”总体布局、协调推进“四个全面”战略布局,把生态文明建设提到了前所未有的高度。彭阳县委、县政府抓住机遇,总结提升,完善规划,小流域综合治理这盘大棋谋篇布局站位更高了,内涵更丰富了,产业经济发展、农民脱贫致富、生态文明建设等同步规划,观光体验、民宿康养、农村电商等新兴业态同时培育。37年来,彭阳县11任县委书记一本经,10任县长一道令,一任接着一任干,一张蓝图绘到底,保证了小流域综合治理和生态建设的稳定性和连续性。

紧盯一个奋斗目标。建县伊始,县委、县政府经过深入调查研究、分析论证,找到了山区贫困的根子在山、潜力在林。从建县至今,县委、县政府领导班子换了一届又一届,但实施小流域综合治理、改变生产条件、改善生态环境这一目标始终没有变。1984年,城阳乡长城村马山组群众修成了面积近2公顷连片集中的基本农田。第二年,这些基本农田经受住了山水的冲击,亩产提高到150千克,是原来山坡地的近两倍。县委、县政府因势利导,越来越多的村党支部带领农民群众积极主动投身小流域综合治理。红河乡文沟村从1986年开始,在没有国家一分钱投入的情况下,村党支部带领群众连续修了10年梯田,栽了10年树木,使2个流域、19条支沟、7个湾、9道梁、12个峁上95%的陡地变成了梯田,荒山变成了林地,粮食产量稳步提升。1992年,县委、县政府在全面总结的基础上,正式提出山、水、田、林、路综合治理。从这年开始,全县农田、造林面积每年分别以0.33万公顷以上的速度增加。1999年国家实施退耕还林(草)工程,县委、县政府抓住这一机遇,推动小流域综合治理开始步入快车道。2006年,县委、县政府围绕加快社会主义新农村建设,开始实施重点流域提升工程。2009年,着眼于生态优势转化为经济优势,推动"大花园、大果园"建设,流域治理与产业发展结合得更加紧密。2013年,设立乡镇生态绿化基金,整山头、逐流域巩固造林成效,由追求数量扩张、保土治水向注重质量提升、加速成林转变,小流域治理进入高质量发展的新阶段。2014年,全面启动国家生态文明示范县创建活动,开展国家重点生态功能区建设与管理试点县工作。2016年起,强化绿水青山就是金山银山的理念,更加注重增色与增景结合、增绿与增收结合、生态与旅游结合,更好发挥绿色优势。近两年,围绕打赢脱贫攻坚战,着力发展绿色产业和特色种养殖业,大力提高生态建设的经济效益。梳理这37年来的发展脉络,彭阳县始终把初心印在心上、把使命扛在肩上,坚持目标导向,一以贯之狠抓小流域综合治理和生态建设。这一条路子从来没有改变,从来没有动摇。

建立一套管理机制。县委、县政府坚持"一分治九分管"的理念,不断完善"四种机制",激发内生动力,增强治理效果。完善责任机制,推行"年初建账、年中查账、年底结账"的工作责任制,把生态建设纳入效能考核,实行县级领导包乡、部门包村、乡镇干部包点的目标责任制，逐级签订责任书，使层层有压力、人人有担子。完善投入机制，采取向上争一点、银行贷一点、县上筹一点、干部捐一点、群众义务投一点“五个一点”的办法，多渠道、多层次筹措，资金捆绑，项目联合，集中使用，使有限的资金发挥最大的效益。完善服务机制，全面推行科技承包责任制，组织科技人员沉到一线，严把关键环节，跟踪指导服务，定期不定期举办不同类型的综合治理培训班，提高了生态建设的科技含量。完善管理机制，在农田建设管理上，实行到户申报制度，业务部门规划测设，施工单位优质作业，多部门联合验收，乡镇政府落实后期管理；在林木资源管理上，全面推行封山禁牧，退耕还林由农户自己管护经营，荒山造林由专兼职护林员长年看守，森林派出所、草原警察队和禁牧稽查工作组巡回检查；在水利设施管理上，组建农民用水协会，用好用活机井、扬水站等小型水利工程；在流域道路管理上，实行民办公助、以奖代补的办法，加强维修养护，保障通畅，方便群众生产生活；以实施国家农村环境连片整治示范项目为契机，加强美丽乡村建设。小流域综合治理关键在治，要害在管，管理跟不上，就是白忙活。彭阳县始终坚持统筹兼顾、建管并重，使已经取得的小流域综合治理和生态建设成果不断巩固和提升。

摸索一些科学方法。37年来，彭阳人在长期的小流域治理和生态建设中，以不断创新的意识，摸索总结出一套务实管用的治理方法。坚持系统思维，从自然条件、地貌特点、本地实际出发，围绕保护水土资源、改善生态环境，把每条小流域既作为一个完整的水土治理单元，又作为一个经济开发单元，整座山、整条沟、整个流域先下后上，先坡后沟，造林与修田相结合，山水田林路一体推进。坚持问题导向，针对“单家单户难发动，劳力分散难组织，规划施工难统一，工程质量难保证，出工受益难平衡，远近利益难兼顾”的实际，制定政策调动、机制促动、科技引动、实践带动、利益驱动的“五动”措施，实行分片治理，轮流受益，使群众的积极性空前高涨。坚持大兵团作战，全方位立体式推进生态治理，大项工作采取集中领导、集中时间、集中劳力、集中地块的形式，打破地界、村界、乡界，统一组织、统一施工、统一质量，全面动员，全民参与，每年春、夏、秋三季大会战，上阵劳力超过10万人，保证干一项成一项，干一片见效一片。

坚持一套治理标准。过去彭阳县的群众也栽树，但由于降水少，栽下的树苗成活率很低。王洼镇马掌村农民徐万平说：“那个时候，春天栽、夏天死、秋天拔、冬天烧了罐罐茶。”造林成活率的问题解决不了，栽得再多也是徒劳。最初，群众植树沿用老办

法，采用挖鱼鳞坑、修带子田的方法，效果并不明显。经过不断实践探索，干部群众创造了“88542”隔坡反坡水平沟整地造林技术，不仅拦蓄了降水，大幅提高了造林成活率，还能抵御20年一遇的暴雨。许多干部群众对“88542”的技术标准都熟记于心。在梯田修建方面，老百姓的体会也同样非常深刻。古城镇田庄村党支部书记田志科说：“过去为了增加耕地，靠人力修梯田，修的梯田只能是‘二牛抬杠’耕作，标准低、难耕作、效率差。”各级组织引导群众树立“宁要一亩高标准，不要十亩低水平”的观念，从保证质量、提高效益的原则出发，按照“等高线、沿山转、宽适度、长不限、大弯就势、小弯取直”的质量标准，整修和改造提升梯田。2000年前后，开始了大规模机修梯田，“宽、大、平”的梯田越来越多，适应了机械化耕作，解放了劳动力，提高了粮食产量。近年来，彭阳县大力开展高标准农田建设，通过“二合一”“三合一”“三合二”等措施，大幅度提高了梯田建设质量。为了确保小流域治理效果，彭阳县在植树造林、梯田修建、修堤筑坝、山路改造、环境整治等方面结合实际探索制定了一系列技术标准、工程标准，以高标准保证高质量。

探索一批有效模式。37年来，在小流域综合治理实践中，彭阳县广大干部群众因地制宜、创新创造，探索了一系列治理模式。“山顶林草戴帽子、山腰梯田系带子、沟头库坝穿靴子”的立体治理模式：山顶封山育林，涵养水源；山坡退耕还林还草，保持水土；坡耕地修建高标准水平梯田，蓄积天上水；干支毛沟修建谷坊、塘坝、水窖，拦蓄径流，发展灌溉，并适当开发沟坝地。“1335”家庭单元模式：户均1眼井窖，人均3亩基本农田，户均3头大家畜，人均5亩经济林。“坝、池、窖(井)联用，以水定业”的农业产业经济开发模式。大流域道路网络模式：流域治理到哪里，道路就延伸到哪里，路网密织，把全县所有流域有机地串接在一起。近年来，结合新农村建设、产业培育、区域经济发展、当地群众意愿，形成了“上保、中培、下开发”的生态经济开发治理模式。上保，即山顶塬面修建高标准基本农田，保水保土，保障口粮；中培，即山腰坡耕地培育优质高效特色经济林，退耕还林区嫁接改良，调整种植结构，增加农民收入；下开发，即川道区发展设施农业，推动农业现代化，实施生态移民，实现生态修复，整治河道改善环境。这些治理模式，有的不断更新升级延续至今，是彭阳县集中民智、顺应民意创造的独特“配方”，发挥了十分重要的作用。

坚守一种实干精神。彭阳县广大干部群众认准小流域综合治理和生态环境建设路子，与恶劣的自然环境展开了一场旷日持久的较量，形成了勇于探索、团结务实、锲而不舍、艰苦创业的“彭阳精神”。这种实干精神集中体现在领导苦抓、部门苦帮、群众苦干的“三苦”作风上。建县至今，球鞋、铁锨、遮阳帽是彭阳干部群众的“三件宝”。干部群众中有个说法叫“三乎乎”，带上干粮，麻乎乎出门、热乎乎一天、黑乎乎回家。在领导苦抓方面，县委统一领导，党政齐抓共管；各级领导团结协作，一抓到底；广大干部积极行动，一呼百应，带着群众干、做给群众看。每年春秋两季分别停止办公一周义务植树、平田整地，从不间断。到现在有机关单位义务植树基地40处，干部出工3.6万人次，造林面积0.67万公顷，形成了阳洼、大沟湾、麻喇湾等一批示范流域，造出了梯田环绕美景，彭阳旱作梯田也因此入选“中国美丽田园”梯田景观。在部门苦帮方面，打破部门单打独斗的被动局面，相关部门各负其责，各尽其职，密切配合，协同作战，形成了“农田建设先行开路，林草措施镶嵌配套，水土保持工程截流补充，科技培训提高素质，扶贫开发促进增收”的联合作战模式，确保规划一次搞好，措施一次到位，质量一次达标。在群众苦干方面，勤劳朴实的农民群众舍得下苦，最初以户为单位，在房前屋后、路畔地埂零星植树，后来发展到以村为单位、小规模会战，再到两三个村，甚至七八个村联合数千人开展大规模会战，现在已经是户户植树、处处造林，形成了全民动手、比学赶超的强大声势。每年春秋两季，六盘山下，红旗漫卷，每天有几万劳动力奋战在建设一线，开展大规模的平田整地、植树造林活动。据测算，彭阳县“88542”工程整地带可以绕地球赤道3圈半，被誉为“中国生态长城”。彭阳小流域综合治理的成绩单，是全县干部群众一年一年、一锹一锹挖出来的，涌现出了一大批治理荒山荒沟的先进模范人物，锻造了一支可亲可敬、不计得失、甘于奉献的干群队伍。2000年固原市在全市总结推广包括“彭阳经验”在内的5种小流域综合治理模式。2005年十届全国人大三次会议将黄土高原综合治理“彭阳经验”列为1798号建议案重点办理，在全国黄土高原同类地区全面推广。

（二）

37年来，彭阳县累计治理小流域134条面积1779平方千米，水土流失治理程度由11.1%提高到76.3%；森林资源保存面积由1.8万公顷增加到13.6万公顷，森林覆盖率由3%提高到28.5%。全县生产总值由2656万元增加到59.2亿元，增长222倍；地方财政收入由76.7万元增加到2.86亿元，增长372倍；城乡居民基本养老保险和医疗保险参保率分别达到99%和100%；义务教育无辍学，高中教育毛入学率90%以上。通过加强小流域综合治理和生态建设，初步实现了“山变绿、水变清、地变平、人变富”的目标，先后荣获“全国绿化模范县(市)”“全国经济林建设示范县”“全国生态建设先进县”“全国退耕还林先进县”“国家园林县城”“国家卫生县城”和“国家水土保持生态文明县”等一系列荣誉称号。孟塬乡小石沟村农民樊世有写了一首诗，描述了彭阳县小流域综合治理的壮举：“英雄征服万重山，搬来银河到人间，水随人意过山岭，陡坡变成高产田，更看三春艳阳天，山清水秀花烂漫，干群关系兄弟般，人民生活比蜜甜。”彭阳县小流域综合治理取得的成效，具体表现在以下几个方面：

水土流失减少了。治理前，彭阳县是全国水土流失最严重的县之一。据1990年专家抽样调查，彭阳县水土流失面积达2307平方千米，占总土地面积的91.4%，年均土壤侵蚀模数每平方千米6000吨以上，平均每年流失土壤1424万吨，带走氮、磷、钾元素分别为351吨、175吨和1757吨。另据1957年和1979年两次航片判断，全县平均冲沟沟头前进速度为每年5.32米，年均因此损陡坡地面积17公顷以上。“天上下雨地下流，肥土冲到沟里头”“无雨苗枯黄，有雨泡黄汤”，生动描述了彭阳县当年水土流失状况。通过37年气壮山河的小流域综合治理接力赛，共治理水土流失面积1625平方千米，水土流失面积减少76%，土壤侵蚀模数降到了每平方千米2000吨以下，极大地减少了河道、水库、涝池、水渠的泥沙淤积。草庙乡新洼村党支部书记赵世有说：“现在下多大的雨，沟里面都没有多少水了，水不下山、泥不出沟，河里的水变清了，沟头不再往前走了。”控制住了沟头，这是小流域综合治理最直观的表现，是水土保持的一大成效。

生态环境改善了。王洼镇马掌村农民朱富贵说：“过去，一到冬天，农民就到山上‘扫毛衣’，把山上本就不多的柴草弄回家烧火做饭、煨炕取暖；春天，到山上‘铲地皮’，把山皮熟土弄到地里增加肥力，山峁上光秃秃。”这几十年通过植树造林、退耕还林、封山禁牧，生态持续向好，山上的植被越来越茂密，栽植的山桃、山杏、沙棘、柠条等灌木，刺槐、油松、云杉都长起来了，山坡上长满了苔藓、地衣，远远看上去黑黢黢的。春天，山花烂漫；夏天，绿意盎然；秋天，漫山红叶；冬天，白雪皑皑。植被恢复了，山鸡、野兔随处可见，消失已久的野猪、狐狸、豹、鹿、獾等野生动物在这里安家落户了。

降水总量增加了。20世纪80年代，彭阳县年均降雨量只有350毫米左右，个别年份甚至不到300毫米。红河镇红河村党支部书记王克正说："过去要么不下雨，要么就暴雨成灾，山上蓄不住水，洪水肆虐冲毁农田、冲出沟壑，靠天吃饭靠不住，一方水土养活不了一方人。"通过37年的小流域综合治理、生态建设，现在彭阳县的小气候变化非常明显，降雨量不断增加，2019年降雨量达到756.9毫米，暴雨次数减少，连绵细雨增多。城阳乡涝池村农民韩国强说："我们和甘肃镇原县相距只有几十公里，常常是我们这边下雨，他们那边不下雨，生态建设产生的效果真是奇妙啊！"现在"靠天吃饭"能靠上了，种植与养殖用水和生活用水都有保障了，这在过去简直是不可想象的。孟塬乡小石沟村农民贺广发说："现在雨水明显增多，甚至对养蜂造成了影响，但是我们心里非常高兴。"

生产方式转变了。彭阳县丘陵连片，坡陡脊高，丘陵面积占57.9%，大小沟道近500条。过去，农民群众为了生存，世世代代依靠人力修梯田，修建的梯田窄、小、陡，耕种难、收割难、运输难、产量低、效率低，加之连年干旱，粮食亩产只有几十斤，几十亩地养活不了一家人。通过开展小流域综合治理，不断推进坡改梯、旱改水，大规模修建宽、大、平的梯田，使原来跑水、跑土、跑肥的"三跑田"，变成了保水、保土、保肥的"三保田"。现在，全县的基本农田面积由建县初的0.21万公顷增加到6.2万公顷，从种到收基本实现了机械化作业，粮食总产量由建县初的4000万千克增加到2.17亿千克，增长了5.4倍。白阳镇中庄村党支部书记闫生栋说："过去打的粮食都要存起来，生怕粮食不够吃，现在完全不用考虑这个问题了。"过去，农村都是土路，弯弯曲曲、坑坑洼洼，有的村子之间看过去不远，但走过去就要翻山越岭，绕很大的弯子，走很长的时间。人们出行很不方便，"晴天一身土、雨天两脚泥"。王洼镇马掌村第一书记袁志瑞说："我1990年从部队转业回彭阳，坐的汽车下了公路后，汽车后面尘土飞扬，绵延几公里，久久不消散，像一条黄龙。"随着一大批农村公路建设项目的实施，现在全县行政村全部通了柏油路或水泥路。王洼镇马掌村农民周生虎说："农村生产道路越来越宽阔平整，大型农机可以直接开到农田里，原来要干十天半月的农活，现在几个小时就干完了，省出来的时间就可以出去打工挣钱了。"

农村面貌翻新了。过去农民住的都是低矮的窑洞、土坯房，土墙、土炕、泥地，烟熏火燎，黑乎乎的，院子里堆满了柴草，垃圾随处堆放，畜禽到处乱跑，卫生条件很差，吃的水是窖水，电也不通。在开展小流域综合治理的同时，农村人居建设也同步跟进，特

别是近年来大力开展脱贫攻坚、美丽乡村建设、农村人居环境整治、危窑危房改造，农民都住进了宽敞的砖瓦房、砖窑洞，安全住房保障率达到100%，家家户户都通了电，自来水入户率达到99.8%，农村饮水保障率、供水水质达标率达到100%。家家发展庭院经济，房前屋后都种上了果树，按标准建设了整齐的牛棚羊圈。村庄越来越美，农民的幸福指数越来越高，很多城里人都很羡慕。

农民生活富裕了。小流域综合治理和生态建设为彭阳县农民增收致富带来了巨大潜力，在脱贫攻坚政策措施的推动下，农民建牛棚、搞青贮，发展特色种植和经果林，积极发展第三产业，再加上家门口打工、外出务工等收入，来钱的路子越来越多，钱袋子越来越鼓了。全县农民人均纯收入由建县初的73元增加到2019年的11000元，增长了近150倍，近10年平均增速达到10%以上。建县初贫困面高达84%，现在综合贫困发生率下降至0.24%。2020年全县机动车保有量6.1万辆，户均0.8辆。家家都用上了彩电、洗衣机，有的农户家里还用上了水冲厕所。孟塬乡小石沟村农民陈俭银说："如今的生活是芝麻开花节节高，衣食住行大变样，全靠党的政策好，这是几辈子才能修来的福。"

发展能力增强了。借助小流域综合治理和生态建设创造的良好条件，彭阳县大力发展生态经济。通过种植饲料玉米搞青贮氨化、种植牧草发展养殖业，全县牛存栏9.5万头、羊存栏21.2万只，成为农民脱贫增收的重要支柱。引进试种新品种147种，推广红梅杏、矮化密植苹果、花椒、核桃、金银花等适宜品种40种，发展"四个一"林草产业面积6.7万公顷，朝那鸡、养蜂、小杂粮、中药材、辣椒、食用菌等特色种养业规模不断扩大。城阳乡引进陕西海升集团在涝池村、长城村流转土地面积170公顷，以"龙头企业+村集体+基地+农户"的模式，合作建设宁夏面积最大的矮砧密植苹果园区，有效解决相邻7个村农民增收和发展壮大村集体经济问题。红河镇红河村引进宁夏东昂集团投资3000万元建设500亩矮砧密植苹果基地、生态休闲观光采摘园，苹果树已开始挂果。孟塬乡小石沟村陈泽恩大学毕业回乡创业，带领群众成立中蜂养殖专业合作社，把当地传统的蜂产业提高到了一个新的发展水平，全乡中华蜂养殖发展到520户4800多箱，年产蜂蜜5万多千克，产值700多万元。彭阳县生态建设的一大亮点就是形成了百万亩桃杏花海、百万亩旱作梯田、百条生态示范流域等独具特色的生态旅游景观，建成了"看山花、游瀑布、赏梯田"的全域旅游环线，成为彭阳县一张亮丽名片。如今，彭阳县的“周末经济”“假日经济”形势喜人，年均接待游客61万多人，实现旅游社会收入4.5亿元以上。彭阳县的绿水青山正在变成金山银山，成为固原市第一个财政收入过亿元的县，2019年已实现高质量脱贫摘帽。

（三）

彭阳县小流域综合治理和生态建设取得的巨大成效，对宁夏各市、县（区）生态环境建设有重要的启示和借鉴意义。

*要把生态建设摆在重要位置。*历史资料显示，宁夏的生态系统退化、生态环境恶化，除了气候变迁的因素外，人为破坏是一个重要原因。彭阳县通过37年持续不断狠抓生态建设，建成了绿水青山，当地的小气候明显改变。彭阳县的实践告诉我们，宁夏干旱少雨的气候条件不是完全不可改变的，关键是要狠抓生态建设，建设绿水青山，以绿水青山涵养水气，降水量一定会不断增加，也一定会实现生态的良性循环。

*要以系统思维抓好生态修复。*彭阳县立足实际、因地制宜，在实践中探索、在探索中创新，不断总结提升，形成了一套山水林田路综合治理的系统科学方法，实践证明是十分有效的。生态系统是一个有机的整体，各个部分存在互相联系、互相制约的关系。只有尊重自然规律，坚持山水林田湖草是一个生命共同体的理念，坚持系统思维，统筹兼顾、整体施策、多措并举，全方位、全地域、全过程开展山水林田湖草综合治理，才能走好生态修复的路子，取得整体效果。

*要以科学理念推动绿色发展。*彭阳县没有丰富的资源，一段时期十分贫穷落后，通过开展小流域综合治理、加强生态建设，实现了绿色发展，既创造了巨大的自然财富，也创造了显著的经济财富。彭阳县的实践，生动诠释了保护生态环境就是保护生产力，改善生态环境就是发展生产力。绿色发展是一场发展的革命，只有坚持绿色发展理念，着力构建绿色产业体系，才能保证生态建设和经济建设良性互动、相融互促。

*要以制度建设强化生态保护。*彭阳县的生态建设成果是用严格制度管出来的，是靠长期教化农民改变生活习惯得来的。彭阳县的实践证明，巩固和发展得之不易的生态建设成果，必须不断完善制度、堵塞制度漏洞，严格执行制度、强化制度意识，用严密的制度管人管事管生态，把每一项生态建设成果保护好，积少成多，日积月累，串成线、连成片，就会形成生态建设的大气候、大环境。

要以实干精神建设绿水青山。彭阳县建县以来，历届县委、县政府领导班子不改初心、不换频道，在改山治水的实践中孕育形成了“勇于探索、团结务实、锲而不舍、艰苦创业”的精神和“领导苦抓、部门苦帮、群众苦干”的“三苦”作风。正是靠着这股精神、这股作风，在满目疮痍、沟壑纵横的黄土地上树起了一座感天动地的绿色丰碑，演绎了一曲气壮山河的绿色乐章。彭阳县的实践证明，各级党员干部只有始终保持“功成不必在我，功成必定有我”的胸怀和境界，咬定青山不放松，不达目标不罢休，一任接着一任干，一张蓝图绘到底，才能守好改善生态环境生命线。

（原载于2020年《求真与探索》）

70年水土流失治理成果助力彭阳经济发展

马宏芳　张志科

彭阳县位于宁夏东南部，六盘山东麓，西与固原市原州区接壤，东、南、北分别与甘肃省镇原县、平凉市、环县毗邻，属黄土高原丘陵沟壑区第二副区，现辖4镇8乡156个行政村，人口25.15万人，其中农业人口18.92万人。全县土地总面积2528.65平方千米，其中水土流失面积为2129平方千米，占土地总面积的84%，境内山多川少，沟壑纵横，属全国水土流失区重点防治区。年平均气温7.4～8.5 ℃，无霜期140～170天，正常年份降水量350～550毫米，且降水量季节分布不均，主要集中在7—9月。彭阳县1983年10月从原固原县分立，经过30多年流域综合治理，全县已累计治理小流域134条面积1779平方千米，水土流失面积治理程度由建县初的11.1%提高到了76.3%，森林覆盖率由3%提高到了27.5%。2003年被列为“全国生态示范区建设试点地区”。2005年十届全国人大三次会议《关于在全国黄土高原类型区推广彭阳经验的建议》被列为1798号建议案重点办理，“彭阳经验”在黄土高原同类地区得到推广。彭阳县先后被评为“全国水利建设先进县”“全国造林绿化先进单位”“全国退耕还林先进县”“全国绿化模范县（市）”“国家水土保持生态文明县”，彭阳县旱作梯田入选“中国美丽田园”10项梯田景观之一。彭阳生态文明建设被中宣部列为庆祝改革开放40周年“百城百县百企”重大调研项目。阳洼流域2016年被命名为“国家水利风景区”。彭阳县生态治理的成果在黄土高原气候与地貌同类型区具有示范作用，彭阳绿水青山良好生态已初步形成。

70年，造就了一个令世人惊艳的彭阳，“蓝天白云、青山绿水、鸟语花香、山水园林”不仅在图纸上，而且刻在彭阳的大地上。

1935年10月7日，毛泽东同志率领中国工农红军长征翻越六盘山后，7日至8日晚途经彭阳时分别夜宿彭阳县小岔沟张有仁家与乔家渠乔生魁家，后来写下了“不到长城非好汉”的豪迈诗句，红军长征时表现出乐观向上、坚韧不拔、不达目的誓不罢休的崇高理想和进取精神，深刻地教育和感染了宁夏广大群众。

新中国成立70年来，彭阳人民传承红色基因，继承长征精神，发扬宁夏精神，依靠双手，艰苦奋斗，改变穷山恶水的自然环境，减少水土流失，增加粮食产量，把大修农田与植树造林当作解决吃饭问题与脱贫致富的必由之路。同时，抓住国家对贫困地区加大投资的机遇，提出了“山变绿、水变清、地变平、人变富”的宏伟构想，开始了改山治水、造林绿化的治理水土流失新的征程。特别建县30多年中，彭阳县四大班子成员，人接班、事接茬，一任接着一任干，一代接着一代干，一张蓝图绘到底，坚持“生态立县”思想不动摇。每年春秋两季，每名职工都要拨一周时间，自带干粮上山种草植树，晚上再处理公务。农民更是背上干粮，麻乎乎上山、热乎乎一天、黑乎乎回家，常年大半时间在整地、挖山、造林。技术人员、村队干部吃住在农家，工作在田间、荒山，和老百姓同吃同住同劳动同甘共苦。全县25万群众以愚公移山般的毅力和自信，在山川沟峁

大沟湾流域“山顶林草戴帽子，山腰梯田系带子，沟头库坝穿靴子”立体治理模式
2022年9月拍摄 / 摄影　沈继刚

白岔宏福林 2016年10月拍摄 / 摄影 沈继刚

上植绿种树，创造奇迹，全民投入到“生态立县”伟大实践中，形成了“勇于探索、团结务实、锲而不舍、艰苦创业”的精神与“领导苦抓、干部苦帮、群众苦干”的“三苦”作风。在脱贫攻坚与建设小康社会的新阶段，彭阳县继续发扬“不到长城非好汉”的精神，走好新的长征路，为建设山川秀美新彭阳继续努力。

彭阳县流域治理成果，是国家治理水土流失大政方针与顶层设计的结果，是国家与上级部门正确领导的结果。自从1957年7月25日发布《中华人民共和国水土保持暂行纲要》以来，我国陆续颁布了一系列重要的相关水土保持法规，如1982年6月30日颁布的《水土保持工作条例》，1991年6月29日颁布的《中华人民共和国水土保持法》，2010年12月25日修订颁布的《中华人民共和国水土保持法》。2000年西部大开发将加强生态建设和保护作为切入点。“十一五”期间将水土保持写进中央一号文件。2008年，党的十七大提出了建设生态文明的宏伟战略。2012年，党的十八大把生态文明建设纳入中国特色社会主义事业五位一体总布局，并将水土流失综合治理作为生态文明建设的重要内容写入十八大报告。2015年，中央一号文件明确要求“推进重要水源地生态清洁小流域等水土保持重点工程建设”。2017年，党的十九大要求“开展国土绿化行动，推进荒漠化、石漠化、水土流失综合治理”，“统筹山水林田湖草系统治理，实

大沟湾流域山花烂漫，林草郁郁葱葱，层层梯田绕山间
2016年10月拍摄 / 摄影　沈继刚

行最严格的生态环境保护制度”。

新中国成立以来，上级单位对彭阳治理水土流失工作非常重视。1954年黄河水利委员会在茹河上游设立了水土保持试验站；1959年10月原固原县委在交岔公社召开“田园化”水土保持现场会，确定今后兴修水利、平整土地、植树造林、水土保持和积肥任务，之后，王洼、彭阳两区分别成立了水土保持工作站；1970年在“农业学大寨”号召下，各社队组织劳力，成立常年基建队，大力兴修水平梯田，同时在彭阳、王洼区委成立农田建设会战指挥部，指导、协调和规划境内基本农田建设工作。1978年自治区党委副书记薛宏福蹲点城阳公社白岔大队，探索农业发展与流域治理方法，通过调查研究，决定在流域治理中采取“三三制”试点工作，实践检验这种模式在白岔大队获得成功，今天白岔流域的杏花滩与白杨林就是当年的造林成果，成为彭阳生态旅游的热点。

党和国家领导人多次视察彭阳县水土保持工作，并给予极大关怀、指导和重视。原党和国家领导人胡锦涛、温家宝、姜春云、盛华仁、钱正英曾亲临彭阳县视察生态环境建设，并对小流域综合治理和退耕还林工作给予了充分肯定。2007年4月12日，胡锦涛总书记考察了阳洼流域综合治理情况，他亲自登上阳洼小流域制高点，看到层层梯田生机盎然，漫山遍野杏花缤纷，总书记欣慰地说，彭阳虽小，但生态治理保护成效明显。实践证明，治理和不治理确实不一样。要扎实努力、长期努力，使宁夏的生态环境发生明显变化。2008年8月16日，时任国务院总理温家宝在彭阳大沟湾流域视察时说：生态治理要有"一张蓝图绘到底"的决心，又要不断丰富新的内容。要实行综合治理，一代接一代干下去，改变生态环境，最终让农民致富。十届全国人大常委会副委员长盛华仁先后几次到彭阳视察，要求将彭阳县的小流域综合治理经验列为十届全国人大三次会议1798号重点建议案，在黄土高原同类型区大力推广。

今后，彭阳县流域治理要拓宽思路与提高起点，使流域治理融入新农村建设中去，为老百姓增收创造基础条件。按照习近平总书记视察宁夏时发出的"社会主义是干出来的"号召，"走好新的长征路"的要求，发扬长征精神，持之以恒，久久为功，使彭阳县的流域治理再上一个新的高度。

70多年的流域治理，不但全面遏制了彭阳县的水土流失，原来的"三跑田"，变成了现在的"三保田"；原来耕作困难的坡地，变成了机械化耕作的宽、大、平高标准梯田；原来农业生产靠人背畜驮的崎岖小路变成了现代化耕作的宽敞大道；原来的和尚头山变成绿水青山；原来破烂不堪的村庄，现在变成漂亮的四合院，村容村貌干净整洁。彭阳县在近年的流域治理中以高起点、高标准、高质量为要求，争取每一条流域都是一个景

阳洼水利风景区秋色怡人　2016年10月2日拍摄 / 摄影　沈继刚

观工程，每条流域都要有看点，每个看点要有景观效益。梯田、造林、水土保持工程不但起到防止水土流失的作用，而且要成为农民增收、改善农民人居环境的基础工程，同时每个项目的每个点都融入彭阳县区域旅游之中，为生态彭阳与生态旅游夯实基础。目前，全县已累计治理小流域134条面积1779平方千米，水土流失面积治理程度由建县初的11.1%提高到了76.3%，森林覆盖率由3%提高到了27.5%。例如，阳洼、金鸡坪、大沟湾、麻喇湾、南山、赵洼、中庄、曹川、李洼、山庄、雅石沟、施家坪、张街流域都成为生态旅游的景点。

彭阳现有国家级水利风景区两个：彭阳县阳洼流域水利风景区，这也是宁夏首次以小流域命名的水利风景区，是宁夏第一个水土保持型省级水利风景区，以彭阳县的大美梯田、花海、绿水青山为主线；彭阳县茹河水利风景区，形成了以“绿山、绿水、绿色环绕”为特色的独特湿地景观，和茹河瀑布一起满足了人们渴望重返青山绿水、回归大自然的需求。

彭阳县个个流域都是景。4万公顷梯田一望无际，层层叠叠，高低错落，磅礴大气与细腻柔畅相谐，形成妩媚潇洒的曲线世界，具有面积大、线条好、形状美、立体感强等特点，可以和“元阳梯田”相媲美。彭阳桃树、杏树有五十余万亩，一般在四月初开，四月七日至四月十六日为盛花期，漫山遍野，艳态娇姿，繁花丽色，胭脂万点，把彭阳山川装扮得诗意盎然。彭阳县2018年全年接待游客55万人次，实现社会综合收入3.4亿元。彭阳良好生态形成绿色富民产业，深深印证了“绿水青山就是金山银山”的生态文明理念。

荒山造林——白阳镇陡坡村补植补造

2021年4月拍摄 / 摄影 沈继刚

水土保持工程中的造林工程，技术含量低，当地民众都能干，这为当地农民增收提供方便。整地造林工程属于劳动密集型项目，从整地造林到栽植苗木，每年的干活时间长达7个月，农民根据自己的空余时间安排打工，家务、家庭产业与打工三不误。根据彭阳县造林大户任伟成介绍，每年长期在他工地的打工人员有30人左右，平均每人每年领取工资约1.8万元，其中贫困户占20%左右。很大一部分都是夫妻打工，每个家庭打工按一人计算，每个家庭按5口人计算，平均每人最少增加收入3000元。每年到植树的时间就是用工紧张时间，要从附近几个县招农民工。当地专门挖树的人员每年3个月时间收入在3万～6万元。彭阳县流域治理工程为当地老百姓增加收入创造了条件。以造林工程为主的水土保持工程人工费占总投资的45%左右。

流域治理社会效益明显。地平路宽，现代农业雏形已经形成，基本实现从种、耕、收全面现代化。2000年以前，劳力大多在家搞生产，是人背畜耕时代，重点解决吃饭问题。流域治理解放了农村生产力，现在农村剩余的劳动力不到四分之一，流域治理后为农民出外打工提供了便利，大多数老百姓从事了二、三产业。通过多年流域治理，土壤侵蚀较少，基本达到泥不出沟，当地小气候正在逐渐改变，恶劣的天气情况逐渐减少，降水量逐年增加，荒山荒沟植物的盖度达到80%，良好的生态在减少雾霾、保持天

彭阳县悦龙山小流域“88542”造林整地劳动场面
2006年4月拍摄 / 彭阳县自然资源局供图

彭阳县悦龙山小流域综合治理初期　2006年4月拍摄 / 彭阳县自然资源局供图

蓝地绿、净化大气环境方面功不可没。70多年流域治理经济效益显著。建成高标准农田面积5万多公顷，造林面积13.8万公顷，每年保土体积364万立方米，保水体积21650万立方米，增产粮食7600万千克。70年的流域治理使彭阳生态发生了彻底改变，一个山清水秀、繁荣富强、人民安居乐业的景象展现在世人面前。

70年来，特别是彭阳建县30多年来，彭阳县领导班子牢记使命，保持初心，带领广大人民群众治山治水，治理水土流失恒心不变。目前，彭阳的生态治理进入了提升与攻坚阶段，我们将继续保持初心，脚踏实地、抓铁有痕、久久为功，以钉钉子精神搞好彭阳生态建设，为实现风景如画的彭阳而继续努力。

（摘自《彭阳县生态扶贫》，有删改）

茹河治理

茹河生态园环境优美，成为群众休闲健身的好地方
2022年6月拍摄 / 摄影 沈继刚

茹河是彭阳县境内主要河流之一，发源于固原开城乡黑鹰山南麓水沟壕，于古城乡五里山东流入县境。至温沟村，有温沟水汇入；至白阳镇小河口，有发源于甘肃环县庙儿掌西南墩墩湾的小河汇入；至城阳乡麻子沟圈流入镇原县境的彭阳寺沟与蒲河相汇。境内流经长度92.8千米，流域面积2088平方千米，河谷宽0.4～2.4千米，河流高差117.2米，河沟总比降为12.11%。年平均径流量为8350万立方米，河口平均流量为每秒2.6立方米，径流深40毫米。清水流量平均为每秒1.05立方米，径流深16毫米，平均径流量为3340万立方米，占全年径流总量的40%；最大洪水流量为每秒1920立方米；水质矿化度为0.78克/升，含盐量为0.68克/升；年输沙量为754.37万吨，建成的中型水库(库容大于1000万立方米)有乃河、店洼和石头崾岘水库。

2000年，治理涉及彭阳、固原两县，流域面积2000多平方千米，总投资7.6亿元的茹河流域水土保持生态建设项目经黄河水利委员会审查通过。茹河流域一期生态建

茹河河道治理工程 2021年7月拍摄 / 摄影 沈继刚

设工程投资6113万元，修建水平梯田面积3849公顷，植树造林面积6319公顷，兴修水土保持骨干坝24座。二期茹河治理工程投资3531万元，在茹河县城段采取生物和工程相结合的措施，建设总面积68公顷的茹河生态园。生态园由宝鸡园林绿化设计院规划设计，共分4个景区，即九州向荣区、有凤来仪区、春晓林苑区和沃野缀瑛区。第一期工程于2005年完成，绿化面积30公顷。共整治茹河河道5.4千米，砌护单堤防洪渠6.2千米，完成园区主干道3.2千米，铺设供水管道10千米，栽植各种绿化树木5万多株，栽植各种绿化小品28组，种草坪面积16公顷，安装各式照明灯220盏，建成6个小广场面积4000平方米。第二期工程建设于2006年3月中旬开始，总面积19.6公顷，由南岸建筑群、北岸绿化长廊、河道中心"同心岛"、观光农业示范区4部分组成。共栽植绿化树木7.2万多株，绿化河道面积14.7公顷，绿化北岸山体面积29公顷，建成了日潭、月潭广场，修建给水井1座、公厕2座，维修灌溉管道200多米，对茹河路北岸已拆迁地段进行了硬化，铺设普通砖面积1200多平方米，安装各种景观灯60盏。

（摘自《固原市志》，有删改）

荒山荒沟治理

余在德

务实苦干的彭阳人在林业建设中做了大量的工作，在全区树立了生态建设的典范，取得了有目共睹的好成绩。先后接受了国家林业局、西北林勘院、天保中心、种苗南检中心的核查和中国工程咨询公司的中期评估验收，承办了全区县域经济观摩会、宁南山区退耕还林配置模式和植树造林技术推广现场观摩会，接待了全国人大环境保护委员会、中国科学院等专家的视察及调研。他们对彭阳县的林业生态建设给予了充

新集乡黄湾流域荒山荒沟治理成效明显
2021年7月拍摄 / 摄影 沈继刚

分肯定和高度评价。

1993年全县完成人工造林面积6900公顷，在城阳乡长城村开始“四荒地”使用权拍卖试点工作。

1994年全县完成人工造林面积3900公顷，造林规模大，质量高，造林技术规范，工程造林比重增大。全面进行“四荒地”使用权拍卖，全县共拍卖幼林地面积680公顷，宜林“四荒地”面积3600公顷。1994年9月彭阳县被林业部授予“全国经济林建设先进县”称号；12月，林业部授予彭阳县“全国林业宣传先进县市”称号。

1995年全县完成人工造林面积9500公顷，开始实施“三北”防护林彭阳百公里生态经济型通道工程和宁南山区“两杏一果”扶贫开发工程。1995年2月彭阳县被农业部、人事部、国家科学技术委员会、林业部、水利部、国家综合开发办公室授予“全国农业科技推广先进单位”称号。

1996年全县完成人工造林面积4100公顷，全部实行工程造林，项目管理，旱作林业技术在全县推广应用。1996年县委、县政府把阳洼流域确定为全县生态环境建设示范区，当年完成造林面积190公顷，其中以龙王帽一窝蜂为主的仁用杏示范园面积6公顷，以华县大接杏为主的17个鲜食杏品种园面积6.5公顷。各有关部门相互协调，大胆探索，把改善生态环境现状，加强农业基础建设，实现资源永续利用和可持续发展作为目标，坚持不懈地开展以小流域为单元的综合治理。

玉洼流域退耕前的状况
2004年7月拍摄 / 彭阳县自然资源局供图

1996年秋季，原彭阳乡党委、政府紧紧抓住“两杏一果”扶贫开发工程和“三北”防护林彭阳生态经济型通道工程实施的机遇，借鉴河北涿鹿经验，坚持高起点、

白阳镇白岔村新修的高标准梯田 2020年4月拍摄 / 摄影 沈继刚

高标准、严要求，动员姬山、双磨、周沟3个村的群众以“大兵团”作战的形式，集中会战，在寨子湾(位于彭阳县双磨村，距县城7.5千米)完成工程整地造林160公顷，栽植苗木12万株。在工程实施中，首先由技术人员进行实地规划测设，打点划线；严格实施“88542”隔坡反坡水平沟整地技术：按照上部沙棘、山桃、柠条，中下部山杏的树种布局方针，广泛应用保水剂、树盘覆膜、截杆深截等抗旱造林技术，努力提高成活率。该点是彭阳县首批采用“88542”隔坡反坡水平沟整地的样板工程之一，也是首批“两杏”示范点之一。1996年1月林业部授予彭阳县“三北防护林体系二期工程建设先进单位”称号。

1997年全县完成人工造林5600公顷，成功承办全区林业现场会，提出“勇于探索，团结务实，锲而不舍，艰苦创业”的彭阳精神，及时出台《关于认真贯彻全区林业现场会议精神，切实加快林业发展的决定》，制作了图文并茂的《绿色之路绿染彭阳》宣传片，掀起了林业建设的新高潮，大力推广“88542”工程整地标准。8月24日，彭阳县与宣明会举行“窖灌混农林业”项目签字仪式，启动实施项目。1997年5月自治区党委、政府授予彭阳县“全区林业先进县”称号。

1998年全县完成人工造林5980公顷，严格实施“88542”隔坡水平沟整地标准，大力弘扬“彭阳精神”，围绕“绿起来、活起来、富起来”的目标，以“建设山川秀美的生态环境”为主题，开展荒山治理。

1999年全县完成人工造林6900公顷，集中优势力量，重点突出食用杏、仁用杏引种造林，地膜覆盖造林和机修大地埂造林，普及水平沟整地和截杆深栽造林技术。

2000年开始实施退耕还林工程，荒山治理归属于退耕还林工程范围之内，2000—2012年，共治理荒山面积3600公顷。运用流域综合治理的成功经验，把退耕还林与荒山、荒沟治理同步进行，与农田建设、种草养畜并进，力求把原来治理的点、线通过退耕还林连接起来，形成一个林农、林牧协调发展的治理示范区域。2007年起又大力实施生态建设“813”提升工程，进一步提升生态建设水平。至2012年各项工程顺利实施。

（作者系彭阳县政协提案和委员联络委员会主任）

移民迁出区生态修复

王志成

2014年，按照《自治区人民政府关于加强生态移民迁出区生态修复与建设的意见》和《彭阳县生态移民迁出区生态修复规划》，年内组成80多支社会造林队，在冯庄雅石沟，草庙崾岘、包山，孟塬高岔，白阳镇老庄、姜洼、余沟、交岔大坪及王洼的尚台等生态移民迁出区完成生态修复治理整地造林0.41万公顷，并全部点播柠条。

2015年，加强对生态移民迁出区林木资源的修复与管理，对砍伐、偷挖、倒卖移民迁出区树木的行为进行严厉打击。在冯庄雅石沟，草庙崾岘、包山，孟塬高岔，白阳镇老庄、姜洼、交岔大坪等生态移民迁出区点播柠条和苗木栽植0.4万公顷，通过在麻喇湾流域实施生态提升生态修复和壕道沟台地发展经果林等综合治理措施，完成生态提升造林2.1万公顷，将麻喇湾流域打造成一个集赏花、旅游、休闲于一体的高标准万亩生态修复综合示范点。

“十二五”期间，彭阳县生态移民搬迁任务为8676户36333人，涉及全县12个乡镇132个行政村266个村民小组。严格按照总体部署，将生态修复作为继生态移民工程后的又一重点工程，坚持自然修复为主、工程措施配合、生态效益优先的原则，突出重点，强力推进，生态修复取得了阶段性成果。完成生态修复面积23220公顷(拆旧复垦面积680公顷、人工修复面积22760公顷)，完成投资5972.8万元(拆旧复垦面积934万元、人工修复面积5038.8万元)。

2016年，县外搬迁安置移民228户932人，完成古城镇、白阳镇、城阳乡、孟塬乡、冯庄乡、小岔乡6个乡(镇)人工种草667公顷，通过招投标实施生态修复造林0.28万公顷，全县完成耕地人工造林、荒山人工造林、生态提升0.6万公顷。

小岔乡耳城村移民迁出区生态恢复快 2023年10月拍摄 / 摄影 沈继刚

2017年，在全县12个乡镇80个行政村生态移民迁出区完成“十二五”生态移民迁出区生态修复项目面积0.72万公顷。2016年、2017年，搬迁安置1684户，其中县外移民406户148人，县内移民1278户。全县完成耕地人工造林、荒山人工造林、生态提升面积0.08万公顷。

2018年全县完成耕地人工造林、荒山人工造林、生态提升面积0.86万公顷。2019年，全县完成耕地人工造林、荒山人工造林、生态提升面积40公顷。

“十三五”期间，移民后将生态修复作为重点工作来抓。累计完成营造林面积6.7万公顷，治理小流域33条面积538平方千米，森林覆盖率、水土流失治理程度较2015年分别提高4个和7个百分点，年均降雨量由不足400毫米增加至570毫米，生态环境持续好转。发展庭院经济面积0.77公顷，红梅杏、朝那鸡获批国家地理标志保护产品，林业总产值是2015年的2倍，荣获全国生态建设突出贡献奖。彭阳县严格按照《宁夏生态移民迁出区生态修复工程年度实施方案》要求，将草地建设、林业建设、房屋拆迁、水土保持工程紧密结合，制定出台了《彭阳县生态移民迁出区生态修复工程规划》和《彭阳县生态移民迁出区生态修复年度实施方案》，对辖区荒山、荒沟、退耕地、耕地、河道、废弃宅院、村部等闲置资源统一规划，统筹推进，确保生态修复工程建设取得成效，切实提升生态建设水平。同时,继续保留移民迁出区原有的学校房屋及配套的供电线路、水井、水窖等基础设施,为后续林业建设提供保障。

因地制宜,注重效益。结合《宁夏"十二五"中南部地区生态移民规划》,在工程建设中,实行山水田林路草综合治理,宜林则林,宜草则草,红河、茹河和安家川流域的川台地主要用于林木育苗,北部片区主要采取林草间作、种草为主的模式,在巩固百万亩紫花苜蓿留床面积的基础上,按照统一规划、统一丈量、统一整地、统一机播的原则,抓点带面,引草入田,更新补种,巩固新增。

创新机制,加快修复。把移民迁出区就近纳入国有林场管理,迁出区的退耕农户继续享受退耕还林草优惠政策。结合全县移民迁出区分布状况,将彭阳县王洼林场场址迁建至草庙乡,并更名为彭阳县草庙林场,新成立了彭阳县小园子和茹河林场两个国有林场,将全县12个乡镇移民迁出区划归3个国有林场统一管理经营,力争利用3~5年时间,使迁出区森林覆盖率达到30%以上,植被覆盖度达到85%以上。同时,鼓励支持社会各界积极参与生态恢复工作,在林业部门的统一管理下,大力发展林下经济、生态旅游、种苗培育等产业,促进生态型林业向生态经济型林业转变。

严格把关,确保质量。在生态修复中,按照成活率兑现资金,确保造林质量。在工程实施中严把"五关"。一是严把作业设计关,使作业设计科学合理,可操作性强;二是严把整地关,根据立地条件,因地制宜,确定科学合理的整地模式;三是严把苗木品质关,抓好种苗的招标、储备、运输等关键环节的监管工作,优先选用本地苗木,确保造林苗木良种壮苗;四是严把栽植关,推广截杆深栽、套袋覆膜、浸泡生根粉、保水剂等抗旱造林技术,提高苗木成活率;五是严把造林验

古城镇店洼村群众给新栽植的树苗套袋,防止树苗被风干
2021年4月拍摄 / 摄影 王芳琴

收关，造林工作结束后，组织人员进行复查苗木成活率、保存率，对达不到要求的及时进行补植，切实保证造林质量。

强化管护，巩固成果。全县部分生态移民迁出区和甘肃镇原、环县交界，生态管护任务较重。因此，采取成立国有林场、新建护林点和组建护林巡查队等措施，对已治理的区域，由附近的分场承担管理职责，对移民整体迁出区实行永久性禁牧封育，加大巡查和森林草原防火力度，严肃查处违禁放牧、砍伐林木、人为破坏生态的行为，初步形成有人管、有人常管、有人严管的责任和机制，确保治理一片，见效一片，建设一片，保护一片。

彭阳县加快生态修复真正实现山绿与民富双赢。坚持把迁出区生态恢复治理和迁入区建设同部署、同推进，扎实开展迁出区庄院修整、造林绿化和植被恢复。把移民迁出区生态恢复治理与特色产业培育结合起来，成立移民农村土地流转合作社等服务平台，制定优惠政策，围绕彭阳县主导产业，吸引客商和企业合作投资，通过建设农业园区、家庭农场、产业基地、生态观光园等，承接和开发流转土地，让生态绿起来的同时促进土地规模经营。把移民迁出区生态恢复治理同小流域治理相结合，实行沟、坡、塬、梁、峁统筹规划，山、水、田、林(草)、路综合治理，网格化推进流转土地复垦，加快了生态恢复步伐，提升了治理水平。成立草庙、茹河、小园子3个国有林场，将移民迁出区林地纳入林场进行统一管护治理，有效解决了迁出区林地无人看护、治理成效不明显等难题。

（作者系彭阳县政协经济委员会主任）

生态后续产业

彭阳县以建设大花园、大果园为蓝图，推动生态型林业向生态经济型林业转变。树立经营生态的理念，制定发展林果产业规划，实施林果产业结构调整战略，促进人与生态和谐共生。

坚持保护、治理与提升并重，强化生态保护措施，巩固和发展生态建设成果。对全县所有宜林地全部栽绿植果。以发展壮大杏产业为重点，根据区域小气候特点，采取流域型、庭院型、设施型和改造提升型模式，加快对耕地山杏的嫁接改良和补植改造，按照北部仁用杏和优质山杏、南部鲜食加工杏的总体布局，建立采穗基地，扩充技术队伍。转变经营观念，把科学管理作为提升产业的关键措施，以建设示范基地、示范园区为依托，引导农民转变粗放经营方式，着力提高林果品质和产量。加快集体林权制度改革步伐，明确责任和受益主体，积极探索各种形式的经营机制，引导建立专业合作组织，开展林果产品深加工，建设市场营销体系，调动各方发展林果产业的积极性，做优做名“彭阳果脯”等林果品牌，提高产业经营效益。

生态循环农业展示核心区

曹建刚

彭阳县生态循环农业(食用菌)展示核心区(以下简称“展示区”)位于彭阳县城阳乡长城村乔洼队,距离县城和彭清高速公路口15千米,固原机场80千米,火车站70千米,用地面积16.7公顷,覆盖长城、城阳、涝池、白岔共计4个村,约12000人受益。展示区经宁夏回族自治区人民政府批准,由自治区科技厅、彭阳县人民政府共建,南京农业大学、福建省农业科学院、宁夏大学提供技术支撑,彭阳县科技局、宁夏彭阳县福泰菌业有限责任公司承建。

展示区定位为“21世纪六盘山贫困片区生态农业可持续发展展示中心”,以集成创新农业秸秆和果枝等资源循环利用技术为主线,发展生态农产品及其产业化为目标,产业体系包括核心产业食用菌、主导产业草畜、关联产业中药材和林果业三个层面,产品突出生态性、特色化、高品质、品牌化,生产过程突出资源化、精准化、数据化、智能化、产业化。以生物技术为支撑,生物肥和生物饲料为纽带,形成种草(农作物秸秆、果树枝条)—养菇—喂畜—种药(种果)资源化循环发展链,以促进生态农业大发展。

整个展示区空间分为一核心区、三示范区。核心区分为生物技术研发区(菌种选育、保藏与繁育、检验检测室、生理数据中心)、菌包制作培育技术集成区、菌菇出菇技术集成示范区(杏鲍菇、花菇、平菇、真姬菇等)、菌糖有机生物饲料技术研发中试区、菌糖有机生物肥研究中试区。主导区分为有机玉米等作物秸秆、柠条等草资源种植采收示范区,长城村陈庄组生物饲料喂养的肉牛示范区和长城村蔺原组肉羊示范区。联运示范区分为白岔村下岔组生态黄芪、生态党参等中药种植示范区,有机生物果树专用肥种植的长城村蔺原组为红梅杏示范区,捞池村张沟圈组为生态苹果示范区。

宁夏六盘山食用菌彭阳技术创新中心
2019年7月拍摄 / 摄影 蔺建斌

按照“秸秆资源化，产品生态化、产业数字（智能）化、链条专业化、经营品牌化”的策略思路，把展示区打造成生态农业技术创新平台、生态农业人才培育及创新创业平台、生态农业观光科普平台和闽宁协作友谊传承平台。

2018年至2020年，实现收入2000万元。其中，食用菌生产1000万元；生态肉牛养殖200头牛，产值约160万元；生态肉羊养殖约3000只，产值约300万元；药材种植面积约33公顷，产值约250万元；红梅杏面积26.7公顷，产值约200万元。

中期目标5000万元。其中，食用菌生产2000万元；生态肉牛养殖2000头牛，产值约1600万元；生态肉羊养殖约3000只，产值约300万元；药材种植面积26.7公顷，产值约2500万元；红梅杏面积33公顷，产值约200万元。

2024年至2025年，远期目标亿元以上。其中，食用菌生产2000万元；生态肉牛养殖2000头牛，产值约1600万元；生态肉羊养殖约3000只，产值约300万元；药材种植面积约26.7公顷，产值约2500万元；红梅杏面积330公顷，产值约2000万元，果基地150公顷，产值约为2200万元。

完善核心区服务功能后，实现年产食用菌1000吨，生物饲料100吨，有机肥料300吨，总产值达到2000万元。初步形成种草—菇—畜—药—果资源化循环发展产业链，关联产业链上贫困户实现年增收3万元以上，为进一步支撑乡村振兴战略开拓新路径。

核心区功能建成后，解决农村100人的就业问题和农民增收问题。通过实用技术培训培养致富能人，展示区建成后骨干农民技能培训率达80%；示范展示区的农业生产现代化水平显著提高，农业科技贡献率达到70%，单位产品社会资源消耗率降低10%，为全县农业资源化利用和生态农业发展提供有力的技术支撑。

展示区突出生态农业的技术优势，将产业链与生态链紧密地结合起来，运用循环产业发展理念，形成种植（菌类等）—加工（农产品、饲料、有机肥）—生态农业示范—生态农业观光—绿色（有机）农产品贸易的循环经济产业链，以达到展示区的资源循环利用，实现污水资源化，使生产废水、污水得到最大化的循环利用，废弃物综合利用率达90%。

彭阳是针灸鼻祖皇甫谧的故里，自古就有“山地无闲草，遍地是药材”的美名。境内气候适宜，土壤疏松深厚，有机质含量高，无重金属污染，适合发展高质量中药材种植。彭阳县坚持以脱贫攻坚为统领，聚焦农民增收这个核心，以培育富民产业为关键，抢抓国家推动健康产业发展的机遇，发展中药材产业，建基地、育龙头、强服务，推动中药材产业规模化、标准化发展，走出了一条产业扶贫的创新之路。

县委、县政府把中药材产业作为特色立农的主攻方向之一，作为一项脱贫富民主导产业、生态富民朝阳产业、乡村振兴支柱产业重点培育，聚焦人才、技术、资金、种植、销售等关键环节，从健全完善产业发展的体制机制入手，强化产业发展的组织化保障。鉴于政府领导分管部门多、任务重，突破县级领导分工常规，安排县人大一名领导抓产

城阳现代农业综合服务中心　2020年9月拍摄 / 摄影　沈继刚

业,专心专责谋划推动中药材种植。建立了由科技部门主推主抓,农业、供销、市监等部门协调配合,相关乡镇村组具体落实的中药材产业发展工作机制。设生产技术、任务落实、品牌建设、林下种植、营销服务5个工作专组,确保各个环节有人抓有人管。建立联席会议制度,定期召开会议,通报情况、分析问题、研究措施,确保既能打出“精准拳”,又能打好“组合拳”。县委、县政府从2015年起,先后制定《彭阳县“十三五”规划纲要》《彭阳县“1 + 20 + 122”脱贫攻坚规划》《彭阳县脱贫富民实施方案》《彭阳县乡村振兴实施意见》等文件,打造面积0.7万公顷中药材产业集群,并将中药材纳入“全覆盖到户补贴项目”,每年列支专项资金2000余万元,从规范化种植、种苗繁育、订单种植、初级加工、品牌建设5个方面给予奖补扶持。几年来,累计兑现各类奖补资金4000余万元,强化了产业发展推力。

坚持以龙头大户为引领,引进培育北京恒润泰和中医药健康管理有限公司、固原杏林药业有限公司、彭阳县壹珍药业有限责任公司3家龙头企业和面积0.3公顷以上种植大户120余户,建立“企业 + 合作社 + 基地 + 农户”发展模式,以打造高标准科技示范园、主体功能区和示范种植基地为抓手,逐步实现规模化种植、标准化生产、集约化经营。全县建成面积30.3公顷以上种植示范基地7个、千亩以上种植示范基地4个,带动发展耕地中药材面积0.3万公顷、林下中药材面积0.8万公顷,累计留床面积1.3万公顷,辐射带动5000余户农户参与中药材产业发展,其中建档立卡贫困户700余户种植面积47公顷,户均纯收入1.5万元以上。以膜荚黄芪、苦杏仁和道地党参、仿野生柴胡、六盘山红花等为主要品种,建立符合GAP要求的中药材标准化种植基地面积0.33万公顷,示范推广中药材标准化种植技术和大棚栽培、测土配方、有机肥使用、秸秆还田等综合利用技术,示范推广药粮、药菜轮作模式及林药间作套种和林下仿野生种植模式。制定生态山桃(杏)抚育管护技术体系、膜荚黄芪高垅平栽技术体系和林下仿野生柴胡人工播撒及无人机飞播技术体系,增强中药材质量可控性,形成中药材质量控制新模式。开展化肥农药禁用宣传活动,每亩药材给予1袋药材专用肥补贴,通过政策激励强行禁止高毒高残留的农药化肥使用。建成中药材质量检测中心,建设中药材质量分析与评价中心,面向中药材种植户和生产加工企业、市场交易经营户,提供中药材安全性、有效性的第三方检验检测服务,建立中药材全过程追溯机制和优质优价的中药材价格形成机制,实现来源可查、去向可追、责任可究。

通过企业、合作社建立高标准种子采种基地、优质种苗繁育基地和规范化种植基地，培育有较强竞争力的种子种苗企业3家，建立中庄道地药材种子种苗繁育基地40公顷以上，冯庄乡和草庙乡规范化种植示范基地200公顷，全县累计育苗面积300公顷。按照“两组一会”抓中药材产业构架，依托中医药研究院、南京中医药大学、中国中医药大学、宁夏大学和农科院资深专家，充分发挥专家组和协会的作用，建立中药材产业技术联盟和专家服务组，定期不定期开展理论讲座和现场操作演练，开展广谱性中药材种植技术培训，确保药材种植户户均1名技能人才，能指导中药材从种子选育到最后切片加工等各环节种植和管理。依托北京泰和恒润中医药健康管理有限公司开拓国际高端市场，依托壹珍药业有限公司和固原杏林药业有限公司开拓国内重点药材市场，构建纵横交错的销售网络。整合项目资金，建成中药材交易中心、仓储物流中心、信息服务中心及3个中药材电商服务中心，培育营销经纪人12个，建立固定销售网点6家，年销售各类药材及中药保健食品6000多吨。

随着传统农业的效益降低，全县有近三分之一的农村劳动力选择长期外出务工，相当规模的土地随之变成了撂荒地，造成一定程度上的资源闲置和浪费。引进企业和合作社建立中药材基地，不但有效解决了撂荒地无人耕种的情况，提高了耕地的利用率，使土地不会因为撂荒一再贫瘠，也给农民提供了一份比较可观的额外收入。2018年，全县药材企业（合作社）共流转土地面积0.13万公顷，按照亩均350元的平均价格和户均面积20亩的平均流转量计算，可以产生560万元的土地流转费用，户均增收7000元。在药材种植大乡这份额外收入比例还会更大，2018年仅冯庄乡小湾、羊草弯、石沟3个村，药材企业土地流转面积就达到了200公顷。

药材种植虽然投资成本比较高，但是生产效益非常可观。一般性药材亩均纯收入2000～4000元，个别品种可以达到5000元，远远高于其他产业。2018年，全县有22个村村集体经济选择中药材产业，每个村种植面积20公顷以上，累计种植面积600多公顷。也正是看到了这项产业的效益，许多外出务工人员也选择了回乡，通过入股分红、自己种植等方式实现自我发展。有了村集体经济，有了劳动力“回巢”，“空壳村”就不会再“空”，有了实体经济，有了产业带动，“空壳村”也能变成“产业村”。

一项产业就是一条就业链，一个基地就是一个就业平台。当地农民除自己种植中药材外，也可以到企业、合作社基地或者扶贫车间打工挣钱。按照每亩中药材用工费用300元左右计算，2012年企业和合作社种植的0.13万公顷中药材共需费用600万元（不包括后期采挖和分拣费用，约200万元），有效解决了在家农民，特别是留守老人和妇女的务工收入。2019年，草庙乡包山村全村劳动力约40人，在天成扶农药业公司务工挣钱40万元，人均达到1万元；冯庄乡小湾村成立了劳务公司，组织在家劳动力就近务工，仅3—6月就收入11万元，人均月工资超过了2400元。

（作者系彭阳县农业农村局局长）

彭阳县“两杏”产业发展现状及对策

王自新　李世明

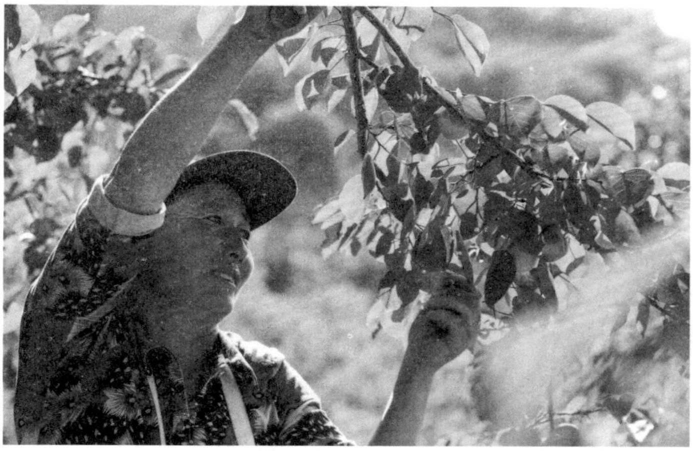

城阳乡杨塬村村民采摘红梅杏
2022年6月拍摄 / 摄影　沈继刚

山杏是彭阳县的优势乡土树种，具有抗旱、耐瘠薄的特点，在固原地区广为种植。彭阳县位于宁夏东南部边缘，六盘山东麓。境内山多川少，沟壑纵横，海拔1248～2418米，年降水量350～550毫米，光照充足，年日照时数2518小时，年均气温7.4～8.5 ℃，≥10 ℃积温2200～2750 ℃，无霜期140～170天，属典型的温带半干旱大陆性季风气候，是发展山杏等耐旱经果林的适宜区。1983年建县以来，历届县委、县政府始终坚持“生态立县”方针不动摇，大力植树造林，到2010年，全县有林地面积13.3万公顷，森林覆盖率提高到24.8%。其中，“两杏”面积达3.2万公顷，占全县总林地面积的24.3%，“两杏”已成为彭阳县林业建设的主力军，林果业也因此作为全县四大特色优势产业之首，成为全县“十二五”期间发展农村经济、增加农民收入的主导产业。如何因势利导，全面加快彭阳县“两杏”产业化进程，唱响品牌，确保产业增效、农民增收，有效推进县域经济发展，是当前亟待破解的一大难题。鉴于此，在全面调研分析彭阳县“两杏”产业发展现状的基础上，特提出如下建议。

规模化是产业化的基础，没有一定的规模，产业化无从谈起。全县以实施退耕还林工程和培育接续产业为契机，大力发展以山杏和鲜食杏、仁用杏为主的“两杏”产业，基地规模迅速扩大。截至2010年年底，全县杏树面积已达3.2万公顷，其中在长城塬、阳洼、麦子塬、白岔、新洼等流域集中连片建设杏基地面积0.48万公顷，嫁接改良低产山杏面积0.53万公顷。彭阳县“两杏”基地建设的特点表现在以下几个方面：一是区域布局已有雏形。按照适地适树的原则，突出重点，初步形成了“南部红、茹河流域规模发展鲜食杏和设施栽培杏，中部残塬区以仁用杏为主，北部干旱片带重点发展山杏”的区域化格局。二是品种选择趋于合理。针对不同区域和土壤类型，在加大乡土品种推广的基础上，更加注重杏优良品种的引进筛选和推广。目前，全县重点发展的杏品种有14个，鲜食杏有红梅杏、曹杏、金妈妈杏、兰州大接杏、华县大接杏、罗堡大接杏和金太阳杏；仁用杏有龙王帽、一窝蜂、围选一号、北山大扁、优一等；鲜食加工兼用杏有串枝红、仰韶黄杏等。已建成苗圃5处面积16公顷，杏优良品种采穗圃面积153.3公顷。三是示范带动作用明显。制定了《彭阳县“两杏”栽培技术规范》，杏基地建设走上了标准化发展的路子。全县已建成上王红梅杏、金岔杏示范点两个，重点建设阳洼、白岔、新洼、陡坡、安家川、大沟湾、韩堡北山梁、小虎洼等千亩以上的杏基地6个、万亩以上示范园区4个。

先进实用技术的推广是确保杏基地建设成效的关键。具体工作中，全县整合林业科技人员、农村乡土人才等技术力量，不断壮大林业科技队伍，为推动林果业快速发展提供有力的人才保障。全县有专业技术人员90名(中高级以上职称71名)，农民技术员680人。先后与宁夏农林科学院、北京林业大学、西北农林科技大学、沈阳农业大学等科研院校合作，加强新品种引进筛选、抗冻性等重点技术环节的合作攻关研究。充分利用“两杏一果”扶贫开发建设工程、“退耕还林”工程等成果，开展了“宁南地区杏树避灾丰产高效配套栽培技术研究与示范”项目研究，提升了“两杏”基地建设的科技含量。另外，推行县级领导包乡、乡镇领导包村、一般干部包点和技术人员包示范园的行政推动机制，完善各项服务体系，把协调服务贯穿于杏基地建设的各个环节。对林业科技人员实行“三包四定”(包面积、包成活、包质量，定项目、定任务、定指标、定奖罚)的管理办法，调动了科技人员的工作积极性，全县科技成果推广率达60%，杏基地科技应用率和覆盖面不断提高。

龙头企业是带动产业发展的根本动力，产品的深加工是产业增效的关键环节，唱响品牌是产业化追求的最终目标。全县在加快杏基地建设的同时，以扶持发展杏产品精深加工为重点，大力培育龙头企业，不断提高杏产品加工转化率，延伸产业链。目前，全县有杏产品加工企业两家，年贮藏与加工处理能力2万吨。主要产品有杏脯、杏肉、五香杏仁、甘草杏、话梅杏等，“茹阳”牌果脯和“云雾山”牌杏仁饮料已辐射西北地区。以金太阳、红梅杏、曹杏等为主的彭阳鲜杏市场销售紧俏。2009年，宁夏天天集团彭阳县果品开发有限公司生产的杏干通过宁夏出入境检验检疫局检验合格，销往日本、澳大利亚等国家，赢得了客户的好评。

杏树已成为全县农民增收的新亮点和农村经济发展的增长点。正常年份全县年产鲜杏4.5万吨、杏核3550吨、杏干3444吨，“两杏”产值达7900万元。2011年，全县农民林果收入突破1亿元，林果业提供农民人均纯收入493元。红河乡上王村王一成等5户农民，1.2公顷十年生红梅杏2014年收入12万元，亩均6593元，户均收入2.4万元，人均收入5455元。白阳镇周沟设施林果示范园胡志兴经营的日光温室杏，五一前后上市，每千克售价80～100元，500平方米的温棚年收入6万元。同时，果农出售优良杏品种种条收入也十分可观，草庙乡村民胡志文2011年春仅卖种条一项收入2640元。

全县以建设“大花园、大果园”为蓝图，出台了《彭阳县2010—2015年林果产业发展规划》，明确了“两杏”产业发展的战略重点、总体目标和政策措施。建立了以政府为投资主体，吸引民间资本、社会资本为补充的多渠道、多层次、多元化的投入体系，实行资金补贴措施，无偿提供苗木，并把配套井窖灌水设施、扶贫项目、危房窑改造工程与经果林建设相挂钩。结合集体林权制度改革，通过承包、拍卖等形式促进林地合理流转，鼓励林业科技人员、农村乡土人才及农村致富能人领办和开发建设经果林基地。全县上下发展“两杏”产业的思想认识、政策措施、科技服务和保障机制进一步加强，初步形成了齐心协力、积极推进的良好氛围。

但是“两杏”产值在全县经济总量中比重偏小，促进农民增收有限。全县杏资源总量很大，但山杏面积占70%以上，主要表现为低产、低质、低效。优质、高效、反季节杏面积小，可供鲜食消费和加工的仅占4%。“两杏”产业产值在全县经济总量中所占比重偏小，2010年杏产业提供农民人均纯收入不到300元。杏产业在壮大县域经济和促进农民增收中的作用尚不明显。

杏基地建设的投入机制单一，农民自主发展杏产业的积极性不高，经营管理粗放，制约了杏基地效益的发挥。全县在杏基地建设中主要以“政府唱戏”为主，农户没有直接资金投入，缺乏责任心，经营管理意识不强。重建设、轻管理，集约化经营意识不强，商品化意识淡薄，大面积杏树处于自然生长、低效益状态。加之受春季晚霜冻危害，生产中常出现“春天一树花，秋天不见果”的现象，丰富的资源优势难以最大限度转化为经济优势，一定程度上挫伤了农民发展杏产业的积极性。

科技支撑和保障能力仍滞后于生产需要。林业技术应用推广仅靠林业部门独家作战，加之技术人员短缺且年龄偏大，致使综合技术服务不到位，尤其是一些高科技技术应用更少，林果技术创新和科技成果转化有待提高；林业科技投入不足，以防治有害生物、防范低温冻害为主的林果业灾害综合防控体系建设滞后，基础设施薄弱，防控技术不到位，抵御各种风险的能力不强；果农整体素质偏低，接受和运用新技术能力差，加大农民林果技术培训，健全完善技术普及推广服务体系任务依然艰巨。

缺少技术攻关团队支撑，优良品种占有率低，品种区域化研究缺乏系统性，制约生产的关键技术难以突破，基地建设和生产的盲目性依然突出。树种品系繁杂，名特优品种少，良种苗木繁育还跟不上生产需求，加之区域布局不尽合理，致使良种化程度低，真正能够占领市场、突出地方特色的主打品种优势不明显。

新产品研发的“短腿”现象依然十分突出，与市场对高档次休闲旅游产品的需求严重脱节，产品加工转化率、市场商品占有率不高，品牌效应不强，对杏产业化的推动乏力。全县从事果品保鲜、加工销售的企业仅有彭阳县林果发展有限责任公司、彭阳县果品开发有限公司两家，建厂早、设备落后、规模小，贮藏加工层次低、能力不足，加工量有限，贮藏加工量不到总产量的10%，龙头作

杏花满山坡　2020年4月拍摄 / 摄影 沈继刚

用发挥不明显，加之企业缺乏资金和技术，无力涉足研发杏子深加工、精加工的高附加值项目，仅靠传统产品吃老本，没有原生态、高端产品。杏干、杏仁的初加工基本以家庭手工为主，大部分以出售原料为主，且杏子成熟期正逢夏收大忙季节，劳力紧缺，又值雨季，霉烂变质现象较为严重，有产量无效益的问题比较普遍，商品利用率低下。

建议按照建设生态旅游休闲城市和发展现代林业的总体要求，坚持以市场为导向，以基地建设为抓手，以广大农民为主体，以科技创新为支撑，强化政策扶持，优化区域布局，突出彭阳品牌，依托企业引领，按照"两年见花、三年见果、四年投产、五年出产"的目标，强力推进全县"两杏"规模化建设、专业化运作、产业化发展。力争每年集中连片发展优质经济林面积2万~3.3万公顷，嫁接改良低产山杏面积2万~3.3万公顷，利用5年时间，使全县以杏子为主的经济林面积达到3.3万公顷，农民人均面积2亩以上，鲜食加工杏、仁用杏、山杏亩产值分别达到1500元、800元和500元，杏产业提供农民人均纯收入1500元以上。具体工作中，要"树立一大理念、夯实两个基础、做好三篇文章"。

牢固树立"小杏子，大产业"理念

要用培育"小杏子，大产业"的视野和正确的经营理念来经营杏产业。要成立彭阳县杏产业发展中心。切实负起牵头抓总的职能，进一步摸清全县杏树资源家底，有针对性地制定全县杏产业发展中长期规划，专门研究相应政策措施，建立完善发展机制，加强指导服务，为发展杏产业提供坚强的组织保证。争取自治区杏产业重点科技攻关计划。对严重制约生产发展的关键环节组织科技攻关，进一步研究细化优良品种的区域化问题，解决不同区域的早果丰产配套栽培技术和避灾技术，新产品研发和产业化技术环节，抓好产品中试和关键技术与生产的对接。切实理顺经营主体与基地建设的关系。政府要在抓好基地建设后，退出生产管理转向产中、产后服务，引导扶持林果大户、专业合作社、龙头企业经营发展，促进由政府管理为主向林果大户、专业合作社、龙头企业多元化经营转变。要结合集体林权制度改革，探索制定一套鼓励杏产业发展的优惠政策和保障措施，抓好典型培育，先行先试，以点带面，真正发挥生产经营者的主体作用，彻底扭转只建基地无人管、零散种植无规模、粗放管理无效益的被动局面，努力提高"两杏"产业的经营管理水平和综合效益。

努力夯实“两个基础”

夯实良种苗木培育基础。加快新品种、开发、繁育等，引进培育和推广一批优良品种，逐步实现“两杏”产业的升级换代。要注重鲜食品种与加工品种合理搭配，重点发展反季节早、晚熟品种，满足市场和消费需求。要夯实良种基地，充分利用现有苗圃和育苗大户，积极实施山杏低产园改造、反季节设施栽培、红茹河百里杏产业经济长廊、特色经济林产业发展等项目，建立采穗基地，加快杏子良种选育和推广工作。要在低温、霜冻天气条件下，选择优良抗逆性杏子品种，提高良种化水平，为大规模发展“两杏”产业奠定坚实良种基础。

夯实技术推广服务基础

继续加大林业技术人员的培训力度，通过组织多种形式的科技培训班和“走出去、请进来”的办法，不断提高从业人员的技术水平。加大林果科技带头人的培育，加大经费投入，强化技能培训，着力培养一支懂技术、会管理、善经营的专业化技术队伍。大力实施科技入户工程，建立完善科技指导直接到户、新技术直接到田、技术要领直接到人的科技推广新机制，转变粗放经营方式，增强果农科技意识和生产技能。同时，要继续稳定农村土地承包的有关政策，维护果农的合法权益。按照依法、有偿、自愿的原则，积极引导农民进行土地置换或流转，确保“两杏”产业规模化发展。要密切关注国家的产业政策和投资动向，积极争取国家、自治区农业综合开发、农业结构调整和扶贫开发等财政支农资金及林业科技推广等项目资金。坚持政府投资为主导，建立多元化的投融资渠道，引导鼓励农民和社会各方面资金参与杏产业发展。进一步健全杏产业保险体系，扶持引导果农将自己的果园参与投保，保护果农和企业的生产积极性。

切实做好“三篇文章”

在夯实基地建设上做好文章。“基础不牢，地动山摇”，基地建设是百年大计，必须抓细。要根据小气候特点和光热水土条件，进一步优化区域布局，继续采取生态经济、庭院经济、设施栽培和嫁接改良提升四种模式，坚定不移地做强基地、做大规模。要加快示范园区建设，在提高现有基地整体水平和综合效益的基础上，打破行政区划界定，连区成片、连片成带，形成特色板块，以点带面，全面推进。要注重设施林果基地建设，积极推广周沟、杨坪、友联等设施林果栽培模式，推动“两杏”产业优化升级。要注重“窖＋园”结合发展模式，推广滴灌节水技术，充分调动农民自主发展“两杏”产业的积极性和主动性，把千家万户的小生产有效连接起来，全力打造一批典型大户、特色村组和专业乡镇。

在扶持龙头企业上做好文章。要扶强现有林果企业，完善有利于企业发展的优惠政策，在资金、技术上给予扶持，努力为龙头企业创造宽松的环境。要加快从初级产品加工向高级终端产品转变，不断开发新产品、优质品牌产品与绿色食品，特别是要着力培育果脯、杏仁等具有地方特色的拳头产品，打造具有竞争力的知名品牌，延长产业链条，提高附加值。加大招商引资力度，紧盯全县产业园区建设，引进一批科技含量高、设备先进、绿色低碳环保的林产品加工企业，增强龙头企业的带动力度。力争用3～5年时间，引进培育加工能力达5000吨以上规模企业2～3家，加工能力500～5000吨企业10家，年加工量达到3万～5万吨。

在培育自主品牌上做好文章。要按照“民建、民管、民受益”的原则，鼓励、引导乡、村组建杏产业发展协会或专业合作社，建立完善“龙头企业＋农户＋基地”的果品加工体系和“市场＋中介组织＋农户＋基地”的市场营销体系，为农户和生产者提供技术指导、资金扶持、物资供应、包装、运输和信息等服务，有效破解千家万户搞初加工、分散经营的粗放局面，把小生产与大市场连接起来，加快特色优势林产品规模化、产业化发展。在规模化发展的重点乡镇，规划建设初级杏产品贮藏保鲜气调库，延长杏子储存、加工时间，缓解销售压力。突出“彭阳鲜杏”地理标志和绿色生态两大优势，设计富有特色的外销包装，建立“五个统一”（统一品牌、统一标准、统一包装、统一价格、统一信息）销售机制，依靠品牌占领市场，提高效益。力争到2015年，在重点乡镇建立林果专业协会5～6家，研发出30～50种系列杏产品，其中在全国打造1～2个驰名品牌，在全区打造3～5个主打品牌，把“彭阳杏”这一品牌做亮做强。

（选自2011年《彭阳文史》）

彭阳县经济发展的希望所在

——彭阳县经果林发展现状与展望

柳　富

概　况

彭阳县地处宁夏回族自治区南部，六盘山东麓。西靠固原，东、南、北三面分别与甘肃省的镇原、平凉、环县接壤，是西海固地区比较偏僻的山区县。全县辖20个乡镇，167个行政村，总土地面积2532.32平方千米，耕地面积8.8万公顷(含新并入的原固原县五里山村)。1992年年底全县总人口22.63万人，其中农业人口21.63万人，占95.6%。人口密度每平方千米为90人。海拔1248～2416米。年均气温6～8.5℃，≥10℃积温2500～3100℃，年降雨量350～550毫米，无霜期120～170天。地貌以梁峁沟壑丘陵为主，红河、茹河、安家川河三大水系由西北向东南流经彭阳县，在甘肃境内汇入泾河。三河两侧形成河谷川台和残塬地带，黄峁山自南向北沿彭固边界而上，在西北部形成一条天然的防风御寒屏障，小气候类型多种多样，适宜多种经果林的发展。

历史上，县内曾被茂密的森林所覆盖，但由于地处中原农业区和西北游牧区交汇点，战乱频仍，森林资源屡遭破坏，生态环境日益恶化，水土流失不断加剧。全县被河谷、沟壑切割成若干碎片，形成小块的川、台、塬、峁。根据地貌、气候、土壤、植被的特点和资源开发利用方向，全县被划分为北部黄土丘陵农牧区、中部河谷残原粮果区和西南部土石质山区林牧区。

1949年以后，党和政府高度重视这里的林草建设和生态环境改善。特别是1983年建县以来，历届县委、县政府都把发展林业作为重要的农业基础建设来抓。十年来，林业建设有了突破性的进展，全县造林保存面积由1983年的0.6万公顷，增加到1993年的2.9万公顷，森林覆盖率由3%提高到9%，木材蓄积量为38.24万立方米，累计果品产量达3679万千克，产值近2亿元，相当于十年林业建设总投资15倍。1998年彭阳被评为全国造林绿化先进单位。

党的十四大召开以后，1992年年底在县委三届二次全会所确定的今后一个时期经济建设方针中，把发展经果林摆到了三大支柱产业的首位，五项基础中，把林业放到了仅次于土地建设的第二位，抓好林业建设，发展经济林已成为全县经济建设的主要任务之一。在这种思想指导下，县委、县政府认真讨论制定了今后三年全县发展林业建设的规划，并狠抓了第一年即1993年的实施，在春季造林中，由于雨量充沛，土壤墒情好，加之1991—1992年一整年的大旱，苗木出圃少，导致1993年苗木供小于求。据此，县、乡、村抓住机遇，大搞林业建设。通过抓连片绿化点，造林与水土保持流域治理相结合以及实行荒山荒沟租赁、承包等方式，广泛地调动了群众造林的积极性，春季一次性造林面积8.5万亩，为自治区下达5万亩造林计划的170%。秋季验收，成活率在85%以上。经果林针对以前小片多、连片少、庭院多、规模小等问题，确定把全县333公顷经果林计划面积部署在固彭公路两侧的古城乡、彭阳乡、白阳镇的14个村56个生产队2843户农户中，按照“集中连片上规模、规范栽植上水平”的要求，县乡领导层层抓点，聘请宁夏农科院园艺所科技人员为顾问，宏观上咨询指导，微观上试验示范。广泛开展技术培训。县林业技术干部包乡，乡技术干部包村，派遣责任心强的干部赴山东调运名优苹果苗木18万多株，加上本地自育苗木，两乡一镇当年春新植苹果面积5007亩，其中百亩点14个，百亩以上点18个，400亩以上点1个。同时，发动县、乡苗圃点和一部分专业户从山东等地廉价调进名优品种半成苗、三级苗百万株，归圃培育，预计秋天可出圃一、二级苗60万～70万株，为1994年的更大发展，打下了良好的基础。

彭阳县经果林总面积由1983年的0.52万公顷（其中杏0.04万公顷）增加到1993年的0.61万公顷（其中杏0.32万公顷），包括苹果、梨、桃、李、杏、山楂、葡萄、核桃、花椒等十多个树种，果品产量由1983年的41万千克增加到1993年的1000万千克，产值达700万元以上。

此外，在西部土石质山区的挂马沟针叶林基地建设亦已初具规模，总面积达到6510公顷，从1984年开始到现在，针叶林营造面积4880公顷，基地内天然次生林面积973公顷，发挥了明显的水源涵养作用，流域内有20条小河沟由过去的季节流水变为长流水，林区群众依靠林区蕨菜每年取得经济收入200多万元。挂马沟针叶林区犹如

植树造林 1997年拍摄 / 彭阳县自然资源局供图

一块翡翠镶嵌在黄土高原中部黄峁山东麓。红、茹河谷川道的农田和乡村道路基本实现了林网化，受保护农田面积0.6万余公顷。绿化了道路，改善了农村生态环境，增加了群众经济收入，缓解了民用、建筑木材短缺的困难，“绿色企业”初步发挥作用，并展示出巨大的潜力。

绿色——希望所在

在广袤的黄土高原，绿色是生命，绿色是希望，绿色是未来。党的十一届三中全会以来，生活在这里的农民分得了承包地后，便把自己的未来和希望与绿色联系起来。

彭阳是一个农业县，地理位置比较偏僻，加之长期受“以粮为纲”的思想影响，商品经济很不发达。建县以后，情况有所改观，但并未从根本上摆脱这种局面，单一种植粮食的小农经济仍占主导地位。“有粮即安”的思想、“粮大户、贫困户”的事实随处可见。显然，如何消化农村多余劳动力，解决钱的来路是温饱基本解决后彭阳县农民面临的首要问题。县委、县政府认真地分析了县情，作出大力发展“果、烟、牧”三大支柱产业的战略决策，为农村找到了一条致富的途径。

发展经果林，彭阳县具有诸多有利条件。其是山河河谷，属宁夏适宜苹果栽培区，历史上就有“麦果之乡”的美称。积温较高，昼夜温差大，雨量适宜。据专家介绍，在1600～1700米，可种植梨，1600米以下的两河流域，适宜苹果、桃等生长，北部山区可广种杏树。另外，花椒、核桃、李、山楂等生长结果良好，因此可以说，在全县各乡镇，每个农户家庭都可以因地制宜，适地适树发展经果林，加上科学管理，三五年后即可收到经济效益。这里举几个例子来说明问题。

嵝岘乡白岔村是典型的干旱梁峁沟壑区，总土地面积3102公顷，其中耕地1620公顷，荒山可利用面积800公顷，荒沟可利用面积100公顷，村庄道路和无法利用沟壑面积810公顷。1978年8月以来，白岔村在自治区领导和科技人员的指导下开始了种树种草，实行粮、林、草“三三制”的布局，取得了显著的经济效益。经过15年的调整、改造，现有林地面积1140公顷，退耕种草面积320公顷，荒山种草面积87公顷，经济林面积313公顷，其中成片杏树面积约270公顷，建成以苹果为主的果园10个，面积40公顷，有花椒4000株。已有200公顷杏树进入盛果期。2018年全村杏核、杏肉收入约20万元。其中杨洼队43户240多口人，现有杏树面积33公顷，人均2亩多，仅杏产品一项收入3万余元，人均320元。1993年夏粮丰收，人均产粮330千克，种草促进了牧业发展。全村大家畜饲养量880多头，其中牛200多头，养羊2000多只，加上两个建工队的收入，预计人均纯收入450元左右。全村有电视200台，占农户总数48%，其中梁岔生产队51户农民，70%以上有电视，一部分还是彩电。林业建设使白岔村从人均收入不足百元、有粮不足百斤的“三靠队”变成了富裕村，果树成了这里人民群众取之不尽、用之不竭的财富。

彭阳乡老庄村，这是另一种在比较差的自然状态下，依靠发展经果林致富的典型。这里山大沟深，交通极为不便。但是，村党支部一班人团结，事业心强，一心一意带领群众脱贫致富。1988年在区、县科技人员指导下，开始试种苹果、桃等果树。这个185户1047人的行政村，一次种苹果面积21公顷，现在果林面积已达46公顷，内有成片林面积26公顷。除苹果外，还有梨、桃、山楂、李子等。袁仕刚，54岁，这位老党员1988年从陕西礼泉亲戚家硬背回来300株秦冠苹果苗，栽植面积5亩多，第三年开始挂果，第六年亩产500千克以上，总产2500千克。全村水果产量约5万千克，收入4万余元。发展果林，给这偏僻、贫困村带来了财富，也带来了文明。这里的果园没有围墙，但果子碰人头也无人去摘，原因很简单，家家都有，谁还去拿别人家的。

沟口乡的白河村韩寺队是个庭院果树、成片果园齐发展、依靠科技夺高产的典型。这个42户210口人的小山村，依山傍溪，村后小山梁自西而东，挡住了北方来的冷空气，这种小区域气候为发展经果林创造了良好的自然条件。庄里通公路，又为果品运输提供了方便，信息也比较灵。1987年宁夏农科院、彭阳县林业局的科技人员在这里兴办新红星、红富士等高档品种早果早丰示范园，信科学、学技术，蔚然成风。13公顷果园，全面实行科学管理，取得了良好效益。韩荣财1989年定植新星3亩，1993年（五年生）产果2150千克，亩收入千元。全队1990—1991年两年产果9.5万千克，收入9万余元，占农业总收入55%以上。除一户人外，户户有庭院果树，家家果园成片，户均5亩多，原来的贫困队现在变成粮满仓、果满园的富裕村。

古城乡任山河村是一个有11个自然村428户2645人的大村。历史上，这里是一个穷得叮当响的地方，单纯抓粮，一年到头农业无投入，既无粮又无钱。20世纪70年代初，在上级的帮助下，鹦哥咀、黄寺等生产队集体建起了几个果园，种有苹果、梨、李子等，苹果品种以当时流行的国光、元帅为主，集体经营时基本没啥收益。1980年包产到户后，果园承包给个人经营，黄寺队的果园由农民杨保瑞承包，以后在科技人员动员下，老汉贷了2800元款将园子买下（土地属承包地），由科技人员指导，对老果园进行了彻底改造，1986—1989年，4年累计产果2.8万千克，纯收入2.3万元，杨保瑞还清了借贷，并陆续买回了小四轮拖拉机，养了40多只羊，园内树叶、草喂羊，羊粪施果树，加上粮食收入，每年纯收入都过万元。现在他家又盖了新砖瓦房，买了彩电、摩托车等，昔日的救济户现成了小康，他深有感触地说："果树是我们的家底子、命根子，果树给我全家带来了富日子。"农民最讲现实，黄寺村在杨保瑞这个活典型的带动下，35户中30户都建起了果园。当年春天栽果树，这个村是个重点，也是个热点。青年农民杨学民，1988年开始陆续种了0.3公顷果树。1998年又种了1公顷，几年把承包的川台地都种上了果树，他热心拜师学艺，掌握了果树修剪拉枝、病虫防治等技术，已成为一名年轻的农民技术员。

杨万珍，这个家住城阳乡陈沟村南沟队的农民，可以说是彭阳农民的缩影，他勤劳朴实、聪慧，认准的道牛都拉不回头。1985年开始承包了生产队山地果园，当年他掏钱在平凉买回了200株新品种苹果树，试种成功。以后，他带领一家人把山坡地全都修成5米左右宽的带子田，种上了果树，果园面积不断扩大。如今，他家1公顷多承包地几乎全部种上了果树，果粮间作，果菜套种，有各种果树1400株，另外还在荒山沟坡种山杏面积3公顷多，用材林面积1公顷多。去年大旱，他和家人在南山沟打了一个小塘坝，整整一个冬春担水、保苗、抗旱，别人家的花椒、果树干死了，他家的一株也未死，秋季果实累累。为长远之计，他花了近万元，用半年时间动用土方1万余立方米，又打了一个大塘坝，蓄水2000多立方米，不但用于浇树，也解决了附近农户的人畜饮水困难。他把这两年1万多元收入的大部分用来修塘坝。现在，这位40岁的汉子正用一双长满老茧的手，描绘着南山沟的未来。

在林业战线上要说资格最老的劳动模范还要数小岔乡榆树村后山庄队的老汉张有清。78岁的他，从1953年土地改革后，就迁到后山庄住下，开始在窑洞前的荒山洼、沟坡上种杏树。这里原无一棵树，除黄土坡，就是黄土沟。没有树种，他就到几十里外的集市上捡别人扔掉的杏核，到亲戚家去要，日复一日，年复一年。现在这里绿树成荫，每到春天是花的世界，秋天又是果实的天下。23公顷果林给山坡披上了绿装，有杏、桃、梨、苹果、花椒、海红、核桃等，仅杏核、杏干一项就收入3500多元，最高的年份曾收入6000元左右。他总结出“荒山坡适宜种杏树，耐旱”。是的，杏树有发达的根系和累累的果实，既可涵养水源，保持水土，又有较高的经济价值，作为一种生态经济林，何乐而不为呢？

林生昭，62岁，这位热情、朴实的农民在红河乡夏塬村北塬队走出了致富的另一条路：种花椒。在原来庄院几棵花椒树的基础上，1985年开始在承包地栽种了312棵花椒，1989年售椒收入近6000元，1999年由于受灾收入3000多元。他还种了核桃、杏树等，经过精心管理都已有收益。同时，在庄前的沟道种杨树、刺槐面积6公顷，3万多株，山杏树1000多株。2019年全家各种收入过万元，产粮0.6万千克，11口人人均超“双千”，林业给这位曾食不果腹，衣不蔽体的农民带来了富裕。

经果林发展的三个阶段

彭阳经果林的发展，可以说经历了三个阶段，20世纪70年代到80年代初期为第一阶段。这一时期大部分公社、大队、生产队都建起了集体果园。但由于吃大锅饭，管理不善，加之品种老化，到80年代初，许多果园很不景气。包产到户初期，部分园子由于承包中出现的问题而遭破坏，建县初期，只剩下167公顷。

第二阶段为1986—1992年，建县初，百业待举。县委、县政府不久便把经果林建设提上了议事日程，果园发展进入了一个新的时期。在“三个五”战略方针指导下，由于宁夏农科院科技人员技术咨询，有重点地部署实施了三种类型的果林带。

一是川水地果园。1986年开始建起了国营刘沟苗圃果园和红河乡果园、城阳乡吴川果园等一批示范园面积约10公顷。从1987年起先后建起了一批由农民个人管理经营的果园,保留面积133公顷。这部分果园现都已进入盛果期。彭阳县双磨村谢国玺兄弟四户联营面积的1.2公顷园子就是其中的代表。这个园子是1987年开始定植的。1989年完成建园,栽植后第三年开始挂果,第四年总产50多千克,第六年即1992年总产达0.65万千克,1993年预计总产0.25万千克。其中谢国玺亩产0.7万千克,收入达6000多元。这类园子由于水肥条件充足,技术指导及时,管理者的文化层次较高(大部分具有初中以上文化程度),掌握科学技术能力较强,实施科学的肥水管理及合理修剪、拉枝促花、疏花疏果、病虫防治等一整套科学管理方法,效益比较好,已成为全县的骨干园。

二是旱地果园。1988年开始,重点发展了一批旱地果园。这部分果园面积相对集中,基本以自然村为单位,实行统一建园,分户经营,品种比较新,以新红星、红富士及秦冠为主。1992年开始挂果,1993年有了一定的经济效益。比较有代表性的有沟口乡白河村韩寺队、彭阳乡老庄村、城阳乡转湾村以及红河乡宽坪等村旱地果园,现保留面积167公顷。特别韩寺队的果园,已形成了一套科学的栽培和管理方法,果树挂果早、产量高、品质好,并试验通风土窑洞贮藏保鲜取得成功,有普遍的推广价值。

红河乡宽坪村果林带是当地比较有影响的旱地果园。1988年从上庄队到申川队的北山坪上8千米内栽植面积62公顷,现保留面积33公顷,这片果园由于种后1~2年内管理未跟上去,损失比较严重,但保留下来的都已有效益。如西庄队刘得彦家0.6公顷果园共栽520株,现全部挂果,新红星个大、色好。其经验是种树爱树,科学管理加人勤。栽植后,将全部坡地整成5米宽的梯田,每逢春、夏大旱时,用手扶拖拉机运水浇树,然后用麦草覆盖水浸过的土地,待草腐烂后掺翻于土中为肥。由于这片园子是彭阳县林业科技人员抓的示范点,挂果早,到1995年前后,产果可达1.5万千克。旱地果园由于不争水地,普遍受到人们的重视,但要大面积发展,还应解决好如水源等一些突出问题。

三是地埂经济林。从1987年开始,在发展川水地杨树地埂林同时,也试种了一部分地埂经济林。主要分布在城阳乡转湾、沟圈村,新集乡马旺堡村及彭阳乡罗堡、任湾村等,面积共30多公顷,品种有苹果、山楂、花椒、杏树等。从目前生长情况来看,川水地地埂经济林除花椒、山楂、桑树等可继续试验外,苹果、梨已明显不当此任。发展地埂经济林一是少占耕地,二是要有一定的经济效益。因苹果对肥水需求量大,管理要求严，树植地埂之上，由于地块之间高差所致，水肥极难满足。另群众以地埂经济林为附带，管理很难跟上。以城阳乡沟圈村为例，从1987年开始种植的8公顷地埂苹果，至今保留5公顷，多不挂果，除技术管理未跟上外，群众以为即使有果也难收益。因此，有的农户把果树下部枝条全部砍去，让其与杨树一样往高生长。还有的认为结了果子也难收，弄不好影响粮食收成，所以干脆不加管理。但地埂经济林仍有开发的可能与前景。如对肥水条件要求不严的花椒、山楂及桑树等可继续发展。山坡地埂还可大量发展杏树、山桃等耐旱经济林。

自1986年以来的第二阶段，是彭阳经果林发展很有成效的时期。1986—1992年全县共发展经果林面积4.59万亩，其中苹果面积0.12万公顷、梨面积0.11万公顷、杏面积0.14万公顷，其他面积0.03万公顷，且品种比较新，管理比较先进，挂果早，大部分已形成产量，有了比较好的经济效益。这批园子将起到承前启后的作用，形成彭阳当前及今后3～5年内的骨干园。但是，用商品经济的观点来衡量，这些园子在宏观布局上有一定的不足。一是过于分散，大多是几亩到十余亩的小园子，规模比较小，互不连片，相距又较远。没有一定规模就难以形成一定的产品优势，没产品优势，经济效益就无从谈起。虽然总产不少，但难以成为拳头产品打入外部市场。二是旱地果园比重大，且都远离交通线，加之结果迟，产量不高，果个偏小，信息闭塞，较难取得商品优势。

第三阶段：上规模、上水平，努力使经果林发展适应社会主义市场经济的需求。

党的十四大以后，在邓小平同志建设有中国特色社会主义理论指导下，根据发展社会主义市场经济的要求，在认真调查，总结前几年经济发展的基础上，县委、县政府制定了以稳步发展粮油生产，大力开发果烟牧三大支柱产业和加强田、林、水、电、路五项基础建设为主要内容的今后一个时期经济建设的基本方针。在支柱产业上，第一次把果摆到了第一位。如何实施这一方针，真正使经果林成为群众致富、财政增收的支柱，这就必须适应社会主义市场经济的要求，面积上规模，栽植上水平，品种上新优。小农经济的思路、小生产者方式已远远适应不了社会主义大市场的要求，经果林不但要成为一自然村、一行政村，甚至一乡的产品优势，还要发展成为一县的经济优势。根据彭阳在宁夏南部山区和固原地区优越的自然条件，彭阳县建成固原地区的经果林基地，为宝中铁路建成通车后的市场需求做出应有的贡献是完全有可能的。

需要与可能

也许有人要说，宁夏川区水果，特别是苹果过剩，你们为什么还要发展？原因很简单。一是川区距这里300～400千米，川区苹果运到这里不见得很便宜。二是随着人民生活水平提高，对水果需求量不断增加，自己能产，为什么要靠外运呢？三是当地苹果储存时间长，这是一个很大的优势。因海拔、气温等因素影响，这里的苹果一般皮比较厚，利用当地土窑洞妥善贮存，春节期间正好上市，有的可存到来年5月。四是质量好。彭阳所产苹果糖分和维生素含量较高，色泽艳丽。据1986年全区苹果质量鉴评，王洼乡高建堡村的旱地红星苹果荣获全区同品种第一名。五是彭阳属苹果新区，病虫害少，成本较低，有市场竞争优势。

另外，目前市场上梨很畅销，货源紧缺，致使河北等地梨大量涌入宁夏市场。而彭阳的自然条件很适宜梨的生长。花椒、核桃等干鲜果都有较大的发展前景。因此，作“树”的文章，发“果”的财，在彭阳有非常有利的条件。归纳起来，一是有适宜经果林发展的客观因素，如气温、土壤、降水等自然条件。二是历届县委、县政府领导班子都把发展经果林作为一项重要任务来抓。20世纪70年代建起的老果园，为基层干部和群众引了路，使他们看到了依靠经果林致富的希望。20世纪80年代后期建起的新果园，则更使干部群众从现实中看到了依靠经果林致富的希望。在此基础上，党的十四大后，新一届县委、县政府很自然地把发展经果林从原来支柱产业的第二位提到了第一位。1992年11月召开的县委三届二次全会上，审议了“加快经济林支柱产业开发的实施方案”。在1993年3月县人代会，正式确定了1993年经果林发展上规模、上水平、增效益的原则，把1993年计划上的33万公顷苹果，布置在古城乡、彭阳乡、白阳镇，连大片，上规模，县、乡、村齐心协力，作为一场硬仗来打，保证了当年经果林计划任务的超额完成。三是有一支群众信得过的科技队伍。彭阳县近年来林业科技队伍不断增大，现有大专及助工以上林业科技人员24名，中专和技术员级40多人，全县20个乡镇都建起了林业工作站。全县有国有苗圃林场10处面积540亩，乡、村苗圃5处苗地面积8公顷，每年群众育苗面积80～100公顷。有农民林业技术员150人，特别是宁夏农科院园艺所原所长张一鸣研究员从1986年以来，带领3～4名高级林业科技人员长期在彭阳蹲点，和县林业部门科技人员结合在一起，培养示范户、示范园，广泛开展专业技术培训，举办不同层次的训练班。县职业中学每年举办1～2期中长期培训班。许多果农把学到的技术和知识用到自家的果园管理上，取得了明显的经济效益。如彭阳乡余沟村回乡知识青年王占国虽家居偏僻山区，但学习果树栽培技术后，他下决心改变家乡面貌。1987年以来，他把山坡地改造成带子田，栽了200株苹果、100株梨，利用学到的知识实行科学管理，1993年产苹果750千克、梨1150千克，收入2000多元。虽是旱地果园，由于施以肥调水，加之管理有方，结的果子大部分属一、二级，上市被一抢而空。科学技术已结出了丰硕之果。四是有勤劳朴实的干部、群众。广大干部工作扎实，责任心、事业心比较强，群众则对认准的理，牛拉也不回头。1993年古城乡在经果林建设中，全县33万公顷任务，他们占了200公顷，乡党委书记、乡长蹲在地头，和群众干在一起，一丝不苟，超额完成了任务。彭阳县林业局的技术干部实行技术承包，上门做宣传、动员、解释工作，用事实说话、典型引路，使群众打消了顾虑，大家自觉在冬麦苗地打点挖穴。由于突出抓了质量管理和技术指导，采取挖大穴，施肥料和有机质，涂防冻剂和埋土防风干等措施，古城乡200公顷新栽苹果成活率超过95%。新枝条生长量大部分在50～100厘米。这样的典型举不胜举，他们是发展彭阳经济的支柱。五是有党的富民好政策，党的十一届三中全会以来党在农村的各项政策是发展农村经济的根本保证。农民有权决定自己的种植计划，有权发展商品经济，特别是荒山、荒沟可以承包、租赁、拍卖，更进一步调动了农民发展林业的积极性。党的十四大以后，农民、农产品将进入社会主义市场经济，这为农村经果林的发展提供了新的契机和促进大发展的机遇。六是彭阳经过多年的探索，已走出了一条自力更生、因地制宜发展经果林的路子，这就是要大力发展“以山杏、桃为主的生态经济林，以苹果、梨为主的高效经济林，以葡萄、核桃等为主的庭院经济林，以种桑养蚕、山楂、花椒等为主的地埂经济林”。把经济林与生态效益、庭院经济、地埂防护等结合起来，起到既绿化又有经济效益的目的。

任务与前景

经果林已在彭阳显示出了强大的生命力，发展经果林已成为全县重要的支柱产业，发展绿色企业已成为全县上下共同的愿望和行动。但是，在发展中仍然存在许多问题，一是部分干部、群众的认识不高。经果林作为第一支柱产业，在认识和行动上尚未解决好，有的仍然认为是一种额外负担。二是科技服务工作面不广，不够深入，特别是一些新果园，科技管理还未跟上。如按一般情况，3亩以上果园，就应有1名农民技术员，但实际上技术力量严重短缺。三是规模仍比较小，难以形成较强的产品优势。四是新老果园管理工作仍有待进一步提高。五是果品深加工力量薄弱，品种单调，市场有待开拓。

为此，第一要从认识上树立“三个观点”，促进传统农业向“两高一优”农业转化。一要树立“农业能致富，出路在开发”的观点，加速农业内部结构调整。目前农村缺的是钱，多的是劳动力，要引导农民解决“钱从哪里来，劳动力往哪里去”的问题。发展经果林可以使农民既不离土，又不离家，既为劳动力解决出路，又创造比种粮食高10~20倍的经济效益。二要树立“效益靠规模”的观点，从商品经济要求看，任何产品如果形不成一定的规模，就不会产生较高的商品优势和经济效益，就无法进入市场，最终也不会有好的效益。彭阳的经果林如果不在一个村、一个乡，甚至相连的几个乡形成一定规模，就很难形成产品优势，也无法进入外部市场。因此，上规模是进入大市场的前提。三要树立市场是导向的观点，要克服市场信息滞后性等问题，帮助农民搞好信息服务。

第二，要高度重视科技兴林。一要抓好培训，二要抓好服务，三要抓好指导和示范推广工作。

技术培训要分层次进行。彭阳县职中主要办一些有一定文化基础和爱好经果林的村级技术员培训班，时间适当长一些，以实用技术为主，可以学一些基础理论。技术培训的重点要到乡、村一级。乡培训示范户，村为每户培训1名掌握初级科技知识的农民技术员。乡、村培训的重点是对果农进行示范、引导。

服务工作一是技术服务。县、乡一般都要设立果树服务中心，中心下要设技术服务、信息服务、销售服务和深加工服务。中心可以办成事业性质的经济实体，可以把一部分专业技术人员分流到中心，让其发挥一技之长。县、乡凡有条件的都可办果品开发公司，依靠公司把市场与农民联系起来，为农民进入市场搭桥。县、乡林业部门要组织专业技术人员成立果树技术服务队，根据果树生长情况按季节抓好示范村、户的技术培训和现场技术指导工作。技术服务要攻难点，抓薄弱环节。服务采取有偿和无偿相结合。信息服务要帮助农民筛选市场信息，尽快适应市场，驾驭市场，增强信息意识，提高捕捉、筛选、反馈、传递信息能力，特别由于经果林生长周期长，信息要有超前性。销售服务要从摘、储、保鲜、运输抓起，一律按技术规范要求，通过包装、贮藏、保鲜实现果品增值。要千方百计打开外地市场，并为铁路通车后的上站服务做好准备。要继续抓好果品深加工，除搞好目前正在生产的果脯、果茶、罐头外，还要开辟多种深加工门路，提高经济效益。

示范推广是农村科技工作的重要手段和步骤，农民最讲现实，耳听为虚，眼见为实，培养一批有说服力的示范户是农村科技推广的关键，发展经果林地不例外。特别是苹果的栽植，每年的管理重点不相同，一年内每月的管理内容都不一样，技术示范工作非常重要，技术人员指导示范户，示范户带动一大片。

第三，要抓规模，促效益。要在1993年集中连片种植的基础上，从1994年开始，继续抓好规模布局，规范管理，为提高效益，使新老果园连片上规模，尽快形成商品优势、经济效益。要以红、茹河流域为重点，因地制宜，适地适树加以发展，“八五”末全县山杏种植面积可发展到0.67万公顷，经果林总面积达到0.33万公顷，其中苹果面积0.2万公顷、梨面积0.04万公顷、花椒面积0.06万公顷，其他面积0.04万公顷。1994年可发展苹果面积300公顷，梨（含苹果梨）面积67公顷，花椒面积206公顷，山杏、山桃面积0.16万公顷；1995年种植苹果面积200公顷，梨面积200公顷，花椒面积300公顷，山杏、山桃面积1.67公顷。“八五”后期，逐步扩大梨的种植面积，这既是市场的需求，又是当地的优势，实践证明本地产的雪梨、早酥梨、苹果梨、“59”香梨等个大、水分多、糖分高，维生素含量较全，很有发展前景。北部沟壑区和塬区，要提倡大量种植花椒。花椒容易成活，好管理，果实易保管、储存、运输，经济价值高，很有发展前景。但育苗难以掌握，要注意抓好技术指导。

第四，加强领导，因地制宜，加快经果林发展步伐。彭阳三种类型区土壤条件及性能各异，因此，发展经果林必须因地制宜，适地适树，不可强求一律。在总结近十几年植树造林经验与教训的基础上，为加强宏观指导，一般来说可遵循以下基本模式，即“山顶沙棘、柠条戴帽，山坡杏树、山桃缠腰，刺槐、椿树种到沟岔河道，庄前院后广种核桃、花椒，两河流域发展苹果、梨、桃”。这是群众十几年来经验与教训的总结。如果按这种布局坚持不断地抓下去，经过7～8年的奋斗，到20世纪末全县可达到0.16万公顷杏、0.67万公顷苹果，并争取实现农村人均一亩杏树，半亩果。红、茹河流域建成果品基地，东北部塬区建成花椒基地，安家川流域及所有沟壑梁峁区建成杏基地。果品年产量二三万吨以上，果品收入8009万元以上，农林特产税可达到366万~500万元，经草林将成为全县的一项重要财源。因此，发展经果林是富民富县的一项重要工程，如果再把深加工的增值考虑进去，其经济效益和社会效益是非常可观的。

发展经果林关键是要加强领导。常言说“十年树木，百年树人”，要坚持统一规划，分步实施，持之以恒，不论班子怎样变，抓经果林的目标不能变，要一届接一届地抓下去。县要抓好中、长期规划的制定，并分解到乡，乡分解到村。林业主管部门要组织好实施工作，要责任到人，规划到地块，搞好服务。要充分利用国务院“三西”后十年扶贫资金的支持和各方面的投资机遇，给农民一定的扶持，充分调动农民种树和发展经果林的积极性。要放宽政策，按照“三个有利于”的原则，只要有利于植树造林和经果林的发展，我们就应为其大开绿灯，在发展、规模、树种等方面加以引导，不加限制。政府林业主管部门要发挥职能作用，逐步建立生产、技术指导、贮藏、加工、销售一条龙服务，使产前、产中、产后系列化、规范化。要用社会主义市场经济来调动、激励农民发展经果林的积极性。

总之，只要我们团结一致，齐心协力，经过坚持不懈的努力，经果林这一绿色企业将会在彭阳经济中发挥举足轻重的作用，将会为农村脱困、争富裕、奔小康做出重大贡献。

（原载于《彭阳文史资料》2007年第3期）

经果林栽植示范

1994年以来，彭阳县境内先后组织实施“两杏一果”扶贫开发和“退耕还林”两大工程，确定了以红河、茹河流域为中心的产业区，建设以苹果、梨、核桃、花椒、鲜食杏为主的经果林基地；以蒲河流域为中心的产业区，建设以山杏、仁用杏为主的“两杏”基地。累计经济林基地建设面积3.3万公顷，其中，苹果面积1000公顷，梨面积300公顷，核桃面积1000公顷，花椒面积1000公顷，杏面积3万公顷，桃面积300公顷，李子面积300公顷。建设栽培日光温室137栋，面积10.5公顷，发展优质葡萄、杏、桃、李子。年果品产量达34289吨，总产值达到2300万元。

示范点

上王红梅杏示范点。2001年建园，位于红河乡上王村，面积1.3公顷，主栽品种红梅杏，年产量16.8吨，产值3.36万元。

雷咀山茱萸示范点。位于红河乡常沟村，2003年结合退耕还林建园，总面积160公顷，其中山茱萸面积20公顷，辅栽薄壳仁用杏、花椒等。

金岔杏李示范点。位于县城东部，隶属城阳乡长城村，2004年春季建园，总面积40.7公顷，其中以金太阳、凯特为主的优质杏面积16公顷，以美国巨李为主的李子面积1.3公顷，配套节水灌溉系统。

示范基地

红河、茹河残塬区花椒示范基地。主要分布于城阳乡杨塬村和红河乡文沟村，“九

红河川道矮砧苹果试验示范基地　2019年6月拍摄 / 彭阳县自然资源局供图

五”期间确定为花椒基地，发展面积166.7公顷，主栽品种大红袍、秦安1号。年产花椒40吨，产值80万元。

大草湾核桃良种基地。位于白阳镇罗堡村，1998年建园，总面积20.7公顷，其中优质核桃面积15公顷，主栽品种有薄壳香、香玲、中林5号。

邓湾花椒良种基地。涉及城阳村和红河徐塬村，1999年建园，面积31公顷，主栽树种大红袍、秦安1号，产量高、质地好。

高建堡林木良种繁育基地。位于王洼镇高建堡小流域，2002年建曹杏、仁用杏、美国扁桃、核桃等为主的种子园面积13.6公顷，采穗圃面积3.4公顷，苗圃地面积4公顷，配套引水设施完善。

示范园区

寨子湾“两杏”示范区。位于白阳镇双磨村，1996年秋季建园，工程造林面积164公顷，栽植山杏面积6.8万株，后期山杏改接曹杏2000多株，2000年挂果生产。

阳洼流域“两杏”引种示范区。位于白阳镇阳洼村，1997—1998年实施流域综合治理，共完成造林面积186.7公顷，其中以龙王帽、一窝蜂为主的仁用杏面积6.7公顷；以大接杏为主的鲜食加工杏面积6.7公顷，共有17个品种，利用长引工程，配有节灌设施，年产值28万元。

大沟湾科技示范园区。该流域是黄土区防护林体系高效配置及可持续经营技术综合示范科技支撑项目示范区，位于县城西南。该点2000—2002年完成建设，累计造林面积494.7公顷，其中退耕地造林面积354.7公顷，荒山荒沟造林面积140公顷，栽植“两杏”、山桃、核桃、花椒、四翅滨藜、大果沙棘等树种40万株。

周沟林果栽培园区。位于白阳镇周沟村，该园2001年建设，总面积3.3公顷，主要任务是引进培育林木优良品种，开展设施果树生产试验示范。建成日光温室10栋，主栽品种有金太阳、凯特杏，中油、丽春桃，井上、金滴李，京秀、红提葡萄等。露地栽培区面积1.67公顷，主要培育园林绿化苗木，年产苗木20万株。

草庙曹杏示范园区。位于草庙乡，涉及张街、新洼、赵洼、草庙4个村，总面积126.7公顷，2004年春季建园，主栽以曹杏品种为主。

友联高效林果栽培示范园。位于红河乡友联村，2005年县林业局、宣明会、红河乡联合建园，面积8公顷，其中露天栽培面积6.7公顷，设施栽培面积1.3公顷，主栽品种有凯特杏、金太阳（毛桃）、阿布白（毛桃）、瑞光28号（油桃）、紫贝（油桃）、美国红蟠（蟠桃）、美国巨李、井上李、黄金梨、绿宝石（葡萄）等。

茹北观光园。位于县城茹河北岸，2006年县直机关74个部门单位1360多名干部职工及县造林工程队承担了园区建设任务，集体开展义务植树，完成造林面积94.7公顷，其中经果林50公顷，栽植桃、杏、李、梨、枣5个经济树种19个品种。

茹河瀑布观光园。位于城阳乡杨坪南山根，2006年春季建园，总面积14.5公顷，主栽品种为金太阳、凯特杏、美国巨李、沙红水蜜桃、井村油王桃，兼种金银花。

（摘自《彭阳县扶贫志》，有删改）

宁夏彭阳：牧草产业带动脱贫致富

张国凤

草畜产业大发展——彭阳百泉牧业有限责任公司
2022年9月拍摄 / 摄影 沈继刚

为探索培育牧草产业成为六盘山区农业经济转型升级的发展新模式，宁夏回族自治区彭阳县，采取政府扶持引导，企业引领带动模式，建立了"优质牧草生产基地、全程机械化收割服务队、订单收购统一贮存、分等分级加工、统一质量检测、质量追溯体系、统一品牌销售"的全产业链运行机制，推动不同经营主体共同发展，带动种草户和贫困户增收致富。

彭阳县通过推动不同经营主体共同发展，带动种草户和贫困户增收致富。全县紫花苜蓿总种植面积稳定在8万公顷，年产量达到46万吨，外销15万吨，牧草产业实现销售收入超过1.5亿元。

"探索采取政府扶持引导、企业引领带动的方式，提高科学饲养水平，延伸产业链条。"彭阳县农牧局负责人这样认为，该县推广"新型经营主体+基地+农户"模式，由龙头企业、合作组织等以自建的基地为基础，辐射带动周边农户利用耕地规模化种植优质紫花苜蓿，通过合作经营、订单收购、代收代管等企农联合的方式，统一组织实施，农户全程参与管理。紫花苜蓿产品由新型经营主体按照“优质优价”的原则订单收购，龙头企业加工销售。田间管理由技术部门统一指导，经营主体和基地农户统一实施田间管理技术，提升了紫花苜蓿基地效益融合发展水平。

该县通过农机农艺深度融合，提升现代农业科技水平。现在，全县苜蓿收割机械由经营主体购置，按照机型财政给予补贴，由技术部门实行统一指导和管理，成立联合机械收割服务队，采取农机与农艺相融合的模式，签订为期3年的服务合同，合同期内不得处置购置的机械，对示范基地内的苜蓿开展适时收割，只收取燃油、人工、机械保养费用，并对基地内建档立卡贫困户提供免费收割服务，有效带动贫困户种草脱贫致富。

同时，彭阳县采取种养一体化融合，提升优质牧草转化率。对现有的紫花苜蓿基地采取区域分块的方式，对接牧草加工收购企业、合作组织、养殖场（户）等就地转化利用，由农户与机械化收割服务组织签订收割合同，牧草加工收购企业与农户开展订单收购，由牧草加工收购企业与养殖企业签订加工销售合同，按照养殖企业要求，加工销售紫花苜蓿产品，加大苜蓿产品就地转换力度，减少运输成本。该县通过大力推广牧草调制技术，带动养殖户提高科学饲养水平，延伸产业链条。

（原载于《农民日报》2017年5月24日）

几代造林人接力为彭阳山川着绿装

樊 玲 丁炜勇 张丽慧

初冬驱车行驶在宁夏彭阳县山间小路上，远眺山上层层梯田，犹如一幅水墨画。

37年前，这样的美景在彭阳是看不到的。从寸草不生的黄土坡到满目苍翠的绿色梯田，53岁的造林员李维平是亲历者、参与者、见证者。

“我小的时候，这里山多川少，只要能种粮食的地没有一寸浪费，苦盼秋收，但收上来的粮食还没种下去的多，一家老小根本吃不饱。”说起过去的苦日子，李维平不禁摇头。

1983年彭阳建县时，荒山黄土、沟壑纵横，水土流失面积占国土总面积的92%，农民人均纯收入只有178元，80%以上的群众连吃饭都成难题。

如何让山变绿、水变清、人变富？“最初，为了恢复植被、改土治水，县里推行农业‘三三制’（农、林、牧各占三分之一），摸索出小流域治理的‘1335’模式。”彭阳县自然资源局工作人员相建德说，“即户均1眼井窖，人均3亩基本农田，户均3头大家畜，人均5亩经济林。”

“我们把树苗看成自家娃娃，春秋种树时，经常要先把树苗抱上山，就怕不小心把根部的泥土损坏，那样它就活不了了。忙的时候，经常是晚上10点多才能回家，就为了把当天扛到山上的树苗全部种完。”李维平回忆着刚到造林队的情景，“为种活一棵树，我们想了不少办法，但由于气候干旱，土壤墒情太差，树苗的死亡率很高。”

“没有一次次的失败，哪来成功的喜悦。”相建德指着彭阳县红河镇夏湾队的山梁说，“你们看这山已经被人为分成了三层，山顶种草，山腰的梯田上种果林，山下小流域保障水源，这就是经过多年摸索，探索出的‘山顶林草戴帽子，山腰梯田系带子，沟头库坝穿靴'的立体治理模式，创造性地总结推广'88542'的整地模式，达到了截流蓄水、提墒保墒、活土还原的目的，大大提高了苗木成活率和生长率。”

李维平指着身后的山梁自豪地说：“我们的经验在这些山上得到了回报，现在我们种下的树苗成活率能达到85%，春天山花开遍山坡，已经成为彭阳的名片。”

彭阳县创新举措，打出“组合拳”，走出一条保生态和促增收的精准扶贫之路。

贫困群众吃上“生态饭”，当上护林员，脱贫有劲头。彭阳县白阳镇玉洼村贫困户魏文科妻子患病，他不能外出务工，一度对生活失去信心。后来村里聘请他当护林员，每年工资有1万多元，一下子缓过劲来了。在彭阳县，有138名贫困人口当上生态护林员，年人均补助1.08万元。

人不负青山，青山定不负人。经过几代人的努力，如今彭阳县生态建设达到山水田林路统一规划、梁峁沟坡塬一体整治的综合模式，累计治理小流域106条1779平方千米，治理程度由建县初的11.1%提高到76.3%，森林资源保存面积增至203.87万亩，森林覆盖率由建县初的3%提高到30.6%，形成了百万亩桃杏花海、百万亩旱作梯田、百条生态示范流域等独具特色的生态旅游景观，建成了“看山花、游瀑布、赏梯田”的全域旅游环线。

植树造林让彭阳种出了风景、种出了产业、种出了财富，林业产业已成为农民增收的“绿色银行”。

彭阳“红色+古色+绿色”蹚出生态文化旅游新路子。

彭阳县依托“红色+古色+绿色”旅游资源，按照全景化建设、全时化消费、全要素融合、全民化共享的构想，加快推进全域旅游示范县创建。

一是综合乡村旅游资源。结合美丽乡村和旅游特色村建设，在保护好小岔沟、乔家渠红军长征毛泽东宿营地遗址的基础上，在景区周围发展旅游民宿，建成集红色教育、休闲旅游、民宿体验、观光采摘为一体的综合旅游景区，自乔家渠红军长征毛泽东宿营地周边的民宿试营业以来，日均接待游客300人以上。上半年，全县接待游客55万多人，实现社会综合收入2.48亿元。

二是创新乡村旅游模式。“景点游观光游”和“沉浸游体验游”相结合，打造5个梯田景观点、3个红色旅游点和3个民宿文化点，进一步提升茹河瀑布风景区、金鸡坪梯田公园、乔家渠红军长征毛泽东宿营地和小岔沟红军长征毛泽东宿营地4个核心景区。通过深度挖掘旅游沿线及景区周边乡村的历史文化、农耕文化、民俗文化，开发具有乡土特色的乡村旅游精品项目，打造独具特色的乡土旅游文化，让游客吃在农家、住在农院、留在农村。

三是完善乡村旅游规划。按照红军长征线和小岔沟、白杨城、乔家渠"一线三点"总体布局，完成长征国家文化公园项目建设任务。2021年投资1100余万元对小岔沟、乔家渠红军长征毛泽东宿营地旧址整体加固保护、旧址原貌复原及布展。今年投资2500余万元，进行长征国家文化公园二期建设，重点在小岔沟、乔家渠红军长征毛泽东宿营地建设游客集散中心、红军小道、照明等基础设施。

（作者系新华社记者）

生态环境卫生

彭阳县坚持重要会议讲生态，工作检查督生态，解决问题促生态，制定生态环境卫生整改方案，拉网式排查、清单化整改，建设农村美化标准，查缺补漏，巩固和提升整改成效，落实月报告、月预警、月督导制度，制定《彭阳县生态环境保护督察整改实施细则》，确保整改措施全落实，整改成效高质量。坚持正面典型引导，公开公示问题及整改进度，接受社会监督。

环境监测

1990年以前境内的环境监测工作由县卫生防疫站负责。1991年5月15日城建局设立环境保护办公室,负责全县环境保护工作。1997年4月21日,在环境保护办公室的基础上增设环境监测站和环境监理所,一套班子三块牌子,2002年7月,取消环境保护办公室和环境监理所机构设置,保留县环境监测站,编制3人。2006年5月,彭阳县环境监测站核定为全额预算事业单位,设站长、副站长各1名,编制6名,2009年,环境监测站实有工作人员7人。

水污染源。2000年以前,境内茹河水受县城生活污水污染。2002年,随着马铃薯产业的快速发展,境内淀粉加工企业如雨后春笋般快速崛起,各淀粉厂排放的废水给周围水环境造成不同程度的污染。2007年年底全县有污水排放的污染源28家,其中7家在县城规划区内,使用城市排污管网集中排污,红河、茹河流域共有工业排污口21个,生活污水集中排放口4个,混合排放口1个。污水排放总量122.7万吨,工业排放量占29%,生活排放量占71%。2008年,对全县石油、化工、电力、油气贮存库站等23家重点行业和5处集中饮用水源地进行拉网式排查。全面推行排污许可证制度。

废气污染源。境内废气污染源主要来自工业和供热取暖污染。1994年,宁夏宁阳实业集团化工有限责任公司在古城镇五里山建成硫酸厂、磷肥厂,成为境内最大的二氧化硫工业排放源;2005年,固原金牛公司对硫酸厂进行技术改造,使二氧化硫排放量降低到285吨;2007年,境内机砖厂由1995年的7家增加到的29家,年用煤量3.5万吨,排放废气2.8亿立方米、二氧化硫360吨。到2008年,全县共有各类锅炉101台,年锅炉耗煤量2万吨,烟尘排放量180吨,二氧化硫排放量260吨。煤炭消耗量由1994年的

10万吨增加到15万吨。大气主要污染物二氧化硫的排放量为1280吨，烟尘排放量1068吨。

地面水质量监测。彭阳县境内有红河、茹河、安家川河3条水系。1991年，县人民政府对红、茹河流域水环境功能进行划分，红河流域水环境主要功能为农业用水，茹河流域为生活饮用水水源地。2003年固原市环境监测站在茹河干流设监测断面两个，分别为古城断面、水文站断面，在红河流域未设监测断面。

2003—2005年，茹河水质较好，主要污染物COD指标在《地表水环境质量标准》（GB3838-2002）Ⅲ类水质之内，部分指标达到Ⅱ类水质要求（表1）。

表1　2003—2005年茹河水质例行监测原始数据统计表

年份	断面名称	pH	溶解氧/（$mg \cdot L^{-1}$）	COD/（$mg \cdot L^{-1}$）	NH_3-N/（$mg \cdot L^{-1}$）	六价铬/（$mg \cdot L^{-1}$）	粪大肠菌群/（$mg \cdot L^{-1}$）
2003年	古城	7.99	7.57	1.37	0.152	0.004	12
	水文站	8.28	7.75	3.87	0.722	0.026	640
2004年	古城	7.96	7.92	1.51	0.114	0.004	1048
	水文站	7.81	7.87	1.86	0.34	0.023	≥2400
2005年	古城	8.37	7.06	1.99	0.017	0.004	≥2400
	水文站	8.35	5.56	4.33	1.292	0.043	≥2400
多年平均值	—	—	7.29	2.49	0.4395	0.0173	—

注：监测单位为固原市环境监测站。

2005年，全县处于淀粉生产高峰期，县建环局委托市环境监测站对境内各淀粉生产企业废水排放的重点纳污水体进行监视监测。茹河干流店洼水库、支流马家河源头范新庄水库分别受古城淀粉群和王洼淀粉厂淀粉废水重度污染，水质为劣Ⅴ类。红河流域新集以下断面的局部水域也遭受淀粉废水污染，安家川没有工业污染源，两河水质在Ⅲ类水质以上（表2）。

大气环境质量监测。1999年，县人民政府转发建设局《关于彭阳县烟尘控制区划分及管理办法》，将县城郑河路以东至防洪渠以西1.2平方千米的建成区划分为烟尘控

表2　2005年淀粉生产重点纳污水体监视性监测数据统计表

测点名称	pH	溶解氧/(mg·L^{-1})	CODMn/(mg·L^{-1})	CODCr/(mg·L^{-1})	BOD/(mg·L^{-1})	监测具体位置
范新庄水库	8.07	1.7	—	138.3	54.0	马家河源头
小河川桥	8.06	3.7	15.7	—	5.0	石嵝库坝头
石头嵝岘水库	8.07	3.7	5.6	—	1.1	茹河支流小河
青石	8.03	7.5	1.5	—	0.8	茹河干流入境
乃河水为	8.03	5.9	5.0	—	2.4	茹河干流上游
店洼水库	7.70	2.7	—	182.0	63.0	茹河中游
庙嘴水库	8.03	5.9	9.7	—	5.4	红河中游

注:监测单位为固原市环境监测站。

制区。2000年,县建设局委托固原地区环境监测站对县城空气环境质量进行监测,空气环境质量达到国家《环境空气质量标准》二类区标准,主要污染物是二氧化硫、总悬浮颗粒物、氮氧化物,受气象因素影响,每年冬春两季,出现扬尘天气较多。县城在采暖期,因煤烟污染,局部空气环境质量下降。2008年,县人民政府以《彭阳县人民政府办公室关于转发〈彭阳县烟尘控制区划分管理办法〉》的通知对烟尘控制区进行调整,将兴彭大道以东的新建成区和工业园区增加为烟尘控制区,县城烟尘控制区面积达到2.7平方千米。全年发生大气污染投诉案件6起。

环境噪声监测。1999年固原地区环境监测站首次对县城区域范围的环境噪声进行监测。将县城建成区1.2平方千米地划分为一个噪声功能区。具体范围为:Ⅰ类标准区,郑河路以东到商业街以西,西山巷、民生巷以东到南关路以西的县城规划区,雷河滩小区;Ⅱ类标准区,西门开发区,商业街以东到西山巷、民生巷以西县城规划区;Ⅲ类标准区,南门工业区;Ⅳ类标准,兴彭路、农民街、南环路、康复路、滨河路及道路两侧区域。2000年固原地区环境监测站在县城选择11个测点对城区进行环境噪声监测,全部达到功能区标准。2008年,办理噪声污染案件9起(表3)。

表3　1999年、2000年县城声环境质量监测统计表

单位：dB(A)

测点名称	区域类别	环境标准	1999年				2000年			
			Leq	L10	L50	L90	Leq	L10	L50	L90
信用联杜	Ⅱ	60	59.4	61.5	46.5	52.5	58.0	60.0	51.5	47.0
税务局	Ⅱ	60	49.3	52.0	46.5	45.0	58.0	60.0	52.5	48.5
农机公司	Ⅲ	65	55.0	58.5	47.5	42.5	56.5	58.5	55.0	54.5
运输公司	Ⅱ	60	58.2	63.0	55.0	45.0	60.5	68.5	54.0	41.0
体育场	Ⅱ	60	48.4	52.0	44.0	40.5	54.6	56.5	48.5	44.5
彭阳二小	Ⅰ	55	56.9	60.0	54.0	50.5	56.5	59.0	54.5	50.0
检察院	Ⅰ	55	51.4	53.5	47.0	44.0	55.2	59.0	51.5	49.0
政府招待所	Ⅰ	55	59.8	63.5	56.0	51.5	54.5	55.5	54.5	54.0
百货公司	Ⅱ	60	49.3	53.0	48.0	41.0	54.7	58.0	48.5	44.0
公路段门前	Ⅳ	70	69.3	72.3	65.4	59.3	68.4	73.6	70.2	65.4
雷河滩	Ⅰ	55	52.3	58.7	49.8	45.0	52.3	56.0	49.8	45.0
平均值	—	—	55.4	58.9	51.7	46.9	57.2	60.4	53.7	49.3

注：监测单位为固原市环境监测站。

（摘自《彭阳县志》，有删改）

环境治理

彭阳县境内水污染治理工作起步较晚，各建制乡镇均无生活污水处理厂。2005—2009年，开展了淀粉企业废水综合利用，对马旺堡、海家湾、店洼和雅石沟4个水源地进行了保护。2009年年底，全县共建有工业污水处理设施7台(套)，水循环利用设施5套，各工业污水处理设施能够保持正常运转，年可处理污水15万吨，工业污水处理率为42.6%，工业用水重复利用率为18.3%。乡村累计建设“三位一体”沼气池1万座，可处理约5万人、3.6万头大家畜产生的生活污水。

1996年以前，境内大气污染防治设施主要为各工业锅炉配套安装的旋风除尘器。1996—2005年宁夏宁阳硫酸厂投资300万元安装了第一台电除尘器，县供热公司对原有旋风除尘器予以淘汰，转而安装多管除尘器，除尘效率提高10%；县磷肥厂投资10万元，改建磷肥生产废气回收处理系统，对HF气体进行处理。2006年，县城第二供热站建设过程中，废气治理设施采用花岗岩水浴冲激式脱硫除尘器，除尘效率最高达到95%～98%，脱硫效率50%～80%，是县内第一套具有脱硫能力的大气污染物治理设施。至2009年，全县共有各类废气治理设施21台(套)，年消烟除尘50吨。

1996年，县城南环路建成，部分过境卡车、农用车等噪声大的车辆由兴彭路改道南环路行驶。1999年，县人民政府对县城实行噪声功能分区管理。2001年，滨河路(北环路)建成，并成为县城交通主干道，沿南环路分布的职业中学、二中县医院等敏感目标受交通噪声影响的程度有效降低。2003—2006年环保专项行动中对建筑施工全面开展排污申报，禁止夜间施工，在每年的5月至7月中考、高考期间，安排专门工作人员巡查。2005年关闭西门农民街噪声影响大的两处磨坊。2008年，县人民政府将噪声管理机构由彭阳县环境保护办公室调整为彭阳县建设与环境保护局，并将县城噪声功能区重新划分，I类标准区增加兴彭大道以东、郑河路以西（三产园区除外）的新建成区，Ⅱ类标准区增加三产园区，噪声功能区总面积达到2.7平方千米。

1993—2003年，建立了县环卫队，编制25人，购置垃圾清运清扫车3辆，沿街人行道，由各单位和居民住户实行“门前三包”，即包卫生、包秩序、包绿化，并签订“三包”责任书，县环卫监察队负责督促实施。新增建、改建公共厕所13处，面积720平方米，其中水冲式厕所5处，面积480平方米；新增建垃圾集中箱43处，安装果皮箱60个，县城环境卫生脏、乱、差现象得到有效遏制。2008—2009年，进行了大规模环境卫生专项整治行动，集中对公路沿线、县城、乡镇政府所在地和城乡接合部环境卫生进行“拉网式”整治。共出动28.9万人次（其中城区6.72万人次），各种机械1996台次（其中城区568台次），整治公路44条459.7千米（其中城区整治4条120千米），清除垃圾4199吨。全县共清理卫生死角345处，清理垃圾68867吨，移动土方37817立方米。

（摘自《彭阳扶贫志》）

城乡公共环境整治

2008年彭阳县实施城乡公共环境整治工作。整改内容主要有:对村庄环境卫生进行整治,对村庄废弃农宅、闲置房屋与建设用地进行清理,改造主要道路两侧乱搭乱建、乱堆乱放现象。

对村庄坑、沟、渠进行整治、疏浚,既合理利用,确保使用功能,又达到环境优美,无垃圾杂物等漂浮物。

公共服务。保留一定规模的公共活动场所,方便群众集会、健身、休闲、文化科普宣传。建立村庄环境卫生长效管理机制,制定村庄环境卫生管理制度,组建农村保洁管理队伍,确保村庄保洁制度化、常态化,做到乡风淳朴、文明礼貌、诚实守信、遵纪守法、社会和谐。

城镇环境整治。彭阳县以整治环境卫生为重点,按照"四净"(路面净、边角净、人行道净、树坑净)、"四无"(无垃圾堆放、无果皮纸屑、无砖头瓦片、无积水)的要求,从2008年3月8日开始,全县干部职工、学生、群众一起上,集中对公路沿线、县城、乡镇政府所在地和城乡接合部环境卫生进行"拉网式"整治。共出动28.9万人次(其中城区6.72万人次),各种机械1996台次(其中城区568台次),整治公路44条459.7千米(其中城区整治4条120千米),清除垃圾4199吨;全县共清理卫生死角345处,清理垃圾68867吨,移动土方37817立方米,其中城区对背街小巷多年沉积的149处卫生死角,全部进行了清理,共清理垃圾35431吨,移动土方31000多立方米,彻底解决了茹河生态园旅游景点、茹河河道、雷河滩及出城口乱倒及乱卸问题。

街道干净了,路面宽了,树多了,草绿了。河道里、巷道内的垃圾、杂物清理干净了，环境卫生也改善了，脚下的路干净了。

以整治门头牌匾、户外广告和门店门面为重点，街道建筑外观有了改变。去年以来，通过逐户调查摸底，对城乡主要街路两侧的不规范门头牌匾、户外广告和门店门面进行了整治。统一形式、统一规格、统一标准，限期整改，按时完成，让商户自主选择美观且具有独特风格的形象牌匾，突出“淡、雅、靓”的主题，材质和色调与周围环境协调，并兼顾了亮化效果。同时，以最快速度审批各种手续，不拖延时间，不为难商户，为经营户提供周到的服务。

自开展城乡环境综合整治工作以来，经过深入宣传和强力推进，全县共清理乱贴乱画“牛皮癣”广告43800处，其中城区清理19150多处；全县清理规范各类门头牌匾、门店门窗和户外广告2284家，其中城区1418家；更换门窗789家，其中城区586家。规范纠正城区临时宣传秩序72起，清理广告牌38处38块。

整治占道经营、乱堆乱放、乱停乱调头。以往一到夏天，临街业户和流动商贩的乱堆乱放、占道经营等影响交通的现象比较严重。为根治这一顽疾，城管、工商、国土、公安、卫生联合执法队加大对露天市场的管理力度，重点规范了乱掉头、占道经营、店外

干净整洁的村容村貌——白阳镇白岔村

2003年10月拍摄 / 摄影　沈继刚

清澈宽阔的茹河景观水道
2022年9月拍摄 / 摄影 沈继刚

堆放物和经营秩序混乱等问题。共查处乱调头、乱停车等行为6476人次，其中城区4786人次；清理整顿沿路经营、占道经营摊点5453处，处罚2815人次，其中整顿城区沿路经营、占道经营摊点4084处，处罚2235人次；划定集中停车泊位432个，其中城区停车泊位262个，停车场12处。对彭阳县城区27条公路主干道和彭青公路35千米交通标线重新施划，解决了占道致使交通梗阻问题。

同时，还专项治理露天烧烤和店外餐饮。执法队成立以来，坚持依法行政，共下达各种限期整改通告单2300多份，依法取缔了30多户店外烧烤，收缴烧烤用具80多件，清理店外餐饮20多处，遏制了露天烧烤和店外餐饮的蔓延之势。

整治乱搭乱建。整治前，城区、城乡接合部、公路沿线、乡(镇)政府所在地，乱搭乱建现象严重，有的占压道路红线，有的占压公共设施用地，有的占压建筑红线，不经批准，随意乱建，见缝插针，影响规划，影响市容，影响交通。自开展城乡环境综合整治工作以来，依法加强对县城、城镇规划区内建设行为的监管，对违法乱建、偷建、抢建，影响规划、市容和交通的建筑一律强制拆除。共拆除各类违章建筑、影响市容市貌的建筑5770处面积53793.5平方米，围墙39413米，改造围墙2878米，新建围墙9415米，改造危窑危房1520户面积19160平方米，其中城区拆除建筑448处面积18530平方米、围墙3240米，拆除临时洗车点42家、销煤点107家、废品收购点38家，清理登记水泥制品厂38家。随着整治的进一步深入，城区街路门面正变得整齐亮丽，城市环境整洁有序。

以“三清”“三立”“一搬”“一绿化”为重点，拆墙透绿、见缝插绿。紧紧围绕“生产发展、生活宽裕、乡风文明、村容整洁、管理民主”目标，组织群众积极开展“三清”“三立”“一搬”“一绿化”，即清理门前、路旁的柴堆、粪堆、土堆；拆除破土坯房、土围墙、土窑洞，鼓励群众建新房，土墙换砖墙，青瓦换红瓦；把门前临街、临路的厕所搬到后院等僻人的地方；对院落四旁整修绿化，栽植常青树、经果树、花卉蔬菜。

对公路沿线红线之内49户农户实行拆除搬迁，红线之外1520户农户进行改造，绿化美化新农村，改善城乡居民的居住环境。

通过整治，过去柴草乱堆、杂物乱放、垃圾乱倒的公路沿线和乡村街道变得干干净净、井井有条，街道两旁新植了一棵棵绿树；石头瓦碴纵横、坑坑洼洼的裸露垃圾场平整填埋后，分区栽植了落叶乔木、常绿针叶树和五彩花灌木，一处处因势造景、高低错落、点线结合、多树种搭配、多层次混交的村庄绿化精品呈现在人们面前。街道净了，环境美了，村庄绿了，村民乐了。

以穿衣戴帽、美化亮化为重点，改善人居环境。按照“谁所有、谁负责，谁主管、谁负责”的原则，明确责任，落实责任人，对沿街70栋办公楼、30栋商业楼、35栋住宅楼、6所学校、3所幼儿园的立面物进行清洗粉刷，并对20栋办公楼和5个宾馆、饭店、商业门面安装了霓虹灯进行亮化，在确保资金投入的同时，保质保量做好整治工作。全县清洗房屋墙体立面78470平方米，粉刷房屋墙体立面61374平方米，使街道两侧主要建筑物外立面干净整洁、色调协调。

把打造优美、舒适、和谐的人居环境作为一项民心工程来抓，与全县重点工作紧密结合，相互衔接，共同实施。结合新农村建设、环境优美乡镇创建，全面实施“813”生态提升工程，投资240万元，打造草庙乡新洼村、白阳镇陡坡村等89个生态村庄和1700个生态户，绿化机关单位、学校、村部等场所179处，绿化道路28条115.6千米，栽植国槐、白腊等阔叶大苗6.7万株，云杉、油松等针叶大苗5万株，杏、桃、李等各种经济林苗木20.8万株，新造林7万亩，结合新农村建设规划并开工新建农村居民点45个。对任山河古战场遗址、烈士陵园、毛泽东长征宿营地、栖凤山森林公园和茹河生态园等旅游景区进行了绿化、美化。在县城，建成道路33条20千米，道路铺装率达95%，人均11.27平方米，形成“三纵五横”道路主框架；铺设排水管道37千米，排水管道密度为13.7千米/平方千米，实现雨污分流排放；建有集中供热站2座，集中供热面积达到44.2万平方米，供热普及率达70%；建有自来水供水厂2座，日供水能力达1.4万立方米，供

干净整洁的草庙街道 2021年10月拍摄 / 摄影 张彦俊

水管道长47千米，县城供水普及率达到100%，水质合格率达到100%；修建公厕23座（其中水厕15座），每万人拥有公厕8.36座；有垃圾点52个，新建垃圾无害化处理场1座，日处理垃圾60吨；日处理污水能力1万吨；在县城主街安装果皮箱200个，安装路灯868盏（其中街道616盏、茹河生态园252盏），道路装灯率达100%，亮灯率达99%；建有储气站1处，储气能力70立方米，燃气普及率达70%。按照《公园设计规范》要求，先后投资900多万元，维修改造了县城怡园广场、东门花园、政府街小游园等休闲娱乐场所，栖凤山半月桥、凝翠阁、颐年亭等园林建筑和仿古大青砖防洪渠堤，配置了石桌、休息椅、景观灯和动物塑像。投资1500多万元建成茹河生态园，绿化河道38公顷，栽植各种绿化树木10万多株，种植草坪16公顷，镶嵌九洲广场、园林小品和钓鱼池等景点。加强施工现场日常管理，开现场会整治42次，规范81处，责令9家施工企业清理建筑垃圾、5家企业增设围栏、4家企业停业整顿。

彭阳茹河生态园区的治理美化，实现了人与自然的和谐相处，城市发展与生态建设的协调发展，起到了改善人居环境、净化空气、防风固沙、增加空气湿度、调节城市呼吸功能等多重作用，为彭阳市民打造了一个休闲、娱乐、健身的好去处。

彭阳县城乡环境综合整治工作取得了一定成绩，中央、区、市有关领导高度赞扬，在群众调查问卷的10项问题中，对全县环境综合整治效果、背街小巷整治效果、市场环境卫生等5项，群众满意率达到100%。彭阳县正以城乡环境综合整治为契机，以创建国家园林县城、文明县城为目标，以整治“脏、乱、差”为根本，以“四化八无四规范”(“四化”，即净化、美化、绿化、亮化；“八无”，即无乱搭乱建、无违章经营、无占道经营、无沿街堆放、无乱写乱画乱贴、无暴露垃圾、无卫生死角、无乱修乱放；“四规范”即规范市场管理，规范“门前三包”、规范门户牌匾和户外广告，规范道路交通秩序)为标准，将举全县之力，全力打好城乡环境综合整治攻坚战。

(摘自《彭阳扶贫志》，有删改)

“五土”共改

2019年全域实施的“五土”共改改善农村人居环境是彭阳县委、县政府围绕实施乡村振兴战略、推进农村人居环境整治行动而做出的一项重大决策。针对农村普遍存在的迁新不拆旧、建新仍住旧现象和存在废弃窑洞、危旧房屋、废旧圈棚残垣断壁的实际，重点实施易地移民搬迁户原宅基复垦、农村危旧房(窑)拆除、村组土路硬化砂化改造、城乡主干道环境集中整治“四大工程”。在充分调研的基础上，县委、县政府决定在全县实施“五土”共改工程。计划用两年时间对全县不具备居住条件、无法正常使用、

移民搬迁后遗留的窑洞　2019年6月拍摄　/ 摄影　沈继刚

孟塬乡玉塬新村面貌焕然一新 2020年5月拍摄 / 摄影 沈继刚

影响村容村貌或存在安全隐患的征迁未拆户、土房、土棚、土墙、破旧大门和土窑进行拆除、封堵和改造，从根本上改善农村人居环境，提升村容村貌，对全县2207.78千米土路进行硬化、沙化。

县委成立了专门的工作领导小组和办公室，在广泛深入调研的基础上，制定了《全域实施“五土”共改改善农村人居环境实施方案》，明确了“1114”的总体要求，即突出“清洁村庄、整治村庄，助力乡村振兴”这个主题，围绕改善农村居民生产生活条件，实现“生态宜居”这个目标，以消除农村“五土”问题为核心，实施易地移民搬迁户原宅复垦、农村危旧房（窑）拆除、村庄道路硬化改造、主干道环境秩序整治“四大工程”，按照“一村一清单、一乡一方案、一线一目标”制定工作计划，确定实施对象和内容。

坚持尽力而为、量力而行，尊重群众意愿，不搞大包大揽，不搞一刀切。旧房屋按照每平方米20元、土院墙按照每米10元、土圈棚按照每平方米15元、危旧大门按照每座500元，进行补助。

无窑肩废弃窑洞砖砌封堵按1000元/孔进行补贴，对农户拆除后新建的砖围墙，按照150元/米进行补贴，新建大门按照800元/座补贴；对自愿放弃“一户一宅”权力、复垦后不再申请建设宅基的，按照1万元/宅标准给予补贴。全县“五土”共改资金7833.11万元。

按照先易后难、先点后面，将乡镇驻地和县、乡、村主干道可视范围“五土”拆除改造以及“十三五”易地移民搬迁户原宅复垦、多年已征迁未拆户拆除作为实施的区域和内容，2020年全面消除农村“五土”。通过建立到户责任清单，实行“一户一档”规范管理，挂图作战，销号推进。

将县城经草庙、王洼至罗洼乡罗洼村，新集乡新集村至红河镇常沟村（含县城至任湾、黄湾梁和红河梁），县城至城阳乡沟圈村（含茹河瀑布途经长城村至白阳镇陡坡村）、彭青高速（含彭青公路）“四条主线路”环境秩序整治工作列入，主干道环境集中整治示范工程，投入资金2233.75万元。坚持生态效益与生产效益相结合、主导产业培育和乡村旅游发展相结合，突出“拆除、修复、补植”三个重点，实行项目化管理。

将“五土”共改与厕所改造、村庄清洁行动相结合，从倡导文明新风、培养群众生态环境保护意识入手，落实门前“三包”责任制。以农村人居环境整体提升和“五清”为抓手，积极推行农村环卫保洁市场化服务模式，持续开展环境卫生整治，定期清理农村生活垃圾，清理村内沟渠、畜禽养殖污染等农业生产废弃物，培育不同标准的示范村，以典型引导示范带动，改善影响农村人居环境的不良习惯，实现了村庄环境干净、整洁、有序，村容村貌明显提升。

自2019年4月19日启动实施以来，全县累计封堵土窑8850孔，拆除危旧房35.7万平方米、废旧圈棚39.9万平方米、残垣断壁31.5万平方米、破旧大门2482座，实现农村存量“五土”基本“清零”，极大地消除了“视觉上的贫困”，村容村貌得到有效提升，农村人居环境极大改善。

以“四条主线路”环境整治为重点，在重点路口、重要节点栽植绿化苗木5.6万多棵，栽植花草8公顷。对村庄进行的综合性、全面性治理，体现农村特色、乡土味道、乡村风貌。按照“循序渐进、由点及面、整体提升”的思路，发挥美丽乡村中心村示范引领作用，引导各乡镇连点成线、串线成片，推动实现环境整治全面开花，实现由“盆景”到“风景”的转变。实施农村危旧房（窑）改造工程，对不具备居住条件、无法正常使用或存在安全隐患的土房、土窑、土墙、土棚全部予以拆除，新建院墙17.3米、大门1505座，土路硬砂化270.39千米，完成“十三五”易地移民搬迁原宅基复垦1084户，拆除多年已征迁未拆户181户。

（摘自《彭阳县扶贫志》，有删改）

土壤污染物防治监管

全面贯彻党的十八大以来中央生态文明建设和绿色发展系列部署要求，制定《彭阳县土壤污染防治工作实施方案》，牢固树立创新、协调、绿色、开放、共享的新发展理念，着眼全市经济社会发展全局，以改善土壤环境质量为核心，以保障农产品质量安全和人居环境安全为出发点，坚持预防为主、保护优先、风险管控原则，突出重点区域、行业和污染物，实施分类别、分用途、分阶段治理，严控新增污染，形成政府主导、企业担责、公众参与、社会监督的土壤污染防治体系，提供土壤环境安全保障。

彭阳县将土壤污染防治重点任务细化分解到各有关单位，其主要任务为以下内容。

制定全市土壤污染状况详查总体方案。

查明农用地土壤的面积、分布及其对农产品质量的影响。

掌握重点行业企业用地中的污染地块分布及其环境风险情况；完成土壤环境质量国控监测点位设置。

在重金属防治重点区域，布设省控监测点位。

建立全县土壤环境基础数据库，构建省、市、县三级土壤环境信息化管理平台。

按污染程度将农用地划为三个类型，有序推进耕地土壤环境质量类别划定，逐步建立分类清单。

将符合条件的优先保护类耕地划为永久基本农田，实行严格保护，确保其面积不减少、土壤环境质量不下降，除法律规定的重点建设项目选址确实无法避让外，其他任何项目不得占用。

加强对农村土地流转受让方履行土壤保护责任的监管。

严格控制在优先保护类耕地集中区域新建有色金属冶炼、石油加工、化工、羽化、电镀、制革等行业企业。

现有相关行业企业要采用新技术、新工艺，加快提标升级改造步伐。

对严重影响优先区域土壤环境质量的工矿企业，予以限期治理；对达不到治理要求的，由县级以上人民政府依法责令停业或关闭，并责令其对造成的土壤污染进行治理。

对安全利用类集中的耕地要结合当地主要作物品种和种植习惯制定实际污染耕地安全利用方案，采取农艺调控、替代种植等措施，降低农产品超标风险，强化农产品质量检测。

对严格管控类耕地，要制定环境风险管控方案和措施，规定特定农产品禁止生产区域，严禁种植食用农产品；研究实施重度污染耕地种植结构调整或退耕还林还草计划。

严格控制林地、草地、园地的农药应用量，完善生物农药、引诱剂管理制度，加大使用推广力度。

优先将重度污染的牧草地集中区域纳入禁牧休牧实施范围。

加强对重度污染林地、园地产出食用农（林）产品质量检测，发现超标的，采取种植结构调整等措施。

对拟收回土地使用权的有色金属冶炼、石油加工、化工、焦化、电镀、制革等行业企业用地，以及用途拟变更为居住和商业、学校、医疗、养老机构等公共设施的上述企业用地，由土地使用权人依据《建设用地土壤环境调查评估技术规定》，负责开展土壤环境状况调查评估；已经收回的，由所在地市、县（区）级人民政府负责开展调查评估。

逐步建立污染地块名录及其开发利用的负面清单，合理确定土地用途，符合相应规划用地土壤环境质量要求的地块，可进入用地程序。

暂不开发利用或现阶段不具备治理修复条件的污染地块，县（区）人民政府组织规定管理区域，设立标识，发布公告，开展土壤、地表水、地下水、空气环境监测；发现污染扩散的，有关责任主体要及时采取污染隔离、阻断等环境风险管控措施。

城乡规划部门结合土壤环境质量状况，加强城乡规划论证和审批管理。

国土资源部门依据土地利用总体规划、城乡规划和地块土壤环境质量状况，加强土地征收、收回、收购以及转让、改变用途等环节的监督。

环境保护部门加强对建设用地土壤环境状况调查、风险评估等监督管理。

建立城乡规划、国土资源、环境保护等部门间的信息沟通机制，实行联动监督。

在编制土地利用总体规划、城市总体规划、控制性详细规划等相关规划时，必须充分考虑污染地块的环境风险，土地开发利用建设用地必须符合土壤环境质量要求，合理确定土地用途。

依法严查向河滩、盐碱地、沼泽地非法排泄、倾倒有毒有害物质的违法行为。

加强对矿山、油田等矿产资源开采活动影响区域内未利用地的环境监管，发现土壤污染问题的，及时督促有关企业采取防治措施；排放重点污染物的建设项目，在开展环境影响评价时，增加对土壤环境影响的评价内容，并检测特征污染物的土壤环境质量本底值，提出防治。

排放重点污染物的建设项目，在开展环境影响评价时，增加对土壤环境影响的评价内容，并检测特征污染物的土地环境质量本底值，提出防范土壤污染的具体措施。

需要建设的土壤污染的防治设施，与主体工程同时设计、同时施工、同时投产使用，环境保护部门要做好有关措施落实情况的监督管理工作。

自2017年起，县人民政府与重点行业企业签订土壤污染防治责任书，明确相关措施和责任，责任书向社会公开。

严格执行相关行业企业布局选址要求，禁止在水源地保护区、居民区、学校、医疗和养老机构等周边地区新建有色金属冶炼、焦化等行业企业。

结合推进新型城镇化、产业结构调整和化解过剩产能等，有序搬迁或依法关闭对土壤造成严重污染的现有企业。

结合区域功能定位和土壤污染防治需要，科学布局生活垃圾处理、危险废物处置、废旧资源再生利用等设施和场所，合理确定畜禽养殖布局和规模。

全县根据工矿企业分布和污染排放情况，确定土壤环境重点监管企业名单，实行动态更新，并向社会公布。

自2018年起，列入名单的企业每年自行对其用地进行土壤环境监测，结果向社会公开。

定期对重点监管企业和工业园区周边开展监测，监测结果作为环境执法和风险预警的重要依据。

强化工业危险废物申报登记规范化管理工作，建设全市工业危险废物重点源在线视频监控系统。

严格执行重金属污染物排放标准并落实相关总量控制指标，依法责令停业、关闭整改后仍不达标的企业。

落实国家重金属相关行业准入条件，推广涉重金属重点工业行业清洁生产技术推行方案，鼓励企业采用先进适用生产工艺和技术。

禁止建设产业政策明令限制、淘汰类项目及产能过剩新增产能项目。

（选自《彭阳县扶贫志》）

打造魅力山城

2016年来，彭阳县深入学习贯彻习近平生态文明思想，把生态县城建设作为守好改善生态环境生命线的具体行动，立足“生态、旅游、休闲”城市发展定位，突出“秦汉古邑、生态彭阳”品牌，科学规划，奋力开拓，精心描绘，着力打造“宜居宜业宜游”魅力山城。截至目前，全县常住人口20万人，城镇常住人口6.8万人，城镇化率36%（预计）；县城规划用地面积、建成区面积分别达到11.92平方千米和8.38平方千米；城市公园绿地面积168.22公顷。

做足“以绿荫城”文章。坚持改造与建设并举、绿化与美化结合、增绿与造景统一，围绕“三山两线两院一地一部”（栖凤山、悦龙山、卧虎山，茹河两岸沿线、城市路网沿线，小区大院、单位庭院，城区闲置地块、城乡接合部），大规模推进国土绿化，精细化开展城区绿化，城市生态系统初步构成。

做足“以水润城”文章。坚持防洪治污与造景相统一、自然生态与人文景观相融合，突出水污染治理、水生态修复、水资源保护、水安全保障，精心打造茹河生态园风景区，建成沿河体育公园2个、景观节点5个，绿化长廊59千米，形成了“山、河、林、水”映衬环绕的独特水利景观。

做足“以景美城”文章。坚持“山、水、景、园”相衬托，“点、线、面、环”相衔接，按照“一街一景观、一园一主题”布局，扎实推进“花园城市”建设，建成栖凤山森林公园、民俗广场3个、文化公园16个、街头小游园51个，人居环境大幅改善。

做足“以氧育城”文章。坚持山水与城市相依相融、建筑与环境和谐共生，统筹老城改造与新区建设，突出“疏密有度、错落有致、显山露水、通风透气”，持续完善城市功能、畅通城市风道。“十三五”以来，累计实施商业开发、市政基础、社会事业项目156个，形成了以茹河生态园为主的娱乐圈；以雷河滩体育公园、悦龙山全民健身中心为主的健身圈；以博物馆、宋城公园为主的人文圈，以明皇购物中心、财富广场为主的商业圈；以工业园区、电商中心为主的就业圈，民生福祉大幅提升。

（原载于《宁夏农林科技》）

生态科技成果

彭阳县委、县政府把提高城乡居民收入作为全县工作的中心，提出适合经济和科技结合发展的工作思路，把发展特色产业作为增加农民收入的主要抓手，把科技工作作为特色产业发展的主要支撑，结合全县生态移民和区域性小气候特点，开展以山杏嫁接改良为主的后续产业培育。采取流域生态经济、庭院经济、设施栽培和嫁接改良提升“四种模式”。每年新建经果林和低产山杏嫁接改良均达到0.2万公顷，全县累计以杏子为主的经果林达到3.3万公顷。加大经济林管护力度，积极推广果树修剪、病虫害防治、山杏高接改良新技术，组建了50个专业科技服务队，完成经果林抚育管护近1.3万公顷，确保了经果林建设质量。

黄土丘陵区农业可持续发展的必由之路

魏冠东　郭富国　高志涛

彭阳县是1983年由固原分设的新建县，也是一个以农业经济为主的国定贫困县。全县辖20个乡镇167个行政村，总人口24.8万。总土地面积2532.3平方千米，其中耕地面积8.8万平方千米，人口密度每平方千米98人。建县15年来，彭阳历届各级领导班子坚持改善生产条件，增加植被覆盖，治理水土流失，夯实农业基础，建设生态农业，为同类地区农业和农村经济发展提供了可借鉴的经验和方法，展示了一条可持续发展之路。

1 现状与问题

1.1农业基础脆弱

全县6.968万公顷的川台地和近7.8万公顷的残源地，主要分布在红、茹河河谷地带，不足2000公顷的水浇地，由于水利设施年久失修，不能充分发挥效益。全县森林覆盖率不足3%。863.5公顷草地实为轮垦地或撂荒地。占总播种面积70%以上的夏粮用地，在秋雨季节地面裸露，加之乱垦滥牧，植被稀少，农业生态失调，水土流失严重，土壤侵蚀模数高达每平方千米7500吨。

1.2经济结构单一

全县以农业为主、以种植业为主、以冬小麦为主的"一头沉"经济畸形发展。在国内生产总值中，第一产业占75.6%；在社会总产值中，农业占76.6%；在工农业总产值中，农业占95.24%；在农业总产值中，种植业占70.9%；在国民收入中，农业收入占85.3%。

1.3教育科技滞后

全县445所小学，20所普通中学，3所完全中学，学龄儿童入学率73%，在校学生巩固率85%，普及率41%，高中入学率不足10%。根据第三次人口普查资料，1982年全县拥有大专以上文化程度104人，中专及高中生3908人。每万人中农业技术人员不到2人。文盲半文盲6.75万人，占总人口的37.5%。

1.4群众生活困难

“四料”（燃料、饲料、肥料、木料）俱缺。1983年农民人均粮食226千克、纯收入55元；城乡人均储蓄存款余额2.58元。占全县总土地面积57.2%、占总人口65%的北部黄土丘陵区人畜饮水困难，大部分农户不能稳定解决温饱。

2 进展与成果

2.1农业生态环境明显改善

“山顶沙棘、柠条、山桃戴帽，山坡、地埂‘两杏’缠绕，庭院四旁布满苹果、梨、桃和花椒，杨、柳、椿、槐下滩进沟上路道，河谷川台农田林网，土石质山区封造结合，针阔混交。”1997年同1983年相比，全县林草覆盖面积由34.2%提高到47.2%，森林覆盖率由3%提高到12.98%，小流域综合治理面积增加到146.7平方千米，水土流失治理面积由12.3%提高到36.4%。

2.2农村产业结构趋向合理

“九五”前三年同建县初期的三年相比，农业总产值中，林牧副业产值由10.3%上升到40.2%，农村社会总产值中非农产值比重由1.4%上升到19.3%。全县初步形成以粮食生产为基础、林牧业为主体、副业为补充、多种经营并举的格局，农业持续发展的后劲不断加强。

治理白阳镇大草洼流域　2004年4月拍摄 / 摄影　林生库

2.3农民收入水平显著提高

1997年全县农民人均产粮401千克，人均纯收入827元，列全区第13位，山区8县第一位，按可比价，较1983年增长9倍。而且收入构成发生质的变化，由以农业为主向农、林、牧、商饮服务、建材、运输、劳务输出多元化发展。

2.4农村经济开始步入良性循环

全县新增旱作基本农田面积41.6公顷,新增灌溉面积4.472公顷,抗御自然灾害的能力不断增强,靠天吃饭的被动局面开始扭转。以“两杏一果”为特色的林果业和以养牛、羊、猪为重点的畜牧业效益明显,成为农民收入的支柱产业。菌草产业、药材种植起步良好,可望成为农村经济新的增长点。劳务输出和回乡知识青年逐年增加,农业产业队伍的科技文化素质普遍提高,为农村经济发展注入新的活力。

3 做法与经验

彭阳县的生态农业建设以“改土治水,绿化荒山”为突破口,以实现“两个稳定”(稳定发展粮油生产、稳定增加农民收入)为目标,按照经济、生态、社会三大效益相统一的要求,在实践中不断探索和总结出了一套具有本地区特色的做法与经验,概括为一个规划布局,三项工程奠基,两大产业突破,三种模式引路,五个体系保障。

3.1一个规划布局

以生态经济学原理为指导,根据气候、土壤、植被及开发利用方向的不同,将全县

白岔村机推地改造工程　2020年4月拍摄 / 摄影　沈继刚

划分三个自然生态区。

（1）北部黄土丘陵区。以增加林草覆盖，治理水土流失为重点。以流域为单元，实行山水田林路综合治理。主要发展水土保持薪炭林、生态经济林和实施坡改梯工程。

（2）中部红、茹河河谷残塬区。以发展“两高一优”农业为重点。加快农田水利建设进度，增加有效灌溉面积，增强抗旱能力。建设粮食、油料、烟叶、药材、果品生产基地，使这一区域逐步成为全县农业经济的核心地带。

（3）西南部土石质山区。以封山育林，种草养畜为重点。建设速生用材林基地和以肉牛为主的草食性畜牧业基地。发展以蕨菜采集加工为主的工副业，以副补农。

3.2三项工程奠基

（1）温饱工程。彭阳县在粮食生产中的做法归纳为“一增两改三调整”。一增，即增加无机肥料投入，以无机换有机，提高单位面积生物产量。两改，即改革施肥制度，由以种肥为主向基肥、种肥、追肥三次施肥过渡；改革种植制度，由单作重茬向科学轮作过渡。三调整，即调整夏秋比、粮豆比、粮草比；压夏增秋、压麦增豆、压粮增经，特别是把增加地膜玉米、垄作洋芋等大秋高产作物的种植面积作为调整种植业结构的突破口。“九五”前三年与建县初相比，夏、秋作物种植比例由7:3调为6:4，粮、草种植比例由9:1调为5:1，豆科作物占夏粮的比例由11.4%上升到19.8%，油料、烤烟、药材等经济作物占农作物总播种面积的比例由9.4%上升到11.5%。间作套种、立体复合种植在川源区悄然兴起，“双千田”“吨粮田”，成为农村经济上新台阶的重要举措。由于种植业结构的优化调整，加之施肥制度、种植制度的改革，做到用地与养地结合。粮食单产由每公顷765千克提高到936千克。

（2）绿化工程。彭阳县在林业建设中，突出抓了西南部土石质山区挂马沟针叶林基地，红、茹河川塬区的经果林带、农田林网和北部黄土丘陵区的“两杏”基地建设。截至1997年，全县累计林木保存面积5.06万平方千米，四旁植树938万株。其基本做法：一是坚持技术承包，工程营造，目标管理，做到层层有任务，人人有担子，工作有目标，考核有奖惩；二是春季整地，晚秋造林，经过夏秋蓄水，解决了由于干旱造成死苗、“抽干”和成活率低的问题；三是在工作方法上，推行“五统一，三集中，两落实”，即统一规划测设、统一提供种苗、统一技术标准、统一组织施工、统一检查验收，以乡镇为单位集中劳力、集中时间、集中会战，做到苗木早落实，地块早落实；四是注重效益，培养典型，抓点带面,全县涌现出了诸如白岔、韩寺、老庄、黑窑滩、鹰鸽嘴等一大批科技示范村(组)和数百个依靠林果脱贫致富的科技示范户,发挥了辐射带动作用。特别是"88542"标准整地工程的全面推行和具体工程同小流域综合治理结合、同基本农田建设结合、同扶贫开发结合,使林业建设向基地化、规模化、产业化、快进度、高效益迈进了一步。

(3)改土治水工程。一是在旱农用地的保护与培肥上突出"三改":坡改梯,瘠改(培)肥,旱改水。二是坚持"88542"标准,整修林业用地发展径流林业。"88542",即沿等高线开挖宽、深各80厘米的水平沟,在沟的下缘培成高50厘米、顶宽40厘米的拦水埂,在沟的上缘地表挖土填沟至田面宽达到2米。三是在干旱缺水地区打井打窖,截流蓄水,开发窖灌农业。以56个贫困村为主区,全县打井打窖累计达到2.6万眼,开发补灌面积20.8公顷。

3.3 两大产业突破

(1)"两杏一果"产业。"两杏",即山杏和仁用杏;"一果",即以苹果、梨为主的经果林。全县除有条件的村承包绿化荒山、兴办经济实体外,按照北部地区户均0.33公顷经济林,两河流域因地制宜规模发展苹果、梨、桃、花椒、核桃、红枣等名、特、优、新果品生产基地的规划要求,全县经济林面积发展到1.68万公顷,其中经果林0.3万公顷。

(2)畜牧产业。以交岔、罗洼为中心的养羊基地,以王洼、草庙、崾岘为中心的养猪基地,以川区"六乡一镇"为中心的养牛基地初具规模。特别是自1995年以来,全县投放扶贫低息贷款1000多万元,引进"秦川""西门达尔"等良种母牛近1万头,引进良种畜禽,建立畜牧科技示范组(户)1000多个,为畜牧产业的开发注入新的活力。1997年全县出栏肉牛0.71万头、羊282万头、生猪3.33万头,商品率达31.3%,畜牧业总产值5549万元,群众从中获得经济收入3666.4万元。

3.4 三种模式引路

为便于分类指导,抓点带面,把全县的生态农业建设引向深入,彭阳县以村为单位,先后在不同类型区培养和发展近100个科技示范典型,概括起来有三种模式。

(1)白岔模式。白岔属黄土丘陵区,总土地面积31平方千米。1978年勘察选点,经过1979—1989年的"三三制"农业结构调整和1990年以后的生态农业建设,农业用地结构扣除非生产用地的比例为农35%、林35.1%、牧29.9%。以小流域为单元,修建旱作基本农田520公顷，改造新种以杏子为主的经济林360公顷，引进繁育良种母牛240头。农业总产值由试点前的27.1万元增加到447万元，实现了在正常降水情况下“土不下山，水不出沟，山清水秀”的生态指标和“人均产粮超千斤（500千克）、纯收入超千元”的经济指标，走出了“调整农业结构，退耕种草种树，改善生态环境，大力发展畜牧”的扶贫开发之路。

（2）常沟模式。常沟属于河谷川台区，总土地面积19.25平方千米。推广“1231”种植模式，即“人均1分瓜菜2分烟，3分地膜高产田，户均1亩经果林”，发展以养殖、建筑建材为主的村办企业，走集体致富的路子。1997年农民人均产粮536千克，纯收入1034元，力争本世纪末创建彭阳小康第一村。

（3）洞子俭模式。洞子俭属黄土残塬区，总土地面积1680公顷，人均耕地0.42公顷。1986年开始进行农田种植制度改革试点。1990年与1985年相比，农田中粮、经、饲的种植比例由77∶11∶13调整为6∶1∶3，夏、秋粮比由9∶1调整为7∶3，豆类占粮食面积的比例由5%增加到18%，夏绿肥占粮田面积的比例由无到有发展到22%。人均产粮由

大地指纹——白阳镇嵝岘村 2020年5月拍摄 / 摄影 张俊仓

241千克增加到810千克,家畜家禽饲养量折合羊单位从524只增加到1010只,实现了退耕还牧与提高单产同步的目标。

3.5五个体系保障

(1)生物与工程并重,把农、林、草生物措施的配置和土地的适宜性评价结合起来,寓生产于防护,建立稳定持久的农业生态环境保障体系。坡地农用,或修梯田,生物锁边;或粮、林间作,粮、草轮作。宜林地类,工程整地,乔灌混交。做到土不下坡,水不出沟。

(2)治理与开发并重,把合理利用区域光、热、水、土资源和以市场为导向的支柱产业开发结合起来,寓治理于开发,建立外向型生态农业经济保障体系。把林果业和畜牧业开发纳入扶贫开发。统筹运作,取得最佳生态经济效益。

(3)物质投入与集资投劳并重,把国家对贫困地区的优惠扶持和民工建勤集资投劳结合起来,农民投入为主,建立生态农业建设投入保障体系。坚持"谁受益,谁投资"的原则,积极引导,合理扶持,使农民既是农业产业的最大受益者,也是农业建设的最大投入者。

(4)技术措施与行政措施并重,把科技开发和地方政府的行政职能结合起来,确保"三个到位",建立生态农业建设的组织保障体系。全面推行科技承包、集团承包。科技干部包技术、包效益,行政干部包面积、包规模,做到科技服务到位,物资供应到位,组织领导到位。

(5)改革与建设并重,把宜林、宜牧荒地的使用权拍卖和建立经营者的责、权、利制度结合起来,让利于民,建立生态农业,实施保障体系。坚持"就近经营,公开拍卖"的原则,将"四荒地"推向市场,让有能力开发、经营的公民取得荒山在一定期限内的占有权、使用权。发包方组织规划,提供服务,承包方限期治理。允许继承转让,50年不变,从而调动了经营者投资投劳和参与管理的积极性,加快了"四荒地"治理步伐。

(摘自1998年《宁夏第二届青年科技工作者学术年会论文集》

花椒丰产栽培技术

许　畤

摘要：通过本地区花椒栽培实践，从种子调制、育苗、造林及后期管理等环节进行研究，对提高同类地区花椒产量具有现实意义。

关键词：花椒丰产管理

1 采种

1.1采种时间

适时采种是保证种子品质的关键。一般看果实外皮颜色由绿色变为紫红色，并有个别裂开，种子变为蓝黑色时及时采种，比食用花椒要迟。大红袍一般7月底，秦安一号8月上旬，其他品种8月至9月采收。

白阳镇白岔村群众晾晒的花椒
2022年8月拍摄 / 摄影　沈继刚

1.2母树选择

常言道，树壮籽肥。采种母树一定要在结实多的10～15年生优树上进行，一般是生长健壮，品质优良，无病虫危害的树。

1.3种子收集(净重)

采摘的果实应堆放在阳光下晾晒或背阴通风处晾干，每天翻动2~3次，以免发热起霉，翻动中用木棍轻敲，除去果皮，得纯净种子。

椒种晾晒时间切忌过长，也不能暴晒，尤其不能放在水泥地板上暴晒。

2 育苗

2.1 播种前种子处理

彭阳县以秋播较好，时间在土壤封冻前进行，亩播种量10~20千克(处理后的纯净种子)。首先将水选后的种子用碱水溶液(2%~2.5%)。浸泡一昼夜(水量以淹没种子为宜)，用手搓洗，或用扫把捣撞，除去种子表皮的油质；再用清水冲洗后捞出，用黄土(一般为种子的3~5倍)搅拌均匀，和成泥饼，晾干后存放于阴凉、干燥、通风处，播种时用脚揉碎土饼。

春播种子须经越冬贮藏、催芽处理两个程序。

2.2 播种方法

采用大田条播。撒种均匀，深度为2~3厘米。苗圃地要覆草保墒，有条件的还可覆砂(厚度1~2厘米)。

2.3 播种后圃地管理

种子发芽前，要洒水保持6厘米厚土层湿润，保证出苗整齐。苗出齐后，在阴天或者傍晚分期撤除覆盖物。苗木出土15天后，可进行第一次松土、锄草。全年松土、锄草2~4次。掌握"细水灌溉，分期间苗，及时追肥，有草即除"。每亩可培育苗木1.5~2万株，1~2年生苗，高70厘米即可出圃造林。

3 造林

3.1 造林地选择及整地

花椒幼树怕冻、怕旱、怕水、又怕风，因此山顶、风口、过水、积水、干旱山坡、陡坡地，都不宜栽植。房前屋后、村庄院落、地埂田角、低山缓坡、山湾河谷等向阳避风、温暖湿润地均可栽植。

整地要细致，荒坡成片造林时，可采取隔带反坡水平沟整地；农田、地埂栽植，应挖大坑(直径80厘米，深80厘米)，施足底肥栽植。

整地时间，大面积栽植地应提前一季整地，四旁、零星栽植可随整随栽。

3.2 栽植密度

花椒水平根系发达，需要较大的营养面积。因此，纯林株行距3×4米，每亩56株。

摘花椒——白阳镇白岔村 2021年8月拍摄 / 摄影 沈继刚

间种株行距3×5~10米，每亩22~44株。

3.3栽植季节

花椒，春、夏、秋三季均可栽植。春栽，一般以树苗芽苞开始萌动时栽种成活率最高，即讲究迟栽但不能展叶。秋季栽植，适合于彭阳县。一般10月中下旬，必须栽后截杆埋土防寒，来年春季分3次扒土。秦安人有伏期、雨季带叶栽植花椒的经验，反映成活率高，经试验的确如此。

3.4栽植方法

栽植花椒采用1~2年生小苗，70~100厘米高，成活率比大苗要高。

花椒栽植掌握挖大穴，浅栽，栽时培土要高于根茎原土约1~2厘米，使根系自然舒展，防止伤根，扶正踏实，切忌用铣背敲打。

4 幼树管理

4.1冬季管理

花椒树耐寒能力弱，必须做好越冬管理工作。

（1）埋土越冬：对一至三年生幼树，于立冬前，压弯树干，培成土堆，土层厚（超过树干)20厘米。

(2)涂白:用石灰粉加水搅拌成糊状,刷在树干上,可防冷空气袭击。

(3)裹草:在入冬前,用麦草或者草袋裹在树干上,用绳子捆扎,既可防寒,又能防止动物啃咬。

(4)浇水:采用单株浇一次过冬水,浇后随时铺一层砂或碎石。

(5)树杈架土块,立冬后在树杈上架土块(0.5~1.5千克),第二年惊蛰前去掉,此法多用于5年生以上树。

4.2整形修剪

培育花椒树形有三种。一是丛式花椒,在栽植前将主干由根部截去,促其由地下根株萌发多数枝条培育而成。二是低干花椒,栽植前将主干离根株15~20厘米处切断,栽植后促其由地面15~20厘米处,发出多数枝条培育而成。三是高干花椒,栽植时原苗不动,栽植后让其继续高生长,等1~2年幼树超过1.5米,在1~1.5米处切断,培育而成。以上三种各有千秋,丛式、低干,没有主干或主干低,枝条多而长,产果多,摘椒较为方便,适于四旁零星栽植;高干花椒,抵抗外界自然环境力量弱,适于间作,便于耕种农作物。

修剪,在彭阳县,讲究迟剪,以解冻后到发芽前的早春进行最好,这样就能避免剪口遭受冻害。

5 病虫害防治

彭阳花椒病虫害主要有椒蚜和桑盾蚧。现就这两种虫害防治方法介绍如下:

5.1椒蚜防治

(1)花椒谢花后,喷40%的氧化乐果1500~2000倍液。9月中下旬再喷一次。

(2)饲放天敌大红瓢虫。

5.2桑盾蚧防治

(1)冬季落叶后喷2~3度石硫合剂。

(2)若虫孵化期喷0.3度石硫合剂或乐果600倍液。

(3)用30倍氧化乐果溶液涂树干。

(4)饲放天敌红点唇瓢虫。

(原载于《现代农业科技》2006年第9期)

黄土丘陵区杏树低产林改造技术

许 畤

摘要：通过疏伐、合理修剪、土壤深翻及增施有机肥料等综合措施，改造杏树低产林，取得了低产杏树复壮和增产的良好效果，为退耕还林后续产业开发提供了示范和支撑。

关键词：杏树 低产林 改造

杏树，适应性强，结果早，营养丰富，栽培历史悠久，用途广泛而深受广大群众喜爱。近年来，杏核、杏脯市场前景良好。彭阳县是宁夏的杏果主产区，现有杏树面积27000立方米，但由于90%的杏树生长在荒山、荒坡等立地条件差的地方，管理粗放，甚至不管，致使产量低、品质差。为尽快改变这种状况，结合退耕还林后续产业开发，我们于2000—2006年开展了黄土丘陵地杏树低产林改造技术试验，现就改造技术汇总如下。

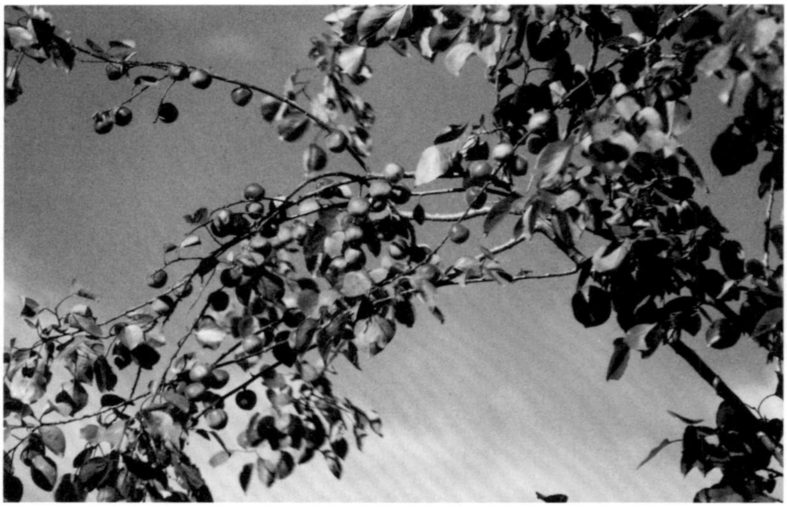

红梅杏硕果盈枝——杨塬村
2022年6月拍摄 / 摄影 沈继刚

1 试验地概况

试验地设在白阳镇阳洼村前梁杏园。该园海拔1600米，平均坡度18度，土质为侵蚀黑垆土，无灌溉条件，0~60厘米土壤有机质含量0.75%，pH值为7.8，年平均气温7.4 ℃，年平均降雨量350毫米，日照时数2581小时，≥10 ℃积温2500~2700 ℃，无霜期160天。

试验地杏树为1993年栽植，栽植在水平沟内，株行距3×6米，每公顷栽植555株，经过5年的开发试验，平均株产由10.4千克增加到28.1千克，是低改前的2.7倍。

2 低改措施

2.1 土壤管理

2.1.1 扩穴深翻。每年一次，于秋季落叶前，结合秋施肥进行。沿原定植穴外缘（树冠投影外）挖深、宽各60厘米的沟，更换心、表土，同时每株施入40千克生物有机肥，有条件的可施入适量麦、玉米秸秆或杂草，或50千克圈肥。

2.1.2 中耕除草。每年一次，但时间很重要，应在生长季节（每年6—7月），特别是雨后要及时进行中耕除草，以减少水分蒸发，提高抗旱能力。深度以10~20厘米为宜，树盘周围1平方米范围内。

2.1.3 树盘覆盖。覆盖能增加土壤含水量，提高地温，促进树体生长发育，提高坐果率，减少杂草。

2.1.3.1 草把蓄水，地膜覆盖。在3月下旬，根据树冠大小均匀挖穴，每株4~6个，将预先捆绑好并浸过水的粗10~15厘米、高30厘米的麦草把垂直放入穴中，再把土和肥料混合均匀，回填到草把周围，埋土浇水，然后覆膜（1立方米大小）。

2.1.3.2 树盘覆草。时间以春季开花前为主（3月下旬），水平沟内杂草、麦草均可，方法是在树冠投影范围内覆草，厚度15~20厘米，适当拍压并在上面压少量土，并用树枝交叉压住覆草，以防吹风刮掉覆草。秋季（9月份）结合施肥将覆草埋入地下。

2.2 树体管理

2.2.1 适时修剪。果实采收后及时进行夏季修剪（生长季修剪）。及时抹芽，抹掉冬剪时萌发的无用枝条；重点疏除密挤枝、交叉枝、细弱枝、背上旺长枝，以改善内膛光照条件；对各级主侧枝上势较弱的枝条，留30厘米左右进行摘心，促发二次枝培养结果枝组；对生长直立的幼龄大枝进行拉枝开张角度，缓和长势，更新为结果枝。

低产改造后的杨塬村欧洼组红梅杏园 2022年6月拍摄 / 摄影 沈继刚

冬季修剪(休眠期修剪)重点是对各级主侧延长枝和其他骨干枝进行短截,剪截量以枝条总长度的1/3为宜;对多年生结果枝组和衰弱的结果枝组回缩更新,巩固内膛稳壮的结果枝组;疏除外围竞争枝,内膛弱枝;继续疏除树冠中、上部过密枝、交叉枝;有计划地疏除1/4花芽、刺状果枝,以减少养分消耗,提高坐果率。

2.2.2 病虫害防治。杏树病虫害主要有蚜虫、蚧壳虫、桃小食心虫、黑斑病、杏疔病。

冬春到发芽前,清除杏林内枯枝、落叶,剪除枯枝、病虫枝,集中销毁。重点是修剪后到开花前用50%石硫合剂或波美度5度的石硫合剂喷于主杆及枝条,对球坚蚧、黑斑病、红蜘蛛等效果极佳,而且全年受益。4月中下旬用40%菊酯类农药1000倍防治蚜虫;5月下旬至6月上旬,用40%辛硫磷颗粒撒入树盘下土中(范围以树冠投影大小为宜),防治食心虫出土幼虫,效果极其显著,或者用树盘下覆膜抑制食心虫幼虫出土。

2.2.3 高接授粉枝。解决杏树自花结实率低、花败育率高的问题,可在杏树靠上部的背上枝,高接授粉树枝条,选择同花期的仁用杏、曹杏、兰州大接杏等品种。

2.3 杏果实采摘后的管理

采摘后雨后立即增施浓度为500毫克/升的pp333(一种植物生长调节剂)溶液1

次，为了保证花芽分化，8月下旬喷施1次0.3%的磷酸二氢钾。

3 结论

干旱半干旱黄土丘陵区杏树株行距4~6米最佳，每公顷555~832株。

黄土丘陵区杏树树形以开心形、疏散分层形最好，易成形，易管理，较稳定。

杏果采收后的管理对于杏树来年的生长发育，包括发芽、展叶、抽枝、开花、坐果所需营养积累，意义非常重大。

黄土丘陵区低产杏林只要运用以上综合管理技术，就一定能实现低投入，高产出，高效益。

（原载于《宁夏农林科技》2007年第5期）

宁夏彭阳县杏树花期冻害调查与分析

杨正德

摘要：文章结合彭阳县杏树近几年生产实际，查阅了2000年以来该县最低温度记载，直接参与了2008年经济林遭受严重冻害的调查，系统分析了杏树花期冻害的成因、表现以及杏树不同栽培管理方法、不同品种和不同立地条件下的冻害特点，提出了有效避免或减轻霜冻的综合建议。

关键词：杏树 花期 冻害 调查 分析

近年来彭阳县气候十分反常，杏树花期常常遭受大风伴寒潮低温冻害和晚霜冻害，往往造成花柱头萎缩坏死，幼果果柄脱落，致使减产，甚至绝收，生产中出现了“十年八不收”的现象，严重制约着杏子产业发展。为了今后能够切实采取有效预防措施，笔者对近10年来发生冻害资料进行了系统分析，并针对2008年4月20日至23日发生的冻害进行全面调查，现将分析与建议报告如下。

1 调查方法

针对冻害对杏子的危害，2008年5月19日至23日，彭阳县林业与生态经济局抽调技术人员在12个乡镇布点40个，划分南部红茹河流域、中部残塬区、北部干旱区三个区域，调查低洼地、壕道、川台、阳山、阴山、山脊、塬头七个部位，按种类分仁用杏、鲜食杏与山杏对照，按品种分龙王帽、凯特、红梅、曹杏、金太阳与山杏对照，按培育模式分小拱棚、连体大棚与露地对照，对样地树冻害情况逐个进行对比调查。

2 调查的结果与分析

2.1 历年冻害发生频率及程度

据气象部门观测资料记载，确定杏树冻害是天气原因所致，从2001年至今，每年均发生不同程度大风伴低温冻害或晚霜冻，其中发生较为严重的冻害5次。2001年4月12日发生低温冻害，最低温度-7.6 ℃，日温差12.8 ℃，造成12万亩杏树花柱头萎缩绝产；2004年5月4日发生大风伴低温冻害，最低温度-3.9 ℃，日温差7.9 ℃，造成16万亩杏树幼果脱落减产40%；2005年4月8日—9日发生低温冻害和晚霜冻害，最低温度-3.1 ℃，日温差9.8 ℃，造成18万亩杏树花柱头萎缩减产50%；2006年4月10日发生大风伴寒潮低温冻害和晚霜冻害，最低温度-6.6 ℃，日温差10.8 ℃，造成21万亩杏树花柱头萎缩，幼果脱落绝产；2008年4月20日至23日发生大风伴寒潮低温冻害和晚霜冻害，最低温度-5.5 ℃，日温差10.4 ℃，造成24万亩杏树花柱头萎缩减产60%(见图1)。

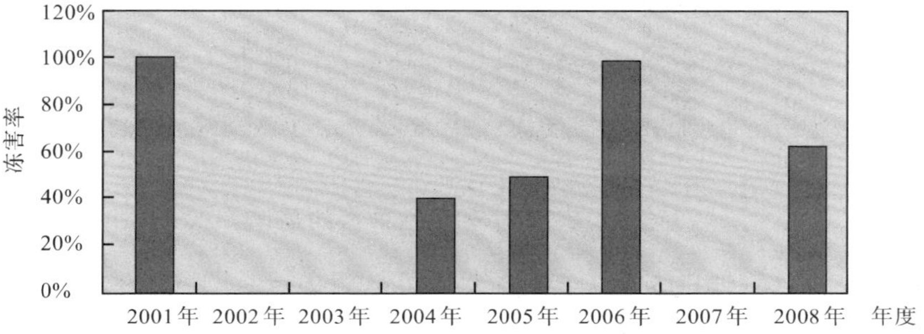

图1 不同年份冻害程度影响示意图

2.2 冻害的特点

2.2.1 冻害的分布。全县12个乡镇，已挂果杏树面积24万亩均遭受不同程度的冻害，平均减产60%。按区域分，南部红茹河流域比中部残塬区、北部干旱区重；按种类分，仁用杏比鲜食杏、山杏重；按品种分，凯特杏比红梅杏、曹杏、金太阳杏重；按立地部位分，低洼地比壕道、川台、阳山、阴山、山脊、塬头重；按培育方式分，小拱棚比连体大棚、露地重。

2.2.2 冻害症状。由于冻害发生时间正是杏树衰花期，主要造成花器官组织萎缩坏死，部分枝条也受到不同程度的冻害。

2.3 冻害的因素分析

果树萌芽后，树体难以适应温度剧变，抗寒力逐渐下降，杏树花期冻害的临界低温-3 ℃，达到这种低温，即受冻害。在调查中发现不同的品种、树龄、休眠期、管理水平、地势等因素对冻害的影响有明显差异。

2.3.1品种与晚霜冻害的关系。选择调查了仁用杏、凯特、红梅、曹杏、金太阳、山杏

6个品种类别，进行了调查比较。结果表明不同品种其抗冻能力是不一样的，耐低温能力最强的是实生山杏，减产幅度仅为20%，耐低温能力最差的是仁用杏，减产幅度90%。减幅从大到小依次为仁用杏、凯特、红梅、曹杏、金太阳、山杏（见图2）。由此可见，在同等条件下仁用杏比鲜食杏、山杏发生冻害严重。在鲜食品种中凯特杏比红梅杏、曹杏、金太阳杏发生冻害严重。

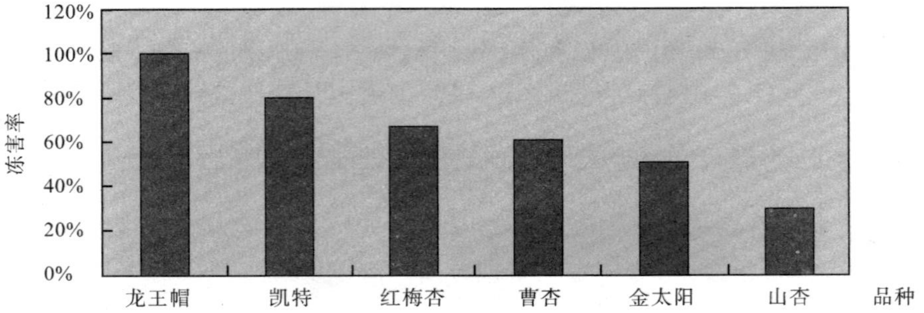

图2 冻害对不同品种杏的影响

2.3.2 树龄与晚霜冻害的关系 。老树大树且结果多年，水肥管理粗放，长期处在自然生长状态下，加之病虫危害，树体衰弱，长势差，抗逆性降低的杏树，最易受冻害。而幼树、小树且大多生长在土肥条件较好的地块内，树势强壮，抗逆性强的树体，受冻害较轻。

2.3.3 枝条成熟度与晚霜冻害的关系 。枝条愈成熟其抗寒力愈强。枝条充分成熟的主要标志是木质化程度高，含水量减少，细胞液浓度增加，积累淀粉多，形成层活动能力减弱等。调查发现，枝条健壮的长果枝比短小细弱结果枝抗冻性强。

2.3.4 休眠与晚霜冻害的关系。处在休眠状态的植株抗寒能力强，且休眠愈深，抗寒能力愈强。树木在秋季进入休眠的时间和春季解除休眠的早晚与冻害发生有密切关系。有的品种进入休眠早，而解除休眠早，就容易发生冻害。

2.3.5 低温与冻害的关系。低温是造成冻害的直接外界因素。首先，受害的程度取决于低温到来的时间，当低温到来的时间早而且又较突然，树木本身还未经过抗寒锻炼时，树木受冻严重。其次，冻害与低温的程度及低温持续的时间有关。日极端最低温度越低，树木受冻害越严重；低温持续的时间越长，树木受冻害越严重。另外，冻害与降温速度和升温速度也有关系，降温速度越快，受冻越严重。

2.3.6 地势、坡面与冻害的关系：地势坡面不同，小气候差异较大，山南面昼夜温差变化小，山北面昼夜温差大，因此山南面树木发生冻害程度比山北面要小；气流量较大、气体交换频繁的山顶和风口处以及地势高的山脊、塬头受害较轻，受害最重的是低洼地、壕道、川台，其原因是冷空气凝聚在地势低洼地带。根据区域分布彭阳县冻害主要发生在红茹河流域川台、中北部壕道、低洼地，从立地类型上来分低洼地比壕道、川台、阳山、阴山、山脊、塬头重(见图3)。

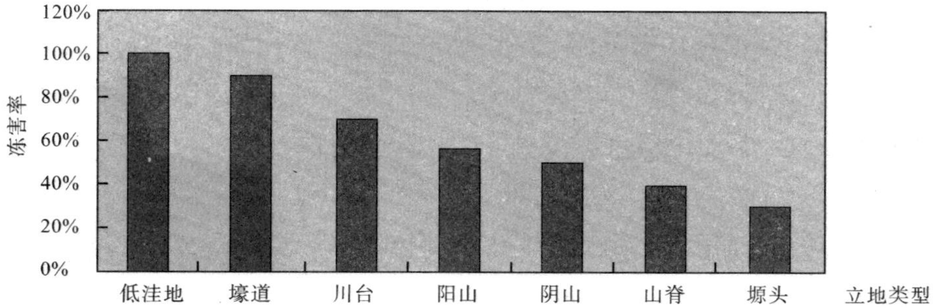

图3 冻害对不同立地的影响

2.3.7 管理水平与冻害的关系。相同立地条件下的果园，因管理水平不同，树势生长不一。同一品种结果多的比结果少的容易发生冻害；灌“冻水”比不灌“冻水”的树木抗寒力强；受病虫害严重的树木容易发生冻害。在高建堡曹杏基地调查发现，杏树自然开心形受冻害严重，纺锤形受害较轻，内膛和下部受冻害严重，树体上部受冻害较轻。

2.3.8 栽培模式与冻害的关系。在草庙张街和城阳长城调查发现，设施避灾小拱棚和连体大棚反而比露地栽培冻害重。分析原因有三种：一是棚内树自然授粉能力差，忽视了人工辅助授粉，授粉不完全，形成了众多的败育花。二是冻害发生期间，棚内用煤炉加热时有煤烟，对花器官发育影响较大。三是由于树体高大，搭建拱棚时，采取了重回缩修剪，破坏了树体养分平衡分配。

3 对策建议

3.1 选择优树

在全县范围内建立健全冻害选优平台，长期观测，将抗寒力强的优树作为发展品种。目前，已选育的凯特、红梅、曹杏、金太阳等品种适宜发展，还有19个待观测品种，40多个实生山杏树正在选育。今后，还要从外地大量引种观测，最终确定适宜当地发展的优势品种。

3.2 科学选址

选择小气候条件较好的地方作为园址，科学营建防护林和设置风障，是避免冻害的重要举措。

3.3 加强果园综合管理

加强栽培管理(尤其重视后期管理)有助于树体内营养物质的储备。经验证明,春季修剪、加强肥水供应,合理运用排灌和施肥技术,可以促进新梢生长和叶片增大,提高光合效率,增加营养物质积累,保证树体健壮;夏季适时摘心,促进枝条成熟;秋季控制灌水,及时排涝,适量施用磷钾肥,勤锄深耕,加强对病虫害的防治,保持树势旺盛,有利于组织充实、延长营养物质的积累时间,从而能更好地进行抗寒锻炼;冬季采取树体保护措施等均对预防冻害有良好效果。

3.4 熏烟

熏烟是果农对付冻害常用的办法。预防效果取决于生烟质量,质量高的增加温度2 ℃左右。生烟堆数至少每亩5~6堆,均匀分布在各个方位。发烟物可用烟幕弹产品或作物秸秆、杂草、落叶等能产生大量烟雾的易燃材料,适用于小范围防霜冻,可以提高防霜冻的针对性、准确性和有效性。资料表明,熏烟对−2 ℃以上的轻微冻害有一定效果,如低于−2 ℃,防效则不明显。

3.5 延迟开花期

采取树干涂白、覆盖树盘、花前灌水、花期喷水、喷施防冻剂等措施,延迟开花期3~5天,既可避开冻害发生期,同时也可提高冻害发生时的地温和树温,可预防和减轻冻害。

3.6 发展错季节栽培

在条件适宜灌溉区建设设施温室栽培,发展避灾杏子产业基地建设。目前,辽宁省辽中县李宝田高级农艺师创造了“设施盆栽杏移动调温高效栽培技术”,沈阳农业大学吕德国教授创造了“槽式台田设施栽培技术”,四年生亩产鲜杏4723千克,亩效益达7万元,创下设施杏生产最大效益。

3.7 加强冻害研究

借鉴先进的科技成果,加强多方合作,建立互利互惠关系,并特邀科研院校专家作为长期顾问,成立专门冻害研讨组,进行实验,调查总结,创新防冻的有效措施。

(原载于《农业科技与信息》2010年11期)

关于对彭阳县林木种质资源保存的探究

安海军　王志珍

摘要：总结了彭阳县林木种质资源以及两种保存的现状，分析了存在的问题，并提出了相应的开发利用对策，为该县林木种质资源合理利用提供参考。

关键词：林木种质资源　现状　存在问题　建议　宁夏彭阳

彭阳县位于宁夏东南边隅，六盘山外围。全县总面积2532.3平方千米，地处西北黄土高原黄土丘陵区，属暖温带半干旱地区，境内海拔1248~2418米，年平均气温7.4~8.5 ℃，无霜期147~168天，年降水量350~550毫米，境内地带性土壤为黑垆土，主要土壤类型为黑垆土、缃黄土和淡黑垆土等。植被为森林草原向典型草原的过渡区，主要有落叶阔叶林、落叶阔叶灌丛、草原草甸等类型。

古柳树

2022年9月拍摄 / 摄影　沈继刚

特殊的地理位置、复杂的地形地貌和优越的气候条件，孕育了较为丰富的林木种质资源。据2005年林业二类调查，全县有各类林地面积108086.9公顷，其中有林地面积21446.8公顷，疏林地面积3716公顷，灌木林地面积2514公顷，未成林造林地面积66674.7公顷，宜林地面积27481.7公顷，全县森林覆盖率达到18.5%。红、茹河谷川道主要以杨、柳、刺槐为主的用材林及以苹果、桃、李、杏为主的经济林，中北部丘陵沟壑区是以柠条、沙棘、山桃等灌木树种为主的水土保持薪炭林。全县现辖3镇9乡，156个行政村，总人口25.2万人，其中农业人口23.3万人。2009年人均纯收入2880元，属国家级贫困县。

1 优良林分基本情况

我们主要对山桃、山杏、小叶锦鸡儿进行调查，共调查3科2属3种，面积98.1公顷。

山桃：蔷薇科、李属，此次调查共选出优良林分2个小班，面积9.6公顷。

山杏：蔷薇科、李属，此次调查共选出优良林分3个小班，面积47.2公顷。

小叶锦鸡儿：豆科，锦鸡儿属，此次调查共选出优良林分2个小班，面积41.3公顷。

2 良种保存现状及存在的问题

一是为保证退耕还林、“两杏一果”等林业重点工程在彭阳县的顺利实施，林业部门有针对性地每年组织群众在各树种的优良林分中采收各类种子，每年采收造林所需良种上万千克。

二是建立了一大批良种基地和采穗圃。至2006年全县已建成仁用杏、核桃、花椒采种基地750亩，每年产种子1.7万~2万千克，再加上山杏、山桃等，每年可为造林育苗提供7万~8万千克良种种子；建成曹杏、金太阳采穗圃2处，面积73公顷，年可生产供应各种穗条近20万条。

三是加大林木种质资源的引种力度。截至目前，全县引进并已形成栽植规模的外来树种有40余种，其中乔木造林树种主要有新疆杨、北京杨、刺槐、河北杨、白蜡、国槐等；灌木造林树种主要有柠条、沙棘。这些树种经在全县栽植，大多都表现出较强的适应性。

虽然彭阳县在林木良种的保护和利用上取得了一些成绩，但还存在一些问题。一是全县只建林木良种基地7处，面积小，树种单一，除曹杏、花椒、核桃等少数几个树种外，大多数都未建良种基地，造成良种繁育和推广脱节，影响了林业建设质量和效益的提高。二是现有专业技术人员知识老化，加之缺少培训学习机会，致使他们接受新知识新事物能力较低，影响了林木种苗试验、繁殖、推广工作正常展开。

古城镇小岔沟杏树与落叶松混交林　2023年10月拍摄 / 摄影　沈继刚

3 种质资源保存与开发利用意见

我们将根据《林木种质资源保存方法和原则》制定相应的办法加以保护。

3.1 加大宣传力度

加大宣传力度，提高对林木种质资源搜集、保护、利用工作重要性的认识，充分利用一切可以利用的手段，大力宣传林木种质资源搜集、保护、利用的重大意义，要有意识地建立信息网络，使已有资源能够及时得到发现，开发利用，发动群众积极提供信息，科技人员在生产一线时要有意识地去询问群众关于种质资源的具体情况。

3.2 建立较为完备的森林保护体系

一是在资源管理上，群众房前屋后、田旁栽植的零星树木或小片林由个人经营管护。集体或联户栽植片林由县森林派出所、乡镇林业站、护林员三级护林网络监管。二是重视森林病、虫、鼠、兔害的防治工作，“九五”至“十五”末，彭阳县仅这项投入累计达百万元，取得了显著成效，有效地保护了森林资源。

3.3 突出重点，加大保护力度，抓好林木种质资源的开发利用

通过此次清查，对选出的优良林分要着力进行保护。结合山杏选优，我们对已选出的40株优良单株积极申请专项经费，采取多种方法加强保护。对有条件的优良林

分要改建成采种基地或采穗圃，使已有的优良种质不被破坏或流失。为克服重引进轻选育，重繁殖轻开发，重利用轻研究的倾向，一方面要对近年来引进的树种、品种进行认真梳理，搞好深度观察和研究，筛选良种，进行推广应用；另一方面，通过这次清查，我们在摸清家底的基础上，加大对乡土种质资源的收集、保护力度，组织力量积极进行开发利用研究，使其尽快在林业生产中发挥重要作用。同时，要根据这次清查的结果，制定彭阳县林木种质资源保护利用名录。建立健全各种档案，确定各类林木资源名录，掌握资源消长动态，为全县有计划地开展林木种质资源的收集、保存和开发利用提供依据。

3.4 建立优树收集区

对已选出的优树，要选择立地条件好、交通方便、易于管理的地方建立优树收集区，配套基础设施，创新机制。要派技术熟练、责任心强的同志进行技术管理，长年跟踪指导生产，搜集整理数据，进行观察研究。

（原载于《现代农业科技》2010年第19期）

梨眼天牛的生物学特性观察及其防治

许 畴 杨正德 贺永乾

摘要: 梨眼天牛,在宁夏彭阳2a发生1代,以老熟幼虫在枝条内越冬,以幼虫危害本质部、韧皮部。翌年4月上旬开始危害,5月下旬至6月上中旬成虫羽化、交配、产卵。幼虫孵化后在皮下取食危害。对该虫可采用捕捉成虫、刮除虫卵、用铁丝刺杀幼虫、虫道注药的方法防治,并且掌握了该害虫的生活史、生活习性、危害症状,可为准确、有效防治提供科学依据。

关键词: 梨眼天牛 形态 习性 防治

梨眼天牛,又名梨绿天牛、琉璃天牛,是危害梨树、苹果树的蛀杆害。该害虫以1~3龄幼虫蛀食树木枝干,使被害枝条停止生长,风折断头。2000年在彭阳县古城镇首次发现,危害最严重的苹果园平均受害株率达45%。近几年,虽然采取了各种方法进行防治,但因为对该害虫在当地的生活习性及危害特征了解不够,防治效果仍不理想。鉴于此情况,2000—2005年,笔者在古城镇乃河村对梨眼天牛生活史、生活习性、危害特征进行了观察研究,结果如下。

1 形态特征

成虫:黑色复眼,分上下两叶(上大下小),体为圆筒形,橙黄色,体密被细长的竖毛。翅鞘蓝绿色,有金属光泽。后胸腹板两侧各有一块异常明显的蓝黑色大斑。雄虫体形小,一般体长8~9毫米,体宽3~4毫米,触角与体等长或略长于体长。雌虫体形大,一般体长9~11毫米,体宽4~5毫米,且触角略小于体长,腹部末节比雄虫腹部末节较大且长。成虫触角10节,最基部一节较胖大,为棒槌状,淡黄色,紧靠基部3节,每节基部淡黄色，节端颜色变深，顶部5~6节全部深棕色，触角密被绒毛。

卵：黄白色，长圆形，长约2毫米，宽1毫米，略弯曲。

幼虫：咀嚼式口吻，1龄幼虫10节，长5~6毫米，宽2毫米；全体乳白色，上腭略有微黄褐色；2龄幼虫10节长，长12~14毫米，上腭深褐色，头黄褐色，体淡黄色；3龄幼虫10节，体长16~20毫米，呈长筒形，头黄褐色且长大于宽，上腭为深褐色，前胸背板方形，腹部前7节有卵形瘤突，足退化成刺瘤状。

蛹：属于被蛹类型，在预蛹期间，幼虫平展，节间异常明显，浑身有白色粉状物。至化蛹中期，体长8~11毫米，全身被白色粉状物包裹，后期逐渐变为黄色，羽化前翅鞘呈现蓝黑色。

2 生物学特性

2.1 生活史

梨眼天牛在彭阳县为2年1代，跨3个年份（见表1）。

表1 梨眼天牛生活史表

年 代	月 份							
	4月	5月	6月	7月	8月	9月	10月	11月至次年3月
第一年	○○	○○+	+·−	−	−	−	−	
第二年	−−	−−	−−	−−	−−	−−−	−−−	
第三年	○○	○○+	+·−	−	−	−−	−−	

注：+指成虫，·指卵，−指一龄成虫，−−指二龄成虫、−−−指三龄成虫，○指蛹。

由表1可知，幼虫有7个月取食时间，在4月上旬为幼虫阶段，4月中旬为幼虫取食或化蛹初期，4月下旬至5月中旬为化蛹羽化盛期，5月下旬至6月中旬化蛹结束，产卵在6月下旬前后，每年的9月为一、二、三龄幼虫分界线（依据体长、颜色而定）。

2.2 生活习性及危害特点

梨眼天年主要以一、二龄幼虫为主，取食木质部、韧皮部，三龄幼虫只是在前一年取食2~3个月后，进行越冬来年不再取食，直接化蛹。

表2为各龄虫危害情况调查表，所列长度均包括前龄幼虫危害长度。

表2　梨眼天牛各龄虫取食情况调查表

虫龄	危害长度／厘米											
	韧皮部						木质部					
	1	2	3	4	5	平均	1	2	3	4	5	平均
一龄	3.0	3.2	2.8	2.4	2.7	2.8	2.0	1.0	1.3	2.0	1.0	1.5
二龄	6.9	7.2	6.3	5.8	6.7	6.6	5.0	4.5	5.0	4.2	4.0	4.5
三龄	7.8	8.0	6.7	6.5	7.2	7.2	6.0	5.8	7.0	5.5	5.9	6.0

上表所反映的木质部、韧皮部的长度，均是随机选定若干枝条后，观察测量，剪断后再进行测量所得出的数据（选定的枝条不单单是5~6个，而是近50个枝条）。从表中不难看出，幼虫主要取食韧皮部，卵期10天以后，初孵幼虫就近取食韧皮部，1个月后，开始在木质部顺枝条生长方向蛀食，主要为藏身掩体，到9月份，由一龄转为二龄幼虫，随着虫体增大，蛀入木质部更长。到次年9月份转为三龄幼虫，取食2~3个月后停止。

幼虫在坑道内全部是尾在上部，头在下方。幼虫在取食韧皮部一段时间后，随着虫体的体形增长，需要在木质部蛀食更长的坑道。据观察分析，坑道仅容幼虫身体长度进退活动，它不可能来回返转。因此，幼虫在取食了韧皮部后，是退进坑道进行休息的。幼虫越冬、化蛹及羽化都是这种方式，11月上旬幼虫停止取食后，坑道口用木屑粪便堵塞进行越冬，次年4月上旬二龄幼虫开始活动，中旬三龄幼虫化蛹，4月上旬至5月上旬进入化蛹盛期，蛹期10~15天，之后成虫在坑道内停留3~5天，咬出羽化孔爬出来。羽化孔距离危害木质最顶端8~11毫米，约为成虫体长。

据观察，有些羽化孔在距离所取食的同一面上方约7厘米处，而有些羽化孔在距离所取食的反面上方约5厘米处（据本人分析与雌雄成虫有关）。

成虫爬出羽化孔后飞翔力不强。雄成虫几乎不再飞翔到其他树木，而雌成虫最多飞迁不过6米（自乃河村发现梨眼天牛起，1998—2004年危害的范围方圆未超过6千米），成虫栖息在叶背和2~3年生枝条上，取食少量叶片上的主脉、叶柄、叶缘及嫩枝周皮，晴天多在上午8~11时和下午5时至日落时，绕树冠飞翔，交尾时间12~15时，交尾后3~5天，雌虫开始产卵，产卵前先将枝条皮层，咬成“≡≡”形状伤痕。将卵产在伤痕之间下端至形成层，外有一小孔。成虫对产卵有很强的选择性。一般选择直径在15~35厘米的枝条上产卵，产卵方位多选择在东南两面枝条上，枝条茂密的树，卵多产在树冠外面，雌成虫产卵10粒以上，在危害处只产一粒，自然死亡率为10%左右。

无论幼虫、成虫，均有很强的敏感习性，一旦枝条被剪断，幼虫危害处不再有烟丝状木屑纤维粪便出现，成虫即使已经咬出到韧皮部位，也不突现出羽化孔，而是停留在内。

3 防治的技术措施

3.1 捕捉成虫

在5月上旬，根据虫道口堆放在新鲜和不新鲜木屑纤维状粪便及危害韧皮部面积的大小，可判断出是否有成虫羽化。依据枝条粗细，先选好一定大小的纱网，纱网空隙小于8毫米，绕枝条绑结实，绑严密，留有少许空间。成虫一旦羽化出，既在纱网存在，或者在5月下旬6月上中旬，隔3~5天午间在果园观察发现未绑的枝条有无羽化孔出现，如果有，即仔细观察捕捉。然后将成虫集中烧毁。

3.2 防治虫卵

梨眼天牛的卵，多产在15~35厘米树冠外围的枝条及向上部位的阳面。产卵伤害呈“≡”形状，且下部有一小孔，里面只产1粒卵。一定在要在6月上中旬时查找“≡”形状，然后用小刀将卵挑出刺破即可。或者在枝条产卵伤痕处涂药，用煤油1斤加入50%敌敌畏乳油1两配制成煤油乳剂，以毛笔涂抹即可防治。

3.3 刺杀幼虫

初孵幼虫，既一龄幼虫只危害韧皮部周围，且有许多新鲜的木屑纤维状粪便。一旦发现即可用尖细铁丝或者用大头针从新鲜处插入，反复扎刺，进行钩杀，一旦触击到幼虫即可死亡。

3.4 毒杀幼虫

二、三龄幼虫的防治，根据表2反映的取食坑道的长度判断好位置，可用敌敌畏或溴灭菊酯等杀虫剂30~40倍液，用大号注射器将药注入木质部；或者用药棉球（拌有杀虫剂乐果10~20倍液）或软塑料泡沫浸蘸50%敌敌畏液后，用尖细铁丝刺堵塞虫道口，即可熏杀幼虫。

（原载于《西北林学院学报》2007年第22期）

宁夏黄土丘陵区杏树嫁接技术规程

（宁夏回族自治区质量技术监督局2006年6月发布）

1 范围

本标准规定了宁夏黄土丘陵区杏树嫁接实生苗培育、品种选择、接穗选择与采集、嫁接时间、嫁接方法、嫁接后期管理、苗木出圃、假植、运输的要求。

本标准适用于宁夏南部山区（彭阳县、原州区、隆德县、泾源县等）鲜食杏、加工杏、仁用杏的嫁接。

2 规范性引用文件

GB 7908—1999 林木种子质量分级

DB 64/T 422—2006 宁夏黄土丘陵区杏树栽培技术规程

3 实生苗培育

按照《宁夏黄土丘陵区杏树栽培技术规程》标准执行。

4 退耕地、荒山杏树培育

4.1 杏树年龄、地径

3~5年生山杏树，地径1.5~3厘米，株距3米以上。

4.2 剪贴

嫁接前要剪除山杏树原有部分枝条，留下适合嫁接的树枝，并且嫁接部位5厘米以内要光滑。

4.3 抚育

荒山、退耕地杏树要深翻除草，有条件的地方，嫁接前要灌水一次。

5 嫁接

5.1 接穗选择

采集接穗要选择健壮、无病虫害、丰产、优质的盛果期杏树。

讲授果树栽培技术 2012年3月拍摄 / 摄影 林生库

枝接用接穗，要选用生长充实健壮的一年生枝（发育枝或成长结果枝均可），取其芽体饱满部分作接穗。芽接用接穗要选用当年生、基部粗度达0.8cm以上枝条。

5.2 接穗采集时间、准备

枝接用接穗从落叶到萌芽以前，整个休眠期采集，按品种50或100根一捆。春季随采随用的，不必沙藏，不必封蜡；需要长时间贮存的接穗，要封蜡，先将工业石蜡加热熔化，当蜡温达到95~100 ℃时，将剪好的接穗枝段一头迅速在蜡液中蘸一下（1秒之内），再换另一头速蘸，冷却后贮于温度3~5 ℃的冷库或阴凉湿润的果窖内待用。

芽接用接穗（芽），随采随用，时间在夏季伏天（7月底至8月初）。采下枝条后，应立即摘除叶片，留下1厘米长的叶柄，减少水分蒸发，利于嫁接绑带。如果当天嫁接，可用湿布包裹，如一次性采集，需要贮藏，可存放在温凉的地窖或窑中，或者装于编织袋内，袋口系绳，吊入井中（距水面20厘米处），可存放一周左右。

5.3 嫁接时间

杏树嫁接时期有春季嫁接和夏秋季嫁接（伏天嫁接）。春季多为枝稼，从芽萌动到花期都可以进行，即3月20日开始到4月20日可持续30天左右。最适宜时间是初花期10~15天之内(4月上中旬),此时气温、地温回升快,树液流动充分,嫁接成活率高。夏秋季嫁接,多用芽接,时间在7月下旬至8月中旬,20天左右。具体时间还要根据砧木基部粗度(≥0.8cm)和接穗芽体发育情况来决定。

5.4 嫁接方式

5.4.1 1~2年生山杏树,采用苗木嫁接法,基部截留1~2厘米枝接或基部光滑处芽接,主要是培育苗木。

5.4.2 4~10年生以上杏树,冠较大,分枝级次较多,采用多点高接法,保持原树冠骨干枝不变,几年生树接几个枝,在较高部位嫁接较多的枝头,树冠恢复快,经济收益早,主要适用荒山、退耕地、四旁零星杏树改良。

本区嫁接,主要有枝接和芽接,枝接常有劈接和插皮接,芽接常用的方法有"T"字形芽接和嵌芽接。枝接适用于荒山、退耕、杏树,芽接适合于苗木培育。

5.4.3 劈接多在砧木较粗时采用,将砧木截去上部并削平断面,用劈接刀垂直放在砧木断面中央下劈,力度依砧木粗度适当,深度4~5厘米,不宜过长,防止绑缚不严造成切面氧化,影响成活。每段接穗留2~4个芽(6~8厘米长),用劈接刀沿接穗下部芽两侧各削一刀,形成长度为3~4厘米的楔形斜面,粗壮的接穗要适当长一些,切面要平、滑、长、整齐,角度合适。将接穗垂直插入砧木切口中,使接穗的厚侧面在外,接穗和砧木的一侧形成层对齐,削面要露白0.5厘米,最后用薄膜绑扎结实。

5.4.4 插皮接适合砧木离皮时使用,具有嫁接速度快、成活率高的优点。选砧木树皮光滑处截断,从截面处向下纵切皮层一刀,长约2厘米,用刀将切口树皮向两边挑开一点。取有2~3个饱满芽的接穗,在接穗下端削一个3~4厘米长的大斜面,再在背面下端两侧削两个1~2厘米的小斜面。将削好的接穗从切口处插入,大削面朝里,露白0.5厘米,最后用绑带将接合部包严扎实。

5.4.5 嵌芽接也称带木质芽接,选健壮的接穗,在接穗芽上方0.5~1厘米处向下、向内斜削一刀,再在接穗芽下方1厘米处与枝条呈45°角由上向下横切一刀,使两刀口相遇,取下带一薄层木质部的芽片。在砧木光滑处(嫁接部位)由上向下,方法与削接穗芽完全相同,削口的大小、形状与接芽尽量一致(略大也行),迅速将接芽片嵌入砧木切口,使二者形成层对齐或一侧对齐,再用绑带扎实,叶柄外露,两年出圃的苗木叶柄扎实不外露。

5.4.6 “T”形芽接(群众称热粘皮)在接穗芽的下方1~1.5厘米处向上削,深达木质部,削至芽上方约1厘米处,再在接穗芽上方约0.5厘米处横切一刀(宽度约为接穗粗度的一半),深度以切到木质部为止,削取一个长2~3厘米的盾形芽片。芽片内侧可明显见到两个小白点,下部为叶柄着生点,上部为芽着生点,两点变褐、变黑者或擦伤脱落,弃之不用。在砧木上欲嫁接部位光滑无分枝处横切一刀,深度以切断树皮(皮层)即可,长度应略宽于盾形芽片的上部宽度,再在横切口中间向下切一刀,长1厘米左右,成“T”形,用芽接刀把纵切口上面两边剥开,手捏接芽叶柄,盾尖向下,迅速插入“T”形切口,使芽片上边与砧木横切口对齐,用绑带扎紧,不露芽和叶柄,当年成活者要露叶柄,以便检查成活率。

6 嫁接后的管理

6.1 嫁接苗的管理

6.1.1 检查成活率:补接嫁接后7~10天检查成活率,凡接芽鲜绿,叶柄一触即掉的就已成活,没有成活的及时补接,当年不解除绑带,以保护芽片过冬。

6.1.2 剪砧:翌春发芽前在接芽上方0.5~1厘米处剪去砧木。

6.1.3 除萌:剪砧后7~10天进行一次,及时除去砧木萌芽。

6.1.4 解除绑缚物:待接芽萌发后,用刀片划破绑缚物。

6.1.5 病虫害防治:春季接芽萌发后的嫩枝、嫩叶极易遭受金龟子、卷叶虫的危害,应注意防治。生长期内蚜虫危害严重,应及时预防。

6.1.6 土、肥、水管理。春季延迟灌溉时间,利于地温升高,提早发芽。待接芽萌发长至5~10厘米时,灌水并施氮肥每亩10千克或叶面喷施尿素,并及时松土保墒。生长期内叶面喷施磷酸二氢钾水溶液2次。

6.1.7 苗木出圃。杏树嫁接苗龄一般1~2年即可出圃。秋季起苗时间在10月下旬至11月上旬,苗木落叶至土壤封冻前进行,秋季造林随起随栽,第二年造林用苗必须假植过冬。春季起苗在3月下旬至4月上中旬,土壤解冻至萌芽前进行,随起随用,或临时假植。起苗前,苗圃地要充分灌水,保证了起苗时主、侧根系完好无损。挖出的苗木要避免风吹日晒,要暂时假植。

6.1.8 苗木分级:杏树嫁接苗分级标准见表1。

表1 杏树嫁接苗分级标准

项目		规格	
		Ⅰ	Ⅱ
根	侧根数量	≥6条	≥4条
	主根长度	≥20厘米	≥15厘米
	侧根基部粗度	≥0.45厘米	≥0.4厘米
	侧根分布	均匀,有较多小须根	基本均匀,有较多小须根
基	高度	≥80厘米	≥60厘米
	基粗(接口上5厘米处)	≥1厘米	≥0.8厘米
	木质化程度	充分木质化	充分木质化
整形带饱满芽		≥7个	≥6个
嫁接口愈合程度		完全愈合	完全愈合
苗木损伤		无	无

6.1.9 苗木假植。假植分为临时假植和越冬假植两种。临时假植方法简单,只要用湿土或湿沙埋上苗根即可,可以整捆埋根。越冬假植指苗木秋季出圃,春季栽植。假植沟挖深60~80厘米,长度依苗木多少或地形而定,将苗木分散斜向顺放入沟内,根、干全部用湿土盖压,这样一行一行(一层一层),直至苗木全部压土盖完为止,最后加一层20~30厘米厚的土,拍实封严。

6.1.10 包装、运输。县内栽植苗木,每50株一捆,根部蘸泥浆,装车后用篷布遮盖。外运苗木每20或50株一捆,根部蘸泥浆或用塑料袋包扎,苗捆挂标签,注明品种、等级、产地、出圃日期、数量和单位。运途中篷布遮盖,中途洒水保湿。

6.2 多枝高接后期管理

6.2.1 检查成活与补接。春季枝接15天后检查成活情况,凡接穗皮色鲜亮,未出现皱缩发暗及已萌芽的,表明已成活;芽体变暗,接穗干枯的未成活,应及时进行补接。如没有储备接穗进行补接,可从接口下剪去一部分,促发萌蘖。

6.2.2 抹芽除萌。嫁接后,砧木本身会发生很多萌蘖,影响成活,要及时抹芽并摘除,一周进行一次,4~5月抹除3~4次,操作时要防止损伤撕裂树皮。

6.2.3 病虫害防治。夏秋之间特别是接穗芽刚萌发时，要防止金龟子咬食叶片、嫩枝，生长季及时防治蚜虫、卷叶蛾等害虫。

6.2.4 解除绑带。枝接成活后，嫩枝长到20厘米左右时，要及时用刀片划破绑带，以后随着生长便自动解除，以免加速生长塑料条陷入皮层，出现遗痕风折。

6.2.5 立支柱。结合解除绑带，对生长量超过20厘米的新枝，要立支柱（并齐绑缚木棍），以防嫩枝遇风折断。

6.2.6 摘心。摘心的目的是抑制生长，避免风折，预留主枝，恢复树冠形状。5月底到6月初第一次摘心，选择3~4个位置合适的侧枝作为主枝培养，其余全部剪除；在一个砧木接口上插入两根接穗都成活，而且长势都旺，每个上只选两个侧枝培养，其余全剪除；生长都弱，只留一枝生长，一枝剪除。8月上旬进行第二次摘心，疏除过密的发育枝，促进枝条木质化。

6.2.7 松土施肥浇水。生长季降雨后要及时中耕除草；秋季结合深翻除草，每株施基肥20~30千克；有条件的地方要灌封冻水。

6.2.8 冬季修剪。冬季修剪也称休眠期修剪，时间在2月上旬至3月中旬，为防止春季失水抽干，时间可晚些，主要是整形，力求扩大树冠，疏除部分过密、位置不当的发育枝。

节能日光温室葡萄促成栽培技术规范

（彭阳县质量技术监督局2011年11月发布）

1 范围

本标准规定了日光温室葡萄栽培的产地环境、品种和砧木选择、建园、扣棚后管理、栽培管理等生产技术要求。

本标准适用于彭阳县及其他黄土高原沟壑区适宜日光温室栽培的区域。

2 规范性引用文件

下列文件中的条款通过本标准的引用而成为本标准的条款。凡是注日期的引用文件，其随后所有的修改单(不包括勘误的内容)或修订版均不适用于本标准。凡是不注日期的引用文件，其最新版本适用于本标准。

NY/T 393 绿色食品农药使用准则

NY/T 5086 无公害食品 鲜食葡萄

NY/T 5087 无公害食品 鲜食葡萄产地环境条件

NY/T 5088 无公害食品 鲜食葡萄生产技术规程

DB64/T 135 高效节能日光温室建造规程

3 术语和定义

下列术语和定义适用于本标准

葡萄通过休眠期所必需的小于等于7.2 ℃累积小时数叫需冷量。不同葡萄品种完成正常休眠所需的需冷量各不相同，其变幅在200~1800小时。

独龙干整形春季芽萌动后，只留1芽上长，其余去掉，苗高60厘米左右摘心，在离地50~60厘米各留1个侧蔓，每蔓50~60厘米摘心，再上30~40厘米各留1个侧蔓引缚篱架，40~50厘米摘心，二次副梢留1~2叶摘心，三次副梢完全不要，为一根主干，其上隔一定间距分布结果枝组。

4 品种选择

选择乍娜、维多利亚、奥古斯特、无核白鸡心、红提等中早熟品种。

5 栽植方法

5.1 栽植密度

采用篱架方式，栽植时采用南北行方向，宽窄行或单行定植。宽窄行栽植时密度：株距0.6米，宽行行距1.6~2.5米，窄行行距0.8米；单行栽植时密度：株距0.6米，行距1.5~2.0米。

5.2 土壤改良

按行距进行沟状整地培肥，沟深0.6~0.8米，宽0.8~1.0米，长为棚宽或长，每666.7平方米沟施腐熟的有机肥（农家肥）3000~5000千克，并加入过磷酸钙（磷肥）40千克~50千克，同时可在沟底施入作物秸秆4000~5000千克。

5.3 栽植

5.3.1 栽植时间：以秋栽为主，棚建后春、秋均可，一年生苗春季3月中下旬，秋季10月中下旬。

5.3.2 定植：苗木选择嫁接苗或自根苗，要求剪口粗0.6厘米以上，且有4~5个饱满芽，无病虫；苗木根系完整，根长20厘米以上的有5~6条，无机械损伤。

5.3.3 栽植方法：在已灌水沉实的栽植沟上挖宽、深各0.2~0.3米的定植穴，将苗木放入定植穴中央，保持根系伸展，嫁接苗嫁接口距地面10~20厘米。定植后立即浇水，地表稍干时覆盖地膜。

6 施肥

6.1 追肥

定植当年，待新梢长20~30厘米时，结合灌水在距离植株30厘米左右处进行追肥。每亩地追施10千克尿素+5千克复合肥（N:P:K=15:15:15）混合使用，后每隔10~15天追肥一次，一般追肥3~4次。

6.1.1 叶面喷肥：每隔15天左右喷施一次0.3%尿素+0.3%磷酸二氢钾+少量氨基酸叶面肥混合，生长期共喷4~5次。

6.1.2 灌水：生长前期及时灌水促进生长，后期看情况而定，土壤不旱不灌，葡萄树要注意防涝。

6.1.3 中耕：灌水后及时中耕除草，设施葡萄园全年中耕3~4次。

6.2 病虫害防治

采用物理与化学相结合的防治方法，重点防治葡萄霜霉病、白粉病、炭疽病、灰霉病、黑痘病、红蜘蛛等。防治方法见表1。

表1 鲜食葡萄主要病虫害防治

主要病虫害名称	主要侵染部位	防治方法
霜霉病	叶片、新梢	发病后喷72%克露600倍药液，或40%乙膦铝200倍液，或2000倍69%安克，或58%瑞毒锰锌可湿性粉剂600倍液，交替使用
白粉病	叶片、新梢、果穗	芽膨大而未发芽前喷3~5度石硫合剂，预防发病；发病后喷0.2%~0.3%石硫合剂，或50%硫黄悬浮液300~400倍液，或15%粉锈宁1500倍，或甲基托布津1000倍液，交替用药进行防治
灰霉病	果实等	花前喷50%苯菌灵2000倍药液；花后喷50%托布津500倍药液或70%~80%的代森锰锌1000~1500倍液
黑痘病	叶片、果实、果梗、新梢等	萌芽前芽膨大期喷5度石硫合剂；当新梢长到3~5片叶时每隔10天左右喷布1次波尔多液[1:(0.5~0.7):(200~240)]，或50%多菌灵可湿性粉剂800倍液，或600倍霉能灵可湿性粉剂药液。上述药剂交替使用，防止病菌产生抗药性
炭疽病	果实	发芽前喷3~5度石硫合剂，消灭越冬病源；在幼果和上色期，每隔10天喷1次80%炭疽福美500倍液，或半量式波尔多液200倍液，交替使用，均可控制
红蜘蛛	新梢、叶柄、叶片、果实等	越冬前刮除老树皮烧毁，消灭越冬雌虫；春季冬芽萌动时，喷3~5度石硫合剂加0.3%洗衣粉；发病高峰期用73%克螨特乳油2000~3000倍液进行防治

6.3 整形修剪

6.3.1 选留主蔓：定植后的苗木，当芽膨大到1~2厘米时抹芽，每个芽眼中留1个壮芽。新梢长10~15厘米时选留一个壮梢做主蔓向上延伸。

6.3.2 夏季修剪

摘心：所留主蔓新梢长到80厘米时进行第一次摘心，摘心后留顶端副梢继续延长生长，其余副梢留2~3片叶摘心。顶端副梢长到40厘米左右时，进行第二次摘心，其余副梢处理同上。依此类推，进行第三次、第四次摘心，8月份以后，如长势仍较强，顶端可保留2~3个副梢延长生长，下部萌发的副梢可适当放长，留4~6片叶摘心。

新梢长40~50厘米时立杆引绑。以后每生长50~60厘米绑扶1次。在绑扶的同时摘除卷须。立柱及钢丝的设立,根据定植株行距和棚的具体情况而定。

6.3.3冬季修剪:树形采用倾斜龙干式整形或“Y”形整形。冬剪时母枝剪留0.6~1.2米(京秀为0.6米),剪口粗0.8厘米以上。

7 覆盖

覆盖时间在9月底至10月初。霜降前进行覆膜并覆盖草苫。初期,白天盖草帘,晚上拉开草帘降温,同时前沿风口打开,使棚内温度降到7 ℃以下。12月中旬用石硫合剂升温。

覆盖至发芽前,相对湿度控制在85%~90%,发芽至花期前控制在60%~70%,开花期50%~60%,果实膨大期70%~80%,果实成熟期至采收期以50%为宜。

自扣棚至采收,应保持土壤相对持水量60%~80%。不同物候期中,以萌芽和果实膨大期需水量较大,宜控制在70%~80%。果实生长发育过程中尽量避免土壤含水量变幅过大,采收前控制灌水。

8.产量控制

每666.7立方米产1250~1500千克,叶果比30~40:1,结果枝和营养枝比1:1。

花前3~4天喷0.2%的硼砂溶液;尽早疏除过多的花序,1梢留1穗果,弱梢不留果,同时去除副穗和掐去1/4穗尖。

新梢摘心:开花前对结果枝新梢留7~8片叶摘心,无花穗的营养枝留8~10片叶摘心。对副梢留2~3片叶连续摘心。

9 肥水管理

9.1追肥

生长期内追肥5~6次,每次株施尿素50克(根据树势,旺树不追,弱树多追),多元复合肥50~100克。后期以磷、钾肥为主。

9.2叶面喷肥

花后两周进行叶面喷肥,每2周喷1次,喷0.5%氨基酸钙+0.3%磷酸二氢钾+0.2%光合微肥,一年共3~4次。

9.3灌水

结合施肥灌水,视墒情灌水,全年不超过6次,重点抓好萌芽水和果实膨大期水。

以膜下滴灌为主,未覆膜的灌水后及时浅耕除草。

10 夏季修剪

11 采收和包装

11.1 采收

果穗充分着色成熟后即可采收。采果前15~20天内禁止喷药。

11.2 包装

采用精致专用葡萄包装盒进行包装。

12 葡萄采收后的管理

12.1 揭膜

采果后待气温正常时,揭去棚膜,收贮好膜、草帘。

12.2 土肥水管理

12.2.1 追肥:修剪后及时追肥和叶面喷肥,7月中旬后控制追施氮肥。

12.2.2 基肥:9月上中旬早秋施肥,采用深沟施入腐熟有机肥,施肥量666.7平方米施3000~5000千克。

12.2.3 灌水:7月上旬后控制灌水,不旱不灌,并注意雨后排涝。扣棚前灌足冬水。

12.3 冬季修剪

扣棚后冬剪,一般在10月中下旬进行。

节能日光温室杏树促成栽培技术规范

（彭阳县质量技术监督局2011年11月发布）

1范围

本标准规定了设施杏树栽培管理的技术规范：栽植、整形修剪、花果管理、土肥水管理、病虫害防治、采收。

本标准适用于彭阳县及其他黄土高原沟壑区适宜设施杏树栽培的区域。

2 规范性引用文件

下列文件中的条款通过本标准的引用而成为本标准的条款。凡是注日期的引用文件，其随后所有的修改（不包括勘误的内容）或修订版均不适用于本标准。然而，鼓励根据本标准达成协议的各方研究是否可使用这些文件的最新版本。凡是不注日期的引用文件，其最新版本适用于本标准。

GB 5084农田灌溉水质标准

GB 15618土壤环境质量标准

NY/T 393绿色食品 农药使用准则

3 术语和定义

下列术语和定义适用于本标准。

3.1栽培目的：以提早上市为目的的日光温室促成栽培模式。

4 苗木

4.1砧木选用：山杏。

4.2苗木标准：2~3年生大苗，标准为：苗高1.2~1.5米，嫁接口愈合良好，嫁接口上2厘米处地径2厘米以上，苗木无机械损伤，无检疫对象；根系分布均匀、舒展。

4.3 品种选择：曹杏、金太阳、凯特等。

5 栽植

5.1 栽植时期：秋栽10月中下旬，春栽3月下旬。

5.2 栽植前苗木处理：剪去伤根，用波美3度石硫合剂喷布全株，然后将生根粉浸蘸后栽植。

5.3 栽植密度：密度为1.0×2.0米，行向为南北行。

5.4 栽植沟的准备：按株行距挖深、宽各80厘米的定植沟，挖出的表土与有机肥、磷肥、钾肥混匀，回填到沟中，待填至低于地面5~10厘米处，灌透水，然后覆上表土保墒。

5.5 授粉树配置：授粉品种与主栽品种配制比例为1∶4~5，株间配置。

5.6 苗木栽植：将苗木放入栽植穴中央，舒展根系，扶正苗木，边填土边轻轻提苗踩实，嫁接口高于地面5~10厘米。浇透水，覆膜增温保墒。

6 扣棚前的管理

6.1 定干：靠近棚前面苗木定干50厘米，棚后面定干80厘米。

6.2 摘心摘梢：当新梢生长20厘米左右时摘心；二次梢20厘米摘心，三次梢10~15厘米时再次摘心，疏除背上枝、直立枝和过密及交替枝。7月下旬对骨干枝拉枝或拿枝开角。

6.3 追肥：5月中旬，新梢长10~15厘米时，株施尿素100~150克+二铵100克。6月上旬，新梢长25~30厘米时，株施尿素、二铵各100克。6月下旬，株施硫酸钾复合肥150~200克。7月中旬前每次喷药加喷0.3%尿素+氨基酸叶面肥，每隔10~15天追一次。

6.4 秋施基肥：9月上中旬深翻棚内土壤，采用深沟施肥每666.7立方米施有机肥3000~5000千克，施沼液每棚1.5吨，灌足冬水。

6.5 整形修剪。

6.5.1 树形选择：采用纺锤形。主干高40~70厘米，有中央领导干，每隔20~30厘米，选留结果枝组，要求长势好、不重叠、螺旋上升，全树留8~10个，总高度1.5~2.5米。

6.5.2 夏剪：抹除着生部位不定芽，新梢20~25厘米时，及时摘心。当二次新梢长到20厘米时摘心，疏除过密背下枝。骨干枝长到50厘米左右时，拉枝开角。部分新梢进行捋枝，扭梢处理。疏除背上旺梢和密生枝。果实近成熟时，摘除果实周围叶片，以利充足光照。

6.5.3 冬剪：按"疏枝为主，长留长放"的修剪原则，疏除或捋平骨干枝背上的长果枝，疏除无花强旺营养枝、病虫枝、过密枝、重叠枝、竞争枝。轻剪长放骨干延长枝，甩放侧生中、长结果枝，短截回缩下垂细弱结果枝。

7 扣棚后的管理

7.1 覆盖棚膜：10月上旬进行，同时上草帘。检查日光温室的密闭性，确保其具有较好的保温性能。白天拉下草帘晚上揭开强迫果树休眠，棚内温度控制在7 ℃以下，通过35~40天满足杏树需冷量可打破休眠。

7.2 升温时间：具体为12月上中旬。温棚内全面铺盖地膜，升温过程一定要缓，棚内温湿度靠揭草帘和开关通风口来调节。拉帘时间日出后1小时，放帘时间日落后1小时，并注意天气变化，防止大风损坏大棚设施。

7.3 升温后的管理：树体全面喷布波美5度的石硫合剂。

7.4 肥、水管理。

7.4.1 追肥：花前、花后十天每株各追施50克尿素+100克二铵；果实膨大期每株追施100克尿素+150克二铵。

7.4.2 叶面肥：升温后全树喷3%的尿素+3%锌肥；盛花期喷0.3%的尿素+0.3%硼肥+0.3%的蔗糖；从幼果期开始每15天喷0.3%的磷酸二氢钾+氨基酸叶面肥等。

7.5 授粉。

7.5.1 蜜蜂授粉：开花前棚内放1~2箱蜜蜂进行传粉。

7.5.2 人工授粉：花期分3~4次。用毛笔沾上花粉直接点授柱头，连续进行2~3遍，一般将不同品种花粉点授到另一个品种的柱头上。

7.5.3 利用生长调节剂：花期叶面喷0.2%~0.3%硼砂，可有效提高坐果率。

7.6 疏果：长果枝留3~4个果，中果枝留2~3个果，短果枝留1个果，使果实在树冠中分布均匀。疏除畸形果、病虫果。

7.7 树体管理。

7.7.1 抹芽：选留方位、角度好的新梢作为预备主枝培养，其余均抹除。

7.7.2 摘心：当新梢长至20厘米时第一次重摘心，促发二次梢。背上直立旺梢反复摘心加以控制，当二次枝长到20厘米时，第二次摘心，促发结果枝。

7.7.3拉枝开角：骨干枝及时拉枝开角，基角50°~60°，辅养枝一律拉平，疏除外围竞争枝、内膛密生枝，严格控制两次、三次副梢的生长，并适度疏除。

7.8病虫害防治。

7.8.1落叶至扣棚前，全棚喷布波美3~5度石硫合剂进行树体保护。

7.8.2病害：细菌性穿孔病、霉斑穿孔病、褐斑穿孔病，采用70%~80%的代森锰锌1000~1500倍液、50%多菌灵可湿性粉剂800倍液、甲基托布津800~1000倍液交替使用防治。

7.8.3虫害。

瘤芽：用净万灵1000~1500倍防治。

红蜘蛛：可在5月下旬、7月中旬各喷一次螨死净、螨克1000~1500倍。

7.9温、湿度管理。

7.9.1温度管理。

萌芽前：白天15 ~18 °C，夜间6~8 °C。

花期：温度稍高，白天接起全部草帘，白天15~20 °C，夜间10~12 °C。

幼果期：白天15~24 °C，夜间10~15 °C。

果实膨大期：白天12~28 °C，夜间15~18 °C。

果实近成熟时：白天不高于30 °C，夜间15 °C以下。

7.9.2棚内湿度管理：升温至花前相对湿度控制在80%左右，花期45%~65%，果实膨大期50%~66%，果实近成熟时50%~60%。

7.9.3土壤湿度：自扣棚至采收，应保持土壤相对持水量60%~80%。不同物候期中，以萌芽和果实膨大期需水量较大，宜控制在70%~80%。果实生长发育过程中尽量避免土壤含水量变幅过大。

7.10采收：果实已着色，底色变黄，果核及种皮变成褐色时开始采收。采果前15~30天内禁止喷药。

7.11分级包装：采用精致包装(1.0~2.5千克)，果实严格分级，对单果用发泡网进行包装。

8 采果后的管理

8.1揭膜：气温正常时，选阴天或傍晚揭棚膜，收贮好膜、草帘。

8.2 修剪：疏除下垂枝、背上的直立旺梢、密生梢、外围竞争枝、多年生细弱枝、枯枝及病虫枝，甩放平斜中庸的新梢，对其余的新梢留2~3片大叶全部重短截，及时对长度20~30厘米的新梢摘心，控制旺长，并及时去除留下的光秃老龄枝条。

8.3 土肥水管理。

8.3.1 追肥：修剪后及时追肥和叶面喷肥，促发新梢生长。7月中旬后控制追肥。

8.3.2 基肥：同6.4。

8.3.3 灌水：7月上旬后控制灌水，不旱不灌，并注意雨后排涝，灌足冬水。

8.4 病虫害防治：同7.8。

8.5 冬季修剪。

8.5.1 时间：扣棚前冬剪结束。

8.5.2 原则：以疏为主，轻剪长放，留足结果枝。

节能日光温室桃树促成栽培管理技术规范

（彭阳县质量技术监督局2011年11月发布）

1 范围

本标准规定了设施桃树栽培管理的技术规范：栽植、整形修剪、花果管理、土肥水管理、病虫害防治、采收。

本标准适用于彭阳县及其他黄土高原沟壑区适宜节能日光温室桃栽培的区域。

2 规范性引用文件

下列文件中的条款通过本标准的引用而成为本标准的条款。凡是注日期的引用文件，其随后所有的修改（不包括勘误的内容）或修订版均不适用于本标准。然而，鼓励根据本标准达成协议的各方研究是否可使用这些文件的最新版本。凡是不注日期的引用文件，其最新版本适用于本标准。

GB 5084农田灌溉水质标准

GB 15618土壤环境质量标准

NY/T 393绿色食品农药使用准则

3 术语和定义

下列术语和定义适用于本标准。

3.1栽培目的：以提早上市为目的的日光温室促成栽培模式。

3.2需冷量：桃通过休眠期所必需的0.0 ℃~7.2 ℃累计小时数叫需冷量。

3.3摘心：掐去新梢顶部幼嫩的部分。

3.4新梢：当年萌发的幼嫩枝条。

4 苗木

4.1砧木选择：选用毛桃砧木。

4.2 苗木标准：嫁接口愈合良好，嫁接口以上10厘米处，粗度1.0厘米以上；侧根根系直径大于0.2厘米达到6条以上，主根根系保留长度20厘米以上；无检疫性病虫害。

4.3 品种选择：春雪，中油4号、5号等。

5 栽植

5.1 定植时间：秋栽10月中下旬，春栽3月中下旬。

5.2 栽植密度：株距1.0米、行距2.0米，行向为南北行。

5.3 栽植沟的准备：按行距进行沟状整地培肥，沟深0.8~1.0米，宽0.6~0.8米，每666.7平方米沟施腐熟的有机肥3000~5000千克，并加入过磷酸钙40~50千克，同时在沟底填厚大于20厘米的作物秸秆，灌水，使土沉实，然后覆表土保墒。

5.4 栽植前苗木处理：定植前进行根系修剪，剪留20厘米，将修根后的种苗浸泡后蘸生根剂定植。

5.5 苗木栽植：将苗木放入栽植穴中央，舒展根系，扶正苗木，边填土边轻轻提苗踏实，嫁接口高于地面5~10厘米。灌水浇透，覆土保墒。

5.6 授粉树配置：授粉品种与主栽品种配制比例为1:8，在株间栽植。

6 扣棚前管理

6.1 定干：定干35~50厘米，南低北高，树形采用开心形、纺锤形。

6.2 摘心除梢：萌芽后及时抹除根部萌蘖、背上芽、双芽和剪口下竞争枝芽。新梢长到20~30厘米时选定3个不同方位的壮枝作为主枝进行摘心，疏除背上直立新梢，斜生枝扭梢或摘心。摘心后10~15天主枝二次梢长到20厘米左右时，进行二次摘心，促发结果枝。主枝延长梢长到50~60厘米时，第三次摘心。

6.3 追肥：5月中旬，新梢长10~15厘米时，株施尿素100~150克 + 二铵100克。6月上旬，新梢长25~30厘米时，株施尿素、二铵各100克。6月下旬，株施硫酸钾复合肥150~200克。7月中旬前每次喷药加喷0.3%尿素 + 氨基酸叶面肥，每隔10~15天追一次。

6.4 叶面肥：升温后全树喷3%的尿素+3%锌肥；盛花期喷0.3%的尿素+0.3%硼肥+0.3%的蔗糖；从幼果期开始每15天喷0.3%的磷酸二氢钾+氨基酸叶面肥等。

6.5 秋施基肥：9月上中旬深翻棚内土壤，采用深沟每666.7立方米施有机肥每棚3000~5000千克，施沼液每棚1.5吨，灌足冬水。

6.6 整形修剪。

6.6.1 树形：定干后选择3个长势均匀的新梢作主枝培养，主枝角度为45°~50°，形成3主枝开心形树体结构。

6.6.2夏季修剪：萌芽后及时抹除根部萌蘖、背上芽、双芽和剪口下竞争枝芽。新梢长到20~30厘米时选定3个不同方位的壮枝作为主枝进行摘心，疏除背上直立新梢，斜生枝扭梢或摘心。摘心后10~15天主枝二次梢长到20厘米左右时，进行二次摘心，促发结果枝。主枝延长梢长到50~60厘米时，第三次摘心。

6.6.3冬剪：冬季修剪时，疏除徒长枝、竞争枝、过密枝、重叠枝、病虫枝，轻剪骨干延长枝，短截下垂和细弱结果枝，其余枝条以甩放为主。

6.7棚内桃树充足灌水。

6.8树体全面喷布波美度5度的石硫合剂。

7 扣棚后的管理

7.1覆盖棚膜：10月下旬人工强制性落叶，11月上中旬即可扣棚盖苫，扣棚后白天覆盖草苫（棉被），夜间揭开草苫（棉被）并打开通风口，确保室内温度不高于7.0 °C。30~35天满足需冷量（770~820小时）即可打破休眠。

7.2升温时间：具体为12月上中旬。温棚内全面铺盖地膜，升温过程一定要缓，棚内温湿度靠揭草帘和开关通风口来调节。拉帘时间早日出1小时以后，放帘时间日落1小时前，并注意天气变化，防止大风损坏大棚设施。

7.3肥、水管理。

7.3.1追肥：花前、花后10天每株各追施50克尿素+100克磷酸二铵；果实膨大期每株追施100克尿素+150克磷酸二铵。

7.3.2叶面肥：升温后全树喷3%的尿素+3%锌肥；盛花期喷0.3%的尿素+0.3%硼肥+0.3%的蔗糖；从幼果期开始每15天喷0.3%的磷酸二氢钾+氨基酸叶面肥等。

7.4授粉。

7.4.1蜜蜂授粉：开花前棚内放1~2箱蜜蜂进行传粉。

7.4.2人工授粉：花期分3~4次。用毛笔沾上花粉直接点授柱头，连续进行2~3遍，一般将不同品种花粉点授到另一个品种的柱头上。

7.4.3利用生长调节剂：花期叶面喷0.2%~0.3%硼砂，可有效提高坐果率。

7.5树体管理。

及时除去砧木萌芽，抹去背上旺长芽及位置不合理的稠密萌芽，骨干枝保留一个方向适当的新梢为延长头，基角50°~60°，开张角度70°。疏除背上直立和过密旺梢，辅养枝一律拉平，桃新梢长到30厘米必须摘心，严格控制两次、三次副梢的生长，并适度疏除。花后及时疏除无果枝。果实膨大至硬核期回缩或疏除影响光照的过旺新梢。采前4~6周回缩过旺枝，适当短截部分新梢、吊枝。下垂果枝用线绳拉到树冠上面，改善树体光照条件，增加果实着色。

彭阳优质苹果
2005年9月拍摄 / 彭阳县自然资源局供图

7.6病虫害防治。

7.6.1落叶至扣棚前，全棚喷波美度3度至5度石硫合剂进行树体保护。

7.6.2病害：细菌性穿孔病、霉斑穿孔病、褐斑穿孔病，采用70%~80%的代森锰锌1000~1500倍液、50%多菌灵可湿性粉剂800倍液、甲基托布津800~1000倍液交替使用防治。

7.6.3虫害。

蚜虫：幼果后用吡虫灵或定虫脒防治蚜虫，用净万灵1000~1500倍防治瘤芽。

红蜘蛛：可在5月下旬、7月中旬各喷一次螨死净、螨克1000~1500倍。

7.7温、湿度管理(表1)。

7.8采收：果实已着色，底色变黄，果核及种皮变成褐色时开始采收。采果前15~20天内禁止喷药。

7.9分级包装：采用精致包装，果实严格分级，对单果用发泡网进行包装。

8 果后管理

8.1揭膜：采果后，气温正常时，揭去棚膜。

8.2采果后修剪：果实采收后，进行1次重修剪。对已结果的枝进行更新，使结果部位靠近主枝。修剪方法除平斜中庸壮梢保留10%~15%不剪外，其余枝条留2~3片叶重短截，促发新梢，形成新的果枝。

表1 桃扣棚后不同时期的温度、温度

阶段	所需时间/天	适宜温度/℃	白天最高/℃	夜间最低/℃	10厘米地温/℃	相对湿度
升温初期	7~10	8~15	15	6	13~15	≤80%
升温中期	7~10	10~18	20	8	14~18	≤70%
升温后期	10~15	10~22	25	10	14~20	40%~60%
开花期	10	12~22	25	10	14~20	30%~50%
膨大期	35~40	25~28	28	15	19~24	≤60%
成熟期	15~20	25~28	28	15	19~24	≤60%

8.3冬剪：冬季修剪是为了平衡树势，更新结果枝组。需要疏除徒长枝、竞争枝、过密枝、重叠枝、病虫枝和干扰树冠的强壮枝。轻剪骨干延长枝，短截下垂和细弱结果枝，其余枝条以甩放为主。

8.4土肥水管理。

8.4.1施肥：修剪后及时追肥和叶面喷肥，促发新梢生长，7月中旬后控制追肥。

8.4.2土壤管理：灌水或雨后及时中耕除草，秋后深翻棚内土壤，采用深沟每666.7平方米施有机肥，每棚3000~5000千克。

8.4.3灌水：7月上旬控制灌水，不旱不灌，并注意雨后排涝，灌足冬水。

9 病虫害防治

9.1防治原则：坚持“预防为主，科学防控，和谐健康”的原则，优先采用农业措施、生物防治方法，控制病虫害的发生。

9.2防治对象：病害有穿孔病、流胶病、褐腐病、炭疽病等。虫害有红蜘蛛、食心虫、蚜虫、卷叶虫等。

9.3防治方法：落叶后清扫棚内枯枝落叶，集中深埋；生长季节棚内挂黄板，适时通风，降低棚内温、湿度，进行生态调控，减轻病害发生。撤棚膜后油桃的主要病虫害防治为桃潜叶蛾，用25%灭幼脲3号2000倍液或20%杀铃脲800~1000倍液喷雾防治；蚜虫用桃蚜净800~1000倍液或灭扫利3000倍液防治；红蜘蛛6月底至7月初用螨死净3000倍液混合灭扫利或扫螨净3000倍液喷雾防治；细菌性穿孔病用70%甲托800倍液或50%多菌灵700倍液喷雾防治，间隔10天喷1次，连喷2次。

林业科技成果

彭阳县1987—2011年科技成果表

序号	项目名称	获奖时间	获奖等级	授予单位	主要完成单位	成果鉴定单位
1	红星苹果	1987年	宁夏优质水果	自治区林业厅	彭阳县林业局	—
2	元帅系苹果	1990年	宁夏优质水果	自治区林业厅	彭阳县林业局	—
3	彭阳县主要果树增产技术示范	1990年	四等奖	自治区人民政府	固原地区农科所、彭阳县林业局	—
4	苹果新品种红宣士、乔纳金开发研究	1996年	三等奖	自治区人民政府	宁夏林业厅 宁夏农学院 宁夏园艺研究所 中宁县林业局 灵武园艺场 彭阳县林业局 灵武新华桥种苗场	—
5	彭阳果树基地开发技术研究	1996年	三等奖	自治区人民政府	宁夏农林科学院 园艺研究所 彭阳县林业局	—
6	红富士苹果	1999年	第三届"兴果杯"优质果品金奖	自治区林业厅	—	—
7	宁夏南部黄土丘陵沟壑区生态经济型防护林体系营建技术研究与综合示范	2008年	三等奖	自治区人民政府	宁夏林业 技术推广总结 彭阳县林业局 宁夏林业调查规划院	—
8	宁南地区两杏提质增效关系技术集成与示范	2011年	—	—	彭阳县林业和生态经济局	宁夏科技成果管理中心

实用新型专利(1项)

名称:一种弹弓式捕鼠器

专利号:CN200720140076.X

证书号:第1036543号

申请人:宁夏彭阳县林业局;宁夏回族自治区森林病虫防治检疫总站

发明人:袁 君 姚国龙 许效仁 宝 山 王玉有 晁建勇 张建荣 李德家 曹川健 黄金仓 李 元 杨凤鹏 杨 虎 张 锐 翟红霞

授权单位:中华人民共和国国家知识产权局

授权时间:2008年4月2日

生态建设标兵

1983年彭阳县成立，面对恶劣的生态环境，县委、县政府将“生态立县”作为立县之本，团结带领全县各级组织和广大干部群众，发扬领导苦抓、部门苦帮、群众苦干的“三苦”作风，改土治水、治穷致富，以小流域为单元，按照山水田林路综合治理的方式拉开了流域治理的序幕，走出了一条符合彭阳实际的科学发展之路。1997年，自治区党委、政府召开会议，决定在全区推广“彭阳经验”。

2005年，彭阳水土流失综合治理经验推广列入全国人大十大重点建议之一。彭阳县先后被评为“全国造林绿化先进县”“全国水土保持先进县”“全国退耕还林先进县”“全国绿化模范县（市）”“国家园林县城”等，同时涌现出许多先进人物。

贾世昌和他的“七字诀”

马文锋　周一青　王晓龙

今年81岁的贾世昌，想贷款在彭阳县城买一套房子，但未能如愿。

因为他已退休多年，不具备还贷能力。

他曾是彭阳建县时最大的官——县工委书记，此后他的继任者改称县委书记。

他曾在彭阳县里、固原市区有房子，但都上交单位了，成了无房户。

18年前，从固原地区政协联络处副主任这个副厅级岗位上退休后，他回到老家彭阳县草庙乡赵洼村小湾村民小组，当了一个地地道道的农民。

当年，他为什么要放弃城市回归田园？

如今，他为什么又想离开农村进城生活？

近日，记者到彭阳采访，揭开了贾世昌18年鲜为人知的秘密。

贾世昌生于1932年，1952年参加工作。从1965年开始先后在同心、中宁、固原三地任县级干部。

1983年，国务院批准将固原县的彭阳、王洼两区分出，设立彭阳县。当年10月19日，固原行署宣布彭阳县正式成立，中共彭阳县筹备工作委员会随之成立，贾世昌任工委书记。

“黄土山像和尚头，雨水哗哗顺沟流；种地要到山上头，下籽三升打斗。”彭阳地貌多变，沟壑纵横，干旱多灾，建县之初，人均年收入不足百元。

贾世昌拄着打狗棍深入沟、壕、洼、岔，走村串户，通过调查研究，提出了治县“七字诀”：种（种粮、种树、种烟草）、养（养家禽、大家畜）、加（搞建材和食品加工）、土（平田整地）、水（管好天上水、利用地面水、挖掘地下水）、路（修公路）、电（通电）。以“生态立县”,他组织了全县植树造林大会战,和农民一起挖坑植树,吃在工地、住在工棚。由此形成了彭阳县领导班子苦干务实的工作作风,这种作风被以后历届县领导班子传承弘扬,“一任接着一任干”成为“彭阳精神”的核心。

1985年,贾世昌任彭阳县人大常委会主任。1989年,任固原地区政协联络处副主任。

1995年,63岁的贾世昌退休。他人生的第二个春天从“种”开始,这正是他当年治县“七字诀”中的第一个字。

贾世昌在小湾村民小组的窑洞,是他的先人从甘肃镇原迁到这里时从别人手里购买的,有上百年历史了,深约15米、宽约3米、高约4米,冬暖夏凉。窑洞所在山峁之巅有一棵柳树,也有百岁了。这棵树是贾世昌家的地标,是全村最引人注目的一道风景。远远看到它,你就不难明白贾世昌对树的情愫了。

他把自己窑洞所在山峁全种上了树,杏树、枣树、桃树等经济林木种近千棵。这座当年荒凉的山,如今早已郁郁葱葱,如世外桃源。一天,贾世昌找到县林业局局长,要专修果树的剪子。局长问:“老书记,您会修剪果树?”“那当然,我还算科班出身呢。”

贾世昌小时候读过4年私塾。1979年,宁夏派3名主管农业的县级干部到西北农学院进修半年,贾世昌当时在固原县委工作,平生第一次以学生身份进了高校的大门,学会了修剪果树等农业技术。

从县林业局拿到4把剪子,贾世昌上了小湾东北的黄鼠钻梁。多年来,他上山为乡亲们义务修剪果树1000多棵。

他和同样退休在家的弟弟、彭阳县委老干部局原局长贾世俊合买了几只羊,老哥俩轮换赶羊放牧,有时还为邻居牧羊,下沟上山,其乐融融。

贾世昌也时常有快乐不起来的时候,最让他揪心的是赵洼小学。

1975年,得知赵洼小学没有校舍,在外地工作的贾世昌将老先人传下的百年窑洞借给了学校,他的妻子赵玉英和孩子搬到别的窑洞住。

1983年,贾世昌回到彭阳县任工委书记后,有关部门在贾世昌家窑洞下一处平地上,新建了赵洼小学,有三栋校舍。

1997年,随着学生增加到140多名,赵洼小学三栋校舍明显不够用了,贾世昌规划在三栋校舍前增建一栋校舍和一个操场,用地面积0.2公顷。

要用的这0.2公顷地，是小湾村民小组韩耀荣家的。贾世昌用家里最好的0.2公顷口粮田换了韩耀荣的地，然后捐献给赵洼小学。

贾世昌找到有关部门，要求给赵洼小学建一栋校舍，有关部门负责人说要“研究研究”。贾世昌知道真要“研究研究”，好多娃娃当年就进不了赵洼小学的校门了，于是来了一句：“十月怀胎，一朝分娩。你这分娩时间未免太长了吧！”

这话听起来文绉绉的，但明显带着“刺”。

建围墙和厕所需要砖，贾世昌找到一家砖厂。砖厂老板过去是贾世昌任县工委书记时的村支书，见到贾世昌很是欢喜，售价1000元的砖，让贾世昌出400元拉走了。

小湾村民小组长年缺水，村民们每天赶着毛驴到3公里外去驮水。他们试着打过几口井，总是不出水。贾世昌向有关部门要了些水泥，组织村民打了16眼水窖，收集雨水和雪水，解决了吃水困难。

小湾出行难，贾世昌向有关部门汇报了情况，不久小湾到草庙乡的公路修通了。

有一年，某乡进行种植结构调整，要求农民种玉米。有的农民不听，种了麦子。乡干部一怒，带人来毁麦苗。贾世昌闻讯赶到现场，怒斥乡干部：“农民想不通，你们可以耐心做工作。但你们要毁苗，这如同犯法！”怒气难消，他找到县委书记反映情况，县委及时制止了毁苗行为。

2011年，彭阳革命老区建设促进会成立，贾世昌当选为会长。为了维修保护20世纪三四十年代中共地下党组织在彭阳的四个旧址：中共固原县委旧址、中共小园子地下党支部旧址、中共红河地下党支部旧址、峁堡地下交通站旧址，他向各方“化缘”筹资68万元。中共固原县委旧址维修保护工程近日已启动。

在任时，贾世昌很反感“走后门”。退休后，他可没少“走后门”，准确地说是为老百姓的事“走后门”。

远的不说，就说2012年吧。彭阳县某企业招工，受草庙乡一带三家人之托，贾世昌找到这家企业的老总，希望能录用三家的三个孩子。这三个孩子两个高中毕业，一个初中毕业，老总答应录用两个高中毕业生。“这个初中毕业的娃娃你也录了吧，他会一辈子感激企业给了他一份工作的。”80岁的贾世昌恳求老总，老总答应了。

赋闲在家18年，贾世昌为老百姓办的实事有上千件吧。

老人摇摇头：哪有那么多？

几百件总有了吧?

老人笑了笑,不置可否

他为人办事有个原则,就是内外有别。

他担任县级干部30多年,家里人谁也没沾过他的雨露恩泽,反而大多被他耽误了。

他为什么要这样?一是避嫌。他的为官心得是:"干部不怕我严,怕我廉;干部不服我能,服我公。"二是他觉得孩子们长大了有个营生就行。

他的妻子赵玉英一直在农村务农。2009年,彭阳户口政策已放开多年,77岁的赵玉英的户口才农转非。

贾世昌有两儿三女。

1982年冬天,在部队服役的大儿子贾治生带着妻子和刚满月的孩子从兰州来到固原,想请时任固原县县长的父亲派车送他们一家回彭阳老家。第二天一大早,贾世昌给儿子一家买了两张去彭阳的班车票,便下乡去了。

大女儿贾淑萍在彭阳县城一小工作,到退休还是名锅炉工

二女儿贾治萍在彭阳县城二小工作,是一名普通的教师。

小女儿贾丽萍从宁夏邮电学校毕业后,分配到彭阳县邮政局工作,后来调到固原市邮政局。

小儿子贾治斌初中毕业没考上高中,招了工,在彭阳公路段工作,开装载机,后来任出纳。

除了老大复员分到银川工作,后来从处级岗位上退休外,贾世昌目前没有一个孩子在做官。五个孩子都没有上过大学,他们上小学和中学,时常请假回家,帮母亲干农活,学习被耽误了。

可是,没上过大学又有什么见不得人?他们不是都有自己的营生吗?领导的孩子就一定都要当官吗?

能从贾世昌的角度想想,对名利才算真看透了。

（作者系宁夏日报记者）

致富带头人杨万珍

杨万珍，城阳乡陈沟村南沟组人，先后被彭阳县委、县政府评为科技示范户、彭阳建县十周年先进个人、致富模范。2000年，被评为全国劳动模范。2006年，被评为全区农村优秀实用人才。1990年他率先承包了生产队的5.3公顷荒山，决心将荒坡变成果园，把沟壑变成良田。经过十多年的不懈努力和顽强拼搏，他家的果园面积已扩大到2.7公顷，绿化荒山沟道面积13.3公顷。在他的感召和带动下，现陈沟村已有20多户人家重建了自己的果园。2006年生态建设“813提升工程”在全县正式启动，其中很重要的一条就是用3～5年时间，在全县打造1000户杨万珍式的生态户，“杨万珍模式”将成为偏远山区和生态薄弱区生态建设的样板。

（摘自《固原市志》）

宁夏农林科学院研究员张一鸣

笔者专程从宁夏首府银川出发，驱车400余千米到地处偏远的彭阳县采访。彭阳原来是个光秃荒凉、水土流失严重、环境恶劣、经济贫困的山区穷县。1983年才从固原县分出单独设县。最近十几年来，他们大力植树造林、控制水土流失、改善生存条件、促进经济发展，创造了令人瞩目的“彭阳经验”。

时任林业局局长王毅向笔者介绍了一些情况之后，微笑着问我：“你知道我们县里有句名言吗？这句名言是：不找县长找张工。全县老百姓差不多都知道这句话、说过这句话。你看，这位张工现在就坐在你身旁。他可是我们这里的名人哩！”

坐在笔者身旁的是一位默默无闻的老者：只见他60岁开外，个头不高，面带微笑，一身朴素的装束，毫无显眼之处。

张工名叫张一鸣，湖南人，是宁夏农林科学院园艺研究所研究员。“张工”是当地老百姓对他最亲切、最尊敬的“通用”称呼。

王毅告诉笔者：张工承担了彭阳果树基础建设和旱地果树栽培技术研究项目，从1986年以来，在彭阳的山沟一蹲就是14年。这14年，他跑遍了全县的沟岔、大大小小的果园，摸索出一套适合当地生态条件的果树早果早丰栽培技术，找出制约林果业发展的病根。全县经果林面积迅速发展到1.3公顷，实现“面积上规模、种植上水平、品种上新优”。在张一鸣及其他技术人员的指导下，短枝富士、乔纳金、新世界、红将军、北海道9号等优良品种纷纷来彭阳山沟里安家落户。其中苹果中乔纳金、红富士已占总量的70%以上，年产果品达1500万千克。现在，林果业已成为这个素以贫困闻名全国的山区县的支柱产业。

王毅说，张工不仅举办培训班，培训农民技术骨干，还手把手地向果农传授修剪技术和防治病虫害知识。他常常骑着自行车钻山沟去现场指导，遇到不能骑自行车的地方，他就扛着车子走，有时干脆放下自行车步行上山。天长日久，他与果农们都混熟了。有时，果农遇到难题就赶着毛驴车到驻地来接他。他二话不说，起身就走，从不推辞。每年春季，他握着剪刀从这个山头奔那个果园，亲自示范指导，上手剪枝。由于剪得过多，他的手指常常肿得僵硬难展，可他没有一句怨言，他感到活得很充实。

十几年过去了，课题组的人员有多次人事变动，所有人几乎都调动过了，其中有两名骨干还相继出国深造，而张一鸣虽然早就从副所长的岗位上退了下来，但他却一直未退出山区，仍坚守在自己的岗位上。

张工的家虽然在银川，但他这十几年来每年的生日都是在彭阳山沟里过的。山区的老百姓对他的生日记得比他本人还清楚。每到他的生日，群众都来接他去做客或与他一起过。那简朴的生日聚会，其乐融融，场面十分感人。张工是他们心中的功臣、财神爷。

张一鸣的住处在一幢居民楼的4楼。登上高高的楼梯，见课题组另一年轻人也在房中，屋里摆着简单的炊具和山区最常见的蔬菜。张一鸣占了其中一间，既当卧室又当工作室。屋内没有一件家用电器和豪华摆设。真想不到，这是一位年逾六旬的研究员长期工作、生活的地方！但这在当地已经是相当不错了。这还是彭阳县有关领导为照顾他们特意拨给他们用的。

笔者回到银川，仔细翻阅张一鸣交给我的那厚厚一大本材料时，才发现那是他们的“总结报告”。从头翻到尾，上面找不到“张一鸣”3个字，甚至连课题组负责人和报告的执笔人也未列上。张工可能是希望多写写他们的课题组，并不希望宣传他本人啊！事后得知，出生在湖南的张一鸣是1961年从华中农学院毕业的。他放弃优越的工作和生活条件，自愿来到宁夏，还动员妻子一起来。30年来，他做了大量卓有成效的工作。

（摘自《彭阳县林业志》）

陈沟村致富带头人虎治辉

虎治辉，1977年3月出生，2012年7月加入中国共产党，城阳乡陈沟村人，系陈沟村A类致富带头人。先后被彭阳县委评为优秀共产党员、优秀致富带头人等。

1993年因家庭困难，劳动力少，初中未毕业的虎治辉就辍学外出打工，多年来他一直在外奔波，白天一身泥、一身汗，晚上望着漆黑的夜空，他常常想："这抛家舍业、飘零在外的日子何时是个头？"2001年国家开始实施退耕还林政策，这让虎治辉看到了希望，因为造林需要大量苗木。2002年他先后到泾源县及平凉市泾川县、灵台县等地实地考察农户育苗情况，并带回了一车油松和新疆杨种苗，在自家仅有的0.7公顷水浇地里尝试种植，其间边生产边学习。通过矢志不渝的努力，2005年他的第一批苗木顺利出圃，获得了3.5万余元的收益，这让虎治辉更坚定了通过育苗发家致富的信心。随后他把育苗面积扩大到2公顷，育苗的品种由当初的新疆杨、油松扩大到了云杉、新疆杨、国槐、油松、獐子松、刺槐等七八个品种，年均收入超过10万元。

看到虎治辉通过育苗发家致富，村里的群众跃跃欲试，前来请教的群众他都是有求必应，热心地帮助联系种苗，到田间地头手把手地传授技术。在他的带动下，陈沟村全村育苗面积2010年增加到了67公顷，成为名副其实的种苗生产村。接着他又注册成立了茂林苗木种植合作社，吸收育苗户50余户，通过合作社的运作，陈沟村当年苗木顺利出圃销往区内外，销售额达到180万元。同时，他还动员乡亲们尝试种植西芹、拱棚辣椒等冷凉蔬菜，联系客商进行销售。

虽然虎治辉是一名普通的农村党员，但他却用不平凡的行动为陈沟村乡亲们发家致富奔小康尽到了一名共产党员应尽的责任与义务，赢得了群众的一致认可。

（摘自《彭阳县林业志》）

刘沟门村致富带头人马文

马文，1979年9月出生，古城镇刘沟门村人，系刘沟门村B类致富带头人。

从小受父亲影响，马文对红梅杏嫁接技术有着浓厚的兴趣，初中毕业后他没有像村里其他年轻人一样外出打工，而是选择了发展红梅杏产业，在自家的承包地进行红梅杏嫁接，探索致富路。为很好地掌握这一新型栽植技术，他积极参加县就业局组织的红梅杏嫁接技术培训，并专门购买有关红梅杏嫁接方面的书籍进行自学。经过不懈地努力，他掌握了一套属于自己的红梅杏嫁接技术。经他嫁接的红梅杏，口味香甜，市场效益好，取得成果后，他干劲十足，流转周边农户土地近20公顷，于2011年10月成立彭阳县宝盛红梅杏种植专业合作社，注册资金50余万元，吸纳社员5人。

合作社自成立以来就把种植嫁接红梅杏作为主导产业来抓，5年来嫁接红梅杏树苗200万株，年均销售树苗20余万株，年均出售果2000千克，收入累计达到120万元，每年雇佣劳动力达300人次。当前合作社种植红梅杏面积已达20公顷，并成功探索出“种植嫁接+幼苗管护+产品销售”发展模式。

在壮大合作社经营规模的同时，他不忘带动左邻右舍共同致富。2013年至2015年，他分批给附近3个生产队180余户人家赠送2000余株苗木，价值1.4万余元，带动村11户29人种植红梅杏。同时与新集乡上马洼村的马玉国、古城镇皇埔村的马秀恩合作，成立了苗木公司。

每当提起马文，村民都会竖起大拇指，夸口称赞。他在村民中树起了一面创先争优旗帜，是当地村民学习的榜样。

（摘自《彭阳扶贫志》）

全国十大绿化标兵吴志胜

吴志胜，江苏句容人，1940年5月出生，中共党员，高级林业工程师。他1956年毕业于南京林业学校，1959年10月支边来宁夏，曾先后在贺兰山林业局、六盘山林管局黄家庄林场、王化南林场、西峡林场任技术员，与其他科技人员一起研究解决了油松、华山松、云杉、华北落叶松等树种的育苗技术问题，造林面积近1333公顷。1984年3月，他调任彭阳县挂马沟林场任场长。十余年来，他带领职工改河、筑坝、造地，建苗圃面积26.6公顷，培育各种苗木几千万株，除满足本场造林需要外，还售给邻县苗木100多万株，创收30多万元。建果园面积26.6公顷，封山育林面积133.3公顷，造针叶林面积8000公顷，成活率均在85%以上，到1995年已有2666.7公顷林子进入间伐期。多年来坚持以林养林、以副补林，依靠育苗、果园和蕨菜等野生资源的合理开发利用，创收数百万元，还带动帮助林区4个村子的农民脱贫，每年仅蕨菜收入户均千元。1991年他被授予"全国造林绿化模范"荣誉称号。1999年2月，自治区林业厅作出决定，号召自治区林业系统全体职工向吴志胜学习，学习他扎根山区、献身林业的崇高志向，学习他忠于职守、任劳任怨的敬业精神，学习他执着追求、百折不挠的拼搏精神，学习他艰苦朴素、甘愿奉献的优良品质；学习他以苦为荣、务实苦干的优良作风。同年8月，被授予"全国十大绿化标兵"。

（摘自《彭阳县林业志》）

全国绿化奖章获得者王毅

王毅，1980年被聘为彭阳县新集乡武装干事。从此，他以一个共产党员的标准严格要求自己。

1994年王毅同志任林业局局长后，积极探索林业发展的新路子，继续抓经果林建设不放松，使其保持稳步发展，全县经果林面积由1992年的2893公顷增加到2002年的5467公顷，果品产量由1993年的1万吨增加到2002年年底的1.8万吨，果品收入突破了1500万元。试点推广"宜林四荒地"的拍卖治理模式，共拍卖7713公顷、治理7386公顷；探索出了"88542"隔坡反坡水平沟整地技术标准，创造了干旱山区造林成活率、保存率和生长量三大纪录；建立良种繁育基地3.3公顷，不同类型示范园13个面积67公顷。全县森林保存面积由1993年的3.53公顷增加到2002年的5.85万公顷，森林覆盖率达到15.6%，他先后被评为全国林业系统"二五"普法先进个人、全区人民满意公务员、建县十周年先进个人和全国绿化先进工作者，并获得"全国绿化奖章"，被国家人社部记一等功。

（摘自《彭阳县林业志》）

播绿使者杨凤鹏

杨凤鹏，宁夏彭阳县白阳镇人，1963年9月出生，中共党员，林业工程师。1987年参加工作以来一直从事造林一线工作，他先后参与完成彭阳—王洼等公路通道工程面积2000公顷，绿化道路200多千米，完成长城塬等重点经济林建设基地面积2667公顷，完成大沟湾等重点流域治理工程面积6667公顷，他带领造林队完成的绿化工程米数累计起来超过了两个“二万五千里长征”。可以说，在彭阳哪里有荒山荒沟，哪里就有他的身影；哪里有绿色，哪里就留下他的脚印。他清廉干事，每年他经手的造林资金都在百万元以上，是好多人眼里的“肥差”，但他一直都是严于律己，从不以权谋私。2009年他被评选为固原市敬业奉献道德模范和自治区道德模范。以他为队长的造林队先后被市、县总工会授予“五一”劳动奖状。1993年，他的事迹被《宁夏日报》以《志在家乡绿满山》为题在头版登载；2005年，他的风采被彭阳县广播电视台《共产党人》栏目以《播绿使者》为题，制作成专题片在全县播放，为全县上下建设绿色生态家园树立了楷模。2010年先后被固原市委、市政府授予“全市优秀工作者”荣誉称号，被自治区党委、政府授予“全区优秀工作者”荣誉称号，被国务院授予“全国优秀工作者”荣誉称号。2011年7月他被中共固原市委评为全市优秀共产党员，并获得固原市“十大突出贡献人物”称号，又被感动宁夏年度人物评选活动组委会授予“感动宁夏2011年度人物提名奖”称号，被县委、县政府评为大县城建设先进个人。2013年被自治区精神文明委员会表彰为“全区学雷锋先进个人”，并授予全国绿化奖章。2008年时任国务院总理温家宝视察彭阳时，他被推荐为基层干部代表，得到温总理的亲切接见。

（摘自《彭阳县志》）

绿化突击手李志远

李志远，宁夏彭阳县草庙乡和沟村人，1954年12月出生，中共党员。他孑然一身，住一孔破窑洞，拄一副拐杖，背一个水壶，拿一袋干粮，靠挪动着的双腿，用一把镢头挖坑栽树，二十年如一日，用生命的全部染绿了和沟村的8.7公顷荒山沟道。他的壮举着实让人惊叹和感动，也赢得了各级组织的关怀和全社会的同情，曾受到过党和国家领导人的亲切接见。1985年在全国“为边陲优秀儿女挂奖章”活动中获铜质奖章；1985年5月被全国绿化委员会、共青团中央授予“全国绿化祖国突击手”光荣称号；1991年1月被民政部、人事部、中国残联授予“全国自强模范”称号；1992年1月被林业部授予“在‘三北’防护林体系二期工程建设中先进工作者”称号；1998年4月被全国绿化委员会授予全国绿化奖章；1999年3月被全国绿化委员会授予“绿化长城奖”；2001年4月被全国绿化委员会授予全国绿化奖章；2005年被评选为“2005年度感动宁夏人物”。

（摘自《彭阳县林业志》）

全国绿化奖章获得者马成录

马成录，宁夏彭阳县古城镇人，1940年出生。1980年他承包2千米长的春沟（一面坡）。20多年来，他带领妻子儿女挖山治沟，种草种树，先后栽植10万多株树木，0.46公顷果园从1990年已开始挂果，年收入1万余元，后来每年创收3万~4万元。在他的影响带动下，附近45户村民也投入到治山治沟、种草种树行列中，先后治理了3条沟道，植树种草面积53.4公顷。1989年马成录被评为自治区劳动模范，1990年获全国绿化奖章。

（摘自《固原市志》）

全国林业法制工作先进个人王玉有

王玉有自走出校园一直从事林业工作，他参与和见证了彭阳县林业发展的全过程，现任彭阳县林业和生态经济局总工、副局长。

1984年，他从林业部白城林业机械化学校毕业分配到彭阳县林业局。他怀着对绿色的渴望，对家乡人民的热爱，沉下心、扎下根，一干就是29年。他从林业技术员到总工程师，从业务骨干到副局长，一步一个脚印，一步比一步走得厚重、走得扎实。他先后主持完成了全县重点林业工程规划、项目可研报告65项，踏查设计、组织实施了阳洼、大沟湾等32个重点流域治理，3次负责彭阳县森林资源二类清查，连续十年实施全县封山育林工程项目，成功探索总结出了适合彭阳同类型区工程造林技术——"88542"旱作林业技术。经过长期的实践总结，最终寻找得出了在不同立地类型区采用不同树种实施的乔灌型、乔灌草混交型造林技术和小苗秋季截杆深栽技术、经济林树种盆状覆膜技术等一系列可提高造林成效的林业新技术，使全县林业建设实现了质的飞跃，使全县森林资源总面积达到了12.24万公顷，森林覆盖率由建县初的3%提高到2012年年底的24.8%，山绿了，水清了，生态环境一年比一年好转。全县以杏子为主的林果面积已发展到3.23万公顷，总产值突破了5000万元大关。他先后十余次被评为区、市、县优秀工作者、优秀共产党员和造林绿化先进个人，2004年被国家林业局授予"全国林业法制工作先进个人"称号，2008年被全国绿化委员会授予全国绿化奖章。

（摘自《彭阳县林业志》）

造林绿化奖章获得者袁君

袁君长期在乡镇工作，勤勤恳恳，任劳任怨，从一般干部走上了领导岗位。2003年以来，他先后任彭阳县退耕办主任、林业局局长，工作严谨，严抓严管，不管是造林初期的规划布局、整地造林，还是工程实施后期的补植补造、质量提升，他都以身作则，率先垂范。

在他任局长的六年多时间里，累计实施退耕还林面积9.4万公顷，其中退耕地造林面积5.07万公顷，活立木总蓄积由49.6万立方米提高到66.7万立方米，新增造林面积1.65万公顷，森林覆盖率由2005年末的18.5%提高到2012年年底的24.8%，取得了显著的生态、经济和社会效益。他先后被自治区人民政府评为全区依法行政先进个人、全区农田水利基本建设黄河杯竞赛活动先进个人，连续四年被评为优秀公务员，并受到县委、县政府的嘉奖，记三等功一次。2010年被全国绿化委员会授予全国绿化奖章。

（选自《彭阳县林业志》）

宁夏农民杰出青年王占国

王占国，白阳镇余沟村人。1987年年底，他响应彭阳县号召，调整种植结构，发展多种经营治穷致富，在自家庄子旁边阳坡的1.3公顷山坡地上发展果园，这在当时可是敢为人先的创举。经过他的艰苦努力和林业局的鼎力支持，他所开辟的旱地果园终有回报。1994年果树就已挂果，金秋十月果实成熟时，恰逢彭阳建县十周年，当人们看着一个个600克左右的余沟大黄梨在全县土产品展览会上展出时，个个赞叹不已。当年他家仅果品收入就达4000元。现在，仅果品收入每年都在5000元以上，人均果品收入1000元，农村家庭所需尽有，成为远近闻名的小康户。同时，王占国也得到了社会的肯定，曾多次被彭阳县委、县政府评为农村致富带头人和科技推广先进工作者，并于1999年5月荣获第一届“宁夏农民杰出青年”称号。

（摘自《彭阳县扶贫志》）

获全国及各部委表彰的先进人物

彭阳县获全国及各部委表彰的先进人物

姓　名	性别	民族	获奖时间	荣誉称号	授奖单位
李志远	男	汉	1985年	全国绿化祖国突击手	全国绿化委员会、共青团中央
马成录	男	回	1991年	全国造林先进个人	全国绿化委员会
吴志胜	男	汉	1991年	全国绿化劳动模范	劳动人事部、全国绿化委员会、林业部
李志远	男	汉	1992年	“三北”防护林体系二期工程建设先进工作者	林业部
晁建勇	男	汉	1996年	全国林业站先进工作者	林业部
			1998年	农业科技推广先进个人	
李志远	男	汉	1998年	全国绿化奖章	全国绿化委员会
			1998年	全国十大绿化标兵	
			1999年	绿化长城奖	
刘　静	男	汉	1999年	先进护林工作者	国家林业局
王　毅	男	汉	2000年	全国“五一”劳动奖章	国家四部委
吴志胜	男	汉	2000年	全国劳动模范、“五一”劳动奖章	国家四部委
杨万珍	男	汉	2000年	全国劳动模范	国务院
李志远	男	汉	2001年	绿化长城奖	全国绿化委员会
张承仁	男	汉	2003年	全国林业严打整治先进个人	国家林业局
许　畴	男	汉	2003年	林木种苗执法和质量监督先进个人	国家林业局
王玉有	男	汉	2004年	全国林业法制工作先进个人	国家林业局
姚国龙	男	汉	2004年	全国森林病虫害防治先进个人	国家林业局

续表

姓 名	性别	民族	获奖时间	荣誉称号	授奖单位
王凤海	男	汉	2005年	《社会林业工程创新体系的研究与实施》项目工作先进个人	中国林业科学研究院
陈克斌	男	汉	2007年	林业重点工程社会效益监测一等奖	国家林业局经济发展研究中心
张建荣	男	汉	2008年	"三北"防护林体系建设突出贡献奖	全国绿化委、人力资源和社会保障部国家林业局
王玉有	男	汉	2008年	全国绿化奖章	全国绿化委员会
袁 君	男	汉	2010年	全国绿化奖章	全国绿化委员会
张成仁	男	汉	2010年	二等功	国家林业局森林公安局
杨凤鹏	男	汉	2010年	全国先进工作者	国务院
			2013年	全国绿化奖章	全国绿化委员会
			2021年	全国优秀共产党员	中共中央
安海军	男	汉	2016年	全国生态建设突出贡献奖先进个人	国家林业局
杨 伟	男	汉	2019年	全国绿化奖章	全国绿化委员会
王伯礼	男	汉	2019年	全国生态建设突出贡献奖	国家林业和草原局
陈克斌	男	汉	2022年	最美林草科技推广员	国家林业和草原局
				国家林业重点工程社会经济效益检测一等奖	国家林业局经济发展研究中心
			2023年	国家林业重点工程社会经济效益检测优先调查员	国家林业局经济发展研究中心
				2009年梁希林业科学技术奖二等奖	国家林业局经济发展研究中心

获宁夏回族自治区表彰先进人物

彭阳县获宁夏回族自治区表彰的先进人物

姓 名	性别	民族	获奖时间	荣誉称号	授奖单位
吴志胜	男	汉	1991年	造林绿化先进个人	宁夏回族自治区绿化委员会、林业局
张全科	男	汉	1991年	造林绿化先进个人	宁夏回族自治区绿化委员会、林业局
许 畴	男	汉	2001年	“宁南山区生态经济林基地营造技术研究、示范、推广”科技进步奖三等奖 “彭阳果蔬基地建设及旱地果树栽培技术研究与示范”科技进步奖三等奖	宁夏回族自治区人民政府
张承仁	男	汉	2006年	森林防火先进个人	宁夏回族自治区森林防火指挥部
许 畴	男	汉	2007年	“半干旱退化山区生态农业建设技术与示范”科技进步奖一等奖	宁夏回族自治区人民政府
袁 君	男	汉	2009年	林业生态建设先进个人	宁夏回族自治区绿化委员会
李志远	男	汉	2009年	林业生态建设先进个人	宁夏回族自治区绿化委员会
王玉有	男	汉	2009年	宁夏回族自治区农田水利基本建设“黄河杯”竞赛活动先进个人	宁夏回族自治区农田水利基本建设指挥部
袁 君	男	汉	2012年	宁夏回族自治区农田水利基本建设“黄河杯”竞赛活动先进个人	宁夏回族自治区农田水利基本建设指挥部
杨凤鹏	男	汉	2012	宁夏回族自治区先进工作者	宁夏回族自治区党委、政府
				宁夏回族自治区优秀共产党	宁夏回族自治区党委
翟红霞	女		2013	宁夏回族自治区科学技术进步奖三等奖	宁夏回族自治区人民政府

获宁夏回族自治区及固原市各厅(局)表彰先进人物

彭阳县获宁夏回族自治区各厅(局)表彰的先进人物

姓 名	性别	民族	获奖时间	荣誉称号	授奖单位
马贵仁	男	回	1987年	“六五”森林资源调查工作中荣获三等奖	宁夏回族自治区林业厅、林勘院
王生奎	男	汉	1987年	“六五”森林资源调查工作中荣获三等奖	宁夏回族自治区林业厅、林勘院
许 畴	男	汉	2001年	森林资源连续清查工作先进个人	宁夏回族自治区林业局
袁国良	男	汉	2007年	“半干旱 退化山区生态农业建设技术与推广”科技进步奖一等奖	宁夏农林科学院
袁 仁	男	汉	2008年	林业产业建设先进个人	宁夏回族自治区林业局
张天禄	男	汉	2008年	重点林业工程核查先进个人	宁夏回族自治区林业局
王凤海	男	汉	2008年	宁夏回族自治区林业科学创新改革先进个人	宁夏回族自治区林业局
朱天龙	男	汉	2009年	林业优秀通讯员	宁夏回族自治区林业局
袁 君	男	汉	2009年	林业建设先进工作者	宁夏回族自治区林业局
姚国龙	男	汉	2009年	森林资源保护先进个人	宁夏回族自治区林业局
杨治银	男	汉	2009年	重点林业工程建设先进个人	宁夏回族自治区林业局
许 畴	男	汉	2009年	“宁夏宜林地立地类型划分及造林适应性评价”科技进步奖二等奖	宁夏农林科学院
杨治银	男	汉	2010年	森林资源规划设计调查先进个人	宁夏回族自治区林业局
张天禄	男	汉	2010年	退耕还林工程阶段验收先进个人	宁夏回族自治区林业局
陈克斌	男	汉	2010年	林业统计先进个人	宁夏回族自治区林业局
许 畴	男	汉	2010年	森林资源规划设计调查先进个人	宁夏回族自治区林业局
袁 仁	男	汉	2010年	宁夏回族自治区林业站管理先进工作者	宁夏林业技术推广总站、宁夏林木种苗管理总站
杨 虎	男	汉	2011年	森林资源连续清查工作先进个人	宁夏回族自治区林业局

续表

姓 名	性别	民族	获奖时间	荣誉称号	授奖单位
袁 仁	男	汉	2011年	宁夏“十一五”十佳林业产业先进工作者	宁夏林业产业协会、宁夏枸杞协会、宁夏葡萄产业协会、宁夏花卉协会
杨 虎	男	汉	2012年	宁夏林业站站务信息工作先进个人、种苗信息报送先进个人	宁夏林业技术推广总站、宁夏林木种苗管理总站
马占芳	女	回	2012年	退耕还林工程阶段验收工作先进个人	宁夏回族自治区林业局
马东颖	女	回	2011年	2011年度地面测报工作百班无错情奖	宁夏回族自治区气象局
翟红霞	女	汉	2012年	宁夏回族自治区三八红旗手	宁夏回族自治区妇女联合会
阿 冬	男	汉	2022年	宁夏第三次国土调查工作先进个人	宁夏回族自治区自然资源局

彭阳县获固原市表彰的先进人物

姓 名	性别	民族	获奖时间	荣誉称号	授奖单位
许 畴	男	汉	2001年	中青年学科骨干	固原市委、市政府
杨治银	男	汉	2004年	造林绿化先进个人	固原市委、市政府
吴克祥	男	汉	2006年	森林防火先进个人	固原市人民政府
马贵仁	男	回	2009年	固原市职工职业道德建设“十佳个人”	固原市总工会
袁 仁	男	汉	2011年	优秀林业技术推广人员	固原市委、市政府
王力宏	男	汉	2012年	固原市林业建设先进工作者	固原市林业局
陈克斌	男	汉	2012年	固原市林业建设先进工作者	固原市林业局
安海军	男	汉	2013年	2012年度农民增收和农村工作先进个人	固原市委、市政府
杨凤鹏	男	汉	2011年	固原市优秀共产党员	固原市委
			2016年	固原市先进工作者	固原市委、市政府
			2018年	六盘英才	固原市委、市政府
			2019年	固原市优秀共产党	固原市委

持之以恒抓生态 综合提升助脱贫

——记全国生态建设突出贡献奖先进集体彭阳县

彭阳县地处宁夏南部“苦瘠甲天下”的西海固地区。建县初，这里生态十分脆弱，十年九旱，水土流失严重，自然灾害频繁，是一个以农业经济为主的国家扶贫重点县，“山是和尚头，缺水如缺油，风吹黄土走，大雨满山流”，这是当时的真实写照。建县30多年来，彭阳县始终如一，久久为功，坚持不懈地改土治水，植树造林，发展（林草）产业，治穷致富，初步取得了生态良好、产业蓬勃、山绿民富的成效。

打生态牌，制定富民之策

彭阳县委、县政府深刻认识到，生态脆弱是彭阳贫困的根源所在，坚持把解决生态问题作为打赢脱贫攻坚战的决定性战役，将生态建设作为首要任务去谋划、去推进、去落实、去提升。抢抓国家全面实施退耕还林（草）工程建设历史机遇，全面实施大规模国土绿化，精准推进六盘山重点生态功能区降雨量400mm以上区域造林绿化工程建设，探索创立了“88542”隔坡反坡水平沟造林整地技术规程，科学制定“山顶林草戴帽子，山腰梯田系带子，沟头库坝穿靴子”治理模式，以小流域为单元，实行山水林田湖草统一规划，梁峁沟坡塬综合治理，工程、生物、耕作措施相配套，乔灌草种植相结合，抓点带面，整体推进，走出了一条独具特色的“生态立县”之路。先后荣获“全国造林绿化先进县”“全国退耕还林先进县”“全国经济林建设示范县”“全国生态建设模范县”“全国生态建设突出贡献先进集体”“全国集体林权制度改革先进集体”“‘三北’防护林体系建设工程先进集体（1978—2018年）”等荣誉称号。彭阳梯田入选“中国美丽田园”。“彭阳经验”被列为全国人大1798号建议案，在黄土高原同类地区推广。2007年、2008

年，时任中共中央总书记胡锦涛、国务院总理温家宝先后亲临彭阳县视察，对生态建设等工作给予了充分肯定。2014年成功承办了全国“三北”工程黄土高原综合治理林业示范项目建设现场会。今年7月18日参加“三北”地区生态扶贫现场会的与会人员80余人，在彭阳县选点开展观摩交流活动。

行愚公志，厚植“绿色底色”

彭阳县始终坚持“生态立县”方针不动摇，历任县委书记、县长以“功成不必在我”的理想信念，一任接着一任干，一代接着一代干，一张蓝图绘到底。充分发扬“勇于探索、团结务实、锲而不舍、艰苦创业”的精神和“领导苦抓、干部苦帮、群众苦干”的“三苦”作风，经过30多年的苦干实干，累计治理小流域106条，面积1779平方千米，治理程度由建县初的11.1%提高到76.3%，“88542”工程整地可绕地球3.2圈，被国际友人誉为“中国生态长城”，全县林地面积达到13.6万公顷(其中退耕地造林5.1万公顷万亩)，森林面积7万公顷，森林覆盖率由建县初的3%提高到27.5%。县域生态效益由量的累加实现了质的飞跃。

走规范路，提升“绿色颜值”

彭阳县严格落实林业生态建设项目管理相关制度，严管资金使用，采取留白补植、乔灌间作、落叶树种和常绿树种协调搭配、彩叶树点缀增色等造林模式，实行规范化栽植播种，精细化抚育管理，有效提高造林绿化档次。近3年以来，累计投入资金近2.4亿元，建成了任河、西庄、阳洼和尚台等万亩以上生态治理标准化示范区。同时，狠抓森林资源管护工作，将建档立卡贫困户选聘为造林队员、生态护林员和捕鼠技术员，有效实现了护林和脱贫“双赢”的目标。全县共选聘护林员1248名(其中建档立卡户930名)，年人均增收1万元。2018年通过林地防鼠增收项目，为631户群众增收95.3万元，户均1510元。

念草木经，做大“绿色银行”

大力发展经果林，进一步巩固提升退耕还林成果，积极引导退耕农户发展林下经济，全县累计发展以杏子、苹果、核桃、花椒为主的特色经济林面积3.8万公顷，其中以红梅杏、苹果为主的庭院经济林面积达到0.33万公顷，正常年份经济林产值达2.5亿元，提供主产区农民人均纯收入3450元。先后打造百亩以上特色经济林示范园15个，培育庭院经济林大户200余户。发展林下养鸡、养蜂及种植中药材，提供总产值1.08亿元。近年来，采取少量引种多点试验，循序渐进，逐步推广的方式，积极发展以自根砧矮化密植苹果、花椒、大果榛子、油用牡丹、金银花等为主的一棵树、一株苗、一枝花、一棵草的“四个一”林草产业，累计引进试种新品种147种面积231公顷，示范推广适宜品种40种面积3.2万公顷，打造示范园20个、示范点30个，带动群众人均增收1100元。

绘山水画，共建美丽家园

彭阳县认真贯彻落实习近平生态文明思想，全面提升生态建设综合效益。科学布局规划，突出美化提升，做到精准打造，注重造林与成景相结合、绿化与美化相统一、村貌与民风相协调、生态与旅游相融合、“红色圣地”与“绿色旅游”相辉映，着力打造园林城镇、生态村庄、森林人家和田园综合体，推行“绿色+”发展模式，加出风景、加出产业、加出财富、加出民生福祉。2018年年底，全县林业总产值3.55亿元，形成了百万亩桃杏花海、百万亩旱作梯田、百条生态示范流域等独具特色的生态旅游景观，乡村旅游异军突起，每年4月举办的山花旅游文化节，游客近7万人次，旅游收入达2100万元，“生态彭阳”成为宁夏旅游的名片之一。

（摘自《彭阳县扶贫志》）

彭阳县获先进集体奖项

彭阳县获先进集体奖项表

序号	获奖时间	荣誉称号	授奖单位
1	1984年	“绿化祖国为民造福”锦旗	固原地区行署
2	1989年	宁夏回族自治区林业工作先进单位	宁夏回族自治区林业厅
3	1990年	造林绿化先进单位	宁夏回族自治区绿化委员会
4	1990年	林业先进县	全国绿化委员会、林业部、人事部
5	1990年	宁夏回族自治区林业工作先进单位	宁夏回族自治区林业厅
6	1991年	造林绿化先进集体	宁夏回族自治区绿化委员会、自治区林业厅
7	1991年	全区林业统计年报质量评比二等奖	宁夏回族自治区林业厅
8	1992年	国营林场普查先进单位	宁夏回族自治区林业厅国营林场普查领导小组
9	1993年	1991—1992年林业工作先进单位	宁夏回族自治区林业厅
10	1994年	全国经济林建设先进县	林业部
11	1994年	全国林业宣传先进县市	林业部
12	1995年	全国农业科技推广先进单位	农业部、人事部、国家科学技术委员会、林业部、水利部、国家综合开发办公室
13	1995年	林果建设先进县	固原地委、固原地区行署
14	1996年	“三北”防护林体系二期工程建设先进单位	林业部
15	1997年	宁夏回族自治区林业工作先进单位	宁夏回族自治区林业厅
16	1997年	林果基地建设第一名	固原地委、固原地区行署
17	1997年	林业建设先进县	固原地委、固原地区行署
18	1997年	宁夏回族自治区林业先进县	宁夏回族自治区党委、自治区人民政府
19	1998年	宁夏回族自治区造林先进单位	宁夏回族自治区林业厅

续表

序号	获奖时间	荣誉称号	授奖单位
20	1999年	社会林业工程项目研究与实施工作二等奖	中国林业科学研究所
21	2000年	造林绿化先进县	宁夏回族自治区绿化委员会
22	2000年	全国营造林工作先进单位	国家林业局
23	2000年	全国经济林建设示范县	国家林业局
24	2000年	全国名特优经济林——仁用杏之乡	国家林业局
25	2000年	全国造林绿化千佳村	全国绿化委员会
26	2001年	全国经济林建设先进县(市)	国家林业局
27	2002年	生态建设先进单位	宁夏回族自治区林业局
28	2003年	全国水土保持先进集体	水利部
29	2003年	第八批全国生态示范区建设试点地区	国家环境保护总局
30	2003年	全国林木种苗行政执法和质量监督先进单位	国家林业局
31	2004年	宁夏回族自治区造林绿化先进单位	宁夏回族自治区林业局
32	2004年	固原市造林绿化先进单位	固原市委、市人民政府
33	2004年	全国林业工作站建设示范县	国家林业局
34	2004年	全国封山育林先进单位	国家林业局
35	2004年	宁夏回族自治区生态建设先进单位	宁夏回族自治区党委、区人民政府
36	2005年	宁夏回族自治区林木种苗行政执法先进单位	宁夏回族自治区林业局
37	2005年	全国退耕还林标准化示范区验收合格县	国家标准化委员会
38	2005年	固原市森林防火先进集体	固原市森林防火指挥部
39	2006年	宁夏回族自治区林业有害生物防治先进单位	宁夏回族自治区林业局
40	2006年	宁南山区退耕还林工程后续产业培育开发示范县	宁夏回族自治区人民政府
41	2006年	固原市森林防火先进集体	固原市人民政府
42	2007年	宁夏生态建设模范县	宁夏回族自治区人民政府
43	2007年	全国退耕还林先进县	国家林业局
44	2007年	全国绿化模范县(市)	国家绿化委
45	2007年	全国林业系统先进集体	人事部、国家林业局
46	2009年	林业宣传工作先进单位	宁夏回族自治区林业局
47	2009年	宁夏回族自治区林业建设先进集体	宁夏回族自治区林业局

续表

序号	获奖时间	荣誉称号	授奖单位
48	2009年	林业生态建设先进市县	宁夏回族自治区绿化委员会
49	2010年	宁夏森林资源规划设计调查工作先进单位	宁夏回族自治区林业局
50	2010年	春季行动先进基层单位	国家林业局
51	2010年	国家园林县城	住房和城乡建设部
52	2010年	固原市森林防火工作先进单位	固原市森林草原防火指挥部
53	2011年	生态环境建设一等奖	固原市委、市人民政府
54	2011年	退耕还林阶段验收先进单位	宁夏回族自治区林业局
55	2011年	宁夏林业资源连续清查工作先进单位	宁夏回族自治区林业局
56	2012年	宁夏林木种苗信息报送先进单位	宁夏林业技术推广总站 宁夏林木种苗管理总站
57	2012年	宁夏林业站站务信息工作先进单位	宁夏林业技术推广总站 宁夏林木种苗管理总站
58	2012年	林业生态建设先进集体	固原市林业局
59	2014年	2014年度全区林业建设先进集体	宁夏回族自治区林业局
60	2014年	全区主干道路大整治大绿化工程先进集体	宁夏回族自治区人民政府
61	2015年	国家级林下经济示范基地	国家林业局
62	2016年	全国生态建设突出贡献先进集体	国家林业局
63	2017年	全国集体林权制度改革先进集体	人力资源和社会保障部、国家林业局
64	2018年	全国林业专业合作组织示范县	国家林业局
65	2018年	全国林下经济示范基地	国家林业局
66	2018年	“三北”防护林体系建设工程先进集体（1978—2018年）	国家林业局
67	2019年	全国生态建设突出贡献先进集体	国家林业和草原局
68	2022年	第三次全国国土调查工作先进集体	国务院第三次全国国土调查领导小组办公室 自然资源部
69	2022年	宁夏第三次国土调查工作先进集体	宁夏回族自治区自然资源厅
70	2022年	2022年度先进国家级中心测报点	国家林业和草原局生物灾害防控中心

附　录

40年探索生态发展之路，风雨兼程，不忘初心。

40年总结生态发展经验，以史为鉴，牢记使命。

以附录单独成编，旨在记录全美真相，真实地再现蓝图与现实对接时的规则，这些规则在一定时段内指导彭阳生态健康有序推进。

林业发展规划

“七五”林业计划(1986—1990)

规划目标:完成造林面积23333.33公顷,至规划期末,森林覆盖率由期初的4.9%提高到9.7%以上。

建设内容及规模:计划完成造林面积23333.33公顷,其中用材林面积10000公顷、经济林面积3333.33公顷、薪炭林面积10000公顷;计划育苗面积666.67公顷;完成封山育林面积4000公顷;完成四旁植树2.75万株。

薪炭林发展规划(1991—2000)

规划目标:“八五”至“九五”期间新发展薪炭林面积10000公顷,薪炭林总面积达到15186.67公顷,年薪柴总产量达到2.3万吨。

建设内容及规模:“八五”至“九五”期间新发展薪炭林面积10000公顷,其中1991—1995年新发展薪炭林面积6666.67公顷,1996—2000年新发展薪炭林面积3333.33公顷。

地埂经济林“八五”规划(1991—1995)

建设规模及内容:完成地埂营造经济林总面积2333.33公顷,株数折合面积333.33公顷。

彭阳县1991—2000年全民义务植树发展规划

规划目标:到2000年,县城绿化达到三季有花、四季常青的要求,绿化覆盖率达到

25%，人均占有绿地面积15平方米；乡镇机关绿化覆盖率超过20%，人均占有绿地面积10平方米。

建设规模及内容：10年期间，完成义务植树931.93万株，折合面积2824公顷，年均参加义务植树186450人次，年均植树96.19万株。

地埂经济林规划（1996—2000）

建设规模及内容：完成地埂营造经济林总面积10000公顷，株数折合面积666.67公顷，户均面积达到0.23公顷。

彭阳县经果林"九五"和2001—2010年发展规划（1996—2010）

规划目标：到2000年经济林总产值达到2431.3万元，户均539.2元，人均96.1元；到2010年经济林总产值达到40202.86万元，户均8040.5元，人均1381.3元。

建设规模及内容："九五"期间新发展经果林面积18000公顷，其中苹果面积1333.33公顷、梨面积2000公顷、仁用杏面积6666.67公顷、杏树面积8000公顷；2001—2010年新发展经果林面积8666.67公顷，其中花椒面积666.67公顷、仁用杏面积3333.33公顷、杏树面积4666.67公顷。

"十一五"林业规划（2006—2010）

规划目标："十一五"期间，完成工程造林面积52666.67公顷，改造低产低效林面积20000公顷，至规划期末，森林覆盖率超过25%。

建设内容及规模：完成退耕还林面积4000公顷（退耕地造林面积13333.33公顷、荒山沟道造林面积26666.67公顷）；完成城镇绿化造林面积666.67公顷，农村庄院绿化面积5333.33公顷；营造农田防护林面积6666.67公顷，其中地埂造林面积3333.33公顷；完成低产效林改造面积20000公顷。

"十二五"生态建设规划（2011—2015）

规划目标："十二五"末新增林地面积54000公顷，林地面积达到184333.33公顷，活立木蓄积量达到84.5万立方米，森林覆盖率达到30%。经济林总产量达到35万吨，林业总产值突破50000万元。

建设内容及规模：完成工程造林面积54000公顷，其中退耕还林面积33333.33公顷（退耕地造林面积20000公顷、荒山荒地造林面积13333.33公顷），“三北”防护林工程面积6666.67公顷（地埂林面积6000公顷、护路林面积666.67公顷），城乡环境绿化面积666.67公顷，经济林建设面积13333.33公顷；完成封山育林面积6666.67公顷，高接改良低产山杏面积13333.33公顷。

经济林产业发展规划（2011—2015）

规划目标：盛果期经济林总产量达到58500吨，实现产值26500万元，净产值13000万元，提供全县农民人均纯收入550元；种植业结构趋于合理，土地产出率、劳动生产率明显提高，农业抵御自然灾害等风险能力、可持续发展能力进一步增强。

建设内容及规模：新建经济林基地面积13333.33公顷，其中鲜食加工杏面积4000公顷、仁用杏面积2666.67公顷、核桃面积4666.66公顷、花椒面积2000公顷；配套50立方米集雨窖10000眼、50平方米集雨场10000个；完成林业技术骨干和农民科技培训10000人次。

彭阳县水土流失预防监督办法(摘录)

资源开发和生产建设必须兼顾国土整治和水土保持两个方面。坚持谁开发谁保护,谁造成水土流失谁负责治理的原则。

县水电局的水土保持监督机构,负责本行政区域的水土保持监督管理工作,受上级水土保持监督机构的业务指导,其具体职责是有以下几项。

(1)宣传《水土保持法》及有关法律、法规和政策,行使法律、法规授予的执法权力。

(2)对本行政区域内的垦荒、开矿、建厂、筑路、采石、挖沙、取土、烧制砖瓦和石灰等生产建设活动造成的水土流失进行监督检查。

(3)审核批准《水土保持方案报告书》,发放“水土保持许可证”。

(4)负责水土流失补偿费和水土流失治理费的收缴、管理和使用。

(5)对造成水土流失的单位和个人依照《水土保持法》和本办法进行处罚。

水土保持监督检查人员在执行公务时,须持监督检查证件,依法行使水土保持监督检查职责。

防治水土流失是全体公民的神圣职责。一切单位和个人都有保护水土资源、防治水土流失的权利和义务。县境内与水土保持有关的生产建设单位都要加强对水土保持防治工作的领导。各乡镇要设立水土保持监督小组,水土保持监督机构要加强水土流失预防监督和治理的管理,全县要自下而上建立水土保持防治管理体系,制定完善监督检查办法和乡规民约,逐步把水土保持防治工作纳入制度化、规范化和法制化的轨道。

从事种植、养殖、编织、加工等农牧副业的乡镇企业和个人,应积极保护所涉及范围的水土资源和防护设施。严禁毁林毁草、滥伐乱牧等掠夺性经营,严禁随意采伐水源涵养林、水土保持林和农田防护林,确需间伐林木、迹地更新或草田轮作的,必须由乡镇统一编制计划和水土保持方案,报经县主管部门和水土保持监督机构批准后,严格按照批准项目的范围、数量、措施组织实施。

禁止铲草皮和在崩塌、滑坡、泻溜、陷穴等水土流失易发区及自然保护区、水土保持工程区等保护范围内开矿取土、挖沙、采石。

禁止开垦荒地种植农作物,现有农耕地在20度以上的,应逐年退耕还林还牧,20度以下的应修成水平梯田。

开垦河滩地,必须填报水土保持方案报告书,经县水土保持监督机构批准后,发给"水土保持许可证",方可向县土地管理部门申请办理土地开垦手续。

新建和扩建的工矿企业以及个人从事开矿、挖沙、取土、采石、烧制砖瓦和石灰等活动,必须编制水土保持方案报告书,报县水土保持监督机构审批同意后,发给"水土保持许可证";没有取得"水土保持许可证"的生产建设项目,主管部门不予列项,土地管理部门不办理征地手续,矿产部门不发给采矿许可证。

彭阳县赵洼坡耕地项目实施后整齐有序的高标准梯田
2016年6月拍摄 / 彭阳县自然资源局供图

已建和在建的生产建设项目，造成水土流失的，必须在本办法发布六个月内补报水土保持方案报告书，并限期进行治理。

任何单位和个人在进行生产和建设活动时，凡造成水土流失的，必须采取有效的防治措施，严格按照审定的水土保持方案实施。

取土场、施工场地等地表植被遭受严重破坏的区域，必须复垦利用；排弃的砂、石、土及其他固体废弃物须在指定地点堆放，并采取围护措施，严禁向行洪河道、水库、池塘、沟渠内倾倒或堆放固体废弃物。

生产建设项目的水土保持设施要与主体工程同时设计、同时施工，项目竣工验收时，同时验收水土保持设施，验收不合格的不得交付使用。

因生产建设损坏地貌植被和水土保持设施而降低或丧失其原有水土保持功能的，必须交纳水土保持补偿费。

在生产和建设活动中造成水土流失的单位和个人，因技术、组织能力等原因不便自行治理的，可交纳水土保持治理费。由县水土保持机构统一安排治理，并加收5%~10%的实施管理费。

水土流失补偿费和治理费由县水土保持监督机构统一收缴。使用财政部门统一印制的行政事业性收费收据。收缴的水土流失补偿费和水土流失治理费，属于预算外资金，交财政专户储存。作为水土保持专项基金，用于水土流失的防治和管理。

对违反《水土保持法》及本办法，有下列行为之一的单位和个人，除责令停止违法行为，采取补救措施外，并按下列规定由水土保持监督机构提出处理意见，县水电局审查同意并报经县人民政府批准执行。

(1)乱开垦荒地种植农作物的，按《中华人民共和国草原法》及有关规定给予处罚；毁林毁草开荒的，按《中华人民共和国森林法》及有关规定给予处罚。

(2)在崩塌等水土流失易发区、自然保护区和水土保持工程等保护范围内开矿、采石、挖沙、取土的。

(3)不报水土保持方案的。

(4)不按指定地点堆放废弃固体物或采取围护措施，造成水土流失的。

(5)造成水土流失不进行治理的。

第十九条 对秉公执法做出突出贡献的水土保持监督检查人员和检举揭发违反

《水土保持法》和本办法有功人员，以及在水土保持工作中做出优异成绩的单位和个人，予以表彰和奖励。

第二十条　水土保持监督机构不履行本办法和有关法律赋予的职责，玩忽职守给国家财产和人民利益造成重大损失的，由主管部门追究主要负责人和直接负责人员的责任，直至依法追究刑事责任。

水土保持监督检查人员在行使职权时，滥用职权、徇私舞弊、索贿受贿，根据情节轻重，给予行政处分或经济处罚；构成犯罪的，依法追究刑事责任。

（摘自彭政发〔1992〕30号文）

关于加快经济林支柱产业开发的实施方案

（彭政发〔1993〕5号）

建县以来，我们把经济林作为发挥资源优势的一项支柱产业来开发，收到了显著的经济、生态、社会效益。为了适应社会主义市场经济的要求，促进高产、优质、高效农业的全面发展，尽快改变贫穷落后面貌。现就进一步加快经济林支柱产业开发提出如下实施方案：

一、指导思想及目标任务

1.指导思想：以市场经济为导向，以产品加工为依托，依靠科技进步，强化行政管理，在巩固、提高现有经济林面积、质量的同时，大力发展新造林，上规模、上水平，发展优质、高产、高效林业。

2.布局及品质安排：坚持"适地适树、集中连片、分类指导、重点突出"的原则，红、茹、蒲河流域川水地或缓坡山旱地、河滩地种植苹果、梨、李、花椒、核桃等经果林。具体布设是：县城至古城店洼段以苹果为主，辅以桃、葡萄等；古城店洼至古城海口村以梨为主，辅以苹果、李等；县城至城阳沟圈以苹果为主，辅以桃、葡萄等；彭阳老庄、罗堡以苹果、梨并举，辅以桃、李等；红河宽坪到红河常沟以苹果、桃并举，辅以葡萄；沟口白河、姚河，新集大伙、马旺堡、新集等村以梨为主；彭阳李堡至白阳镇姚河（茹河北岸）建规模适度的早熟优质葡萄基地。红、茹、蒲三河流域的残塬区要大力发展花椒、山楂。经济林建设要连片开发、规模经营，一次规划、分年段实施，到"九五"末形成三条高标准的经果林长廊。在中北部利用沟壑、山坡地埂种植以杏树为主的经济林，积极鼓励支持农民培育庭院经济，大力发展名、特、优、新品种。

3.目标任务：在巩固提高现有经济林的同时，进一步加快新果园建设步伐。1993

年种植经果林面积5500亩，其中苹果面积3500亩、梨面积1000亩、李面积600亩、花椒面积100亩、葡萄面积100亩、桃面积200亩。1994—1995年每年新种经果林面积1万亩。“八五”末，红、茹、蒲河流域人均新种经果林面积0.5亩，其他地区人均新种杏树面积1亩，每个乡、村、学校分别建50亩、30亩、20亩集体果园。到“八五”末，经果林保存面积达到5.5万亩，杏树保存面积达到7.5万亩，累计经济林面积达到13万亩，干鲜果总产量达到1600万千克，总产值达到1500万元，上缴林果特产税100万元，人均果品收入60元以上。

二、主要措施

为了保证经济林支柱产业开发规划的落实，主要采取以下措施。

1.加强领导，强化行政管理。县上决定成立支柱产业开发领导小组，红、茹、蒲河流域的乡镇也要分别建立相应的领导机构，确定一名乡镇长负责，固定若干名干部常抓经济林建设。对于古城、彭阳等经济林重点种植乡镇，县林业部门要配备得力干部和技术人员，配合乡镇按照规划要求抓好落实。具体责任是：乡镇人民政府负责落实经营管理形式、面积、劳力及规范技术的组织实施；林业部门负责优质苗木调供、基地建设的布局规划和技术管理工作。要把经济林建设作为考核乡镇人民政府、林业部门工作的一项重要内容，逐级签订责任书，每年进行考核、评比，严格奖罚兑现。还要建立林业技术人员工作责任制，把发展经济林与其奖励工资、岗位津贴、职称评定等利益挂起钩来，促进经济林支柱产业的发展。

2.建立健全技术网络，加强技术服务。要以县果树站、乡林业站为依托组建县、乡、村果树管理技术服务队，将专业技术人员和经过培训的农民技术员组织到服务队中，也可以聘请区、地及外省县技术人员参与技术承包，按照各自的技术水平签订合同，包服务内容、包服务面积、包服务标准。专业技术人员承包的服务项目与技术职务工资（学历工资）、奖励工资、浮动工资挂钩。各级服务队要建立示范样板园，按照农时季节切实抓好果农的实用技术培训，使每户有一名初级农民技术员，10~20户有一名中级农民技术员，真正按照技术规范标准种植，提高果园科学管理水平。县林业局成立林果咨询服务部，除搞好技术咨询外，及时为果农供应果树生产必需的农药、器械、化肥、生长激素等生产资料。要加强产后服务，疏通流通渠道。“八五”期间，随着联合国人口基金会援助项目（P42）的实施，再建三个果品加工厂，加快果品消化、增值。1993

年要组建果品开发集团公司，有条件的乡镇也应积极联办、合办、独办果品开发销售服务实体，解决农民卖果难问题，逐步形成抓生产、促流通、抓流通、促发展的良性结构。

3.坚持统筹规划，规模经营。红、茹、蒲河流域上游彭(阳)青(石)公路两侧及蒲河下游在保证口粮田的基础上，将其余耕地调整，集中连片种植一定规模的果树带。种植果树要统一规划设计，统一施工栽植，分户经营，分户收益。对新修的河滩地，由乡、村、队统一经营种植果树，也可以承包给机关、学校、农户种植果树，收益分配。

4.落实扶持发展经济林的优惠政策。集中连片种植的经济林可优先安排优质化肥指标，其果树苗木费实行有偿扶持，在"三西"资金中调剂解决，待果树有收益后回收苗木费；机关、学校、企事业单位和村队集体联办10亩以上果园或承包荒山、河滩独建5亩以上果园的，其苗木费实行有偿扶持，从"三西"资金或其他专项经费中调剂解决，待果树有收益后收回苗木费。科技人员实行有偿服务的收入70%归个人，30%归各级服务队，用于扩大设备和技术培训；农民技术员3年达到服务标准的奖励600元，连续5年达标成绩突出的晋升一个档次技术职称。

5.建立严格的考核考评制度。对参与经济林建设的行政管理干部和技术人员，分别制定具体的考核标准，每年分春、夏、秋三季进行检查考核，年终总评，按承包合同奖罚兑现，对完成任务好、具有突出贡献的按《彭阳县科学技术进步成果奖励暂行办法》的有关规定给予重奖。

宜林“四荒”地拍卖、承包绿化试行意见

（彭政发〔1994〕8号）

为有效地开发利用荒山、荒沟、荒滩、荒坡资源，充分发掘其生态、经济和社会效益。根据城阳乡长城村、韩寨村“四荒”地拍卖、承包绿化试点情况，借鉴外地经验，按照“谁投资、谁经营，谁开发、谁受益”的指导思想，将宜林“四荒”地拍卖或承包给农民植树造林，充分调动农民合理开发“四荒”资源的积极性，加快宜林“四荒”地的绿化。

一、拍卖、承包原则

1.对宜林“四荒”地，在群众自愿的基础上，实行平等竞争，以公开拍卖为主，兼之划片承包。在同等价格的情况下，应坚持就近拍卖的原则。每亩价格不低于一元，上不封顶。

2.对原已划给农民用于造林的“四荒”地，至今没有造林或小片残次林地全部收回统一拍卖；对已成林地和集体营造的大片残次林地暂不予拍卖，远离村庄的连片天然草场也不在拍卖之列。

3.拍卖的宜林“四荒”地必须用于造林，不许开垦种田、种草和随意修庄打院。拍卖地内的名、优、特、古树木原所有权不变，不得损坏。

4.承包“四荒”地期限可按开发者意愿商定，一般可在50年左右。使用权允许继承和转让。

5.对拍卖、承包利用“四荒”资源的开发者，从有稳定收益之年起，5年内不计征农林特产税。

6.拍卖、承包宜林“四荒”地，要先作出道路建设规划，留足面积。

二、绿化要求

1.对拍卖或承包经营的“四荒”地必须坚持适地适树的原则，由各村统一规划，分

户实施，苗木自备。

2.各乡、村必须按照林业部门关于绿化造林技术规程坚持设计施工，工程营造。

3.必须在2~3年内完成绿化任务。由县林业局和乡镇组织按施工标准分年度进行检查验收。第一年验收工程整地和育苗情况，第二年和第三年验收树木成活率。

三、方法步骤

1.对拍卖的宜林“四荒”地由县人民政府统一颁发产权使用证，与乡政府签订造林绿化合同，按期完不成者将原地收回重新拍卖或承包，原拍卖资金不予退还。

2.拍卖或承包收回的资金，由乡镇农经站统一代管，分村记账，乡镇政府审批使用，只能用于造林，不得挪作他用。

3.拍卖、承包宜林“四荒”地的具体管理办法及其未尽事宜，由各乡镇根据实际情况，自行制定。

4.各乡镇要加强领导，实行合同管理。在今春造林之前，每个乡镇要选择一至两个村进行试点，总结经验，逐步扩大试点，向面上辐射。

中共彭阳县委　彭阳县人民政府
关于认真贯彻落实全区林业现场会议精神
切实加快林业发展的决定

（彭党发〔1997〕14号）

最近，自治区党委、政府在彭阳隆重召开全区林业现场会议，对我县的全盘工作特别是林业建设给予了充分肯定和高度评价，认为彭阳县委、县政府有统揽全局的能力，抢占制高点的意识和艰苦奋斗的精神，“有一条好的发展路子、有一个好的领导班子、有一种好的精神、有一支好的队伍、有一套好的办法”，并将“勇于探索，团结务实，自力更生，艰苦创业”确定为“彭阳精神”。会上，自治区党委、政府授予彭阳县“全区林业先进县”称号，颁发了奖牌和奖金，并决定以区人民政府名义在县城立碑。这是对全县广大干部群众的极大鼓舞和鞭策，更进一步坚定了我们按照既定的思路抓好各项工作的信心和决心，必将成为彭阳经济发展中的一个新的里程碑。同时，也给我们今后工作提出了新的更高的要求。全县各级党政组织和广大干部群众要进一步弘扬彭阳精神，戒骄戒躁，扎实工作，朝着新的目标奋进。为贯彻这次会议精神，加快林业发展步伐，推进县域经济全面进步，县委、县人民政府特作如下决定：

一、提高认识，加快发展，努力把林业建设提高到一个新水平

林业是国民经济的重要基础产业。大力发展林业，对于强化农业基础地位，确保农业稳产高产，加快脱贫致富奔小康，促进社会主义精神文明建设，实现经济可持续发展，具有重要作用。山区的优势在山、潜力在山、希望在林。近年来，我们坚持把林业建设摆在突出位置，作为改善生态环境、发展县域经济的重要措施，充分利用光热水土资源优势，走山水田林路综合治理的路子，取得了显著成效。全县森林保存面积达到67.72万亩，其中经济林面积18.43万亩，森林覆盖率由建县初的3%提高到11.98%，大多数农户从林果业中受益，部分农户依靠林果业率先脱贫，走上致富之路。但是，也必须清醒地看到，我县林业发展还存在许多困难和问题，突出表现在：一是基础条件差，森林资源少，林木覆盖率低，与全国平均水平特别是发展快的外省区市、县相比，仍有较大距离；二是大面积的宜林荒山、荒坡、荒沟、荒滩有待进一步开发利用，造林绿化的任务十分艰巨；三是林业科技含量低，管护工作还跟不上林业发展的需要等。因此，我们在肯定成绩的同时，要积极寻找差距、寻找不足，牢固树立长期作战、上大台阶、求大突破的思想，切实做到坚持林业的基础地位不改变，大干林业的决心不动摇，再鼓实劲，再掀高潮，真正使造林绿化成为各级干部、广大人民群众的自觉行动，努力把我县林业建设提高到一个新的水平。

二、进一步明确林业发展的思路和目标、任务

今后一个时期全县林业发展的总体思路：强化林业在国民经济和社会发展中的基础地位，紧紧围绕两个根本转变，深度开发光热水土资源，大力发展林业生产，坚持以小流域为单元，统一规划，综合治理，科技兴林，认真实施“通道工程”、“两杏一果”扶贫开发工程和挂马沟水源涵养型用材林工程，上规模、上水平；经济、生态、社会效益并重，国家、集体、个人同上，强化管护，埋头苦干，加快彭阳“山区综合开发示范县”的建设步伐，为脱贫致富奔小康打下坚实基础。

林业布局方针为：山顶沙棘、柠条、山桃戴帽，山坡地埂两杏缠腰，庭院四旁广种核桃、花椒，河谷川台规模发展苹果、梨、桃，杨、柳、椿、槐下滩进沟上路道，土石山区封造结合、针阔混交。按照这一布局方针，北部干旱黄土丘陵沟壑区重点发展以“两杏一果”为主的生态经济林，以沙棘、山桃为主的薪炭林和以柠条为主的饲料林；红、茹河川塬区重点发展苹果、梨、桃、核桃、花椒等经济林和农田防护林，河谷沟道发展以刺槐为主的用材料和薪炭林；西南土石山区重点发展以落叶松、油松、云杉为主的水源涵养型用材林。

发展重点：林业建设要着力抓好绿色“通道工程”、“两杏一果”扶贫开发工程、挂马沟水源涵养型用材林工程、沙棘基地、农田防护林网和公路绿化等工程建设及“山区综合开发示范县”项目的实施。经济林建设要集中抓好“五个一”工程，即一万亩梨(以苹果梨为主)、一万亩花椒、一万亩核桃、一万亩枣子、一万亩苹果(主要是品种更新和老果园改造)。

奋斗目标：到20世纪末，使全县森林累计面积达到96.72万亩，其中经济林面积达到40万亩，森林覆盖率提高到22.1%。林业产值占农业总值30%以上，农民人均从林果业中获得的纯收入占农民人均纯收入的比重提高到20%左右。

三、强化措施，推进林业建设再上新台阶

1.切实提高林业的科技含量。加强林业技术培训，制定村、组或农户技术人员培训计划，保障培训经费，提高林业科技人员和果农的科技素质，支持、鼓励林业科技人员到第一线承包工程造林和果园管理，开展科技咨询、技术开发，积极为果农提供栽培、管护、销售、储藏等系列化技术服务。要加强与农林院校、科研单位的联系，采取“走出去、请进来”的办法，解决好林业生产中的各类技术难题。大力推广以隔坡水平沟整地为主的旱作林业新技术和果园规范化技术，建立稳定的良种苗圃繁育基地，积极引进名、特、优、新品种，扩大优质品种的比重，不断增加林业生产的科技含量，加速“两高一优”林业发展步伐。要继续坚持统一规划、统一苗木、统一施工、统一验收的政策，严把苗木关、整地关和栽植关，强化林业工程质量管理。坚持“预防为主、积极消灭”的方针，加强森林防火工作和林木病、虫、鼠害防治工作。加强对新建果园的管理，有效提高果树的成活率和保存率；加强对老果园的改造，使其充分发挥效益；重视苗木的抚育管理，鼓励国营、集体林场和部门、乡村集体、个人积极发展苗木生产，确保林业建设对苗木的需求。围绕林业增产、农民增收两个目标，以现有县果品公司为龙头，辐射乡镇，鼓励集体、个人采取合办、联办、股份合作制等形式，兴办林产品加工企业，有效解决林果产品的增值问题，推进林业产业化进程，壮大林果产业的优势。

2.依法加强林木管护。教育引导群众强化林木管护意识，克服“重造轻管”的思想，逐步形成“护林光荣、毁林可耻”的良好社会风尚。坚持实行“分级管理，区别对待”的林木管护政策，国营林场确定专职护林员；集体林木，由乡村确定护林员；农户的小块林木，仍由个人管护经营。国营林场、集体林木产生效益前的管护经费，由县、乡、村三级统一筹措，并把资金集中起来，实行重点林片重点管护的政策。坚持征占用林地审批和补偿制度，严把征占用林地审批关、许可证核发关和补偿费征收关；组建林政稽查队，加强森林派出所队伍建设，充分发挥其职能作用，控制林业采伐源头，坚决制止超限额乱砍滥伐林木的行为。加强“四证”管理(林权证、采伐证、运输证、检疫证)，严格界定林权，统一给农户发放林权证，绘制林权图纸，防止出现林权纠纷。结合“三五”普法，加大林业法规宣传力度，大力宣传《森林法》《水土保持法》《草原法》及有关林木管护条例，认真执行各项林业法规，坚决制止羊只、牲畜啃食践踏林木，公检司法必须积极配合，及时查处各类毁林案件，坚决打击破坏森林资源的违法犯罪活动，巩固造林绿化成果，使林业的保护与管理工作走上规范化、法制化轨道。

3.充分重视庭院绿化美化工作。坚持把城镇机关和农户庭院绿化美化与工程造林结合起来，把造林绿化与精神文明建设结合起来，绿化城镇，绿化山川，美化工作、生活环境。积极开展创建“绿化先进单位”“庭院绿化模范户”活动。各乡镇、各部门、各单位要把绿化美化作为一项重要工作，创造条件，争取达到绿化美化的规定标准。结合实施“1335”工程在完成规定的5亩经济林任务的同时，每个农户要在庄前、院后栽植果树100棵，其他树木1000棵，实现“百果千树”目标。加快公路绿化步伐，力争20世纪末上等级公路都形成绿荫通道。

4.加快“四荒地”治理步伐。以实施“山区综合开发示范县”为契机，结合“四荒地”的拍卖治理，继续坚持走以小流域为单元，山水田林路综合治理，农林牧结合的综合开发路子。红、茹河流域乡镇要实现“消灭宜林四荒地”的目标，并提倡养栈羊、舍牛；北部交岔、罗洼等乡镇要正确处理粮、林、牧的关系，与林业、农牧等部门配合，严格界定林区、牧区和粮田的界限。宜林“四荒地”的治理，面积较大的，原则上由乡村集体统一治理、统一管护，产生效益后再按比例分成。小块“四荒地”，按照“谁种谁有、谁受益”的原则，由农户个人经营、个人管护、个人受益。允许林业大户拍卖治理百亩以上“四荒地”。个人拍卖或承包经营的“四荒地”，必须坚持适地适树的原则，由村上统一规划，分户实施，农户自备苗木，经林业主管部门统一验收合格后，再以奖代资，适当补偿苗木等费用。对在乡村统一治理过程中涉及农户已拍卖的宜林“四荒地”问题，根据彭政发〔1994〕8号文件规定的必须在2~3年内完成绿化任务的要求，按照造林绿化合同，凡按期未完成者，原地收回统一治理，原拍卖资金不予退还；未满治理期限而已收归集体统一治理的大片宜林“四荒地”，视其情况，原则上由集体统一管理，退还原拍卖资金；小片的荒地由集体治理后按原有的政策划归农户。严禁在治理的“四荒地”区域内开荒种粮、修庄打院，凡已治理的流域内，任何人无权批准修庄打院。擅自批准庄院的要追究有关领导的责任。鼓励机关单位积极拍卖治理大片荒地，创办“绿色企业”。乡村在规划中，要实行一定的倾斜政策，将成片“四荒地”划给学校，作为学校的学农基地或经济实体。工会、共青团、妇联等群团组织要利用荒山营造“青年林”“红领巾林”“三八林”“民兵林”等纪念林。

5.保证林业投入。建立国家、集体、个人一齐上的投入机制，增加林业投入。鼓励和发动干部群众投工投劳，增加劳动积累工、义务工。县城、乡镇机关、企业、单位、学校每人每年投入造林绿化义务工不得少于10个，农村每人每年投入的积累工、义务工不得少于20个。县财政、计划、农建、农行、农发行等部门在资金投放上向林业特别是经济林倾斜。积极争取国家和自治区项目支持，争取新上较大规模的造林工程和建设项目，真正把财力、物力、人力有效地结合起来，把国家的投资扶持与自力更生结合起来，形成多层次、多形式的林业建设投资渠道。

四、加强领导，确保林业建设卓有成效地进行

抓好林业工作关键在领导，全县各级党政组织必须把林业工作放在农业和农村工作的突出位置，加大开发力度，加快发展步伐。继续采取县、乡、村层层签订扶贫工作责任书这一行之有效的办法，全面落实林业工作责任制和扶贫包扶制度，明确任务，严格考核，严格奖罚。继续采取狠抓典型、示范引导的有效工作方法。各级领导特别是县级领导、乡镇党政主要负责人，每年都要抓一个造林绿化示范点，县委、县政府统一组织观摩验收，评差树优，总结推广，确保年年有新典型，年年有新变化。坚持以村或以流域为单位，组织一个村或几个村的劳力，进行规模会战。县委、县政府确定每年3月中旬和10月中旬为集中造林时间，在这一时间内，除特殊情况外，任何单位、个人不得以任何借口推诿造林任务或拖延造林期限。进一步建立健全激励机制，鼓励支持广大干部群众大搞荒山造林、庭院植树、机关庭院绿化美化活动，尤其要把单位绿化作为精神文明建设的重要内容，纳入年度工作文明单位的考核之列。县上每年除在综合考评中设立造林绿化单项奖外，对完成荒山治理目标的乡镇，经县委、县政府验收，授予“基本消灭宜林荒山乡(镇)”称号，每年评选一次绿化先进单位，评选出10~20个“庭院绿化模范户”。充分发挥林业部门特别是乡镇林业站的职能作用，不断加强林业队伍建设，各级领导要关心、支持林业科技人员的学习、工作和生活，努力培养一批热爱林业、献身林业的骨干力量。

发展林业是一项功在当代、惠及子孙的宏伟事业。全县各级党政组织、24万各族人民，要以更大的决心、更加务实的作风，狠抓各项措施落实，形成全党动员、全民动手、全社会大办林业的良好环境，把全县林业建设不断推向新的阶段。县委、县政府号召全县各行各业、各级干部、广大人民群众，要以贯彻落实全县林业现场会议精神为契机，把林业发展与县域经济发展结合起来，进一步宣传“彭阳精神”，弘扬“彭阳精神”，把“彭阳精神”真正变为建设彭阳、发展彭阳的自觉行动，振奋精神，再接再厉，推动全县各项建设事业再上一个新的台阶，以实际行动迎接香港回归和党的十五大胜利召开。

中共彭阳县委 彭阳县人民政府 关于开展向优秀共产党员、优秀林业干部 吴志胜同志学习的决定

（彭党发〔1998〕16号）

吴志胜，江苏句容人，1940年5月出生，1956年毕业于南京林业学校，曾在句容县农林科技局工作；1959年10月作为支边青年自愿来到宁夏，先后在贺兰山林管所和六盘山林管局工作；1984年3月调入彭阳以来一直担任挂马沟林场场长，彭阳县政协第四、五届常委，1993年6月加入中国共产党。

吴志胜同志数十年如一日，将自己的智慧和青春年华奉献给了宁夏的林业建设。特别是在我县挂马沟林场工作以来，他认真学习马列主义、毛泽东思想和邓小平理论，树立了正确的世界观、人生观和价值观。他忠诚于党的事业，热爱本职工作，刻苦钻研业务，精心安排计划，亲自率领、组织职工和民工历经14年的艰辛，累计完成投资240万元，培育、营造针叶林面积11.7万亩，平均育苗、造林（含补植）亩投入仅20余元。据专家测算，目前林木总产值已高达2亿元，并显示出良好的社会效益和生态效益。他生活简朴，为人耿直，无私奉献，矢志不渝，曾多次滚落山崖，4次左臂骨折，其中有一次摔断8根肋骨，无数次遭受采摘蕨菜、打猎、放牧和毁林者的围攻，但他临危不惧，毫不气馁，用一个共产党员坚强的党性和自己宝贵的生命抚育并捍卫了这片森林。吴志胜同志曾十多次被县委、县政府和全国林业系统评为优秀共产党员和先进工作者；1990年被自治区绿化委、林业厅评为造林绿化先进工作者；1991年被全国绿化委、林业部、人事部授予“全国造林绿化劳动模范”称号。

吴志胜同志是继全区优秀共产党员、全国税务系统先进工作者王振举之后，在我县涌现出的又一个先进典型，他的思想和先进事迹集中体现了中华民族的传统美德和共产党人的高尚情怀，集中体现了各族人民战天斗地、立志改变贫困面貌的坚强毅力

和坚定信念，也是“彭阳精神”的生动写照和具体再现。为了表彰他的先进思想和先进事迹，进一步激发广大干部群众弘扬“彭阳精神”、加快彭阳发展的主人翁意识，调动24万人民群众参与改革和建设的积极性、创造性，县委、县政府决定授予吴志胜同志“优秀共产党员”“优秀林业干部”的光荣称号。

县委、县政府号召，全县广大党员、干部和群众要向吴志胜同志学习。学习他忠于党、忠于人民，扎根山区，献身林业的崇高志向；学习他以苦为乐、以苦为荣，执着追求、百折不挠的拼搏精神；学习他艰苦朴素、不图名利、无私奉献的高贵品德；学习他恪尽职守、勤政高效、创新进取的优良作风。

县委、县政府要求全县各级党、政组织要切实加强领导，把向吴志胜同志学习活动同学习孔繁森、王振举等英雄模范人物结合起来，同“弘扬‘彭阳精神’，加快彭阳发展”大讨论结合起来，同转变机关作风，提高办事效率结合起来，同给群众办实事、办好事，解决生产生活的实际困难结合起来，教育引导全县广大党员、干部特别是各级领导干部，树立正确的世界观、人生观和价值观，牢记党的宗旨、牢记自己的职责、牢记肩负的使命，继续保持和发扬讲实话、干实事、鼓实劲、重实效、留实绩的优良作风，大力弘扬“彭阳精神”，团结协作，负重拼搏，为如期实现基本解决农村贫困人口温饱问题的目标，建设一个山川秀美、经济繁荣、社会稳定的新彭阳做出新的更大的贡献。

彭阳县林木管护办法

第一条 为了加快造林速度,加强森林保护管理,合理开发利用森林资源,再造一个山川秀美的新彭阳,根《中华人民共和国森林法》,结合我县实际,特制定本办法。

第二条 在我县范围内从事森林、林木的培育种植、采伐利用和森林、林木、林地的经营管理活动,都必须遵守本办法。

第三条 广泛深入地宣传《中华人民共和国森林法》,教育干部群众充分认识保护森林资源的重要性和紧迫性,依法护林,依法治林,保护国家和集体的森林树木不受损失,在全社会形成一种护林、爱林的良好风尚。

第四条 建立健全护林组织领导机构,县上成立由主管县长任总指挥的县护林防火指挥部,乡镇成立由主管乡镇长为组长的护林防火领导小组,村上以村"两委"为核心成立护林队,选拔在群众中有威信、热爱林业、办事公道、责任心强的村民担任护林员。

把林木管护纳入乡镇年度考核的主要内容之中。对护林员按照护林合同严格奖罚兑现。

第五条 禁止盗伐、滥伐;非法买卖林木采伐许可证、运输证;非法收购盗伐、滥伐木材;毁林开荒、采石、采砂、取土以及其他毁林行为。

第六条 禁止承包、拍卖幼林地和在未开放的林地内放牧、打柴、割草;对幼林面积较大的乡镇,要大力倡导羊只牲畜栈养,处理好林牧矛盾,保护幼林成林。

第七条 增加林木管护经费投入。对国家设立的森林生态效益补偿基金,应主要用于森林资源保护。森林生态效益补偿基金必须专款专用,不得挪作他用。

第八条 大力倡导植树造林,实行谁种谁管谁有的政策。公路两旁,河渠两侧,水库周围，机关、团体、学校、工厂、部队、医院附近以及其他经营地区，主管单位都应利用一切条件植树造林，林木归造林单位所有，城镇居民和职工家属在个人住宅区造林，谁造谁有；村民在其庄院周围和村、组指定的地方以及承包地埂和政府拍卖的“四荒地”内种植的树木，归村民个人所有。

集体或者个人承包国家所有和集体所有的宜林荒山荒地造林的，承包后种植的林木归承包的集体或者个人所有；承包合同另有规定的，按照承包合同的规定执行。对于新造幼林地和其他必须封山育林的地方，由乡镇人民政府组织育林，对已拍卖的“四荒地”因统一规定需要育林者，其林木收益权归村民个人。

第九条 对违反森林法行为的行政处罚。

经县林业局授权，林业派出所查处盗伐、滥伐；非法买卖林木采伐许可证、运输证；非法收购盗伐、滥伐木材；毁林开荒、采石、采砂、取土及其他较大的林业行政案件。各乡镇林业站查处盗伐、滥伐、毁林开荒、林地放牧等林政案件。

（一）盗伐林木，除责令交回原物（或赔偿损失）外，每株交纳补植费10元，并分别按下列标准处罚。

木材半立方米以下的，处以违法所得3~7倍的罚款；木材超过半立方米少于1立方米，处以违法所得5~10倍的罚款，木材价格按市场价格计算。

幼林20株以下的，每株罚款6~14元；幼树20株以上50株以下，每株罚款10~20元。

灌木树种每株（丛）罚款3~10元。

经济树种每株罚款30~100元。

（二）滥伐林木，除每株交纳补植费5元外，分别按下列标准处罚。

木材2立方米以下，处以违法所得2~4倍的罚款；木材2立方米以上5立方米以下，处以违法所得3~5倍的罚款，木材价格按市场价格计算。

幼树100株以下，每株罚款4~8元；幼树100株以上250株以下的每株罚款6~10元。

灌木树种每株（丛）罚款2~4元。

经济树种每株罚款20~40元。

盗伐、滥伐林木情节超过以上行政处罚的，由司法机关依法追究刑事责任。

（三）羊只牲畜进入未开放的林地，每次分别按下列情况予以处罚：大家畜每头每次罚款10~15元;羊只每只每次罚款5~10元;践踏毁坏整地工程的,每米赔偿损失费10元;羊只牲畜啃伤损坏树木的,幼树赔偿损失费5元,椽材以下每株5~10元,椽材及其以上每株10~20元,凡不听劝阻强行在林地放牧或夜间偷放者从重处罚。

(四)在未开放的林地内打柴、割草者,每次罚款20~50元。

(五)非法毁林开荒、采石、采砂、采矿、取土造成林地、林木破坏的,赔偿林木损失,每株交纳补种费5元,并处以每平方米2~5元罚款。

(六)严禁在林地内修建住宅。未经批准或变更四至界线在林地内修建住宅的责令恢复原貌,赔偿损坏树木并每株交纳补种费5元,同时处以1000元罚款。在林地内审批修建住宅的,追究有关审批单位和人员的责任。

(七)做好病虫害的防治,林木受到病虫鼠危害时,必须及时采取有效措施进行防治,否则,林业部门有权采取强制措施进行防治,所耗费用由被防治单位或个人承担。被防治单位或个人发现林区重大病虫鼠危害时,应及时向林业主管部门反映,视而不报或报而不理者,造成损失的追究有关人员或单位责任。为了防治病虫鼠害,在林地内投放药物应先发通告,对无视通告强行放牧造成羊只牲畜伤亡的,防治单位不负责任,但损坏树木的仍按本办法有关规定处罚。

(八)森林防火期内,在林内吸烟或随意用火,擅自进入林区但未造成损失的,每次处以10~50元罚款;过失引起森林火灾,尚未造成重大损失的,责令限期更新造林,赔偿损失,并处50~500元罚款;防火戒严期加重处罚,故意或过失引起火灾造成重大损失的,追究有关单位或人员刑事责任。

(九)森林防火期内,进入林区非法狩猎,没收其工具并按下列规定给予处罚。

没收猎获物者,每次罚款50~300元。

有猎获物或引起火灾者,按有关规定处理。

(十)护林人员在履行其职责时,任何单位和个人不得无理阻挠,对辱骂、围攻、殴打、报复护林人员的按《治安管理处罚条例》从重从快处罚,构成犯罪的由司法机关依法追究刑事责任。

第十条 严格履行林木采伐、征占用林地以及林地开放的审批制度。任何单位和个人采伐林木必须报经林业主管部门批准(个人房前屋后的除外),农电、道路等生产基础设施建设需砍伐树木,也应报批。未经批准或不按批准限额采伐,以滥伐论处。

采伐护田、护路、护库(坝)、护渠林林木要预交更新押金,待更新成活后退回押金。占用或者征用林地,经县级以上人民政府林业主管部门审核同意后,方可办理建设用地审批手续。凡调入(出)或上市的木材、苗木、种子都必须持有检疫证和运输证。违者停止调入(出)或没收,造成损失的自负。

第十一条 积极收缴育林基金,采伐一棵椽材树缴育林金0.2元,檩材树2元,梁材树4元。育林基金必须用于造林,任何单位和个人无权挪作他用。

第十二条 各乡镇必须按有关规定管好用好各种罚款及损失费,乡站要建立健全账务,做到罚没收入收支两条线。

第十三条 各级林业部门和授权管理林区的单位和个人都要加强对野生动物的保护工作,对违反规定,捕杀受保护的野生动物的,依照《野生动物保护法》和《宁夏回族自治区野生动物保护实施办法》处罚。

第十四条 大力表彰奖励在护林工作中做出优异成绩的单位和个人。年终考评结束后,对护林成绩突出的乡镇给予重奖,差的通报批评。对在护林中认真履行职责,成绩突出的护林员除按规定付给报酬外,再发给总报酬20%的奖金。对在侦破、查处重大毁林案件中成绩突出的单位和个人给予奖励。

第十五条 本办法由县林业局负责解释。

第十六条 本办法自1998年7月1日起施行,原《彭阳县林木管护暂行规定》同时废止。

关于开展争创“造林大户”“花园式单位”和“庭院绿化模范户”活动的决定

（彭绿委发〔1999〕1号）

根据《全国生态环境建设规划》和县委、县政府《关于认真贯彻全区林业现场会议精神，切实加快林业发展的决定》，结合我县实际，县绿化委员会决定，自1999年度起，在全县开展争创“造林大户”“花园式单位”和“庭院绿化模范户”的活动，每年通过评比进行表彰，并授予荣誉称号。

全县基本解决温饱目标实现后，进一步加快林业发展，对于从根本上改善生态环境、巩固脱贫成果和促进我县经济建设有着十分重要的现实意义。

各乡镇、各部门、单位要把绿化美化作为一项根本性的长期任务，纳入重要议事日程，常抓不懈；要坚持把城镇机关和农户庭院绿化美化与工程造林结合起来，把造林绿化与精神文明建设结合起来，采取强有力的措施，确保每年有一批单位、农户进入全县先进行列。各行业部门要根据各自的实际情况，因地制宜，积极开展校园、庭院、厂（场）区、街道、路段等各具特色的造林绿化争先创优活动，绿化城镇，绿化山川，美化工作、生活环境。总之，要通过这一活动进一步树立新典型、总结新经验，从而更好地调动全县人民造林绿化的积极性，推动和加快《全国生态环境建设规划》实施步伐，为振兴彭阳经济、加快彭阳发展做出新的贡献。

彭阳县实施退耕还林还草项目暂行办法

（彭政发〔2001〕7号）

为认真贯彻朱镕基总理“退耕还林(草)、封山绿化、个体承包、以粮代赈”的指示精神，切实搞好退耕还林(草)试点工作，进一步加强林草建设，改善生产生活条件，逐步实现生态良好循环和经济社会的持续发展，根据《国务院关于进一步做好退耕还林草试点工作的若干意见》和《自治区以粮代赈退耕还林(草)实施规划》的要求，结合全县工作实际，特制定本办法。

一、基本原则

1.坚持“一把手”负责制原则，逐级签订责任书，把退耕还林草工作纳入领导干部年度考评之中，奖优罚劣，严格考核，各乡镇和县直有关部门的主要领导要亲自抓，按照各自职能分工，各司其职，各负其责，密切配合，共同搞好工作。

2.坚持以小流域为单元，全面规划，综合治理的原则。把退耕还林草同改善生态环境、调整农业产业结构和农民脱贫致富相结合，山上与山下结合、治坡与治沟结合，农田、林草、水土保持工程同建，生物、工程、农艺措施齐抓，因地制宜，科学布局，加快建设进度，提高治理水平。

3.坚持以生态效益为主，兼顾经济效益的原则。在北部干旱片带发展以柠条为主的水土保持饲料林和以紫花苜蓿为主的优质牧草；中部残塬地区发展以紫花苜蓿为主的优质牧草，以“两杏”为主的生态经济林；西部土石质山区，以挂马沟林场为中心发展针阔混交水源涵养林；红、茹、蒲三河中下游河谷地带发展以核桃 、花椒、山楂为主的干鲜果经济林，确保生态林草面积占80%以上。

4.坚持统一规划、统一退耕、统一整地、统一栽植、统一管护和分户经营的原则。

退耕区域确定以后，规划一次到位，建设分步进行。林草建设要集中时间、集中人力、集中会战，全部进行“88542”隔坡反坡水平沟工程整地造林，隔坡种植多年生优质牧草，加强防护管理，指导群众积极开展生产经营活动。

5.坚持“谁退耕、谁所有，谁经营、谁受益”的原则，进一步明确产权关系，加强经营管理，调动群众生产积极性，提高林草收益。

6.坚持退耕还林草同荒山治理同步进行的原则。规划区内的荒山治理与退耕林草建设同规划、同部署、同开展，确保“退一还二”目标的实现。

7.坚持按规划方案定点，按作业设计施工的原则。年度退耕面积的分解和建设流域的确定，原则上由县退耕还林还草领导小组根据地域条件和建设重点统一安排部署，各乡镇和县直有关部门要严格按照全县退耕还林还草计划和实施方案组织施工，不准随意扩大范围、变动退耕区域、增减退耕面积和调整林草布局结构。

8.坚持治理与保护、建设与管理并重的原则。建立健全监督管理体系，进一步强化措施，狠抓落实，加强抚育管护，严禁开荒复垦，确保建一片、成一片、见效一片。

二、政策措施

1.积极贯彻中央、国务院和固原地区党委、政府关于退耕还林还草的政策精神，按照“退耕还林(草)、封山绿化 、以粮代赈、个体承包的”的方针，及时、准确地把国家无偿向退耕户每亩提供的200斤粮食和20元钱兑现到群众手中(经济林补助5年、生态林补助8年)。退耕还林还草后要确权发证，加强管理，建立健全激励机制，提高林草建设质量，巩固建设成果。

2.农民承包的耕地和宜林荒山荒地植树种草以后，承包期一律延长到50年，允许依法继承、转让，到期后可按有关法律和法规继续承包。

3.荒山造林和退耕还林还草所需种苗，全部由林业、畜牧部门统一组织调配，无偿供应。退耕地坚持林草间作，在林带隔坡全部种植多年生优质牧草、林草比例达到1:1。

4.对应税的退耕地，在粮食补助期间不征收农林特产税，继续按农业生产用地标准征缴农业税。停止粮款补助之后，不再对退耕地征收农业税，按国家有关税收优惠政策执行。

5.各乡镇可通过民主商议或人代会决议，建立工程建设基金制度，村集体原未承包到户的坡耕地，退耕还林还草后的全部补助粮款，以及从退耕农户补助款中每年每亩提取的1元管护费、第一年补助粮中每亩提取的100斤粮食，均纳入工程建设基金，设立专户，作为荒山治理和退耕还林还草工程整地及统一管护专项资金，实行乡管村用，审计、监察、林牧等部门监督考核使用。

6.在山体滑坡区和西南部土石质山区进行封山育林区域内的农户，优先安排移民搬迁。对搬迁移民退耕还林还草的承包地，交由国有林场管护。退耕地补助粮款按生态林补助年限执行，除第一年每亩提取的100斤治理费和以后每年每亩提取40斤管护费而外，剩余部分由退耕户领取。提取的补助粮作为工程整地和经营管理费用由国有林场统筹安排使用。

7.鼓励各企事业单位、社会团体和县内、外各界人士，在协商自愿的情况下，通过租赁、承包荒山荒坡、农耕地等形式进行造林种草，其利益分配等问题由双方协商解决，政府将在项目上优先安排，资金上协调扶持，政策上倾斜照顾。

8.坚持退耕还林还草同基本农田建设相结合，机修农田优先安排到退耕流域进行作业，上退下推，综合治理，提高退耕区域内农户的生产水平和可持续发展能力。

三、建设管理

1.做好退耕还林还草的前期工作，编制退耕方案，搞好作业设计。涉及退耕的行政村要成立有7~8名群众代表参加的工作小组，按照年度退耕计划，认真搞好开荒地清理和退耕地丈量工作，反复调查核实，张榜公布，接受群众监督，把退耕还林还草面积提前落实到地块，落实到农户。

2.已建成的基本农田要作为口粮田保留下来，不允许退耕还林还草。涉及退耕面积较大的农户，乡、村两级要积极引导其与邻里户族之间相互兑换调整耕地，留足基本口粮田，避免全退户的出现。

3.各乡镇和林牧等部门对工程建设要实行行政和技术管理双轨负责制，按照职责范围，分工协作，密切配合。在各个作业点上都要确定项目责任人，对退耕还林还草流域的规划测设、工程标准、种苗检验、栽植质量和成活验收等各个环节负全责。作业点负责人的工资同建设流域的整地质量和林草成活率挂钩，纳入年度工作考核之中。

4.造林种草的种苗以县内生产为主，采取“公司+农户、公司+场圃”的形式，实行合同订购。林牧部门要做好种苗生产规划安排，加强种苗基地建设和供应管理，就近调拨，减少中间环节。同时，按地域规划确定种苗种类，按工程进度调配苗木种子，按包装要求组织运输发放，按技术标准搞好栽培种植。

5.退耕地工程造林以后，畜牧部门统一组织农户在隔坡地带适时播种多年生优质牧草。畜牧技术人员要分乡包片，工效挂钩，责任到人，实行全程化技术指导，提高播种质量和成活率。

6.退耕还林还草的代赈粮由县粮食局统一调配，就近供应，组织到乡，根据林业、畜牧部门的验收结果和兑付名册直接兑现到户，要确保粮食质量，严禁向农民兑付陈化粮，每年组织兑现两次，每次兑现时要延长工作时间，限期兑现结束。补助款到位以后，县财政局要及时拨转到林业局，由林业局拨付各乡镇，乡镇在规定时间内兑付给农户。

7.健全县、乡、村技术服务网络，完善管理制度，明确管理职责。重点加强林草防毁、防火、防垦、防牧的“四防”管理。县森林公安、林政人员和草原警察要经常巡回检查，严肃查处乱开山荒和各种毁坏林草事件，及时处理。村组要聘任林草防护员，按点定员，按面积定报酬，实行长年监管，其工资从工程建设基金中支取。林牧部门要制定管理考核办法，工效挂钩，年终考核兑现。

8.各乡镇要同退耕农户签订经营管护合同，明确职责范围和管护内容，并安排林业、畜牧技术人员指导群众积极开展生产经营活动，林草显效以后，要按照权属和林草种类，及时搞好收益分配工作，生态林要长期封育，依法管理，统筹利用，不允许随意采伐。经济林和饲料林，在确保不毁坏的前提下，要积极指导群众适时采撷，合理利用，严禁掠夺经营。所有权属于集体或国家的林草场，要通过租赁、拍卖、承包或股份合作等形式加以利用，充分发挥林草效益。

四、监督管理

1.林业、畜牧部门要成立项目建设监理组织，对工程建设情况进行检查、考核和评估。尤其要加强对整地质量、苗木质量和栽植量的监督检查，严格按技术规程施工，按建设标准考核验收。对质量不合格种苗，作业点责任人有权拒收。对工程质量达不到标准要求的不予验收，并限期返工。人为造成林草成活率不够标准的，除扣减退耕户的补助粮款外，相应扣减责任人员工资。

2.对规划区内荒山造林种草任务未按要求完成的村组，其退耕还林草面积不予验收兑现；机修农田也不予安排。对基本农田进行退耕还林还草的乡镇和农户，其退耕面积也不予验收，并责令限期纠正。

3.种苗的收购和发放要确保质量,按需供应。林业、畜牧部门要严把种苗质量关,严格质量标准,对作业点拒收返还的不合格种苗,主管部门要立即更换,不得影响建设质量。如果不合格种苗数量较大,造成一定损失的,要严肃追究有关人员的经济责任,严格按栽植面积和设计密度调配种苗,严禁过量供应,出现弃苗浪费现象的,要查处种苗供应单位相关人员。

4.把退耕补助粮款同经营管护相挂钩,对造林当年成活率达不到85%,第二年以后保存率达不到90%以上,种草每平方米第一年出苗不足40株、第二年返青不足30株的退耕农户,要停止粮款补助或按相应比例扣减,并限期补救。若经营不善,人为造成林草死亡,需要补植的,补植费用由退耕农户自己承担。

5.对已建成的退耕林草地复垦或人为造成林草毁坏情况严重的,要按破坏林草建设有关法规条款严肃处理,并停止粮款补助,对乱开荒山、破坏草场植被的,水土保持、畜牧部门要密切配合,联合行动,从重从快,严肃查处,坚决杜绝乱开荒山现象的发生。

6.退耕补助粮款兑现必须做到准确无误。在发放前要把名册和数额公布于众,广泛征求意见。对群众反映强烈的问题,要查实、查准,妥善处理。除考核扣减和治理管护提留外,不允许任何单位和个人以任何借口截留补助粮款,否则严肃查处相关责任人员。

7.要建立退耕还林还草监督举报制度,公布举报电话,设立举报信箱,接受社会和群众监督。对工作不到位、不按设计施工、弄虚作假、从中渔利的干部职工要严肃处理。对违法违纪现象,一经核实,将按有关规定追究责任人和相关人员的责任。

五、附则

1.各乡镇和县直有关部门要根据本办法,结合工作实际,制定具体的监督考核办法。

2.本办法由县退耕还林还草领导小组办公室负责解释。

3.本办法自公布之日起执行。

中共彭阳县委 彭阳县人民政府
关于实行封山禁牧发展舍饲养殖的决定

（彭党发〔2002〕47号）

为适应西部大开发和市场经济发展的需要，加快推进全县农业和农村经济结构的战略性调整，有效巩固生态环境建设成果，促进农民收入稳步增长，早日实现山川秀美、经济繁荣的奋斗目标，根据区、市生态建设工作会议关于封山禁牧的精神，县委、县政府决定，在全县范围内实行封山禁牧，发展舍饲养殖。

一、充分认识封山禁牧发展舍饲养殖的重要性、紧迫性和现实性

生态环境是人类生存和发展的基本条件，是经济、社会发展的基础。面临世界性的土地沙化、荒漠化和全球变暖的生态恶化趋势，环境问题不再是一个国家、一个地区的问题，而是被各国都重视的全球战略。党中央、国务院把保护和建设生态环境、实现可持续发展作为一项长期的基本方针，做出了一系列重大部署。自治区党委、政府审时度势，提出了实行封山禁牧、发展舍饲养殖的要求，这是建设秀美山川、巩固退耕治理成果、增加农民收入的积极选择，对进一步加快退耕还林（草）步伐，保护生态环境，发展畜牧业具有重要的现实意义。近年来，我县把退耕还林（草）和大力发展草畜产业作为调整农村经济结构、发展特色农业、实现富民强县的重要举措，经过上下共同努力，生态建设和农民增收取得了明显成效。但从总体上看，全县生态环境还未得到彻底改善，草畜良性产业链尚未形成，对农民增收的贡献份额偏小，靠天吃饭的被动局面还没有从根本扭转。同时，由于治理管护相对滞后，牲畜践踏和人为毁坏林草现象时有发生，治理、破坏、发展间的矛盾比较突出，如不适时采取有效的封禁管护措施，多年来国家花大量资金、全县广大干部群众花费心血和汗水换来的生态治理成果将难以发挥其应有的生态、经济和社会效益。加之退耕还林（草）面积的进一步扩大及加入世贸

组织后肉禽蛋奶在市场上所具有的竞争优势，实行封山禁牧，保护生态，大力发展舍饲养殖，增加收入，显得越来越重要。因此，全县各级组织和广大干部群众都要从建设和保护生态环境，巩固小流域综合治理成果，实现可持续发展的全局出发，切实增强紧迫感和责任感，全面实行封山禁牧，发展舍饲养殖，推进退耕还林和草畜产业化建设。

二、明确封山禁牧和发展舍饲养殖的指导思想、目标任务和遵循的原则

实行封山禁牧、发展舍饲养殖的指导思想是：以“三个代表”重要思想为指导，抓住西部大开发和退耕还林还草的历史机遇，围绕全县“6531”基本工作思路和20字方针，认真贯彻区、市生态工作会议精神，以生态环境建设为目标，以增加农民收入为核心，坚持人工抚育和天然恢复结合，治理开发与封禁保护结合，改变生态治理模式和畜禽饲养方式，实现生态、经济和社会效益共同提高，促进县域经济可持续发展。

实行封山禁牧、发展舍饲养殖的目标任务是：从现在开始到2003年5月1日前，全县分区域、分阶段全面实行封山禁牧，力争“十五”末，全县退耕还林（草）面积达到120万亩，人工种草累计留床面积达到100万亩，林草覆盖度达到50%以上，水土流失治理面积达到70%以上，养殖业总产值突破1.5亿元，畜禽商品率提高到40%以上，养殖业收入占农民人均纯收入的比例超过30%，植被得到有效恢复，生态环境明显改善。

实行封山禁牧、发展舍饲养殖必须遵循以下原则：一是生态优先的原则。尊重自然规律和经济规律，突出生态效益，兼顾社会、经济效益，把生态建设、资源保护、后续产业开发与计划生育结合起来，促进人口、资源和环境的协调发。二是退耕还林还草与封山禁牧相结合的原则。工程整地、人工造林种草并举，封禁管护、自然修复并重，封育一片，见效一片。三是封山禁牧与发展舍饲养殖相结合的原则。注重草畜平衡，发展适度规模养殖，防止“封山减牧”现象的发生。四是政策激励与依法治理相结合的原则。一方面，对封山禁牧、发展舍饲养殖工作有成效的乡镇、村组、农户给予表彰奖励；另一方面，对毁坏封禁林草的行为，要严肃处理。

三、制定和完善封山禁牧发展舍饲养殖的保障措施

实行封山禁牧、发展舍饲养殖，是一项涉及千家万户、事关农业和农村经济发展全局的大事，要精心组织，强化措施，狠抓落实。

*（一）广泛宣传动员，营造封山禁牧的良好氛围。*要多层次、多形式重点宣传《中华人民共和国森林法》《中华人民共和国水土保持法》《中华人民共和国草原法》《国务院

关于进一步完善退耕还林政策措施的若干意见》《国务院关于加强草原保护与建设的若干意见》《彭阳县林木管护办法》《彭阳县实施退耕还林还草项目暂行办法》等法律法规和规范性文件以及区、市生态工作会议精神，在全县营造强大的宣传声势和舆论氛围，教育引导农民提高对封山禁牧重要性的认识，增强发展意识和生态意识，转变养殖观念和饲养方式，为全面实行封山禁牧和舍饲养殖工作奠定基础。

（二）实行激励政策，调动群众封山禁牧舍饲养殖的积极性。把实行封山禁牧发展舍饲养殖与退耕还林、扶贫开发、结构调整和基础建设结合起来，通过项目带动和资金扶持，加快封禁治理进度。坚持“谁封育、谁管护、谁受益”的原则，鼓励农民封山禁牧，大力发展舍饲养殖。今后，对封禁治理、发展舍饲养殖效果好的乡镇、村组、农户，要在扶贫开发、结构调整和基础建设等项目上予以倾斜，增加暖棚修建、圈舍改造、饲草料加工机械、井窖等建设指标和补助。鼓励下岗职工和有能力的人员依法有偿承包封禁的荒山、荒沟、荒滩，进行草畜产业综合开发，对兴办畜草加工企业的集体和个人，可享受非公有制经济发展的优惠政策。

（三）狠抓基础建设，大力发展舍饲养殖。要结合机构改革，加强科技服务队伍建设，健全县、乡、村技术服务网络，大力开展暖棚饲养品种改良、快速育肥等养殖技术的培训、推广和应用。继续推广农作物秸秆青贮、氨化等新技术，增加科技含量，提高饲草转化利用率。制定和完善科技承包措施，调动专业技术人员的积极性，充分发挥他们在封山禁牧和舍饲养殖工作中的技术骨干作用。继续推行林草间作治理模式，扩大优质牧草，特别是紫花苜蓿和地膜玉米的种植面积，增加饲草总量，扩大舍饲养殖规模。要引导群众克服依赖思想，自力更生，进行圈棚改造、牲畜饮水井窖、饲草料加工等基础设施建设，为大力发展舍饲养殖创造条件。

（四）建立完善制度，进一步强化林草管护。全面实行封山禁牧后，各类家畜不准进行放牧。要制定和完善封禁管护办法，明确封禁要求，落实封禁责任，分片包干管护。重视执法队伍建设，加大封禁管护力度，打击各种毁林毁草行为，依法保护林草建设成果。特别要积极探索有效的管护措施，把核发和完善林草权证、明晰产权作为一项重要的工作来抓，划分片区，责任到村、到户，抓紧落实。

四、切实加强对封山禁牧和发展舍饲养殖工作的领导

实行封山禁牧、发展舍饲养殖是当前农业和农村工作的一项紧迫任务，政策性强，涉及面广，工作难度大。务必要高度重视，从实践“三个代表”的要求出发，切实加强组织领导，成立由主要领导任组长，分管领导和有关负责同志为成员的封山禁牧、发展舍饲养殖工作领导小组，实行“一把手”负总责，分管领导具体抓，一级抓一级，层层抓落实的工作机制，并把封山禁牧、发展舍饲养殖工作纳入年度综合考核。各乡镇和有关部门要结合实际，制定实施方案，细化责任，分工到人，具体落实。特别要注意做好群众的思想教育工作，讲明政策，讲清利弊，妥善化解矛盾。对实施过程中出现的一些新情况、新问题及时向县委、县政府汇报，并反馈信息。

彭阳县退耕还林草办法

（彭政发〔2005〕43号）

第一章 总 则

第一条 根据国务院《退耕还林条例》和自治区人民政府有关退耕还林草工程建设方面的规定和要求，为了规范退耕还林草活动，保护退耕还林者的合法权益，加快建设进度，巩固建设成果，改善生态环境，优化农业产业结构，结合本县实际，特制定本办法。

第二条 本办法适用于全县规划范围内的退耕还林草活动。

第三条 严格按照“退耕还林（草）、封山绿化、个体承包、以粮代赈”的方针，贯彻“严管林、慎用钱、质为先”的工作要求，切实把握“林权是核心、给粮是关键、种苗要先行、干部是保证”四个主要环节，认真搞好退耕还林草工程建设。

第四条 以建设“绿色彭阳”为目标，坚持“生态立县”的方针，走“以进促退、以退促调、以调促收、以收促稳”的路子，确保退得下、还得上、稳得住、能致富、不反弹。

第二章 基本原则

第五条 坚持统筹规划、分步实施、突出重点、注重实效的原则。

第六条 坚持政策引导和农民自愿相结合的原则，谁退耕、谁造林（草），谁所有、谁经营、谁管护、谁受益。

第七条 坚持按规划设计、按设计施工、按标准验收、按验收兑现的原则。

第八条 坚持以小流域为单元，山、水、田、林、路、草综合治理的原则。把退耕还林草同防治水土流失、建设基本农田、实施生态移民、调整农业结构和农民脱贫致富相结合,做到农田、林草、水土保持工程同部署,生物、工程、农艺措施齐安排,因地制宜,科学布局,确保建设质量,提高治理水平。

第九条 坚持以生态效益为主,兼顾经济效益的原则。采取乔、灌、草立体复合配置的模式,在北部干旱片带以沙棘、柠条为主,中部地区以山桃、山杏为主,西南部土石质山区以华北落叶松、沙棘为主,红、茹、蒲三河中下游河谷地带以优质杏、核桃、花椒为主;在林带隔坡种植以紫花苜蓿为主的多年生优质牧草,确保生态林草面积占80%以上。

第十条 坚持标准基本农田不退的原则。退耕户人均留足3~4亩基本口粮田,防止"全退户"和"退耕大户"的出现(每户退耕面积一般应控制在50亩以内)。对规划区内退耕面积大的农户,由乡、村两级协调引导邻里、户族之间相互对换调整耕地,使退耕区域内基本上户户受益。

第十一条 坚持治理与保护、建设与管理并重的原则。建立健全监督管理体系,强化管理措施,确保建一片、成一片、见效一片。

第十二条 坚持目标管理责任制和"一把手"负总责的原则。把退耕还林草工作纳入各乡镇和有关部门年度工作考核的主要内容,作为领导干部政绩考评的重要指标,逐级签订责任书,严格考核,奖惩兑现。

第十三条 坚持退耕还林草活动公开、公正、公平的原则,增加工作透明度,接受社会监督。

第三章 政策措施

第十四条 国家无偿向退耕户提供粮食和现金补助,补助标准为每亩退耕地每年补助粮食100千克、生活费20元。补助年限为:草2年、经济林5年、生态林暂补8年。退耕地要依法变更土地登记手续,及时发放林草权属证书。

第十五条 退耕土地还林草后的承包经营权期限可以延长到70年,允许依法继承、转让,到期后可按有关法律和法规继续承包。

第十六条 退耕还林草当年所需种苗及第二年补(种)植所需种苗全部由林业、畜牧部门统一组织调配,无偿供应。之后,对林草成活(保存)率达不到规定标准的地块,补植所需种苗由退耕户自筹;因退耕户过错造成林草成活率达不到规定标准需补植

(种)的种苗费用由其自己承担。

第十七条　凡开垦的荒地和未承包到户的坡耕地在退耕还林草中,纳入宜林荒山荒地造林种草范围,只提供造林种草所需种苗,不享受粮食和现金补助优惠政策。

第十八条　退耕户在完成退耕地造林种草任务的同时,必须完成相应的宜林荒山荒地造林任务。为了确保荒山造林任务的完成,建立荒山造林基金制度。基金筹集范围和管理严格按《彭阳县荒山造林基金管理办法》执行。荒山造林基金作为荒山造林整地、栽(补)植及尚未承包到户的坡耕退耕地的抚育管理的专项费用,实行县管乡用,专户储存,专款专用,审计、监察、农经、林业、畜牧等部门(单位)监督使用。荒山整地造林采取以粮代赈的办法施工,劳务费按水平沟长度(米)或鱼鳞坑个数与补助粮款挂钩,栽植或补植按面积挂钩兑现。

第十九条　对西南部土石质山区已安排整体搬迁的农户,第二年将所有土地移交挂马沟林场经营管理。退耕后农户只享受国家规定时限内的补助粮款,林地及林木的所有权和使用权属挂马沟林场。

对其他区域移民搬迁的退耕户,在国家规定的粮款补助期限内,退耕地经营管理由退耕户承担;期满后,林地及林木的所有权和使用权收归村集体。

第二十条　退耕地造林整地工程原则上采取户退户还的方式。若因劳力不足,按期完不成整地任务的,由乡、村统一组织劳力整地,整地费用从退耕户当年和第二年补助粮中提取(每亩最高不超过100千克),劳务费按水平沟长度(米)或鱼鳞坑个数兑现。

第二十一条　鼓励各企事业单位、社会团体和县内、外各界人士,在协商自愿的情况下,通过承包、拍卖、租赁、股份合作等多种形式进行造林和种草,其利益分配等问题由双方协商解决,政府将在项目上优先安排,资金上协调扶持,政策上倾斜照顾。

第二十二条　在退耕流域内县上优先安排机修农田、井窖、道路等配套基础设施建设,实行上退(耕)下推(田),综合治理,提高退耕区域内农户的生产水平和可持续发展能力。

第四章　建设管理

第二十三条　退耕还林草工作实行政府统一领导下的分工负责制,县退耕还林草工作领导小组负责综合协调,组织相关部门依据国家和自治区的有关规定研究制定政策、法规，协调总体规划的落实；各乡镇人民政府负责辖区内退耕还林草的组织实施和建设管理，落实各项建设措施；林业局负责编制总体规划、年度计划、作业设计，以及工程建设的检查指导和监督管理；发改局负责总体规划的审核、汇总和年度计划的综合平衡；财政局负责中央财政补助资金的安排和监督管理；畜牧局负责草场的恢复和建设以及间作种草的规划计划编制、技术指导和监督管理；水利局负责退耕区域小流域治理、水土保持等相关工作的技术指导和监督检查；粮食局负责退耕补助粮源的协调和组织供应；审计局、监察局、农经站负责对补助粮款的监督检查工作。

第二十四条　年度退耕面积的分解和建设流域的确定，原则上由县退耕还林草领导小组统一安排部署。县林业局组织工程技术人员及时进点作业设计。

第二十五条　各乡镇和有关部门对退耕还林草工程建设要实行行政和技术双轨管理负责制。工程实施区域都要确定项目责任人和技术负责人，并签订责任书，对退耕还林草面积丈量、规划测设、树种布局、整地栽种、种苗检验和检查验收等各个环节负全责。

第二十六条　退耕区域内开荒地清理界定和承包地退耕面积丈量工作实行县、乡、村三级核查制。首先由林业局安排技术人员采用地形图和GPS核定退耕区域面积，然后以村为单位成立由7~9名乡村干部和群众代表参加的工作小组，界定开荒地、逐户逐地块丈量退耕面积，反复调查核实。乡镇成立复查工作队，对各村退耕面积逐户复查，并张榜公布，核对无误后，工作队（组）负责人和退耕农户签字认定，汇总上报，勾图备案。

第二十七条　乡镇组织林业、水土保持技术人员严格按作业设计进点测设，隔坡水平沟中心距必须控制在6米以内。工程整地除土石质山区和沟道利用鱼鳞坑整地外，其余全部采用“88542”技术标准和施工程序组织施工，按设计树种和密度规范栽种。

第二十八条　退耕还林草所需种苗的生产要以县内国有场圃为主，育苗大户和专业户为补充，实行合同计划育苗。对生产销售的种苗必须具备“一签两证”（标签、质量检验合格证和检疫证）。种苗供应要就近调拨，减少中间环节。县上调配到乡，乡上指定专人直接分发到户，严格交接手续，做到品种对路、数量充足、质量优良、供应及时到位。对质量不合格种苗，责任人和退耕农户有权拒收。

第二十九条　退耕还林草检查验收采取随机抽查和全面检查相结合的办法。县退耕还林草领导小组在施工期间，随机抽查，发现问题及时纠正。全面检查验收每年分两次(7月底之前、12月底之前)进行,当年退耕地验收重点是退耕面积、整地质量及造林成活率,历年退耕地验收重点是松土除草、水毁工程修复、补(种)植、隔坡种草等。每次先由乡镇组织全面自查自验,登记造册并申请县级验收,再由县退耕办组织有关工程技术人员严格按《退耕还林草工程建设检查验收办法》进行全面验收,并出具验收合格证明。乡镇政府根据退耕办的验收结果,认真核实,张榜公布,登记造册,并报县退耕办复核备案。

第三十条 县退耕办将粮款兑现指标分解到乡镇,乡镇按计划要求登记造册,报县退耕办审核后,分别送粮食局和财政局进行兑付。粮食局依据自治区人民政府规定的粮食品种比例及质量要求统一调配,就近供应,按期兑付到户。财政局依据退耕办提供的花名册,严格按"一卡通"要求,在规定时间内将补助款兑付到农户手中。

兑付的补助粮,不得折算成现金或代金券。供应粮食的企业不得回购退耕还林草补助粮。

第三十一条 县、乡、村三级要建立健全管理网络,完善管理制度,明确管理职责,重点加强对林草防垦、防牧、防毁、防火的"四防"管理。县森林公安、林政人员和草原警察要经常巡回检查,严肃查处乱开荒山和各种毁坏林草事件,及时消除各种隐患。乡村干部要分片包干,逐月检查考核,发现问题及时处理。已治理的荒山,县林业局应多方筹措管护资金,聘任专职护林员(村队干部不能兼任),按点定员,按面积定报酬,实行长年监管,工效挂钩,严格奖惩。退耕农户要严格按林业、畜牧部门的要求及时松土除草、修枝扶壮、防治病虫鼠害、修复水毁工程。

第三十二条 全面实行封山禁牧,发展舍饲养殖,严禁牲畜放牧,践踏林草,保护建设成果。

第三十三条 在退耕工程建设实施前,乡镇要同退耕农户签订退耕还林草合同,同各施工点责任人签订责任书。在工程建设完成后,核发粮款供应证和林草权属证,完善面积认定、种苗发放和补助粮款兑现手续,建立健全退耕档案,实行微机化管理。

第五章 责任追究

第三十四条 违反作业设计要求,在施工过程中随意扩大退耕范围、变动退耕区域、调整林草布局、变动整地方式和造林密度等,其退耕面积不予验收,限期纠正,并相应扣减责任人员年度奖金，情节严重的，给予行政处分。

第三十五条 在承包地界定和开荒地清理上弄虚作假，虚报冒领补助粮款，或偏亲厚友、工作不到位、监管不力，造成面积不实、兑现不准的，一经发现，由林业行政主管部门责令限期纠正并追回补助粮款，对相关责任人依法给予行政处分，并依照国务院《退耕还林条例》规定，处以冒领金额2倍以上、5倍以下的罚款。

第三十六条 林业、农牧部门在种苗采购中，要严把种苗质量关，对作业点拒收的不合格种苗，必须立即更换，不得影响建设进度。如果不合格种苗数量较大，造成一定损失的，严肃追究有关人员的经济责任。要按栽植面积和设计密度调配种苗，严禁过量供应造成弃苗浪费现象的发生。因运输管理不善、栽植不及时，造成苗木失水成活率低的，要追究相关责任人员的经济责任。在供苗用苗中，出现克扣、倒卖种苗现象的，一经发现，林业、农牧部门要严肃查处，除追回损失外，对直接责任人，依照国务院《退耕还林条例》之规定，处以克扣、倒卖种苗总价款2倍以上、5倍以下的罚款，情节严重的，依照《中华人民共和国种子法》《中华人民共和国刑法》有关规定处理。

第三十七条 乡镇在荒山造林基金使用管理和补助粮款兑现中，出现挤占、截留、挪用或贪污、克扣补助粮款的，根据其情节，给予行政处分，构成犯罪的，依法追究刑事责任。

第三十八条 把退耕还林草补助粮款同经营管护相挂钩，对松土锄草不及时、水毁工程不修复、林带隔坡不种草、补（种）植不达标，造成林草成活率、保存率、抚育管护率达不到要求的，每次每亩退耕地扣除40元现金，由乡村统一组织劳力完成经营管护任务。退耕还林草补助期间或期满后，对于擅自复耕或林粮间作、故意损坏苗木和林带放牧、滥采、乱挖破坏植被行为的，扣发当年补助粮款，并依照《森林法》《草原法》《水土保持法》等有关法律法规严肃处理，情节严重的要追究刑事责任。

第三十九条 退耕还林草工程验收人员不严格按照检查验收办法操作，在工作中弄虚作假、徇私舞弊，虚报林草作业数量和质量的，由有关部门视其情节和造成的后果给予行政处分。

第四十条 粮食供应单位向退耕户供应不符合国家质量标准的粮食，由县粮食局责令改正，并处非法供应的补助粮食乘以标准口粮单价一倍以下的罚款。将补助粮食折价成现金或代金券支付的或回购补助粮食的，责令其限期改正，并处折算现金额、代金券额或回购粮食价款一倍以下的罚款。

第四十一条 退耕还林草工作要建立监督举报制度，公布举报电话、设立举报信箱，接受社会监督。任何单位和个人都有权检举、控告破坏退耕还林草的行为和在退耕还林草工作中的违法违纪行为，对群众反映的问题，乡镇人民政府和有关部门要及时严肃查处。

第六章 附 则

第四十二条 各乡镇和县直有关部门要根据本办法，结合实际，制定具体的监督考核细则。

第四十三条 本办法由县林业行政主管部门负责解释。

第四十四条 本办法自发布之日起施行，原2003年3月12日施行的《彭阳县退耕还林草办法》同时废止。

中共彭阳县委　彭阳县人民政府
关于加快发展后续产业巩固退耕还林草成果的实施意见

（彭党发〔2005〕18号）

大力发展后续产业，是退耕还林草地区实现区域经济协调和可持续发展的根本途径，是确保农民退耕后实现稳定收入的一项有效措施。为了深入推进后续产业发展，根据自治区党委、政府《关于加快发展后续产业巩固退耕还林退牧还草的若干意见》的要求，结合我县实际，现就如何加快发展后续产业，巩固退耕还林草成果提出如下实施意见。

一、充分认识加快发展后续产业巩固退耕还林草成果的重要性和必要性

自2000年退耕还林草工程实施以来，我县坚持"生态立县"方针，以建设"绿色彭阳"为目标，按照国家"退耕还林、封山绿化、个体承包、以粮代赈"和"严管林、慎用钱、质为先"的要求，在认真实施退耕还林草工程的同时，大力调整农业经济结构，积极培育草畜、林果等产业，有效改善了生态环境，促进了农民增收和区域经济的快速发展。2000—2004年，全县共完成退耕还林面积120.2万亩，其中退耕地造林面积75.5万亩，荒山荒沟造林面积44.7万亩；林木覆盖率由13.9%提高到18.5%。以"两杏"为主的经济林面积由39.7万亩增加到42.6万亩，以紫花苜蓿为主的多年生牧草面积由29.8万亩增加到86.1万亩，畜禽饲养总量由70.3万个羊单位增加到93万个羊单位，高标准基本农田面积由56.2万亩增加到78.4万亩。另外，地膜玉米、马铃薯、小杂粮及蔬菜、药材等特色优势产业已初具规模。

在充分肯定成绩的同时，必须清醒地认识到当前全县建设和发展中还存在很多问题：一些乡镇对发展后续产业重视不够，缺乏总体规划，扶持、引导和服务措施跟不上，后续产业发展缓慢；退耕还林草后管护措施及经费落实不够，加之受干旱等自然灾害的影响，林木成活率、保存率、郁闭度低，影响了退耕还林草效果；封育禁牧措施还不完善，违禁放牧现象时有发生等。全县生态环境还很脆弱，巩固退耕还林草成果、加快后续产业开发的任务十分艰巨。

生态建设的持续和稳步推进，必须有强劲的后续产业支持，否则难以协调和可持续发展。面对生态建设的新形势和新任务，各乡镇和有关部门(单位)必须始终保持清醒的头脑，进一步增强责任感和使命感，牢固树立和全面落实科学发展观，紧紧抓住退耕还林草工程实施的机遇，不断总结经验教训，以增加农民收入为核心，以科技创新和体制创新为动力，切实加快后续产业发展，有效巩固和扩大生态建设成果，促进县域经济的持续快速健康发展。

二、进一步明确发展后续产业的指导思想、基本原则及主要目标

(一)指导思想。以党的十六大和十六届三中、四中全会精神以及“三个代表”重要思想为指导，按照科学发展观的要求和“巩固成果、提高质量、完善政策、稳步推进”的方针，坚持“生态立县”、户退户还、粮款挂钩、谁管护谁受益的原则，认真贯彻落实第二次固原工作会议精神，把工作重心由以建设为主调整到抓管理求质量要效益上来，把建设理念由以生态建设为主调整到生态建设与后续产业培育同步协调发展上来，把造林重点由退耕还林草和荒山造林为主调整到沟道治理和城乡绿化上来，稳步推进退耕还林草工程，全面加快沟道和城乡绿化，高度重视现有林草资源管护和开发利用，进一步加强以机修农田为主的农业基础建设，积极培育后续支柱产业，走生态优先、产业发展及保护、建设与利用相结合的路子，建立永续利用的生态林业体系，尽快实现退耕后农民收入稳定增长，促进经济社会持续快速健康发展。

(二)基本原则。

——坚持生态建设与区域经济发展相结合的原则，以实施退耕还林草工程为契机，积极推进产业结构调整，加快培育区域性主导产业。

——坚持退耕还林草与农民增收相结合的原则，多渠道培育后续产业，有效增加农民收入。

——坚持科学发展与因地制宜的原则，尊重自然、经济和科学规律，科学选择造林种草模式，努力提高造林种草质量效益。

——坚持统筹规划与综合治理的原则，山、水、田、林、路、草配套，封、禁、退、还、建结合，工程、生物和科技措施并举，夯实退耕还林草基础。

——坚持政策引导与群众参与的原则，严格执行退耕还林草有关政策，充分调动广大干部群众的积极性和创造性，推进后续产业快速发展。

（三）主要目标。

1.生态环境不断优化。通过三年努力，使全县林木保存面积由178.1万亩增加到210万亩，林木覆盖率净增5个百分点。

2.生产条件逐步改善。农民人均达到4亩高标准基本农田，户均至少建有1座沼气池或太阳灶。

3.农民有粮稳定增加。全县粮食总产量稳定在1亿千克以上，农民人均有粮保持在500千克以上。

4.农民收入持续增长。后续产业在农民纯收入中的比重明显提高，力争2007年全县农民人均纯收入达到1850元以上。

三、突出重点，加快发展退耕还林草后续产业

（一）大力发展草畜产业。在草产业发展上立足饲草自给和实现优质化，在加强现有饲草管护、巩固历年种草成果的基础上，围绕饲草加工企业，积极引进优良品种，鼓励群众拿出平地、好地，建设一批集中连片、优质高效的草产业基地，促使饲草产业由量的扩张向质的提升转变，力争通过三年努力，使全县以紫花苜蓿为主的多年生牧草面积达到万亩。在畜牧业发展上，以设施化、优质化为主攻方向，全面推广刘沟门养殖模式，坚持因地制宜的原则，尊重群众意愿和养殖习惯，宜羊则羊、宜牛则牛、宜猪则猪。另外，依托退耕地林草资源，推广林区和家庭散养新模式，积极培育彭阳"生态鸡"，力争2007年全县畜禽饲养总量超过120万个羊单位，农民人均草畜业纯收入达到550元，并基本实现草畜平衡的目标，使草畜业真正成为县域经济发展的支柱产业。

（二）加快发展林果产业。根据我县立地条件和气候特点，在北部干旱片带以发展优质山杏为主，适量发展仁用杏，建立山杏采种基地及示范园；中部黄土丘陵区以发展仁用杏为主，适量发展曹杏及鲜食接杏，建立仁用杏良种基地和示范园；东南部红、茹河河谷残塬区以鲜食接杏、加工曹杏为主，适量发展优质桃李、核桃、花椒等小杂果。同时，要加大早、晚品种的种植，调减大路品种面积，并对现有的30万亩山杏进行嫁接改良，提高单产和质量。力争三年内使全县以杏为主的经济林面积达到50万亩，其中"两杏"面积达到40万亩，使此项提供农民人均纯收入100元以上。

（三）积极发展特色经济作物。采取项目扶持、示范引导、典型带动的办法，巩固扩大菌草、辣椒、中药材等经济作物，使全县特色经济作物面积稳定在25万亩以上。充分利用反季节（夏季）生产优势，使菌草生产成为退耕还林（草）后续产业开发的一个有效途径，推行“公司（协会）+基地+农户”的发展模式，全力做好食用菌产业；辣（甜）椒在我县红、茹河川道区具有明显优势，要留足两河流域川水地，优化品种结构，加强以无公害种植技术为主的综合配套技术推广，加快中介组织培育，使以辣（甜）椒为主的冷凉型蔬菜超过10万亩，力争建成全市最大的反季节蔬菜生产基地。坚持适地、适种和市场需求的原则，继续推广林药间作套种模式，逐步扩大中药材种植规模，使中药材种植面积每年稳定在2万亩左右。同时，进一步扩大烟叶、桑蚕、葵花、黄花菜、大麻子等特色经济作物种植面积。

（四）稳步发展优势粮食作物。要正确处理生态建设与农民吃饭的关系，加大对耕地的保护力度，严禁基本农田退耕还林。加快实施“种子工程”，积极发展“订单农业”和旱作农业，把地膜玉米作为发展的重中之重，大力推广饲用高蛋白和加工用高淀粉新品种，适度压缩川水地种植面积，加快推进“上台地、上塬区、进梯田”的步伐，使种植面积超过20万亩。加速马铃薯产业升级，重视新品种的引进、示范、推广，在西南部土石质山区和王洼镇、草庙乡等乡镇，大力发展优质加工型马铃薯；在白阳镇、城阳乡、新集乡等乡镇，大力发展早熟鲜食外销型马铃薯，力争种植面积两三年内超过20万亩。把小杂粮作为区域优势产业，在中北部干旱片带，扩大种植面积，建立相对集中的规模化生产基地，确保种植面积稳定在10万亩左右。

（五）放手发展农副产品加工业。按照基地化生产和产业化发展的要求，立足“三农”问题的长效解决，用工业化理念谋划农业，以深加工促进产业增值，提升农业综合生产效益。依托蔬菜、草畜、马铃薯和小杂粮等优势资源，在全面提升现有农副产品加工企业生产能力的基础上，采取土地有偿转让、返租倒包等形式，鼓励投资者就近就地生产，大力发展畜禽、菌草和小杂粮等农副产品加工业，并引导企业逐步向精深加工领域迈进，实现转化增值。同时，积极发展农村合作经济组织和农民经纪人队伍，搞活农副产品流通，以流通带加工，以加工促生产，提高农业生产的市场化、组织化程度。

四、强化措施，确保后续产业健康快速发展

（一）积极稳妥地推进退耕还林草工程。顺应国家退耕政策的结构性、适应性调整，本着建一片成一片、边干边争取的原则，稳步推进退耕还林草工程。坚持以退耕还林草质量"回头看"为重点，在争取消化退耕超额面积，加大对历年工程进行加密补植、修复完善的同时，将工作重点向庭院四旁、机关学校、村庄道路、农田地埂的绿化转移，向荒山、沟道、河滩治理转移，尤其要加大沟道治理力度，按照县委、县政府的总体规划，集中人力物力，加快建设进度，力争三年内治理完全县所有的沟道。在农村普遍开展"千树百果"工程（即平均每户在三年内利用四旁种植1000棵树木和100棵经济林），不断完善生态体系，提高林木覆盖率。同时，加大封山禁牧力度，加快草场围栏建设，争取用三年时间，将全县可利用的62.6万亩天然草场全部围栏封育，加快恢复草场植被。

（二）依法加强对林木、草场资源的保护与管理。认真贯彻落实国务院《退耕还林条例》和《森林法》《草原法》，坚持"谁退耕，谁管护，谁受益"的原则，明确管护目标，落实管护责任，切实加强对林草资源的保护与管理。加快建立和完善林地、草场承包经营责任制，加快林权证、草场证的颁发工作，明晰产权，实现责权利的有机结合。建立健全林草资源管护网络，加强森林火灾、病虫鼠兔害综合防治，加大林业、草场执法力度，严厉打击乱砍滥伐林木、乱垦滥占林地和草场等违法犯罪行为。严格按照退耕还林"四个暂扣"的政策要求，教育组织、动员督促群众自己加强管护，全面巩固生态建设成果。

（三）坚持不懈地改善退耕户的生产生活条件。加强小流域综合治理，坚持山、水、田、林、草、路综合治理，整体改善农业生产条件。严格执行农田建设申请和验收制度，三年内新修高标准基本农田17.5万亩，并加强现有基本农田管理，及时修复水毁工程，力争2007年实现"梯田化县"的目标。抓住农村"一池三改"沼气国债项目的实施，加快农村能源工程建设步伐，有效改善退耕还林区域内群众的生活条件。加快实施生态移民工程，对集中连片的退耕区，有计划地进行生态移民，减轻人口对环境、资源的压力。

（四）加快科技创新和产业化经营。加大优良林果、牧草新品种引进、选育和示范推广力度，积极推广林草、林药、林果科学配置模式，促进生态建设与产业发展的有机结合。认真研究攻克林果产品品质差、冬小麦条锈病防治、紫花苜蓿病虫害防治、饲草加工及转化利用等技术难题，不断提高后续产业的科技含量。进一步发展农村信息服务网点建设，逐步形成以"彭阳政务网"为中心，覆盖全县的信息服务网络。认真抓好各类科技示范区和规模种养示范村、示范大户建设，发挥示范、辐射和带动作用。深入开展科技特派员创业行动，使科技人员与农户或企业结成科技共同体，不断提高产业化经营水平。加快龙头企业的技术创新步伐，扶持开发研制新产品，不断推动产品升级，提高我县特色产品的市场竞争力。

（五）认真落实和完善相关政策。认真贯彻落实自治区党委、政府《关于加快发展后续产业巩固退耕还林退牧还草的若干意见》《关于进一步加快林业发展的意见》等文件，确保国家、区、市、县生态建设及后续产业发展的各项政策执行到位。认真落实退耕还林草粮款补助和基本农田建设等各项扶持资金，保证及时足额到位。同时，要建立和完善林木资源管理网络体系，严格落实封山禁牧措施，严防火灾、鼠灾，加大对生态建设后续产业基地建设和产业化龙头企业的扶持力度，严格林权证的登记与发放，支持和鼓励多种社会主体通过承包、租赁、转让、拍卖、划拨等形式参与林草产业开发建设。

（六）切实加强组织领导。各乡镇、各有关部门（单位）要从实践“三个代表”重要思想的高度，提高加快我县生态建设及后续产业发展重要性的认识，切实加强组织领导，认真解决后续产业发展中的突出问题，千方百计促进农民增收。要把生态建设及后续产业发展列入重要议事日程，科学制定发展规划，进一步完善政策，强化措施，扎扎实实地推进后续产业的发展。要建立领导干部抓后续产业示范点制度，强化对发展后续产业的扶持和引导服务。各有关部门要按照职能分工，各司其职，各负其责，密切配合，落实好各项配套措施，确保我县后续产业的持续、快速、健康发展。

彭阳生态建设“813”提升工程实施意见

（彭党发〔2006〕64号）

生态环境是人类生存和发展的基本条件，是经济、社会全面协调可持续发展的基础。建县以来，历届县委、县政府始终坚持“生态立县”的方针，团结带领广大干部群众艰苦努力，取得了显著成效，生态环境明显改善，初步形成“生态彭阳”这一品牌。进入新时期，建设社会主义新农村和构建和谐社会对全县生态建设提出了新的要求。为扩大生态建设成果，提升生态建设水平，实现山川秀美、经济繁荣、社会和谐新彭阳的目标，县委、县政府决定实施生态建设“813”提升工程，即用3~5年时间，在全县打造8个生态乡（镇）、100个生态村、30000个生态户。现提出如下实施意见。

一、指导思想和原则

1.指导思想

坚持“生态立县”的方针，以建设生态型新农村为目标，紧紧围绕“四四三”工作思路，确立林业在生态建设中的主体地位，把增加森林资源总量、巩固生态建设成果、培育开发林业产业、发展壮大林业经济作为重点内容，建设山川秀美、经济繁荣、社会和谐的新彭阳。

2.坚持原则

——坚持以人为本，树立全面、协调、可持续发展的原则。

——坚持因地制宜，科学规划，合理布局，重点突破的原则。

——坚持立足优势，突出特色，典型带路，示范引导的原则。

——坚持依靠科技，注重质量，先易后难，整村、整乡推进的原则。

——坚持政府引导，项目支持，群众投劳，全社会共同参与的原则。

——坚持生态优先,生态、经济和社会效益相统一的原则。

二、目标任务

1.奋斗目标

——生态乡(镇)。用5年时间(2006—2010年)创建8个生态乡(镇)。力争实现目标乡(镇)范围内全部宜林荒山荒沟得到绿化治理,25度以上陡坡耕地全部退耕还林,林种、树种结构布局合理,中幼林抚育管护良好,林木病虫害得到有效防治,林相整齐,生态景观良好。全乡(镇)森林覆盖率超过30%,水土流失得到有效控制,区域生态效益较为明显,生物多样性更为丰富。林业科技利用率超过80%,林业特色优势产业不断壮大。水资源保护利用良好,环境污染程度控制在国家标准之内;生态村数量占全乡(镇)实有村数的70%以上。

——生态村。用5年时间(2006—2010年)创建100个生态村。消灭目标村范围内宜林荒山荒沟,25度以上陡坡耕地全部退耕还林。基本农田实现林网化,村级道路全面绿化,自然植被恢复良好,中幼林得到全面抚育管护,森林资源均衡分布,林相整齐,目标村森林覆盖率超过35%。区域生态景观良好,呈现山清、水秀的自然风貌;生态环境大大改善并呈现良性循环,实现水不下山、泥不出沟的建设效果。林业产业发展势头强劲,实现生态与产业发展的良性互动。农、林、牧"三业"结构合理,人畜饮水清洁安全,生态户数量占全村总户数的80%以上。

——生态户。到2008年,在全县创建30000个生态户,其中"杨万珍模式"典型户1000户。按照新农村建设"五个层次"的要求,因地制宜,建设各具特色的生态庄园。目标户庭院四旁土地得到科学利用,庭院四旁植树100棵以上,实现院内有花园、院外有果园、四旁绿树环绕的田园风貌,绿化覆盖率超过50%,农村人居环境整洁优美,生态户全面实现"一池三改",户均至少2亩生态经济林,有1~2眼水井(窖)或其他饮水设施,生活用水清洁安全。农、林、牧"三业"结构合理并呈现良性循环,林业生产经营依靠现代林业技术,家庭生产成员掌握2项以上林业实用新技术,户均林业经济收入占家庭总收入的10%以上。

2.重点建设内容

——以重点林业工程为依托,不断提升生态建设水平。生态乡(镇)建设从生态村、生态户入手,一是围绕退耕还林及"三北"防护林工程建设,提高治理区森林资源总量，重点规划治理25度以上陡坡耕地及宜林荒山荒沟，营造水土保持林，控制水土流失。二是结合社会主义新农村建设，加快村庄绿化、四旁植树、防护林和梯田地埂林建设，改善村容村貌，提高人居环境质量。三是围绕天然林保护工程及重点公益林生态效益补偿等重点林业工程建设，加大中幼林补植及抚育管护力度，提高林木生长量，提升生态建设成效。四是结合森林病虫害防治监测体系及森林保护基础设施建设，加强病虫鼠害防治及森林火灾预防工作力度，巩固生态建设成果。

——以富裕农民为根本出发点，培育壮大工程区林业产业。围绕自治区林业优势产业培育方向和全县退耕还林后续产业培育开发重点，一是将“两杏”产业作为全县林业产业扶持的重点，按照北部发展优质山杏、中部发展仁用杏、东南部发展鲜食加工杏、城郊发展设施栽培杏的布局，采取综合技术措施，加强管理，加快低产杏园更新改造，重点采用高接换头技术改接优质杏子品种，加大科技应用力度，不断提高林地生产力。同时扩大节能日光温室设施杏树基地建设，扩大基地规模，提升产品质量。产业发展要突出规模、提高质量、注重效益。积极推行杏子无公害绿色食品认证和产地认定，做大做强杏子产业。二是扶持柠条饲料林加工转化及生态养殖等林业产业，使其在不破坏森林资源的情况下，成为工程区农民增收的重要补充，实现生态建设与经济发展良性互动。三是不断挖掘林业潜力，发展集旅游、休闲、度假、教育等多功能于一体的观光林业和农家乐生态庄院，多渠道增加农民收入。

三、保障措施

1.加强组织领导，强化工程管理

“813”提升工程是一项系统工程，为了确保这项工程取得实效，县上成立以政府主管林业的副县长任组长，县林业局局长任副组长，政府办、发改、财政、建环、水利、农牧、国土、扶贫等有关部门负责人为成员的领导小组，专门负责工程建设，协调落实资金，确定重点建设内容，监督指导工程实施，组织进行考核、审定、命名并给予奖励。

2.狠抓典型培育，积极示范引导

从立地条件、交通条件相对较好的乡、村、户入手，分别在北部黄土丘陵区、中部残塬区、南部川道区三种不同立地条件创建示范典型，结合新农村建设，从城郊、乡镇驻地、公路沿线、自然村落、农村散落庄院等五个层面打造各具特色的生态样板户，以此为核心，辐射带动周边乡、村、户生态环境建设，最终实现工程建设目标。

3.依靠项目带动,确保建设成效

林业项目是推动林业建设的重要载体。目前,国家在我县启动实施的重点林业工程有:退耕还林工程、天然林资源保护工程、“三北”防护林工程、重点公益林森林生态效益补偿基金等。2006年,自治区人民政府将我县确定为退耕还林工程后续产业开发示范县。今后5年,将是林业重点工程建设和产业培育发展的重要阶段。为此,在项目实施规模上,我们将优先发展生态乡、村、户。

——在退耕还林工程建设上,对生态乡、村、户25度以上陡坡耕地、水土流失严重区及宜林荒山、荒沟,采取整村、整乡推进,一次性退耕还林治理。要提高工程建设质量,抓好退耕地补植和抚育管理,逐步建立合理稳定的农、林、牧“三业”结构。

——在天然林保护工程建设上,健全完善县、乡、村三级森林资源管护网络,建立稳定的管护队伍,落实管护地块,明确管护责任。在充分发挥护林员管护作用的同时,要在年初管护合同上明确护林员抚育、补植、采种、病虫防治等任务,提高林地产出率,提升林分质量。采取有效措施加强柠条饲料林平茬更新转化,建立长期封山禁牧机制。

——在“三北”防护林工程建设上,要结合《彭阳县社会主义新农村建设实施规划》,加快防护林体系建设和城乡绿化建设。防护林体系建设要突出防风固土和绿化景观的作用,对基本农田、道路两侧树种老化、结构单一、防护效能差的林网进行改造,建立乔灌、针阔结合的疏透林网。结合生态景观林建设,合理搭配造林树种,注重坡改梯田地埂造林绿化。城乡绿化建设重点抓好绿色通道工程,提高国道、省道、县乡道路绿化,经过我县的309国道、203省道,要在两侧营造20米的宽幅林带,建立乔灌草相结合的立体绿化效果;县、乡道要在公路两侧建立10米林带,以乔木为主,提升绿化防护效果。

——在重点公益林森林生态效益补偿基金实施上,按照《彭阳县重点公益林实施细则》要求,实施好公益林保护内容,提升质量并充分发挥森林生态效益。积极争取将符合条件的公益林纳入补偿基金范围,巩固公益林建设成果。

——在林业产业发展上,按照彭阳县退耕还林后续产业示范县建设内容,重点发展杏子产业,围绕杏子品种改良、杏园管理、设施栽培、鲜杏冷冻贮藏等建设内容,提高产量、提升质量,推进杏子从资源大县向产业大县转化。

——在城乡大环境绿化建设上，按照《新农村建设规划》的内容要求，重点绿化城镇街道、村屯道路、农户庭院四旁，在治理效果上达到公共设施园林化、道路林荫化、农家庭院花果化，实现春有花、夏有荫、秋有果、冬有青的建设效果。

4.建立激励机制，推动建设进程

设立一定的奖励基金，对生态乡、村、户的建设采取量化指标综合考核，通过向社会公示等途径，对生态建设成效明显的生态乡、村、户，每年分别确定3个生态乡、10个生态村、300户生态户进行重奖，以此推动工程建设进程。

5.加大科技投入，提高建设质量

结合彭阳林业发展空间，大力推广应用国内外林业先进技术成果，建立具有不同带动作用的各具特色的示范村、示范户，充分发挥科技在林业中的支撑作用。完善县、乡、村林业科技培训体系。通过外出观摩评比，交流经验，开阔视野，调动工程区广大群众建设生态环境的积极性。

关于进一步规范荒山造林基金管理的意见

（彭政发〔2009〕13号）

自建立荒山造林基金以来，我县严格按照《彭阳县荒山造林基金管理办法》规定，统筹管理，规范运作，使有限的资金在生态建设方面发挥了重要作用。但荒山造林基金在使用上较为分散，在管理上不够科学，为进一步规范荒山造林基金的使用和管理，实现基金效益的最大化，特制定本意见。

一、荒山造林基金使用的基本原则

1. 坚持统筹管理，集中使用的原则。

2. 坚持专户储存，专款专用的原则。

3. 坚持保证重点，注重实效的原则。

4. 坚持严格标准，项目管理的原则。

二、荒山造林基金的使用范围

自2009年开始，对荒山造林基金进行全面整合，实行统一管理，统筹使用，集中用于荒山荒沟造林、经济林建设、城乡环境绿化三个方面，主要解决种苗、整地、栽植及机动地退耕抚育管理等费用。

三、荒山造林基金的使用和管理办法

荒山造林基金采取项目管理形式，由县财政局统一管理，林业局负责实施。

（一）工程管理。

1. 项目确定。成立县荒山造林基金管理工作领导小组，每年由县林业局根据建设重点，会同有关乡镇确定投资项目，并组织编制项目实施方案，上报领导小组审批。

2. 项目实施。项目建设实行招标制或承包制，由领导小组负责以合同形式落实到所在乡镇政府、有资质的单位或个人进行实施；工程建设所需苗木全部通过招投标统一采购。

3.项目监理。林业局成立工程质量监理小组或指定工程技术人员，对工程实施全过程监理。

4.项目验收。工程完成后，县林业局成立验收小组进行初验，并形成验收报告，上报县荒山造林基金管理工作领导小组进行复查验收。

5.项目管理。年度实施的林业项目，要明确项目负责人和技术负责人，对工程建设全过程负全责；建立工程建设档案，并实行专人管理。

（二）财务管理。

1.实行专户管理。荒山造林基金实行专户储存，由县财政归口管理。县林业局在银行设立专户，并建立基金专账，严格按照会计制度单独核算。

2.实行报账制。县荒山造林基金管理工作领导小组根据工程检查验收结果，核算当年各项工程建设资金，经审核、研究后由县财政局拨付。各施工单位或个人按照工程验收结果和资金核算结果，提供有关资料，经审核后报账支付。

3.实行审计监督。荒山造林基金必须专款专用，任何单位不得以任何形式截留、挤占、挪用。纪检、审计、财政等部门每年要对基金的使用情况进行专项检查，对违规违纪行为要严肃处理。

中共彭阳县委 彭阳县人民政府
关于加快推进生态 经济 社会科学发展若干
重大问题的决定

（彭党发〔2009〕39号）

自1983年建县以来，全县各级党政组织和广大干部群众始终坚持以经济建设为中心不动摇，把生态建设放在经济社会发展的首要位置，勇于探索，团结务实，锲而不舍，艰苦创业，一任接着一任干，一代接着一代干，把以山水田林路草综合治理为重点的生态建设蓝图镌刻在彭阳大地上，用20多年的时间开辟了一条独具特色的“生态立县”发展之路，实现了由建县之初的贫困落后向稳定解决温饱、进而向小康迈进的历史性跨越，取得了生态显著改善、经济快速发展、党建创新加强、社会和谐进步的辉煌成就。当前，我们正迎来新一轮发展的重要机遇期。面对全面建设小康社会的新形势、实现跨越式发展的新要求和全县人民群众的新期待，建设彭阳小康社会，加快推进现代化进程，历史性地摆在了我们面前。站在新的历史起点上，全县上下只有统一意志克难前行，同心同德二次创业，才能实现彭阳的新突破、新提升、新跨越、新发展，才能开拓一条有彭阳特色的富民强县振兴发展之路。为此，当前和今后一个时期，要着力解决好以下若干问题。

一、深化县情认识，科学谋划发展

1.全面深化对新阶段县情的新认识。我县属于典型的黄土高原丘陵沟壑区，生态环境恶化与贫穷落后叠加曾一度为西海固贫困县之冠。建县之后，我们坚持“20”字建县方针，改土治水，治穷致富，城乡面貌发生了显著变化，群众生产生活条件明显改善，但经济社会落后的县情仍然没有发生根本改变。一是生态作为立县的基本条件依然脆弱，巩固、提升、发展的任务十分艰巨，如何把生态效益转化为经济效益，实现二者的有机统一，仍需要做艰苦卓绝的探索；二是农业在县域经济的基础地位依然薄弱，生态农业建设层次不高，现代农业发展才刚刚起步；三是水资源短缺的矛盾依然尖锐，干旱缺水将长期困扰生产生活和经济社会发展；四是发展转型与结构升级面临双重压力，特色农业产业化经营的规模和效益都较低，依托优势资源发展工业需要攻坚克难；五是县域经济实力依然不强，城乡居民收入增长缓慢，尤其是增加农民收入的难度大；六是城乡二元格局依然突出，小城镇建设与乡村经济社会发展互动机制尚未形成，社会事业发展的薄弱环节有待加强；七是市场发育程度低、人才匮乏、思想观念落后等仍制约着快速发展的进程。总体上看，我县经济社会发展仍处在宁夏南部山区的较低层次，不加快发展，将会与全区全国的差距进一步拉大。但应当看到，生态建设奠定的坚实基础、生态农业发展的实践经验、彭阳精神和老区文化的积淀、煤炭石油等优势资源的开发、党建和作风建设的创新成果，这些物质和精神财富，为我们加快发展创设了有利条件，积蓄了后发优势。面对新阶段新县情新变化，全县各级党政组织和广大干部群众一定要有更加清醒而深刻的认识。

2. 新阶段彭阳发展的指导思想。高举中国特色社会主义伟大旗帜，深入贯彻落实科学发展观，坚定不移地实施富民强县战略，更新思想观念，弘扬“彭阳精神”，发扬“三苦作风”，着力加强基础设施建设和生态环境建设，着力推进产业结构优化升级，着力转变县域经济发展方式，着力改善民生，着力深化改革和建立科学发展机制，着力促进人口、资源、生态、社会和谐，努力实现全面建成小康社会宏伟目标。

3. 新阶段彭阳发展的奋斗目标。到2015年，力争全县地区生产总值达到57亿元，地方财政一般预算收入达到1.5亿元，农民人均纯收入达到5800元，年均分别递增25%、33%和12%。森林覆盖率达到25%以上，人口城镇化率达到30%，生态环境明显改善，生态农业和能源工业取得突破性发展，和谐社会建设迈出重要步伐。到2020年，主要经济指标达到全区平均水平，综合经济实力和自我发展能力显著增强，基本建成以“大花园、大果园”为蓝图的生态家园、致富田园、和谐乐园，在全市率先实现小康社会目标。

4. 新阶段彭阳发展的总体思路和战略重点。当前和今后一段时期，全县总的工作思路是：围绕一个核心，实施两大战略，加快三个进程，推进四个转化，走出一条科学发展新路，即以增加城乡居民收入为核心，实施“特色产业富民，能源工业强县”战略，加快“发展转型、产业提升、结构优化”进程，把生态建设成果转化为经济优势，把党建创新成果转化为政治优势，把平安创建成果转化为建设和谐社会的有力支撑，把“彭阳精神”转化为自觉行动，走出一条符合县情、特色鲜明的富民强县科学发展之路。

二、提升生态建设成果，全面推进产业结构升级和优化

5.以建设“大花园、大果园”为蓝图，推动生态型林业向生态经济型林业转变。树立经营生态的理念，制定发展林果产业规划，实施林果产业结构调整战略，促进人与生态和谐共生。坚持保护、治理与提升并重，强化生态保护措施，巩固和发展生态建设成果。继续推进小流域综合治理，对全县所有宜林地全部栽绿植果；以发展壮大杏产业为重点，根据区域小气候特点，采取流域型、庭院型、设施型和改造提升型模式，加快对退耕地山杏的嫁接改良和补植改造，按照北部仁用杏和优质山杏、南部鲜食加工杏的总体布局，建立采穗基地，扩充技术队伍，改良林果品质，同时规模发展核桃、花椒、桃、李、酥梨等，加快引进、选育和推广耐旱防冻等抗逆品种，每年新发展优质经果林3万~5万亩，嫁接改良3万~5万亩，力争到2015年各达到20万亩，全县以杏为主的经果林达到50万亩，农民人均达到2亩。转变经营观念，把科学管理作为提升产业的关键措施，以建设示范基地、示范园区为依托，引导农民转变粗放经营方式，着力提高林果品质和产量。加快集体林权制度改革步伐，进一步明确责任和受益主体，积极探索各种形式的经营机制，引导建立专业合作组织，开展林果产品深加工，建设市场营销体系，调动各方发展林果产业的积极性，做优做名“彭阳果脯”等林果品牌，提高产业经营效益。到2015年经果林实现总产值4.8亿元，农民人均林果纯收入达到800元以上，使之真正成为农民增收的“大花园、大果园”，为“生态经济立县”奠定基础。

6.以促进草畜产业提质增效优化升级为方向，建设草畜产业大县。以设施养牛、生态养鸡为重点，继续坚持为养而种，逐步扩大并稳定保持以30万亩地膜玉米和100万亩紫花苜蓿为主的优质饲草种植，建立多元化饲草基地，提高饲草生产率、加工调制转化率和饲料报酬，探索生态养殖业发展模式。实施良种工程和科技入户工程，支持收割加工机械、棚圈等配套设施建设，增强农户生产能力，提高草畜产业的集约化水平。培育发展示范养殖大户、示范专业村、示范重点乡镇，重点打造养殖园区和饲草基地，扶持农民走种养结合、贩养结合、专业化协作、规模化养殖、产业化经营之路。加强对产前、产中、产后各环节的严格管理，突出生态绿色内涵，加大对草畜市场的研究和培育，准确把握养殖标准和周期，增强产品的竞争力，做响、做亮“优质肉牛”“朝那乌鸡”品牌，提高产业质量效益，加速推进以红茹河流域、部分乡镇为重点的25万头肉牛生产基地和以北部山区为重点的300万只生态鸡生产基地建设，到2015年饲养总量达到200万个羊单位，草畜产业提供农民人均纯收入1000元以上。

7.以设施农业为突破口，大力发展蔬菜产业。在稳定粮食生产的基础上，立足我县水利资源和气候特点，科学规划，合理布局，在两河流域和长城塬灌区大力发展辣椒、食用菌等冷凉型蔬菜。按照产业化推进、规模化发展、集约化经营、标准化生产的总体要求，继续坚持“中心带园区、带基地、带农户”的发展思路，扩大规模，着力提升发展层次。狠抓产前、产中、产后服务，解决好技术服务、销售服务等关键环节的问题，完善“政府引导、供销社主导、流通组织主体、市场化运作”的销售模式，推进设施蔬菜生产、储运、加工、流通一体化经营，培育提升“彭阳辣椒”“六盘山珍”等一批知名品牌。力争到2015年设施农业面积达到5万亩，其中设施蔬菜3.5万亩，蔬菜产业提供农民人均纯收入1000元以上。

8.以创建彭阳劳务品牌为依托，着力提升劳务经济的规模、质量和效益。以打造“聪慧勤劳、诚实守信”的彭阳劳务品牌为目标，坚定不移地实施“大劳务、大输出、大产业”战略，不断完善“政府引导、市场配置、专业化培训、企业化运作、规模化经营、一体化服务”的农村劳动力转移就业新路子，推进农村劳动力全方位、多层次、宽领域转移就业，拓宽发展空间，减少农民富余劳动力。加快劳务产业的转型升级，强力推进职业教育，扩大联合办学规模，提高职教质量，加大对劳务人员的培训力度，推动劳务输出由体能型向技能型、知识型转变。加大对劳务中介机构、劳务能人的政策引导和扶持力度，着力培育劳务产业市场主体，推动劳务产业的市场化、常态化进程。加强劳务服务工作监管，加快重点劳务基地服务机构建设，建立健全市场信息服务网络，强化对务工人员的跟踪服务，切实维护劳务人员合法权益，确保输得出、稳得住、能致富，到2015年输出规模稳定在5万人，农民人均劳务收入达到2000元以上。

9.着力实践有彭阳特色的高效生态农业发展模式，打造黄土高原高效生态农业建设示范县。巩固提升退耕还林种草、改土治山治水生态建设成果，继续坚持山水田林路草综合治理，进一步加强基本农田建设和水利水土保持基础设施建设，将剩余的生态空白点和脆弱区域实行一次到位综合治理，用3~5年时间全部治理完毕。积极争取国家和自治区生态建设项目支持，组织实施好“813生态提升工程”。牢固树立“经营生态”的新理念，加快形成生态农业带动工业和物流服务业同步协调发展的生态农业体系，形成一业带多业的生态农业链。在稳定粮食面积、提高单产的基础上，抓好林果、草畜、蔬菜产业发展，走“农林牧结合、果菜粮并举”的复合型生态农业之路。推进特色农业优势产业带建设，建立以长城塬灌溉区为主的现代农业试验示范区，以红茹河流域为主的设施农业示范区，以沟壑丘陵区为主的粮经饲、林草畜循环发展区等生态农业发展模式。在继续巩固提升“全国生态示范区”“全国退耕还林先进县”“全国绿化模范县（市）”“全国水土保持先进县”“全区生态建设模范县”等建设成果的基础上，力争把彭阳建设成黄土高原生态农业示范县。

三、转变县域经济发展方式，实现富民与强县“双赢”

10.以富民强县为目标，打造新的经济增长极。实施特色产业富民、能源工业强县战略，实现以“生态立县”向“生态经济立县”转变，以农业为主的单极经济向一、二、三产业协调发展的多极经济转变，由资源开发型工业向新型工业转变，由传统三产向现代服务业转变。继续夯实生态农业这个县域经济的基础，促使林果产业成为富民的优势产业，实现生态优势转化为经济优势。坚持走新型工业化道路，加快煤炭、石油等能源工业开发建设进程，带动地方相关产业聚集和发展，使之成为县域经济由弱变强的主导力量，用发展循环经济的理念实现绿色GDP增长。加快文化旅游资源和生态观光旅游资源开发，着力打造以“红色”和“绿色”为品牌的“一线双色”旅游业格局，培育新的经济增长点。

11.以增加农民收入为核心，加快推进传统农业向现代农业转变。采取科技支撑提效益、龙头带动增收入、流通促进拓路子的策略，千方百计增加农民收入。加快经济发展方式转变，彻底改变传统的粗放式经营方式，更多采用先进科技和生产手段，增加技术、资本等生产要素投入，积极探索土地流转新机制，发展高效现代农业，增加农业效益。以市场需求为导向，围绕特色产业发展，着力培育产业关联度高、带动力强的营销加工企业，发挥龙头企业带动作用，促进农产品加工转化，提高农产品附加值。大力推进生产和流通服务社会化，培育营销企业和专业生产大户，扶持发展专业生产协会和壮大经纪人队伍，加快发展以农资“农家店”为主的农村连锁经营、物流配送等现代流通业，加速农业产业分工，促进劳动力向二、三产业转移，着力提高优势产业的商品率和市场竞争力，以工业发展理念和产业化经营方式，拓宽农产品加工销售转换渠道，切实增加农民收入。到2015年，全县农产品的转化增值率达到70%。

12.加快发展优势能源工业，增强县域经济实力。遵循“科技含量高、经济效益好、能源消耗少、环境污染小，人力资源得到充分利用”的发展新型工业的内在要求，以六盘山电厂为依托，积极推进王洼一矿、银洞沟煤矿改扩升级和二矿投产运营，加快石油的勘探开发，大力发展能源工业，把资源优势转化为经济优势，到2015年原煤和石油年产能分别达到800万吨和20万吨，初步建成宁南山区能源工业基地。建立煤炭、石油资源勘探开发经营企业带动县域经济发展的联动机制，充分利用其资金、技术、管理、人才、信息等生产要素参与农业产业化经营，通过联强靠大，培育发展农副产品加工营销龙头企业，提高运行质量和效益。通过招商引资、民间投资和争取银行信贷，扶持吸引外出务工经商成功人士回乡创业，大力发展各类民营企业。力争到2015年，全县工业增加值占全县生产总值的50%以上，工业经济对县财政的贡献达到9000万元，县域经济实力有一个跨越式提升。

13.转变政府职能，创新优化发展环境。加大政府改革力度，加快构建行为规范、运转协调、公正透明、高效廉洁的政府运行机制，真正把政府职能转变到经济调节、市场监管、社会管理和公共服务上来，把主要精力转向为市场主体服务和创造良好发展环境上来，着力构建高效廉洁的政务环境、积极良好的政策环境、公正文明的法治环境、竞争有序的市场环境、健康向上的人才环境。充分发挥纪检监察机关的职能作用，加强纠风和行政效能监察工作，严肃查处破坏发展环境的行为，形成人人关注彭阳、关心彭阳、奉献彭阳的良好氛围，推动全社会更加开放、更加包容、更具吸引力。不遗余力地做好项目争取和招商引资工作，紧紧围绕改善生态环境和城乡基础设施，扩大产业基地建设，完善农林产品加工和营销体系，开发煤电、石油、劳务资源等方面引企业、上项目、建市场，不断改善投资硬环境，增强依托外力发展自我的能力。

四、统筹城乡发展，着力构建城乡一体化发展新格局

14.加快以县城为中心的城镇基础设施建设进程。按照县城建设新规划，加快城市建设进程，完善城市功能，提升城市品位，增强辐射带动效应，把县城建设成为环境优美、适宜居住和适宜创业的乐园。加快古城、王洼、草庙、新集等重点集镇建设步伐，将小城镇基础设施建设同区域产业发展布局、市场体系建设、农村公共服务体系建设紧密结合起来，充分发挥小城镇政治经济中心作用，增强小城镇协调发展的活力。按照"谁投资、谁建设、谁经营、谁受益"的原则，积极推进城镇公共事业改革，对城镇公用基础设施经营权进行出让、转让，盘活和优化城镇公用基础设施存量资产，积极吸引民间资本进入供水、供气、供热、公厕、停车场、农副产品批发交易市场、环保和绿化等领域，参与公用性基础设施建设，有效解决城镇化建设资金短缺问题。

15.大力发展以现代服务业为重点的城镇经济。实施以城带乡、城乡互动战略，统筹城乡基础设施建设和公共服务，全面提高财政保障农村公共事业水平，逐步建立城乡统一的公共服务制度，推动以县城为中心、辐射带动乡村集镇协调发展。加快开发建设满足不同层次需求的居民住宅，改善城镇居住条件。扩大县城办学规模，拉动城市相关产业发展。优先扶持发展物流配送、交通运输、金融保险、信息咨询、中介服务等服务业，大力支持商品零售、物业管理、社区服务、文化娱乐等生活服务业，加快发展现代服务业，活跃商贸流通市场，建设物流配送集散地，积极探索现代农村金融制度建设和农村信用体系建设。改革城乡二元结构的户籍管理制度，凡在县城有固定住所、稳定的职业或生活来源的人员及其共同居住生活的直系亲属，经本人申请可转为城镇户口，在廉租住房补贴、城镇低保、医疗保险等方面享受与其他城镇居民同等待遇，以加快非农化进程，吸收更多的农村劳动力和各类投资者进城就业、创业，增加县城的人流量和物流量。到2015年，人口城镇化率由2008年的14.7%提高到30%。

16.切实改善民生，着力加强社会事业发展。坚持优先发展教育，认真实施教育强县战略，深化教育管理体制改革，整合教育资源，优化学校布局，全面推行校长聘任制，加强师资队伍建设，努力办好人民满意的教育。加强文化基础设施建设，组建各类文化艺术团队，积极开展各类文化活动，丰富城乡群众文化生活。完善县、乡、村三级医疗卫生服务网络，健全农村合作医疗制度和农村医疗救助制度，提高人民群众的健康水平。严格落实各项节育措施，认真实施"少生快富"工程，切实减轻人口对经济社会发展的压力。加快推进城镇居民基本医疗保险工作，探索建立新型农村养老保险制度，完善城乡居民最低生活保障、城乡医疗救助等社会救助体系，进一步扩大社会保障覆盖面，逐步提高保障标准。提升扶贫开发水平，进一步加大农田水利、农村公路、安全饮水等基础设施建设力度，加快危房危窑改造进程，按照"下山进川，整村外迁"的总体思路，对缺水和地质灾害严重的地方及重点生态建设保护区的群众，走生态移民的路子，加速贫困村落自然消亡，力争用5年时间解决农村人口的安全饮水和危窑危房问题，让人民群众安居乐业。

五、不断丰富创新“彭阳精神”时代内涵，为新阶段科学发展提供精神动力

17.解放思想，构建新阶段加快彭阳科学发展的核心价值理念。以科学发展观为根本指针，以实现富民强县、繁荣发展为共同理想，以建设小康彭阳为奋斗目标，以“彭阳精神”为形象，以热爱彭阳、建设彭阳、发展彭阳为核心，形成新阶段加快彭阳科学发展的核心价值理念。要通过思想的大解放、观念的大更新，认识的大提高，形成推动科学发展的基本共识和自觉行动，树立再创新大业再绘新蓝图的使命感，增强科学发展的自觉性和坚定性；树立开放包容、以科学发展论英雄的思维方式，只要有利于生产力的发展，有利于县域经济实力的增强，有利于民生改善和提升，就要做到不争论、大胆干；树立奋发有为、积极向上的进取精神，用科学发展的政绩取信于民、有为有位；树立改革创新、大胆探索、敢为人先的新观念，敢于突破旧框框的束缚，不断探求新思路新机制，与时俱进求发展；树立讲实际、讲科学、讲真理的求真务实风尚，聚精会神搞建设，一心一意谋发展。

18.弘扬“彭阳精神”，提升新阶段科学发展的“软实力”。勇于探索、团结务实、锲而不舍、艰苦创业的“彭阳精神”是几代彭阳人改造山河治穷致富积累的宝贵精神财富。面对新阶段更加艰巨的新任务，全县广大党员干部，必须紧紧围绕新阶段加快发展转型、产业提升、结构优化进程的中心任务，在绘制新蓝图的征程中，继续大力弘扬“彭阳精神”和“三苦作风”，进一步丰富发展“彭阳精神”的时代内涵，提升“彭阳精神”的凝聚力、感召力和影响力，进而用“彭阳精神”提升彭阳的“软实力”和发展力，用“彭阳精神”鼓舞广大干部群众干事创业的斗志，激励不懈奋斗的激情，增强时不我待、不进则退的紧迫感和忧患意识，激发昂扬向上、奋发有为、不甘落后、奋起直追、敢于跨越的雄心壮志，使“彭阳精神”成为我县跨越发展和小康路上持久的精神动力和支撑，成为推进改革加快发展的现实生产力。

19.挖掘开发特色文化，增强生态彭阳的吸引力。加大公益性文化产业投入，把加强文化阵地建设同城镇社区功能建设、基层组织活动阵地建设和农民生产生活服务网络建设紧密结合，统筹推进。围绕生态建设和新农村建设，以挖掘开发传统民俗文化和生态文化为切入点，大力发展生态观光旅游业和红色旅游。对境内历史传统文化、文物古迹遗址等进行保护性开发利用，积极挖掘提升民族传统文化，丰富历史文化积

淀。以建设“大花园、大果园”为目标,以“生态乡镇”“生态村庄”“生态农家”和“绿色社区”为单元,广泛开展“生态家园”创建示范活动,打造一批生态精品文化样板。立足彭阳已有实践和新的实践,不断总结升华广大干部群众的精神创造,积极挖掘和打造具有彭阳特色的文化品牌。以“绘制新蓝图、再创新大业”为主题,以广场文化为带动,大力发展具有地方特色的群众文化活动,将生态底蕴、历史神韵和民俗风韵融为一体,着力打造田园生态、红色旅游、农家风情三大画卷,以别具特色的人文理念,增强彭阳的吸引力,提高彭阳的知名度。

六、继续创新实践彭阳党建模式,为新阶段科学发展提供坚强的组织保证

20.提升领导能力。丰富提升“四个新”党建创新活动,坚持用科学发展的理念来统领,用改革创新的精神来推进,用求真务实的作风来落实,用先进长效的机制来保障,把“建设一个好班子,带出一支好队伍,形成一个好机制,走出一条好路子”作为“围绕发展抓党建,抓好党建促发展”的具体目标,积极探索实践更加切合我县实际、体现时代特征、突出发展主题的党建创新之路,把党建政治优势转化为经济发展优势。全县各级党政领导干部一定要坚持不懈地用中国特色社会主义理论和科学发展观武装头脑,努力提高驾驭市场经济的能力、艰苦创业的能力、依法行政的能力和科学发展的能力,通过综合素质提升和加强能力建设,着力打造一支守信念、讲奉献、重品行、有本事、能干事、干成事的领导干部队伍,把各级党组织建设成为推动科学发展、带领农民致富、密切联系群众的坚强领导核心,团结带领全县广大干部群众,一任接着一任干,一代接着一代干,再绘就一张建设新彭阳的宏伟蓝图。

21.提升执行力。认真做好抓基层、打基础的工作,切实增强基层党组织的创造力、凝聚力和战斗力。统筹推进基层党组织和基层干部队伍建设,教育引导广大党员干部把精力、智慧集中和凝聚到实现跨越式发展的目标上来,把先进性体现在加快产业提升、结构优化、发展转型三个进程上来,体现在做大做强林果、草畜、蔬菜、劳务四大特色产业上来。以配强乡镇党委书记和村党支部书记、优化班子结构为重点,注重发现和培养具有带头致富能力和带领群众致富能力的“双带型”干部,注重发现和培养政治素质强、发展能力强的“双强型”干部,进一步深化农村党的建设“三级联创”活动,建立健全农村党员“双带”发展(致富)基金机制,认真实施“十百千万”示范提升工程,创新发展“支部+协会”等多种形式的产业化经营模式。统筹推进机关、街道社区、企业、非公有制经济组织、新社会组织和学校、文化、卫生等领域基层党组织建设，不断探索党建工作与经济工作的最佳结合点，不断提升党建工作水平。切实加强作风建设和机关效能建设，继续发扬“三苦作风”，坚决反对形式主义和官僚主义，做到讲实话、办实事、求实效，廉洁奉公，勤政为民，提高全县各级组织和广大干部贯彻执行党的路线方针政策的自觉性和坚定性，带领群众创造实实在在的业绩。

22.提升发展力。坚持把发展作为第一要务，紧紧扭住生态建设和经济建设不放松，提高全县各级领导干部推动科学发展的实际能力。当前和今后一个时期，要把争资金上项目作为基本抓手，充分利用国家扩大内需和加快宁夏发展政策，积极争取新上一批能带动县域经济快发展的大项目好项目；要善于应对和化解金融危机对县域经济发展带来的冲击，始终把保持经济的稳定发展放在第一位，凝聚合力，破解难题，克难前行；要坚定不移地实践富民强县战略，始终把科学发展的核心体现在“以人为本”上，扎实推进教育、医疗、社保、扶贫、平安创建和基础建设等民心工程，使广大农民和城市居民得到真正的实惠。要进一步细化目标任务，一个产业，一个规划，一套班子，全力抓好落实。全县各级党政组织和广大党员干部都要以彭阳发展为己任，自觉地肩负起提升发展、革故鼎新的历史重任，励精图治，奋发图强，为推动全县生态、经济、社会全面协调可持续发展，为建设一个新彭阳而努力奋斗。

彭阳县2010—2015年经济林产业发展规划

（彭林发〔2009〕109号）

为了加快林果产业发展步伐，进一步推动县域经济发展，增加农民收入，努力实现"大花园、大果园"建设目标，根据《中共彭阳县委 彭阳县人民政府关于加快推进生态经济社会科学发展若干问题的决定》，结合全县实际，特制定彭阳县经济林产业发展规划（2010—2015年）。

一、指导思想

以科学发展观为指导，按照发展现代林业、建设生态文明、促进经济社会全面发展的总体要求和"生态建设产业化、产业发展生态化"的林业发展思路，以改善生态环境和促进农民增收为目的，以市场需求为导向，以基地培育为基础，优化区域发展布局，发挥科技支撑能力，通过政策扶持、项目带动，努力实现产业增效、农民增收的发展目标。

二、基本原则

（一）坚持因地制宜、适地适树、科学发展、合理布局的原则。

（二）坚持高起点规划、高标准建设、集约化经营的原则。

（三）坚持新建与改良结合、设施与露地搭配、生态与经济效益并重的原则。

（四）坚持政府引导、示范带动的原则。

（五）坚持科技支撑、创新发展的原则。

（六）坚持国家投资、农民自筹和银行贷款相结合的多元化投融资机制。

三、发展目标

用6年时间，新发展特色经济林面积40万亩，农民人均1.7亩。稳产期经济林年总产量达到29.3万吨，年产值实现6亿元，净产值3亿元，提供农民人均纯收入1300元。

农业种植业结构逐步趋于合理；土地产出率、劳动生产率明显提高；新增森林面积40万亩，全县森林覆盖率提高5个百分点，抵御自然灾害的风险能力、可持续发展能力进一步增强；果品贮藏、加工、销售条件进一步改善，果品市场竞争能力进一步增强。基本实现“大花园、大果园”建设目标。

四、发展布局及重点

立足县情，充分发挥光、热、水、土资源优势，以红河流域、茹河流域、安家川河流域为重点，选择灌溉条件较好、小气候明显的阳坡中、下部为经济林基地建设重点区域；山杏嫁接改良重点选择在全县退耕还林区域阳坡中下部，交通条件便利，林分质量较好的地段。

（一）经济林基地建设。新发展经济林面积20万亩，其中优质杏面积7万亩，核桃面积10万亩，花椒面积3万亩。

（二）低产山杏高接改良。采取嫁接措施，改良低产山杏面积20万亩。同时，通过松土除草、施肥、修剪、病虫害防治等综合技术措施，提高杏产量和产值。

（三）经济林育苗面积1680亩。发展核桃育苗面积840亩、杏子面积600亩、花椒面积240亩。

（四）集雨水窖建设。新建50立方米集雨水窖20000眼，配套面积100平方米集雨场20000个，解决经济林发展中的灌溉问题。

（五）杏产品加工龙头企业发展。扶持杏产品加工龙头企业2家，年林果产品加工能力达到10万吨。

（六）果蔬气调库建设。新建面积300平方米果蔬气调库1个，年贮藏量100吨，延长果品贮存时间，缓解杏子销售压力。

（七）杏子烘干室建设。新建面积20平方米杏子烘干室100个，烘制杏干半成品100吨。

（八）杏肉晾晒场建设。新建面积10平方米杏肉晾晒场20000个。

（九）营销组织扶持。扶持10个林果专业合作组织，宣传彭阳林果业品牌，拓宽果品销售市场，增加农民收入。

（十）农民科技培训。培训项目区农民30000人次，提高农民生产、经营管理能力。

五、分年度实施计划

（一）2010年新发展经济林面积4万亩，其中核桃面积2万亩、杏子面积1.5万亩、花椒面积0.5万亩；嫁接改良山杏面积4万亩；发展经济林育苗面积300亩；新建面积300平方米果蔬气调库1个、20平方米烘干室20个、10平方米杏肉晾晒场4000个；扶持杏产品加工龙头企业1家、林果专业合作组织2个；新建50立方米集水窖4000眼、配套100平方米集雨场4000个；培训项目区农民5000人次。

（二）2011年新建经济林面积4万亩，其中核桃面积2万亩、杏子面积1.5万亩、花椒面积0.5万亩；改造低产山杏林面积4万亩；发展经济林育苗面积300亩；新建面积20平方米烘干室20个、10平方米杏肉晾晒场4000个；扶持杏产品加工龙头企业1家、林果专业合作组织2个；新建50立方米集雨窖4000眼，配套面积100平方米集雨场4000个；培训项目区农民5000人次。

（三）2012年新建经济林面积4万亩，其中核桃面积2万亩、杏子面积1.5万亩、花椒面积0.5万亩；改造低产山杏面积4万亩；发展经济林育苗面积300亩；新建面积20平方米烘干室20个、10平方米杏肉晾晒场3000个；扶持林果专业合作组织2个；新建50立方米集雨水窖3000眼，配套面积100平方米集雨场3000个；培训项目区农民5000人次。

（四）2013年新建经济林面积3万亩，改造低产山杏面积3万亩，其中核桃面积1万亩、杏子面积1万亩、花椒面积1万亩；发展经济林育苗面积260亩；新建面积20平方米烘干室20个、10平方米杏肉晾晒场3000个；扶持林果专业合作组织2个；新建50立方米集雨水窖3000眼，配套面积100平方米的集雨场3000个；培训项目区农民5000人次。

（五）2014年新建经济林面积3万亩，改造低产山杏面积3万亩，其中核桃面积1万亩、杏子面积1.5万亩、花椒面积0.5万亩；发展经济林育苗面积260亩；新建面积20平方米烘干室10个、10平方米杏肉晾晒场3000个；扶持林果专业合作组织1个；新建50立方米集雨水窖3000眼，配套面积100平方米的集雨场3000个；培训项目区农民5000人次。

（六）2015年新建核桃面积2万亩，改造低产山杏面积2万亩；发展经济林育苗面积260亩；新建面积20平方米烘干室10个、10平方米杏肉晾晒场3000个；扶持林果专业合作组织1个；新建50立方米集雨水窖3000眼，配套面积100平方米的集雨场3000个；培训项目区农民5000人次。

六、投资估算

项目计划总投资22664万元，申请国家项目投资12534万元，占项目总投资的55%；农民自筹8376万元，占项目总投资的36.9%；银行贷款1754万元，占项目总投资的7.7%。

七、主要措施

（一）加强组织领导，明确工作责任。成立以政府分管林业的副县长任组长，发改局、财政局、林业局和项目区乡镇负责人为成员的经济林建设领导小组，负责人、财、物的落实和协调。推行县级领导包乡、乡镇领导包村、一般干部包点和技术人员包示范园的行政推动机制，强化抓经济林产业第一责任人意识，促使各级党政领导带头抓点示范，建立起一级抓一级，层层抓落实的工作机制，形成狠抓经济林产业的强大合力。

（二）完善政策措施，加快发展步伐。按照依法、有偿、自愿的原则，积极引导林果产业发展项目区农民合理地进行土地置换或流转，确保经济林建设向区域化、规模化发展。建立政策补偿机制，考虑到经济林建设前三年几乎没有经济效益，农民收入和生活受到影响，县财政每年每亩给予100元的生活补助，连续补助3年。

（三）强化技术支撑，提高经济效益。一是加强经济林示范园管理。对现有的48.38万亩生态型经济林，要发动群众，积极采取松土除草、修枝整形、灌溉施肥、病虫害防治等综合措施，提高质量和效益。二是发展育苗基地建设。按照林果产业发展规模及任务，新建采穗圃1000亩，育苗2000亩，每年提供优质穗条100万根，壮苗1500万~2000万株。三是加大技术推广力度。大力推行漏斗式整地、大苗栽植、树盘覆膜、水果套袋等林业实用新技术，强化园区管理，全面提升经济林生产经营管理水平。四是加快良种引、育、繁、推体系建设。加强新品种科研、开发、繁育等基础设施建设，加大乡土优良品种研究和开发力度，不断引进、推广林果新品种。五是加大技术培训力度。充分发挥林业科技人员的积极性，采取“走出去”与“请进来”相结合方式，加大技术人员培训力度，全面提高从业人员技术水平和项目区农民的科技素质，努力培养一支懂技术、会管理、善经营的专业化技术队伍，为产业发展奠定坚实基础。

（四）积极争取项目，推动产业发展。积极主动争取国家、自治区各类扶持项目。建立国家投资、农民自筹、银行信贷、企业参与等多元化投入机制，为推动经济林产业发展提供资金保障。同时，积极与金融部门做好对接，争取金融部门对果农进行贷款扶持。

彭阳县集体林权制度改革实施方案

（彭政发〔2010〕26号）

为了认真贯彻落实《自治区人民政府关于开展集体林权制度改革试点工作的意见》（宁政发〔2009〕102号）精神，积极稳妥地推进全县集体林权制度改革工作，促进农民增收，林业增长，结合实际，特制定本实施方案。

一、指导思想、基本原则和总体目标

（一）指导思想。以邓小平理论和"三个代表"重要思想为指导，深入贯彻落实科学发展观，大力实施以生态建设为主的林业发展战略，创新完善集体林业经营的体制机制，依法明晰产权、放活经营、规范流转、优化配置，进一步解放和发展林业生产力，促进传统林业向现代林业转变，为改善生态环境、促进农民增收、建设生态文明作出新贡献。

（二）基本原则。

1.坚持依法改革、有序进行。严格依照《森林法》《农村土地承包法》《物权法》《合同法》等法律法规和政策规定有序进行，依法保护林权所有者的合法权益。

2.坚持因地制宜、分类指导。根据不同林地资源状况和实际，通过民主决策，自主选择改革方式，自主确定经营管理形式。

3.坚持尊重农民、依靠群众。充分发挥农民群众在集体林权制度改革中的主体作用，切实做到改革的内容、程序、方法和结果"四公开"，确保群众的知情权、参与权、表达权和监督权。

4.坚持尊重历史、区别对待。依法取得承包经营权并正常经营的集体林地，不重新调整，保持政策的稳定性和连续性，对林地权属不清等历史遗留问题，依法确认，妥善解决，确保全县社会稳定。

5.坚持综合配套、整体推进。把集体林权制度改革与健全林业管理服务体系有机结合起来,配套完善相关政策措施,妥善处理好改革、发展、稳定的关系,确保达到预期目标。

(三)总体目标。从2010年1月开始,用一年时间基本完成明晰产权、承包到户的主体改革任务。在此基础上,通过深化配套改革,完善政策措施,健全服务体系,规范管理体制,逐步形成集体林业良性发展机制。

二、改革范围

全县范围内所有的集体林地,包括集体所有的公益林地、荒山、荒沟造林地,集体所有的宜林荒山、荒滩、荒沟。

王洼林场管辖的林地、公路通道绿化工程、环城绿化工程、水库护堤林工程、主干河道两岸护堤林工程、森林公园(景点)、生态移民区等,暂不纳入本次改革范围。

对林地权属有争议的林地,要在争议解决后再落实经营主体。

三、主要内容

(一)明晰产权。在坚持集体林地所有权及林地用途不变的前提下,通过签订林地承包(流转)合同、进行林权登记、核(换)发林权证书,落实和完善以家庭承包经营为主体、多种经营形式并存的集体林权经营管理体制,确立农民作为林地经营权人的主体地位。承包期限为70年,承包期满可以继续承包;对过去已承包到户的林地,由承包者申请换发林权证,承包期限延长至70年。

1.对已承包的集体林,进一步稳定和完善承包关系。

(1)对已划定的自留山、宜林荒山和荒沟,在承包期内由农户无偿使用,不得收回。

(2)“三定”以来承包到户的林地要保持承包关系相对稳定。对已分包到户的林地,继续稳定承包关系。上一轮承包到期后,可直接续包;合同不完善的,要依法进行完善,合同不合法的要依法纠正,重新签订承包合同;面积不准、四至不清楚的,在进一步勘验、明晰产权的基础上完善承包合同;对已经续签承包合同,但不到法定承包期限的,经履行有关手续,可延长至法定期限;承包期满,农户不愿意继续承包的,履行原合同约定的权责后,由集体经济组织另行处置。

(3)对采取招标、拍卖、公开协商等方式承包的集体林地,承包程序和期限合法、双方权利义务合理、合同形式和内容规范的,要予以维持;承包双方权利和义务显失公平、承包合同不完善、群众意见较大的,依法予以妥善处理。流转不规范的,在协商的基础上，依法予以完善。

(4)已经落实经营主体，但群众意见大，未按规定完成造林绿化任务的四荒地，依法收回重新落实经营主体。

2. 对尚未承包到户的集体林，采取以下方式明晰产权。

(1)家庭承包经营。对适宜家庭承包经营的集体林地，都要实行承包经营，人口界定时间由乡村根据各自实际自行确定，按人核算，一次性均山到户、到人，实行以户为单位进行承包经营，或自由组合联户承包经营。

(2)集体股份合作经营。对目前经营效果比较好，且集体经济组织大多数成员比较满意的集体经营形式，可经本集体经济组织村民代表大会2/3以上成员或2/3以上农户代表同意，将现有林地、林木折股按照“分股不分山、分利不分林、收益按股分红”的方式分配给本集体经济组织成员均等持有，并确定经营主体，实行股份合作经营，收益按股分配。

(3)其他经营方式。对不宜采取家庭承包经营和集体股份合作经营的集体林地，可经本集体经济组织村民代表大会2/3以上成员或2/3以上农户代表同意，将林地评估作价，采取招标、拍卖、公开协商等方式进行承包，同等条件下，本集体经济组织成员享有优先承包权。

林地权属一经明晰，要及时进行实地勘界、登记、核发林权证，做到林权登记内容齐全规范，数据准确无误，图、表、卡、册一致，人、地、证相符。

(二)放活经营权。林地承包经营权人在不改变林地性质和用途的前提下，经营者可以自主确定经营方向、经营模式和经营目标。在保障生态功能和不影响林木生长的前提下，经营者可科学合理地利用林地资源，积极开发林下种养业、森林旅游业等，发展林业经济。

承包人在自主自愿和明确利益分配的基础上，可采取多种形式组建新的林业经营实体，建立民间护林防火和病虫害防治组织，鼓励兴办多种形式的林业科技咨询、科技服务等中介机构，促进林业科技成果转化，提高抗灾害、抵御风险和市场竞争能力。

(三)落实处置权。承包方按照“依法、自愿、有偿”的原则，对拥有的集体林地承包经营权和林木所有权进行流转。通过家庭承包方式取得集体林地使用权和林木所有权的，可以依法采取转包、出租、转让、互换等方式流转；采取招标、拍卖、公开协商等方式承包的林地，经依法登记取得林权证的，其林地和林木使用权可以采取转让、出租、入股、抵押或其他方式流转。对承包到户的宜林荒地，农户必须按照林业主管部门的规划和设计植树造林，进行抚育管护，做到凡是山都要有林。同时，荒山也只能用于造林，不得开荒、种植农作物或其他经济作物。

（四）保障收益权。

1.农户经营自留山的收益归农户所有。农户承包经营林地的收益除按合同约定交纳林地承包使用费和国家规定的费用外，其余收益归农户所有。严格执行国家关于取消农业特产税等各项税费政策，除国家和区政府规定的涉林收费项目外，乡镇、相关部门一律不得自行制定收费项目。

2.落实征占用林地补偿政策。对通过家庭承包取得的林地，在承包期内发生征占用林地的，林地补偿费和安置补偿费按国家有关政策法规规定和发包、承包双方合同协议执行；林木补偿费除合同约定外，要全额支付给林木所有者。

3.建立森林生态效益补偿机制。经政府划定的公益林，已承包到户的，森林生态补偿要落实到户；未承包到户的，要确定管护主体，落实管护报酬，明确管护责任。

四、改革方法和步骤

全县集体林权制度改革涉及12个乡镇156个行政村808个村民小组，涉及林改人口23万多人。集体林地面积大，改革任务重、时限长。我们要按照“先行试点、循序渐进、分步推开、稳步推进”的原则进行。确定白阳镇、草庙乡为林改试点乡镇，从2010年1月份开始，8月中旬全面完成试点改革任务。7月份开始在全县范围内全面推进集体林权制度改革工作，年底全面完成主体改革任务。试点和全面推进工作，具体安排为五个阶段。

（一）动员部署阶段（试点工作2010年1月1日至3月10日；全面推进工作2010年7月1日至7月31日）：主要任务是成立领导机构，宣传动员，培训骨干。

1.组建机构。要成立以县长为组长，县委、人大、政府、政协分管领导为副组长，县直相关部门主要负责人为成员的集体林权制度改革工作领导小组，全面负责集体林权制度改革的组织协调、方案订制、检查验收等工作。领导小组下设办公室，负责全县集体林权制度改革日常业务工作。各乡镇也要成立以主要领导任组长，分管领导为副组长，相关人员为成员的林改工作领导小组，具体组织实施本乡镇的林改工作。各试点村组要按照《农村土地承包法》的规定，成立由村支部书记任组长，村民会议选举产生的老、中、青相结合的林改领导小组，各村民小组要民主推荐产生林改理事会。认真落实"县级直接领导、乡镇负责实施、村组具体操作、部门搞好服务"的工作机制。

2.动员部署。召开全县林改工作动员大会,认真传达中央、区和全县林改会议精神,安排部署全县林改工作。各乡镇党委、政府要召开专题会议,尤其要召开好群众大会,向群众讲清林改的重大意义、目标任务、方针政策、方法步骤和工作程序,统一思想,落实责任,组织和动员干部群众积极主动地投身于林改工作。

3.宣传培训。各乡镇、各有关部门要制定细致周密的宣传方案,充分利用广播、电视、报纸等媒体,采取发放公开信、宣传手册、刷写标语、张挂横幅、编写板报等多种形式,广泛宣传集体林权制度改革的目的、方法、步骤。各级干部和林改工作人员要认真学习中央、区政府林改实施意见精神,深入村、组、农户进行宣传讲解,使林改的各项政策家喻户晓,营造全社会都来关心林改、支持林改和参与林改的良好氛围。同时,县、乡、村要逐级举办培训班,对参与林改的工作人员和村组干部进行林改政策、工作方案、确权发证和相关规定等情况的培训,使参与林改的工作人员能正确运用相关政策法规,熟悉改革流程,熟练掌握工作标准和操作规程。

(二)制订方案阶段(试点工作2010年3月11日至4月10日;全面推进工作2010年8月1日至8月31日):主要任务是调查摸底,制定村组承包方案。各乡镇要具体组织各村林改工作组对所辖区内村组的农户进行走访、座谈,了解群众对林改的真实意愿,并根据本村组林地的现状,通过收集资料和实地查看等形式,即以村民小组为单位,通过现场勘查,采取1:10000地形图外业勾图、GPS绕测、查阅资料等方式,全面查清林地面积、权属结构、经营状况,确认参改人员资格。召开调查现状通报会,将调查现状张榜公布,公示期7天。调查现状公示无异议后,各村组按照林改政策和原则,制定符合本乡镇村组实际情况的林改实施方案。按照"一村一策,一组一案"的要求,在深入调查研究,广泛听取群众意见的基础上,依据政策规定,结合本村实际,以村民小组为单位进行研究制定林改承包方案。实施方案必须经本村组2/3以上成员或2/3以上农户代表表决通过,公示7天无异议后,上报乡镇政府审核批复,并报县林改办备案,乡镇实施方案必须报县政府审核批复后组织实施。

(三)勘界确权阶段(试点工作2010年4月11日至5月31日;全面推进工作2010年9月1日至9月30日):主要任务是勘界确权,调处纠纷,签订合同。

1.实地勘界确权。各乡镇要以乡村组干部、群众代表、林业技术人员组成勘界小组,以村民小组为单位,在确定各村民小组的外围界限和林地总面积的基础上,可采用

1∶10000的地形图勾绘、GPS绕测或组织人员实地丈量等方法，对本村组每宗纳入林改范围的林地进行逐块勘界确认。界限确认时，相邻地界的各方主要承包人或法人代表人必须到现场共同认定，确认无争议后，当场设立界线标志物，并在林权登记表上签字盖章后方可生效。勘界结束后，要将勘界结果进行为期一周的张榜公示，公示无异议后，由承包林地的所有村民在公示榜上签字盖章或按手印，同时将林权登记表上报乡政府审核后，再行文上报县林改办备案。

2.争议纠纷调处。对勘界过程中出现的林权争议和承包经营权或林权流转等争议引发的矛盾纠纷，按照"属地管理、分级负责、依法调处"的原则，制订和完善调处预案，明确职责，积极予以调处解决，对于历史遗留问题，本着尊重历史、妥善处理的原则，充分听取群众意见，协商解决。

3.签订承包合同。经公示对勘界确权无异议的林地林木，由乡镇人民政府（监督方）、村民委员会或村民小组（发包方）与农户（承包方）签订林地承包合同书。签订林地承包合同书，原则上要进行公证，并将权属落实情况造册，连同与农户签订的合同书一并报乡镇政府审核。

（四）建档发证阶段（试点工作2010年6月1日至7月31日；全面推进工作2010年10月1日至12月10日）：主要任务是登记颁证，归档备案。勘界确权及承包合同签订完成后，各乡镇要将审核无误的集体林权登记基础性材料，按照"图、表、册一致，人、地、证相符"的建档要求，统一建立证书、图表、资料与计算机储存资料相结合的林权档案，上报县林改办，县林改办核实无误后，报县政府批准，发放林权证。因流转或其他原因造成林权变化的应当进行变更登记或换发林权证。对权属不清或纠纷尚未解决的不得登记发放林权证。林权证发放工作结束后，乡镇、村林改小组要在县林改办和县档案局的指导下，将确权发证的所有林改资料进行归档，建立县、乡、村、组四级林改档案，确定专人管理。

（五）检查验收阶段（试点工作2010年8月1日至8月15日；全面推进工作2010年12月11日至12月31日）：主要任务是检查验收，总结经验，完善提高，巩固成果。县林改办要加强对各乡镇集体林权改革过程的跟踪检查，乡镇林改领导小组要加强对各村组林改工作的全面检查，及时发现和解决出现的新情况、新问题。林改任务全面完成后，各乡镇要认真开展自查自评，全面总结工作，并写出专题报告上报县林改办，申请验收。县林改办根据乡镇林改专题报告对各乡镇林改工作进行全面检查验收，形成总结材料上报县政府和区、市林改办，在区、市林改办检查验收后，召开全县集体林权制度改革工作总结大会，总结经验，完善提高，巩固改革成果。

五、综合配套改革

主要任务是围绕放活经营权、落实处置权、保障收益权，深化改革，完善政策，健全服务，规范管理，着重抓好五项制度和一个体系建设。

（一）建立健全林业管护制度。适应林改后经营主体多元的要求，积极探索林业管护新机制，建立林业部门与乡村组和农户相结合的管护制度，切实做好防火、防盗、防治病虫害工作。把维护森林资源安全贯穿于林改全过程，在主体改革期间暂停林木采伐、林地流转，严防乱砍滥伐。

（二）建立健全支持林业发展制度。从今年起，县政府要把森林防火、病虫害防治和林业执法体系等管理设施建设纳入基本建设规划，按照产权到户、造林任务到户、补贴到户的要求，建立健全造林、保护、管理投入补贴机制。在认真落实中央财政对集体重点公益林生态效益补偿的同时，对未纳入国家补偿范围的集体公益林优先给予补偿。

（三）建立健全金融服务林业制度。由县人行牵头，尽快制定金融服务集体林业改革与发展的具体实施意见。加大林业信贷投入，开发林业信贷产品，落实林权抵押贷款政策，成立林地评估机构，开展小额林业贷款业务，逐步建立政策性森林保险制度，降低农民经营风险，增强抵御自然灾害的能力。

（四）建立健全林木采伐管理制度。对公益林实行"确权到户，补偿到户，科学经营，适度利用，有序管理"。在不影响生态功能的前提下，支持和鼓励农民发展林下经济，增加收入，让经营者享有林业发展成果。

（五）建立健全集体林权流转制度。在不改变林地集体所有权和用途的前提下，允许农民通过转包、出租、入股、转让等形式，依法、自愿、有偿转让林地使用权和林木所有权。加强流转管理，规范流转行为，做到公开交易，保护农民的合法权益。

（六）建立健全林业社会化服务体系。引导农民建立各种林业专业协会，加强新型林业合作经营组织建设，大力发展农民林业专业合作社、家庭合作林场等林业合作组织。逐步形成政府引导、部门组织、农民群众广泛参与的林业社会化服务体系，解决一家一户办不了、办不好的事情，降低生产和流通成本，提高林业生产经营效益。

六、保障措施

（一）加强领导，靠实责任。林改工作涉及面广、任务繁杂、时间跨度长，因此，各乡镇、各有关部门要把集体林权制度改革工作真正摆上重要议事日程，切实加强对此项工作的领导。要明确工作职责，建立健全工作制度，逐级签订改革工作目标管理责任书，层层落实领导联系乡、包村责任制，将林改任务分解到村、到户、到地块。县、乡有关部门的主要负责人要深入一线，及时发现并解决问题，把矛盾化解在基层，把问题解决在萌芽状态。林改办要切实抓好林改的具体指导工作，监察、督查、政研、发改、财政、林业、民政、土地、信访、公安、司法、广电、法制、农牧等有关部门也要各司其职，紧密配合，形成合力，同时要高度重视全县的社会稳定工作，把维护社会稳定贯穿于林改工作的全过程，积极稳妥地推进集体林权制度改革工作深入开展。

（二）落实人员，保证质量。集体林权制度改革工作政策性、技术性和社会性很强，各乡镇要抽调业务精、能力强、素质高的人员，组成精干高效的工作队伍，负责抓好政策指导、技术培训和日常工作的协调、检查、督促等工作；各乡镇和有关部门主要负责人要深入林改工作一线，加强调查研究，广泛听取各方面的意见，灵活掌握工作进度，严格把握政策，确保工作质量，坚决防止应付了事、走过场的倾向，确保集体林权改革工作圆满完成。

（三）加大投入，保障经费。这次集体林权制度改革工作量大、涉及面广、任务重，必须在人力、物力、财力上给予支持和保障。县财政要保证集体林权制度改革的经费及时、足额、到位，确保工作正常运转。

（四）规范操作，严肃纪律。集体林权制度改革涉及广大群众的切身利益，绝不允许暗箱操作。坚持按规定办事，按程序操作，把工作做细、做实、做好。对在改革中出现的问题，要依法加强协调，妥善解决；对在改革中不履行工作职责，工作作风不实，落实措施不到位等失职行为或借改革之机，为本人和亲友谋取利益，造成群体性上访等严重问题的要追究有关领导的责任。要健全纠纷调处工作机制，妥善解决林权纠纷，及时化解矛盾，确保改革平稳运行。

彭阳县总林长令

（第1号）

根据《自治区党委办公厅 人民政府办公厅印发<关于全面推行林长制的实施意见>的通知》（宁党办〔2021〕80号）精神，结合我县实际，印发《彭阳县全面推进林长制工作方案》，各级林长要以习近平生态文明思想为指导，深入贯彻落实中央和区市党委政府的决策部署，牢固树立“绿水青山就是金山银山”的理念，认真督促指导责任区域林长制重点工作，切实担负起林草资源保护发展的责任。

一、加快建立林长制体系。各级要以保护发展森林草原资源为目标，加快建立我县三级林长制组织体系，层层压实各级党委和政府保护发展林草资源主体责任，加强工作机构建设，制订实施方案，出台配套制度。要明确各级林长名录、责任区域，明确各级林长是责任区域内森林资源保护发展的直接责任人。加强部门协作，形成合力共同推动林长制深入实施。

二、全面开展林长巡林。各级林长要通过调研调度、巡查督查，采取定期不定期、专项和日常巡林的方式，督导责任区域内森林草原资源保护发展工作。对于重点时期、重要节点、关键区域及森林草原资源问题多发频发的地段，要作为巡林重点，加密巡林频次。

三、全力推进山林权改革。加快推进“三权分置”改革，落实集体所有权、稳定农户承包权、放活林地经营权、保障林业收益权。建立集体林权交易制度，构建互联互通、信息共享的市场交易服务体系。加快植绿增绿护绿步伐，培育多样化、多层次的绿化经营主体，加大山林资源招商引资力度，探索“以地换林”，推进“以林养林”、“以碳养林”扶持发展林下经济、森林旅游、森林康养等产业。

四、加强森林草原资源保护。各级林长要实行最严格的生态环境保护制度，加强林草资源督查检查。坚持问题导向，聚集中央环保督察专项整改、全国打击毁林专项行动、国家森林督查、自然保护地整合优化等工作，严肃查处违法占用林地草地、破坏森林草原和野生动植物资源等违法犯罪行为。

五、加强森林草原生态修复。围绕我县“十四五”森林覆盖率规划目标任务，抓住春、秋季造林的有利时机，扎实推进国土绿化，重点实施好生态保护与国土绿化项目、村庄绿化和庭院经济林、生态经济林建设和自然保护地生态修复等建设项目，助推林果产业提质增效，确保全县森林草原生态修复任务的圆满完成。

六、全面抓好森林草原防火、有害生物防治工作。要针对森林草原火灾高发期、元旦、春节、清明等重要时间节点，全面压实各级森林草原防火的责任，完善应急预案、落实防火、防病虫鼠害、自然灾害等措施。掌握森林草原资源动态变化和森林草原病虫鼠害变化情况，及时预警预报，同步跟进问题查处，确保我县森林草原安全。

此令。

彭阳县生态经济产业高质量发展规划（2023—2027）

（彭党办发〔2022〕107号）

为深入贯彻落实党的二十大精神，自治区第十三次党代会精神，实现巩固拓展脱贫攻坚成果同乡村振兴有效衔接，聚焦发展壮大县域经济，加快建设高质量发展先行县，实施产业倍增计划，全产业链布局发展全县生态经济产业，结合实际，特制定本发展规划。

一、指导思想

坚持以习近平生态文明思想为指导，认真贯彻落实党的二十大精神，自治区第十三次党代会、市委五届五次全会、县委九届三次全会精神，坚持生态效益与经济效益并重，聚焦发展壮大县域经济，加快建设高质量发展先行县，实施产业倍增计划，进一步深化山林权改革，科学造林绿化，有效盘活山林资源，着力培育新型涉林经营主体，大力发展林下经济，探索实施碳汇交易项目，切实加快植绿增绿护绿步伐，努力促进生态产品价值实现，深入推进生态扶贫成果巩固同乡村振兴有效衔接。

二、基本情况

彭阳县位于宁夏东南部边缘，六盘山东麓，地处黄土高原中部丘陵沟壑区，海拔1248~2418米，年平均气温7.4~8.5 ℃，日照时数2311.2小时，无霜期140~170天，年均降雨量500毫米以上，属典型的温带半干旱大陆性季风气候，多年平均地表水总量为8920万立方米。全县国土总面积380万亩，草地面积52.5万亩，湿地总面积2.75万亩，林地面积175万亩，森林面积130.4万亩，森林覆盖率34.31%，现有活立木蓄积71.29万立方米，林业总产值3.01亿元，年减少入黄泥沙量1087万吨，流域治理程度80.58%，河流地表水质Ⅲ类以上，大气优良天数占比90%以上。良好的生态成果已成为彭阳的金字招牌和资源优势，大力发展生态经济产业的条件已经基本具备，也做了初步探索，结合山林权改革，流转交易山林地资源27103.4亩，发展林下养鸡95.5万只、养蜂1.65万箱、种植中药材20.8万亩，实现林下经济产值1.17亿元。

但是，当前彭阳的生态模式仍以林业建设型生态为主，传统经营模式制约了林业生态经济可持续循环发展，还存在着一些短板弱项：一是林业经济占比小。林业提供农民人均可支配收入1672.8元，仅占总收入的12.37%，离实现植绿增绿与群众增收共赢的目标还有较大差距。二是产业体系不完善。生态经济发展还缺乏长远的指导意见和规划体系，生态林树种单一，林分结构有待优化提升，林下经济主打品种特色品牌优势还不够明显，生产、销售、加工等全产业链条短。三是创新机制不健全。山林权改革处于起步阶段，山林资源盘活利用率不高，林业碳交易处于探索阶段，林下经济发展后劲不足，尚未形成较为系统的改革体系。如何通过进一步盘活山林资源、放大增值生态优势来拉长发展链条，将成为全县林业工作的重点任务。

三、目标任务

到2027年，林草产业基础保障和治理能力明显提高，生态安全屏障更加牢固，全县森林面积增加到152万亩，森林覆盖率提高到40%，完成人工造林12.4万亩，未成林抚育提升及退化林分改造21万亩，森林抚育18万亩（含柠条平茬10万亩），其他生态经济林3万亩。盘活赋能林地资源15万亩，林下养鸡100万只/年、养蜂2万箱、种植中药材35.8亩，实现林业碳汇常态化交易，林业总产值达到10亿元。

其中，2023年完成造林9.58万亩，森林抚育5.5万亩（含柠条平茬3.5万亩），培育高质量林产品生产区2万亩，林地资源流转交易1万亩，林下养鸡100万只、养蜂2万箱、种植中药材5万亩，完成林业碳汇项目前期摸底调查、方案编制及项目报批工作。

四、实施内容

（一）林业建设转型升级。以重点项目为抓手，科学绿化，转型增值，促进生态产品价值实现。

1.构建生态安全格局。以村镇为“点”，河流、道路为“线”，荒山荒地为“面”，科学绿化造林，系统生态治理，构建全县“一屏、三带、多廊多点”的生态安全格局，进一步稳固生态基础，丰富生态建设内涵，增加生态容量，为全县生态文明建设提供基础保障。全面推行林长制，建立覆盖县、乡、村的三级林长管理体系，狠抓林政执法、禁牧封育、森林草原防火、野生动植物保护管理、林草有害生物及病虫害防治等重点工作，全力做到禁伐、禁垦、禁采、禁牧，减少资源消耗、减少污染行为、减少废物排放、减少药肥用量，保持河道不断流、保持湖泊不干涸、保持水土不流失、保持农田不污染的“四禁、四减、四保”，呵护自然、保护生态、守护环境，还生态本色。

2.实施重点造林项目。实施黄土高原水土流失综合治理项目。人工造林：营造以地径3厘米以上的山杏山桃为主的针阔混交林12.4万亩。其中，2023年营造3.1万亩、2024至2027年营造9.3万亩。未成林抚育提升及退化林分改造：对郁闭度（乔木）达不到0.2或覆盖度（灌木）达不到30%的幼林龄选择原有树种进行大苗补植补造，对因自然灾害、人为因素造成退化的林分进行改造，共完成21万亩。其中，2023年营造6万亩、2024至2027年营造15万亩。

3.发展生态经济林。结合乡村振兴建设在村庄周边选择地势较缓的阳坡及庭院发展其他生态经济林3万亩，主要树种选择红梅杏、苹果、花椒、大果山楂等。其中，2023年营造1万亩、2024至2027年营造2万亩。高质量发展特色红梅杏产业，利用庭院“四旁”栽植红梅杏2万亩，选择适合发展红梅杏的退耕及荒山低产山杏林，高接改良红梅杏1.5万亩，到2027年红梅杏全产业链产值达到6.35亿元。

（二）生态产品提质增效。以加工延链为牵手，培育主体，提质增效，促进生态产业发展壮大。

1.森林抚育提升。对县内退耕还林地内山杏山桃生态经济林通过树盘松土、除草、施肥、灌水等措施进行复壮，树体修枝修剪等措施促进坐果，实现山桃、山杏核等产品增产增值，有天窗地块进行人工补植有效改善林分林结构；对林内柠条进行平茬复壮，通过招商引资等途径进行柠条饲料深加工提高经济附加值，共完成18万亩（含柠条平茬10万亩）。其中，2023年森林抚育2万亩、柠条平茬3.5万亩，2024至2027年森林抚育6万亩、柠条平茬6.5万亩。由生态型林业向生态经济型林业转变。

2.林产品采摘销售。加大政府服务力度，引导农户对县内100余万亩山桃山杏进行采摘，组建合作社统一定价、统一收购。通过扶贫车间将山桃核加工成工艺品及保健品，丰富生态旅游产品，提升山桃附加值。

3.林产品加工延链。充分调动现有的彭阳县云雾山林果发展有限责任公司和彭阳县果品开发有限公司2家企业生产积极性，收购加工山杏杏脯、杏干等，切实提升林产品产值效益。培育壮大新引进的年产5万吨富钾富锶干果饮品生产加工项目，力争2023年5月建成投产，年可新增工业产值2亿元、税收约2000万元，推进全县山杏肉品综合利用率达到75%以上。引进年加工桃杏核3万吨项目,积极与国内杏仁饮料龙头企业银鹭集团对接拟引进落地建设苦杏仁功能饮料加工生产线,让群众采集的桃杏核仁有去处、有转化。引进年产2000吨红梅杏条生产加工项目,实现对每一颗红梅杏吃干榨净,力争从2023年开始每年新增群众非商品红梅杏销售收入1500万元,新增工业产值2400万元、税收250万元,推动林下养蜂加工、朝那鸡深加工、中草药加工做大做强,果品综合利用率不断提升,实现全县山林资源收益由单一环节向全链条转变。

(三)山林资源盘活赋能。以"山林+"为推手,盘活赋能,降本增效,促进生态经济健康发展。

1.山林资源流转盘活。进一步深化山林资源"三权分置"改革,打破国有、集体、林场单一传统营林模式,切实放活山林资源经营权,采取"以林养林",有效盘活山林资源,激发林业产业发展活力。到2027年山林地经营权流转交易5万亩,进一步盘活利用林地效率。

2.改革基金助力赋能。设立彭阳县"六权"改革基金专户,政府每年纳入山林权改革与发展资金规模不低于1000万元,时间原则上不超过10年,退出期5~8年,并将国有林地50%收益、集体林地10%收益存入基金专户,同时将集体林地租赁收益80%归群众所有,切实调动群众参与山林权改革的积极性,实现山林资源发展多方赋能,由短期推动向持续稳定发展转变。

3.林下经济创新发展。充分盘活林地和林下资源,采取"公司+合作社+基地+农户"和"国有林场+合作社+基地+农户"等模式,促进林下种养业全面发展,实现林地资源多点开花、多项收益。到2027年林下养鸡年规模保持100万只、养蜂2万箱,选择适宜中药材生长的林区,采取飞播与人工撒播相结合的办法,种植以柴胡、秦艽为主的中药材35.8万亩。培育养鸡、养蜂、种植中药材龙头企业各1家以上、加工销售企业各1家以上,专业合作社各5家以上,种养大户30家,2023年培育龙头企业1家、合作社1家、大户10家。

4.林旅产业融合发展。科学布局规划,突出美化提升,做到精准打造,注重造林与成景相结合、绿化与美化相统一、村貌与民风相协调、生态与旅游相融合、"红色圣地"与"绿色旅游"相辉映,着力打造田园综合体,发挥示范带动作用,建成园林乡镇5个、园林村庄50个、园林人家500户。

5.林业碳汇探索推进。依托全县现有林业资源,先行探索,与广州绿石碳科技股份有限公司签订合作协议，实施碳汇资源开发，实现“以碳换林”。目前已完成全县1985年以来的林业资料收集，正在进行林业资源评估、现场勘查、项目设计等工作，2023年完成项目前期摸底调查、方案编制及项目报批工作。力争到2025年完成首笔碳汇交易，2027年实现林业碳汇交易常态化，按照项目计划目标及当前碳汇市场价格，项目完成后，按碳汇量每年每亩约0.5吨、平均碳价100元/吨初步估算，则项目开发每年每亩可获得收益50元，全县100余万亩林地年收益超过5000万元。

五、保障措施

（一）组织保障。一是成立由县政府分管自然资源领导任组长，县自然资源、发改、农业农村、供销部门主要负责人为副组长，科技、财政、水务、文旅、审计、市监、乡村振兴、投促中心、各乡镇负责人为成员的生态经济产业高质量发展领导小组，负责各项工作落实和协调推进。二是建立彭阳县自然资源牵头，各乡镇配合，林业技术干部包乡，项目区乡镇特色产业服务中心人员包抓的生态经济产业发展技术服务专班，具体负责项目的组织实施、协调管理和技术服务等工作。三是县委、县政府将生态经济产业高质量发展纳入年度综合考核，开展专项督查，督促各项任务落地落实。

（二）政策保障。一是政策扶持。加强财政支持，建立长效的生态经济产业发展扶持政策和运行机制，政府在基地建设、配套设施、专家咨询、营销宣传、品牌建设等方面要加大投入，优化营商环境，鼓励企业、农民专业合作社、农户积极参与产业建设，保障产业良性发展。二是项目推动。运用中央财政林业科技推广项目、自治区财政科技推广项目、农业产业化项目等项目进行试验示范，着力解决产业发展难题。三是保险兜底。进一步健全产业发展保险机制，采取政府、企业、农户分别投入的保险机制，提高保障金额，简化赔付程序，确保产业长期稳定发展，解决企业和大户后顾之忧。四是资金保障。积极争取中央及自治区项目资金，并通过招商引资、农民自筹等途径，撬动社会资本参与生态经济产业发展，县财政统筹落实产业发展中的各项资金，列入财政预算，支持生态经济产业高质量发展。

（三）技术保障。县自然资源部门要加强与西北农林科技大学、宁夏农林科学院、自治区林草局等院校及科研单位合作交流，建立试验科研基地，聘请相关专家及农民技术员，长期提供技术指导，确保生态经济产业健康发展。

彭阳县红梅杏产业高质量发展规划（2023—2027）

（彭党办发〔2022〕108号）

为深入贯彻落实自治区第十三次党代会和市委五届五次全会精神，聚焦发展壮大县域经济，巩固拓展脱贫攻坚成果同乡村振兴有效衔接，全产业链布局发展全县红梅杏产业，结合实际，制定本发展规划。

一、指导思想

坚持以习近平生态文明思想为指导，深入贯彻落实党的二十大精神、自治区第十三次党代会精神，聚焦发展壮大县域经济，推行“绿色+”发展模式，坚持生态效益与经济效益并重，将林业生态建设与乡村振兴及发展全域旅游产业有机结合，坚持政府引导、社会参与原则，以政府投入撬动企业扩大投资，用政策配套吸引农户积极参与，制定产业扶持政策，帮助涉林经营主体扩大种植面积，规模发展，全产业链布局发展全县红梅杏产业，通过“小杏子”撬动大产业的模式，逐步做精做优彭阳红梅杏产业。

二、产业现状

近年来紧紧围绕红梅杏产业开发，从良种选育、标准化栽培、防霜避害、高接换优、节水抗旱、病虫害防治及营销加工等方面总结栽培技术规程、良种选育等科技成果，制订出台地方标准，同时，培育推广适应性强、产量高、品质好的红梅杏优良品种，做好良种认定和推广。以示范园建设为抓手，培育典型为带动，提升层次，以点带面，扩大规模，不断推进红梅杏产业优化升级。先后建立红河上王、长城塬金岔、城阳欧洼、孟塬草滩等10个科技示范点，长城塬、红河2个科技示范区，培育出杨万珍、韩勇、祁正等200个示范户。红梅杏总面积达到8万亩、挂果面积2万亩，正常无霜冻年份产量5000余吨，实际年产量较低，平时年份冻害受损率为70%~95%。目前全县共有2家果品加工企业从业人员120人，年生产杏脯及各种果脯产品1000吨，实现产值2000万元，其中红梅杏使用约15吨。27家林果专业合作社等新型经营主体共有参与农户约2万人。“高富钾的土壤和水果”“天然的反季节上市”“原生态的自然环境”这三个条件在彭阳同时具备，使得“彭阳红梅杏”得天独厚，其他地方很难复制，更难同时具备。2011年彭阳红梅杏被自治区林业局审定为宁夏林木良种（宁S-ETS—AV—008—2011），2016年彭阳杏子被中国国际农产品组委会评为全国名优果品区域公用品牌，同年彭阳红梅杏通过国家农产品地理标志认证，2019年彭阳红梅杏荣获中国北京世界园艺博览会国际竞赛银奖，在宁夏及周边部分地区有一定的品牌知名度。

三、产业发展的短板弱项

红梅杏产业在彭阳有一定的基础，已初步形成规模，成为有一定优势的特色增收产业之一，但在生产、管理、销售等环节还存在着一些短板弱项，主要表现在：一是龙头企业及示范基地建设少，缺乏引领带动；二是农户认识不够，重栽轻管，经营管理粗放，果品品质难以保证；三是自然灾害频发，春季晚霜冻防治技术难题无法突破，霜冻防御难度大，产量不稳定；四是缺乏社会化服务组织，统防统治作用发挥不明显；五是品牌保护意识不强，市场混乱以次充优，其他邻近区域红梅杏对“彭阳红梅杏”品牌及标识消解作用明显；六是鲜果储藏期短、产业链条薄弱、市场营销单一，缺乏多元化销售渠道，产品深加工利用还在建设过程中。只有通过统筹谋划，科学制定产业发展远景目标和近期计划，有目标、有计划、有措施的延长产业链，才能确保全县红梅杏产业持续健康发展。

四、目标任务

一是结合“一院两园”及美丽村庄建设，利用庭院“四旁”栽植红梅杏2万亩；二是选择适合发展红梅杏的退耕及荒山低产山杏林，高接改良红梅杏1.5万亩；三是通过抚育管理等技术措施提质增效现有红梅杏园8万亩；四是选择优树1000棵作为红梅杏母树，新建采穗圃10亩，良种繁育圃100亩，培育红梅杏优质苗木100万株，提供良种接穗100万根；五是健全“七统一”销售体系、延链加工体系、品牌保护体系、科技服务体系等产加销一体化产业体系。到2027年全产业链产值达到6.35亿元。

五、实施内容

（一）*庭院红梅杏建设*。充分利用农户庭院“四旁”大力发展庭院经济林2万亩，栽

红梅杏产业年度指标估测表

年度/年	当年种植面积		挂果面积/亩	预估亩产量/千克	产量/吨	商品杏转化率/%	直接销售额（2万元每吨）/万元	附加销售额/万元（按直接销售额1/4计）	非商品杏转化率/%	加工产品销售额/万元	带动三产增加值/万元	销售合计/万元
	庭院“四旁”/亩	高接改良/亩										
2023	4000	3000	22000	500	11000	70%	15400	3850	20%	2640	2000	23890
2024	5000	4000	25000	600	15000	70%	21000	5250	20%	3600	2400	32250
2025	5000	4000	28000	600	22400	70%	31360	7840	20%	5376	2640	47216
2026	4000	2000	30000	800	24000	70%	33600	8400	20%	5760	3168	50928
2027	2000	2000	30000	1000	30000	70%	42000	10500	20%	7200	3800	63500
合计	20000	15000	135000	—	102400	70%	143360	35840	20%	24576	14008	220160

植红梅杏约100万株，力争符合条件的农户户均栽植红梅杏20棵以上，实现“家家有红梅杏树”的目标。

（二）低产山杏林高接改良。通过招商引资，引进企业和鼓励村集体经济股份合作社及种植大户，以林地流转、股份合作等方式对历年退耕地、荒山营造的低产山杏高接改良1.5万亩，实现“村村有红梅杏林”，为壮大村集体经济收入建基地，为农民务工建平台。

（三）红梅杏园抚育管理。针对现有红梅杏园管理粗放，重栽轻管，重收轻投，机械化程度不高，缺乏集约化经营理念，对已保存的8万亩红梅杏园通过深翻松土、增施有机肥、冻害防御、病虫害防治、修剪等技术手段提高红梅杏的产量和品质。

（四）良种选育。1.母树培育。按照产业兴旺，良种先行的原则。在2000年以来选育的120棵优树的基础上，通过持续调查观测、对比分析及检验检测等手段，对结果率高、抗逆性强、色泽鲜艳、口感香甜、营养成分高的优良单株作为优树，通过优树复壮、重截等措施，5年内选育优树达到1000株以上，作为彭阳红梅杏母树。2.砧木培育。筛选个头大、抗逆性强、成熟期错峰的山杏种子进行砧木培育，5年培育优质砧木100万株。3.采穗圃建立。选择立地条件好、水源有保障、交通便利的地块新建采穗圃10亩，年出圃优质穗条100万根，保证每年低产山杏高接改良的接穗来源。4.繁育圃建设。利用选优的母树种条在选育砧木上嫁接优质红梅杏苗木，每年培育两年生带侧枝大苗20万株以上，5年培育100万株，以保证2万亩的庭院“四旁”栽植苗木。5.授粉树引进。按主栽品种1:20比例引进培育花期相同、抗逆性强、商品价值高的新疆油杏、大黄杏、吊干杏等优良品种作为红梅杏授粉树，增强授粉率、提高坐果率，提升果品产量。

（五）产加销一体化体系建设。完善生产提质、保鲜贮藏、分级包装、物流运输、推介销售、技术服务体系，强化品牌保护、市场培育，延伸产业链，提升产值效益。

1.健全销售体系。红梅杏鲜果销售采取以线上销售牵引，线上线下多元化销售相结合的方式，切实做到“七统一”。(1)统一营销方式。县供销社牵头组织各乡镇建立红梅杏统一销售机制，依托红梅杏产业基地，成立或选取一批具有组织和营销能力的专业合作社，每个合作社负责组织和带动一个片区，重点为红河川道、城阳欧洼、长城塬、孟塬草滩、椿树岔、草庙新洼、王洼高建堡、白阳镇麦子塬、古城刘沟门等，合作社与农户签订供销协议，开展产地直供直销，有效减少中间流通环节，把利润留给农户和合作社。(2)统一宣传推介。结合每年六盘山山花节、红梅杏开园节以赏花、品杏等方式宣传推介。举办红梅杏开园节，发布开园节公告由文旅局负责；发布彭阳红梅杏外观特征及含量标准、2~3种红梅杏外包装专利、《彭阳县红梅杏营销监管办法》，由市监局负责；红梅杏成熟7日前启动预售，在直播宣传过程中开展预售和直播带货，形成以平台电商为主的全网线上营销，线上销售由供销社负责。(3)统一质量标准。依据《DB64 宁夏回族自治区地方标准 地理标志产品 彭阳红梅杏》中的相关条款，按照果型、大小、色泽、口感及无病虫、无损伤等“七无”要求，将红梅杏分为红梅杏杏王、特等红梅杏。红梅杏杏王标准：单果重45克以上，果皮阳面呈红色，果径4厘米以上，数量不超过22只/千克；特等红梅杏标准：单果重30~45克，果皮阳面呈红色，果径约2~4厘米，数量25~35只/千克。按照分级标准指导培训农户及合作社加强田间管理，精准分拣包装，打造高端销售产品，提升产品质量，维护彭阳红梅杏品牌形象，巩固拓展销售市场。(4)统一购销价格。每年结合红梅杏往年销售价格及当年产量，按照不同分级制定红梅杏购销指导价，由发改局负责 。(5)统一包装制作。按照发布红梅杏外包装专利，统一制作含红梅杏地理标志、“彭阳红梅杏”标识和“云耕彭阳”公用品牌标识的包装盒，盒外贴红梅杏溯源二维码，盒内放置产品质量保证卡，实行“一箱一码一卡”，由自然资源局负责。(6)统一中转基地。选定县城区域内预冷库，由发改局负责租用；鲜杏采摘后进行预冷，预冷4小时后方可运输，有条件乡镇就近租用冷库预冷。(7)统一物流配送。由官方授权信誉良好的合作商负责，签订合作协议，明确职责，保证运送质量，享受快递冷链物流优惠政策。区内及陕西、甘肃运送全部为普通包装陆运，其他地区运送采用顺丰空运。

2.延链加工体系。加大政府服务力度，营造良好的营商环境，通过招商引资，充分调动现有及引进的果品加工企业的生产积极性，加大产品研发力度，有效延伸产业链，提升产值效益，兜底收购非商品红梅杏，加工成杏脯、杏干、杏条等，使果农的每一颗杏子都能够变成现金。

3.品牌保护体系。摸排统计全县范围内红梅杏产量，选定营销信誉良好的合作社、公司，发放“一码一卡”，对地理标志产品“彭阳红梅杏”包装盒、溯源码、质量保证卡必须同步使用。外地红梅杏禁止使用彭阳红梅杏地理标志，对违规使用行为参照《彭阳红梅杏防伪标签使用管理办法(试行)》进行处罚，由县市场监督管理局负责，自然资源局配合。及时发布彭阳红梅杏采摘销售时间节点公告，由自然资源局负责。

4.科技服务体系。一是县自然资源部门要加强与西北农林科技大学、宁夏农林科学院、自治区林草局等院校及科研单位合作交流，建立试验科研基地，每年聘请知名专家2名、农民技术员100名(人均技术指导千亩)，带动技术能手1000人，负责宣传林业法律、法规知识和林业新技术引进及应用推广，按照服务协议，尽职尽责全程指导果树修剪、病虫害防治、晚霜冻及低温冻害预防、抚育管理等关键环节，探索总结出适合我县林果产业发展的实用新技术。充分发挥乡土人才“传、帮、带”作用，按照每个骨干培带十名技术能手，每个技术能手带十户的“十百千”技术服务辐射模式长期提供技术指导，实现村村有技术员，家家有懂红梅杏管理明白人，确保红梅杏产业健康发展。二是针对我县早春红梅杏花期冻害频发的现状，在现有防冻技术基础上，县自然资源局和科技局联合向自治区科技厅申报“彭阳县红梅杏防冻技术研究与应用”科研项目，按照不同区域地貌布点试验观测，通过2~3年的试验、观测、记录、分析和研究，进一步理清不同地理气候条件下(地形地貌、海拔高度、坡向、土壤等)红梅杏冻害发生规律、特点和受冻程度及采用不同预防措施达到的效果，探索现有条件下红梅杏防冻的最佳方法和措施以及冻后保花保果、树体恢复的措施与途径，为大面积推广应用提供数据支撑，支持产业高质量发展。通过试验研究对比，总结2~3种有效红梅杏防御冻措施及冻害补救方法，筛选出我县山杏耐冻优良砧木2~3个，改进防冻剂喷雾、烟雾发生器、树体综合管理的方式方法，使效果更加明显。三是培育3~5家社会化服务体系，对全县红梅杏进行统防统治。

六、政府扶持政策

为推动红梅杏产业健康可持续发展，真正实现产业高质量运行，政府从红梅杏种植生产到销售各环节给予适当扶持和补贴。

（一）苗木补贴。发展庭院红梅杏全部栽植地径2厘米带3个以上侧枝大苗，补贴苗木价格以当年市场询价为准，采取先建后补的办法，由县财政安排资金对种植成活的苗木进行全额补贴，补贴资金按5∶5分两年兑现。

（二）嫁接补贴。高接改良低产山杏由县财政安排资金全额补贴嫁接费、种条费、支架费，企业或合作社先行建设，建成达标验收后当年 兑现50%补贴；第二年兑现50%补贴。

（三）防霜补贴。通过县财政补贴鼓励果农采取烟熏等方式进行防霜冻，鼓励5亩以上连片种植区购买防霜冻熏烟桶，熏烟桶标准为：高0.9米、直径0.6米、铁皮厚度4毫米的圆柱状铁桶，在桶身分布出烟孔，对符合标准熏烟桶予以适当补贴。

（四）销售补贴。县财政对省外冷链运输销售红梅杏生鲜果品在10吨以上的销售企业（或合作社）补贴运费；对线上销售统一泡沫包装盒给予补贴；鼓励使用常温氮气锁鲜包装；包装盒设计及制作由发改局负责，溯源码及质量保证卡由自然资源局统一制作无偿提供。

（五）保险补贴。继续执行区、县财政补贴80%，企业、农户缴纳20%的林果产业保险补贴政策。

七、保障措施

（一）组织保障。一是成立由县政府分管自然资源领导任组长，县自然资源、发改、农业农村、供销部门主要负责人为副组长，科技、财政、水务、文旅、审计、市监、乡村振兴、投促中心、各乡镇负责人为成员的彭阳县红梅杏产业高质量发展领导小组，负责各项工作落实和协调推进。二是建立彭阳县自然资源牵头，各乡镇配合，林业技术干部包乡，项目区乡镇特色产业服务中心人员包抓的红梅杏产业发展技术服务专班，具体负责项目的组织实施、协调管理和技术服务等工作。三是县委、县政府将红梅杏产业高质量发展纳入年度综合考核，开展红梅杏产业专项督查，督促各项任务落地落实。

（二）政策保障。一是政策扶持。加强财政支持，建立长效的产业发展扶持政策和运行机制，政府在基地建设、配套设施、专家咨询、营销宣传、品牌建设等方面要加大投入，优化营商环境，鼓励企业、农民专业合作社、农户积极参与产业建设，保障产业良性发展。二是项目推动。运用中央财政林业科技推广项目、自治区财政科技推广项目、农业产业化项目等项目进行试验示范，着力解决产业发展中的技术难题。三是保险兜底。进一步健全产业发展保险机制，采取政府、企业、农户分别投入的保险机制，提高保障金额，简化赔付程序，确保产业长期稳定发展，解决企业和种植户后顾之忧。四是资金保障。积极争取中央及自治区项目资金，并通过招商引资、农民自筹等途径，撬动社会资本参与红梅杏产业发展，县财政统筹落实产业发展中的各项资金，列入财政预算，支持红梅杏产业高质量发展。

彭阳县2023年林果产业种管养综合提升项目实施方案

（彭党办发〔2023〕16号）

红梅杏产业作为彭阳县“五特”产业之一，目前已呈现出良好的发展态势，有力助推了我县脱贫攻坚成果同乡村产业振兴有效衔接。根据《彭阳县红梅杏产业高质量发展规划（2023—2027）》和《彭阳县生态经济产业高质量发展规划（2023—2027）》，特制定本方案。

一、指导思想

坚持以习近平生态文明思想为指导，深入贯彻落实党的二十大精神、中央经济工作会议精神、中央农村工作会议精神，自治区第十三次党代会精神，固原市委五届三次及县委九届五次会议精神，聚焦发展壮大县域经济，以生态建设与乡村振兴为抓手，以现有资源为基础，以农民增收为目标，结合山林权改革，按照“政府扶持、社会投资、农户参与”的思路，推行“绿色+”发展模式，引导企业、合作社、农户积极参与林果产业发展，逐步做精做优以彭阳红梅杏为主的林果产业。

二、建设内容及期限

（一）建设规模及内容。高接改良山杏3000亩、发展庭院红梅杏1500亩、庭院苹果500亩，打造示范村15个，每个示范村不少于50亩，鼓励在非农田区域集中连片发展红梅杏基地，面积大于20亩，每亩不低于40株；山杏病虫害防治10万亩；采购防冻剂2000千克、采购石硫合剂20000千克、杀虫剂5000千克，用于红梅杏、苹果2万亩低温晚霜冻及病虫害防治，补贴购置分拣设备30套、5斤标准化泡沫箱20万个，补贴防霜熏烟桶、常温氮气锁鲜包装及林果产业保险；聘用农民技术员100名。

（二）建设地点及布局。

1. 庭院经济林2000亩、山杏高接改良3000亩。庭院经济林建设涉及全县12个乡镇，其中，红梅杏1500亩、苹果500亩，重点以农户庭院四旁为主，结合大地埂、较宽的退耕地隔带适当栽植，要就近相对集中，严禁在耕地内栽植。一是结合农民增收，解决农民产业单一、收入渠道少、增收措施不多问题；二是结合乡村环境卫生整治，栽植前对农户房前屋后院内院外杂草垃圾进行清理整治，使农户庭院环境整洁优美；三是结合庭院美化绿化，实现春赏花、夏品果、秋观叶，提高群众居住舒适度；四是结合产业高质量发展，培育小杏子大产业，有力支撑农民增收、乡村振兴。山杏高接改良以企业、合作社建设为主，选择自然条件较好，树体生长健壮，交通便利的缓坡低效低产山杏林，主要分布在古城镇甘海村端山梁、王大户村赵家梁；白阳镇白岔村白岔；孟塬乡椿树岔村后岔、双树村山庄洼、高岔村大庄、玉塬村上洼、何岘村崾岘；罗洼乡石沟村八蜡山；冯庄乡小寺村上畔里湾、崖湾村黄岔；小岔乡榆树村后山、红河村桃花梁及南湾，友联村花红沟；王洼镇路寨村地椒湾、王洼村高建堡。

2. 低温晚霜冻及病虫害防治2万亩。对红茹河流域、草庙张街至新洼沿线、王洼高建堡、杨塬欧洼、孟塬草滩等重点区域已挂果红梅杏园和苹果园在晚霜低温来临之前采取灌水、熏烟、树体喷（涂）白、果园覆草、喷施防冻剂等综合防冻措施预防低温冻害，鼓励企业、合作社、农户定制防霜冻熏烟桶。统防统治采购防冻剂2000千克，采购石硫合剂20000千克、杀虫剂5000千克，防治病虫害2万亩。

3. 山杏病虫害防治10万亩。重点以红茹河流域退耕地山杏林为主，在幼果期防治食心虫2次。

4. 补贴采购分拣设备30套，定制2.5千克标准泡沫箱20万个。

5. 防霜熏烟桶、常温氮气锁鲜包装及林果产业保险根据发生数量进行补贴。

6. 农民技术员选聘。根据各乡镇经济林面积及管理情况就近选聘100名，在现有60名基础上，结合庭院经济示范村建设，对技术好、积极性高、责任心强、群众满意的优先选用。农民技术员主要职责是宣传生态经济产业高质量发展及林果产业保险政策，做好辖区内经济林栽植、修剪、病虫害防治、晚霜低温冻害预防等技术服务工作，重点服务示范村建设，发挥“传、帮、带”作用，形成“十百千”技术服务模式。

（三）建设期限。2023年3月至2023年11月完成嫁接、整地、栽植和越冬管理，

2024年春季对栽植(嫁接)未成活苗木和接穗进行补植补接。

三、技术标准

(一)庭院经济林。

1. 整地方式。采用穴状整地,整地规格以80厘米×80厘米×80厘米为主。

2. 栽植密度。50株/亩,根据群众庭院四旁的空间大小栽植、合理布局。

3. 栽植方法。随起苗随栽植,栽植流程为:打点→挖坑→施底肥→验收→栽植→灌水→覆土→覆膜。栽植时要严格按照"三埋、二踩、一提苗"的要求进行,栽植时扶正苗干,覆土稍高于苗木根径5厘米为宜。栽后立即灌足定根水,待水下渗后,覆土保墒。并将树盘整修为盆状进行树盘覆膜,覆膜规格0.8米×0.8米。栽后在树干上涂抹动物油,防止冻害、鼠兔危害,及时进行除草抚育和病虫害防治。

(二)高接改良。嫁接要聘请专业技术人员,防止损毁树体和接穗。根据树型培育的要求,每株树嫁接点不多于5个,每亩接点控制在150个以内。嫁接方式为劈接,时间以3月中旬至5月上旬为宜。嫁接后检查成活,及时补接,后期做好抹芽、除萌、摘心、绑支架、病虫害防治等管理措施。

四、扶持政策

为推动林果产业健康可持续发展,县财政安排资金从种植生产到销售各环节给予适当扶持和补贴。

(一)苗木补贴。红梅杏、苹果苗木规格为地径2厘米带3个以上侧枝大苗,采取先建后补的办法,补贴资金按实际验收成活株数分2年兑现,每年50%。

(二)嫁接补贴。高接改良低产山杏由企业或合作社先行建设,每亩嫁接点不超过150个,每个接点补贴3元,每亩不超过450元,建成后验收接点成活率≥85%,全额补贴嫁接资金,成活率<85%,按实际成活数量验收兑现,当年兑现50%补贴;第二年兑现50%补贴。

(三)山杏病虫害防治进行招标统防统治。在花后果实脱衣期,果实呈黄豆大小时,防治食心虫一次;在果径达到1厘米左右时,防治食心虫一次。

(四)低温晚霜冻预防补贴。

1. 鼓励果农制作防霜冻熏烟桶进行熏烟等方式防霜冻,熏烟桶标准为:高0.9米、直径0.6米、铁皮厚度4毫米的圆柱状铁桶,在桶身分布出烟孔,对符合标准熏烟桶每个补贴90元。

2. 红梅杏、苹果低温晚霜冻及病虫害防御对相对集中连片的果园，采取托管统防模式委托第三方公司实施，对农户零星小片果园发放防冻剂、杀虫剂由农户自行喷施防冻防病虫害。

（五）销售补贴。

1. 鼓励使用常温氮气锁鲜包装，按实际发生数量每盒补贴0.25元。

2. 对销售使用0.25千克装标准泡沫箱的企业、合作社和个人给予1元/箱补贴。

3. 包装盒设计及制作由发改局负责，溯源码及质量保证卡由自然资源局统一定制无偿提供。

（六）冷链物流补贴。

1. 提升红梅杏仓储分拣包装能力，推动规模化、集约化发展，坚持田头直发和仓储中心统发相结合，依托东昂冷链物流中心，统一集中分拣包装预冷，提升红梅杏保鲜时限。

2. 聚焦降成本，结合红梅杏特性优化快递运输方式，省内及周边省份短距离以普通陆运为主，其他省份长距离以冷链航空运输为主，通过公开遴选的方式，分别选取1-2家快递企业承担区内周边和区外运输，签订运输服务协议，明确承运价格和承运企业职责，进一步降低企业快递运输成本。

（七）分拣设备补贴。分拣设备补贴根据采购合同、发票按购置价70%计，每台（套）补贴资金最高不超过1.5万元。

（八）保险补贴。继续执行2022年农业保险补贴政策，区、县财政各补贴40%，企业、农户缴纳20%。

（九）农民技术员服务费。根据合同及服务情况经自然资源局考核后发放，岗前培训由自然资源局集中负责培训。

五、技术服务

一是县自然资源部门要加强与西北农林科技大学、宁夏农林科学院、自治区林草局等院校及科研单位合作交流，探索总结适合我县林果产业发展的实用新技术。二是针对我县早春红梅杏花期冻害频发的现状，申报“彭阳县红梅杏防冻技术研究与应用”科研项目，探索现有条件下红梅杏防冻的最佳方法和措施以及冻后保花保果、树体恢复的措施与途径，筛选出我县山杏耐冻优良砧木，为大面积推广应用提供支撑，支持产业高质量发展。三是培育社会化服务体系，对全县红梅杏进行统防统治。

六、品牌保护

摸排统计全县范围内红梅杏产量，选定营销信誉良好的合作社、公司，发放“一码一卡”，对地理标志产品“彭阳红梅杏”包装盒、溯源码、质量保证卡必须同步使用。外地红梅杏禁止使用彭阳红梅杏地理标志，对违规使用行为参照《彭阳红梅杏防伪标签使用管理办法（试行）》进行处罚，由县市场监督管理局负责，自然资源局配合。及时发布彭阳红梅杏采摘销售时间节点公告，由自然资源局负责。

七、投资概算

（一）投资及补贴标准。

1. 红梅杏1850元/亩，补贴800元（附表2）；苹果2550元/亩，补贴1500元（附表3）。

2. 红梅杏高接改良1510元/亩，补贴450元（附表4）。

3. 山杏病虫害防治30元/亩，红梅杏、苹果防冻56.5元/亩、防虫害71.5元/亩，财政全额补贴（附表5）。

4. 分拣设备2.5万元/套，补贴1.5万元/套；熏烟桶120元/个，补贴90元/个；5斤标准化泡沫箱20万个，3.5元/个，补贴1元/个；常温氮气锁鲜包装每盒补贴0.25元。

5. 聘任培训农民技术员100名，1万元/人·年，举办专题培训班一期，培训人员120人，培训费用600元/人。

（二）投资规模、资金来源及兑现（附表6）。

1. 投资规模。项目总投资1728.3万元，其中，工程直接投资1673.7万元，占项目总投资96.8%，其他费用54.6万元，占总投资的3.2%。对种植基地、防霜冻熏烟桶和锁鲜包装，补贴根据建设验收情况确定项目投资。

2. 资金来源。政府投资1115.8万元，除衔接资金、整合资金、专项资金外，自筹资金612.5万元。种植基地、防霜冻熏烟桶和锁鲜包装所需补助资金根据实际验收情况由县财政统筹解决。

3. 资金兑现。自然资源局牵头负责项目建设检查验收和资金兑现工作，按乡镇自验报告、监理资料及第三方验收报告等资料兑现项目建设资金。庭院经济林、山杏高接改良及种植基地补贴资金分两年兑现，每年各50%，2024年50%纳入当年整合资金，其他补贴资金按当年实际验收数量一次性给予补贴。

八、考核奖惩

县委、县政府把林果产业高质量建设纳入年度考核，自然资源局具体负责考核，重点考核林果产业任务落实完成、成活率、后期管理及果树修剪、抚育、病虫害防治等完成情况。

附件：

1. 彭阳县2023年林果产业种管养综合提升项目建设任务分配表

2. 彭阳县2023年林果产业种管养综合提升项目红梅杏亩投资概算表

3. 彭阳县2023年林果产业种管养综合提升项目苹果亩投资概算表

4. 彭阳县2023年林果产业种管养综合提升项目山杏高接改良亩投资概算表

5. 彭阳县2023年林果产业种管养综合提升项目低温晚霜冻及病虫害防御亩投资概算表

6. 彭阳县2023年林果产业种管养综合提升项目投资概算表

附件 1

彭阳县2023年林果产业种管养综合提升项目任务分配表

单位：亩

序号	乡镇	合计	高接改良	苹果	红梅杏	
					规模	示范村
1	白阳镇	280	50	80	150	中庄
2	古城镇	1120	1050	10	60	温沟
3	红河镇	820	440	160	220	什字、宽坪
4	王洼镇	660	400	70	190	杨寨、路寨
5	新集乡	150			150	姚河
6	城阳乡	255		75	180	长城
7	草庙乡	150		50	100	丑畔、曹川
8	孟塬乡	1155	800	55	300	草滩
9	冯庄乡	110	60		50	小湾
10	交岔乡	50			50	大坪
11	罗洼乡	220	200		20	石沟
12	小岔乡	30			30	榆树
合计		5000	3000	500	1500	

附件 2

彭阳县2023年林果产业种管养综合提升项目红梅杏亩投资概算表

序号	项目	数量	单位	单价	小计/元	政府补贴/元	自筹/元	备注
1	种苗费	50	株		800	800		
2	套袋覆膜材料费	50	套	0.5元/套	25		25	
3	有机肥	1	亩	150元/亩	150		150	有机肥2袋×75元/袋
4	防啮护管	50	套	2.5元/套	125		125	
5	水费	50	株	3元/株	150		150	含运费
6	农药	1	亩	150元/亩	150		150	杀虫剂5袋×10元×3次
7	整地费	50	穴	1.2元/穴	60		60	
8	栽植费	50	穴	0.8元/穴	40		40	
9	覆膜套袋工费	50	株	1元/株	50		50	
10	管理费	1	亩	300元/亩	300		300	除草、喷药、施肥等工费
合计/元					1850	800	1050	

附件3

彭阳县2023年林果产业种管养综合提升项目苹果亩投资概算表

序号	项目	数量	单位	单价	小计/元	政府补贴/元	自筹/元	备注
1	种苗费	50	株		1500	1500		政府补贴
2	套袋覆膜材料费	50	套	0.5元/套	25		25	
3	有机肥	1	亩	150元/亩	150		150	有机肥2袋×75元/袋
4	防啮护管	50	套	2.5元/套	125		125	
5	水费	50	株	3元/株	150		150	含运费
6	农药	1	亩	150元/亩	150		150	杀虫剂5袋×10元×3次
7	整地费	50	穴	1.2元/穴	60		60	
8	栽植费	50	穴	0.8元/穴	40		40	
9	覆膜套袋工费	50	株	1元/株	50		50	
10	管理费	1	亩	300元/亩	300		300	除草喷药施肥等工费
合 计/元					2550	1500	1050	

附件4

彭阳县2023年林果产业种管养综合提升项目山杏高接改良亩投资概算表

序号	项目	数量	单位	单价	小计/元	政府补贴/元	自筹/元	备注
1	接穗费	150	个	0.5元/个	75	75		
2	绑带费	150	个	0.4元/个	60		60	
3	支架材料费	1	亩	100元/亩	75	75		
4	化肥	1	亩	100元/亩	100		100	每亩施二胺50斤
5	农药	1	亩	100元/亩	100		100	杀虫剂5袋×10元×2次
6	清园及砧木截干	1	亩	300元/亩	300		300	
7	嫁接费	150	个	2元/个	300	300		每株平均5个接点，每亩至少嫁接20株
8	管理费	1	亩	500元/亩	500		500	除萌喷药帮支架工费
合 计/元					1510	450	1060	

附件5

彭阳县2023年林果产业种管养综合提升项目低温晚霜冻及病虫害防御亩投资概算表

序号	项目	数量	单位	单价	小计/元	政府补贴/元	自筹/元	备 注
1	防冻剂	100	克	6.5	6.5	6.5		傲火牌喷施两次（混合喷施）
2	防虫剂	250	毫升	16.5	16.5	16.5		劲彪牌氟氯菊酯喷施2次（混合喷施）
3	石硫合剂	1	千克	5	5	5		好园牌喷施1次（混合喷施）
4	防治工费	2	次/亩	50	100	100		自治区专项
合计/元					128	128		

附件6

彭阳县2023年林果产业种管养综合提升项目投资概算表

序 号	项目名称	建设内容	投资规模	投资标准/元	总投资/万元	政府投资/万元	自筹/万元	备注
一	直接工程费				1673.7	1061.2	612.5	
1	庭院经济林建设	红梅杏（亩）	1500	1850	277.5	120	157.5	
		苹 果（亩）	500	2550	127.5	75	52.5	
2	山杏高接改良	山杏高接换优（亩）	3000	1535	460.5	135	325.5	
3	红梅杏、苹果冻害虫害防御	防冻害（亩）	20000	56.5	113	113	0	
		防虫害（亩）	20000	71.5	143	143	0	
4	山杏病虫害防治	食心虫防治	100000	30	300	300		
5	分拣包装采购	红梅杏分选机（套）	30	25000	75	48	27	政府补贴出厂价格70%
		包装盒（个）	200000	3.5	70	20	50	补贴1元/个
6	技术服务	培训（人）	120	600	7.2	7.2		
		农民技术员聘任(人)	100	10000	100	100		
二	其他费用				54.6	54.6		
7	其他费用	设计费			25.3	25.3		直接费1.5%
		监理费			20.2	20.2		直接费1.2%
		招标代理费			2.1	2.1		0.70%
		检查验收费			7	7		
合计/万元					1728.3	1115.8	612.5	

2023年彭阳县苹果、红梅杏冻害补贴实施方案

（彭党办发〔2023〕59号）

一、基本情况

2023年4月6日和4月29日凌晨，我县大范围普遍遭受低温霜冻2次，据宁夏气象局气象科研所发布气象数据我县最低温度－3 ℃到－5 ℃，且持续时间长达3小时以上，特别是4月29日凌晨5:00县域内最低温度达－5 ℃，超过杏树、苹果冻害指标临界值温度≤－5 ℃重度等级，造成全县果品大面积遭受冻害甚至绝产，经调查全县3亩以上（含3亩）红梅杏受冻成灾以上面积1329户9718.56亩，其中合作社种植331亩，农户种植9387.56亩；3亩以上（含3亩）苹果受冻成灾面积89户6411.5亩，其中合作社、农户经营3125.5亩，企业经营3286亩。因林果业种植周期长，见效慢，风险高，种植大户、合作社、企业前期投资高，经营困难，现给予冻害补贴，扶持产业持续发展。

二、补贴范围及标准

（一）补贴范围。根据冻害程度及面积，补贴范围为受冻成灾以上（含成灾）面积，受灾面积不予补贴，种植10亩以上（含10亩）企业，合作社和种植户3亩（含3亩）以上。

（二）补贴方式和标准。补贴标准为红梅杏冻害程度为成灾以上（含成灾）的合作社、种植户每亩补贴200元，企业每亩补贴150元。苹果冻害程度为成灾以上（含成灾）的合作社、种植户、企业每亩补贴500元。补贴方式通过财政直补的方式补贴给合作社、种植户、企业。

三、补贴资金及来源

（一）补贴资金。共需冻害补贴资金514.9462万元。红梅杏补贴194.3712万元，其中种植户补贴187.7512万元、合作社补贴6.62万元；苹果补贴320.575万元，其中种植

户24.89万元，合作社、企业补贴295.685万元。

（三）资金来源。企业、合作社302.305万元补贴资金用县级财政资金解决，种植户212.6412万元补贴资金用县应急救灾资金解决。

附件

2023年彭阳县苹果、红梅杏冻害补贴表

序号	乡镇	补贴金额/元	红梅杏补贴					苹果补贴				
			补贴主体	受灾程度	补贴面积/亩	补贴标准/(元·亩$^{-1}$)	补贴金额/元	补贴主体	受灾程度	补贴面积/亩	补贴标准/(元·亩$^{-1}$)	补贴金额/元
1	小岔乡	71704.00	种植户	绝产	343.02	200.00	68604.00	种植户	绝产	6.2	500.00	3100.00
		175000.00						合作社	绝产	350	500.00	175000.00
2	红河镇	522940.00	种植户	绝产	1468.2	200.00	293640.00	种植户	绝产	458.6	500.00	229300.00
		322000.00						合作社	绝产	644	500.00	322000.00
		575500.00						企业	绝产	1151	500.00	575500.00
3	城阳乡	808340.00	种植户	绝产	3541.7	200.00	708340.00	合作社	绝产	200	500.00	100000.00
		1067500.00						企业	绝产	2135	500.00	1067500.00
4	孟塬乡	67700.00	种植户	绝产	256	200.00	51200.00	种植户	绝产	33	500.00	16500.00
		504000.00						合作社	绝产	1008	500.00	504000.00
5	王洼镇	156046.00	种植户	绝产	495.98	200.00	99196.00	合作社	绝产	113.7	500.00	56850.00
		41000.00	合作社	绝产	205	200.00	41000.00					
6	新集乡	73880.00	种植户	绝产	369.4	200.00	73880.00					
7	古城镇	96260.00	种植户	绝产	481.3	200.00	96260.00					
		97600.00	合作社	绝产	16	200.00	3200.00	合作社	绝产	188.8	500.00	94400
8	白阳镇	456992.00	种植户	绝产	1976.96	200.00	395392.00	合作社	绝产	123.2	500.00	61600

续表

序号	乡镇	补贴金额/元	红梅杏补贴					苹果补贴				
			补贴主体	受灾程度	补贴面积/亩	补贴标准/(元·亩$^{-1}$)	补贴金额/元	补贴主体	受灾程度	补贴面积/亩	补贴标准/(元·亩$^{-1}$)	补贴金额/元
9	罗洼乡	4400.00	种植户	绝产	22	200.00	4400.00					
		10000.00	合作社	绝产	50	200.00	10000.00					
10	冯庄乡	11000.00	种植户	绝产	55	200.00	11000.00					
11	草庙乡	75600.00	种植户	绝产	378	200.00	75600.00					
		12000.00	合作社	绝产	60	200.00	12000.00					
合计/元		5149462.00			9718.56		1943712.00			6411.5		3205750.00

彭阳县2024年农业产业高质量发展实施方案

（彭党农发〔2024〕2号）

为认真贯彻党的二十大精神和自治区第十三次党代会精神，全面落实《中共中央国务院关于实现巩固拓展脱贫攻坚成果同乡村振兴有效衔接的意见》，巩固拓展脱贫攻坚成果，大力推进乡村振兴战略实施，健全农业产业发展长效机制，深化农业供给侧结构性改革，转变农业发展方式，促进农业产业高质量发展，加快推进农业农村现代化，结合我县农业产业发展实际，制定本实施方案。

一、总体思路

坚持以习近平新时代中国特色社会主义思想为指导，全面贯彻落实党的二十大、中央农村工作会议和习近平总书记视察宁夏重要讲话和重要指示批示精神，认真贯彻落实自治区第十三次党代会、固原市第五次党代会和彭阳县第九次党代会精神，坚持农业农村优先发展总方针，把全面推进乡村振兴作为新时代新征程“三农”工作的总抓手，以学习运用“千万工程”经验为引领，以增加农民收入为核心，以提升乡村产业发展水平为重点，以确保粮食安全、确保不发生规模性返贫为底线，强化政策支持和要素保障，全力做好“衔接”和“振兴”两篇文章，坚持不懈夯实农业基础，推进产业兴农、质量兴农、绿色兴农，精准务实培育乡村产业，有效提升“五特”产业发展水平。强化农民增收举措，鼓励农业产业适度规模化发展，健全产业发展联农带农机制，加强农民技术技能培训，巩固农民持续增收势头。强化科技和改革双轮驱动，突出重点、补齐短板、提高效率，全面推进乡村振兴不断取得实质性进展、阶段性成果。

二、大力实施粮食保障工程

1.推广加厚地膜应用。统一采购发放0.015毫米加厚地膜70万亩（优先用于大豆玉米带状复合种植、粮饲兼用玉米种植及冷凉蔬菜种植)，种植主体每亩自筹70元，其余政府奖补。

2.推广高效节水灌溉。支持高效节水灌溉工程覆盖地区自主种植农户使用膜下滴灌节水设施，统一采购发放滴灌带及附管，农户每亩自筹40元，其余政府奖补。

3.推进大豆玉米带状复合种植。按照自治区下达种植任务，实施大豆玉米带状复合种植，符合种植技术标准的每亩奖补200元；统一采购发放大豆种子，种植主体每千克自筹7元，其余政府奖补。

三、推进特色产业高质量发展

(一)肉牛产业。

4.科学化饲草体系建设。扩大优质青贮玉米种植，择优推广青贮玉米专用品种6个，实施饲草调制60万立方米以上，青贮池当年青贮20立方米以上，每立方米奖补60元；包膜青贮15吨以上，每吨奖补120元；同一主体最高奖补10万元(本奖补标准按照《关于调整2023年全县饲草调制补贴标准及延长饲草调运期限等事宜的紧急通知》(彭党农办发〔2023〕21号)文件执行到2024年9月15日，届时根据实际情况优化调整)。

5.良种化繁育体系建设。统一采购发放良种肉牛冻精11万支，实施冷配改良5.5万头；实施肉牛繁育"见犊补母"5万头，使用青贮饲草喂养且完成肉牛强制免疫的养殖主体，繁育成活1头西门塔尔良种犊牛奖补1000元，繁育双头犊牛按一头补贴；开展肉牛产业提质增效关键技术集成示范40头("见犊补母"奖补标准按照《关于调整2023年全县饲草调制补贴标准及延长饲草调运期限等事宜的紧急通知》(彭党农办发〔2023〕21号)文件执行到2024年9月15日，届时根据实际情况优化调整)。

6.养殖示范主体培育。巩固提升"5350"肉牛养殖示范村61个，示范村新培育的肉牛养殖示范户，每户一次性奖补4000元；支持创建"5350"肉牛养殖示范村7个以上，每个示范户一次性奖补4000元；乡镇领导班子成员包抓创建的"5350"肉牛养殖示范户，每个示范户一次性奖补4000元；支持创建"2652"肉牛养殖示范村，每个示范户一次性奖补10万元；在全县培育"50"模式肉牛养殖示范户29户，每户一次性奖补10万元。2018年以来，已享受产业集群、国际农发项目扶持的30头以上养殖主体及享受"2652""5350""50""3060"示范户创建奖补的养殖主体，不得重复享受"50"户和"5350"

示范村中的示范户奖补政策。

7.规模养殖主体培育。支持有条件的生产经营主体建设标准化肉牛规模养殖场，对新建300头、500头以上的标准化肉牛养殖场，分别一次性给予90万元、150万元奖补，盘活改造提升闲置养殖场达到新建养殖场同等条件的，按照新建奖补标准的70%予以奖补。

8.肉牛养殖贷款贴息。完善金融支持肉牛产业发展，稳定肉牛生产能力，扩大适度规模化养殖群体，农户、经营主体自2023年以来从银行获得用于肉牛产业发展贷款且存栏肉牛50头及以上的，对2023年10月1日至2024年9月30日产生的利息，按照中国人民银行2023年10月公布的1年期贷款市场报价利率(LPR)的50%给予贴息，贷款使用时间不足一年的按实际用款时间计算，同一主体贴息金额最高不超过5万元(已享受其他贴息政策的贷款不得重复享受)。

9.饲草(料)配送中心创建。支持有基础设施条件的村集体经济组织创建饲草(料)配送中心，对购置的饲草(料)收储、加工、配送等机械设备，按照设备购置金额的50%补贴，每个村集体奖补金额最高不超过100万元；支持其他经营主体创建饲草(料)配送中心，对购置的饲草(料)收储、加工、配送等机械设备，按照购置金额的30%补贴，每个配送中心奖补金额最高不超过100万元(享受农机购置补贴的机械设备除外)。

(二)冷凉蔬菜产业。

10.辣椒种苗繁育。支持有蔬菜育苗资质的企业、合作社以多种形式带动村集体、农户等主体，开展辣椒规范化穴盘育苗8000万株，单个育苗主体育苗1栋温室20万株以上，每株奖补0.01元，每栋日光温室开展辣椒育苗仅补一茬。

11.露地蔬菜开发。支持以辣椒为主的露地蔬菜发展，经营主体规模化种植10亩以上或农户种植1亩以上露地辣椒，每亩奖补500元(脱贫户、监测户及县内移民户每亩奖补600元)；推进多元化露地蔬菜种植，经营主体规模化种植10亩以上或农户种植1亩以上甘蓝类、葱蒜类、供港蔬菜类(菜心、芥蓝等蔬菜)露地蔬菜，每亩奖补200元(脱贫户、监测户及县内移民户每亩奖补300元)。

12.拱棚辣椒栽培。支持经营主体及农户开展塑料拱棚辣椒种植，每亩奖补500元。

13.塑料钢架拱棚建设。支持经营主体、农户新建10米以上大跨度钢架结构塑料拱棚，每平方米奖补20元。

14.老旧设施园区改造提升。支持社会主体盘活利用设施园区，开展老旧日光温室维修改造600栋以上，每平方米奖补30元。

(三)经济林果产业。

15.特色经济林建设。推进以红梅杏为主的特色经济林建设，选择适宜的乡镇，发展庭院红梅杏2200亩、庭院苹果200亩，栽种规格达到地径2厘米、带30厘米土球及3个以上侧枝且成活的果树苗，红梅杏每株奖补16元，苹果每株奖补30元(每个乡镇至少打造1个示范村)；发展山杏高接改良3400亩，苹果嫁接换优1000亩，高接改良红梅杏每亩接点不超过150个，每个成活接点奖补3元，苹果嫁接换优每亩接点不超过276个，每个成活接点奖补2.5元(奖补资金分两年兑现，每年各50%)。

16.促进林果防灾增效。强化气象监测预警，推进果园防霜冻社会化托管服务，统一采购发放防冻剂2000千克、石硫合剂20000千克、杀虫剂5000千克；制作防冻熏烟筒2000个，每个奖补90元；开展已挂果果园晚霜冻预防及病虫害防治面积2万亩，防治山杏食心虫10万亩；强化春季苹果、红梅杏修剪技术培训指导。

(四)特色板块产业。

17.朝那鸡养殖示范户创建。创建“2060”朝那鸡养殖示范村100个，每个示范村培育朝那鸡养殖示范户20户以上，示范户存栏朝那鸡60只以上，每户一次性奖补500元(脱贫户、监测户及县内移民户一次性奖补600元)；支持全县所有监测户创建“60”模式朝那鸡养殖示范户，示范户存栏朝那鸡60只以上，每户一次性奖补600元。

18.朝那鸡家庭牧场创建。支持养殖主体创建5000只、10000只朝那鸡养殖家庭牧场15个以上，验收合格分别一次性给予10万元、20万元奖补。

19.朝那鸡养殖点创建。支持养殖主体利用现有的养殖设施或闲置学校、宅基窑洞、养殖场(圈舍)发展朝那鸡养殖示范点，存栏规模达到2000只、5000只、10000只以上，每只分别按照4元、6元、8元奖补，同一主体奖补最高不超过50万元；鼓励养殖主体发展林下朝那鸡养殖示范点，存栏规模达到2000只、5000只、10000只以上，每只分别按照4元、6元、8元奖补，同一主体奖补最高不超过50万元(包含自治区林下经济奖补)。

20.滩羊改良区建设。支持肉羊养殖主体创建“300”模式滩羊家庭牧场10个，每个奖补10万元。

21.扩大油料种植。建立土地轮作休耕制度，推进油料种植2.5万亩，按自治区奖补政策实施。

22.道地中药材开发。支持以艾草为主的中药材种植，经营主体、农户种植有机艾草和原生地椒为主的有机中药材，同一主体种植艾草300亩以上或地椒100亩以上，每亩奖补300元（奖补资金分两次兑付，种植当年每亩奖补100元，第二年根据采收情况每亩最高奖补200元）；按照自治区林草局下达林下中药材种植任务，在荒山、退耕还林区及经果林带种植柴胡、红花、板蓝根等林下中药材，同一主体种植50亩以上，每亩奖补100元。

四、促进现代农业体系创建

（一）强化农业科技创新。

23.优质粮食种子繁育试验。鼓励县供销社牵头探索推进冬小麦、大豆良种繁育基地创建，冬小麦良种繁育基地每亩奖补800元，大豆良种繁育基地每亩奖补1000元，冬小麦、大豆品种转让或授权实行全额奖补；鼓励企业收购县内繁育冬小麦种子，每亩奖补380元。

24.朝那鸡种质资源保护。安排保种场保种费100万元；散养保种点保种费7.5万元。

25.促进农业技术培训提升。开展农业产业技术培育质量提升年，系统推进县内各类涉农经营主体、种植和养殖农户等技术培训，培训费用300万元。

（二）促进农业绿色发展。

26.发展绿色循环农业。推进畜禽粪污资源化利用，鼓励农户向县内有机肥厂交售畜禽粪便，每立方米给农户奖补20元；新建有机肥替代化肥示范村20个，支持种植主体推广使用有机肥，亩施商品有机肥300千克以上或初级有机肥1立方米以上，每亩给种植主体奖补90元。

27.推进残膜回收利用。支持残膜回收网点回收县内残膜6500吨，每千克奖补1元；支持残膜加工企业开展残膜加工造粒2600吨，每吨奖补800元。

（三）健全农业服务监管。

28.开展农业社会化服务。推进农业生产社会化托管服务，遴选村集体经济、社会化服务组织开展耕、种、防、收托管服务；依托全县4个兽医社会化服务组织，开展春秋季动物防疫工作，免疫1个单位牛、羊、猪、狗、禽，分别奖补6元、2元、4元、4元、0.25元。

29.完善农业保险体系。支持种植和养殖主体积极参投农业保险，保费按照《彭阳县人民政府办公室关于印发<彭阳县农业保险实施方案>的通知》（彭政办发〔2022〕23号）文件执行；积极推行小麦、玉米完全成本保险；持续完善辣椒价格保险，种植主体自缴50%保费，其余政府补贴。

30.健全农业监管体系。安排数字牧业拓展运营维护费100万元；安排农产品质量安全检验检测和乡镇农产品质量安全网格化建设等费20万元；安排林果、粮食等测土配方施肥土壤检测化验费20万元。

（四）加大特色品牌培育。

31.打造“彭字号”品牌体系。鼓励取得认证的经营主体开展绿色、有机农产品生产，根据农产品质量安全检测合格证明，按照绿色、有机原料采购金额的5%予以奖补，同一主体、同一年度最高奖补5万元，当年已享受认证补贴的不再重复享受原料采购补贴。

32.加强龙头企业培育。支持经营主体申报认定农业产业化重点龙头企业、示范合作社、生态农场，对新认定的国家级、自治区级农业产业化重点龙头企业，一次性分别奖补15万元、5万元；对监测认定的国家级、自治区级农业产业化重点龙头企业，一次性分别奖补3万元、1万元；对新认定的国家级示范合作社、自治区级示范合作社，一次性分别奖补3万元、1万元；对新认定的自治区级生态农场一次性奖补1万元。

33.强化农产品宣传推介。支持企业、合作社、产业协会等经营主体参加区内外农产品推介展示活动，对参加县内、固原市内、自治区内、自治区外推介展示活动的经营主体，每次分别补贴0.2万元、0.5万元、1万元、2万元；支持蔬菜产业协会组织蔬菜种植主体外出考察、拓展销售市场，经政府分管领导批准，当次外出考察签订销售协议的，每考察一个省份补助1万元。

（五）促进产业融合发展。

34.健全肉牛屠宰加工体系。支持县内肉牛屠宰加工企业免费屠宰加工县内肉牛，每屠宰1头奖补屠宰场200元，最多奖补5000头；支持牛肉分割加工企业县外市场开发，县外销售牛肉达到100吨及以上，每吨奖补200元，同一主体，每年度最高奖补50万元；支持县内企业开展牛羊屠宰副产品精深加工，年加工销售额每1000万元奖补10万元。

35.健全仓储冷链物流体系。支持经营主体建设蔬菜仓储保鲜冷链设施，按照《农业农村部关于加快农产品仓储保鲜冷链设施建设的实施意见》相关政策落实。

36.健全彭阳优品营销体系。支持经营主体在大中型城市建设以"彭阳辣椒"为主的彭阳蔬菜品牌销售店2个，每个奖补10万元；支持经营主体、农户外销红梅杏，按照提供的电商和快递发出的邮寄单泡沫包装盒数量，补贴红梅杏5斤标准化快递包装盒20万个，每个奖补1元。

37.壮大农产品经纪人队伍。支持县内经营主体、行业协会及营销能人收购销售农户生产的辣椒、朝那鸡、朝那鸡蛋，销售主体收购农户辣椒50吨以上，每吨奖补200元；收购农户朝那鸡1万只以上，每只奖补2元；收购农户朝那鸡蛋5万枚以上，每枚奖补0.1元。

五、奖补范围

除县外生态移民外，县内所有农户、新型经营主体、村集体经济组织、企业均可享受奖补。所有项目的同一环节只能享受中央、区、市、县一次奖补，不得重复。

六、保障措施

（一）加强组织领导。各产业专班要严格按照区市党委和政府部署，对标现代农业高质量发展要求，按照黄河流域生态保护和高质量发展先行区建设目标，科学谋划产业发展布局，加大监督指导力度，推进农业产业沿着品种培优、品质提升、品牌培育和标准化生产"三品一标"路径高质量发展。压实各相关行业部门（单位）和乡（镇）责任，各行业部门要严格按照职责分工，细化任务指标，狠抓年度任务和阶段性任务落实；各乡（镇）要主动担负起"第一责任人"职责，做好政策宣传、项目落实、指导实施、检查验收等工作，积极动员农户产业适度规模化发展；持续深化行业部门、乡镇之间协同配合，形成齐抓共管促发展的工作合力，推动农业产业高质量发展重点任务落实落地。

贴2.5元，建成后落实支架绑缚等管理措施后，接点成活率≥85%，全额补贴嫁接资金，成活率＜85%，按实际成活数量验收兑现，当年兑现50%补贴；第二年兑现50%补贴。

（三）山杏病虫害防治进行招标统防统治。在花后果实脱衣期，果实呈黄豆大小时，防治食心虫一次；在果径达到1厘米左右时，防治食心虫一次。

（四）低温晚霜冻预防补贴。鼓励果农制作防霜冻熏烟桶，采取熏烟等方式防霜冻，熏烟桶标准为：高0.9米、直径0.6米、铁皮厚度4毫米的圆柱状铁桶，在桶身分布出烟孔，对符合标准熏烟桶每个补贴90元。

（五）销售补贴。对线上销售2.5千克装红梅杏标准化快递包装盒给予补贴1元/个（补贴方式依据电商和快递发出的邮寄单确定包装盒数量），补贴的时间范围以发布的彭阳县红梅杏采摘销售时间节点公告之后为准。企业、合作社、个人必须于每年9月底之前提供线上销售佐证资料，未按期提供的，不予补贴。包装盒设计由发改局负责，企业、合作社、农户根据设计样式自行定制采购，溯源码及质量保证卡由自然资源局统一定制无偿提供。

（六）冷链物流补贴。

1.提升红梅杏仓储分拣包装能力，推动规模化、集约化发展，坚持田头直发和仓储中心统发相结合，依托东昂冷链物流中心，统一集中分拣包装预冷，提升红梅杏保鲜时限。

2.聚焦降成本，结合红梅杏特性优化快递运输方式，省内及周边省份短距离以普通陆运为主，其他省份长距离以冷链航空运输为主，通过公开遴选的方式，分别选取1-2家快递企业承担区内周边和区外运输，签订运输服务协议，明确承运价格和承运企业职责，进一步降低企业快递运输成本。

（七）保险补贴。执行《彭阳县人民政府办公室关于印发<彭阳县农业保险实施方案>的通知》（彭政办发〔2022〕23号）。

五、技术服务

一是县自然资源部门要加强与西北农林科技大学、宁夏农林科学院、自治区气象科研所、自治区林草局等院校及科研单位合作交流，建立试验科研基地，探索总结适合我县林果产业发展的实用新技术。二是针对我县早春红梅杏花期冻害频发的现状，在现有防冻技术基础上，自然资源局、农业农村局、自治区气象科研所和县气象局联合探年集约化经营，使其尽快挂果丰产，苹果嫁接换优主要是对不适合我县发展的品种进行更换(附件1)。

2.低温晚霜冻及病虫害防御2万亩。对红茹河流域、草庙张街至新洼沿线、王洼高建堡、杨塬欧洼、孟塬草滩等重点区域已挂果红梅杏园和苹果园在晚霜低温来临之前采取灌水、熏烟、设置防火墙、树体喷(涂)白、果园覆草、喷施防冻剂等综合防冻措施预防低温冻害，采购防冻剂2000千克。病虫害防治2万亩，采购石硫合剂20000千克、杀虫剂5000千克。

3.山杏病虫害防治。在全县山杏集中连片区域规划10万亩进行食心虫防治。

4.补贴红梅杏2.5千克标准化快递包装盒20万个、补贴防霜冻熏烟桶2000个。

(三)建设期限。2024年3月至2025年7月。

三、发展模式

结合示范村及美丽村庄建设，在适宜发展红梅杏的乡镇，每个乡镇至少打造1个示范村，同时辐射其他村发展，发展区域以山坡中上部、塬区不易遭受早春晚霜冻地区为主，山坡下部及红茹河谷残塬低洼处不适宜区不再安排项目建设，示范村原则上建设面积不少于50亩。项目采取“先建后补”模式推进，庭院经济林及山杏高接改良、苹果嫁接换优由种植户、企业、合作社自主建设自主经营，建设结束后政府主管部门委托第三方验收，经验收合格后兑现补贴资金；低温晚霜冻及病虫害防御，对相对集中连片的果园采取托管统防模式委托第三方公司实施，对农户零星小片果园发放防冻剂、杀虫剂并由农户自行喷施；红梅杏包装盒设计由发改局负责，企业、合作社、农户根据设计样式自行定制采购，依据提供电商和快递发出的邮寄单确定包装盒数量验收后给予补贴；防霜冻熏烟桶、林果产业保险根据发生数量进行补贴。

四、扶持政策

为推动林果产业健康可持续发展，政府从种植生产到销售各环节给予适当扶持和补贴。

(一)苗木补贴。红梅杏、苹果规格为地径2厘米、带30厘米土球及3个以上侧枝大苗，采取先建后补的办法，补贴资金按实际验收成活株数分2年兑现，每年50%。

(二)嫁接补贴。高接改良低产山杏、苹果嫁接换优由企业或合作社先行建设，红梅杏每亩接点不超过150个，每个接点补贴3元，苹果每亩不超过276个，每个接点补

附件 1

彭阳县 2024 年种植业高质量发展目标任务表

乡镇	耕地面积/亩	粮食油料保障					蔬菜产业发展									
		粮食种植/亩	其中		油料种植/亩	加厚地膜发放/亩	设施蔬菜种植/亩	其中	露地蔬菜种植/亩	其中				塑料钢架大棚建设/平方米	日光温室维修/栋
			大豆玉米套种/亩	冬小麦种植/亩				拱彬辣椒/亩		露地辣椒/亩	其他露地蔬菜（验收）/亩	农户自种“菜园子”/亩	其他（含复种）/亩		
合计	1012126	747000	230000	115000	25000	700000	18000	1500	62000	10000	20000	10000	22000	50000	633
白阳镇	136125	105000	30000	16700	3000	94500	1185	400	7725	1600	1270	1445	3410		
古城镇	109079	67000	12700	9500	2100	95000	3510	304	6753	1300	3300	1560	593	10000	
王洼镇	142900	107000	27500	13100	2800	91000	72	5	6971	400	1900	1005	3666		
红河镇	84376	56000	9300	9700	2300	54500	6279	175	10368	800	5270	1042	3256	5000	310
新集乡	121852	82000	16500	9400	2300	119000	5330	366	6923	1100	2300	1808	1715	30000	323
城阳乡	79600	63000	31500	14600	2300	43000	1326	20	6300	950	1950	1073	2327	5000	
草庙乡	90200	72000	35500	11500	2800	60000	225	200	5375	1300	1200	542	2333		
孟塬乡	85507	70000	25900	10500	2400	49000			5070	1200	760	586	2524		
冯庄乡	50424	41000	14000	7600	1500	26500			2788	1000	1050	274	464		
小岔乡	30000	23000	8200	3700	1000	15500			1577	300	500	167	610		
罗洼乡	43063	34000	9800	5300	1500	18500	73	30	1100	50	200	246	604		
交岔乡	39000	27000	9100	3400	1000	33500			1050		300	252	498		

附件 2

彭阳县 2024 年草畜产业高质量发展目标任务表

乡镇	肉牛产业发展				朝那鸡产业发展				
	肉牛饲养量/头	青贮(粮饲兼用)玉米种植/亩	“5350”肉牛养殖示范村		“2060”朝那鸡养殖示范村/个	朝那鸡家庭牧场/个		朝那鸡养殖点/个	
			巩固提升/个	新建/个		5000只以上	10000只以上	2000只以上闲置设施养殖点	2000只以上林下养殖点
合计	250000	254124	61	7	100	10	7	85	160
白阳镇	15100	23106	4		10	1		9	1
古城镇	69200	41220.5	4		5	1		9	55
王洼镇	25880	39176.5	6	2	10	1	1	10	
红河镇	19500	10514	5		12			9	
新集乡	82200	64067.5	3		10	4	2	10	10
城阳乡	7600	2160.5	3		10		1	7	
草庙乡	6440	10406	8	1	14	1	1	9	90
孟塬乡	8650	7675	8	1	9	1		8	1
冯庄乡	2410	6842	5	1	6	1	1	4	3
小岔乡	1860	5349	4	1	7		1	4	
罗洼乡	4600	15135	4	1	4			3	
交岔乡	6560	28472	7		3			3	

附件 3

彭阳县2024年有机肥替代化肥示范村名单

乡镇	示范村	乡镇	示范村
新集乡	赵沟村 何山村	交岔乡	大坪村 保阳村
古城镇	温沟村 罗山村	白阳镇	姜洼村 南山村
草庙乡	赵洼村 新洼村	城阳乡	涝池村
冯庄乡	崖湾村 小寺村	红河镇	黑牛沟村
王洼镇	花芦村 尚台村	孟塬乡	双树村
罗洼乡	寨科村 张湾村	小岔乡	吊岔村

附件4

彭阳县2024年农业产业高质量发展资金概算

类别	项目	项目规模	补贴标准	资金概算/万元	不同来源资金/万元		
					衔接资金	涉农专项	县配资金
合计				25107.44	12133.9	12605.54	368
一、粮食保障工程		小计		8445	695	7750	0
粮食保障工程	加厚地膜采购	70万亩	45元/亩	3150		3150	
	高效节水灌溉应用	10万亩	35元/亩	350	350		
	豆玉套种	23万亩	200元/亩	4600		4600	
	大豆种子采购	575吨	0.6万元/吨	345	345		
二、特色产业高质量发展		小计		13725.4	9801.4	3924	0
草畜产业	青贮饲草	60万立方米	60元/立方米	3600	3222	378	
	良种肉牛冻精采购	11万支	10元/支	110		110	
	见犊补母	5万头	1000元/头	5000	2500	2500	
	肉牛提质增效关键技术集成示范			50	50		
	巩固提升“5350”肉牛示范村	183户	0.4万元/户	73.2	73.2		
	新建“5350”肉牛示范村	200户	0.4万元/户	80	80		
	乡镇领导班子包抓“5350”户	100户	0.4万元/户	40	40		
	“50”模式肉牛养殖示范户	29户	10万元/户	290		290	
	“300”肉牛规模场	3个	90万元/个	234	234		
	“500”肉牛规模场	2个	150万元/个	300	300		
	肉牛养殖贷款贴息			170	170		
	饲草(料)配送中心创建			300	300		

续表

类别	项目	项目规模	补贴标准	资金概算/万元	不同来源资金/万元		
					衔接资金	涉农专项	县配资金
蔬菜产业	辣椒育苗	8000万株	0.01元/株	80	80		
	露地蔬菜开发	2万亩		700	700		
	拱棚辣椒栽培	1500亩	500元/亩	75	75		
	塑料钢架拱棚建设	5万平方米	20元/平方米	100	100		
	日光温室维修	663栋	30元/平方米	664	664		
经济林果产业	特色经济林建设			428	428		
	林果防灾			378	378		
特色板块产业	“2060”朝那鸡示范村	100个村		120	120		
	监测户“60”朝那鸡养殖户	1000户	600元/户	60	60		
	朝那鸡家庭牧场创建	17个		240	40	200	
	闲置设施朝那鸡养殖点	85个	4元/只	85	85		
	林下朝那鸡养殖点	160个	6元/只	192	96	96	
	“300”模式滩羊家庭牧场创建	10个	10万元/个	100		100	
	油料种植	2.5万亩	100元/亩	250		250	
	道地中药材种植			6.2	6.2		
三、现代农业体系创建		小计		2937.04	1637.5	931.54	368
农业科技创新	冬小麦良种繁育基地	1000亩	800元/亩	80		80	
	大豆良种繁育基地	1000亩	1000元/亩	100		100	
	冬小麦品种转让(授权)	2个		21		21	
	冬小麦种子收购	1330亩	380元/亩	50.54		50.54	
	朝那鸡保种			107.5	57.5	50	
	农业技术培训			300	300		

续表

类别	项目	项目规模	补贴标准	资金概算/万元	不同来源资金/万元		
					衔接资金	涉农专项	县配资金
农业绿色发展	粪污资源化利用	12万立方米	20元/立方米	240	240		
	有机肥替代化肥示范村	3万亩	90元/亩	270	270		
	残膜回收	6500吨	1000元/吨	650		530	120
	残膜加工造粒	2600吨	800元/吨	208			208
农业服务监管	兽医社会化服务			180	180		
	数字牧业			100	100		
	农产品质量监管			20	20		
	测土配方土壤检测化验费			20			20
特色品牌培育	绿色、有机农产品生产			50	50		
	龙头企业培育			30	30		
	农产品推介			200	180		20
产业融合发展	肉牛屠宰	0.5万头		100		100	
	牛肉市场开发	0.5万吨	200元/吨	100	100		
	牛羊副产品加工			20	20		
	彭阳辣椒销售门店	2个	10万元/个	20	20		
	红梅杏快递泡沫箱	20万个	1元/个	20	20		
	销售经纪人培育			50	50		

附件5

名词解释

“5350”肉牛养殖示范村：常住户100户以上的村，培育50户示范户，常住户100户以下的村，培育示范户达到常住户50%

及以上；示范户存栏肉牛5头以上，其中基础母牛3头以上，饲草调制池贮20立方米（包膜青贮15吨）以上（巩固提升的61个“5350”示范村不做户数要求）。

“2652”肉牛养殖示范村：全村肉牛存栏2000头以上，60%农户从事肉牛养殖，50头及以上养殖户肉牛存栏量达到全村肉牛存栏量的20%以上；示范户存栏肉牛50头以上，其中基础母牛20头以上，青贮池300立方米以上且进行饲草调制。

“50”模式肉牛养殖示范户：示范户存栏肉牛50头以上，其中基础母牛20头以上，青贮池300立方米以上且进行饲草调制。

乡镇领导“5+2”包抓肉牛产业机制：各乡（镇）党委书记、乡（镇）长、人大主席在本乡镇分别包抓5户肉牛标准化饲喂示范户和2户新创建“5350”肉牛养殖示范户，“5350”肉牛养殖示范户为2023年末家中肉牛存栏2头及以下农户（乡镇其他领导班子成员完成2户“5350”肉牛养殖示范户包抓创建的纳入奖补范围，不作标准化饲喂示范户包抓要求）。

露地蔬菜：甘蓝类包括结球甘蓝（卷心菜）、花椰菜、西蓝花等；葱蒜类包括大葱、红葱、洋葱、大蒜、蒜苗等；供港蔬菜类包括菜心、芥蓝、学斗、小青菜、奶白菜、白菜心、菜薹等。

朝那鸡：包括当年在县内养殖生长周期达到三月龄以上的肉蛋兼用型优质鸡。

“2060”朝那鸡养殖示范村：示范村创建朝那鸡养殖示范户20户以上，每户示范户存栏100日龄以上朝那鸡60只以上。

5000只以上朝那鸡家庭牧场：创建主体土地使用手续和环评手续完善；新建朝那鸡养殖圈舍500平方米以上；建设自动饮水设备一套、消毒设施、集粪场100平方米，且管理区、饲料加工区、养殖区、粪污收集处理区分离；配套围墙大门，大门口建设消毒池；存栏朝那鸡5000只以上。

10000只以上朝那鸡家庭牧场：创建主体土地使用手续和环评手续完善；新建朝那鸡养殖圈舍1000平方米以上；建设自动饮水设备一套、消毒设施、集粪场200平方米，且管理区、饲料加工区、养殖区、粪污收集处理区分离；配套围墙大门，大门口建设消毒池；存栏朝那鸡10000只以上。

"300"模式滩羊家庭牧场：养殖主体存栏滩羊等优质肉羊300只以上（含300只），其中基础母羊存栏150只以上；养殖圈舍面积达到450平方米以上，建设一定规模运动场；种植全株青贮玉米30亩以上；青贮池150立方米以上且进行饲草调制；集粪场45平方米以上；建设药房、消毒室共20平方米以上，药房规范存放畜禽常用药品，消毒室安装消毒设施且正常使用；简易围墙大门，大门口建设消毒池；购置6吨以上具有揉丝功能铡草机1台；购置5立方米以上全混合日粮饲料制备机（TMR饲喂机）1台；人畜相对分离；三年内滩羊年均存栏不得低于180只。

彭阳县2024年林果产业提质增效项目实施方案

红梅杏产业作为彭阳县“五特”产业之一，有力助推了我县脱贫攻坚成果同乡村产业振兴有效衔接。根据《彭阳县红梅杏产业高质量发展规划（2023—2027）》（彭党办发〔2022〕108号）和《彭阳县生态经济产业高质量发展规划（2023—2027）（彭党办发〔2022〕107号）》，制定本方案。

一、指导思想

坚持以习近平生态文明思想为指导，深入贯彻落实党的二十大精神和自治区第十三次党代会精神，以有效增加农民收入为目标，结合山林权改革，按照“政府扶持、社会投资、农户参与”的思路，推行“绿色+”发展模式，引导企业、合作社、农户积极参与林果产业发展，逐步做精做优以彭阳红梅杏为主的林果产业。

二、建设内容及期限

（一）建设规模及内容。庭院经济林面积2400亩，其中庭院红梅杏面积2200亩、庭院苹果面积200亩，山杏高接改良面积3400亩，苹果嫁接换优面积1000亩，采购防冻剂2000千克、采购石硫合剂20000千克、杀虫剂5000千克，晚霜冻预防及病虫害防治面积2万亩，防治山杏食心虫面积10万亩，补贴红梅杏2.5千克标准化快递包装盒20万个，补贴防霜冻熏烟桶2000个。

（二）建设地点及布局。

1.庭院经济林建设涉及全县11个乡镇，重点以农户庭院、“四旁”为主，企业、合作社集中连片为示范带动的发展模式。山杏高接改良以企业、合作社建设为主，选择自然条件较好，树体生长健壮，交通便利的缓坡低效低产山杏林进行高接改良，经过3~4

责，细化任务分工，强化组织领导、资金管理、科技培训、技术服务考评指标，制定绩效考核方案，确保目标任务逐项落实。通过县政务网站、乡村公告公示栏等途径全方位多层次发布和解读乡村产业振兴政策，全面接受社会监督，提高项目实施透明度，确保项目实施公平公正，全面推进乡村产业振兴。

附件：

1.彭阳县2024年种植业高质量发展目标任务

2.彭阳县2024年草畜产业高质量发展目标任务

3.彭阳县2024年有机肥替代化肥示范村名单

4.彭阳县2024年农业产业高质量发展资金概算

5.名词解释

(二)健全工作机制。建立乡镇领导“5+2”包抓肉牛产业机制,各乡(镇)党委书记、乡(镇)长、人大主席在本乡镇分别包抓5户肉牛标准化饲喂示范户和2户新创建“5350”肉牛养殖示范户,“5350”肉牛养殖示范户为2023年末家中肉牛存栏2头及以下农户。健全农技人员包村联户工作机制,明确各行政村、示范基地等包抓人员,负责指导重大项目实施和重点工作开展,做到“农事需要、随时上门,农民需要、随叫随到”。建立村干部、规模化种植经营主体有机肥替代化肥示范机制,鼓励所有村干部和种植面积达到100亩以上的经营主体施用有机肥,促进化肥减量,提升耕地地力。健全产业帮扶项目联农带农机制,鼓励享受农业产业项目扶持的各类经营主体、大户,通过就业务工、土地流转、农产品收购等形式带动农户增收。

(三)强化资金监管。按照衔接资金管理办法,规范项目库建设,健全项目验收、公示、公告制度,乡镇成立由包村干部、驻村第一书记及工作队员、村组干部、村监委干部等组成项目自验工作组,对项目完成100%验收,经乡镇责任领导审核后申请县级验收,由项目实施单位牵头成立验收组按照不低于10%比例进行抽验,经项目验收合格、公示无异议后兑付奖补资金;朝那鸡产业项目验收时间需要在鸡苗生长至100日龄后开始。资金兑付遵循“建设完成一批、验收合格一批、资金兑付一批”的原则,在项目实施和资金兑付结束后,各乡镇、相关单位对于资金结余或资金缺口要及时处置,避免涉农资金延压、滞留或兑付不到位。发改、财政、科技、自然资源、农业农村等相关项目管理单位对项目实施、验收结果及时组织督查抽查,并将抽查结果及时通报,不定期对涉农资金进行检查,畅通12317监督举报电话,坚决杜绝虚报冒领、侵吞挪用、克扣挤占、优亲厚友等问题。

(四)严格目标考核。建立绩效目标考核机制,将乡村产业振兴重点任务落实情况纳入全县相关部门(单位)和乡(镇)目标管理考核,其中,“2652”“5350”肉牛养殖示范村培育作为单项考核加分项,每完成一个肉牛养殖示范村创建加0.5分,巩固提升肉牛养殖示范村新增示范户每户加0.1分;“2060”朝那鸡养殖示范村培育作为单项考核扣分项,未完成朝那鸡养殖示范村创建的,每减少一个村扣0.5分;“5+2”领导包抓肉牛产业机制作为单项考核扣分项,每减少一户扣0.5分;单项考核结果作为考核和衡量党政主要领导及乡(镇)、部门(单位)工作实绩的主要内容,要做到责任到人、奖惩到位,形成全县上下抓乡村产业振兴的良好氛围。根据项目总体目标任务,明确部门工作职索现有条件下红梅杏防冻的最佳方法和措施以及冻后保花保果、树体恢复的措施与途径，为大面积推广应用提供数据支撑，支持产业高质量发展。通过2~4年的试验、观测、记录、分析和研究，进一步厘清不同地理气候条件下（地形地貌、海拔高度、坡向、土壤等）红梅杏冻害发生规律、特点和受冻程度及采用不同预防措施达到的效果，通过试验研究对比，总结2~4种有效防御红梅杏冻害措施及冻害补救方法。三是培育4~5家社会化服务体系，对全县红梅杏进行统防统治。

六、品牌保护

摸排统计全县范围内红梅杏产量，选定营销信誉良好的合作社、公司，发放“一码一卡”，对地理标志产品“彭阳红梅杏”包装盒、溯源码、质量保证卡必须同步使用。外地红梅杏禁止使用彭阳红梅杏地理标志，对违规使用行为参照《彭阳红梅杏防伪标签使用管理办法（试行）》进行处罚，由县市场监督管理局负责，自然资源局配合。由自然资源局负责，及时发布彭阳红梅杏采摘销售时间节点公告。

七、投资概算

（一）投资及补贴标准。

1. 庭院红梅杏2000元/亩，补贴800元（附件2）；苹果2700元/亩，补贴1500元（附件3）。

2. 红梅杏高接改良1550元/亩，补贴450元（附件4）。

3. 苹果嫁接换优1990元/亩，补贴690元（附件5）

4. 防冻害6.5元/亩、防虫害23.5元/亩，财政全额补贴（附件6）。

5. 红梅杏5斤标准化快递包装盒20万个，4.5元/个，补贴1元/个。

6. 防霜冻熏烟桶2000个，120元/个，补贴90元/个。

7. 山杏病虫害防治10万亩，估算费用30元/亩。

8. 其他费用。项目实施技术服务相关费用67.82万元。

（二）投资规模及资金来源（附件7）。

1. 投资规模。项目总投资1691.82万元，其中工程直接投资1624万元，占项目总投资96%，其他费用67.82万元，占总投资的4%。

2. 资金来源。政府投资893.82万元，其中中央财政衔接推进乡村振兴补助资金825.82万元，县级财政预算资金68万元；自筹资金798万元。

八、检查验收及资金兑现

各乡镇要健全领导牵头抓总，业务人员具体负责工作机制，及时将目标任务分解到村、落实到户，细化措施、压实责任、狠抓落实。自然资源局牵头负责项目建设、检查验收和资金兑现工作，要健全技术指导服务体系，确保措施到位、技术到人，围绕项目实施等重点工作进展情况督促检查，指导各乡镇、项目实施主体按照目标任务推进工作落实。

九、考核奖惩

县委、县政府把林果产业高质量建设纳入年度考核，自然资源局具体负责考核，重点考核林果产业任务落实完成、整地栽植、成活率、后期管理及果树修剪、抚育、病虫害防治等完成情况。

附件：

1.彭阳县2024年林果产业提质增效项目建设任务分配表

2.彭阳县2024年林果产业提质增效项目红梅杏亩投资概算表

3.彭阳县2024年林果产业提质增效项目苹果亩投资概算表

4.彭阳县2024年林果产业提质增效项目山杏高接改良亩投资概算表

5.彭阳县2024年林果产业提质增效项目苹果嫁接换优亩投资概算表

6.彭阳县2024年林果产业提质增效项目低温晚霜冻及病虫害防御亩投资概算表

7.彭阳县2024年林果产业提质增效项目投资概算表

附件 1

彭阳县 2024 年林果产业提质增效任务分配表

单位：亩

乡镇	建设面积（庭院经果林）	示范村	红梅杏			苹果	高接改良（品种换优）			备注
			小计	示范村	其他村		小计	山杏	苹果	
古城镇	100	甘海村	100	50	50		1500	1500		
新集乡	170	下马洼村	170	39	131					
小岔乡	80	米沟村	80	30	50		300	300		
草庙乡	560	包山村	560	30	530		750	750		
罗洼乡	70	张湾村	70	20	50					
红河镇	150	徐塬村	70	20	50	80	330	200	130	
冯庄乡	100	雅石沟村	100	50	50		50	50		
王洼镇	500	崖堡村	500	50	450					
城阳乡	140	杨塬村	120	20	100	20	270		270	
孟塬乡	450	双树村	350	90	260	100	800	200	600	
白阳镇	80	白岔村	80	30	50		400	400		
合计	2400		2200	429	1771	200	4400	3400	1000	

附件 2

彭阳县 2024 年林果产业提质增效项目庭院红梅杏亩投资概算表

序号	项目	数量	单位	单价	小计/元	政府补贴/元	自筹/元	备注
1	种苗费	50	株	16元/株	800	800		
2	有机肥	1	亩	150元/亩	150		150	有机肥 2 袋×75 元 / 袋
3	防啮护管	50	套	3元/套	150		150	
4	灌水费	50	株	3元/株	150		150	含运费
5	农药	1	亩	150元/亩	150		150	杀虫剂 5 袋×10 元×3 次
6	整地费	50	穴	3元/穴	150		150	
7	栽植费	50	穴	1元/穴	50		50	
8	管理费	1	亩	400元/亩	400		400	
合计/元					2000	800	1200	

附件3

彭阳县2024年林果产业提质增效项目庭院苹果亩投资概算表

序号	项目	数量	单位	单价	小计/元	政府补贴/元	自筹/元	备注
1	种苗费	50	株	30元/株	1500	1500		政府补贴
2	有机肥	1	亩	150元/亩	150		150	有机肥2袋×75元/袋
3	防啮护管	50	套	3元/套	150		150	
4	水费	50	株	3元/株	150		150	含运费
5	农药	1	亩	150元/亩	150		150	杀虫剂5袋×10元×3次
6	整地费	50	穴	3元/穴	150		150	
7	栽植费	50	穴	1元/穴	50		50	
8	管理费	1	亩	400元/亩	400		400	除草喷药施肥等工费
合计/元					2700	1500	1200	

附件4

彭阳县2024年林果产业提质增效项目山杏高接改良亩投资概算表

序号	项目	数量	单位	单价	小计/元	政府补贴/元	自筹/元	备注
1	接穗费	100	个	0.5元/个	50	50		
2	绑带费	100	个	0.5元/个	50	50		
3	支架材料费	1	亩	150元/亩	150	150		
4	化肥	1	亩	100元/亩	100		100	每亩施二胺50斤
5	农药	1	亩	100元/亩	100		100	杀虫剂5袋×10元×2次
6	清园及砧木截干	1	亩	400元/亩	400		400	
7	嫁接费	100	个	2元/个	200	200		每株平均5个接点，每亩至少嫁接20株
8	管理费	1	亩	500元/亩	500		500	除萌喷药帮支架工费
合计/元					1550	450	1100	

附件 5

彭阳县 2024 年林果产业提质增效项目苹果嫁接换优亩投资概算表

序号	项目	数量	单位	单价/元	小计/元	政府补贴/元	自筹/元	备注
1	接穗费	276	个	0.5 元/个	138	138		
2	绑带费	276	个	0.5 元/个	138	138		
3	化肥	1	亩	200 元/亩	200		200	每亩施二胺 50 斤
4	农药	1	亩	100 元/亩	100		100	杀虫剂 5 袋 ×10 元×2 次
5	清园及砧木截干	1	亩	200 元/亩	200		200	
6	嫁接费	276	个	1.5 元/个	414	414		每株平均 5 个接点，每亩至少嫁接 20 株
7	管理费	1	亩	800 元/亩	800		800	除萌喷药帮支架工费
合计/元					1990	690	1300	

附件 6

彭阳县 2024 年林果产业提质增效项目防冻、防虫害亩投资概算表

序号	项目	数量	单位	单价/元	小计/元	政府补贴/元	自筹/元	备注
1	防冻剂	100	元	6.5	6.5	6.5	0	喷施 2 次
2	防虫剂	250	毫升	16.5	16.5	16.5	0	喷施 1 次
4	石硫合剂	1	千克	7	7	7	0	
合计/元					30	30	0	

附件 7

彭阳县 2024 年林果产业提质增效项目投资概算表

序号	项目名称	建设内容	建设规模	投资标准	总投资/万元	政府投资/万元	自筹/万元
合计					1691.82	893.82	798
一	直接工程费				1624	826	798
1	庭院经济林建设	红梅杏（亩）	2200	2000 元/亩	440	176	264
		苹果（亩）	200	2700 元/亩	54	30	24

续表

序号	项目名称	建设内容	建设规模	投资标准	总投资/万元	政府投资/万元	自筹/万元
2	高接改良（嫁接换优）	山杏高接改良（亩）	3400	1550元/亩	527	153	374
		苹果嫁接换优（亩）	1000	1990元/亩	199	69	130
3	红梅杏、苹果防冻及病虫害防治	防冻害（亩）	20000	6.5元/亩	13	13	
		防虫害（亩）	20000	23.5元/亩	47	47	
		防霜冻熏烟桶（个）	2000		24	18	6
4	山杏病虫害防治	食心虫防治（亩）	100000	30元/亩	300	300	
5	产业补贴	红梅杏包装盒补贴（个）	200000	1元/个	20	20	
二	其他费用				67.82	67.82	
1	设计费				32	32	
2	监理费				24	24	
3	招标代理				2.52	2.52	
4	检查验收费				9.3	9.3	